雷电防护系列教材
南京信息工程大学电子工程系
防雷工程技术中心组编

雷电学原理

（第二版）

陈渭民　编著

气象出版社

内容简介

本书系统地介绍了晴天大气电过程、云雾降水电过程和云雾中的起电机制,重点介绍了雷暴云闪电、雷电的物理效应、雷电的监测原理和方法、雷电的气候特征和全球大气电输送。全书共分十章:第一章讲述静电学基础知识;第二至四章主要叙述晴天大气带电粒子(离子)、大气电场、大气电流、大气电导率等大气的基本电特性知识;第五、六章讲述云雾粒子的带电特征,各类云、特别是雷暴云荷电结构和雷暴云起电的理论;第七章为闪电的结构、类型、闪电的电场、电流参数和形成机制,闪电与雷暴云等;第八章为雷电的物理效应,主要讲述闪电的电磁辐射理论,雷、闪电的光谱;第九章是雷电的监测方法,介绍大气电场、磁场和电流的观测方法,特别是雷电的定位方法,卫星监测雷电的介绍;第十章为雷电的气候特征,着重介绍我国雷电的分布规律,全球雷电分布和全球大气电的输送,以及太阳对大气电的影响。

本书是高等院校大气科学、雷电防护专业的教科书,也可以作为气象台站从事雷电防护、雷电预警和电力、通讯、建筑、国防等从事雷电研究工作和雷电防护工作者的参考书。

图书在版编目(CIP)数据

雷电学原理/陈渭民编著. —北京:气象出版社,2003.11(2014.10重印)
ISBN 978-7-5029-3675-4

Ⅰ.雷… Ⅱ.陈… Ⅲ.①雷-大气电学②闪电-大气电学 Ⅳ.P427.32

中国版本图书馆 CIP 数据核字(2003)第 096966 号

雷电学原理(第二版)

陈渭民 编著

出版发行:气象出版社	
地 址:北京市海淀区中关村南大街 46 号	邮政编码:100081
总 编 室:010-68407112	发 行 部:010-68409198
网 址:http://www.cmp.cma.gov.cn	E-mail:qxcbs@263.net
责任编辑:张锐锐 吴晓鹏	终 审:汪勤模
封面设计:博雅思企划	责任技编:王丽梅
责任校对:王丽梅	
印 刷:北京奥鑫印刷厂	
开 本:787mm×960mm 1/16	印 张:27
字 数:543 千字	
版 次:2006 年 6 月第 2 版	印 次:2014 年 10 月第 3 次印刷
定 价:45.00 元	

版权所有 侵权必究

再版前言

　　为适应和满足全国气象部门防雷工作的需要，2003年气象出版社出版的《雷电学原理》一书，对高等学校雷电防护专业、从事雷电研究和雷电防护的实际工作者学习雷电知识、提高自身的技术素养起到了重要的作用，受到了全国气象部门防雷工作者的欢迎。自第一版《雷电学原理》出版到现在将近三年的时间里，全国气象部门的防雷工作、雷电监测和预警工作得到了飞快的发展，防雷专业技术人员队伍也迅速扩大。近年来，随着我国雷电监测网的逐步形成和建立，雷电的监测和研究工作也正在展开，国内外雷电研究取得了大量的成果。为适应新的形势，本次修订一方面对第一版书中出现的错误、疏漏和不当之处作了改正，同时也考虑到当前雷电监测和防护、雷电监测和预警工作的需要，对云内起电机制、飞机与闪电、雷电的数值模拟理论、闪电定位等内容作了修改和适当增补，加入了一些新的内容，使修改后的《雷电学原理》的内容更加充实和丰富。

　　在本书出版之时，作者特别要要感谢本书编辑吴晓鹏同志认真细致的工作，提出了许多宝贵意见。

作者
2006 年 3 月

前　言

雷电是自然界最为壮观的和重要的大气现象之一,伴随着雷电,有声、光、电等多种物理现象发生,电学的发展就来自闪电的研究。早在1752年美国科学家富兰克林就对闪电进行了深入研究,揭示了闪电的本质。雷电早就引起了人们的广泛关注,是大气科学的重要研究对象。特别是近几十年来,随着对闪电探测手段的提高,科学家们对其进行了大量研究,取得了丰硕的研究成果,使之对雷电的形成机制、活动规律有深入的了解,并形成了雷电学这一学科。

在自然灾害中,雷电引起的灾害是世界上十大自然灾害之一。雷电发生的频率较高,据估计,全世界每年约有10亿次雷暴发生,平均每小时发生2000次雷暴,而每分钟平均发生1～3次云对地闪电。就整个地球表面而言,每秒钟的地闪就有30～100次,而在地球表面各地,有时顷刻间就有2000个左右的闪电,平均每天发生闪电800万次,每次闪电在微秒量级的瞬间释放出约1.98×10^8 J的能量。如森林火灾有50%以上是由雷电引发的。

随着经济和现代科学技术的发展,雷电灾害造成的经济损失更加严重。据有关资料统计,全世界每年因雷击造成的经济损失达10亿美元以上;同时,从事户外活动的人和畜遭遇雷击伤亡人数逐年增多,我国每年因雷击的伤亡人数达10500人左右。雷电灾害具有巨大的破坏性,它的产生是目前人类无法控制和阻止的。雷电的放电电压高,可达500kV以上,闪电峰值电流的幅度大,高达100～300kA,闪电电流变化快,放电过程时间短,一次放电时间约为40 μs;同时雷电表现为强大的冲击波、剧变的电磁场、强烈的电磁辐射、炽热的高温。当今雷灾的新特点表现为:

1. 受灾面大大扩大。受灾行业从电力到建筑扩展到几乎所有的部门。如航天航空、国防、通讯、计算机、电力输送、电子工业、石油化工、电厂、矿山、铁路干线等。

2. 从二维空间入侵到三维空间入侵。从闪电直击、过电压波传输到空间脉冲电磁场,从三维空间入侵到任何角落,防雷工程已从防直击雷、感应雷进入到防止雷电磁脉冲,雷电灾害的空间范围大大地扩大了。

3. 随着经济的发展,雷电灾害的经济损失和危害程度大大地加大,特别是由于高新技术的迅速发展,像火箭的发射、银行计算机系统、通讯系统遭受到雷击后,其损失更是显而易见的。

4. 雷击对象增多。如今高层建筑越来越多、电视塔越来越高,高压电线、储油罐、计算机网络、火箭、社会公共服务电子系统(公交讯号灯、消防等)、家用电器,特别是微电子器件等一些低压器件,雷击的目标大大地增加了。

为了尽可能减小雷电灾害带来的损失,近年来我国气象部门已广泛开展防雷工作,建立了一支防雷专业队伍,扩大了气象服务的内容。

本书是作者在南京气象学院多年雷电学原理教学的基础上,对雷电学原理讲义作进一步修改、补充而成的。第一章讲述静电学基础知识;第二至四章主要叙述晴天大气带电粒子(离子)、大气电场、大气电流、大气电导率等大气的基本电特性知识;第五、六章讲述云雾粒子的带电特征,各类云、特别是雷暴云荷电结构和雷暴云起电的理论;第七章为闪电的结构、类型、闪电的电场、电流参数和形成机制,闪电与雷暴云等;第八章为雷电的物理效应,主要讲述闪电的电磁辐射理论,雷、闪电的光谱;第九章是雷电的监测方法,介绍大气电场、磁场和电流的观测方法,特别是雷电的定位方法,卫星监测雷电的介绍;第十章为雷电的气候特征,着重介绍我国雷电的分布规律,全球雷电分布和全球大气电的输送,以及太阳对大气电的影响。

限于作者的能力和水平,错误、疏漏和不当之处在所难免,敬请读者批评指正。

本书承蒙中国气象局科技发展司的支持,在此表示感谢。

作者

2003 年 8 月

目　录

再版前言
前言
第一章　电学原理 ……………………………………………………… (1)
　　§1.1　电荷 ……………………………………………………… (1)
　　§1.2　库仑定理 ………………………………………………… (2)
　　§1.3　电场 ……………………………………………………… (3)
　　§1.4　静电场的势 ……………………………………………… (5)
　　§1.5　连续分布的电荷产生的电场 …………………………… (8)
　　§1.6　高斯定理和电通量 ……………………………………… (10)
　　§1.7　导体 ……………………………………………………… (12)
　　§1.8　电介质 …………………………………………………… (19)
　　§1.9　电流 ……………………………………………………… (25)
　　§1.10　气体导电理论 …………………………………………… (28)
　　§1.11　稳定电流引起的磁场 …………………………………… (29)
第二章　晴天大气带电粒子——离子 ………………………………… (35)
　　§2.1　大气气体成分和气溶胶 ………………………………… (35)
　　§2.2　大气电离源和电离率 …………………………………… (38)
　　§2.3　大气离子的形成过程 …………………………………… (42)
　　§2.4　大气离子迁移率和大气离子方程 ……………………… (44)
　　§2.5　大气离子的时空分布 …………………………………… (55)
第三章　晴天大气电场 ………………………………………………… (58)
　　§3.1　大气电场的基本概念 …………………………………… (58)
　　§3.2　大气电场的空间分布 …………………………………… (59)
　　§3.3　大气电场的时间变化特征 ……………………………… (62)
　　§3.4　大气电场与气象条件 …………………………………… (66)
第四章　晴天大气电导率、大气体电荷和大气电流 ………………… (68)
　　§4.1　晴天大气电导率 ………………………………………… (68)
　　§4.2　晴天大气体电荷 ………………………………………… (72)
　　§4.3　晴天大气电流 …………………………………………… (76)

第五章　云雾降水电结构和电场 ……………………………………………… (79)
　　§5.1　大气中云的类型和特点 ………………………………………… (79)
　　§5.2　雷暴云概况 ……………………………………………………… (82)
　　§5.3　云雾粒子的电荷 ………………………………………………… (84)
　　§5.4　云中大气电结构 ………………………………………………… (87)
　　§5.5　降水粒子荷电和降水电流 ……………………………………… (107)

第六章　云雾和雷雨云荷电机制 ……………………………………………… (112)
　　§6.1　雷雨云的起电的电特点 ………………………………………… (112)
　　§6.2　云雾粒子大气离子扩散的起电机制 …………………………… (114)
　　§6.3　云中云滴起电机制 ……………………………………………… (119)
　　§6.4　积雨云底部大雨滴破碎正电荷的起电机制 …………………… (130)
　　§6.5　积雨云的温差起电机制 ………………………………………… (131)
　　§6.6　雷雨云降水起电理论 …………………………………………… (140)
　　§6.7　热带对流云起电机制 …………………………………………… (141)

第七章　雷暴云闪电 …………………………………………………………… (144)
　　§7.1　闪电的分类 ……………………………………………………… (144)
　　§7.2　地闪概述 ………………………………………………………… (149)
　　§7.3　闪电的初始击穿 ………………………………………………… (164)
　　§7.4　梯式先导 ………………………………………………………… (167)
　　§7.5　连接过程 ………………………………………………………… (172)
　　§7.6　回击 ……………………………………………………………… (173)
　　§7.7　箭(直窜)式先导 ………………………………………………… (183)
　　§7.8　连续电流 ………………………………………………………… (187)
　　§7.9　地闪中的J和K过程 …………………………………………… (195)
　　§7.10　正地闪 …………………………………………………………… (199)
　　§7.11　人工触发闪电 …………………………………………………… (205)
　　§7.12　地闪形成机制 …………………………………………………… (212)
　　§7.13　云闪 ……………………………………………………………… (216)
　　§7.14　航空和闪电 ……………………………………………………… (221)
　　§7.15　闪电与雷暴云间的关系 ………………………………………… (234)
　　§7.16　闪电的数值模拟 ………………………………………………… (256)
　　§7.17　尖端放电 ………………………………………………………… (263)

第八章　雷电的物理效应 ……………………………………………………… (266)
　　§8.1　雷电的电磁场效应 ……………………………………………… (266)

§8.2　闪电通道的半径、速度、能量和温度 …………………………………… (276)
　　§8.3　闪电电流模式 ……………………………………………………………… (297)
　　§8.4　雷电引起的天电和无线电噪声 …………………………………………… (302)
　　§8.5　雷 ………………………………………………………………………… (305)
　　§8.6　闪电与大气化学过程 ……………………………………………………… (312)
　　§8.7　闪电光谱 …………………………………………………………………… (317)
第九章　雷电监测原理和方法 ……………………………………………………… (322)
　　§9.1　闪电的照相观测方法 ……………………………………………………… (322)
　　§9.2　大气电场和闪电电场的测量 ……………………………………………… (325)
　　§9.3　闪电电流的监测原理和方法 ……………………………………………… (336)
　　§9.4　闪电磁场的测量 …………………………………………………………… (340)
　　§9.5　雷电的计数和定位 ………………………………………………………… (341)
　　§9.6　美国国家闪电监测网 ……………………………………………………… (357)
　　§9.7　卫星和雷达监测雷暴 ……………………………………………………… (361)
第十章　雷暴气候特征和全球大气电输送 ………………………………………… (370)
　　§10.1　雷暴活动参量 ……………………………………………………………… (370)
　　§10.2　我国雷暴的地理分布和气候特征 ………………………………………… (372)
　　§10.3　我国雷暴活动的时间变化特征 …………………………………………… (381)
　　§10.4　全球雷暴的气候特征 ……………………………………………………… (384)
　　§10.5　地球和大气间的电输送 …………………………………………………… (389)
附录　雷电学电学量单位 …………………………………………………………… (414)
参考文献 ……………………………………………………………………………… (417)

第一章 电学原理

§1.1 电 荷

与一般物质一样,电荷也是由一些不可分割的基本单元所构成,这种基本单元称为基本电荷 e,一切物体所带的电荷是基本电荷 e 的整数倍。实验测定,基本电荷数值为
$$e=1.60\times 10^{-19} 库仑 = 4.80\times 10^{-10} 静电单位$$

电荷分正、负电荷两种。在构成原子的三种粒子中,有两种是带电粒子,质子荷正电荷,电子荷负电荷。每一质子的电荷为 $+e$,电子的电荷为 $-e$,而中子是不带电的。质子与中子构成原子核,核中的质子数等于原子序数 Z,在正常情况下,核外的电子数也等于原子序数 Z。当核外的电子数不等于质子数 Z 时,原子处于游离状态,称为离子。电子数与 Z 的差数 n 称为离子的价数,n 价的离子带有电荷 $\pm ne$。在大气中存在有大量的带电粒子是以正负离子的形式出现的。

物体荷电的多少称为电量,通常用 Q 或 q 表示。在国际单位制中,单位取库仑,符号 C。

在不带电物体内,每一小体积内的质子数等于电子数,表现为中性状态。当这种平衡情况被破坏,如果一部分电子转移到另一物体上时,失去电子的物体就带正电,增加电子的物体就带负电。由于电子静止状态时的质量很小,约为 $m_e=9.11\times 10^{-28}$ g,仅为质子质量的 1/1833,所以因电子转移引起带电物体质量的改变是十分小的,一般不易觉察出来。

电量守恒定理:在闭合系统内,电荷的代数和是一常数。这表明电荷不会凭空产生和消灭,如果有一定的正电荷产生,也必然有等量的负电荷产生。如在雷暴云起电过程中,正负电荷是成对生成的。现代物理研究表明,当一个高能光子与一个重原子核作用时,该光子可以转化为一个正电子和一个负电子,这叫电子对的产生,同样当一个正电子与一个负电子相遇,又会同时消失而产生两个或三个光子,这叫电子对的湮灭。

当同类电荷存在时它们相斥,而异类电荷相吸。当两个等量的正负电荷相吸合并时,电荷将消失,称之为放电。因此正负电荷总是成对出现和消失。

闪电过程是一个放电过程,闪电时产生的强电流就是云中的正电荷与负电荷相中和或与大地的正负电荷相中和消失的过程。

§1.2 库仑定理

1.2.1 点电荷

从宏观平均角度考虑,可以认为电荷连续地分布于带电体上,又如果带电体比所讨论物体的距离要小很多,这时带电体可以看做为一个带电的点,称之为点电荷。如电子、质子等带电体可以看成为点电荷。

如对于雷电云中荷电中心所带的电荷尺度相对于它影响的范围,可以近似地将雷暴云中的电荷中心作为点电荷。

1.2.2 点电荷间的作用力

库仑做的实验表明,两个点电荷之间的作用力是它们间距离平方成反比,与荷电量成正比,写为

$$\vec{F} = k\frac{q_1 q_2}{r^2} \tag{1.1}$$

作用力的方向沿两点电荷的连线,电荷符号的异同表示为引力或斥力。为表示力的方向,库仑定理以矢量表示为

$$\vec{F}_{12} = k\frac{q_1 q_2}{r_{12}^3}\vec{r}_{12} \tag{1.2}$$

这里 $\vec{F}_{12}$ 表示点电荷 1 对点电荷 2 产生的作用力。$\vec{r}_{12}$ 表示电荷 1 指向电荷 2 的矢径。在国际单位制中,距离以 m(米),力以 N(牛顿)为单位,实验测定比例常数 k 为

$$k = 8.9880 \times 10^9 \text{ N} \cdot \text{m}^2/\text{C}^2$$

如果选取距离以厘米,力以达因为单位,而选取电荷单位,使 $k=1$,这样的单位为静电单位,则有

$$\vec{F} = \frac{q_1 q_2}{r^2}\frac{\vec{r}}{r} \tag{1.3}$$

电荷的量纲为 $[q] = M^{1/2} \cdot L^{3/2} \cdot T^{-1}$,M 是质量单位,L 是长度单位,T 是时间单位。电荷的单位是库仑。静电力的方向与矢径 r 的方向一致,也就是由正电荷指向负电荷的方向。

如果引入真空介电常量 ε_0,取

$$k = 1/(4\pi\varepsilon_0)$$

式中 $\varepsilon_0 = 1/(4\pi k) = 8.85 \times 10^{-12} \text{ C}^2/(\text{N} \cdot \text{m}^2)$,其中引入因子"$4\pi$",称为单位制的有理

化。对 k 的这样取法使库仑定律的形式较为复杂,但在以后的有关电磁学定律中,表达方便些。这时库仑定律写为

$$\vec{F} = \frac{1}{4\pi\varepsilon_0} \frac{q_1 q_2}{r^2} \frac{\vec{r}}{r} \tag{1.4}$$

实验证实,点电荷在空气中时的相互作用力与真空中相差极小,所以上式对空气中的点电荷也成立。

1.2.3 多个点电荷间的作用力

对于 n 个点电荷 $q_1, q_2, \cdots\cdots, q_n$ 组成的电荷体系,如以 $\vec{F}_1, \vec{F}_2, \cdots\cdots, \vec{F}_n$ 分别是各电荷单独存在时作用于另一点电荷 q_0 上的力,则由力的叠加原理,q_0 上总的受力为各个力之和,即

$$\vec{F}_1 + \vec{F}_2 + \cdots\cdots + \vec{F}_n = \sum \vec{F}_i \tag{1.5}$$

在 $q_1, q_2, \cdots\cdots, q_n$ 和 q_0 静止的情况下,可由库仑定理表示为

$$\vec{F} = \sum_{i=1}^{n} \frac{1}{4\pi\varepsilon_0} \frac{q_0 q_i}{r_i^2} \frac{\vec{r}_i}{r_i} \tag{1.6}$$

式中 r_i 是 q_0 与 q_i 之间的距离,$\dfrac{\vec{r}_i}{r_i}$ 为从点电荷 q_i 指向 q_0 的单位矢量。

§1.3 电　　场

1.3.1 电场的定义

由上面库仑定理,一个点电荷因为带电而作用于另一个点电荷,由于其带电而引起周围空间特性变化通常用电场来表示。描述电场大小的量用电场强度表示,它定义为:单位电荷 q 在电场中所受的作用力,即

$$\vec{E} = \frac{\vec{F}}{q} \tag{1.7}$$

电场强度的方向与电荷受的作用力方向一致,采用极限表示为

$$\vec{E} = \lim_{q \to 0} \frac{\vec{F}}{q} \tag{1.8}$$

1.3.2 点电荷产生的电场

一个点电荷 q' 在离它 r 远处所激发的电场强度为

$$\vec{E} = \frac{\vec{F}}{q} = \frac{qq'}{4\pi\varepsilon_0 r^2 q}\frac{\vec{r}}{r} = \frac{q'}{4\pi\varepsilon_0 r^2}\frac{\vec{r}}{r} \tag{1.9}$$

1.3.3 多个静止的点电荷产生的电场

对于空间中 n 个点电荷在 P 点产生的电场强度为各个电荷单独产生的电场强度矢量之和。

$$\vec{E}(P) = \vec{E}_1 + \vec{E}_2 + \cdots + \vec{E}_n = \frac{q_1'}{4\pi\varepsilon_0 r_1^2}\frac{\vec{r}_1}{r_1} + \frac{q_2'}{4\pi\varepsilon_0 r_2^2}\frac{\vec{r}_2}{r_2} \cdots + \frac{q_n'}{4\pi\varepsilon_0 r_n^2}\frac{\vec{r}_n}{r_n}$$

$$= \sum_{i=1}^{n}\frac{q_i'}{4\pi\varepsilon_0 r_i^2}\frac{\vec{r}_i}{r_i} \tag{1.10}$$

对于静止电荷产生的电场称静电场,静电场对电荷的作用力称静电力。

在自然界中,如在云中的正、负电荷是等量成对存在的,如果正电荷 $+q$、负电荷 $-q$ 是点电荷,它们间的距离为 l,这样的电荷系统称之为电偶极子,作为例子,下面计算电偶极子激发的电场。

如图 1.1 中,设有一对等量异号的电荷 $q_1 = -q, q_2 = +q$,间距为 l,以两个点电荷的中点为坐标原点,则先计算在 X 轴上任一点 a 的电场强度为

$$E_a = E_2 - E_1 = q/4\pi\varepsilon_0 (r_a - l/2)^2$$
$$- q/4\pi\varepsilon_0 (r_a + l/2)^2$$
$$= 2r_a q/4\pi\varepsilon_0 [r_a^2 - (l/2)^2]^2$$

同理可得在 Y 轴上 b 点的电场为

$$E_b = E_2 \cos\varphi + E_1 \cos\varphi$$
$$= [q/4\pi\varepsilon_0 (r_b + l/2)^2 + q/4\pi\varepsilon_0 (r_b + l/2)^2] (l/2)/[r_b^2 + (l/2)^2]^{1/2}$$
$$= lq/4\pi\varepsilon_0 [r_b^2 + (l/2)^2]^{3/2}$$

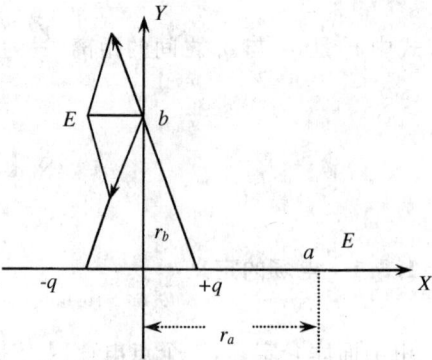

图 1.1 电偶极子的电场

如果只考虑远场的情况,$r_a \gg l, r_b \gg l$,则上式为

$$E_a = 2ql/4\pi\varepsilon_0 r_a^3 \qquad E_b = ql/4\pi\varepsilon_0 r_b^3$$

在上式中 ql 称为偶极子的电矩。如果两对电偶极子具有相同的电矩,则它们在远处产生相同的电场。

电场强度的单位:根据电场强度的定义,其单位为 N/C,读作牛顿/库仑。

§1.4 静电场的势

上面讨论了电场对电荷的作用力问题,既然电场对电荷有作用力,则当电荷在电场中移动时,必然要做功。根据功和能量的关系,可以确定电场与能量的联系。

1.4.1 电场对试探电荷做的功

在图 1.2 中,电场对试探电荷做的功写为

$$dA = \vec{F} \cdot d\vec{s} = q\vec{E} \cdot d\vec{s} = \frac{qq'}{4\pi\varepsilon_0 r^2} ds \cdot \cos(\vec{r}, d\vec{s}) = \frac{qq'}{4\pi\varepsilon_0 r^2} dr \tag{1.11}$$

其中 dr 是 ds 在矢径 $\vec{r}$ 上的投影。

在图 1.3 中,当 q 沿路径 L 做的功为对上式积分

$$A = \int_L \vec{F} \cdot d\vec{s} = q\int_L \vec{E} \cdot d\vec{s} = q\int_L \frac{q'}{4\pi\varepsilon_0 r^2} dr$$

$$= q\int_{r_1}^{r_2} \frac{q'}{4\pi\varepsilon_0 r^2} dr = -\frac{qq'}{4\pi\varepsilon_0}\left(\frac{1}{r_2} - \frac{1}{r_1}\right) \tag{1.12}$$

式中 r_1 与 r_2 分别是电荷 q' 到 P_1 和 P_2 的距离。可见,电力做的功决定于始点和终点的位置,而与所经过的路径无关。

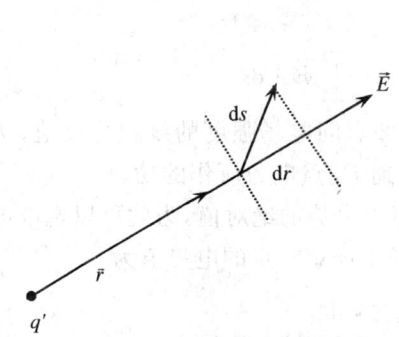
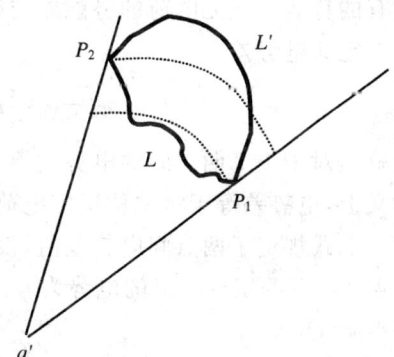

图 1.2 电场中移动电荷做的功　　图 1.3 沿回路移动电荷做的功

如果电荷 q 到达 P_2 点以后再沿一任意路径 L' 回到 P_1 点,则整个路程中电力做的功正好相互抵消,即是

$$A = q\int_L \vec{E} \cdot d\vec{s} + q\int_{L'} \vec{E} \cdot d\vec{s} = q\int_{r_1}^{r_2} \frac{q'}{4\pi\varepsilon_0 r^2} dr + q\int_{r_2}^{r_1} \frac{q'}{4\pi\varepsilon_0 r^2} dr = 0 \tag{1.13}$$

这就表示任何点电荷在电场中绕一圈,电力做的功等于零。

如果路径 L 是闭合的,则整个路程做的功等于零。这表明点电荷激发的电场是保守的。因此对于静电场,具有

$$\oint_L \vec{E} \cdot d\vec{s} = 0 \tag{1.14}$$

即沿任意闭合路线,场强线积分为零。利用矢量分析有

$$\oint_L \vec{E} \cdot d\vec{s} = \int_S (\mathrm{rot}\vec{E}) \cdot d\vec{s} = 0 \tag{1.15}$$

也就是

$$\mathrm{rot}\vec{E} = 0 \tag{1.16}$$

这是静电场第一个场微分方程式,表示静电场的旋度为零,说明电场是无旋的,电荷间的作用是直线进行的。

1.4.2 电势的定义

对于电场中电荷在两点间的势能差为

$$u_2 - u_1 = -q \int_1^2 \vec{E} \cdot d\vec{s} \tag{1.17}$$

此式表示在静电场中,点 2 与点 1 两点之间试探电荷的势能差等于将电荷由 1 点移到点 2 所作的负功。上式中负号表示当电荷移动过程中,如果电荷作了功,就减少了电荷具有的势能。显见电荷的势能差与始点和终点以及电量有关。

定义电势差

$$\varphi_2 - \varphi_1 = u_2/q - u_1/q = -\int_1^2 \vec{E} \cdot d\vec{s} \tag{1.18}$$

也就是对于 1、2 两点间的电势差等于自 1 点到 2 点间电场强度的线积分负值,从物理意义上,电势差等于将单位试探电荷从 P_1 点移到 P_2 点电力所作的功。

上式规定了两点间电势差值,没有规定每点上电势的绝对值,为此可以选取电场中一点 P_0,并约定这一点的电势为 φ_0,则对于电场中任意一点的电势值为

$$\varphi - \varphi_0 = -\int_{P_0}^{P} \vec{E} \cdot d\vec{s} \tag{1.19}$$

如果定义无穷远处的电势 $\varphi_\infty = 0$,则电场中任一点的电势表示为

$$\varphi = \varphi_\infty - \int_\infty^P \vec{E} \cdot d\vec{s} = -\int_\infty^P \vec{E} \cdot d\vec{s} = \int_P^\infty \vec{E} \cdot d\vec{s} \tag{1.20}$$

上式表示了 P 点的电势等于将单位正电荷自 P 点移到无穷远处电力所做的功。通常选取地球表面的电势为 0。

对于单个电荷 q',离它 r 处 P 点的电势为

$$\varphi=\int_P^\infty \frac{q'}{4\pi\varepsilon_0 r^2}\mathrm{d}s=\frac{q'}{4\pi\varepsilon_0 r} \tag{1.21}$$

如果 q' 是正电荷,其周围电势 φ 是正的;若 q' 是负电荷,则 φ 是负值。

对于 n 个点电荷 q_1、$q_2\cdots q_n$ 在 P 点产生的电势为单个点电荷产生的电势的代数和,即

$$\varphi=\sum_{i=1}^n \frac{q'_i}{4\pi\varepsilon_0 r_i} \tag{1.22}$$

式中 r_i 是 P 点到点电荷之间的距离。

如果 1、2 两点间相距无穷小的 $\mathrm{d}\vec{s}$,则两点的电势差为

$$\mathrm{d}\varphi=-\vec{E}\cdot\mathrm{d}\vec{s}=-E_s\mathrm{d}s \tag{1.23}$$

即有

$$E_s=-\frac{\partial\varphi}{\partial s} \tag{1.24}$$

式中 $\frac{\partial\varphi}{\partial s}$ 表示 φ 沿 $\mathrm{d}\vec{s}$ 方向微商,$\frac{\partial\varphi}{\partial s}$ 等于 φ 的梯度在 $\mathrm{d}\vec{s}$ 方向的分量

$$\frac{\partial\varphi}{\partial s}=(\nabla\varphi)_s=\mathrm{grad}\varphi \tag{1.25}$$

因此电场 E 与 φ 的关系为

$$\vec{E}=\frac{\partial\varphi}{\partial s}=-\mathrm{grad}\varphi \tag{1.26}$$

直角坐标中的三个分量为

$$\vec{E}_x=-\frac{\partial\varphi}{\partial x};\vec{E}_y=-\frac{\partial\varphi}{\partial y};\vec{E}_z=-\frac{\partial\varphi}{\partial z} \tag{1.27}$$

从上式可知,如果空间电势分布是已知的,则就可以求得空间各点的电场强度。电场中电势相等的各点的轨迹为等势面。等势面和电力线相垂直。

电势的实用单位为:

1V(伏特)＝1 J/C(焦耳/库仑)＝1/300 静电单位。

因此相应电场强度单位为:V/m(伏特/米)。

电偶极子的势:设有一对间距为 l 的等量异号的电荷 $q_1=-q,q_2=+q$,现讨论离它们很远处的电场,则这一对点电荷为电偶极子,电偶极子的电矩写为 $\vec{p}=q\vec{l}$,如图 1.4 中,点 P 离 $-q$、$+q$ 和 $-q$ 与 $+q$ 连线中点的距离分别为 $\vec{r}_1$、$\vec{r}_2$、$\vec{r}$,则 P 点的电势为

$$\varphi=-q/4\pi\varepsilon_0 r_1+q/4\pi\varepsilon_0 r_2$$

$$=-q/4\pi\varepsilon_0\left[r^2+\left(\frac{l}{2}\right)^2+rl\cos\theta\right]^{1/2}+q/4\pi\varepsilon_0\left[r^2+\left(\frac{l}{2}\right)^2-rl\cos\theta\right]^{1/2}$$

根据 $(1+x)^{-1/2}=1-x/2+1/2\cdot 3/4\cdot x^2+\cdots\cdots$,和 $r\gg l$,略去二次项,得

$$\varphi = \frac{q}{4\pi\varepsilon_0 r}\left[\frac{l\cos\theta}{r}\right] = \frac{p\cos\theta}{4\pi\varepsilon_0 r^2}$$

由此得电场强度为

$$E_r = -\frac{\partial \varphi}{\partial r} = \frac{2p\cos\theta}{4\pi\varepsilon_0 r^3}$$

$$E_\theta = -\frac{\partial \varphi}{r\partial \theta} = \frac{p\sin\theta}{4\pi\varepsilon_0 r^3}$$

用矢量表示为

$$\varphi = \frac{\vec{p}\cdot\vec{r}}{r^3}$$

也就是

$$\vec{E} = -\mathrm{grad}\varphi = -\frac{\vec{p}}{r^3} + \frac{3(\vec{p}\cdot\vec{r})\vec{r}}{r^5}$$

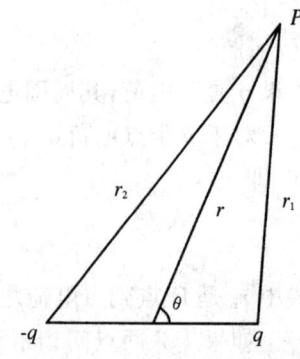

图 1.4 电偶极子产生的电势和电场

§1.5 连续分布的电荷产生的电场

上面讨论的是局限于点电荷的情况，引入的电场强度和电势的计算也限于点电荷的情形。实际大气中的积状云、雷雨云等带电体具有一定的大小，电荷分布于物体之中，并且电荷数目之大无法进行具体计算，所以对于这种情形采用积分的方法。

1.5.1 电荷密度的定义

如果带电体内有一点 P，包围这一点的体积元为 $\Delta\tau$，Δq 是该体元内部的电量，当 $\Delta\tau$ 足够小时，比值 $\frac{\Delta q}{\Delta\tau}$ 所趋向的极限就是 P 点的电荷密度 ρ，写为

$$\rho = \lim_{\Delta\tau\to 0}\frac{\Delta q}{\Delta\tau} = \frac{\mathrm{d}q}{\mathrm{d}\tau} \tag{1.28}$$

1.5.2 体分布的电场强度和电势

当电荷作连续分布时，可以将物体分割为无限小的体元 $\mathrm{d}\tau$，在体元内包含有的电荷为 $\mathrm{d}q = \rho\mathrm{d}\tau$，每一体元可以看做为一点电荷，则整个电荷分布产生的电场强度及电势用积分方法表示

$$d\vec{E} = \frac{\rho \vec{r}}{4\pi\varepsilon_0 r^3} d\tau \qquad \vec{E} = \frac{1}{4\pi\varepsilon_0} \int \frac{\rho \vec{r}}{r^3} d\tau \qquad (1.29)$$

$$d\varphi = \frac{\rho d\tau}{4\pi\varepsilon_0 r} \qquad \varphi = \frac{1}{4\pi\varepsilon_0} \int \frac{\rho}{r} d\tau \qquad (1.30)$$

积分要对整个电荷所在的区域进行，r 是体元 $d\tau$ 到要求的 φ 或 $\vec{E}$ 点距离，因为 $\vec{E}$ 是矢量，实际计算应分解为分量来计算：对于点电荷产生的电势及场强分别为 $\frac{1}{4\pi\varepsilon_0}\frac{q}{r}$ 及 $\frac{1}{4\pi\varepsilon_0}\frac{q}{r^2}$，故在点电荷处它们都趋向无穷大，成为场的奇点。对于体电荷分布的情形，可以在体电荷以外地方计算，也可以在体电荷内部进行计算，而不会成为无穷大。如对于 P 点的电势和场强，体元 $d\tau$ 以球坐标表示为

$$d\tau = r^2 \sin\theta d\theta d\alpha dr \qquad (1.31)$$

可以看出

$$\lim_{\Delta\tau \to 0} \frac{1}{4\pi\varepsilon_0} \frac{\rho \vec{r}}{r^3} d\tau \text{ 及 } \lim_{\Delta\tau \to 0} \frac{1}{4\pi\varepsilon_0} \frac{\rho d\tau}{r} \qquad (1.32)$$

都是有限的。

1.5.3 电荷分布于薄层的面电荷的情况

如果荷电层非常薄，$\Delta h \to 0$，这时可以近似地将电荷看作分布在一面上，定义面电荷密度为单位面积上所有的电量

$$\sigma = \frac{dq}{dS} \qquad (1.33)$$

所产生的电势为

$$\varphi = \frac{1}{4\pi\varepsilon_0} \int_S \frac{\sigma dS}{r} \qquad (1.34)$$

积分对电荷所在的面进行，其中 r 是面元 dS 到要求的电势 φ 处的距离。

1.5.4 电荷的线密度

在闪电过程中，对于线状闪电，电荷集中于一条线上，定义电荷线密度

$$\lambda = \frac{dq}{dl} \qquad (1.35)$$

其电势为

$$\varphi = \frac{1}{4\pi\varepsilon_0} \int_l \frac{\lambda dl}{r} \qquad (1.36)$$

在实际中,最常见的是面电荷的情形,通常物体带电时,电荷往往分布于它的表面,由于强大斥力的存在,单一种电荷分布于空间往往不能处在静止的平衡状态。

§1.6 高斯定理和电通量

高斯定理描述的是用电通量表示电场与其源电荷的关系,即是封闭面内部的电通量与封闭面所包围的电荷的关系。

1.6.1 电通量

1.6.1.1 流体中的通量表示

为描述电通量,首先叙述容易理解的在流体中的通量,计算单位时间内通过任意面的流量是这样的,对于速度为 v 的地方,设垂直于流速方向的小面元为 dS_n,则流量(通量)为

$$dN_v = v dS_n \tag{1.37}$$

如果取面元不与流速垂直,则 dS 面元应投影到与流速相垂直的方向上,即

$$dN_v = v\cos\theta dS = v_n dS = \vec{v} \cdot \vec{dS} \tag{1.38}$$

因此通过任意面 S 的通量为

$$N_v = \int_S v_n dS = \int_S \vec{v} \cdot \vec{dS} \tag{1.39}$$

1.6.1.2 电通量的定义

与流体相类似,可以定义电通量,所谓电通量是指通过一任意面的电力线的数目,写为

$$N_E = \int_S E_n dS \tag{1.40}$$

对于计算一个无限小的面元 dS 的电通量(dS 到点电荷 q 的距离为 r)为

$$dN_E = E_n dS = \frac{q}{4\pi\varepsilon_0 r^2}\cos\theta dS \tag{1.41}$$

式中 θ 为矢径 r 与 dS 面外法线的夹角。

由立体角的定义

$$\frac{\cos\theta dS}{r^2} = d\Omega \tag{1.42}$$

式中 $d\Omega$ 是 dS 对于点电荷所张的立体角,所以有

$$dN_E = qd\Omega \tag{1.43}$$

对于任意闭合面的电通量为

$$N_E = \int_S dN_E = q\oint_S d\Omega \tag{1.44}$$

(1) 如果电荷 q 处在闭合面内,则闭合面对电荷所张的立体角为 4π,所以有

$$N_E = \int_S E_n dS = q/\varepsilon_0 \tag{1.45}$$

(2) 如果电荷在闭合面之外,则有

$$N_E = \oint_S E_n dS = 0 \tag{1.46}$$

对于上面两种情形写为

$$N_E = \oint_S E_n dS = q/\varepsilon_0 \tag{1.47}$$

这里 q 理解为在闭合面内的电荷。

如果在空间有一组电荷 q_1、q_2、$\cdots$、q_k,根据电场叠加原理,对于任意闭合面的电通量为

$$N_E = \oint_S E_{1n} dS + \oint_S E_{2n} dS + \oint_S E_{3n} dS + \cdots + \oint_S E_{kn} dS$$

$$= \frac{1}{4\pi\varepsilon_0}\left[q_1\oint_1 d\Omega + q_2\oint_2 d\Omega + \cdots + q_k\oint_k d\Omega\right] \tag{1.48}$$

式中 $\oint_k d\Omega$ 表示 S 面对 q_k 所在点张的立体角。因此有

$$N_E = \oint_S E_n dS = \sum q/\varepsilon_0 \tag{1.49}$$

式中 $\sum q$ 是包围于闭合面内电荷的代数和。

如果电荷连续分布在空间,则电通量为

$$N_E = \oint_S E_n dS = \int_\tau \rho d\tau/\varepsilon_0 \tag{1.50}$$

式中 $\int_\tau$ 是对于 S 面所包围的体积进行积分,利用矢量分析的奥高定理,将面积分转换为体积分,则有

$$N_E = \oint_S E_n dS = \int_\tau \mathrm{div}\vec{E} d\tau = \int_\tau \rho d\tau/\varepsilon_0 \tag{1.51}$$

上式对于任意体积都成立,所以体积分的被积函数处处相等,则有

$$\mathrm{div}\vec{E} = \rho/\varepsilon_0 \tag{1.52}$$

(1.52) 式表述的就是高斯定理。在直角坐标中高斯定理表示为

$$\text{div}\vec{E}=\frac{\partial E_x}{\partial x}+\frac{\partial E_y}{\partial y}+\frac{\partial E_z}{\partial z}=\rho/\varepsilon_0 \tag{1.53}$$

如果将 $\vec{E}=-\nabla\varphi$ 代入 $\text{div}\vec{E}=\rho/\varepsilon_0$ 中得

$$\text{div}\nabla\varphi=\nabla^2\varphi=-\rho/\varepsilon_0 \tag{1.54}$$

在直角坐标中表示为

$$\nabla^2\varphi=\frac{\partial^2\varphi}{\partial x^2}+\frac{\partial^2\varphi}{\partial y^2}+\frac{\partial^2\varphi}{\partial z^2}=-\rho/\varepsilon_0 \tag{1.55}$$

对于没有电荷的区域,有

$$\nabla^2\varphi=\frac{\partial^2\varphi}{\partial x^2}+\frac{\partial^2\varphi}{\partial y^2}+\frac{\partial^2\varphi}{\partial z^2}=0 \tag{1.56}$$

§1.7 导 体

1.7.1 导体与非导体

导电现象是指导体内在电场作用下能定向流动的电荷,在金属体内是电子,在介质内是离子。

导体:是指在无限短的时间内达到电荷平衡状态。导体有三个重要特点:

(1)导体内有电场必然导致电荷流动,在静电场情况下,导体内部电场强度处处为零,即导体内各点的电势差也是零,电势为一常数,导体是一个等势面;

(2)导体所带的电荷都分布于导体的表面上;

(3)孤立导体处于静电平衡时,它的表面各处的面电荷密度与表面各处的曲率有关,曲率越大的地方,面电荷密度越大。也就是导体尖端处的面电荷密度最大,由于尖端处电荷过多,会引起尖端放电。

非导体:是无限长的时间电荷达到平衡状态。非导体也叫绝缘体。

导体表面处的电场情况,由于导体内部电场强度处处为零,电势为一常数,所以导体表面是一个等势面,电力线垂直于导体表面。如图1.5中,导体表面的面电荷密度为σ,在导体表面取很小面元ΔS,且将其看作平面,导体表面附近的电场强度为E,则

$$E\Delta S=\sigma\Delta S/\varepsilon_0$$

即是

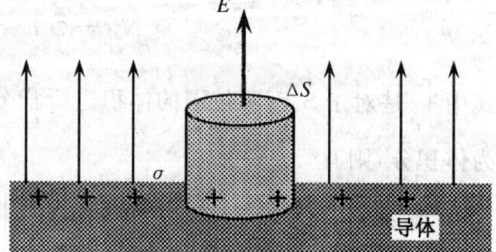

图1.5 导体表面的电场

$$E=\sigma/\varepsilon_0 \tag{1.57}$$

可见导体表面的电场强度与电荷面密度 σ 成正比关系。

1.7.2 有关导体电场和电势的具体计算例子

1.7.2.1 计算圆盘上均匀电荷分布所产生的电场

如果圆盘的半径为 a,电荷密度为 σ,以圆盘中心为坐标原点,可以将圆盘划分成许无限小的圆环,设想半径为 R,宽为 dR 的一个圆环上的一面元(图 1.6),其面积为 $dS=Rd\theta dR$,上面的电荷为 $dq=\sigma Rd\theta dR$,此面元中电荷在距离圆心为 x 的 P 点所产生的电场强度为

$$dE = \frac{\sigma R d\theta dR}{x^2+R^2} \frac{1}{4\pi\varepsilon_0}$$

若 $d\vec{E}$ 与 x 轴的夹角为 α。首先计算圆环上电荷产生的场强,由于各面元产生的场强方向各不相同,积分计算时先将 $d\vec{E}$ 分

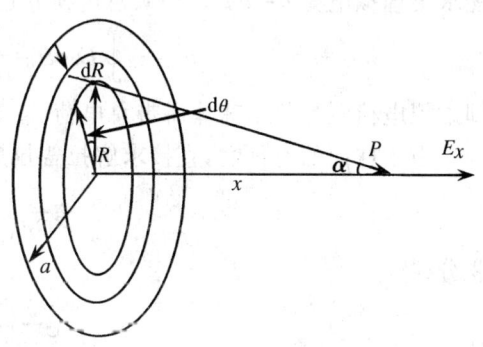

图 1.6 均匀圆盘产生的电场

解为 x 方向和垂直于 x 方向,由于圆环对称性的原因,垂直于 x 方向的相互抵消,故只有 x 方向

$$\int_0^{2\pi} \frac{\sigma R dR d\theta}{x^2+R^2} \cos\alpha = \frac{2\pi\sigma R dR}{x^2+R^2} \frac{x}{\sqrt{x^2+R^2}}$$

整个圆盘产生的电场只需对 dR 积分

$$E = \frac{1}{4\pi\varepsilon_0} \int_0^a \frac{2\pi x\sigma R dR}{(x^2+R^2)^{3/2}} = \sigma/2\varepsilon_0 \left[1 - 1/\sqrt{1+(a/x)^2} \right] \tag{1.58}$$

当 $a \to \infty$ 时,圆盘变为一无限大带电平面,则

$$E=\sigma/2\varepsilon_0 \tag{1.59}$$

这时场强是均匀的。对于带有异号电荷的均匀平面,在两平面中间的地方,正板产生 $\sigma/2$,负板也产生 $\sigma/2$,两者方向相同,所以两板中间的电场强度为

$$E=\sigma/\varepsilon_0$$

在两板外面空间产生的电场方向相反,所以

$$E=0$$

1.7.2.2 球形导体

设球的半径为 a,球外任意一点到球心的距离为 r,球体本身是一个等势面,单个点电

荷周围的等势面也是球形的,所以设想在球心处有一虚拟电荷 q,它周围产生的电势为

$$\varphi = \frac{1}{4\pi\varepsilon_0}\frac{q}{r} \tag{1.60}$$

当 $r=a$

$$\varphi' = \frac{1}{4\pi\varepsilon_0}\frac{q}{a} \tag{1.61}$$

显然(1.60)式满足拉普拉斯方程 $\nabla^2\varphi$,同时也满足边界条件。如果导体的电势已知,就能求出虚拟电荷 $q=a\varphi'$。如果总电荷 q' 已知,则

$$q' = \varepsilon_0 \oint E_n \mathrm{d}S = -\varepsilon_0 \oint \left(\frac{\partial\varphi}{\partial r}\right)_a \mathrm{d}S = \varepsilon_0 q$$

即虚拟电荷电量等于球体所带总电荷。

由于球面的对称性,直接求解拉普拉斯方程,在这种情况下方程简化为

$$\frac{1}{r^2}\frac{\partial}{\partial r}\left(r^2\frac{\partial\varphi}{\partial r}\right) = 0$$

积分得

$$\varphi = -\frac{C_1}{r} + C_2$$

利用边界条件定出:$r=\infty$,$\varphi=0$,求出 $C_2=0$;$r=a$,$\varphi=\varphi'$,则 $C_1=-a\varphi'$。结果与上述相符。

1.7.2.3 旋转椭球导体

设有一旋转椭球导体,其半长轴为 a,半短轴为 b,偏心率 $c=\sqrt{a^2-b^2}$,则椭球体方程为

$$\frac{x^2+y^2}{b^2} + \frac{z^2}{a^2} = 1$$

并已知导体带有总电荷为 q'。对此,设想电荷均匀地分布于两焦点的连线上,则其产生的电势为

$$\varphi = \frac{1}{4\pi\varepsilon_0}\frac{q}{2c}\int_{-c}^{+c}\frac{\mathrm{d}\zeta}{r} \tag{1.62}$$

$$r = \sqrt{(z-\zeta)^2 + x^2 + y^2}$$

式中 ζ 是线元到中点的距离,而 r 是空间任意一点到线元 $\mathrm{d}\zeta$ 的距离,对(1.62)式积分得

$$\varphi = \frac{q}{8\pi\varepsilon_0 c}\ln\frac{z+c+\sqrt{x^2+y^2+(z+c)^2}}{z-c+\sqrt{x^2+y^2+(z-c)^2}} \tag{1.63}$$

在椭球面上的 x,y,z 满足方程

$$\frac{x^2+y^2}{b^2} + \frac{z^2}{a^2} = 1$$

故有
$$x^2+y^2+(z\pm c)^2=\left(a\pm\frac{cz}{a}\right)^2$$

代入电势表达式

$$\varphi=\frac{q}{8\pi\varepsilon_0 c}\ln\frac{z+c+a+cz/a}{z-c+a-cz/a}=\frac{q}{2c}\ln\frac{a+c}{a-c} \tag{1.64}$$

这表明在旋转椭球面上，φ 为一常数，表明导体是一等势面。

对于导体表面的电荷密度分布，如果导体表面电荷面密度为 σ，利用关系式 $E=\sigma/\varepsilon_0$，可以求得

$$\sigma=\varepsilon_0|\nabla\varphi| \tag{1.65}$$

其中

$$\nabla\varphi=\sqrt{\left(\frac{\partial\varphi}{\partial x}\right)^2+\left(\frac{\partial\varphi}{\partial y}\right)^2+\left(\frac{\partial\varphi}{\partial z}\right)^2}$$

将(1.63)式代入(1.65)式，利用椭球体上各点关系

$$x^2+y^2=(a^2-c^2)\left(1-\frac{z^2}{u^2}\right)$$

$$x^2+y^2+(z\pm c)^2=a^2+\frac{c^2}{a^2}z^2\pm acz=\left(a\pm\frac{cz}{a}\right)^2$$

可以求出电荷密度为

$$\sigma=\frac{\varepsilon_0 q}{ab\sqrt{1-\left(\frac{cz}{a^2}\right)^2}} \tag{1.66}$$

1.7.3 静电感应的实验和计算

1.7.3.1 导体平面前的点电荷

在实际大气中，积雨云带电通常可以看成为点电荷，而地表面可以看成是一无限大的导体平面，这时大气中任一点的电场可以由下面的方法求解。

假如在图 1.7 中，在无限大的导体平面之前安放一点电荷 q，坐标在 $x=D$ 处。设导体平面与地相连接（电势为 0），显然导体平面上有感应电

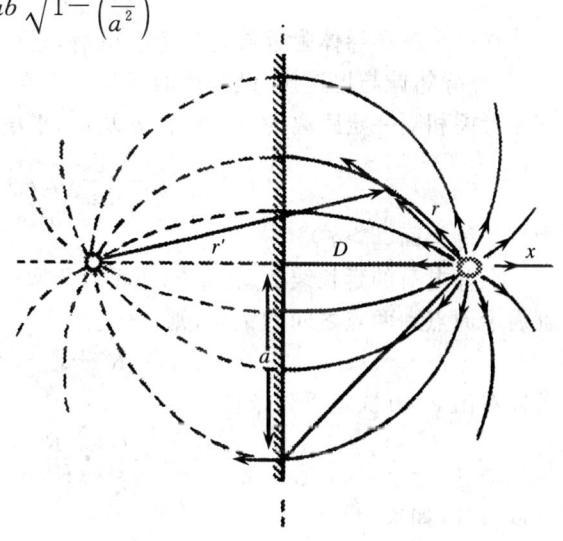

图 1.7 点电荷的镜像法

荷。本问题的边界条件：(1)导体平面上电势为 0；(2)接近点电荷处电势为无穷大。有一对等量而异号的点电荷，它们连线的中点且与连线垂直的平面是一 $\varphi=0$ 的等势面。假如在 $x=-D$ 处有一虚拟点电荷 $-q$，则 $P(x,y,z)$ 点的电势表示为

$$\varphi=\frac{q}{4\pi\varepsilon_0 r}-\frac{q}{4\pi\varepsilon_0 r'} \tag{1.67}$$

其中 $r=\sqrt{(x-D)^2+y^2+z^2}$ $r'=\sqrt{(x+D)^2+y^2+z^2}$

对于空间任一点的电场强度

$$E=-\left(\frac{\partial \varphi}{\partial x}\right)=-\frac{q}{4\pi\varepsilon_0}\frac{\partial}{\partial x}\left[1/\sqrt{(x-D)^2+y^2+z^2}-1/\sqrt{(x+D)^2+y^2+z^2}\right]$$

$$=\frac{-2qD}{4\pi\varepsilon_0\left[(x-D)^2+y^2+z^2\right]^{3/2}} \tag{1.68}$$

导体表面($x=0$)的电荷密度(利用关系 $E=\sigma/\varepsilon_0$ 式)由下式

$$E=-\left(\frac{\partial \varphi}{\partial x}\right)_{x=0}=-\frac{q}{4\pi\varepsilon_0}\frac{\partial}{\partial x}\left[1/\sqrt{(x-D)^2+y^2+z^2}-1/\sqrt{(x+D)^2+y^2+z^2}\right]_{x=0}$$

$$=-\frac{qD}{2\pi\varepsilon_0 r^3}=\sigma/\varepsilon_0 \tag{1.69}$$

便可得

$$\sigma=-\frac{qD}{2\pi r^3} \tag{1.70}$$

1.7.3.2 点电荷与球形导体

在一个球形导体附近放置一个点电荷，它可以分为两种情况讨论：

(1)导体球与地连接：设接地的半径为 R 的导体球，在距球心为 S 处有一点电荷 q，首先考虑相隔一定距离的一对电荷 q 及 q'，求电势

$$\varphi=\frac{1}{4\pi\varepsilon_0}(q/r-q'/r)$$

为零的等势面($q>q'$)。

在两电荷的延长线上(在 q' 的外面)，选取一点为极坐标 (R,θ) 的原点，而 s 及 s' 分别表示原点到两点之间的距离，则

$$r^2=R^2+s^2-2Rs\cos\theta$$

可以看出 $\varphi=0$ 决定下列条件

$$\frac{q^2}{q'^2}=\frac{r^2}{r'^2}=\frac{s}{s'}\cdot\frac{R^2/s+s-2R\cos\theta}{R^2/s'+s'-2R\cos\theta}$$

可以看到，如果

$$R^2=ss' \quad \text{则} \quad \frac{s}{s'}=\frac{q^2}{q'^2}, \tag{1.71}$$

不论 θ 有多大,上面条件总能成立。这结果表明,$\varphi=0$ 的等势面为一球面,球心的位置及半径满足(1.71)式。

如果在距球心为 $s'=R^2/s$ 处放置一个点电荷

$$-q' = -q\sqrt{\frac{s'}{s}} = -q\frac{R}{s}$$

则球外各点电势为

$$\varphi = \frac{1}{4\pi\varepsilon_0}\left(\frac{q}{r} - \frac{q'}{r'}\right) \tag{1.72}$$

可以完全满足本问题的边界条件。

(2) 导体球是孤立的:设一个孤立球体,所带的总电荷为零,在球体上的电势为一恒值,但不一定为零,要满足这个条件,可以在球心上再加一个电荷为的 q'' 虚拟电荷,而 $q'+q''=0$,所以在球外一点的电势可以表示为

$$\varphi = \frac{1}{4\pi\varepsilon_0}\left(\frac{q}{r} - \frac{q'}{r'} + \frac{q'}{r_0}\right)$$

在球体上电势等于

$$\varphi = \frac{1}{4\pi\varepsilon_0}\frac{q'}{R} = -\frac{q}{4\pi\varepsilon_0 s}$$

1.7.4 电容器的电容

1.7.4.1 定义

电荷与电势差之比,即电容

$$C = \frac{q}{V_{12}} = \frac{q}{\varphi_1 - \varphi_2} \tag{1.73}$$

电容的单位为法拉,即

$$1\text{ 法拉}(F) = 1C/V$$
$$1\text{ 微法拉}(\mu F) = 10^{-6}F$$
$$1\text{ 微微法拉}(\mu\mu F) = 10^{-12}F$$

电容器的电容决定于导体的几何形状、大小和位置。下面讨论一些具体的例子。

1.7.4.2 平板电容器

平板面积为 S,相距为 a,所带电荷为 q,假定平板面积很大,距离很近,忽略边缘效应,两板间电场为均匀的,则

$$E = \frac{\varphi_1 - \varphi_2}{a} \tag{1.74}$$

而电荷面密度为

$$\sigma = \varepsilon_0 \varepsilon_r E = \frac{\varepsilon_0 \varepsilon_r (\varphi_1 - \varphi_2)}{a} \tag{1.75}$$

式中 ε_r 是两平板间相对介电常数。

电容为

$$C = \frac{\sigma S}{\varphi_1 - \varphi_2} = \frac{\varepsilon_0 \varepsilon_r S}{a} \tag{1.76}$$

如果将雷暴云云底和地球表面看成平行的平面，则由(1.76)式计算云与大地之间的电容。

1.7.4.3 球形电容器

由两个同心的球壳所构成，令 a 为内壳半径，为 b 外壳半径，内壳带有电荷 q，则可以求出壳间的电场为

$$E = \frac{1}{4\pi\varepsilon_0} \frac{q}{r^2} \tag{1.77}$$

所以

$$\varphi_1 - \varphi_2 = \frac{1}{4\pi\varepsilon_0} \int_a^b \frac{q}{r^2} dr = \frac{1}{4\pi\varepsilon_0} \left(\frac{q}{a} - \frac{q}{b} \right) \tag{1.78}$$

电容为

$$C = \frac{q}{\varphi_1 - \varphi_2} = \frac{4\pi\varepsilon_0}{\frac{1}{a} - \frac{1}{b}} = 4\pi\varepsilon_0 \frac{ab}{b-a} \tag{1.79}$$

对于地球大气系统，如果把电离层和地球体看成是两个同心的导体，则由(1.79)式计算出地于球形电容器的电容。

1.7.4.4 孤立导体电容

可以将一孤立导体看成一电容，只要将电容器的另一导体考虑为无限远处，如对球形电容器，$b \to \infty$，则 $C = a$。

对于旋转椭球体

$$C = \frac{q}{\varphi_0} = \frac{q}{\frac{q}{8\pi\varepsilon_0 c} \ln \frac{a+c}{a-c}} = \frac{8\pi\varepsilon_0 c}{\ln \frac{a+c}{a-c}} \tag{1.80}$$

又因 $c = \sqrt{a^2 - b^2}$，所以有

$$C = \frac{8\pi\varepsilon_0 \sqrt{a^2 - b^2}}{\ln \frac{a + \sqrt{a^2 - b^2}}{b}} \tag{1.81}$$

如果 $b \to 0$,旋转椭球体退化为一段长为 $l=2a$ 的直线,其电容

$$C = 4\pi\varepsilon_0 \frac{l}{\ln\frac{l}{b}} \tag{1.82}$$

1.7.5 电容器的并联和串联

1.7.5.1 并联

数个电容并联时,其有效电容为个别电容的总和:

$$C = C_1 + C_2 + \cdots\cdots + C_n \tag{1.83}$$

1.7.5.2 串联

数个电容串联时,其有效电容的倒数为个别电容的倒数之总和

$$\frac{1}{C} = \frac{1}{C_1} + \frac{1}{C_2} \cdots\cdots \frac{1}{C_n} \tag{1.84}$$

§1.8 电介质

电介质就是绝缘体,在电介质内没有可以移动的电荷,因此也没有自由移动的电荷。大气分子、气溶胶粒子和云中的粒子中的电子不能自由运动,都属于电介质。

1.8.1 电介质的极化

电介质的主要特点是介质内的电子都紧紧地束缚在母原子周围,不能离开,这些电荷称束缚电荷,它们不能远离其原来的位置。在通常的电场作用下电介质中的电子不会流动,所以也不能产生电流。但是电介质内的正、负电子在电场作用下,可以偏离其平衡位置,表现出正、负极性,这就是电介质的极化。

描写电介质极化的量常用电偶极矩表示,所谓电偶极矩是指一对相距的等量而异号的点电荷 $+q$ 和 $-q$,则这一对点电荷称为电偶极子,而称 $\vec{p} = q\vec{l}$ 为这电偶极子的电偶极矩。

(1)当无外加电场时,介质内的原子或分子本身不具有电偶极矩,如 N_2、H_2、O_2、CO_2 及 Ar、He 等惰性气体,它们的原子中的价电子的分布是球形对称的,为非极性分子。

(2)当无外加电场时,介质内的分子具有永久的电偶极矩,原子内的价电子作不对

称分布,为有极分子,如 H_2O、CO、HCl、NH_3。

当受到外加电场时,(1)对第一类分子,电介质中分子的正负电荷受电力作用而产生位移,正负电荷的重心不复合在一起,而形成偶极子,由此生成的电偶极矩称为感生偶极矩。(2)对第二类分子,电介质中的分子偶极子沿电场方向排列起来。这两类分子在电场作用下产生同样的效果:就是电介质内各体积元内分子偶极矩的总和不等于零。由此形成的电荷称极化电荷。

1.8.2 电极化强度及极化电荷密度

1.8.2.1 电极化强度

为描述电介质的极化状态,通常引入电极化强度。对于某一点的电极化强度定义为在该点附近单位体积内分子电偶极矩的总和。设想介质内一个体积元 $d\tau$,在 $d\tau$ 内电偶极矩的总和与体积 $d\tau$ 之比等于该点的 $\vec{P}$,数学表示为

$$\vec{P}d\tau = \sum_{d\tau}\vec{p}_i \tag{1.85}$$

式中 $\vec{p}_i$ 是第 i 个分子的电偶极矩。$\sum\limits_{d\tau}$ 是对体元内所有分子求和。

如果电介质内各点的 $\vec{P}$ 已知,就可计算极化了的介质本身激发的电势和电场强度。设想介质内单位体积内的分子数为 N,每个分子用电偶极矩 $\vec{p}$ 表示,$\vec{p}$ 称之等效电偶极矩(所有分子都是相同的电偶极矩),则

$$\vec{P}d\tau = N\vec{p}d\tau = Neld\tau \tag{1.86}$$

式中 e 是分子偶极子的电荷,l 是等效电偶极子正负电荷间的距离。

1.8.2.2 介质内极化电荷密度

设想在介质内以闭合面 S 划出某一体积 τ,这体积远大于分子的距离,其电荷的代数和不一定等于零,因为偶极子可能与界面相交,而使界面内的正负电荷不能完全抵消,又设想 S 面上有一个面元 dS,与 dS 相交的偶极子的起点都在厚度为 $l|\cos\theta|$ 的介质层内(图 1.8),这介质层的体积为 $l|\cos\theta|dS$,而被面元 dS 分开的偶极子数目为 $Nl|\cos\theta|dS$,所以体积 τ 内由于偶极子与面元 dS 相交而未被抵消的电荷绝对值为

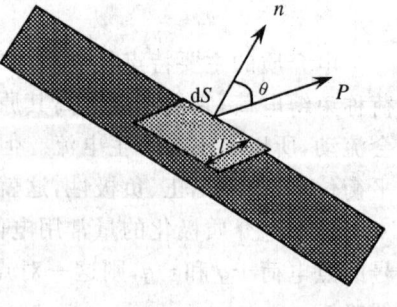

图 1.8

$$|dq| = Nel|\cos\theta|dS = P|\cos\theta|dS = |P_n|dS \tag{1.87}$$

如果 $\vec{P}$ 与 $\vec{n}$(dS 的外法线)的夹角 $\theta < 90°$,则位于 S 面内是负电荷,否则如果 $\theta > 90°$,则

是正电荷。因此在 τ 内未被抵消的电荷的数量为

$$q = -\oint_S P_n \mathrm{d}S \tag{1.88}$$

式中 $\oint_S$ 表示沿闭合面 S 进行积分。

利用矢量分析的奥高定理可以有

$$q = -\oint_S P_n \mathrm{d}S = -\int_\tau \mathrm{div}\vec{P} \mathrm{d}\tau \tag{1.89}$$

另一方面,令 ρ' 是介质内极化体电荷密度,则

$$q = \int_\tau \rho' \mathrm{d}\tau \tag{1.90}$$

由此得极化体电荷密度为

$$\rho' = -\mathrm{div}\,\vec{P} \tag{1.91}$$

即介质内极化体电荷密度决定于电极化强度的散度。可以看出 $\vec{P}$ 线的起点是极化负电荷,终点是极化正电荷。如果极化是均匀的,介质内各处 $\vec{P}$ 都一样,则 $\vec{P}$ 的散度为 0,则 ρ' 也为 0。

在 $\vec{P}$ 的突变面上,应沿突变面分布极化电荷,其密度以 σ'。设想扁柱体闭合面包围突变面上的面元 $\mathrm{d}S$(图 1.9),其厚度很小,则

$$\sigma' \mathrm{d}S = -(P_{2n} - P_{1n})\mathrm{d}S \tag{1.92}$$

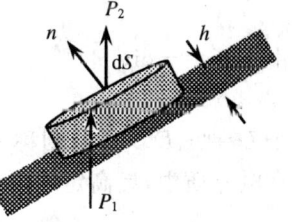

图 1.9

所以

$$\sigma' = -(P_{2n} - P_{1n}) \tag{1.93}$$

如果突变面的一边为真空,则 $P_2 = 0, P_1 = P$,

$$\sigma' = P_n \tag{1.94}$$

1.8.3 微观场与宏观场

由于物质内部包含带电的质点,这些带电粒子在其周围产生强烈的电场。在物质内部的微观电场是极不均匀的。对于介质内任一点物理量的宏观值,定义为该点附近某物理量的时空均值,如 P 点的电势 φ,它可以定义为以 P 为中心,c 为半径作一球面,于一定时间间隔 T 内的电势 φ 等于球体内各点电势的平均值

$$\bar{\varphi}(x,y,z,t) = \frac{1}{2T\frac{4}{3}\pi c^3}\iint \varphi(x+\rho, y+\eta, z+\xi, t+\theta)\mathrm{d}\tau\mathrm{d}\theta \tag{1.95}$$

式中 $\rho^2 + \eta^2 + \theta^2 \leqslant c$

对于微观场，电场方程为

$$\mathrm{rot}\, E_m = 0 \tag{1.96}$$

$$\mathrm{div}\, E_m = \frac{\rho_m}{\varepsilon_0}$$

介质内宏观场是微观场的平均，$\bar{\rho}_m = \rho + \rho'$，$\rho'$ 是极化电荷密度，ρ 是自由电荷密度。

介质的宏观电场方程为

$$\mathrm{rot}\, E = 0 \tag{1.97}$$

$$\varepsilon_0 \mathrm{div}\, E = \rho + \rho' \tag{1.98}$$

其积分形式为

$$\oint \vec{E} \cdot \mathrm{d}\vec{s} = 0 \tag{1.99}$$

$$\oint \vec{E} \cdot \mathrm{d}S = q + q' \tag{1.100}$$

$$\vec{E} = -\nabla \varphi \tag{1.101}$$

由于 $\rho' = -\mathrm{div}\, \vec{P}$，则有

$$\mathrm{div}(\varepsilon_0 E + P) = \rho \tag{1.102}$$

令 $D = (\varepsilon_0 E + P)$，则称 D 为电感应矢量或电位移，它是电场强度和电极化之和。因此在电介质中，奥高定理写为

$$\mathrm{div}\, D = \rho \tag{1.103}$$

其积分形式为

$$\oint D_n \mathrm{d}S = 4\pi q \tag{1.104}$$

这样对于电介质电场的计算大为方便，一般不易知道的极化电荷不再出现，可以直接根据自由电荷的分布，由奥高定理计算空间各处的 D，它的引入方便了电场计算。

1.8.4 物质的介电特性

根据物质在电场中极化的情况，物质可以分为两类，一类是各向同性物质，物质的极化强度方向和电场强度方向相同；另一类是各向异性物质，极化强度方向和电场强度方向并不相同，$\vec{P}$ 与 $\vec{E}$ 呈现复杂的函数关系。对于各向同性物质，$\vec{P}$ 与 $\vec{E}$ 有如下简单关系

$$\vec{P} = \chi \vec{E} \tag{1.105}$$

式中 χ 是介质的极化系数，它取决于物质的特性。将 $\vec{D} = \varepsilon_0 \vec{E} + \vec{P}$，则有

$$\vec{D} = \varepsilon_0 \vec{E} + \chi \vec{E} = (\varepsilon_0 + \chi)\vec{E}$$

令 $\varepsilon = \varepsilon_0 + \chi$，则有

$$\vec{D} = \varepsilon \vec{E} \tag{1.106}$$

其中称 ε 是物质的介电常数,它也决定于物质的性质,χ 和 ε 也取决于物质所具有的温度和物质的密度。由于 χ 总是大于1,所以 ε 也大于1,对于真空,$\varepsilon=1$,而空气的介电常数与真空中的十分接近。$\varepsilon=\varepsilon_0\varepsilon_r$,$\varepsilon_r$ 称为相对介电常数,$\chi=\varepsilon_0(\varepsilon_r-1)$。

1.8.5 介质分界面上的边界条件

在电介质的分界面上,电场强度和电感应矢量都满足介面上的边界条件。在两种不同介质的分界处场强和电感矢量会发生突变,在分界面上可能产生极化电荷。在介质的边界处应满足以下两个边界条件:

(1)在分界面上任意点的两侧的电感应矢量的法向分量的跃变等于 $4\pi\sigma$(此处 σ 是分界面上自由电荷面密度),通常介质分界面上不带有自由电荷,因此有

$$D_{1n} = D_{2n} \tag{1.107}$$

(2)在分界面两侧的场强的切向分量具有相同的数值,即

$$E_1 \sin\theta_1 = E_2 \sin\theta_2 \tag{1.108}$$

或

$$E_{1t} = E_{2t} \tag{1.109}$$

1.8.6 有电介质存在的相互作用能量

考虑相距为 r_{12} 的一对电荷 q_1 和 q_2,在改变距离 r_{12} 电力所做的功,可以先假设 q_2 不动,而 q_1 从电势为 φ_1 处移到 $\varphi_1+\mathrm{d}\varphi_1$ 处,这时

$$\mathrm{d}A = -q_1 \mathrm{d}\varphi_1, \quad \varphi_1 = \frac{q_2}{4\pi\varepsilon_0 r_{12}} \tag{1.110}$$

这里引入一对电荷的相互作用能 W

$$\mathrm{d}A = -\mathrm{d}W \tag{1.111}$$

即靠相互作用能的减少来做功

$$\mathrm{d}W = -\mathrm{d}A = q_1 \mathrm{d}\varphi_1 = q_1 \mathrm{d}\left(\frac{q_2}{4\pi\varepsilon_0 r_{12}}\right) \tag{1.112}$$

积分得

$$W = \frac{q_1 q_2}{4\pi\varepsilon_0 r_{12}} \tag{1.113}$$

其中积分常数这样确定,当二电荷相距无穷远时,它们间相互作用能等于零,同样将 q_1 固定,q_2 移动有同样的结果。上式也可以写为

$$W = \frac{q_1 q_2}{4\pi\varepsilon_0 r_{12}} = q_1 \varphi_1 \tag{1.114}$$

通常写成对称形式

$$W = \frac{1}{2}(q_1\varphi_1 + q_2\varphi_2) \tag{1.115}$$

对于几个点电荷系统有

$$W = \frac{1}{2}\sum_{k=1}^{n} q_k \varphi_k \tag{1.116}$$

在介质中

$$W = \frac{1}{2}\int_\tau \rho\varphi \, d\tau \tag{1.117}$$

其中由矢量分析得

$$\rho\varphi = \varphi \operatorname{div} \vec{D} = \frac{1}{4\pi}[\operatorname{div}(\varphi\vec{D}) - \vec{D} \cdot \operatorname{grad}\varphi]$$
$$= \operatorname{div}(\varphi\vec{D}) + \vec{D} \cdot \vec{E} \tag{1.118}$$

上式代入前式

$$\frac{1}{2}\int_\tau \rho\varphi \, d\tau = \frac{1}{8\pi}\int_\tau \vec{D} \cdot \vec{E} \, d\tau + \frac{1}{8\pi}\int_\tau \operatorname{div}(\varphi\vec{D}) \, d\tau$$
$$= \frac{1}{8\pi}\int_\tau \vec{D} \cdot \vec{E} \, d\tau + \frac{1}{8\pi}\oint \varphi D_n \, dS \tag{1.119}$$

上式中右端第一项积分对全部空间,第二项的积分面是对无穷远处 τ 的界面,因 $\varphi \propto \frac{1}{r}$, $D_n \propto \frac{1}{r^2}$, 而 $S \propto r^2$,所以当 $r \to \infty$ 时,第二项 S 面上积分等于零。所以有

$$W = \frac{1}{2}\int_\tau \rho\varphi \, d\tau = \frac{1}{8\pi}\int_\tau \vec{D} \cdot \vec{E} \, d\tau \tag{1.120}$$

积分是对于整个电场,电场能的体密度为

$$w = \frac{1}{8\pi}\vec{D} \cdot \vec{E} = \frac{\varepsilon}{8\pi}E^2 \tag{1.121}$$

1.8.7 极化介质中的能量

在偶极子的正负电荷间存有一种似弹性的作用力,其大小正比于相隔的距离,当外加电场时作用力与似弹性力相平衡,偶极子就有一定电距 $\vec{p}$,它与作用于偶极子的电场 $\vec{E}'$ 成正比,即为

$$\vec{p} = \alpha \vec{E}' \tag{1.122}$$

在极化过程式中,电场所做的功

$$\int_0^l \frac{q^2 l}{\alpha} dl = \frac{1}{2} \frac{q^2 l^2}{\alpha} = \frac{1}{2} pE' \tag{1.123}$$

所以贮存在介质单位体积中的似弹性能量

$$W' = \frac{1}{2} pNE' \tag{1.124}$$

因此电介质中宏观能量密度应等于电场能量加上极化似弹性能量

$$W = \frac{1}{8\pi} \bar{E}_m^2 + \frac{1}{2} PE' \tag{1.125}$$

§1.9 电 流

为描述电荷在电场的作用下的运动特征,引入电流这一量。雷暴云闪电时通过强电流对生命财产造成巨大的破坏性。电流是闪电的一个重要参量。

1.9.1 电流和电流密度

1.9.1.1 电流

电荷的定向运动就形成电流;形成电流的带电粒子可以是电子、质子、正负离子,称为载流子。

1.9.1.2 电流强度

单位时间内通过某一面的电量

$$I = \frac{dq}{dt} \tag{1.126}$$

其中 dq 为 dt 时间内通过此面的电量;电流的单位为 A(安培):1A(安培)=1C(库仑)/s(秒)=3×10⁹ cgse 电流单位。

1.9.1.3 电流密度

通过在导体内垂直于电流方向单位面积的电流强度,即为

$$i = \frac{dI}{dS_n} \tag{1.127}$$

也就是

$$I = \int i \cos\theta dS \tag{1.128}$$

所以电流强度就是电流密度的通量。电荷的定向移动有以下三种情况：

(1)正电荷移动，电流方向就是电荷移动方向；(2)负电荷移动，电流方向与电荷移动方向相反；(3)正负电荷移动同时发生。电流密度的单位：1A(安培)/m²(米²)。

1.9.2 连续性方程

设想一闭合面 S，从 S 面单位时间内所流出的电量为 $I = \oint i_n \mathrm{d}S$，$n$ 是 S 面的外法线方向，由电荷守恒定理，流出的电量应等于在同一时间内闭合面所包围的体积 τ 中电量的减少，也就是

$$\oint i_n \mathrm{d}S = -\frac{\partial q}{\partial t} = -\frac{\partial}{\partial t}\int_\tau \rho \mathrm{d}\tau \tag{1.129}$$

利用奥高定理

$$\mathrm{div}\,\vec{i} = -\frac{\partial \rho}{\partial t} \tag{1.130}$$

对于稳定电流，电场内各点的电流密度不随时间而变，必然有 $-\frac{\partial \rho}{\partial t} = 0$，也即

$$\mathrm{div}\,\vec{i} = 0 \tag{1.131}$$

其积分形式表示为

$$\oint i_n \mathrm{d}S = 0 \tag{1.132}$$

对于任意闭合面，电流的代数和等于 0。将这个结果应用到 n 根导线的分岔点上，电流的代数和应等于零，即

$$\sum_{K=1}^{n} I_k = 0 \tag{1.133}$$

上式中假定流出分岔点的电流以正值计，流入分岔点的电流以负值计。(1.133)式称之为克希霍夫第一定理。对于不分岔导线，则通过任一截面的电流一定相等。

1.9.3 欧姆定理

欧姆从实验发现在一定温度下，导线内的电流与其两端的电压成正比例关系。因此定义：电压与电流之比等于该导线的电阻，即

$$R = \frac{V_{12}}{I} \tag{1.134}$$

(1.134)式就是欧姆定理。电阻的数值取决于导体的性质、形状和大小。电阻的单位：$1\Omega = 1V/1A$。在一定的温度下，对于导体的电阻与导体的长度 l 成正比，与它的截面

积 S 成反比,即为

$$R=\rho\frac{l}{S} \tag{1.135}$$

式中 ρ 是电阻系数,它的倒数 $\sigma=1/\rho$ 称之电导系数。则上式又可以写为

$$R=\frac{l}{\sigma S} \tag{1.136}$$

如果有一电流管和相隔很小 ds 的两等势面 φ 与 $\varphi+d\varphi$ 相截出一个截面积为 dS 的小柱体。此柱体的电阻等于

$$R=\frac{ds}{\sigma dS} \tag{1.137}$$

对此柱体应用欧姆定理

$$\varphi-(\varphi+d\varphi)=IR \tag{1.138}$$

即

$$-d\varphi=R\cdot idS=\frac{1}{\sigma}ids$$

$$-d\varphi/ds=\frac{1}{\sigma}i \tag{1.139}$$

由于

$$\vec{E}=-\frac{d\varphi}{ds} \tag{1.140}$$

则(1.139)式又可写为

$$\vec{i}=\sigma\vec{E} \tag{1.141}$$

这就是欧姆定理的微分形式,表示了电场中任一点的场强与电流密度的关系。

1.9.4 电动势

上面我们讨论了静电场对电荷的作用力,除此之外,电荷还会受到其它原因的作用力(如在磁场中受磁力的作用,电子、离子的扩散),凡这种非静电作用于电荷上的力称之外加力 F^*,则单位电荷受外加力的作用定义该点的外加力电场强度为

$$\vec{E}^*=\frac{\vec{F}^*}{q} \tag{1.142}$$

则电荷受静电力和外加力作用时的欧姆定律可写为

$$\vec{i}=\sigma(\vec{E}+\vec{E}^*) \tag{1.143}$$

一般情况下,电源的电动势定义为

$$E=\int_A^B \vec{E}^*\cdot d\vec{s} \tag{1.144}$$

其数值等于平衡状态(电流为零)时两端的电势差为

$$V_{AB} = -\int_A^B \vec{E} \cdot d\vec{s} = \int_A^B \vec{E}^* \cdot d\vec{s} = E = \varphi_B - \varphi_A \qquad (1.145)$$

如当金属与电解液相接触,电解液中有少量正离子,则相当于有电流从金属流向电解液,这时溶液的倾向构成外加力,直至溶液荷正电荷,金属荷负电荷。在平衡状态下,电场的作用和溶解的倾向相抵消,这时溶液与金属间的电势差等于电动势

$$V_{BA} = \int_A^B E_s^* \cdot d\vec{s} \qquad (1.146)$$

1.9.5 复杂回路的计算

对于复杂的电路系统,克希霍夫得出两条基本定律:
1. 第一定律:在电路的每一分岔点上电流代数和等于零;
2. 第二定律:对于每一回路有

$$\sum E_i = \sum I_i R_i \qquad (1.147)$$

在具体计算时,有两种方法:

(1)分枝电流法:在解题之前,对每一不分枝的电路上假定一电流值,并假定一个流向,分枝总数为 K,需假定 K 个电流,然后对各分岔点利用第一定理列出 $(n-1)$ 个相互独立的方程式(n 为分岔点的总数);对于各个回路,应用第二定理列出所不足的方程式,共 $M=K-(n-1)$ 个,然后解出联立方程式。如果原设的电流方向是错的,则在答案中有负值出现。

(2)回路电流法:假定每一回路上有一未知的电流值,作出各个回路,使每一回路有电流通过,然后对各个回路应用克希霍夫第二定律,得到需要的方程式。

§1.10 气体导电理论

如果两电极板间的电压很小,不足以引起碰撞电离,这时气体中的离子是由于 X 射线、紫外线、宇宙射线等的作用而产生。如果单位体积中离子对数为 N,即是

$$N^+ = N^- = N \qquad (1.148)$$

假定有一定的 X 射线、紫外线、宇宙射线作用,单位体积中离子产生的速率为 $\dfrac{dN}{dt}$,同时由于离子和电子的复合过程,使离子对数减少,其复合的速率分别与 N^+,N^- 成正比,所以有

$$\left(\dfrac{dN}{dt}\right)_1 = -\rho N^2 \qquad (1.149)$$

这里 ρ 是复合系数，而离子对也可以到达电极而消失，单位体积由此引起离子的消失速率为

$$\left(\frac{dN}{dt}\right)_2 = -\frac{iS}{e\tau} = -\frac{i}{ea} \tag{1.150}$$

式中 S 为电极面积，τ 为两电极间的体积，a 是两电极间距，在稳定状态下，

$$\frac{dN}{dt} + \left(\frac{dN}{dt}\right)_1 + \left(\frac{dN}{dt}\right)_2 = 0 \tag{1.151}$$

即

$$\frac{dN}{dt} - \rho N^2 - \frac{i}{ea} = 0 \tag{1.152}$$

通过的电流密度为

$$i = eN(v^+ + v^-) \tag{1.153}$$

这里 v^+，v^- 分别表示正离子及电子的迁移速度。

§1.11 稳定电流引起的磁场

上面讨论了电荷静止状况下的相互作用力。在雷电云中，运动着的荷电的粒子：离子、冰晶、水滴除库仑力外，还有另一种存在于运动荷电粒子的力，称为磁力。下面作简要的介绍。

1.11.1 安培定理

1.11.1.1 安培定律的基本实验

1) 对于两根平行的导线，如果有同向的电流通过时，产生相互吸引的作用力；而当有反向的电流通过时，则产生相斥的作用力。如果其中的一根导线中的电流加倍时，则作用力也加倍。如果两根导线的电流同时加倍，则作用力为原来的四倍。这表明电流间的作用力是导线电流的乘积。

2) 如果有相平行的导线相靠很近，并有等量反向电流通过，则对于远处另一通电导线几乎不产生作用。这说明在同一地点的等量反向电流产生的作用相互抵消。

如果导线作小的弯曲，它的效果与拉直时的一样。

1.11.1.2 导线电流间的相互作用力

由上面的实验表明，电流间的相互作用力与它们间的距离的平方成反比，并与面电流元间的方位有关，因此，电流元 $I_1 dl_1$ 对 $I_2 dl_2$ 的作用力写为

$$dF_{12} = K_0 \frac{I_1 dl_1 \cdot I_2 dl_2 \cdot \sin\theta_1 \cdot \sin\theta_2}{r_{12}^2}$$
(1.154)

式中 r_{12} 是电流元 1 和 2 之间的距离，θ_1、θ_2 如图 1.10 中所示，K_0 是一比例常数。上式以矢量表示为

$$d\vec{F}_{12} = K_0 \frac{I_1 I_2 d\vec{l}_2 \times [d\vec{l}_1 \times \vec{r}_{12}]}{r_{12}^3}$$
(1.155)

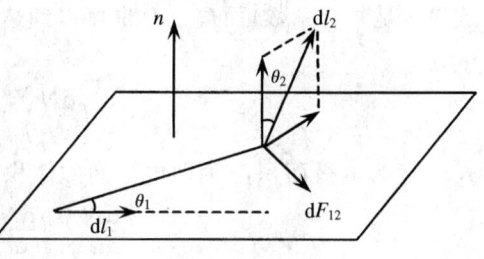

图 1.10 电流元间的作用

其中 $\vec{r}_{12}$ 是由电流元 $d\vec{l}_1$ 指向 $d\vec{l}_2$ 的矢径矢量，则对于回路电流 I_1 及 I_2 间的总作用力为对上式进行积分求取，写为

$$\vec{F} = \oiint K_0 \frac{I_1 I_2 d\vec{l}_2 \times [d\vec{l}_1 \times \vec{r}_{12}]}{r_{12}^3}$$
(1.156)

由矢量等式 $\vec{A} \times \vec{B} \times \vec{C} = (\vec{A} \cdot \vec{C})\vec{B} - (\vec{A} \cdot \vec{B})\vec{C}$，上式又可写为

$$\vec{F}_{12} = K_0 I_1 I_2 \oiint_{1\ 2} \left[\frac{(d\vec{l}_2 \cdot \vec{r}_{12}) d\vec{l}_1}{r_{12}^3} - \frac{(d\vec{l}_1 \cdot d\vec{l}_2) \vec{r}_{12}}{r_{12}^3}\right]$$
(1.157)

由于 $\frac{\vec{r}_{12}}{r_{12}^3} = -\mathrm{grad}\left(\frac{1}{r_{12}}\right)$，$r_{12} = \sqrt{x^2 + y^2 + z^2}$，而梯度沿闭合路线积分恒等于零，故有

$$\oint_2 \mathrm{grad}\left(\frac{1}{r_{12}}\right) \cdot d\vec{l}_2 = 0$$
(1.158)

其中 (1.157) 式第一项积分为零，则有

$$\vec{F}_{12} = -K_0 I_1 I_2 \oiint \frac{(d\vec{l}_1 \cdot d\vec{l}_2) \vec{r}_{12}}{r_{12}^3}$$
(1.159)

类似地

$$\vec{F}_{21} = -K_0 I_1 I_2 \oiint \frac{(d\vec{l}_2 \cdot d\vec{l}_1) \vec{r}_{21}}{r_{21}^3}$$
$$= -\vec{F}_{12}$$
(1.160)

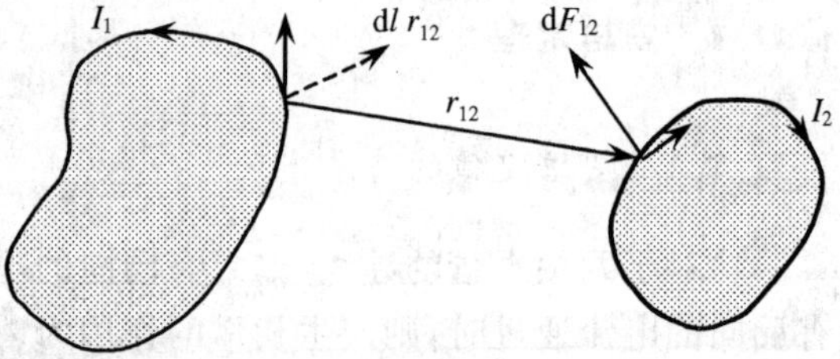

图 1.11 闭合回路电流导线间作用力

式中取 $K_0 = 1/C^2$，$C = 2.99790 \times 10^{10}$ cm/s。

1.11.2 磁场

在上面两导线的相互作用中可以认为是电流激发了磁场，而磁场又对第二根导线产生作用力，所以定义电流元 $I_1 dl_1$ 在 $I_2 dl_2$ 处激发的磁感应强度为

$$d\vec{B} = \frac{1}{C}\frac{I_1(d\vec{l}_1 \times \vec{r}_{12})}{r_{12}^3} \qquad (1.161)$$

而磁场对第二电流元 $I_2 dl_2$ 的作用力为

$$d\vec{F} = \frac{I_2}{C}(d\vec{l}_2 \times d\vec{B}) \qquad (1.162)$$

总的磁感应强度 B 是各电流元所激发的 $d\vec{B}$ 的矢量和(图 1.12)；也就是对于闭合回路产生的磁感应强度(略去下标)为

$$\vec{B} = \frac{I}{C}\int\frac{d\vec{l} \times \vec{r}}{r^3} \qquad (1.163)$$

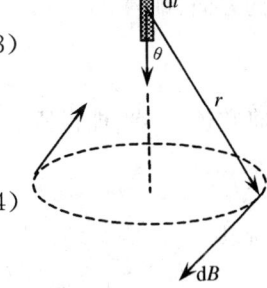

图 1.12 电流元 dl 产生的磁感应

此处 $\vec{r}$ 是距离自由电流元为 r 的矢径。

在另一方面，磁场中电流元 Idl 所受的作用力为

$$\vec{F} = \frac{I}{C}(d\vec{l} \times \vec{B}) \qquad (1.164)$$

其标量形式为

$$F = \frac{I}{C}dlB\sin\theta \qquad (1.165)$$

(1.164)式中的 B 也可用单位电流元所受的最大作用力表示，写为

$$B = \frac{CF_{\max}}{Idl} \qquad (1.166)$$

对于连续的体积中，可以设想将电流沿电流线分为许多根流管，每一流管可以近似看成是线形导体，若流管的截面积为 dS，则 $I = idS$，

$$Id\vec{l} = \vec{i}dS \cdot dl = \vec{i}d\tau \qquad (1.167)$$

式中 $\vec{i}$ 为电流密度，$d\tau$ 为体积元。这时(1.163)式可以改写为

$$\vec{F} = \frac{1}{C}(\vec{i} \times \vec{B})d\tau$$

$$\vec{B} = \frac{1}{C}\int\frac{\vec{i} \times \vec{r}}{r^3}d\tau \qquad (1.168)$$

1.11.3 安培回路定理

如果 L 是一有电流 I 通过的闭合导线，又 M 为围绕 L 一周的任意闭合路线，则下面沿 M 路线计算 $\oint B_s ds$，设想自 M 路线上的任意点 P 出发，作一位移 $d\vec{s}$，P 点的磁感为 $\vec{B}$，则由(1.163)式求出

$$B_s ds = \vec{B} \cdot d\vec{s} = \frac{1}{C}Id\vec{s} \cdot \int\frac{d\vec{l} \times \vec{r}}{r^3} \qquad (1.169)$$

如果回路 L 不动自 P 点作位移 $d\vec{s}$，与 P 点静止不动，回路 L 作位移 $-d\vec{s}$ 相当。若设 Ω_1 是起始位置的 L 对 P 点张的立体角，Ω_2 是 L 作一位移 $-d\vec{s}$ 后对 P 点张的立体角。则 $\Omega_1-\Omega_2=d\Omega$ 是回路位移对 P 点张的立体角的增量。下面如何确定 $d\Omega$、$d\Omega$ 可以看作回路 L 在位移过程中所移过的面积对 P 点张的立体角，相当于回路各线元 dl 到 P 点的矢径 r 经过位移 $-d\vec{s}$ 所扫过的立体角元的叠加。立体角元可以这样计算：dl 作位移扫过的面积为 $-d\vec{s}\times d\vec{l}$，将此面积投影于垂直于 $\vec{r}$ 的方向，也就是面元法线投影到 $\vec{r}$ 的方向，即得

$$-(d\vec{s}\times d\vec{l})\cdot\frac{\vec{r}}{r} \tag{1.170}$$

将它被 r^2 除，即得所求的立体元为

$$-\frac{(d\vec{s}\times d\vec{l})\cdot\vec{r}}{r^3}=-\frac{d\vec{s}\cdot(d\vec{l}\times\vec{r})}{r^2} \tag{1.171}$$

所以

$$d\Omega=-d\vec{s}\cdot\int\frac{d\vec{l}\times\vec{r}}{r^3} \tag{1.172}$$

与(1.169)式比较得

$$B_s ds=\frac{I}{C}\int\frac{d\vec{s}\cdot(d\vec{l}\times\vec{r})}{r^3}=-\frac{Id\Omega}{C} \tag{1.173}$$

积分得

$$\oint B_s ds=-\frac{I}{C}\oint d\Omega \tag{1.174}$$

假定电流回路 L 在一平面内，并且若 P 点也在此平面内，因此积分开始时，回路所张立体角为 2π。当 P 点沿图中路线移动时，则 Ω 减小，降到 0 以后，复继续降为负值，一直回到原点，Ω 降到 -2π，所以 Ω 总的改变值为 4π；如果积分回路 M 没有穿过电流回路，沿其它回路的 Ω 为 0。对于任意回路有下面关系

$$\oint_M B_s ds=\frac{4\pi I}{C} \tag{1.175}$$

M 是任意闭合积分回路，而 I 为穿过回路的电流，这就是安培回路定理。如果电流散布于空间中，则上式结果可以写为

$$\oint_M B_s ds=\frac{4\pi}{C}\int_S i_n dS \tag{1.176}$$

式中 S 表示积分回路所张的任意面积，利用矢量分析的斯托克斯定律，上式左边线积分化为面积分，故有

$$\oint_S \text{rot}\vec{B}\cdot d\vec{S}=\frac{4\pi}{C}\int_S i_n dS \tag{1.177}$$

其结果对于任意面都成立，所以被积函数应该相等，为

$$\text{rot}\vec{B} = \frac{4\pi \vec{i}}{C} \tag{1.178}$$

这是微分形式的安培回路定律。

1.11.4 磁场矢量势

由(1.163)式看到,有关系为

$$\frac{\vec{r}}{r^3} = -\text{grad}_a\left(\frac{1}{r}\right) \tag{1.179}$$

$\vec{r}$ 是电流元 $i\mathrm{d}\tau$ 源点到场点 P 的矢径,梯度下标 a 表示在确定梯度时源点不动而场点变动,所以

$$\vec{B} = \frac{I}{C}\int\left(\vec{i}\times\text{grad}_a\frac{1}{r^3}\right)\mathrm{d}\tau \tag{1.180}$$

由矢量分析恒等式

$$\text{grad}_a\frac{1}{r}\times\vec{i} = \text{rot}_a\left(\frac{\vec{i}}{r}\right) - \frac{1}{r}\text{rot}_a\vec{i} \tag{1.181}$$

其中 $\vec{i}$ 为源点体元中的电流密度,它不随场点移动而变,所以

$$\text{rot}_a\vec{i} = 0 \tag{1.182}$$

因此

$$\vec{B} = \frac{1}{C}\int \text{rot}_a\left(\frac{\vec{i}}{r}\right)\mathrm{d}\tau \tag{1.183}$$

式中由于 rot 包含的微分与电流回路的积分是相互独立的,可以将 rot 移出积分号,有

$$\vec{B} = \text{rot}_a\left(\frac{1}{C}\int\frac{\vec{i}}{r}\mathrm{d}\tau\right) \tag{1.184}$$

引入

$$\vec{A} = \frac{1}{C}\int\frac{\vec{i}}{r}\mathrm{d}\tau \tag{1.185}$$

则有关系

$$\vec{B} = \text{rot}\vec{A} \tag{1.186}$$

可以证明得到

$$\nabla^2 \vec{A} = -\frac{4\pi}{C}\vec{i} \tag{1.187}$$

1.11.5 罗仑兹力

电流在磁场中所受的作用力可以归结为运动电荷在磁场中所受作用力的总和。如果电流密度为 $\vec{i}$ 的体元 $\mathrm{d}\tau$ 在磁场强度为 $\vec{B}$ 的作用下所受的力为

$$\vec{F} = \frac{1}{C}(\vec{i} \times \vec{B})\mathrm{d}\tau$$

又因
$$\vec{i} = ne\vec{v} \qquad (1.188)$$

式中 n 是单位体积中荷电粒子的数目，e 为粒子荷的电荷，$\vec{v}$ 是粒子的迁移速度，所以有

$$\vec{F} = \frac{ne}{C}(\vec{v} \times \vec{B})\mathrm{d}\tau \qquad (1.189)$$

上式除以体元 $\mathrm{d}\tau$ 中荷电粒子的总数 $n\mathrm{d}\tau$，就得单个运动着的带电粒子受到的力为

$$\vec{f} = \frac{e}{C}(\vec{v} \times \vec{B}) \qquad (1.190)$$

式中 $\vec{f}$ 为罗仑兹力。图 1.13 表示了罗仑兹力与带电粒子速度及磁场间关系。

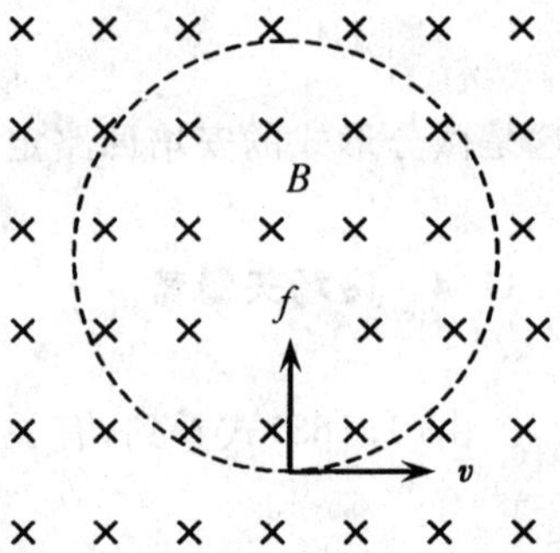

图 1.13 罗仑兹力与荷电粒子速度 v 方向和磁场 B（×向内）

第二章 晴天大气带电粒子——离子

在讲授雷电现象之前要问大气闪电现象中的大量电荷从何而来,是如何产生的？其实大气中存在大量的尺度和质量不等的荷电粒子。大气中的离子是大气中最主要的带电粒子,大气中的电场、电流和云中强电场的形成和雷电过程都与大气中离子的活动规律有密切的关系,大气离子也是大气中的重要物理现象,所以了解大气离子的基本特征和特性是大气电学的基础。本章主要介绍大气离子的形成、离子的类型、离子的活动、生命和随时空的变化与气象条件的关系。而大气的离子的结构和类型又与大气的成分相关。

§2.1 大气气体成分和气溶胶

大气中的气体分子和气溶胶是大气中荷电的基本载体,荷电载体不同,由此形成的带电粒子不同,其特性也不同。因此首先对大气的气体分子和气溶胶作简要说明。

2.1.1 大气粒子的尺度

大气中粒子的尺度和质量对带电粒子的荷电特性和移动、云中电特性有重要影响。大气中的粒子尺度可以大到雨滴直至小到分子或原子,主要有以下几类:

(1)原子或分子的半径为 10^{-8} cm,这种粒子的极性表现为获取或失去电子。

(2)10^{-6} cm:代表一种更稳定和永久的尺度。这种大小粒子有可能在大气中停留一些时间,在大气条件下凝聚也不很快。

(3)10^{-5} cm:为大气气溶胶尺度,认为是"大"的尺度,已几乎不受布朗运动和重力沉降作用的影响,这种尺度粒子单独存在时的寿命可以很长,10^{-5} cm 是一种不容易直接产生的粒子尺度。

(4)10^{-4} cm(1μm):大气气溶胶粒子,是特大粒子的小的一端,这类粒子的重力下降速度每 5 秒只有大约 1mm,但每天可达 20m。下降速度随半径的二次方增加。

(5)10^{-3} cm:这是近似云滴尺度,也是大气气溶胶中重要的粒子群,在正常地表条件下,密度为 2g/cm^3,半径为 10μm 的粒子的下降速度大约是 2cm/s,所以,通常几分钟内大多数半径为 10μm 的粒子在重力作用下会在空气中消失。

(6) 10^{-2}cm($100\mu m$):这是毛毛雨雨滴的尺度,下降速度大约是 1m/s。这类粒子在大气中极少,只是在有尘暴和其它激烈事件中出现,出现后很快落下,不会漂至很远的地方。

(7) 10^{-1}cm(1mm):这是雨滴大小的粒子,大气中每年有约 4×10^{22} 个雨滴,大气中中雨滴的浓度约为 $10^{-5}/cm^3$,低层大气中平均雨滴浓度仅为中雨的百分之一。

(8) 1cm:当直径为 0.5cm 雨滴下降时就会破碎,所以很少有大于半径为 1cm 的雨滴,但是冰雹、雪团会有这一尺度。

(9) 10cm:偶尔有这样的特大冰雹。

2.1.2 大气粒子的尺度谱

在大气中的粒子是以不同尺度的粒子群出现,粒子数 n 随粒子尺度 r 的变化称之为粒子的尺度谱 $n(r)$。

对于球形粒子半径 $r\to r+dr$ 间隔内单位体积的粒子可以用 $n(r)dr$ 表示,$n(r)$ 是半径为 r 的单位体积粒子的浓度。一般云滴谱表现为云滴浓度随半径迅速增加,到某个极大值后又随粒子半径较缓慢地减小。这种分布通常近似地用修正的伽马函数表示,即为

$$n(r)dr=\frac{N_0}{\Gamma(\alpha)r_n}\left(\frac{r}{r_n}\right)^{\alpha-1}\exp(-r/r_n)dr \qquad (2.1)$$

式中 N_0 是对于单位体积内所有大小粒子总数。Γ 是伽马函数,r_n 是表征分布的一种半径,α 是分布的方差。显而易见,粒子的截面积为

$$A=\int_0^\infty \pi r^2 n(r)dr=N_0\pi r_n^2 F(2) \qquad (2.2)$$

式中 $F(j)=\Gamma(\alpha+j)/\Gamma(\alpha)$,云滴的体积为

$$V=\int_0^\infty \frac{4}{3}\pi r^3 n(r)dr=\frac{4}{3}\pi N_0 r_n^3 F(3) \qquad (2.3)$$

则粒子的质量为

$$m=\rho_w V \qquad (2.4)$$

式中 ρ_w 是粒子的密度。

2.1.3 大气气体成分

大气中的气体分子重量轻,它所带电构成的离子称之为轻离子。如氮气(N_2)、氧气(O_2)、二氧化碳(CO_2)、氖(Ne)、氩(Ar)。表 2.1 给出了大气中各气体成分的含量。大气中的氧、氮和氩等恒定气体的含量在 99.99% 以上,它们的体积比到 100km 以下没有变化。

表 2.1 大气中各气体成分的含量(100km 以下)

恒定大气成分		变化成分	
气体名称	体积百分比(%)	气体名称	体积百分比
氮(N_2)	78.084	水汽(H_2O)	$0\sim0.04$
氧(O_2)	20.948	臭氧(O_3)	$0\sim12\times10^{-4}$
氖(Ne)	18.18×10^{-4}	二氧化硫(SO_2)	0.001×10^{-4}
氩(Ar)	0.934×10^{-2}	二氧化氮(NO_2)	0.001×10^{-4}
二氧化碳(CO_2)	0.034×10^{-2}	氨(NH_3)	0.004×10^{-4}
氦(He)	5.24×10^{-4}	一氧化氮(NO)	0.0005×10^{-4}
氪(Kr)	1.14×10^{-4}	硫化氢(H_2S)	0.00005×10^{-4}
氙(Xe)	0.087×10^{-4}	硝酸蒸气(HNO_3)	微量
氢(H_2)	0.5×10^{-4}		
甲烷(CH_4)	1.6×10^{-6}		
一氧化二氮(N_2O)	3.5×10^{-7}		
一氧化碳(CO)	7×10^{-8}		

2.1.4 大气气溶胶

大气中气溶胶是指悬浮在大气中的各种固态和液态微粒,如尘埃、海盐、云雾和降水粒子等,但是习惯上大气气溶胶不包括云雾粒子和降水粒子。气溶胶对太阳辐射和大气辐射以及地气辐射、大气化学有重要影响,对云雾和降水的形成等起有重要作用,气溶胶对大气中的电过程也起重要作用。

自然界产生的气溶胶是由于风力及其它自然的(火山爆发的喷射物、森林大火产生的烟尘)或人为的力使存在于地面的粒子离开地面进入大气;或者是由于浸蚀、分解、风化、碎浪、泡沫等使碎屑离开固体表面或液体表面进入大气,气溶胶一旦进入大气,它的生命决定于扩散、碰撞、沉淀和冲刷作用。

气溶胶粒子的尺度和时间改变,各地的差异很大,它将改变大气中不同离子的分布,观测表明,气溶胶主要集中于5km高度以下的对流层大气中,特别是2～3km。气溶胶浓度从地面随高度呈指数递减,可用下式表示

$$N_a(z) = N_a(0)\exp\left(-\frac{z}{h_0}\right) \tag{2.5}$$

式中 $N_a(0)$ 是地面处气溶胶浓度, $N_a(z)$ 是 z 高度处气溶胶浓度, h_0 为经验系数。

气溶胶浓度具有明显的日变化,其变化规律各地差异很大,一般陆地气溶胶浓度的

日变化较海上大,晴天的日变化较阴天大。气溶胶浓度日变化具有双峰、双谷的形式,第一峰值出现于早晨8时左右,第二峰值出现于20时左右;第一谷值出现于4时左右,此时大气较为稳定,第二谷值出现于16时左右。对于第一峰值的原因,是由于日出后大气热对流加大和湍流垂直输送增强使气溶胶浓度加大,对于第二谷值原因,是由于中午前后热对流和湍流垂直输送旺盛,气溶胶输向高层,导致近地层气溶胶减弱;对于第二峰值原因,是由于傍晚时热对流和湍流垂直输送减弱,使气溶胶积聚于近地层。

§2.2 大气电离源和电离率

大气中的离子主要来源于大气中存在电离过程,而引起大气电离的电离源有四种:一是地壳中放射性物质发出的放射线;二是大气中放射性物质发射的放射线;三是地球之外宇宙射线,如太阳辐射中波长小于 1000Å 左右的紫外线,但它主要存在于高层大气,在对流层中不很重要;第四种则是大气中的闪电、火山爆发、森林大火、尘暴、雪暴等也使大气电离。其中前三种是主要的电离源。

2.2.1 电离率

描述电离源对大气电离的能力用大气电离率 q 表示,定义为在单位体积和单位时间内大气分子被电离源电离为正负离子对的数目,单位取离子对$/(cm^3 \cdot s)$ 或 $cm^{-3} \cdot s^{-1}$。大气的电离率取决于电离源的强度和大气的密度。

2.2.2 电离源

2.2.2.1 地壳中的放射性物质发出的射线

地壳中含有镭、铀和钍等放射性物质,这些物质不断地发射 α、β 和 γ 射线。其中 α 射线是由两个带正电荷的氦原子核组成,α 射线有强的电离能力,但是贯穿能力差,所以它很少能达到离地面十几厘米高度以上的大气中,它对大气的电离可以忽略。β 射线的电离能力弱于 α 射线,但是它的贯穿本领比 α 射线强,在地面处产生的大气电离率为 0.3 对 $cm^{-3} \cdot s^{-1}$。γ 射线是光子流,它的电离能力最差,但是其贯穿本领最大,地面处产生的电离率为 $3.2 cm^{-3} \cdot s^{-1}$,约占地壳中各射线对大气电离总贡献的 91%,所以是地壳中各射线中主要电离源。

地壳中放射性物质发出的各种射线强度在穿过大气时随高度迅速减小,对大气的电离率也随之迅速减小。在0.5km高度地壳放射线对大气的电离率为地面值的2%,到1km高度则迅速减小为地面的0.1%左右,所以地壳中的放射线对大气的电离主要局限于离地面1km高度的大气层中。

2.2.2.2.2 大气中的电离源

大气中含有氡等微量放射性物质,它们主要来自于地壳中的放射性物质,以及工业排放的放射性污染物质,这些物质借助大气中的上升气流和湍流,扩散到离地约4～5km高度的大气中。大气中的放射性物质发射的α、β和γ射线与地壳中所放射的射线的电离率不同,如大气中α射线在近地面处的电离率达到$4.4 \text{cm}^{-3} \cdot \text{s}^{-1}$,$\gamma$射线的电离率达到$0.15 \text{cm}^{-3} \cdot \text{s}^{-1}$,而$\beta$射线的电离率仅为$0.03 \text{cm}^{-3} \cdot \text{s}^{-1}$。由此可见,大气中$\alpha$射线在地面处的电离率达到大气中各电离源对大气电离的总贡献的96%。因此α射线是大气中放射物质发射的射线的主要电离源。

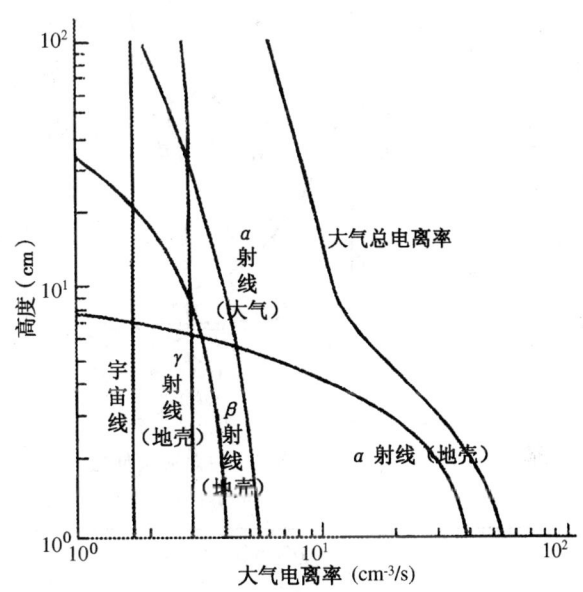

图2.1 在近地层大气中各电离源的电离率随高度的的分布

图2.1表示了1m高度以下的贴地层大气中各种电离源所产生大气电离率随高度的分布。在图中,地壳辐射的α射线因其贯穿能力差,所以高度由1cm到8cm时,大气的电离率由$40\text{cm}^{-3} \cdot \text{s}^{-1}$左右迅速下降至$1\text{cm}^{-3} \cdot \text{s}^{-1}$;而$\beta$射线的贯穿能力也较差,高度从1cm到33cm时电离率则由$4\text{cm}^{-3} \cdot \text{s}^{-1}$下降为$1\text{cm}^{-3} \cdot \text{s}^{-1}$。图2.2为对流层低层大气电离率随高度的改变。表2.2给出了地面处的大气电离率q和相应α、β、γ射线的电离率。

由于大气中放射性物质含量随高度减小,所以它对大气的电离率随高度也迅速减小。在0.5km高度大气中的放射线对大气的电离率为地面数值的50%,到1km高度则为地面的37%,到5km高度则减小为地面数值的4%,所以大气中的放射性物质对大气电离主要局限于5km高度以下的大气。

在海洋上空大气中的放射物质比陆地上要少得多,因在海面处大气的电离率仅为大气的百分之几。

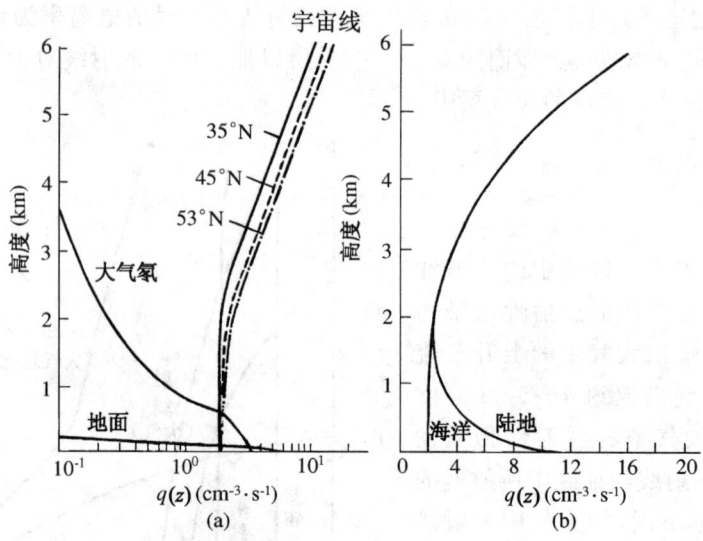

图 2.2 对流层低层大气电离率随高度的改变

表 2.2 地面处的大气电离率 q 和相应 α、β、γ 射线的电离率

电离源	$q(\text{cm}^{-3} \cdot \text{s}^{-1})$ 平均值	变化范围	$q(\alpha)\%$	$q(\beta)\%$	$q(\gamma)\%$
土壤	3.5	1~16	0	8.6	91.4
大气	4.6	1~20	96.1	0.6	3.3

2.2.2.3 宇宙射线对大气的电离

宇宙射线主要是由能量为 $10^8 \sim 10^{20}\,\text{eV}$ 的高能质子所组成,它可以穿透整层大气,不仅使大气电离,而且与大气分子碰撞产生中子和介子等高能粒子,构成次宇宙射线。宇宙射线通过大气时受地磁场的作用向两极偏转,所以宇宙射线随纬度增加而增大,同时其电离率也随纬度而变化。如在赤道海平面处大气的电离率为 $1.5\,\text{cm}^{-3} \cdot \text{s}^{-1}$;在纬度 $40° \sim 45°$ 处,电离率增大为 $1.9\,\text{cm}^{-3}/\text{s}$。

宇宙射线的电离率随高度迅速增大,在 $0 \sim 0.5\,\text{km}$ 高度范围内,宇宙射线的电离率占大气总电离率的 25%,在 $1 \sim 2\,\text{km}$ 高度范围内,电离率占大气总电离率的增加至 82% 左右;在 $3 \sim 4\,\text{km}$ 高度范围内,电离率升至 97%;到 $5 \sim 6\,\text{km}$ 高度处,大气的电离率已主要是由宇宙射线所引起。但是由于大气密度随高度减小,所以宇宙射线的电离率并非随高度单调上升,大约在 $10 \sim 15\,\text{km}$ 高度处大气电离率达极大值,接着随高度增加而下降。

图 2.3 是对流层到平流层下层纬度分别为 $13°\text{N}$ 和 $41°\text{N}$ 时大气电导率随高度的分布。

第二章 晴天大气带电粒子——离子

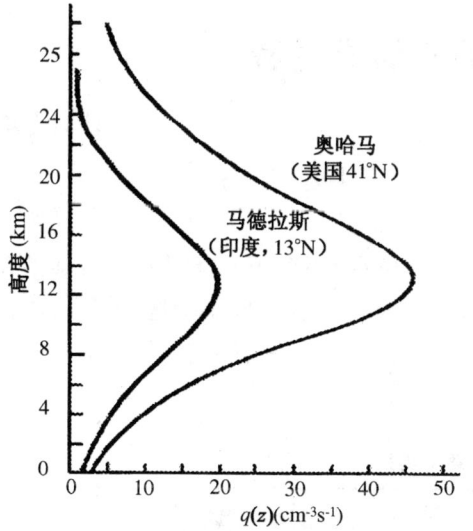

图 2.3 大气电离率随高度的变化

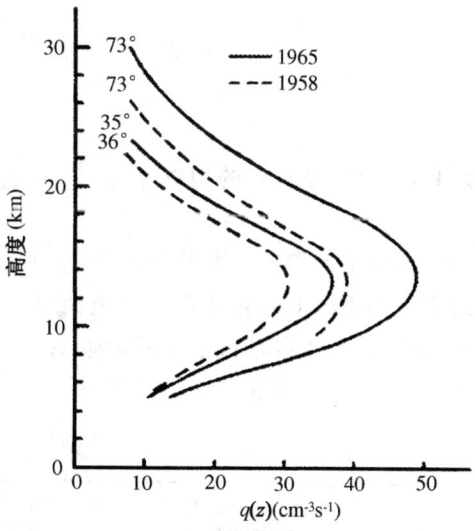

图 2.4 太阳黑子对电离率的影响

宇宙射线的强度与太阳活动密切相关，所以大气电离率与太阳活动相关的黑子数的 11 年周期有关，如图 2.4 中，1965 年是太阳黑子数最小的年份，1958 年是太阳黑子数极大的年份，大气电离率随高度的变化不同。

表 2.3 给出了不同高度晴天大气电离率 $\frac{q}{\bar{q}}\%$ 的高度变化。

地面的大气电离率具有明显的日变化，但这种变化随地点而变，图 2.5 为世界各地的电离率日变化，在图 2.5（a）和（b）中，大气电离率具有单峰、单谷的日变化，峰、谷值分别位于黎明前和近傍晚，图 2.5（c）中，大气电离率是双峰、双谷的日变化，主峰和副峰分别位于午夜前后和中午前后，谷值位于清晨和近傍晚。

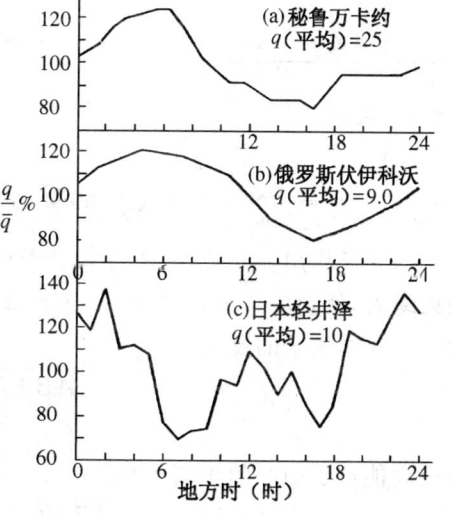

图 2.5 大气电离率的日变化

表 2.3 各高度上大气电离率的极大、极小值和平均值

z(km)	0	2	5	10	13	15	20	25	30	35	40
$q(z)$（观测值）	10	4.2	11	34	41	38	20	9.3	3.6	2.3	1.0
$q(z)$（曲线值）	10	4.2	11	34	41	38	20	9.3	3.6	2.0	1.2
$q_{min}(z)$	6.0	2.3	6.0	17	20	18	6.0	2.0	1.5	1.3	
$q_{max}(z)$	35	5.0	18	46	52	48	27	13	7.0	4.0	

§2.3 大气离子的形成过程

2.3.1 大气中离子的组成

大气中的离子主要分为两类,一类是带正负号电荷的小离子,或称轻离子,其半径约 $10^{-8} \sim 10^{-7}$ cm,它常由几个电离分子与中性分子聚合而成。另一类是大离子,或称重离子,它是由各种大小不同的带电气溶胶粒子所组成,根据粒子尺度,重离子又分为 Langevin 离子、大离子或超大离子(表 2.4)。

表 2.4 大气中离子类别

类别	迁移率($cm^2 \cdot s^{-1} \cdot V^{-1}$)	半径(10^{-8} cm)
轻离子	$10^{-2} \sim 2$	$6.6 \sim 78$
Langevin 离子	$10^{-3} \sim 10^{-2}$	$78 \sim 250$
重离子	$2.5 \times 10^{-4} \sim 10^{-3}$	$250 \sim 570$
超重离子	$< 2.5 \times 10^{-4}$	> 570

2.3.2 电离过程

2.3.2.1 正离子和电子的形成原理

当光子作用一分子,分子中的电子获得能量,当电子具有的能量克服原子核对电子的束缚力,就脱离分子,成为自由电子,此时分子失去电子成为正离子。由紫外线电离大气形成的离子的反应式为

$$AB + h\nu \rightarrow AB^+ + e$$
$$\rightarrow A^+ + B + e \quad (2.1)$$

或由高能粒子引起的正离子写为

$$AB + \beta,\alpha \rightarrow AB^+ + e + \beta,\alpha$$
$$\rightarrow A^+ + B + e + \beta,\alpha \quad (2.2)$$

对于负离子的形成是分子俘获离解的电子,写为

$$e + AB \rightarrow A^- + B$$
$$e + AB + M \rightarrow AB^- + M \quad (2.3)$$

式中 M 是第三体,后一个过程在气压大的低层大气中是主要的,主要是 O_2 俘获电子。有两个光子分离电子的方程为

$$A^- + h\nu \rightarrow A + e \tag{2.4}$$

和相联的分离

$$A^- + B \rightarrow AB + e \tag{2.5}$$

上面将负离子变换为电子。导致与俘获相联系的丰度大的中性粒子是氧原子,而氢原子和氢分子是次要的。当氮离子的浓度相对低,电子的俘获能较大时,高层大气中俘获过程是重要的。在低层大气中,短波辐射的吸收限于光离解的大小。一旦离子形成,某些过程将离子转换为更稳定的离子。化学离子的最初阶段,通常伴随电荷转换反应:

$$A^\pm + B \rightarrow B^\pm + A \tag{2.6}$$

或分子的再排列

$$A^\pm + B \rightarrow C^\pm + D \tag{2.7}$$

在高层大气,电荷的转换和再排列是主要过程。

在中层大气的低层特别是平流层和对流层有以下合并过程

$$A^\pm + B + M \rightarrow A^\pm(B) + M \tag{2.8}$$

这里,$A^\pm$ 和 B 之间的键是一相对弱的主要是电子的而不是化学的群键,在中层第三体的浓度是相对低的,通常是缓慢反应。

群离子可以再排列、再集群或配体交换:

$$A^\pm(B) + C \rightarrow A^\pm(C) + B \tag{2.9}$$

在低层大气中,特别重要的再排列反应是质子变换。对于正离子,由离子、质子变换为中性粒子。

$$AH^+ + B \rightarrow BH^+ + A \tag{2.10}$$

对于负离子,可将中性的质子变换为负离子。

$$A^- + HB \rightarrow B^- + HA \tag{2.11}$$

2.3.2.2 大气中的正离子的形成

大气中的基本正离子主要有 N_2^+、O_2^+、N^+、O^+、NO^+ 等,在大气层中某个高度上,最初的离子迅速变换为 O_2^+ 和 NO^+,这些离子集群或配体交换分别形成 $O_2^+(H_2O)$ 和 $NO^+(H_2O)_3$。$O_2^+(H_2O)$ 和 $NO^+(H_2O)_3$ 不是一个分子团它要与 H_2O 进行替代反应形成质子水合成物,它们的形成过程为

$$O_2^+(H_2O) + H_2O \rightarrow H_3O^+(HO) + O_2$$
$$\rightarrow H_3O^+ + HO + O_2 \tag{2.12}$$

和

$$NO^+(H_2O)_3 + H_2O \rightarrow H_3O^+(H_2O)_2 + HNO_2 \tag{2.13}$$

$H_3O^+(HO)$ 进一步与 H_2O 反应形成 $H_3O^+(H_2O)$。一旦质子水合成物生成,就建立

一平衡分布。$H_3O^+(H_2O)_n$ 是很稳定的荷正离子的质子水合成物。在平流层中,具有一质子亲和力的多数主要分子是 CH_3CN,因此发生如下反应

$$H_3O^+(H_2O)_n + CH_3CN \rightarrow N^+(CH_3CN)(H_2O)_n + H_2O \quad (2.14)$$

$$H^+(CH_3CN)(H_2O)_n + CH_3CN \rightarrow H^+(CH_3CN)_{n+1}(H_2O)_{n-1} + H_2O \quad (2.15)$$

2.3.2.3 大气中负离子的形成

大气中的负离子主要是电子附着于氧分子(O_2)而形成,在高层大气高能电子也可生成 O^-,对于多数大气中,多数负离子是由三体电子附着于 O_2 形成 O_2^-。在这过程中复合率是很低的,但是由于 O_2 的丰度比任何其它气体大,所以很容易吸附电子。

先由与丰度较大的成分 O、O_2、CO_2、O_3 进行系列的反应生成较稳定的负离子 $CO_3^-(H_2O)_n$,然后又变换为更为稳定的负离子 $NO_3^-(HNO_3)_n$,与 H_2SO_4 反应放出硝酸 HNO_3,反应式为

$$NO_3^-(HNO_3)_n + H_2SO_4 \rightarrow HSO_4^-(HNO_3)_n + HNO_3$$

§2.4 大气离子迁移率和大气离子方程

2.4.1 大气离子的物理量

表征大气离子物理特征的物理量有三个:大气离子的电荷、大气离子的半径和大气离子的迁移率。

2.4.1.1 大气离子的电荷

由于同类电荷相斥的原因,大气中的离子一般只带一个电荷,只有较大的离子才带一个以上的电荷,其大小为 1.602×10^{-19} C。

2.4.1.2 大气离子的半径

大气离子半径是指其有效半径,其变化范围从 10^{-8} cm $\sim 10^{-5}$ cm。

2.4.1.3 大气离子迁移率

(1)大气离子机械迁移率

大气离子的迁移率表示大气离子在大气中的运动特征,造成大气中离子的运动原因有两种:一种是由于机械力作用于离子使其运动;另一种是电场对离子的作用产生运动。对前一种造成大气离子运动的迁移率称机械迁移率;后一种电场对离子作用产生运

动造成大气离子运动的迁移率称之电迁移率,也表示了大气的导电性能。以后提到的迁移率主要是指电迁移率。

离子的机械迁移率与扩散系数可用爱因斯坦关系式表示

$$D = \kappa_B T B \tag{2.16}$$

式中 D 是扩散系数,T 是温度,B 是机械迁移率,κ_B 是玻尔兹曼常数。

(2) 大气离子电迁移率

当大气离子处在大气电场中运动时,它将受到两种力的作用:(1)静电力;(2)大气介质对离子的阻力。如果大气离子受到的静电力与大气对它的阻力相等时,它便做等速运动。若大气电场强度为 E,大气离子作等速运动的速度为 u,则大气离子的速度与电场强度的关系为

$$u = k_e E \tag{2.17}$$

式中 k_e 称做大气离子电迁移率,或称大气离子的迁移率,在以后提到的大气离子的迁移率都是指大气离子的电迁移率,单位为 $cm^2 \cdot V^{-1} \cdot s^{-1}$。它表示大气离子在单位电场强度产生的静电力作用下作等速运动的速度值。大气正离子的迁移率用 k_{e+} 表示,负离子的迁移率用 k_{e-} 表示。

2.4.2 大气离子迁移率的计算

2.4.2.1 Stoks-Millikan 模式

大气离子在电场强度 E 的作用下,它所受的静电力表示为

$$F = eE \tag{2.18}$$

式中 e 是大气离子电荷,即基本电荷。在大气中,大气离子在静电力的作用下做等速运动的受到的阻力为

$$F' = -\frac{6\pi \eta r u}{1 + \frac{l}{r}\left[a + b\exp\left(-c\frac{l}{r}\right)\right]} \tag{2.19}$$

式中 η 为大气粘滞系数($\eta = 0.192[T(K)]^{0.8} \mu Pa \cdot s$,$T$ 是开氏温度),r 是大气离子半径,l 是大气分子平均自由程,a,b,c 是常数,通常取值为 $a=1.2, b=0.5, c=1$。

当离子受到的阻力与静电力平衡时,有

$$F = -F' \tag{2.20}$$

将(2.18)和(2.19)式代(2.20)式有

$$u = \frac{e\left\{1 + \frac{l}{r}\left[a + b\exp\left(-c\frac{l}{r}\right)\right]\right\}}{6\pi \eta r} E \tag{2.21}$$

比较(2.17)(2.21)式,可得大气离子迁移率表达式为

$$k = e \cdot \frac{1 + \dfrac{l}{r}\left[a + b\exp\left(-c\dfrac{l}{r}\right)\right]}{6\pi\eta r} \tag{2.22}$$

上式表明,大气离子迁移率与大气离子电荷、大气离子半径、大气分子平均自由程、大气粘滞系数 η 及常数 a,b,c 有关。它的主要特点为:

(1)当大气条件和大气介质特征不变的情况下,大气离子的迁移率仅与大气离子的半径有关,半径越小,迁移率越大。

(2)一般轻离子的迁移率比重离子的迁移率要大两个数量级。

(3)通常的情况下,负轻离子的迁移率大于正轻离子。

(4)分子量小的离子迁移率大于分子量大的迁移率,如:氢离子的迁移率为干空气的4倍多,为二氧化碳的9倍多。

(5)大气轻离子迁移率随地点而异,在地面和海面处,大气轻离子的迁移率的平均值一般为 $1 \sim 2 \mathrm{cm}^2 \cdot \mathrm{V}^{-1} \cdot \mathrm{s}^{-1}$。

(6)大气离子的迁移率随高度而变,从(2.22)式可以看到,大气离子的迁移率与粘滞系数成反比,即与大气密度成反比,所以大气离子迁移率随高度迅速增加。

当粒子很小(空气分子)时,(2.22)式成为

$$\lim_{r \to 0} k_{\text{Millikam}} = \frac{e(a+b)l}{6\pi\eta r^2} \tag{2.23}$$

根据气体动力理论,比值 l/η 可为

$$\frac{l}{\eta} = \frac{1.256}{p}\sqrt{\frac{\kappa_B T}{m_g}} \tag{2.24}$$

式中 p 是气压,T 是温度,κ_B 是玻尔兹曼常数,m_g 是分子质量。

2.4.2.2 Langevin 模式

根据 Chapman-Enskog 动能定理,对于分子质量为 m_g、浓度为 n_g 之中的质量为 m_p 单个荷电粒子的迁移率

$$k_{\text{free molecule}} = \frac{3e}{8 n_g \Omega^{(1,1)}} \sqrt{\frac{\pi(1 + m_g/m_p)}{2 m_g \kappa_B T}} \tag{2.25}$$

式中 e 为基本电荷,κ_B 是玻尔兹曼常数,T 是温度(K),碰撞截面由第一次碰撞积分平均 $\Omega^{(1,1)}$ 表示,上式中假定各分子间的速度是相互独立的。

如果假定分子离子与周围分子间的碰撞是弹性的和用相互作用势描述,且离子是一个质量为 m_p 携带基本电荷的点电荷,间距为 r 的离子与分子间的相互作用由感应偶极势描述,即

$$U_{\text{pol}}(r) = -\frac{\alpha e^2}{8\pi\varepsilon_0 r^4} \tag{2.26}$$

式中 α 是分了电偶极化率，ε_0 是介电常数，略去碰撞粒子的尺度，则得 Langevin 离子的迁移率为

$$k_{\text{Langevin}} = 0.5105 \frac{e}{n_g} \sqrt{\frac{\varepsilon_0(1+m_g/m_p)}{\alpha m_g}} \tag{2.27}$$

可以看出离子迁移率与空气密度成反比。

2.4.2.3 半经验模式

在(2.22)式中，粒子半径与碰撞距离没有加以区分，当粒子的尺度减小时，在(2.22)式中对自由分子，以碰撞距离代替粒子半径进行处理。如以分子质量和密度定义粒子半径为

$$r = \sqrt[3]{\frac{3m_p}{4\pi\rho}} \tag{2.28}$$

则分子离子碰撞距离为三者之和，为

$$\delta = r + h + r_g(T_{\text{eff}}) \tag{2.29}$$

式中考虑到碰撞离子和气体分子的相互作用的极化能量，r_g 是有效温度为 T_{eff} 时两分子碰撞距离的一半，h 是超距离的经验订正。考虑到粒子的质量、极的相互作用和在 $r \to 0$ 和弹性碰撞的跃迁，从原子离子到大粒子的整个粒子尺度范围粒子迁移率的半经验模式为

$$k = f \frac{e}{6\pi\eta\delta} \sqrt{1+\frac{m_g}{m_p}} \left\{ 1 + \frac{1}{\delta}\left[a + b\exp\left(-c\frac{\delta}{l}\right) \right] \right\} \tag{2.30}$$

式中 f 是考虑到非弹性碰撞和极的相互作用的因子，为

$$f = \frac{2.25}{(a+b)\{\Omega_{\infty-4}^{(1,1)*}[kT/U(\delta)]+s(r,T_{\text{eff}})-1\}} \tag{2.31}$$

式中 a、b 是滑动系数，$\Omega_{\infty-4}^{(1,1)*}$ 是对于 $\infty-4$ 势第一次碰撞积分的尺度，s 是对于融化粒子爱因斯坦内能量自由度第一近似的反射率因子，为

$$s = 1 + \left(\frac{2.25}{a+b}-1\right) x^2 e^x/(e^x-1)^2$$

其中

$$x = \frac{273\text{K}}{T}\left(\frac{r_\sigma}{r}\right)^3$$

2.4.2.4 任意温度和气压下迁移率的计算

由 Langevin 规则，大气离子迁移率与大气温度和气压的关系为

$$k(T,P) = k(T_0,P_0)\left(\frac{T}{T_0}\right)\left(\frac{P_0}{P}\right) = k_{\text{测量}} \frac{T}{273.15} \frac{1013.25}{P} \tag{2.32}$$

式中 $k(T_0,P_0)$ 是实验室测量得到的标准状况下大气的迁移率。对于大气正、负离子，可

分别取

$$k_{e+}(T_0,P_0)=1.37\text{cm}^2 \cdot \text{V}^{-1} \cdot \text{s}^{-1}, k_{e-}(T_0,P_0)=1.89 \text{ cm}^2 \cdot \text{V}^{-1} \cdot \text{s}^{-1}.$$

考虑到空气离子迁移率谱是连续的以及大气中离子的各种相互作用过程,对于温度 T 和气压 p 的另一表示式采用 k 与温度、气压直接拟合,形式为

$$k=\text{const}\frac{T^\tau}{p^\Psi} \tag{2.33}$$

式中参数

$$\tau=\frac{\partial k}{\partial T}\frac{T}{k}, \Psi=-\frac{\partial k}{\partial T}\frac{p}{k}$$

当 $\tau=\Psi=1$,(2.33)式就为(2.32)式。表 2.5 给出了标准状况下不同气体介质中轻离子的迁移率。

表 2.5　标准状况下不同气体介质中轻离子的迁移率

成分	正轻离子迁移率 k_+	负轻离子迁移率 k_-	k_+/k_-
干空气	1.37	1.91	1.39
湿空气	1.37	1.51	1.10
氮分子	1.27	1.84	1.45
氧分子	1.29	1.79	1.39
水汽(100℃)	1.10	0.95	0.86
二氧化碳	0.81	0.85	1.05
氩	1.37	1.70	1.24
氢	6.70	7.95	1.19
氦	5.09	6.31	1.24

图 2.6 为澳大利亚墨尔本上空 6~25km 高度范围内大气正轻离子迁移率随高度分布的实测结果。可以看到,大气轻离子迁移率随高度近似呈指数递增,这与(2.33)式大气轻离子随高度的变化规律十分接近。如 20km 高度处,大气正轻离子迁移率高达 $2\times10^1\text{ cm}^2 \cdot \text{V}^{-1} \cdot \text{s}^{-1}$ 左右,约比 6km 高度处的数值大 1 个数量级。

为方便起见,大气中轻离子迁移率随高度分布可以用指数函数的经验公式表示为

$$k_\pm(z)=k_\pm(0)\exp(az+bz^2) \quad (0\sim20\text{km}) \tag{2.34}$$

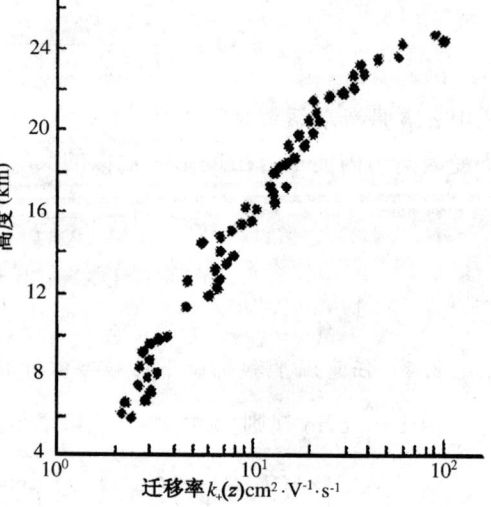

图 2.6　大气正离子迁移率

$$k_{\pm}(z) = k_{\pm}(z_0)\exp(cz) \quad (20\sim40\mathrm{km}) \tag{2.35}$$

式中 $k_{\pm}(z)$ 取单位 $\mathrm{cm}^2 \cdot \mathrm{V}^{-1} \cdot \mathrm{s}^{-1}$, z 取单位 km, 海平面处大气中轻离子的迁移率为 $k_{\pm}(0)=1.5\mathrm{cm}^2 \cdot \mathrm{V}^{-1} \cdot \mathrm{s}^{-1}$, $k_{\pm}(z_0)=0.81\mathrm{cm}^2 \cdot \mathrm{V}^{-1} \cdot \mathrm{s}^{-1}$, 系数 $a=0.114, b=0.00162, c=0.177$。

2.4.2.5 粒子的扩散系数 D、电迁移率 k_e 和机械迁移率 B

在电场 E 的作用下,作用于电荷 e 上的力为 eE,粒子的漂移速度为 eEB,则

$$k_e = eB \tag{2.36}$$

对于具有 n 个基本电荷的粒子有

$$k_e = enB \tag{2.37}$$

由(2.16)式可得

$$k_e = enD/(\kappa_B T) \tag{2.38}$$

2.4.3 大气轻离子方程

大气中离子的改变是由两种原因造成的,一是在各电离源的作用下,大气离子不断生成;二是因大气中正、负离子的相互碰撞中和其各自所带电荷的复合过程,使离子消亡。当大气中只存在轻离子时,大气中轻离子随时间的变化率方程写为

$$\frac{\mathrm{d}n_+}{\mathrm{d}t} = q_+ - \alpha n_+ n_- \tag{2.39}$$

$$\frac{\mathrm{d}n_-}{\mathrm{d}t} = q_- - \alpha n_+ n_- \tag{2.40}$$

式中 n_+ 为大气正轻离子浓度, n_- 是大气负轻离子浓度, q_+ 是大气正轻离子大气的电离率, q_- 是负轻离子的大气电离率, 它们取决于地壳和大气中的放射性物质及宇宙射线, α 是大气正、负离子的复合系数, 取决于气温和气压。

通常设 $n_+ = n_- = n$, $q_+ = q_- = q$, 则有

$$\frac{\mathrm{d}n}{\mathrm{d}t} = q - \alpha n^2 \tag{2.41}$$

当大气电离过程与复合过程平衡时, $\frac{\mathrm{d}n}{\mathrm{d}t}=0$, 则由上式得大气轻离子的浓度表示为

$$n = \left(\frac{q}{\alpha}\right)^{1/2} \tag{2.42}$$

若取地面处大气的电离率为 $q=10\mathrm{cm}^{-3} \cdot \mathrm{s}^{-1}$, 地面处干洁大气的轻离子复合系数 $\alpha=1.6\times10^{-6}\mathrm{cm}^3 \cdot \mathrm{s}^{-1}$, 代入上式可求得大气轻离子浓度为 $n=2.5\times10^3\mathrm{cm}^{-3}$。实际大气中轻离子浓度的平均值为 $700\mathrm{cm}^{-3}$, 小于上面计算的理论值。

2.4.4 大气轻离子寿命

如果 $t=0$ 时，$n=0$，则 t 时刻大气轻离子浓度表达式为

$$n(t)=\left(\frac{q}{\alpha}\right)^{\frac{1}{2}}\frac{1-\exp[-2(\alpha q)^{\frac{1}{2}}t]}{1+\exp[-2(\alpha q)^{\frac{1}{2}}t]} \tag{2.43}$$

当 $t\to\infty$ 时，上式就化为平衡状态下大气轻离子表达式(2.42)。

大气轻离子由生成到消亡的时间间隔称为大气离子的寿命 Δt，则在 Δt 时间内形成大气轻离子浓度表示为

$$n=q\Delta t \tag{2.44}$$

则大气轻离子的寿命为

$$\Delta t=n/q \tag{2.45}$$

由(2.42)、(2.45)式可得

$$\Delta t=1/\alpha n \tag{2.46}$$

如果大气轻离子浓度为 $n=2.5\times 10^3 \mathrm{cm}^{-3}$，电导率 $q=10\mathrm{cm}^{-3}\cdot\mathrm{s}^{-1}$，则可得大气轻离子的寿命为 $\Delta t=250\mathrm{s}$。如以实际的大气轻离子浓度值代入得轻离子寿命为 50s。

2.4.5 大气离子的生消方程

大气中的离子形成后，它的生成和消亡主要由以下过程引起的：(1)大气中的电离源作用使离子的增加；(2)不同极性离子间的复合形成中性粒子，使离子消失；(3)正或负轻离子附着于中性大粒子上，使重离子增加，而轻离子减少，(4)如果还考虑到大气重离子和中性气溶胶粒子，正负轻离子、正负重离子异性电荷的大气轻重离子等之间的复合过程，大气离子浓度应满足的方程为

$$\frac{\mathrm{d}n_+}{\mathrm{d}t}=q_+-\alpha n_+n_--\eta_{+0}n_+N_0-\eta_\pm n_+N_- \tag{2.47}$$

$$\frac{\mathrm{d}n_-}{\mathrm{d}t}=q_--\alpha n_+n_--\eta_{-0}n_-N_0-\eta_\mp n_-N_+ \tag{2.48}$$

$$\frac{\mathrm{d}N_+}{\mathrm{d}t}=Q_++\eta_{+0}n_+N_0-\eta_+n_-N_+-v_\pm N_+N_- \tag{2.49}$$

$$\frac{\mathrm{d}N_-}{\mathrm{d}t}=Q_-+\eta_{-0}n_-N_0-\eta_-n_+N_--v_\pm N_+N_- \tag{2.50}$$

$$\frac{\mathrm{d}N_0}{\mathrm{d}t}=Q_0+\eta_\pm n_+N_-+\eta_{+}n_-N_++2v_\pm N_+N_--\eta_{+0}n_+N_0-\eta_{-0}n_-N_0 \tag{2.51}$$

式中 N_+ 是大气正重离子的浓度，N_- 是大气负重离子浓度。N_0 是大气中性气溶胶粒

子浓度。Q_+是大气正重离子电离率，Q_-是大气负重离子电离率，它们取决于放射性物质和宇宙射线以外的其它一些电离过程，Q_0是中性气溶胶粒子源强。$\eta_\pm$是大气正轻离子和大气负重离子间的附着系数，$\eta_\mp$是大气负轻离子与大气正重离子附着系数，η_{+0}是大气正轻离子与中性气溶胶粒子附着系数，η_{-0}是大气负轻离子与中性气溶胶粒子的附着系数，$v_\pm$是大气正、负重离子的复合系数。

2.4.6 大气离子的复合系数和附着系数

2.4.6.1 大气轻离子的复合系数

在大气中，由分子组成的轻离子的复合系数 α 与气温和压力有关，写为

$$\alpha = 1.75 \times 10^{-5} \left(\frac{273}{T}\right)^{\frac{3}{2}} \left(\frac{1}{2M}\right)^{\frac{1}{2}} f(x) \tag{2.52}$$

$$f(x) = 1 - 4x^{-4}[1-(1+x)e^{-x}]^2 \tag{2.53}$$

$$x = 0.81 \left(\frac{273}{T}\right)^2 \left(\frac{P}{1013}\right)\left(\frac{l}{l_i}\right) \tag{2.54}$$

式中 M 是大气离子的分子量，l/l_i 是标准状况下大气分子平均自由程与大气离子平均自由程之比，$l/l_i = 3$。计算结果表明大气轻离子的复合系数随高度增加而缓慢递增，至 11km 达最大值，然后迅速减小。到 30km 减至地面的十分之一。图 2.7 是由 (2.52) 和 (2.54) 式及标准大气计算大气轻离子复合系数随高度的分布。

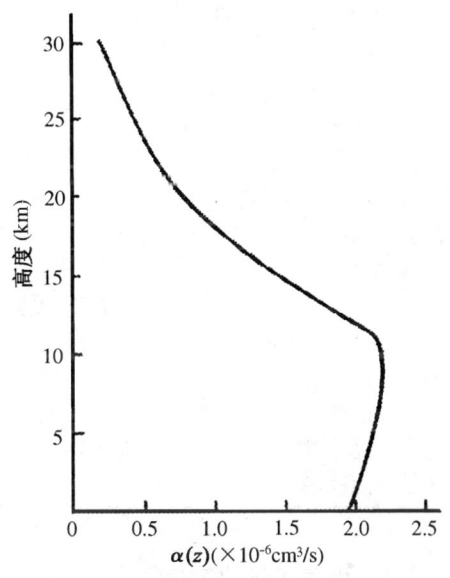

图 2.7 大气轻离子复合系数随高度的变化

2.4.6.2 大气轻离子与大气重离子和中性气溶胶粒子之间的附着系数

大气轻离子与大气重离子和中性气溶胶粒子之间的附着系数写为

$$\eta_\pm \approx \eta_\mp = \frac{4\pi r_i D}{I(\xi, m)} \tag{2.55}$$

$$\eta_{+0} \approx \eta_{-0} = \frac{4\pi r_0 D}{I(\xi, 0)} \tag{2.56}$$

$$I(\xi, m) = \int_1^\infty \frac{1}{y^2} \exp\left\{-\xi\left[\frac{m}{y} + \frac{1}{2y^2(y^2-1)}\right]\right\} dy \tag{2.57}$$

式中 r_i、r_0 分别是大气重离子和中性气溶胶粒子的半径，D 为大气轻离子的扩散系数，$I(\xi,m)$ 是无量纲函数，m 是重离子所带的基本电荷数，通常 $m=1$。在绝对静电单位制中，$\xi=\dfrac{ek}{rD}$，e 是基本电荷，k 为大气离子迁移率，$y=\dfrac{R}{r}$，r 是大气轻离子半径，R 是大气重离子和中性气溶胶粒子对轻离子的作用半径。表 2.6 给出了复合系数的测值，由于 $v_\pm$ 比其它复合系数小三个数量级，表中没有给出。

表 2.6 复合系数实测值

$\eta_\pm$	$\eta_\mp$	η_{+0}	η_{-0}	来源
9.7	9.7	—	—	Nolan. J. J 等
8.7	9.7	6.8	7.6	Nolan. J. J 等
5.7	5.7	—	—	Nolan. P. J 等
14.9	14.9	—	—	
8.5	8.5	—	—	
6.0	6.0	—	—	Hess. V. F
5.8	5.8	—	—	
5.4	5.4	—	—	
2.35	2.96	0.58	1.07	Scrasse. F. J
6.0	7.5	4.0	5.0	Wait. P. J 等
6.0	7.5	4.0	5.0	
6.8	8.7	4.9	6.2	Nolan. P. J 等
9.6	10.7	7.4	8.2	
13.4	14.7	11.2	12.3	
5.8	7.2	2.6	3.2	Thellier. O.
6.5	6.4	4.4	4.1	Tbepckon. П. H

2.4.7 大气离子的浓度

如果令大气正、负重离子和中性气溶胶粒子的总浓度表示为

$$N_t = N_+ + N_- + N_0 \tag{2.58}$$

将(2.58)式对 t 求导，并将 $\dfrac{dN_+}{dt}$、$\dfrac{dN_-}{dt}$、$\dfrac{dN_0}{dt}$ 的表达式(2.49)～(2.51)代入，则得

$$\dfrac{dN_t}{dt} = Q_+ + Q_- + Q_0 \tag{2.59}$$

大气的体电荷密度 ρ 写为 $\quad \rho = e(n_+ - n_- + N_+ - N_-) \tag{2.60}$

将(2.60)式对 t 求导，并将 $\dfrac{dn_+}{dt}$、$\dfrac{dn_-}{dt}$、$\dfrac{dN_+}{dt}$ 和 $\dfrac{dN_-}{dt}$ 的表达式(2.47)～(2.50)代入，则有

第二章　晴天大气带电粒子——离子

$$\frac{d\rho}{dt}=e(q_+-q_-+Q_+-Q_-) \tag{2.61}$$

当大气离子达到平衡时，在静止大气中有 $\frac{dn_+}{dt}=\frac{dn_-}{dt}=\frac{dN_+}{dt}=\frac{dN_-}{dt}=0$。在晴天条件下，取 $q_+=q_-=q, Q_+=Q_-=Q_0=0$，则(2.47)~(2.51)式为

$$q-\alpha n_+ n_- -\eta_{+0} n_+ N_0 -\eta_{\pm} n_+ N_- =0 \tag{2.62}$$

$$q-\alpha n_+ n_- -\eta_{-0} n_- N_0 -\eta_{\mp} n_- N_+ =0 \tag{2.63}$$

$$\eta_{+0} n_+ N_0 -\eta_{\mp} n_- N_+ -v_{\pm} N_+ N_- =0 \tag{2.64}$$

$$\eta_{-0} n_- N_0 -\eta_{\pm} n_+ N_- -v_{\pm} N_+ N_- =0 \tag{2.65}$$

$$\eta_{\mp} n_- N_+ +\eta_{\pm} n_+ N_- +2v_{\pm 2} N_+ N_- -\eta_{+0} n_+ N_0 -\eta_{-0} n_- N_0 =0 \tag{2.66}$$

同时由(2.59)式得 $\frac{dN_t}{dt}=0$ 和(2.61)式得 $\frac{d\rho}{dt}=0$，这就是大气气溶胶浓度和大气体电荷密度不随时间而变。

由于附着系数 η_{+0}、η_{-0}、$\eta_{\pm}$ 和 $\eta_{\mp}$ 在低层大气中为 $10^{-6} cm^3/s$ 数量级，而复合系数 $v_{\pm}$ 为 $10^{-9} cm^3/s$ 数量级，加上大气重离子浓度和气溶胶中性粒子浓度，一般不会比大气轻离子浓度大2个数量级以上，因此(2.62)~(2.66)式中的 $v_{\pm}$、N_+、N_- 项比其它各项要小得多，可以忽略不计，则大气中性气溶胶粒子浓度和大气正、负重离子浓度之比为

$$\frac{N_0}{N_+}=\left(\frac{\eta_{\mp}}{\eta_{+0}}\right)\cdot\left(\frac{n_-}{n_+}\right) \tag{2.67}$$

$$\frac{N_0}{N_-}=\left(\frac{\eta_{\pm}}{\eta_{-0}}\right)\cdot\left(\frac{n_+}{n_-}\right) \tag{2.68}$$

将(2.67)除(2.68)式，可得大气重离子浓度之比为

$$\frac{N_+}{N_-}=\left(\frac{\eta_{+0}}{\eta_{\mp}}\right)\cdot\left(\frac{\eta_{\pm}}{\eta_{-0}}\right)\cdot\left(\frac{n_+}{n_-}\right)^2 \tag{2.69}$$

令 $\frac{\eta_{+0}}{\eta_{\mp}}=a, \frac{\eta_{+0}}{\eta_{\pm}}=b, \frac{n_+}{n_-}=c$，则又可以写为

$$\frac{N_0}{N_+}=\frac{1}{ac} \qquad \frac{N_0}{N_-}=\frac{c}{b} \qquad \frac{N_+}{N_-}=\frac{ac^2}{b} \tag{2.70}$$

再由(2.70)得

$$N_0/[(N_++N_-)/2]=2/\left(ac+\frac{b}{c}\right) \tag{2.71}$$

$$\frac{N_0}{N_t}=1/\left(1+ac+\frac{b}{c}\right) \tag{2.72}$$

由(2.70)和(2.72)式可以求得大气正、负重离子和中性气溶胶粒子 N_+、N_-、N_0 与总浓度 N_t 的关系为

$$N_0 = N_t \Big/ \left(1 + ac + \frac{b}{c}\right) \tag{2.73}$$

$$N_+ = ac N_t \Big/ \left(1 + ac + \frac{b}{c}\right) \tag{2.74}$$

$$N_- = b N_t \Big/ \left(1 + ac + \frac{b}{c}\right) \tag{2.75}$$

由(2.62)、(2.63)式可以得

$$n_+ = \frac{\left(f^2 + 4aq\dfrac{f}{d}\right)^{1/2} - f}{2a} \tag{2.76}$$

$$n_- = \frac{\left(d_2 + 4aq\dfrac{d}{f}\right)^{1/2} - d}{2a} \tag{2.77}$$

式中 $d = \eta_{+0} N_0 + \eta_{\pm} N_-$, $f = \eta_{-0} N_0 + \eta_{\mp} N_+$。

如果 $n_+ = n_- = n$, $\eta_{\pm} = \eta_{\mp} = \eta_i$, $\eta_{+0} = \eta_{-0} = \eta_0$, 则(2.73)(2.75)式又可以简化为

$$N_0 = \frac{1}{1 + 2a} N_t \tag{2.78}$$

$$N = \frac{a}{1 + 2a} N_t \tag{2.79}$$

$$n = \frac{(d^2 + 4aq)^{1/2} - d}{2a} \tag{2.80}$$

在 $N = N_0 = 0$, 则有 $d = 0$, 则简化为理想情况下大气轻离子浓度表达式。

此外(2.62)、(2.63)式可以表示为

$$q - an^2 - \eta_0 n N_0 - \eta_i n N = 0 \tag{2.81}$$

于是由(2.45)、(2.81)式得离子寿命的另一种表达式

$$\Delta t = \frac{1}{an + \eta_0 N_0 + \eta_i N} \tag{2.82}$$

如大气重离子浓度和中性气溶胶粒子浓度远小于大气轻离子浓度,当大气中只存在大气轻离子时,则上式简化为轻离子寿命表达式。

2.4.8 考虑到大气风的作用大气离子的时间改变

大气中离子随时间的改变可以写为

$$\frac{\partial}{\partial t} n_s + \vec{\nabla} \cdot \vec{V}_s n_s = 源 - 汇 \tag{2.83}$$

式中 n_s 是大气离子浓度, V_s 是大气风速,式中不考虑粒子间的碰撞。又可写成

$$\frac{d n_s}{d t} = \left(\frac{\partial}{\partial t} + \vec{V}_s \cdot \vec{\nabla}\right) n_s = q_s - \alpha n_s^2 - \eta N_a n_s \tag{2.84}$$

其中 q_s 是电离率，N_a 是大粒子浓度，α、η 是复合系数。离子随时间变化为离子的局地变化和风对离子的平流。

§2.5 大气离子的时空分布

2.5.1 大气离子浓度的时空分布特征

2.5.1.1 大气离子海陆差异

观测表明，大气轻离子浓度的变化范围约从 $10^2 \mathrm{cm}^{-3}$ 数量级到 $10^3 \mathrm{cm}^{-3}$ 数量级，陆地表面大气正离子浓度的平均值为 $n_+ = 750 \mathrm{cm}^{-3}$，大气负离子浓度的平均值为 $n_- = 650 \mathrm{cm}^{-3}$。由于海洋表面大气电离率低于陆面，所以其轻离子浓度一般低于陆面大气的离子浓度，海洋表面正轻离子浓度的平均值为 $n_+ = 600 \mathrm{cm}^{-3}$，大气负轻离子浓度的平均值为 $n_- = 500 \mathrm{cm}^{-3}$。

大气重离子浓度取决于气溶胶含量，其变化范围比大气轻离子变化范围要大，约从 $10^2 \mathrm{cm}^{-3}$ 数量级到 $10^4 \mathrm{cm}^{-3}$ 数量级，一般说，陆面大气重离子浓度大于轻离子浓度。但是由于大气重离子浓度的时空变化大，难以确定其平均值的大小。与大气轻离子相似，大气正重离子浓度与大气负重离子浓度的比值大于 1，平均约为 1.10。表 2.7 给出了不同地区正负轻重离子的浓度平均值。

表 2.7 不同地表的正、负轻重离子浓度的平均值

地点	大气轻离子			大气重离子		
	n_+	n_-	n_+/n_-	N_+	N_-	N_+/N_-
太平洋	420	420	1.00			
大西洋	670	625	1.07			
莫斯科	710	625	1.12			
阿拉木图	740	590	1.17	5260	5430	0.97
法兰克福	556	525	1.06	9860	9690	1.02
华盛顿	200	200	1.00	3600	3255	1.11
爪哇	602	558	1.08	2500	2210	1.13

2.5.1.2 大气离子浓度随高度的差异

大气离子浓度随高度分布与大气电离率和气溶胶含量随高度的分布密切相关，在 1～2km 高度以上的大气中，大气电离率随高度递增，至 10～15km 高度达到极大值，然后随高度递减。此外，大气电离率随高度的分布还与地磁纬度有关，而气溶胶含量则随高度递减。因此在对流层中，大气轻离子浓度开始随高度递增而增加，达极大值后随高

度递增而减小的变化趋势,同时还与地磁有关。而大气重离子则随高度单调递减。无论是大气重离子还是轻离子,其浓度随时空的变化较大。图 2.5 给出了大气轻离子和大气重离子浓度的关系,它们间呈负相关。图 2.6 为澳大利亚墨尔本上空 3~26km 高度范围内,大气正、负离子浓度随高度分布的观测值。图中曲线表明,大气正、负轻离子浓度随高度的变化起伏大,但其平均值开始时随高度递增,至 13km 高度附近达极大值,然后随高度递减。此外,大气正轻离子浓度随高度的分布,与大气负轻离子随高度的分布十分相似,而大气正轻离子浓度大于大气负轻离子浓度。于 4~24km 的大气中,大气正轻离子浓度与大气负轻离子浓度的比值平均为 $n_+/n_- = 1.43$。

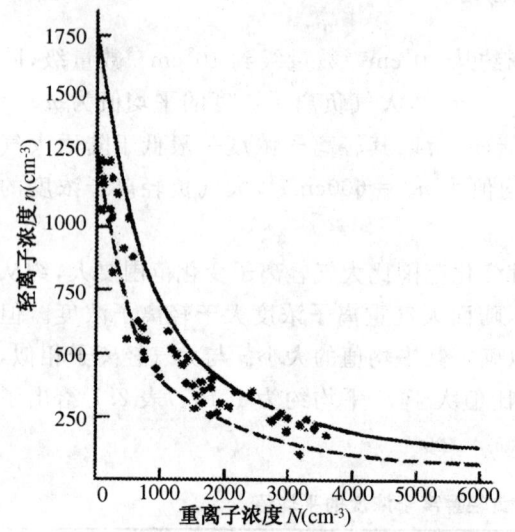

图 2.5 大气轻离子浓度 n 与大离子浓度 N 关系的观测结果(圆点是实测值,曲线为理论)

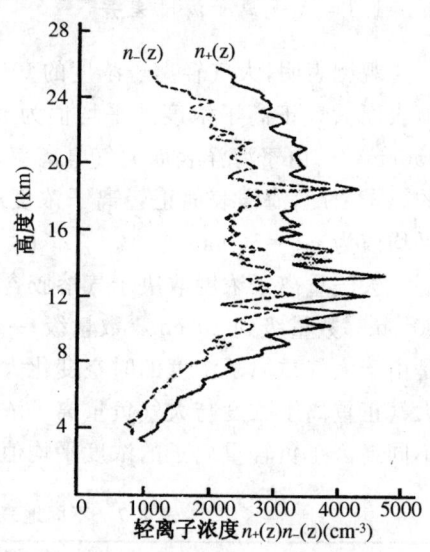

图 2.6 大气正轻离子浓度 $n_+(z)$ 和大气负离子浓度 $n_-(z)$ 随高度 z 的分布

2.5.1.3 大气离子的日变化

大气离子的日变化与大气气溶胶含量的日变化密切相关,在陆地上气溶胶粒子有明显的日变化,大气离子浓度也有明显的日变化。

对于大气轻离子浓度通常在后半夜出现极大值,中午前后出现极小值,日落后出现第二个极大值;而对于大气重离子的日变化规律则相反,通常在中午前后,出现极大值,而在日出前和日落后出现极小值。这种特征与近地面大气对流有关,中午前后湍流较强,地面处气溶胶含量高,导致大气轻离子浓度出现极小值,重离子表现为极大值。日出和日落后,大气较为稳定,大气湍流弱,地面处气溶胶含量低,导致大气轻离子出现极大值,重离子为极小值。

在海上,大气气溶胶浓度的日变化很小,所以大气离子的日变化也小。

图 2.7 为俄罗斯列宁格勒附近巴甫洛夫斯克大气轻离子浓度 n 和重离子浓度 N 的日变化年平均结果,可看到轻离子浓度通常在后半夜出现极大值,中午前后出现极小值,日落后出现极大值。重离子的日变化规律与轻离子正好相反。

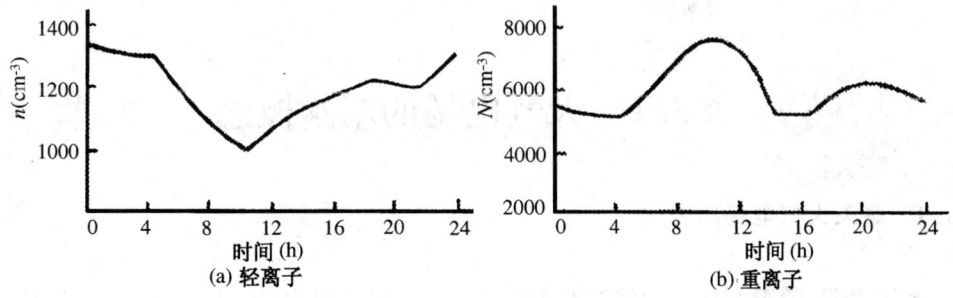

图 2.7 大气轻离子浓度 n 和重离子浓度 N 的日变化平均结果

2.5.2 大气离子谱分布的时空分布

大气离子谱分布即为大气离子迁移率的谱分布,它是描述大气离子群的的物理量。通常采用大气离子迁移率 k 为变量的大气离子谱分布函数 $B(k)$ 表征大气离子谱分布。如果大气正、负离子的谱分布函数分别以 $B_+(k_+)$ 和 $B_-(k_-)$ 表示,则大气正负离子浓度与大气离子谱分布间的关系为

$$n_+ + N_+ = \int_0^\infty B_+(k_+)\mathrm{d}k_+ \tag{2.85}$$

$$n_- + N_- = \int_0^\infty B_-(k_-)\mathrm{d}k_- \tag{2.86}$$

同样也可以用大气离子谱分布浓度来表示大气离子谱分布,由(2.71)、(2.72)式可得大气正、负离子谱分布浓度的表达式为

$$n_+(k_+) + N_+(k_+) = B_+(k_+)\Delta k_+ \tag{2.87}$$

$$n_-(k_-) + N_-(k_-) = B_-(k_-)\Delta k_- \tag{2.88}$$

由于大气离子谱分布观测资料少,这里不做进一步的说明。

第三章 晴天大气电场

§3.1 大气电场的基本概念

3.1.1 晴天大气电场的方向

观测表明,晴天大气中始终存在方向垂直向下的大气电场,这意味着大气相对于大地带有正电荷,而大地带的是负电荷。大气和大地带异性电荷是大气电场形成的原因。同时大气中又存在有晴天大气传导电流,不断中和大气和大地所带的电荷,使大气电场不断减弱。当有云时,云中大气电过程所产生的带电降水形成降水电流,也不断中和大气和大地所带的电荷。那么,是什么原因维持恒定的大气电过程,其原因是大气中存在有雷暴电过程,当有雷暴时,云地闪电及云下方地物和植物的尖端放电过程,将增加大气和大地所带的异性电荷。当大气中的带电过程和电荷中和过程达到平衡时,形成恒定的晴天大气电场。

3.1.2 晴天大气电场的表示

大气电场强度用 E 表示,它与大气电位的关系为

$$E(x,y,z) = -\nabla V(x,y,z) \tag{3.1}$$

从(3.1)式可以看出,大气中一点 (x,y,z) 处的电场与该点处的电位梯度相等,方向与电位的梯度方向(指向高电位)相反。

在直角坐标 x,y,z 中,大气电场的分量形式为

$$E(x,y,z) = E_x(x,y,z)\vec{i} + E_y(x,y,z)\vec{j} + E_z(x,y,z)\vec{k} \tag{3.2}$$

式中 $\vec{i},\vec{j},\vec{k}$ 分别为 x、y、z 轴的单位矢量,$E_x(x,y,z)$、$E_y(x,y,z)$、$E_z(x,y,z)$ 分别是大气电场在 x、y、z 方向上的分量。

同理,由电位表示的分量形式为

$$E(x,y,z) = -\frac{\partial V}{\partial x}\vec{i} - \frac{\partial V}{\partial y}\vec{j} - \frac{\partial V}{\partial z}\vec{k} \tag{3.3}$$

大气电场强度的单位为 V/m。

3.1.3 晴天大气等电位面

大气电位的分布可以用等电位面表示,即是大气中电位相同各点连成的面,由于大地看成是导体,是一个等势面,大气的等电位面与大地表面相平行。通常高度越低,晴天大气电位面的值越小;反之高度越高其值就越大。

若 $\vec{n}$ 是大气中某一点大气等电位面的法向矢量,且由低电位指向高电位,则该点的电场强度表示为

$$E = -\frac{\partial V}{\partial n}\vec{n} \tag{3.4}$$

上式表明,大气电位分布密集的地方,电场较强。同时也可以看到,大气电场和等势面与地表面的曲率有关,可以分为下面两种情况:

(1)平坦地表:对于平坦地表,晴天大气等电位面为平行于地面的平面,单位法向矢量 $\vec{n}$ 垂直向上,与坐标 z 轴重合,因此晴天大气电场只存在垂直分量 E_z,而其水平分量都为 0。这时有

$$E = E_z = -\frac{\partial V}{\partial z} \tag{3.5}$$

(2)地表呈起伏或不平坦时,晴天大气等电位面因地表起伏而变一曲面,地面的法线方向 $\vec{n}$ 不再与 z 轴重合,等电位面与地表曲面近乎平行。因此晴天大气电场不仅只有垂直电场,而且有水平分量 E_X、E_Y。但是,当观测点离地物的距离大于其垂直高度的 3 倍(电线杆)或 5 倍(山丘)时,地形对大气等势面的影响就可忽略。

3.1.4 大气电场的符号

在静电学中,电场方向从正电荷指向负电荷,即为正电场;否则为负电场,因此大气电场垂直向下为正,与坐标轴 z 方向正好相反,而垂直向上为负的大气电场。

§3.2 大气电场的空间分布

在实际大气中,由于气象、地理条件等多种原因,大气电场随空间和时间而变。下面对这一问题进行讨论。

3.2.1 晴天大气电场的地理分布

晴天大气电场因时因地而异,其中与气溶胶的浓度有密切关系,它表现为:

(1)海洋:由于下垫面条件相近,晴天电场间的差异很小。就全球而言,海面晴天电场约为130V/m。

(2)陆地:局地条件相差很大,各处电场的差异也很大。如我国伊宁的平均电场为56V/m,美国斯坦福为76V/m,俄罗斯巴甫洛夫斯克为171V/m。对于人口密集地区的大城市、工业区,地面晴天大气电场为130V/m以上;而在乡村地区,离气溶胶源地较远,一般小于130V/m。

表3.1为地面和海洋晴天大气电场的平均值、典型值和变化范围。

表3.1 地面和海洋晴天大气电场的平均值、典型值和变化范围

	平均值(V/m)	典型值(V/m)	变化范围(V/m)
陆地	115	80～150	19～310
海洋	130	90～150	50～250
全球	130	100～150	19～310

(3)纬度变化:陆地上由于各处局地条件的差异,因此地面晴天大气电场随纬度的变化不十分明显;而海上由于局地条件相近,晴天大气电场随纬度的变化较为明显。在纬度0～20°处,晴天大气电场约为120V/m,纬度20°N～40°N范围内,晴天大气电场约为125V/m,纬度增大到40°N～60°N处,大气电场明显增大,约为155V/m,最大值位于纬度50°处。再往两极,大气电场减小。

3.2.2 随高度变化

3.2.2.1 近地层大气电场的高度分布

晴天大气电场随高度也因地因时而异,陆地上分布较为复杂。通常晴天大气电场随高度呈指数衰减的分布特征。但是即使同一时刻,晴天大气电场在不同高度范围内随高度分布也不相同。在近地面处,晴天大气电场将受大地电极影响,由于大地带负电荷,在近地面的一薄层大气中积聚了大量符号相反的正电荷,而且体电荷密度在该层中很不均匀,随高度增加而急剧递减的变化,于是形成较强的大气电场和电场梯度。计算表明,当未受大地电极影响,晴天大气电场为50V/m和250V/m·m,当受大地电极影响,晴天大气电场增大5%的高度为5m和26m左右;增大1倍的高度为1m和5m。在地表处

受地极与未受地极的影响相差 2.8 倍。

在边界层处,由于逆温和湍流影响,使大气电场随高度呈不规则分布,甚至出现反常。

在图 3.1 中,给出了格林兰索德里、墨西哥古尔特、美国加利福尼亚海岸所观测到的晴天大气电场随高度的分布,其中格林兰索德里近地面晴天大气电场为 92V/m,然后其值随高度近似呈指数规律迅速递减,大约在 200m 高度以上,晴天大气电场随高度增加而近似按指数规律递减的程度明显减弱,墨西哥古尔特、美国加利福尼亚海岸的晴天大气电场与格林兰索德里的基本相似,只是数值略有不同。

3.2.2.2 自由大气中大气电场随高度的变化

在自由大气中,大气电场的变化可以采用指数形式表示,对于 (0～10km) 写为

$$E(z) = E(0)\exp(-az + bz^2)$$

对于 (10～30km),写为

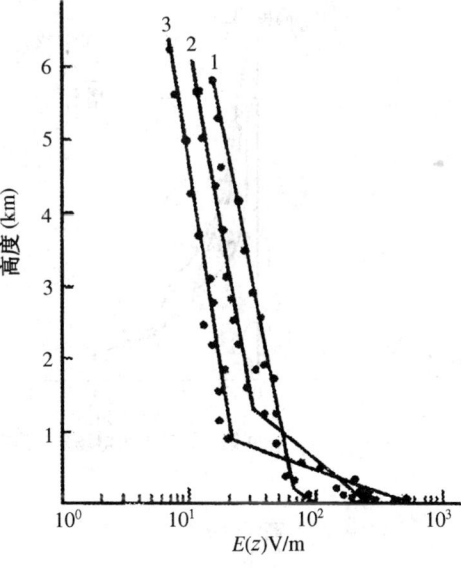

图 3.1 晴天大气电场随高度的变化
(1 格林兰索德里;2 墨西哥古尔特;
3 美国加利福尼亚海岸)

$$E(z) = E(z_0)\exp(-cz)$$

式中电场单位取 V/m,$E(0)$ 是海平面处大气电场,$E(z_0)$ 是高度 z_0 处大气电场。

在中欧地区,由气球探测获得晴天大气电场随高度的经验关系为

$$E(z) = 90e^{-3.5z} + 40e^{-0.23z} \tag{3.6}$$

3.2.2.3 晴天大气电场的类型

晴天大气电场可分成四类(见图 3.2):

(1) 晴天大气电场随高度单调递减,其数值始终为正,从地面 2～3km 范围内,大气电场随高度分布的经验关系为

$$E(z) = E_0 e^{-az} \tag{3.7}$$

式中 E_0 是地面晴天大气电场,单位为 V/m,a 为系数,不同地区的 a 不同。

(2) 晴天大气电场随高度单调递减,其数值低层为正,至某一高度层以上,数值为零或负。大气电场改变符号的高度为 3～4km 左右。

(3) 晴天大气电场随高度单调递增,大约在 500～700m 高度范围内,晴天大气电场达最大值,然后随高度单调递减。

(4) 晴天大气电场随高度变化较小,其值为正。

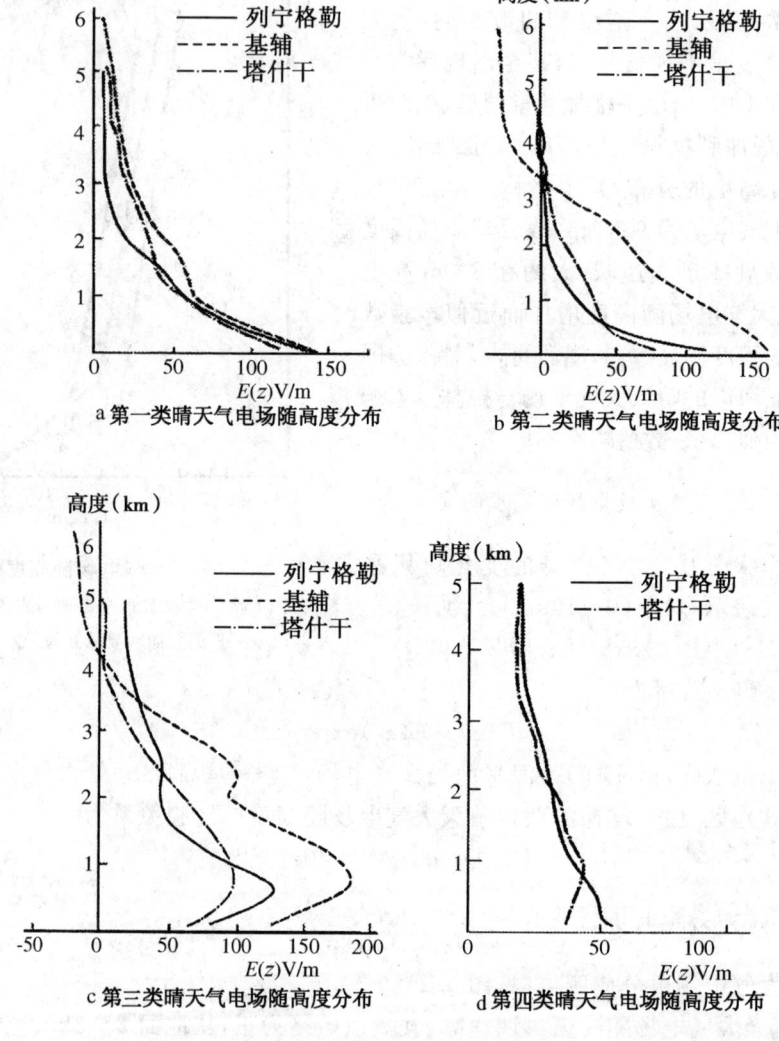

图 3.2　晴天大气电场的类型

§3.3　大气电场的时间变化特征

3.3.1　晴天大气电场的日变化

晴天大气电场有明显的日变化和年变化,还存在从几分钟到十几分钟的脉动起伏变化。太阳活动对大气电场也有影响。晴天大气电场的日变化表现为峰和谷的出现时间,因地、因季节而变化。观测表明,大气电场的日变化受两种因素制约:一是全球性普遍日变化机制,即与世界时有关,主要取决全球雷暴的日变化;二是地方性日变化机制,其变化与地方时有关,主要决定局地大气状况的日变化。因此晴天大气日变化可以写为

$$E(t)=E_w(t)+E_L(t)$$

式中 t 是时间,$E_w(t)$、$E_L(t)$ 分别是全球性普遍日变化机制和地方性日变化机制引起的晴天大气电场日变化。

陆地上主要受地方时影响,海洋上受世界时影响。晴天大气电场日变化表现为三种类型:

(1)大陆简单型(图 3.3):表现为单峰、单谷,即一天中出现一次极大和极小。峰值出现在下午至傍晚(地方时 13~19 时),谷值出现于早晨(地方时 2~6 时)。一般远离大城市的乡村为这一类型。

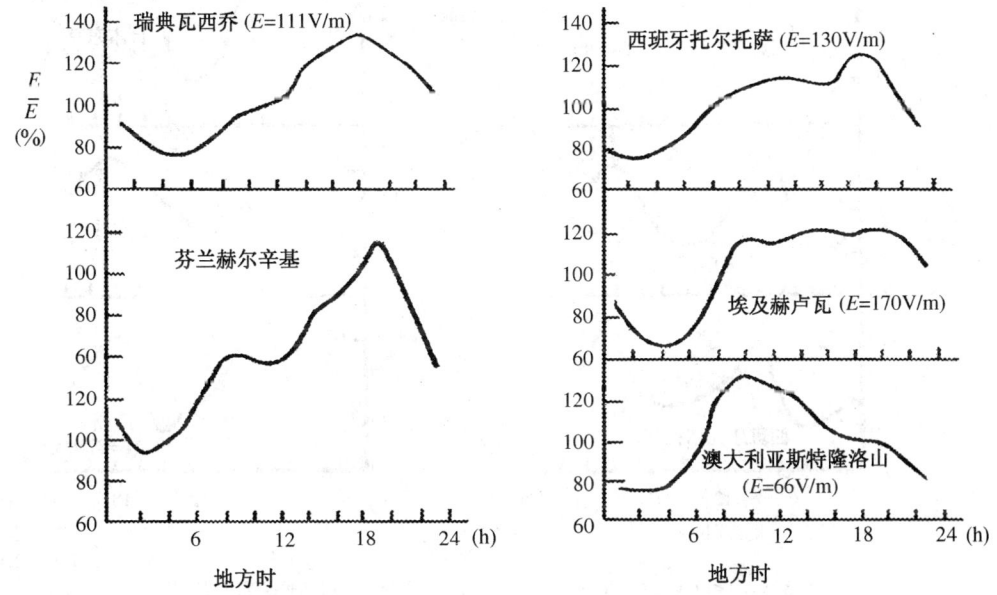

图 3.3 大陆简单型地面晴天大气电场的日变化的各地观测的平均结果

(2)大陆复杂型(图 3.4):这类大气电场具有明显的双峰双谷,即一天中出现两次极大和极小。变化规律决定于地方时,第一峰值于地方时上午 7~10 时,第二峰值出现于地方时 18~21 时,第一谷值出现于地方时 2~6 时,第二谷值出现于地方时 13~16 时。大城市和工业区等气溶胶浓度大的地区电场表现为这一类型。

(3)海洋极地型:具有单峰单谷型,它与世界时有关,峰值出现于世界时 18~21 时,谷值出现于世界时 2~6 时。一年内变化很小,广阔的极地海洋和冰雪覆盖区电场变化

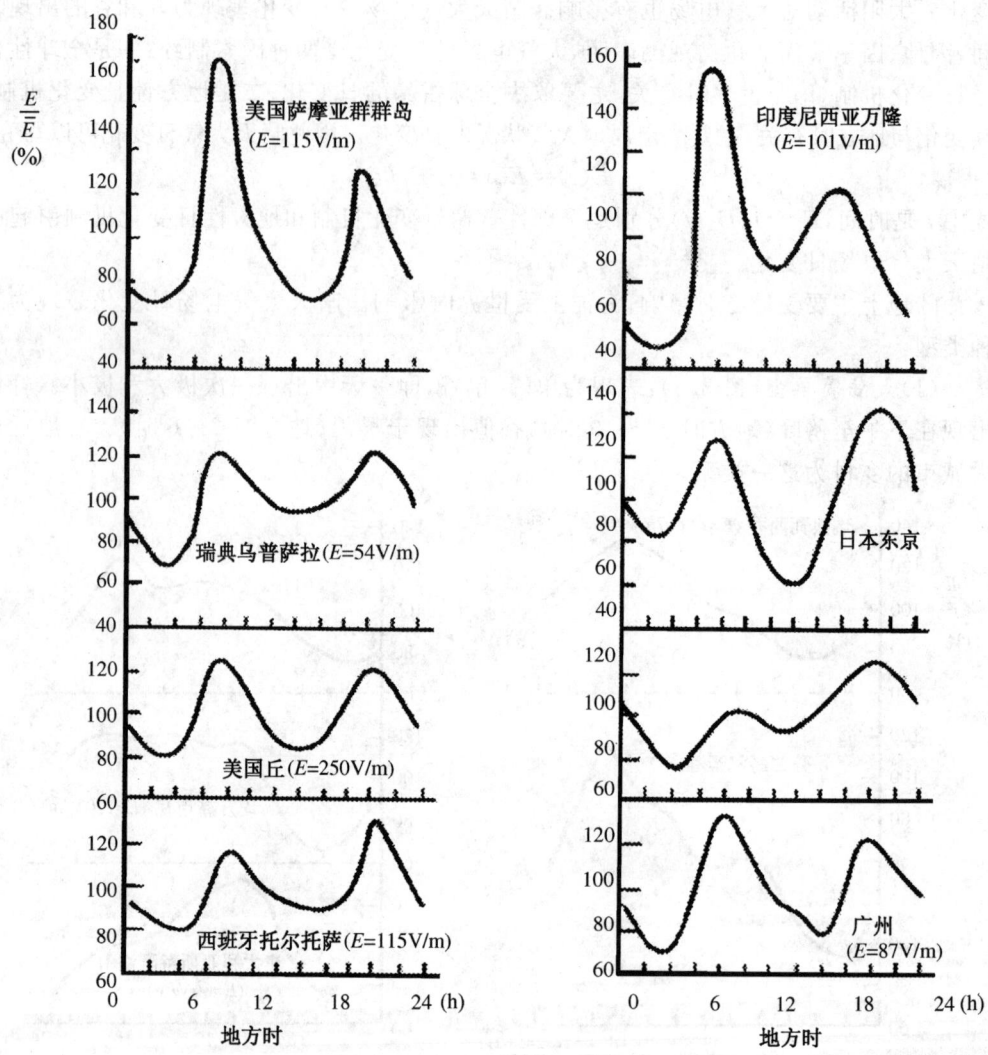

图 3.4 大陆复杂型地面晴天大气电场日变化的各地观测平均值

就是这种类型。

3.3.2 晴天大气电场日变化的成因

地面晴天大气电场相对日变化表示为

$$\frac{1}{E(t)} \cdot \frac{dE(t)}{dt} = \frac{1}{V(t)} \cdot \frac{dV(t)}{dt} - \frac{1}{R_e(t)} \cdot \frac{dR_e(t)}{dt} - \frac{1}{\lambda(t)} \cdot \frac{d\lambda(t)}{dt} \tag{3.8}$$

式中 $V(t)$ 是整层大气电位差，$R_e(t)$ 是整层晴天大气柱电阻（海平面至电离层），$\lambda(t)$ 为海平面晴天大气总电导率。

(1) 海洋极地型电场成因：海洋地区，气溶胶日变化很小，海上整层晴天大气柱电阻（海平面至电离层）和晴天大气总电导率日变化也小，这时有 $\dfrac{dR_e(t)}{dt}=0, \dfrac{d\lambda(t)}{dt}=0$，所以有

$$\frac{1}{E(t)} \cdot \frac{dE(t)}{dt} = \frac{1}{V(t)} \cdot \frac{dV(t)}{dt} \tag{3.9}$$

上式表明海洋和极地表面大气电场的日变化，主要取决于整层晴天大气电位差的日变化，而整层大气电位差取决于全球雷暴活动日变化。全球雷暴活动日变化与世界时相关。

(2) 大陆型电场的成因：在大陆上，由于大气中气溶胶含量日变化较大，从而使整层大气总电导率和整层晴天大气柱电阻的日变化也大，因此大陆上地面大气电场的日变化是全球性普遍日变化与地方性日变化的综合结果。

3.3.3 晴天大气电场的年变化

地面晴天电场还具有年变化，它也可以用其变化的波形和变化幅度来表示，主要是指年变化的峰和谷出现多少，出现的月份。其变化幅度多用年较差表示，年较差是指晴天大气电场相对值 $E/\bar{E}$ 在一年中的最大与最小值之差，用百分比表示。晴天大气电场具有明显的年变化，其变化规律因地而异。各地地面晴天大气电场年较差的平均结果的数值可以从 30% 变化到 130%，平均为 65%。地面和海面晴天大气电场年变化的波形一般具有单峰、单谷，即一年中出现一次极大和一次极小值的简单变化波形。平均而言，晴天电场峰值都在北半球的冬季，而谷值都在北半球的夏季。

3.3.4 晴天大气电场的脉动变化

晴天大气电场具有脉动变化，其周期大约从几分钟到几十分钟，其变化与地理环境有关，还与大气湍流等气象要素有关。如我国贵州湄潭观测到在日出雾消后的 8~9 时左右，地面大气电场出现周期为几分钟的强烈脉动起伏变化，脉动振幅可达 50% 左右，这可能是日出后地面因太阳加热而在近地面形成较强的湍流，破坏了近地面大气的电状况。

地面大气电场的脉动变化具有明显的日变化，其峰值出现于中午至下午，谷值出现于黎明前。这与中午到下午近地面大气对流较旺盛，早晨大气较稳定有关。

地面大气电场脉动变化还有明显的年变化，其峰值出现于夏季，谷值出现于冬季。

§3.4 大气电场与气象条件

晴天大气电场与气象条件间有密切关系,气象条件与晴天大气电场的关系往往通过大气电学参量产生影响。由于晴天大气电场与晴天大气电导率之间呈负相关,对晴天大气电导率影响的气象条件,则间接影响晴天大气电场。

3.4.1 气溶胶对大气电场的影响

如大气中的气溶胶含量减小,则大气中的轻离子浓度增大,就导致大气电导率增加,从而使大气电场减小。反之,若气溶胶含量增加,则大气轻离子浓度减小,导致大气电导率减小,最后大气电场增加。图 3.5 为美国新罕布什尔州南部大气混合层中大气电场、大气正离子浓度和气温随高度分布的观测实例,可看到,大气中正重离子浓度与大气电场随高度的分布是一致的,气溶胶浓度大,电场也大,而气溶胶浓度与大气逆温分布是一致的。

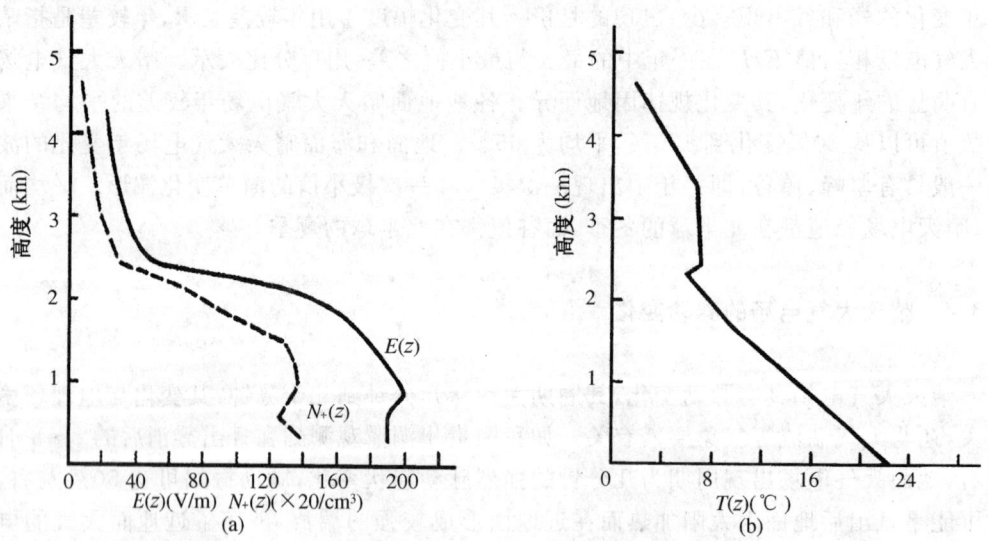

图 3.5 晴天大气电场与气溶胶与正重离子和大气温度的关系

夏季地面气溶胶浓度的日变化具有双峰和双谷的特征,则导致大气电场也有双峰和双谷的变化特征。通常在午夜到黎明前,地面气溶胶浓度出现第一个极小值,日出后由于热对流和湍流垂直输送作用加强,使近地面大气中气溶胶浓度增大,地面气溶胶浓度出现第一个极大值。中午到下午因热对流和湍流垂直输送较为旺盛,这使近地面气溶胶向上大量输送,于是地面气溶胶减小,出现第二个极小值;到傍晚,大气趋于稳定,近地面的气溶胶不易向上输送,气溶胶浓度又增加,出现第二个极大值。

图 3.6 是苏联列宁格勒附近晴天大气电场和气溶胶高度分布的 27 次平均结果,图中气溶胶浓度随高度递增,至 600m 高度附近达极大值,然后随高度呈单调递减,而大气电场有相似的变化趋势,在 900m 高度附近达极大值,这说明不同高度的晴天大气电场与气溶胶浓度间呈正相关。

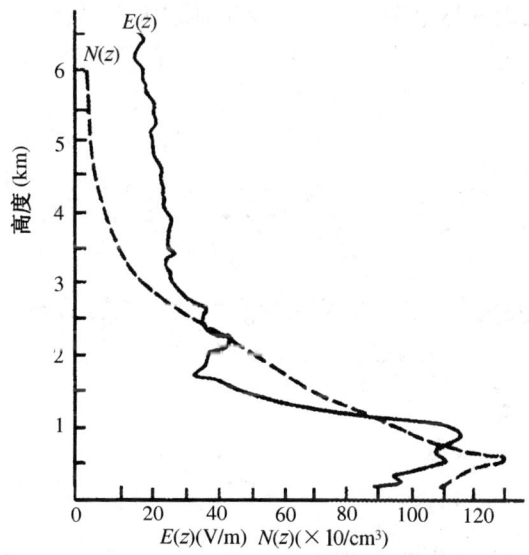

图 3.6 晴天大气电场和气溶胶随高度的分布关系

3.4.2 大气中水汽和温度对大气电场的作用

晴天大气电场还与水汽和温度等气象要素相关,观测表明地面晴天大气电场的日变化与水汽的日变化十分一致。在清晨气温较低,水汽压出现谷值,中午及其后,气温较高,水汽压出现峰值;傍晚气温下降,水汽压也下降。地面的气温与大气湍流垂直输送有关,午后温度增大,湍流垂直输送加大,使地面水汽输送到较高的气层,使得大气电场也发生变化。

第四章 晴天大气电导率、大气体电荷和大气电流

晴天大气电导率、大气体电荷和大气电流是描述大气电特性的三个重要物理量,它的时空分布和变化影响大气的中发生的诸如雷暴等各种物理过程,因此对它的了解有一定意义。

§4.1 晴天大气电导率

由于大气中存在大气正、负离子,从而使大气具有微弱的导电性能,大气的导电性能可以用大气电导率表示,下面就这一问题做一介绍。

4.1.1 晴天大气电导率

4.1.1.1 晴天大气电导率定义

定义为大气离子在单位电场作用下产生运动而形成电流密度值。单位为 $\Omega^{-1} \cdot cm^{-1}$。因此大气电导率取决于大气离子电荷、大气离子浓度和大气离子迁移率。大气电导率包括大气正极性电导率和大气负极性电导率。

4.1.1.2 大气电导率的表示

大气正极性电导率取决于大气正离子,大气负极性电导率取决于大气负离子,如果大气正极性电导率表示为 λ_+,负极性电导率表示为 λ_-,则总的电导率表示为

$$\lambda = \lambda_+ + \lambda_- \tag{4.1}$$

或者写为

$$\lambda = e(n_+ k_+ + n_- k_- + N_+ K_+ + N_- K_-) \tag{4.2}$$

式中 N_+、N_- 为正、负重离子的浓度,K_+、K_- 为大气正、负重离子的迁移率。

若大气正、负离子的电荷量为 e,大气正、负轻离子的迁移率为 k_+、k_-,大气正、负离子浓度以迁移率的谱分布为 $B_+(k_+)$、$B_-(k_-)$,大气正、负重离子的迁移率为 K_+、K_-,大气正、负重离子浓度以迁移率的谱分布为 $B_+(K_+)$、$B_-(K_-)$,则大气正负极性电导率分别表示为

第四章 晴天大气电导率、大气体电荷和大气电流

$$\lambda_+ = \int_0^\infty ek_+ B_+(k_+)\mathrm{d}k_+ + \int_0^\infty K_+ B_+(K_+)\mathrm{d}K_+$$

$$\lambda_- = \int_0^\infty ek_- B_-(k_-)\mathrm{d}k_- + \int_0^\infty K_- B_-(K_-)\mathrm{d}K_- \tag{4.3}$$

在大气中由于轻离子的迁移率比大气重离子的迁移率约大 2 个数量级,又大气轻离子浓度仅比大气重离子浓度小一个数量级左右,因此大气的电导率主要取决于大气轻离子,据估计,大气轻离子对大气电导率的贡献占轻、重离子对大气电导率的贡献的 95% 左右,所以大气正负极性的电导率可以近似地表示为

$$\lambda_+ = ek_+ n_+ \tag{4.4}$$

$$\lambda_- = ek_- n_- \tag{4.5}$$

可以看出,大气电导率与大气轻离子浓度间呈正相关。

由于大气气溶胶浓度增大,晴天大气重离子浓度也增加,而大气轻离子浓度减小,导致大气电导率减小。反之,大气气溶胶浓度减小,大气轻离子浓度加大,则晴天大气电导率增加。所以大气电导率较大时,大气轻离子浓度也增大。

大气电导率与大气电离率有关,并随纬度增加而增加,这种变化一般从 7km 以上高度开始。

由于大气电离率与太阳活动有关,所以大气电导率与太阳活动有关。在 10km 高度之上,由于太阳黑子引起宇宙射线强度减弱,导致大气电离率减小,从而导致电导率减小。

在几千米高度以上的大气中,大气的电导率主要取决于宇宙射线,而宇宙射线强度随地磁纬度增加而递增,因此晴天大气轻离子浓度随地磁纬度增加而增加。

大气电状态变化与大气电导率有关。大气的电状态出现变化时,经过一段时间使大气电状态达到新的稳定,这一过程所需时间可以用弛豫时间 τ 表示,定义为大气电学量衰减到 $1/e$ 时所需要的时间。据此,如果大气电过程的时间尺度远大于弛豫时间,则可近似认为大气电状态趋于稳定。而大气电过程的弛豫时间 τ 可表示为

$$\tau = \varepsilon/\lambda$$

式中 ε 是大气介电常数,λ 是大气电导率。

4.1.2 晴天大气电导率的时空分布

4.1.2.1 地面晴天大气电导率

晴天大气电导率的时空分布取决于晴天大气轻离子浓度的时空分布,所以晴天大气电导率不仅随地点而异,并具有日变化和年变化。

据观测,全球大气总电导率的平均值为 $2.3\times10^{-16}\ \Omega^{-1}\cdot\mathrm{cm}^{-1}$,其变化范围从 $2\times10^{-17}\sim6\times10^{-16}\ \Omega^{-1}\cdot\mathrm{cm}^{-1}$。由 (4.4)、(4.5) 式得晴天大气负极性电导率与晴天大气

正极性电导率之比为

$$\frac{\lambda_-}{\lambda_+} = \frac{k_- n_-}{k_+ n_+} \tag{4.6}$$

上式表明 $\frac{\lambda_-}{\lambda_+}$,不仅取决于晴天大气负轻离子浓度与大气正轻离子浓度之比 $\frac{n_-}{n_+}$,还取决于晴天大气负轻离子迁移率与晴天大气正轻离子迁移率之比 $\frac{k_-}{k_+}$。通常由于 $\frac{n_-}{n_+}<1$,而 $\frac{k_-}{k_+}>1$,因此 $\frac{\lambda_-}{\lambda_+}$ 的变化规律较为复杂。表 4.1 列出了大气污染程度不同的各地区的晴天大气大气电导率,可见到,对于工业区,大气污染较重,电导率小;对于污染很小的山区,电导率较高。

表 4.1 不同污染地区晴天大气的电导率

地区类别	$\lambda(\times 10^{-1}\Omega^{-1}\cdot cm^{-1})$
工业区周围	0.5~1
城市郊区	1~1.5
远离大气污染源的陆地	2~3
近海和小岛	2
远洋	3
山区	3~4

4.1.2.2 晴天大气电导率随高度的变化

晴天大气电导率随高度的分布与晴天大气轻离子浓度和轻离子迁移率随高度的变化有关,总的说来,晴天大气电导率随高度单调递增。如图 4.1 给出了澳大利亚墨尔本上空晴天大气正、负极性电导率随高度分布的观测实例,图中曲线表明:晴天大气正、负极性电导率随高度的变化起伏较大,但其平均值仍随高度单调递增。此外,晴天大气负极性电导率与正极性电导率之比 $\frac{\lambda_-}{\lambda_+}$,随高度增加时有时大于 1,有时则小于 1。在 6~1.95km 高度范围内,$\frac{\lambda_-}{\lambda_+}$ 的平均值为 0.96。表 4.2 给出不同高度处晴天大气电导率,表中曲线值是指每一高度上电导率平均值的高度分布曲线。

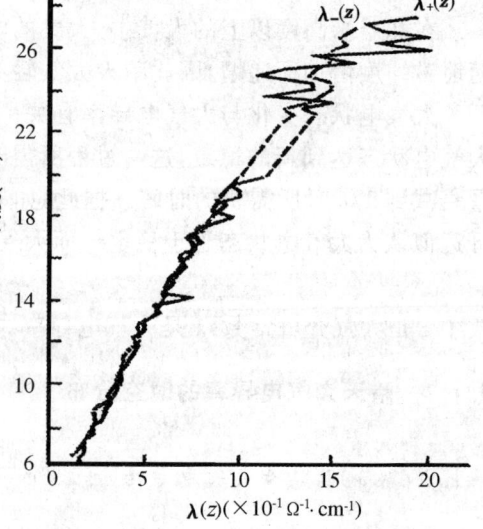

图 4.1 晴天大气正负极性电导率 $\lambda_+(z)$ 和 $\lambda_-(z)$ 随高度 z 的分布

第四章　晴天大气电导率、大气体电荷和大气电流

表 4.2　不同高度处晴天大气电导率　　（单位：$\times 10^{-1} \Omega^{-1} \cdot cm^{-1}$）

高度(km)	0	3	5	10	15	20	25	30	35	40
$\lambda(z)$测量值	2.5	8.6	17	53	130	270	520	1000	1800	3000
$\lambda(z)$曲线值	2.5	8.6	16	51	130	280	540	1000	1800	3000
$\lambda_{min}(z)$	0.4	2.4	5.4	16	29	130	280	420	800	2000
$\lambda_{max}(z)$	7.5	13	24	100	260	580	1100	1900	2900	5400

在高度 3km 以下的混合层大气中，由于存在热对流和湍流垂直输送，使得大气电导率随高度的分布在不同天气条件下差异较大。例如图 4.2 为海洋上低层大气晴天大气总电导率，以及晴天大气正重离子浓度随高度分布，图中表明，混合层大气中晴天大气正重离子浓度值较大，其值随高度变化较小，直至高度约为 1.7km 的混合层顶附近，其值才随高度锐减，在混合层顶高度以上大气中，其值复又随高度变化不大。晴天大气正重离子浓度随高度分布，反映了气溶胶含量随高度的分布，因此晴天大气总电导率随高度分布的情况，与晴天大气正重离子浓度随高度分布的情况相反。就在该图中，混合层

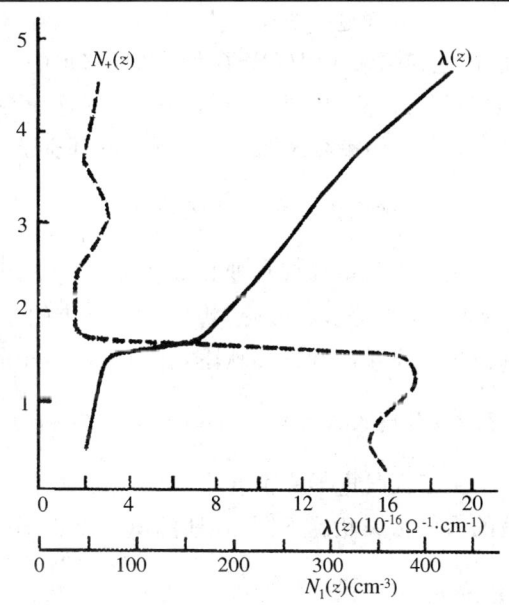

图 4.2　晴天大气总电导率 $\lambda(z)$ 和晴天大气正重离子浓度 $N_+(z)$ 随高度的分布

大气中晴天大气总电导率数值较小，其值随高度变化不大；至混合层顶附近，其值随高度急剧增大；而在混合层顶以上的大气中，晴天大气电导率才具有随高度递增的普遍分布规律。综上所述，大气电导率随高度单调递增，因此，通常可以用指数形式表示为

$$\lambda(z) = \lambda(0)\exp(az - bz^2) \tag{4.7}$$

式中 a、b 为经验系数，由于晴天大气电导率随高度分布因时因地而有差异，经验系数 a、b 也不同。

根据美国气球探测结果，从地面至 26km 高度范围内，晴天大气正负极性电导率随高度分布可以分别表示为

$$\lambda_+(z) = 2.7 \times 10^{-16} \exp(0.254z - 0.00309z^2) \tag{4.8}$$

$$\lambda_-(z) = 4.33 \times 10^{-16} \exp(0.222z - 0.00255z^2) \tag{4.9}$$

式中 $\lambda_+(z)$ 和 $\lambda_-(z)$ 的单位取 $\Omega^{-1} \cdot cm^{-1}$，$z$ 的单位为 km。

根据飞机观测,在积雨云上方所探测到的大气电导率随高度分布的平均结果为

$$\lambda_+(z) = 1.7 \times 10^{-16} + 2.1 \times 10^{-17} z^2 \tag{4.10}$$

$$\lambda_-(z) = 1.1 \times 10^{-16} + 2.3 \times 10^{-17} z^2 \tag{4.11}$$

4.1.2.3 晴天大气电导率具有日变化

晴天大气电导率表现为单峰、单谷和双峰、双谷多种变化,其变化规律随地点和季节而异,它与晴天大气轻离子浓度和迁移率的日变化规律密切相关。一般峰的位于下半夜到黎明前,谷值位于上午至下午。而晴天大气轻离子浓度和迁移率又取决于气象条件。其中大气温压湿对大气轻离子迁移率都有影响,特别是气溶胶的影响更为明显。

4.1.2.4 晴天大气电导率还有年变化

晴天大气电导率年变化规律较为复杂,与局地条件和气象条件密切相关。一般具有单峰、单谷等多种变化,峰值位于每年的春季,谷值位于每年冬季。对于双峰双谷的峰值位于每年的春季和秋季,谷值位于每年的夏季和冬季。

4.1.2.5 晴天大气电导率的长期变化

由于大气电导率会受大气污染影响,随工业的发展,导致大气电导率下降。世界各地的大气污染状况不同,各地的电导率也不同,大气污染小的地区,电导率的变化小。

§4.2 晴天大气体电荷

大气中不仅有正、负离子,而且有带正、负电荷的云雾降水粒子,在一定条件下,由于大气电场力、重力和大气对流等因子的作用,使这些带正、负电荷的粒子分离开,从而使一定体积的大气携带有净正电荷或净负电荷。此外,火山爆发、沙暴、高压电线电晕放电、工业排烟等也能使大气携带净正、负电荷。为描述大气中电荷分布,对此引入大气体电荷密度。

4.2.1 大气体电荷密度的定义

一定体积大气携带正电荷或净负电荷,称为大气体电荷。通常用大气体电荷密度描述大气电荷状况,单位取 $C \cdot cm^{-3}$。如果体积为 τ 的大气中携带总的正电荷为 Q_+、总的负电荷为 Q_-,则大气体电荷密度定义为

$$\rho = \frac{Q_+ - Q_-}{\tau} = q_+ - q_- \tag{4.12}$$

其中 $q_+=e(n_++N_+)$ 和 $q_-=e(n_-+N_-)$。$n_\pm$ 为晴天正、负轻离子的浓度，$N_\pm$ 是为晴天正、负重离子的浓度。晴天大气电场是晴天大气体电荷分布的结果，反过来，晴天大气电场也会影响晴天大气体电荷分布的结果。如由于大地的电极效应，晴天大气正离子在晴天大气电场作用下，大量聚集在贴近地面的气层中，形成较高的大气体电荷密度。

由静电学理论得大气电场与体电荷密度的关系为

$$\varepsilon_0 \nabla \cdot E = \rho \tag{4.13}$$

式中 ε_0 是大气介电常数。也可得大气电势与体电荷密度的关系为

$$\varepsilon_0 \nabla^2 \cdot \varphi = -\rho \tag{4.14}$$

通常忽略大气电场的水平分量，并令大气电场的方向向下为正、向上为负，则由(4.14)式得高度为 z 处的体电荷密度与电场和电势的关系为

$$\rho(z) = -\varepsilon_0 \frac{\partial E(z)}{\partial z} \tag{4.15}$$

$$\rho(z) = \varepsilon_0 \frac{\partial^2 \varphi(z)}{\partial z^2} \tag{4.16}$$

若已知大气电场或大气电位随高度分布，则由上式就能求取大气体电荷密度分布。

4.2.2 晴天大气体电荷密度的时空分布

晴天大气体电荷密度不仅随地点和高度变化，而且还有日变化和年变化。观测表明，全球表面晴天大气体电荷密度的平均值约为 $10^{-17} C \cdot cm^{-3}$，各地地面或海面晴天大气体电荷密度的常见值介于 $-2 \times 10^{-17} C \cdot cm^{-3}$ 与 $2 \times 10^{-17} C \cdot cm^{-3}$ 之间。其绝对值的变化范围可达1个数量级。

晴天大气体电荷密度具有随高度单调递减的特征，由大气电场随高度分布的经验公式可以导得大气体电荷密度随高度的分布公式为

$$\rho(z) = 3.26 \times 10^{-18} \exp(-4.25z) + 1.28 \times 10^{-19} \exp(-0.37z)$$
$$+ 1.10 \times 10^{-20} \exp(-0.121z) \tag{4.17}$$

由上经验公式计算得，对于地面晴天大气体电荷密度为 $3.4 \times 10^{-18} C \cdot cm^{-3}$，而到5km高度处，晴天大气体电荷密度下降为 $2.3 \times 10^{-20} C \cdot cm^{-3}$，是地面值的千分之七左右；10km高度处晴天大气体电荷密度为 $6.3 \times 10^{-21} C \cdot cm^{-3}$，是地面值的千分之二左右；至20km高度晴天大气体电荷密度为 $1.1 \times 10^{-21} C \cdot cm^{-3}$，仅为地面值的万分之三左右。

实际大气体电荷密度随高度的分布较为复杂，尤其是在近地面大气中，由于逆温和湍流等气象因子的影响，使晴天大气体电荷密度随高度的分布在不同的条件下有较大的差异。通常在逆温层中晴天大气体电荷密度出现较大的负值，而在紧贴地面的气层

中,晴天大气体电荷密度随高度变化较大,且与大气状况密切相关。图4.3是相应图3.2的第一、二、三类大气电场情况下大气体电荷密度的高度分布,从图中可见,对应第一类和第二类晴天大气电场的高度分布,晴天大气体电荷密度的变化趋势随高度单调递减,存在有一定的起伏变化;而对于第三类大气电场的高度分布,其值从下至上表现为大气体电荷密度随高度递增,由负变为正,达极大值后出现起伏变化,但总的趋势是随高度单调递减。

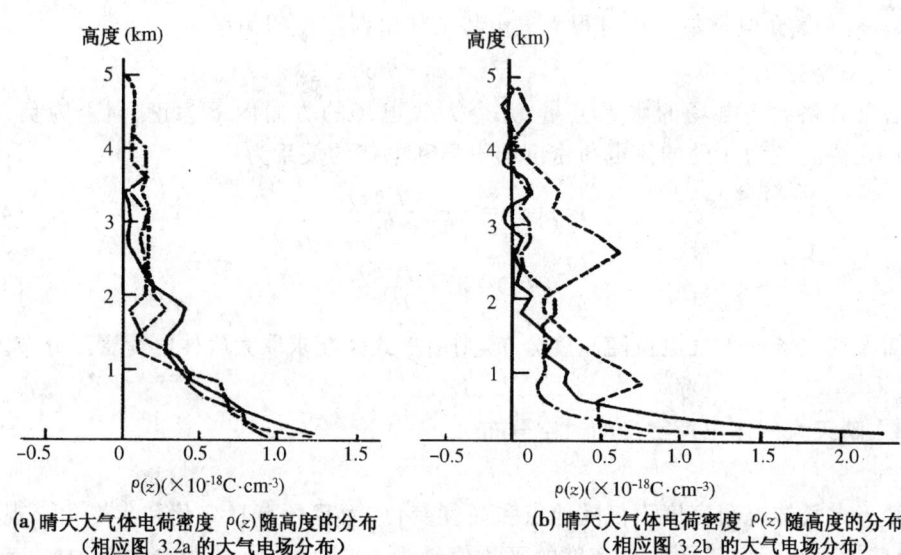

(a) 晴天大气体电荷密度 $\rho(z)$ 随高度的分布
(相应图 3.2a 的大气电场分布)

(b) 晴天大气体电荷密度 $\rho(z)$ 随高度的分布
(相应图 3.2b 的大气电场分布)

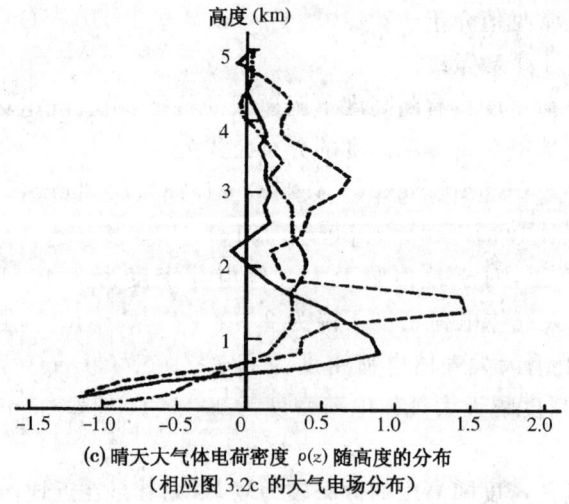

(c) 晴天大气体电荷密度 $\rho(z)$ 随高度的分布
(相应图 3.2c 的大气电场分布)

图 4.3 晴天大气体电荷密度的高度分布情况

晴天大气体电荷密度具有日变化,其变化规律随地点和季节而变。在低层大气中因气溶胶含量等气象要素的高度分布有明显的日变化,导致晴天大气体电荷密度也有明显的日变化,越是贴近地表面,晴天大气体电荷密度变化幅度大,而越往高层这种变化就越不明显。晴天大气体电荷密度还有明显的年变化,并随地点而异。表4.3给出了10m高度之下贴近地面气层中的电荷密度分布。图4.4为各地地面晴天大气电荷密度的日变化,各地晴天大气体电荷密度的日变化规律各不相同。

表4.3 10m 高度以下贴地气层中的电荷分布

高度范围(m)	大气体电荷密度($C \cdot cm^{-3}$)		
	稳定大气	强湍流大气	各大气状况的平均值
1～3	-6.7×10^{-18}	6.7×10^{-18}	3.4×10^{-18}
3～5	-6.7×10^{-18}	6.7×10^{-18}	6.7×10^{-18}
5～7	5.3×10^{-17}	3.4×10^{-17}	3.4×10^{-17}
7～10	1.7×10^{-17}	1.3×10^{-17}	2.3×10^{-17}

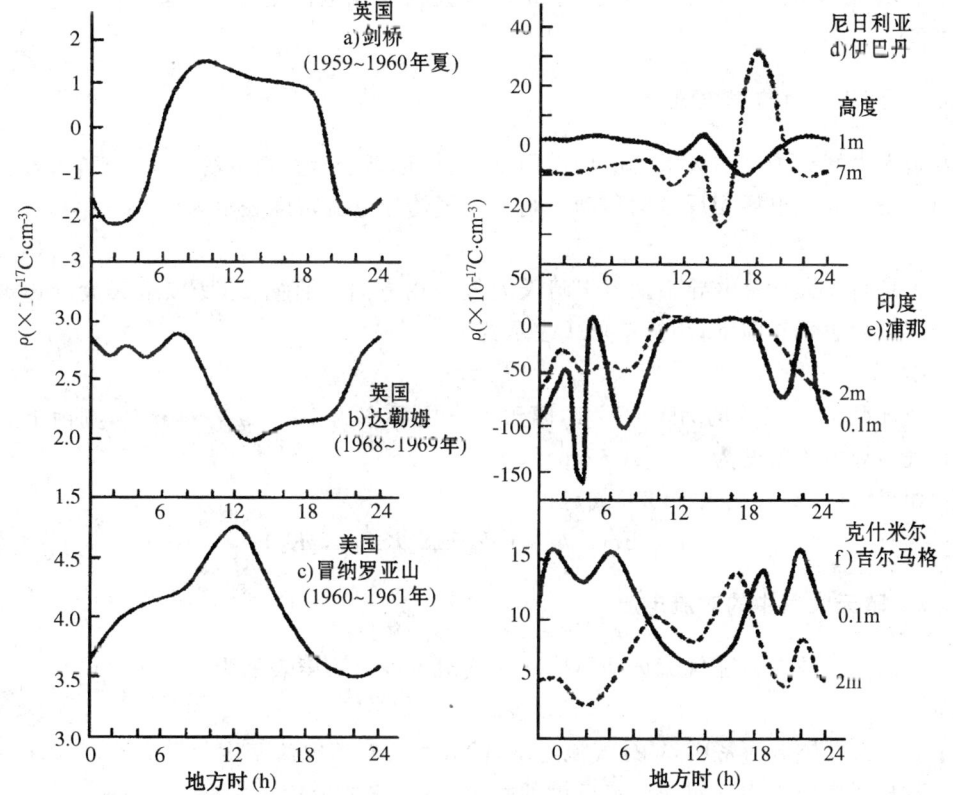

图4.4 晴天大气体电荷密度的日变化

§4.3 晴天大气电流

大气中正、负电荷的输送便形成大气电流。在晴天大气中,正、负电荷的输送具有不同方式,所以晴天大气电流可由不同性质的晴天大气电流分量所组成,主要有:晴天大气传导电流、晴天大气对流电流和晴天大气扩散电流。所谓大气传导电流是大气离子在晴天大气电场作用下产生运动而形成的大气电流。晴天大气对流电流则是由于晴天大气体电荷随气流移动而形成的大气电流。晴天大气扩散电流是晴天大气体电荷因湍流扩散输送而形成的大气电流。

晴天大气电流的大小和方向可以用晴天大气电流密度向量来表示,单位 $A \cdot cm^{-2}$。晴天大气电流密度可以表示为

$$\vec{j} = \vec{j_c} + \vec{j_w} + \vec{j_t} \tag{4.18}$$

式中 $\vec{j_c}$ 是晴天大气传导电流密度,$\vec{j_w}$ 是晴天大气对流电流密度,$\vec{j_t}$ 是晴天大气扩散电流密度。

4.3.1 晴天大气传导电流

晴天大气离子在晴天大气电场作用下,大气正离子沿大气电场方向移动,大气负离子则沿晴天大气电场相反方向移动。晴天大气传导电流密度表示为

$$\vec{j_c} = \lambda \vec{E} \tag{4.19}$$

式中 λ 是晴天大气总电导率。由于晴天大气电场方向垂直向下,所以晴天大气传导电流密度方向也垂直向下,用标量形式表示为

$$j_c = \lambda E \tag{4.20}$$

如果地面晴天大气电场为 $100 V/m$,晴天大气电导率为 $10^{-16} \Omega^{-1} \cdot cm^{-1}$,则由上式求得大气传导电流密度为 $10^{-16} A \cdot cm^{-2}$。

如果将(4.2)式代入(4.20)式可得

$$\vec{j_c} = \vec{E} e (n_1 k_1 + n_2 k_2 + N_1 K_1 + N_2 K_2) \tag{4.21}$$

4.3.2 晴天大气中的对流电流

晴天大气体电荷随气流移动形成的大气对流电荷密度表示为

$$\vec{j_w} = \rho \vec{V} \tag{4.22}$$

式中 ρ 是大气体电荷密度,$\vec{V}$ 是气流速度,晴天大气对流电流密度与气流速度方向一致的。若只考虑晴天大气对流电流密度的垂直分量,它的标量形式为

$$j_w = -\rho w \tag{4.23}$$

式中 w 是大气垂直气流速度,方向向上为正,向下为负。晴天大气对流电流密度与大气传导电流密度值相当,其值起伏较大,若取地面处 $\rho = 10^{-18} \text{C} \cdot \text{cm}^{-3}$, $w = 1\text{m/s}$,则可以求得 $j_w = -10^{-16} \text{A} \cdot \text{cm}^{-2}$,其值与地面晴天大气传导电流密度相当。

4.3.3 晴天大气中的扩散电流

晴天大气体电荷密度在大气中分布是不均匀的,常因大气湍流扩散输送而形成大气扩散电流,写成

$$\vec{j_t} = -k \nabla \rho \tag{4.24}$$

式中 k 是大气湍流扩散系数,从上式可以看出,晴天大气扩散电流密度方向与晴天大气体电荷密度梯度方向相反,通常晴天大气体电荷密度在水平方向变化较小,而在垂直方向的变化较大,因此可以近似认为 $\frac{\partial \rho}{\partial x} = \frac{\partial \rho}{\partial y} = 0$,于是晴天大气扩散电流密度用标量形式表示为

$$j_t = -k \frac{\partial \rho}{\partial z} \tag{4.25}$$

在强湍流条件下,取 $k = 10^6 \text{cm}^2 \cdot \text{s}^{-1}$,并取地面处 $\frac{\partial \rho}{\partial z} = -1.5 \times 10^{-17} \text{C/cm}$,由此可求得 $j_t = -1.5 \times 10^{-16} \text{A} \cdot \text{cm}^{-2}$,其值与地面晴天大气传导电流密度相当。

4.3.4 晴天大气中的位移电流

由电动力学知,变化的电场可以产生位移电流,当晴天大气电场变化时也会产生位移电流,大气位移电流密度表示为

$$\vec{j_d} = \frac{1}{4\pi} \frac{\partial \vec{E}}{\partial t} \tag{4.26}$$

式中 t 是时间变量。大气位移电流方向与大气电场方向相同或相反。其标量形式为

$$j_d = \frac{1}{4\pi} \frac{\partial E}{\partial t} \tag{4.27}$$

若晴天大气电场在 1h 内增大到 300V/m,则求得大气位移电流密度为 $7.4 \times 10^{-17} \text{A} \cdot \text{cm}^{-2}$。

晴天大气电流密度和晴天大气体电荷密度满足电流的连续性方程,表示为

$$\frac{\partial \rho}{\partial t} + \nabla \cdot \vec{j} = 0 \tag{4.28}$$

如果晴天大气体电荷密度随时间变化不大,同时大气电场的水平变化很小,这时由(4.28)式中 $\frac{\partial \rho}{\partial t} \cong 0$,就有 $\nabla \cdot \vec{j} = \frac{\partial j}{\partial z} = 0$,这就是说,晴天大气电场的电流密度不随高度而变化。观测表明,在行星边界层之上,晴天大气的电流密度近似为传导电流密度,即大气传导电流

不随高度而变化。观测还表明,晴天大气体电荷密度日变化引起的大气电流密度变化仅为晴天大气传导电流的1‰～10‰。在近地层中,晴天大气对流电流、传导电流和扩散电流密度数值相当,并随大气高度而变,即晴天大气电流密度也随高度而变。

4.3.5 晴天大气电流密度的时空分布

晴天大气电流密度不仅随地点而异,还具有明显的日变化、年变化和脉动起伏变化。观测表明,晴天大气电流密度约为 10^{-16} A·cm^{-2} 数量级,就全球而言,陆地面晴天大气电流密度平均为 $2.3×10^{-16}$ A·cm^{-2},海洋表面为 $3.3×10^{-16}$ A·cm^{-2}。全球平均为 $3.0×10^{-16}$ A·cm^{-2}。

在近地面层中,由于受大气湍流影响,晴天大气电流密度随高度分布较为复杂。而在混合层以上大气中,晴天大气电流密度近似为晴天大气传导电流密度,而且变化较小,其平均值为 $1.85×10^{-16}$ A·cm^{-2} 和 $1.48×10^{-16}$ A·cm^{-2},起伏量小于10%。

晴天大气电流密度有明显的日变化,其变化规律随地点和季节而异,大陆上变化复杂,具有明显的日变化,有的地方表现单峰、单谷,清晨和上午出现峰值,傍晚至夜间出现谷值;海洋上变化较小。

晴天大气电流密度还有明显的年变化,其变化幅度一般陆地上大,海洋上小。并随地方而异,有些地方,晴天大气电流密度具有冬季出现极大,夏季出现极小的年变化规律。

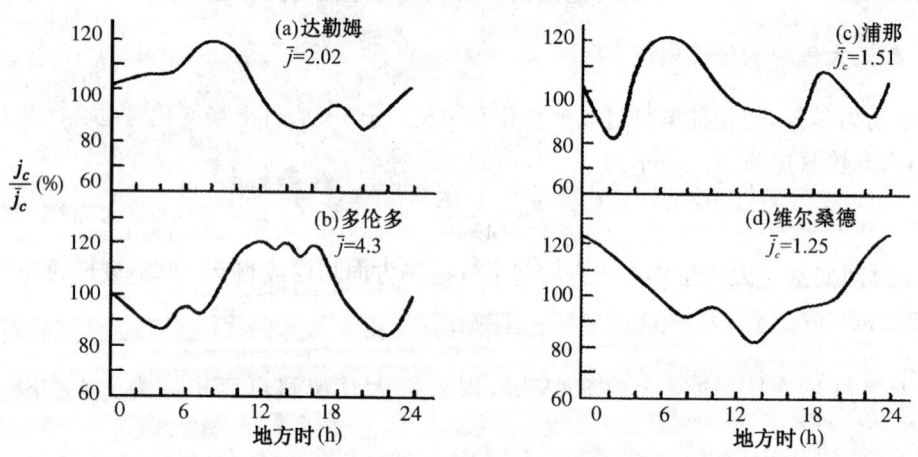

图 4.5 晴天大气电流的日变化($\bar{j}$ 和 $\bar{j_c}$ 为日平均值,单位 10^{-16} A/cm^2)

图 4.5 是大陆地面晴天大气电流密度 $j(t)$ 和晴天大气传导电流密度 $j_c(t)$ 日变化的各地观测结果。其中图 4.5(a)是英国达勒姆(1968～1969年)的平均结果;(b)为加拿大多伦多(1969～1970年)的平均结果;(c)为印度浦那1966年的平均结果;(d)为爱沙尼亚维尔桑德1979年夏的平均结果。

第五章 云雾降水电结构和电场

§5.1 大气中云的类型和特点

云是大气中闪电的重要载体,但是并非所有的云都形成闪电,实际上只有少量特定的云才有闪电和雷击。云带电特点与云的类型、降水相关联,不同类型云所荷电量和电结构有很大的不同。为此先对云的分类作简单介绍,如表5.1中,在气象学中,按地面观测(只能观测到云底),将云分成高(卷云、卷积云和卷层云)、中(高层云、高积云)、低云(层云、层积云、雨层云、积云和积雨云),但是如果按云的稳定性分成层状云和直展(对流)云,层状云按高度分高(卷云、卷积云和卷层云)、中(高层云、高积云)、低(层云、层积云)三类,直展(对流)云(积云、浓积云和积雨云),其积雨云云底与低云一样,但云顶相差很大,从稳定性上与低云有很大不同,雾的成因与层状云类似,只是层状云是大范围潮湿空气抬升而成;雾是潮湿空气平流或辐射冷却而成,两者无本质差别。对于以上各类云都能带电,但能形成闪电的灾害云是积雨云,由于它带来强烈灾害性天气(闪电、冰雹、大风和暴雨),也称做雷暴云。

表5.1 云的类型

云类	垂直分类	成分	宏观特点
卷云	高云	冰晶	白色狭条状,细丝或碎片状,具有纤维或柔丝般光泽的外形或两者兼有。
卷积云	高云	冰晶	由白色颗粒状或波纹状等很小的单元组成,排列有规律。
卷层云	高云	冰晶	具有细微结构的淡白色的云幕,均匀地覆盖大部分天空。
高积云	中云	水滴	白色或灰色的云层,云的小单体排列较有规律,有明显的轮廓。
高层云	中云	水滴	淡灰色或淡蓝色云层,具有均匀或纤维的外形,覆盖大部分天空。
雨层云	低云	水滴	灰色厚云层,很暗,有雨或雪。
层积云	低云	水滴	灰色或灰白色云层,带有暗黑部分,有规律排列。
层云	低云	水滴	灰色云层,云底很均匀,有时有毛毛雨,或米雪。
积云	直展云(低云)	水滴	离散云体,浓密轮廓清楚,垂直方向发展,产生阵性降水。
积雨云	直展云(低云)	顶部冰晶,中下部水滴	云浓而厚,垂直发展强烈,有闪电雷暴,顶部出现云砧或羽毛状。

云、雾由液态水或固态冰晶组成,也可以由两者构成。由水滴组成、温度高于0℃的为暖云,由冰晶组成的温度低于0℃的为冷云。

下面对主要云的概貌和特点作介绍:

(1)卷状云(图5.1):卷云的类型有卷云、卷积云、卷层云和卷云砧。其中卷云表现成孤立的、白色的纤维状云,或窄细的云带;卷积云呈薄的白色的碎云块,卷层云表现为透明的、白色的、纤维状的或外形光滑的云幕,覆盖整个天空或部分天空,它由冰晶组成,呈白色纤维状丝缕状结构,当高空风很大,它出现在积雨云顶部时,表现成砧状,称之为卷云砧,此时云与闪电的关系密切,时常有强雷电出现。

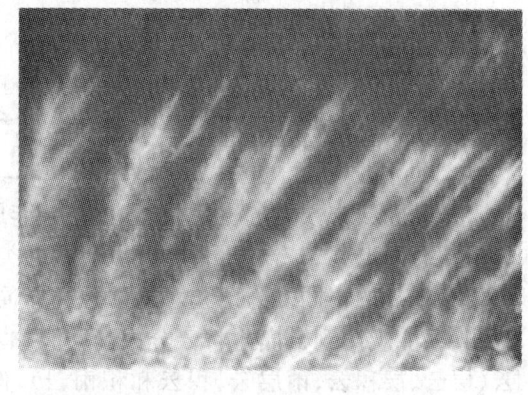

图5.1 卷云

(2)雾:雾可以认为是动力性最弱的云,它的生命为2~6小时,假定厚为100m的雾内的平均垂直上升速度为$0.01ms^{-1}$,则一空气块进入云底和出云顶的时间尺度为$100m/0.01ms^{-1}=10^4s$。雾的含水量一般为$0.05\sim0.2g\cdot m^{-3}$,因此,雾一般不大会有降水,雾中的湍流绝对值是小的,但由于雾中的水平和垂直方向的速度很小,湍流仍会影响雾中的输送及其它的物理过程。

(3)层云:雾离开地面就成为层云,它呈灰色,云底十分均匀,时常有毛毛雨,冬季的层云有时会有冰晶或雪粒。如果透过层云见到太阳,其外形轮廓清晰可辨。典型的层云含水量为$0.05\sim0.25g/m^3$。

(4)层积云:呈灰色或灰白色云块,云片或云层,有时可表现为圆形、云轴,没有纤维结构,在地面观测,云单体的角宽度大于$5°$,层积云内有弱对流,其对流受下沉气流抑制,时常出现于反气旋高压的东南侧。层积云和层云的时间尺度、云中液态水含量或湍流水平等方面与雾并没有明显的差别。其寿命可达6~12h。

(5)中云:包括高层云和高积云,它的云底高度通常为2500~4500m。高层云外形成层、纤维状或均匀的灰色或暗的云层,它时常覆盖整个或部分天空,云中部分很薄的地方,可见到轮廓模糊的太阳。高积云呈白色或灰白色或灰色的碎云块,由薄云片、圆块状或滚轴云组成,排列有序的云体。其视角宽度介于$1\sim5°$之间;与锋面、气旋等天气尺度云系相关。水平范围很广,云体厚时有降水出现。

(6)积云(图5.2):为孤立云块,一般结构紧密,轮廓分明,垂直发展外形象山冈、圆丘或宝塔形,上部隆起部分像花椰菜形,又可分淡积云和中积云。淡积云是垂直厚度较小的积云,呈扁平形;中积云是中等垂直发展的积云,出现有小的隆起云顶。对于垂直厚度达1500m的积云生寿为10~30min,如果积云内的平均垂直速度为3m/s,气块从

图 5.2　积云(Reiter,1992)　　　　　图 5.3　浓积云(Reiter,1992)

云底进入到离开云顶的时间尺度量级为 $1500m/3ms^{-1} \cong 10min$，小积云的液态水含量小于 $1.0g/m^3$，典型值为 $0.3g/m^3$，无降水。

(7)浓积云(图 5.3)：浓积云垂直发展旺盛，垂直厚度很大，云的上部时常呈花椰菜形，它有时也会引起闪电。浓积云的生命比积云大，介于 20~40min，一般上升速度为 10m/s，则对于厚达 5000m 的浓积云云低进入云顶离开的时间为 10min，浓积云中的含水量约为 $0.5\sim2.5g/m^3$，云中的湍流较强。有时可降小阵雨。

图 5.4　积雨云(Reiter,1992)　　　　图 5.5　浓积云向积雨云过渡(Reiter,1992)

(8)积雨云(图 5.4)：积雨云是最强的对流云，浓密而深厚，外形像山峰或巨塔，它荷电量大，大气中闪电是由它引起的。当高空风很大时，顶部出现云砧，云砧处常出现有电晕，它的寿命可以达到 45min 到数小时之久，但是一气块从进入云底到出云顶的时间尺度是较短的，如对积雨云的厚度为 12000m，平均上升气流速度为 30m/s，则其时间尺度是 $12000m/30m\cdot s^{-1}=400s$，比小的积云的寿命还要短，由于上升的强烈冷却，积雨云中的含水量可达到 1.5~4.5g/m³ 或更大。图 5.5 是浓积云向积雨云过渡的例子。

§5.2 雷暴云概况

雷暴的出现带来强降水、大风、光、强电场和强电流、雷(次声)、瞬变电磁脉冲辐射(天电)、无线电噪声等。一方面它可以造成洪涝灾害；另一方面也以强电流、强电场造成人类生命财产的损失。它时常从这两个方面给国民经济带来重大损失,因此对雷暴的研究和分析有重要意义。

雷暴是发展旺盛的强对流现象,是伴有强风骤雨、雷鸣闪电的积雨云系统的统称。如果以雷声间隔不超过 15min 算作一次雷暴进行统计,全球全年约出现 1600 万次雷暴,每天平均约 44,000 次。在全球纬度带平均而言,赤道地区雷暴活动最频繁,每年约有100~150 个雷暴日;热带地区约为75~100 天;中纬度地区约20~40 天;极圈内最少,仅有 9 天。我国地域辽阔,地理条件相差很大,雷暴分布也十分复杂。平均初雷出现时间,华南为 2 月,长江流域为 3 月,华北和东北为 4 月,西北为 5 月。6、7、8 三个月全国都有雷暴出现。到 10 月以后,仅在长江以南部分地区出现雷暴。年平均雷暴日数,南岭以南地区超过 50 天,而海南岛及南岭山地区域可超过 100 天;东北仅有 20 天;西北和内蒙古地区更少。总之,南方多于北方,内陆多于沿海,山区多于平原,春夏多于冬季。至于一天中雷暴发生的时刻,陆地上以午后最多,这时地面气温最高,大气层结最不稳定。在海洋上,海水的热容量大,洋面温度日变化小,但是到夜间由于高层大气辐射冷却,大气层结不稳定,所以海上的雷暴多出现于夜间或清晨。

雷暴是由强对流生成的,它的水平尺度变化范围很大,可以从几千米到几百千米,垂直厚度大多在 10km 以上。雷暴是由水平尺度几千米到十几千米的称之雷暴单体(细胞)的积雨云所组成,在地面观测中,识别雷暴云是以是否出现闪电(光—闪和声—雷)进行判别,一旦出现有闪电,就认定是雷暴云,它是确定雷暴的惟一标准,否则就不是雷雨云。有雷电活动的单体,其寿命为 30min 到 1h,其闪电率可以从每分钟不足一次变化到每分钟十多次以上,最大的闪电率通常在第一次闪电之后大约10~20min 内出现。在单体整个生存期的平均闪电率约为每分钟2~3 次,但是雷暴是由多个单体组成的,所以对整个雷暴而言,平均闪电率约为每分钟3~4 次。

由于我们人耳可闻雷声的范围约为 15km 左右,所以我们实际能观测的是对某一时间内活动于 15km 范围内的雷暴,对雷暴持续时间估计过低。

5.2.1 雷暴的分类

根据雷暴中出现单体的数目和强度可以分成单体雷暴、多单体雷暴以及超级单体雷暴三种。

5.2.1.1 单体雷暴

大多数雷暴只有一个单体组成，称为单体雷暴，也称为单细胞雷暴或雷暴胞，其强度弱，范围小，只有5～10km，寿命只有几十分钟，它可以分为形成、成熟和消亡三个阶段，如图5.6所示。

(1)形成阶段（图5.6a）：从初生的淡积云发展为浓积云，一般只要10～15min，云中都是上升气流。在初期上升气流速成度一般不超过5m/s。到浓积云阶段最大上升速度可达15～20m/s。云底为辐合上升运动。由于云中水汽释放潜热，温度较四周高，这时云中的电荷正在集中，但尚未发生雷电，也无降水。

(2)成熟阶段（图5.6b）：从浓积云到积雨云，这一阶段可以持续15～30min，云中都是上升气流，云顶发展很高，云上部出现丝缕状冰晶结构，同时上升气流继续加强，可达20～30m/s，水汽凝结，并迅速形成大雨滴，随雨滴的增大，其重力加大，超过上升气流对其的托力，这时就产生降水。降水的出现的同时产生下沉气流，这时上升气流和下沉气流相间出现，云中的乱流十分强烈。当云顶发展到−20℃高度以上时，云中以冰晶雪晶为主，在−20℃高度以下处，冰晶与过冷水滴同时存在，并出现雷电。对于大多数雷雨云中，正电荷位于云的上部，云的下部有大量的负电荷。

(3)消散阶段（图5.6c）：在消散时，上升气流减弱直至消失，气层由不稳定变为稳定，以后雷雨减弱消失，下沉气流也随之减弱消失，云体瓦解，云顶留下一片卷云。在消散的雷雨云中观测到电场的阻尼振荡，云中的下沉气流使云下部的负电荷向外移动，使云上部的正电荷区显露在云下的电场仪上，这一现象叫EOSO，即雷暴结束时的振荡。

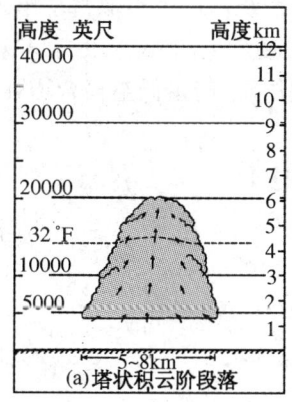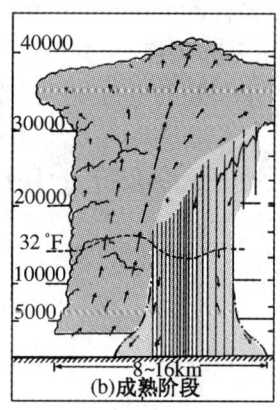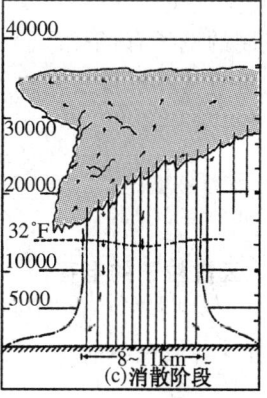

图5.6　雷暴云发展的三个阶段（Doswell. C. A,1985）

5.2.1.2 多单体雷暴

这种雷暴是由一连串有序的不同发展阶段的雷暴单体组成,每一单体都经历形成、成熟和消亡三个阶段。在卫星的增强红外图上可以见到多个冷云中心,有时可以看到几个雷暴单体的合并过程。

5.2.1.3 超级单体雷暴

这种雷暴是指强度更大、更加持久,能造成更为强烈的灾害性天气的中尺度单体雷暴,有着高度组织化和十分稳定的内部环流,它与风的垂直切变有密切关系。超级单体是连续移动,而不是离散传播的。它一般发生于下面条件下:

(1)强烈的不稳定;(2)云层平均环境风很强,达 10m/s 以上;(3)有强风速垂直切变;(4)云层上风向顺转。

5.2.2 雷暴云的移动

雷暴云的移动和传播机制可以分为三种不同的类型:

(1)移动或平流:这是风暴在其发展的整个生命期内受气流的吹动而沿平均风方向移动的过程。

(2)强迫传播:是指一个对流雷暴云团受到某种外界强迫机制而持续再生的过程,这种强迫机制尺度通常要比对流风暴大。外部强迫传播机制有像锋、与中纬度气旋相联的辐合带、海陆风、与山脉有关的辐合、热带气旋中的辐合、由消散雷暴的低层外流边界及与因外部强迫机制激发的重力波等。提供强迫传播的天气系统的寿命要比雷暴云的寿命要长。

(3)自传播过程:指雷暴可以自行再生或在同一整体系统内产生类似雷暴单体。自传播机制的例子有:下沉气流强迫和阵风锋、上升气流增暖产生的强迫、由于雷暴旋转引起的垂直气压梯度发展以及雷暴引起的重力波的触发作用,产生低空辐合增强区。

§5.3 云雾粒子的电荷

5.3.1 云雾粒子的电荷

5.3.1.1 云雾粒子电荷

云雾粒子电荷的大小和极性不仅取决于云雾的类型、云雾的发展阶段和云雾的不同部位,以及云雾的微观条件和宏观条件等因素。云雾观测结果间的差别也大,在各类

云雾粒子中,它的电荷特点有:

(1)荷电量大小:绝对值约在 10^{-20} C~10^{-15} C 数量级之间,而云雾粒子的负电荷一般大于正电荷。通常云雾粒子荷电较为复杂,即使对同样大小的粒子,其荷电可正可负,荷电量差别也很大。

(2)荷电与云类:对流云中云粒子荷电绝对值一般偏高,雾中和非对流云中荷电的绝对值一般偏低;

(3)决定粒子荷电量的因子:云雾粒子电荷绝对值与云雾粒子半径有关,观测表明云粒的半径越大,其电荷绝对值越大,即云雾粒子电荷值与其半径呈正相关。

5.3.1.2 云雾粒子电荷与粒子半径间关系

观测表明,云雾粒子的荷电与半径的关系可以用下面经验关系表示为

$$q = k_1 r + k_2 r^n \tag{5.1}$$

式中 q 是云雾粒子荷电的绝对值,r 是云雾粒子的半径,k_1、k_2 和 n 为常数。

某些观测结果表明,云雾粒子的荷电与其半径成正比,并写成

$$q = k_1 r \tag{5.2}$$

式中常数 k_1 值的范围 1.6×10^{-18} C/μm~3.2×10^{-18} C/μm 之间。对于雾,$k_1 \cong 2.6 \times 10^{-18}$ C/μm,对于积云,$k_1 \cong 2.9 \times 10^{-18}$ C/μm。

也有的观测表明,云雾粒子的荷电与其半径的平方成正比,并写成

$$q = k_2 r^2 \tag{5.3}$$

式中系数 k_2 值的范围 1.2×10^{-18} C/μm^2 到 5.8×10 C/μm^2 之间。

5.3.1.3 云雾粒子群荷电表示

对云雾粒子群的荷电可以用云雾粒子荷电谱分布表示,如果云雾粒子荷电谱分布函数为 $n_c(q,r)$,则它表示荷电为 $q \to q+dq$,半径 $r \to r+dr$ 的云雾粒子浓度。云雾粒子电荷谱分布函数 $n_c(q,r)$ 与荷电云雾粒子尺度谱分布函数 $n_c(r)$ 之间关系为

$$n_c(r) = \int_{q_1}^{q_2} n_c(q,r) \mathrm{d}q \tag{5.4}$$

上式可以归一化为

$$1 = \int_{q_1}^{q_2} n_{cr}(q,r) \mathrm{d}q \tag{5.5}$$

式中

$$n_{cr}(q,r) = \frac{n_c(q,r)}{n_c(r)} \tag{5.6}$$

称 $n_{cr}(q,r)$ 为云雾粒子的相对电荷谱分布函数,其表示了携带电荷 $q \to q+\Delta q$,半径 $r \to r+dr$ 的云雾粒子浓度与带电粒子半径为 $r \to r+dr$ 浓度之比。

在实际观测中,云雾粒子的相对电荷谱分布函数往往包括各种半径的荷电云雾粒子,因此云雾粒子的相对电荷谱分布函数可以简化为

$$n_{cr}(q) = \int_{r_1}^{r_2} n_{cr}(q,r) dr \tag{5.7}$$

式中 r_1、r_2 为荷电云粒子半径的上、下限,$n_{cr}(q)$ 的单位为 C^{-1},在电荷 Δq 间隔确定的条件下,可以用百分比表示。

由在高山上观测到的层积云、积云和积雨云的云滴相对电荷谱分布函数见图 5.7 所示,从图中看出,对流较弱的层积云和积云中,云滴相对电荷谱分布函数近似呈正态分布,仅云滴相对电荷谱分布函数峰值附近的值,偏高于正态分布的拟合值。而且云滴相对电荷谱分布函数的峰值位置偏离横坐标的原点较小,这表明云中大气近似为电中性。但在对流旺盛的积雨云中,云滴相对电荷谱分布函数偏离正态分布,且位于横坐标的负半轴,这表明云中大气荷负电。从图中还可以看到,积雨云中的云滴电荷绝对值约比积云和层积云中的云滴电荷的绝对值大 1~2 个数量级。

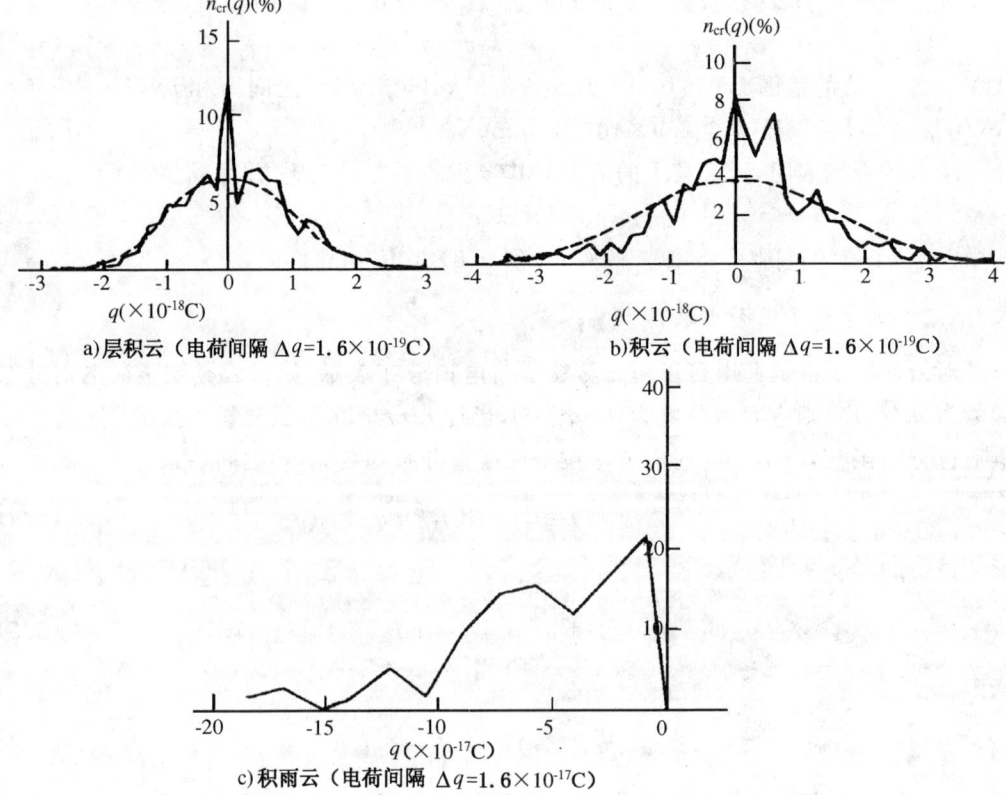

图 5.7 云滴相对电荷谱分布函数 $n_{cr}(q)$ 随云滴电 q 荷变化的观测结果

§5.4 云中大气电结构

当云开始形成时,云中的带电粒子是混乱分布的,由于带正的和带负的电量十分接近,云整体上呈中性。随云的发展到不同阶段,带电粒子由无序发展为有序的空间分布,在云内形成正的体电荷和负的体电荷中心,云内外的电场强度也逐渐增强,至雷暴阶段时,云内形成强的正、负体电荷中心,所产生的电场足以产生强电场,并形成雷雨。

5.4.1 云中大气电场和大气体电荷分布类型

云中的大气电场和大气体电荷密度分布大致分为六种类型:
(1)无规则电荷分布:云中带正、负电粒子分布还较为混乱,其体电荷密度较小,随高度变化也不大,云中电场弱,随高度变化也较小;
(2)正的单极性电荷分布:是指云中体电荷密度为正值,整层云体呈现为正电荷;云中电场随高度单调递减。
(3)负的单极性电荷分布:是指云中体电荷密度为负值,整层云呈现负电荷;云中电场随高度单调递增。
(4)正的双极性电荷分布:是指云中正、负粒子有所分离。云体上部形成荷正电中心,下部形成荷负电中心;在这种电荷分布下,云中电场随高度先增加,到某一高度达极大值,以后随高度减小。
(5)负的双极性电荷分布:是指云中正、负粒子有所分离。云体上部形成荷负电中心,下部形成荷正电中心;在这种电荷分布下,云中电场随高度先减小,到某一高度达极小值,以后随高度增加。
(6)多极性电荷分布:云中有两个以上的荷正、负电中心,形成较为复杂的电荷分布。大气电场具有多个极值分布特征。
以上(2)与(4)情况出现最多,占50%,其次为(3)与(5)情况;而(1)和(6)情况出现最少,占10%。层状云中的电场与云的厚度有关,云层越厚,大气电场越强。

5.4.2 层状云中的大气电结构

层状云中的大气电过程虽然不如积雨云那样强烈,但全球大约有近一半的天空为层状云所覆盖,因此它仍可能对全球大气产生影响。

5.4.2.1 层状云中的大气电场概况

忽略云中大气水平电场分量,由云中的大气电场廓线能求得云中体电荷密度廓线,即是

$$\rho(z) = -\varepsilon_0 \frac{\partial E(z)}{\partial z} \tag{5.8}$$

式中 $E(z)$ 是云中大气垂直电场,其方向向下为正,向上为负。

在气象学中,层状云包括有层云、层积云、高层云、卷层云,由于层状云的高度和厚度时常相差很大,其电场相差也很大。而且随地点和时间而变,云中大气电场绝对值变化范围为每厘米十分之几伏至几百伏之间,最大可相差 3 个量级。表 5.2 给出了前苏联的列宁格勒、基辅和塔什干等地由飞机观测层状云中电场的结果。对于不同类型的层状云的带电表现为:

(1)层云和层积云中的电场较弱,其平均绝对值为 1.6V/cm 和 1.8V/cm,最大绝对值为 15V/cm 和 16V/cm;层云中 83% 的云中大气电场介于 -1.0V/cm 与 3.0V/cm 之间;层积云中 82% 的云中大气电场介于 -3.0V/cm 与 3.0V/cm 之间。

表 5.2 层状云中平均大气电场、体电荷密度和最大最小值

云状	观测次数	平均云底高度(m)	平均云厚	云中大气电场(V/cm)			云中大气体电荷密度($\times 10^{-18}$C/cm³)		
				$|\bar{E}|$	E_{max}	E_{min}	$|\bar{\rho}|$	$\rho_{c\,max}$	$\rho_{c\,min}$
层云	116	350	500	1.6	5.5	-15.0	9.3	53.3	-58.3
层积云	357	1000	500	1.8	14.0	-16.0	10.0	137	-81.7
高层云	218	3400	950	3.2	64.5	-14.5	26.7	1230	-967
卷层云	48	5500	1100	2.8		-9.0	13.3	57.7	-102
雨层云	155	900	2100	5.6	180.0	-120.0	38.3	840	-603

(2)卷层云中的大气电场稍强,平均绝对值为 2.8V/cm,最大绝对值为 20V/cm,卷层云中 80% 的云中大气电场介于 -1.0V/cm 与 4.0V/cm 之间。

(3)高层云中的大气电场较强,平均绝对值为 3.2V/cm,其最大绝对值为 64.5V/cm;高层云中的大气电场较强,82% 的云中大气电场介于 -4.0V/cm 与 6.0V/cm 之间。

(4)伴随降水过程的雨层云中的大气电场最强,平均绝对值为 5.6V/cm,最大绝对值为 180V/cm,雨层云中的大气电场最强,81% 的云中大气电场介于 -7.0V/cm 与 3.0V/cm 之间。

(5)在各类层状云中的大气电场绝对值,低纬度略大于高纬度,夏季略大于冬季。

(6)层状云中电场与云厚有关,云层越厚,电场越强,云中大气电过程也愈强烈,云中

大气电场绝对值也愈高。在各类层状云中,层云、层积云和卷层云的大气电场较弱,又以高层云和雨层云中的 $|\bar{E}|$ 和 $|\bar{E}|_{max}$ 随高度增加而递增的变化趋势较为明显,雨层云最强。

5.4.2.2 层状云体电荷密度概况

不同类型层状云中的大气体电荷密度差别也很大,且随时间、地点而变,云中大气体电荷密度绝对值可变动于 10^{-19} C·cm^{-3} 与 10^{-16} C·cm^{-3} 之间。最大可相差 3 个数量级。观测表明,各类云的体电荷密度为:

(1)层云、层积云和卷层云中的大气体电荷密度较低,平均绝对值分别为 9.3×10^{-18} C·cm^{-3}、1.0×10^{-17} C·cm^{-3} 和 1.3×10^{-17} C·cm^{-3},最大绝对值分别为:5.8×10^{-17} C·cm^{-3}、1.4×10^{-16} C·cm^{-3} 和 1.0×10^{-16} C·cm^{-3}。

(2)高层云和雨层云中的在气体电荷密度较高,其平均绝对值分别为 2.7×10^{-17} C·cm^{-3} 和 3.8×10^{-17} C·cm^{-3},最大绝对值分别为 1.2×10^{-15} C·cm^{-3} 和 8.4×10^{-16} C·cm^{-3},比层云、层积云和卷层云的相应值约大 1 个数量级。

5.4.2.3 层状云边界处荷电表示

如果在地面和高度 z 之间存在有无限水平均匀的云层,在云的边界处的无云天空电流与云的电流连续性,它们应相等,则有

$$\lambda_{clr}(z)E_{clr}(z) = \lambda_{cld}(z)E_{cld}(z) \tag{5.9}$$

式中 $\lambda_{clr}(z)$、$E_{clr}(z)$ 分别是 z 高度处无云的大气电导率和电场强度,$\lambda_{cld}(z)$、$E_{cld}(z)$ 分别是 z 高度处云的大气电导率和电场强度。由高斯定理,对于无限薄片表面的荷电密度 σ_q,其垂直电场为 $\sigma_q/2\varepsilon$,如果薄片荷正电荷,薄片上面的电场方向向上,薄片下面电场指向下。因此在无云区和云内的电场分别为

$$E_{clr}(z) = E(z) + \frac{\sigma_q}{2\varepsilon} \tag{5.10}$$

$$E_{cld}(z) = E(z) - \frac{\sigma_q}{2\varepsilon} \tag{5.11}$$

式中 $E(z)$ 是高度 z 的环境电场,则求得面电荷密度为

$$\sigma_q = -2\varepsilon \frac{\lambda_{clr} - \lambda_{cld}}{\lambda_{clr} + \lambda_{cld}} E(z) \tag{5.12}$$

由(5.12)式可见,面电荷密度是环境电场的函数,表面荷电引起通过云边界的电流。对于云的上和下边界的电场写为

$$E_{clr}(z_{top}) = E(z_{top}) + \frac{\sigma_{q\,top}}{2\varepsilon} + \frac{\sigma_{q\,bot}}{2\varepsilon} \tag{5.13}$$

$$E_{cld}(z_{top}) = E(z_{top}) - \frac{\sigma_{q\,top}}{2\varepsilon} + \frac{\sigma_{q\,bot}}{2\varepsilon} \tag{5.14}$$

$$E_{\text{cld}}(z_{\text{bot}}) = E(z_{\text{bot}}) - \frac{\sigma_{q\,\text{top}}}{2\varepsilon} + \frac{\sigma_{q\,\text{bot}}}{2\varepsilon} \tag{5.15}$$

$$E_{\text{clr}}(z_{\text{bot}}) = E(z_{\text{bot}}) - \frac{\sigma_{q\,\text{top}}}{2\varepsilon} - \frac{\sigma_{q\,\text{bot}}}{2\varepsilon} \tag{5.16}$$

式中 $\sigma_{q\,\text{top}}$, $\sigma_{q\,\text{bot}}$ 分别是云上、下边界处的面电荷密度,如果云层是如此薄,以致电场和电导率近似为相等,则由(5.13)(5.14)(5.15)(5.16)式解得云边界的面电荷密度为

$$\sigma_{q\text{top}} = -\frac{\lambda_{\text{clr}} - \lambda_{\text{cld}}}{\lambda_{\text{cld}}} \varepsilon E(z) \tag{5.17}$$

$$\sigma_{q\text{bot}} = \frac{\lambda_{\text{clr}} - \lambda_{\text{cld}}}{\lambda_{\text{cld}}} \varepsilon E(z) \tag{5.18}$$

由于两边界的相互作用,在云的每一侧边界的面电荷密度要比在地面上为一个边界云的大。但是 $\sigma_{q\,\text{top}} = -\sigma_{q\,\text{bot}}$,所以云外部的电场与无云时是同样的。虽然只地面上有一个边界的云内部和外部的电场是同样的,具有两个边界云的内部电场是大的。对于无限大水平的云内部电场为

$$E_{\text{cld}}(z) = \frac{\lambda_{\text{clr}}}{\lambda_{\text{cld}}} E(z) \tag{5.19}$$

而对于只有一个边界的有限范围的层状云为

$$E_{\text{cld}}(z) = 2 \frac{\lambda_{\text{clr}}}{\lambda_{\text{clr}} + \lambda_{\text{cld}}} E(z) \tag{5.20}$$

由于 $\lambda_{\text{cld}} < \lambda_{\text{clr}}$,对于具有两个边界的云的电场 E_{cld} 乘上因子$(\lambda_{\text{clr}} + \lambda_{\text{cld}})/2\lambda_{\text{cld}}$,比单个边界的 E_{cld} 大。

当层状云较厚时,环境电场和电导率在云的两边界处是不相等的,则 $|\sigma_{q\,\text{bot}}| \neq |\sigma_{q\,\text{top}}|$,并且云内的空间电荷满足高斯定理。但是如果假定在晴空和云内的电导率之比随高度为常数,对于边界处的表面电荷的表示是很简单的,对此,由于假定云层是无限的,层外产生的电场随高度变化是常数,在云的上方和下方及云边界处的电荷对云内电场梯度没有贡献。因此云内电场的变化主要来自于电导率随高度的变化,而电流连续性要求,当在平衡情况下,电场的垂直梯度与电导率的垂直梯度是同样数量级。假定无云与云处的电导率的比是与高度无关,这意味在同一高度上云内电场是 E 的常定因子。这一因子是无云和云区电导率比是相同的。由于在云边界处有 $E_{\text{cld}}/E = \lambda_{\text{clr}}/\lambda_{\text{cld}}$,当 E 和 λ 没有垂直梯度,对于通过云荷电边界电场 E 的变化表示是同样的,在一侧云边界的表面荷电垂直梯度效应等效于一正的过渡层,正好位于边界的内侧,云顶和云底一侧边界的荷电密度表示为

$$\sigma_{q\,\text{top}} = -\frac{\lambda_{\text{clr}}(z_{\text{top}}) - \lambda_{\text{cld}}(z_{\text{top}})}{\lambda_{\text{cld}}(z_{\text{top}})} \varepsilon E(z_{\text{top}}) \tag{5.21}$$

$$\sigma_{q\,\text{bot}} = \frac{\lambda_{\text{clr}}(z_{\text{bot}}) - \lambda_{\text{cld}}(z_{\text{bot}})}{\lambda_{\text{cld}}(z_{\text{bot}})} \varepsilon E(z_{\text{bot}}) \tag{5.22}$$

可以证明两边界的总的电荷接近为 0。层状云总的电荷,包括云边界表面的电荷和云内电场梯度引起的的内部电荷为

$$\sigma_{q\,\text{top}} + \sigma_{q\,\text{bot}} + \sigma_{q\,\text{int}} = \varepsilon [E(z_{\text{top}}) - E(z_{\text{bot}})] \tag{5.23}$$

其中

$$\sigma_{q\,\text{int}} = \varepsilon [E_{\text{cld}}(z_{\text{top}}) - E_{\text{cld}}(z_{\text{bot}})] \tag{5.24}$$

为是云内电荷密度积分。

5.4.3 层积云、高层云和高积云中的电场垂直分布

5.4.3.1 层积云电场的高度分布

图 5.8 是利用索道车获取的当高积云演变为层积云区内电场的高度分布,在 1.8km 高度的云底处 T' 趋向于 T。在云底下的电场 E 明显低于晴空电场 E_r,大约在 300m 高度上虽然空气电导率降低,电场是相同的,在这一区域由地面电场观测可推断叠加有负电场。在这一层以上由于低的电导率,电场明显增加。显而易见,负荷电存在于相对厚的低云部分。这些电荷的初始和形成可能是极化过程,但是由于云内十分稳定,像对流云内的这些过程荷电可以一起考虑。另外,一般而言,积云底荷电空间的云区的厚度较高积云/层积云下沉情况下要小得多。

5.4.3.2 高层云

图 5.9 中给出了来自高层云弱降雪(0.3mm/h)融化高度无云空间的电场,虽然高层云底的负电荷对于 3~1.8km 高度之间,E 与晴天电场 E_f 间为正的偏差,但是在降雪到融化高度,空气温度为 +1~+2℃,电场 E 迅速降为 0,这一例子表明在弱降雪情况下融化高度对电场的作用。

图 5.10 表示高层云生命史中发展、成熟和消亡阶段不同云厚云内电场的分布,在成熟阶段云底为明显的负电荷,不过在云中心处电荷为正的增加。

5.4.3.3 高积云

图 5.11 为不同厚度的高积云及雨层云在 700m 和 2000m 高度上的电场和电流分布,可以看出,在云层很薄的下面电场和电流与晴天电场的差别不很大,当高积云过渡为雨层云,云的厚度增加,电场和电流发生明显的改变,图 5.11a 为雨层云降雨时的电场和电流,图 5.11b 为雨层云降雪时的电场和电流,可以看到,电场和电流与降水电流

两者相反,而且降雪时的电场和电流的变化幅度要较降雨时大。

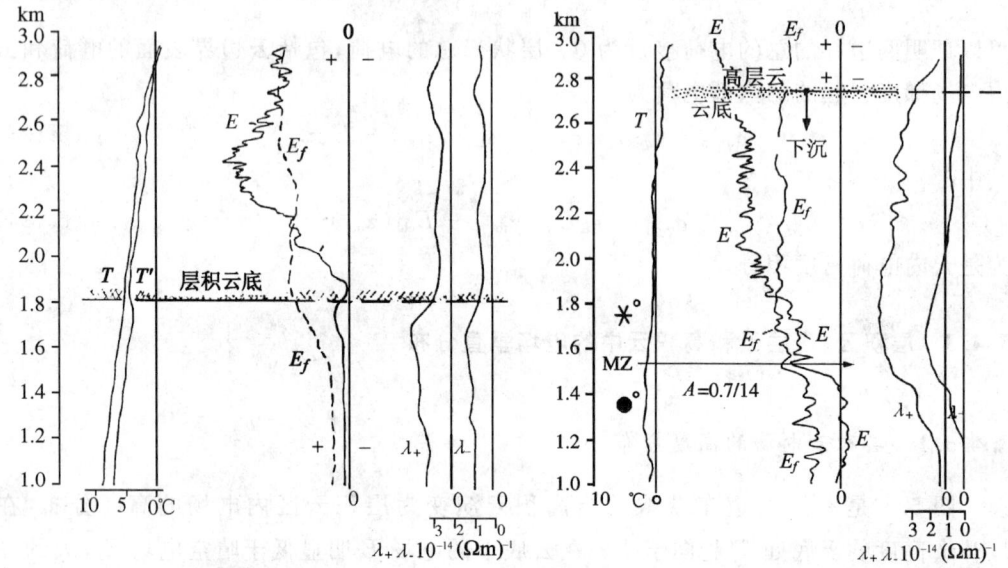

图 5.8　层积云电场的高度分布　　　　图 5.9　高层云电场的高度分布
　　　　（Reiter,1992）　　　　　　　（1973.1.3.1230CET）（Reiter,1992）

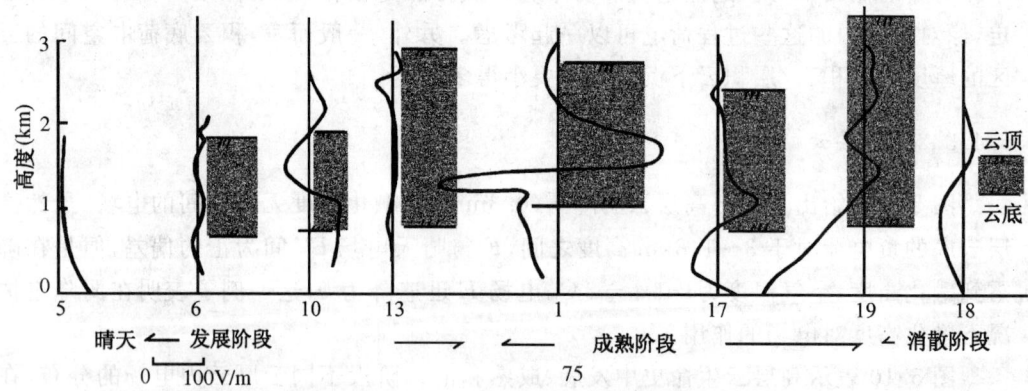

图 5.10　高层云不同发展阶段云中的电场廓线（Reiter,1992）

5.4.3.4　雨层云中的电场的高度分布

雨层云的电场的垂直分布与降水粒子的相态有关,图 5.12 给出了降雨和降雪时雨层云的电场廓线。比较图 5.12a 和图 5.12b,可看出降雨时和降雪时的电场 E 明显不同,在降雨时,电场 $E<0$,而降雪时 $E>0$,且 $E>E_f$（晴天）由于云底很低,其对电场 E 无明显影响。

第五章 云雾降水电结构和电场

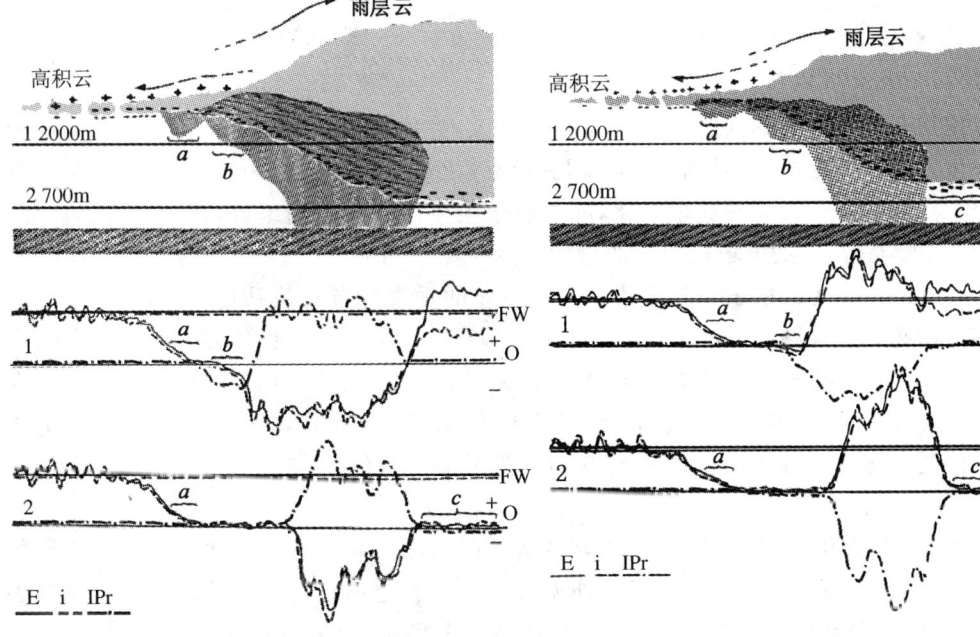

图 5.11a 高积云到雨层云降雨时的电场和电流

图 5.11b 高积云到雨层云降雪电场和电流
（Reiter,1992）

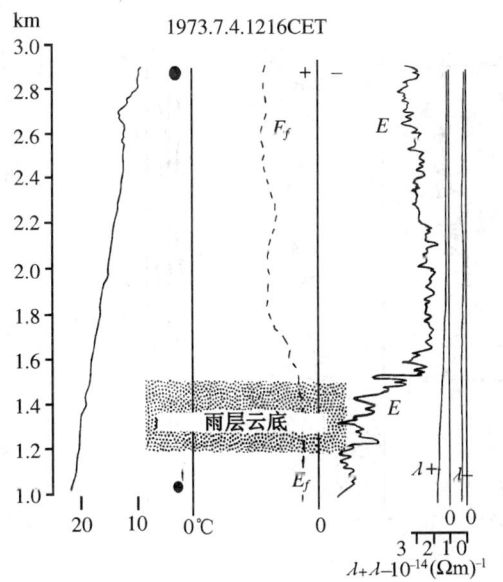

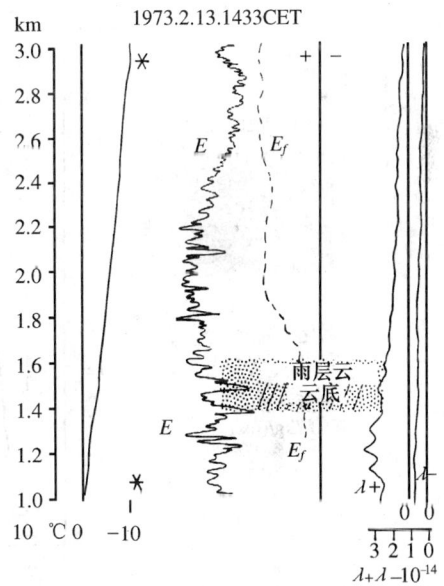

图 5.12a 降雨时雨层云的电场廓线
（Reiter,1992）

图 5.12b 降雪时雨层云的电场廓线
（Reiter,1992）

5.4.4 雷达0℃层亮带和电结构

雨层云电场与雷达回波零度层亮带有关系,在雷达垂直扫描显示器上0℃层等温线高度之上回波变弱,这是因为在0℃层等温线之上云粒以雪晶为主,而当雨由云降落0℃层等温线以下,雪晶在这里融化,降水粒子主要由液态水滴组成,产生很大的反射,出现0℃层亮带,此处电场也发生明显的突变。

图5.13a、b为雨层云中零度层亮带和电场的垂直分布间关系,左边为雷达显示出的零度层亮带。在图5.13a中,由大气温度和雷达观测表明,零度层亮带位于高度为2.95km,在这一高度上雪转变为雨,电场迅速下降,由弱的正电场变为强的负电场。在31min内,雷达观测零度亮带下降为2.65km,气温为+1.3℃,在这高度之上电场为正的。但是在零度层融化带高度以下,电场的符号转变为负号,并且在此高度以下降雨电场保持为负值。

图5.14显示了在雨层云中雨滴转变成雪时电场E的极性由负极性变为正极性的相反电场变化,与无论在云内还是云外无关。而且假定每一高度层的温度是顺序减小的,在雾中由于电导率降低,电场E较平均晴空电场高,在云下由于云底荷负电荷,电场E减小。

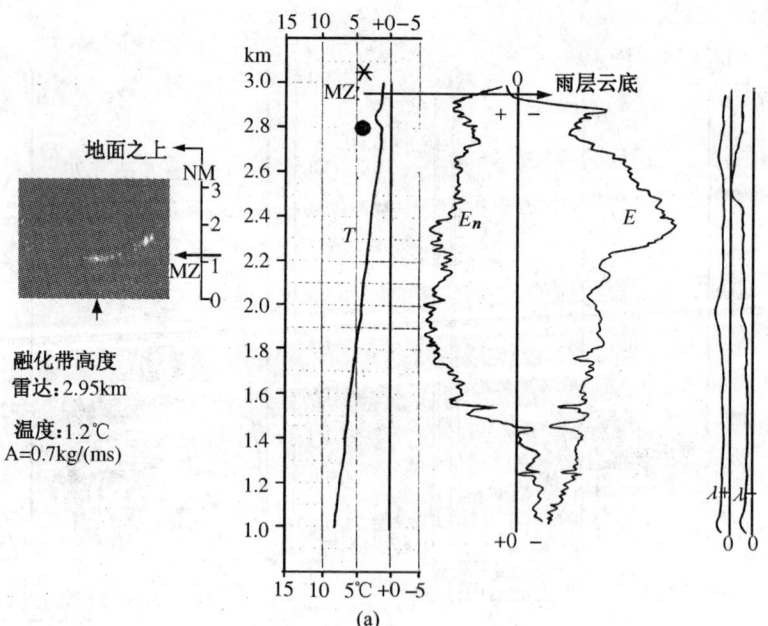

(a)

第五章　云雾降水电结构和电场

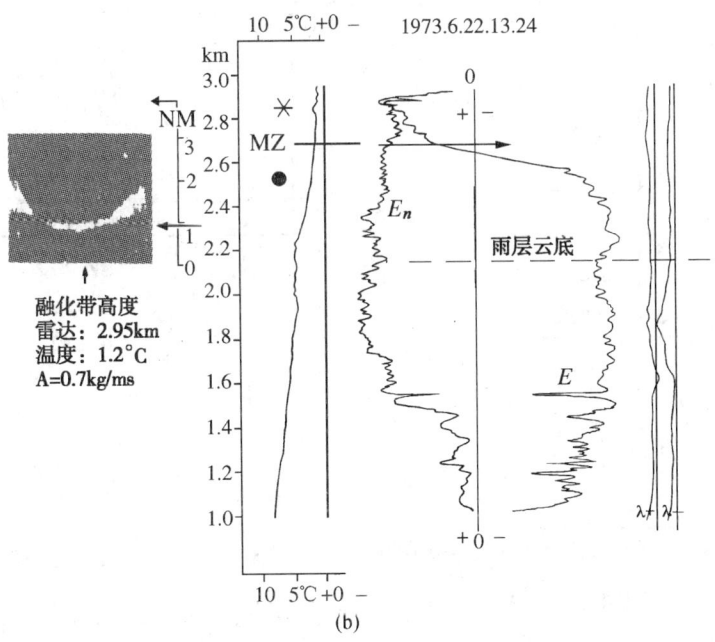

图 5.13　雨层云中电场的垂直分布和零度层亮带(Reiter,1992)

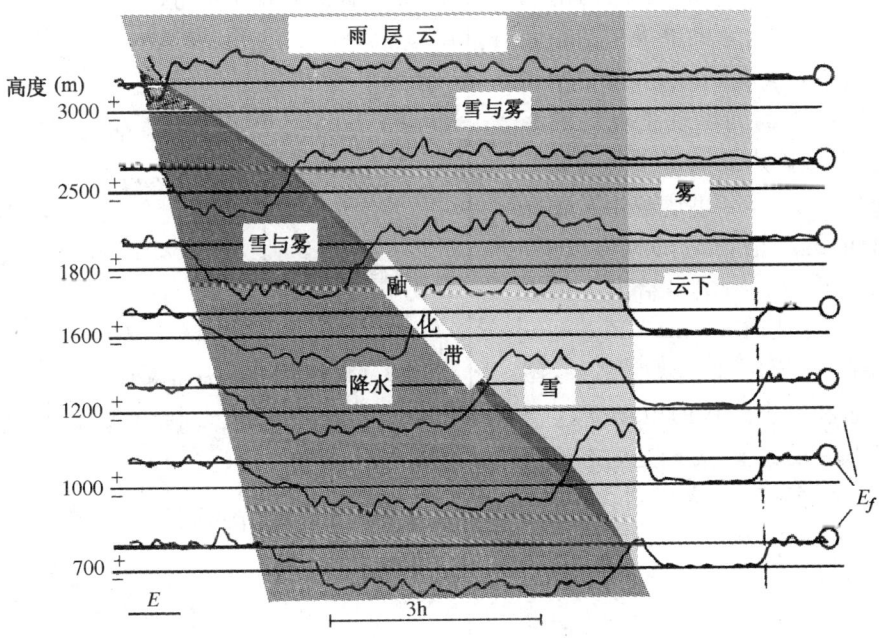

图 5.14　稳定性雨层云降水由雪变成雨时的电场改变(Reiter,1992)

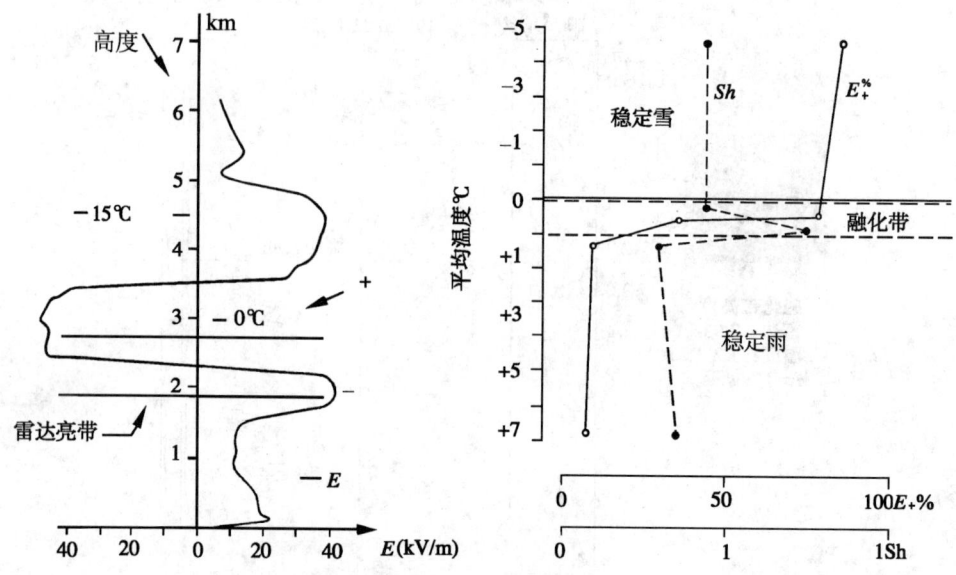

图 5.15 融化带和雷达亮带与电场改变(Reiter,1992)

图 5.15 为融化带、雷达亮带与电场变化的关系。在固体降水区的电场为正值,液态降水区为负电场。图中表示了融化区的大气电场效应,图中给出了在降水期间观测到出现正电场的百分数 $E_+\%$ 和在降水期间每小时电场符号的改变数 S_h。$E_+\%$ 迅速减小发生在融化层内侧,此处电场 E 的符号改变,S_h 出现最大峰值。图中也给出了负电场发生的百分数是 $100\min E_+\%$。

图 5.16 表示后来的研究结果,图中给出固态和液态降水的电场 $E_{降水}$ 与晴天电场 $E_{晴天}$ 的比值,无论是固态或液态降水,K 随降水率增大而增大,对固态,$K>0$,液态 $K<0$。

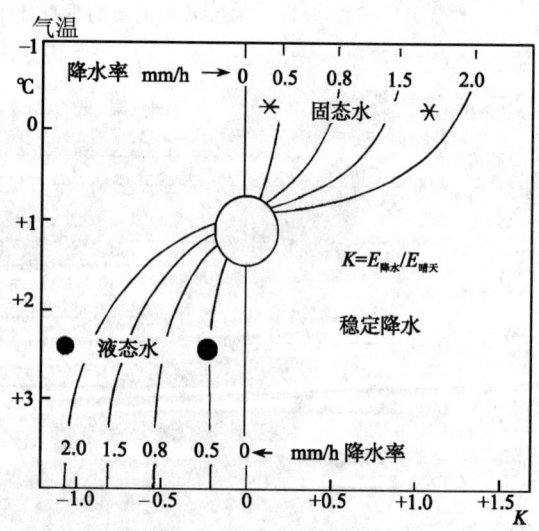

图 5.16 融化层对云中电场的作用
(Reiter,1974)

5.4.5 积状云中的大气电结构

5.4.5.1 积云大气电场和大气体电荷

(1)积云中电荷极性分布:观测表明,在积云中存在大量尺度为几十米到几百米的正负电荷区,这些正负荷电区往往交替出现,尚没有在云中形成十分明显的荷电中心。平均而言,大部分积云体的上部荷正电,云体下部荷负电。具有正的双极性电荷分布。而部分积状云中的电荷分布却相反,云体上部荷负电荷,下部荷正电荷,具有负的双极性电荷分布特征。有些淡积云具有单极性电荷分布。

(2)积云中电荷密度值:积云中局部地区的大气体电荷密度绝对值高,平均值大约为 6×10^{-17}C·cm^{-3},个别情况达 3×10^{-15}C·cm^{-3}~7×10^{-15}C·cm^{-3}。但是大范围云中平均体电荷密度绝对值只有 3×10^{-18}C·cm^{-3}。

积云中大气体电荷密度分布是不均匀的,云中大气体电荷密度的变化范围从几十米到几百米。云中大气体电荷尺度与体电荷密度呈反相关,云中大气体电荷尺度大,则体电荷密度就小,反之亦然。

(3)积云中电场值:多数积云中大气电场的峰值为正,平均值为从 1~1000V/cm 左右,浓积云大气电场平均峰值为 0~10V/cm 出现的概率约 50%,即云中大气电场平均峰值大于 10V/cm 的概率为 50% 左右,其中云中大气电场平均峰值大于 50V/cm 出现的概率为 5% 左右,大于 100V/cm 出现的概率为 2% 左右,而大于 200V/cm 的概率为 0.1% 左右。

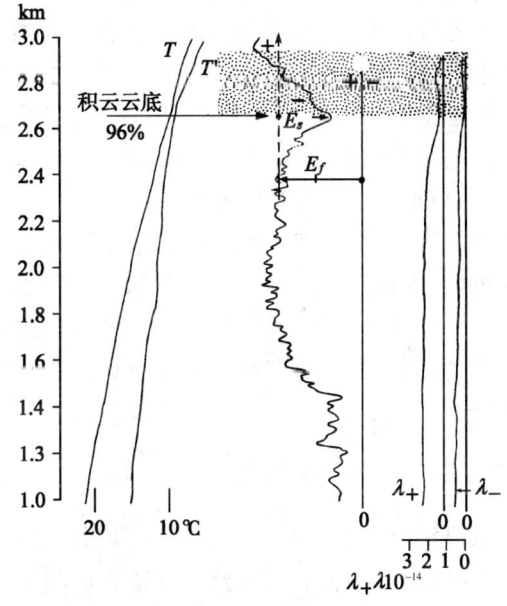

图 5.17 无降水积云的电场分布(Reiter,1992)

由于积云中存在大量尺度不等的正负电荷区,所以云中的大气电场分布是不均匀的。若云中一定空间范围内的大气电场具有相同符号和一定大小,则该空间范围尺度称为大气电场不均匀分布尺度。积云中大气电场不均匀分布尺度的变化范围为几十米到几百米。

(4)积云电场的高度分布

图 5.17 给出了单个积云内的电场分布的一个例子,在无降水积云云底荷负电荷,

虚线是晴天大气电场,在云底下边界附近处,电场与晴天电场有明显的偏差,空气电导率下降。也可看到云是正双极性荷电分布。

图 5.18 表示无降水情况下积云不同阶段云中的荷电分布和 1、2、3 三个高度上的电场电流的空间分布,B 是积云底;图的上半部表示的是三种类型积云的形状,下半部图中实线是电场,虚线是电流。图 5.18a 表示的是晴天积云的电场和电流,它与晴天电场和电流的平均值十分接近;图 5.18b 表示的是积云初始发展时的电场和电流,其云底取决于凝结高度,并水平分布着一很薄的负电荷,因而在云下高度 3 的地方出现重叠于晴天的负电场和负电流;但在云内的上半部散布着净的正空间电荷,因此在高度 2 处为相对于晴天的负电场和负电流,而在高度 1 处为正的电场和负电流;

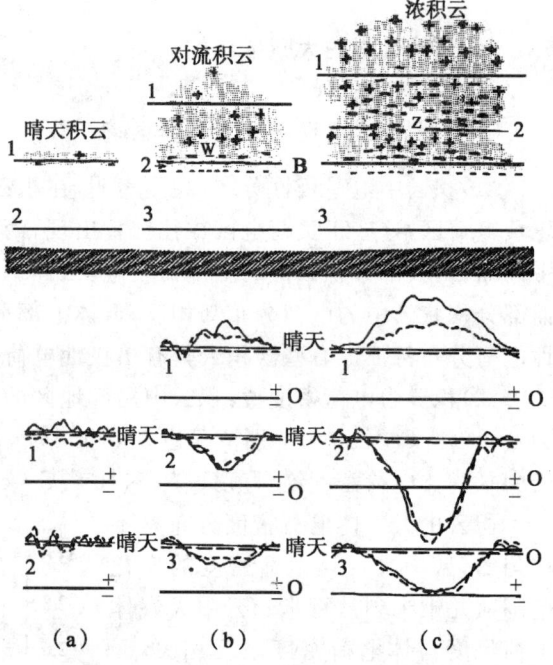

图 5.18 积云不同阶段和高度的电场和电流
(Reiter,1992)

图 5.18c 表示浓积云阶段的复杂的荷电分布,在浓积云的最下部分与图 5.18b 所显示的相同类似,以双极化电荷分布排列,但是在负电荷之上是很浅薄的正电荷层,再往上在高度 1 和 2 之间为水平和垂直方向上是负电荷空间,因而在高度 2 处为负的电场和电流。由于浓积云内热能的逆转,在高度 2 处的电场不仅减小,而且成为负值,在高度 1 电场明显增加为正值。

5.4.5.2 积雨云中体电荷

积雨云中的大气电场较为强烈,并引起闪电的正、负电荷中心,云中大气电场廓线变化大,说明积雨云中电场分布复杂。如图 5.19 所示,大多数观测表明,积雨云上部荷正电荷,下部带负电荷,云中电荷基本为正双极性电荷分布,有时还观测到在积雨云低底部有一个或几个局部弱正电荷区,它往往与大雨过程相关联。

如图 5.19a 在英国寇乌地区积雨云的正电荷区大致位于 7km 高度以上、温度低于 -20℃左右的区域;云中负电荷区大致位于 $2\sim 7$km 高度,温度低于 -10℃左右的区域;云中次正电荷区则大致位于 2km 高度以下,温度高于 0℃高度附近。

积雨云中的大气体电荷密度绝对平均值为 3×10^{-16}C·$cm^{-3}\sim 3\times 10^{-15}$C·$cm^{-3}$,局部地区可达 10^{-14}C·$cm^{-3}\sim 10^{-13}$C·cm^{-3},积雨云中的大气体电荷密度分布是不均

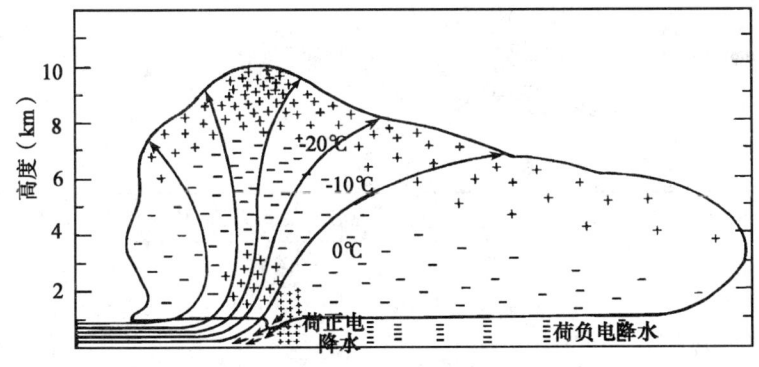

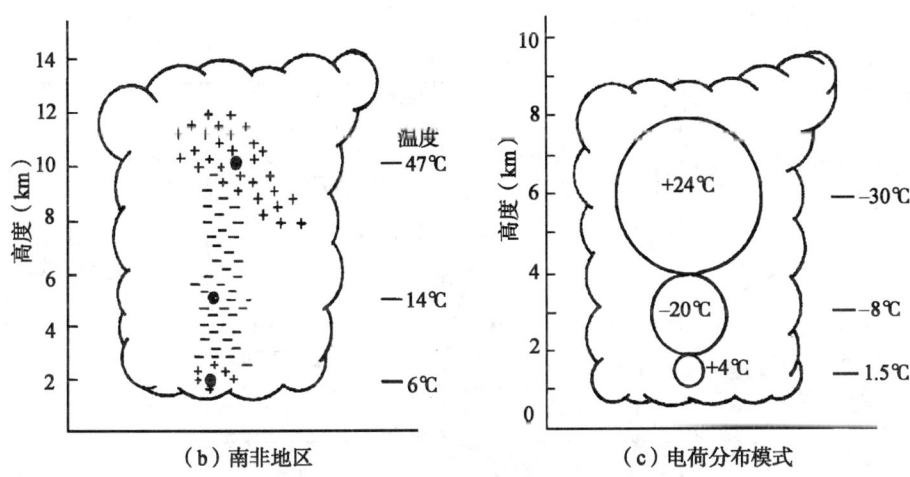

图 5.19 积雨云中的电荷分布和其分布模式

匀的,变化范围从 100m~1km。

5.4.5.3 积雨云中大气电场

(1)积雨云有很强的大气电场,大气电场的峰值一般为正,其平均值的变化范围可以从 $10^2 \sim 10^3$ V/cm 数量级。表 5.3 给出了不同研究者观测到的电场。

(2)图 5.20 是积雨云中电荷分布与地面大气电场分布的关系,可以看到,相应云底正电荷区,地面是正电场;而对于云底负电荷区,则对应的是负电场。

(3)在大块积雨云中,电荷的产生和分离发生在 $-5 \sim -40$ ℃ 高度为界的区域中,半径大约有 2km。

(4)负电荷常常集中在 $-10 \sim -20$ ℃ 高度之间,正电荷在其上数千米处,有时在云底附近发现有一个次级正电荷区,而在中尺度系统中的负的空间电荷中心位置可以略为低一些,接近冻结高度。

(5)电荷的产生和分离过程与降水发展关系密切,虽然空间电荷中心似乎在垂直方向和水平方向都有与主降水核心区有偏离。

表5.3 积雨云中的电场

研究者	典型值(V/m)	观测到的最大值(V/m)	测量工具
Winn et al(1974)	$5\sim 8\times 10^4$	2×10^5	火箭
Winn et al(1981)	—	1.4×10^5	气球
Kasemir 和 Perking(1978)	1×10^5	2.8×10^5	飞机
W. D. Rust 和 H. W. Kasemir	1.5×10^5	3.0×10^5	飞机
Imyanitov et al(1972)	1×10^5	2.5×10^5	飞机
Evans(1969)	—	2×10^5	降落伞探空仪
Fitzgerald(1976)	$2\sim 4\times 10^5$	8×10^5	飞机

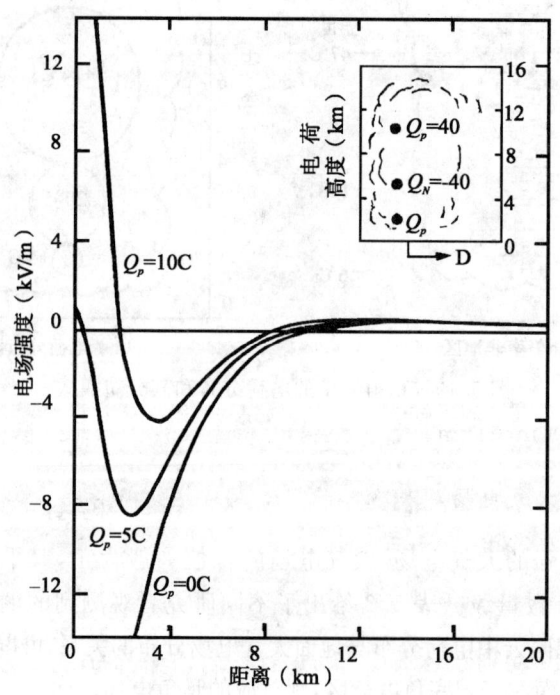

图5.20 云中荷电产生的电场

(Malan,1963 和 Uman,1969)

5.4.6 云带电时静电场偶极子模式

根据云中的电荷分布,下面给出两种模式分别讨论:

5.4.6.1 单极性电荷分布时的电场

若云中为单极性电荷分布,则如图 5.21 中,采用云中荷电中心与其在地下的镜像构成偶极子模式,如果云中电荷为 $-Q$ 的负荷电中心,它离地的高度为 H,则测站处地面大气垂直电场为

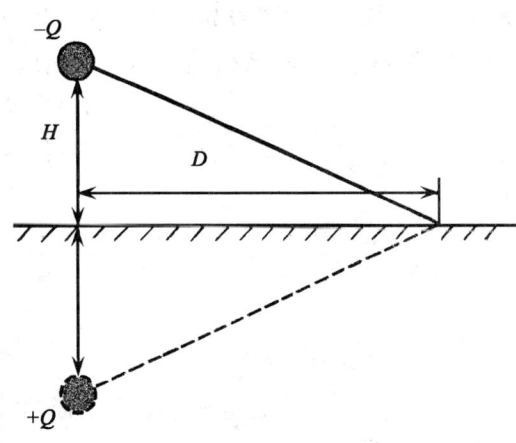

图 5.21 云中单极性电荷分布的偶极子模式

$$E_{s1} = \frac{1}{4\pi\varepsilon_0} \frac{2QH}{(D^2+H^2)^{3/2}} \quad (5.25)$$

式中 D 是测站点与荷电中心在地面投影点之间距离。

5.4.6.2 双极性电荷分布时的电场

若云中为双极性电荷分布(图 5.22),上方正电荷中心的电荷为 $+Q_P$,荷电中心的高度为 H_P,下方为负荷电中心,电量为 $-Q_N$,荷电中心高度为 H_N,则测站点处地面垂直大气

$$E_2 = \frac{1}{4\pi\varepsilon_0}\left[\frac{2Q_P H_P}{(D_P^2+H_P^2)^{3/2}} - \frac{2Q_N H_N}{(D_N^2+H_N^2)^{3/2}}\right] \quad (5.26)$$

式中 D_P 是测站与云中上方正电荷 Q_P 中心在地面投影点之间的距离,D_N 是测站与云中下方负电荷 Q_N 中心在地面投影点之间的距离。如果 $Q_P = Q_N = Q$, $D_P = D_N = D$, (5.26)式可写为

$$E_2 = \frac{1}{4\pi\varepsilon_0}\left[\frac{2QH_P}{(D^2+H_P^2)^{3/2}} - \frac{2QH_N}{(D^2+H_N^2)^{3/2}}\right] \quad (5.27)$$

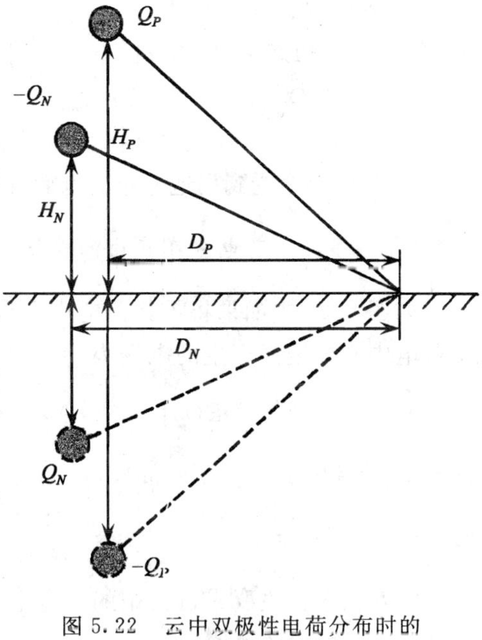

图 5.22 云中双极性电荷分布时的偶极子模式

对于离云荷电中心电场为零的距离 D_0 为

$$D_0 = [(H_P H_N)^{2/3}(H_P^{2/3}+H_N^{2/3})]^{1/3} \quad (5.28)$$

对于 D_0 又称为电场的反转距离。它仅与荷电中心高度有关。

若采用直角坐标系 (x,y,z)，云中负电荷中心在地面的投影为坐标原点，则

$$\begin{cases} D^2 = x^2 + y^2 \\ H = z \end{cases} \tag{5.29}$$

和

$$\begin{cases} D_1^2 = (x-x_1)^2 + (y-y_1)^2 \\ D_2^2 = x^2 + y^2 \\ H_1 = z_1 \\ H_2 = z_2 \end{cases} \tag{5.30}$$

式中 x_1 和 y_1 是云中正电荷中心在地面的投影。则对于单极性电荷分布，将(5.29)式代入(5.25)式得

$$E_{s1} = \frac{1}{4\pi\varepsilon_0} \frac{2Qz}{(x^2+y^2+z^2)^{3/2}} \tag{5.31}$$

对于双极性电荷模式，将(5.30)代入(5.25)式得

$$E_2 = \frac{1}{4\pi\varepsilon_0}\left[\frac{2Q_P z_1}{[(x-x_1)^2+(y-y_1)^2+z_1^2]^{3/2}} - \frac{2Q_N z_2}{(x^2+y^2+z_2^2)^{3/2}}\right] \tag{5.32}$$

从(5.31)式可以看出，只要有四个测站同步观测地面的大气垂直电场，就能计算云中单极性负电荷中心 Q 和荷电中心位置。而(5.32)式表明有八个测站同步观测地面大气垂直电场，就可计算 Q_P、Q_N 和正、负电荷中心位置。但是，由于各测站彼此相距较远，所以在进行同步观测时，会受到局地分布的电荷及其它云中电荷的影响，往往有较大的误差。

5.4.6.3 多极性荷电分布产生的电场

如图 5.23 中如果将雷暴荷电中心近似地看成是一个点电荷，则云中不同高度的三个荷电中心在地面产生的电场为

$$E(t) = \frac{1}{4\pi\varepsilon_0} \sum_{i=1}^{3} \frac{2Q_i(t)z_i(t)}{[x_i(t)^2+y_i(t)^2+z_i(t)^2]^{3/2}} \tag{5.33}$$

式中 ε_0 是自由空间的介电常数，$x_i(t)$、$y_i(t)$ 和 $z_i(t)$ 是电荷 $Q_i(t)$ 的位置。

5.4.6.4 积雨云中的电流

雷暴云电荷主要来自云中的荷电电流源，对于云中不同高度的三类荷电中心，至少二种是独立的电流源。

形成云中三个电荷中心的电流是时间的函数，写为 $I_1(t)$、$I_2(t)$ 和 $I_3(t)$。这三支电流可以用向上电流 $I_u(t)$ 和向下电流 $I_d(t)$ 表示，也即

$$I_1(t) = I_u(t)$$

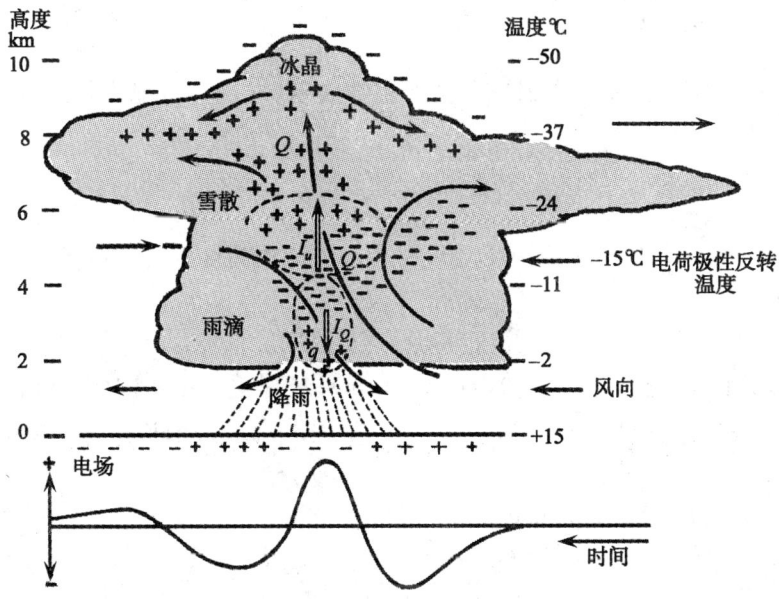

图 5.23　积雨云中电荷分布、电流及地面电场分布(Ogawa.T,1993)

$$I_2(t)=-I_u(t)-I_d(t) \tag{5.34}$$
$$I_3(t)=I_d(t)$$

图 5.24 显示了一个雷暴的垂直电流密度,可看到在雷暴电流主要集中于雷暴中心(90%+),向上至电离层。

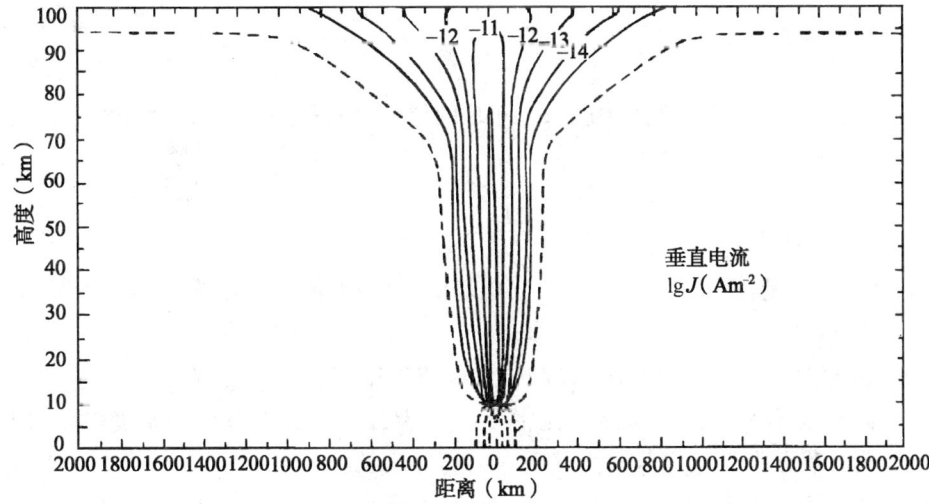

图 5.24　一个雷暴云中的垂直电流密度(Tzur.I 和 Robel.R.G,1985)

5.4.6.5 积雨云中荷电的变化

当雷暴移动期间,发展和消散以高斯函数表示,在这种情况下,云中电荷 $Q_i(t)$ 随时间的变化为

$$\frac{\mathrm{d}Q_i(t)}{\mathrm{d}t} = -\frac{\lambda_i}{\varepsilon_0}Q_i(t) + I_{0i}\exp\left[-\frac{(t-t_0)^2}{2\tau^2}\right] \quad (5.35)$$

式中 $I_{01}=I_u$,$I_{02}=-I_u-I_d$,$I_{03}=I_d(t)$;λ_i 是云中荷电高度的空气电导率,假定为指数函数,写为

$$\lambda_i = \lambda_0 \exp(z_i/H) \quad (5.36)$$

式中 λ_0 是地面空气电导率($=2.0\times10^{-12}$ S/cm);H 是电导率标高($=$ 6km——所涉及高度范围的平均值)。当 $t\to\infty$ 时,$Q_i=0$。t_0 是源电流最大增加的时刻,τ 是云发展的时间常数。

在静电条件下,(5.35)式左边等于0,则可解得

$$Q_i(t) = (\varepsilon_0/\lambda_i)I_{0i}\exp[-(t-t_0)^2/2\tau^2] \quad (5.37)$$

式中在所考虑的范围内的弛豫时间 $\varepsilon_0/\lambda_i=$ 40～300s。

当 $t=t_0$,即雷暴达到成熟阶段时,云的荷电量由源电流 I_{0i}、空气电导率 λ_i 和荷电高度确定,即为

$$Q_{0i} = (\varepsilon_0/\lambda_i)I_{0i} \quad (5.38)$$

从式中可以看出,荷电量与空气电导率 λ_i 成反比,因此云上部的正电荷较下部的负电荷量要小。

5.4.6.6 积雨云中电场增长率

若积雨云中的垂直大气电场为 E,则 E 的增长率 $\dfrac{\mathrm{d}E}{\mathrm{d}t}$ 与云中垂直大气电流密度 j 之间的关系为

$$\frac{\mathrm{d}E}{\mathrm{d}t} = -4\pi j \quad (5.39)$$

式中 t 为时间变量,j 的方向与云中大气电场的方向相同,并表示为

$$j = j_1 + j_2 \quad (5.40)$$

式中 j_1 主要包括尖端放电电流密度和传导电流密度,其作用是抑制云中垂直大气电场的增长,因此也称垂直大气泄漏电流密度。j_2 为云中大气对流电流密度,其作用是使云中正、负电荷分离而促进云中大气垂直电场的增长。若云中正、负电荷以垂直速度 v 分离,v 为携带某种极性电荷的降水粒子相对于携带异性电荷云粒子或大气离子的下降速度,而 ρ 为带电降水粒子所形成的大气体电荷密度,则 j_2 表示为

$$j_2 = \rho v \tag{5.41}$$

于是由(5.39)至(5.41)式可推得云中垂直大气电场增长率的表达式

$$\frac{dE}{dt} = -4\pi j_1 - 4\pi\rho v \tag{5.42}$$

如果 j_1、ρ 和 v 随时间的变化规律已知,便可由上式求取云中的大气垂直电场的变化。

积雨云中因正、负电荷的产生和重力分离,在云内形成电荷为 Q 的荷电区域,则 Q 与云中垂直大气电场 E 之间的关系为

$$Q = \frac{SE}{4\pi} \tag{5.43}$$

式中 S 为云中荷电区的水平截面积。

积雨云中因正、负电荷的产生和重力分离,在云内形成正、负电荷区的垂直间距为 ΔH,表示为

$$\Delta H = \int_0^{t_0} v dt \tag{5.44}$$

式中 t_0 是指云中局部地区较大范围的大气电场,由初始值增长到能形成闪电的较高值(如 3×10^3 V/cm)所需要的时间。

5.4.6.7 风暴云的 EOSO 现象电荷分布变化

由于云内气流、降水和环境风场对云体的作用,云内的电荷分布会发生变化,这种云中电荷的改变将导致云放电类型的差别。根据地面观测到的风暴由成熟到消亡的电场讯号可以推断云中的荷电分布如图 5.25 中,Williams 等将云中电荷分布的改变分为五类:

(1)如图 5.25 A 中,倾斜正、负电极/平流卷云砧:由于高空风很大,积雨云顶部的云砧向下风方平移,使得云中正、负电极发生倾斜,这种情况发生于强风暴中或冬季的风暴中。

(2)如图 5.25 B 中,双极性电荷分布的云,由于降水将云底的负电荷带走,降落到地面,从而云中留下只有正电荷。表现为单极性正电荷分布。

(3)如图 5.25 C 中,风暴不同阶段,气流方向不同。在发展阶段,云内盛行上升气流,形成云中正的双极性电荷分布;而当风暴处于成熟消散时,云内盛行下沉气流,云下部的负电荷随下沉气流外流到云外,云中留有正电荷。

(4)如图 5.25 D 中,由于降水与冰粒的相互碰撞和上升、下沉气流的作用,云中荷电符号发生反转,最后表现为负电荷。

(5)如图 5.25 E 中,其云中微物理过程与上面类似,只是最后留下正电荷。

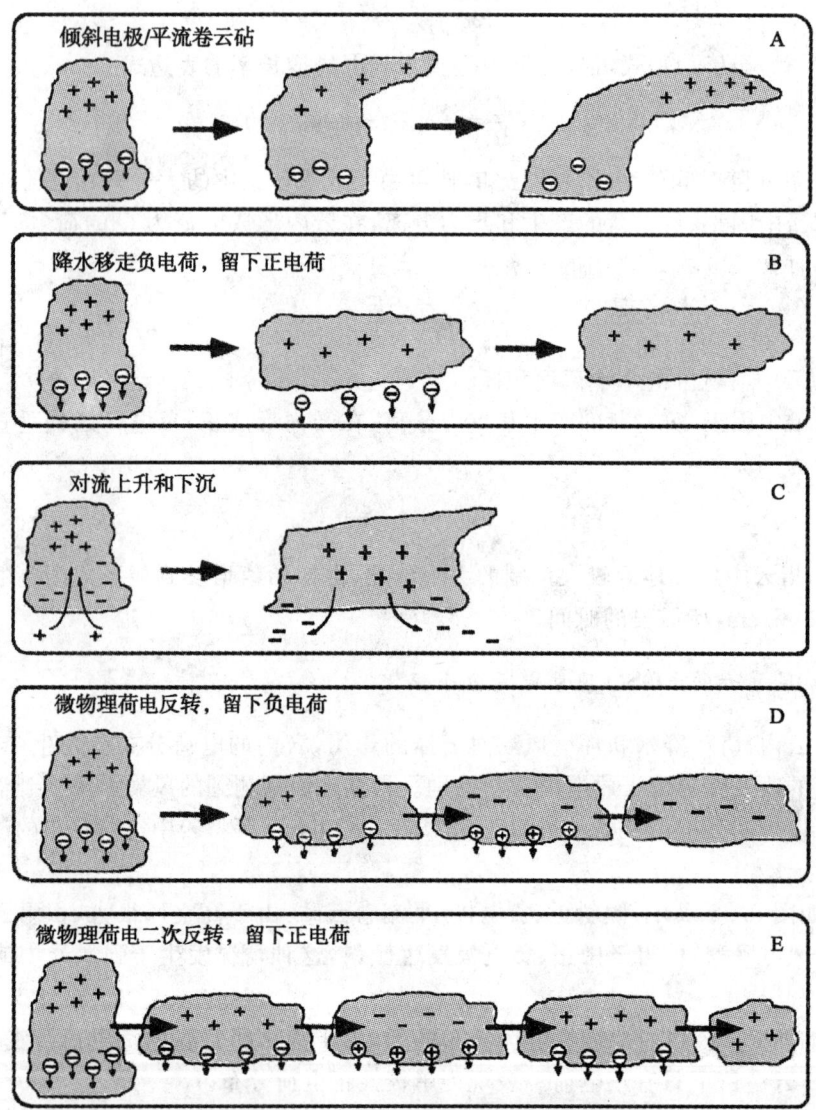

图 5.25　云内电荷分布的改变类型(Williams,1993)

图 5.26 给出了积雨云的不同发展阶段,云中粒子的增长与荷电、电场增加情况。可以看到电场的出现是当冰晶粒子,正、负的荷电中心分离最初出现于 7km 高度,随云的发展,云中粒子浓度加大,荷电范围扩大,电场加大;另外,当半径达 2mm,电场达 0.1kV/m;云粒半径达 5 mm,电场达 1kV/m;半径达 7mm,电场达 15kV/m。随降雹粒子形成和下降,负荷电中心下降。

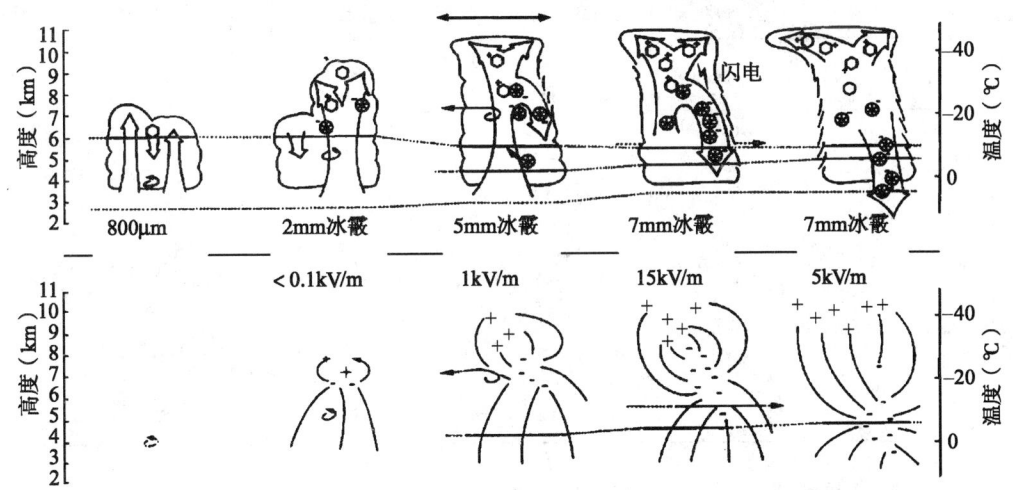

图 5.26　不同发展阶段雷暴云微物理、动力和荷电特征模式(Dye.J.E 等,1986)

§5.5　降水粒子荷电和降水电流

5.5.1　降水粒子电荷

5.5.1.1　降水粒子电荷

降水粒子电荷的大小和极性,取决于降水的类型和强度以及云内的微物理条件,同时与云下的大气电状况相关。

观测表明,降水粒子的荷电值大约比云雾粒子电荷的绝对值大 5 个数量级左右。各类降水粒子电荷绝对值介于 $10^{-15} \sim 10^{-10}$ 数量级之间,常见值则为 $10^{-13} \sim 10^{-11}$ 数量级之间。其中液态降水中雷暴降水的雨滴电荷绝对值最大,一般介于 $10^{-12} \sim 10^{-11}$ 数量级之间;连续性降水的雨滴电荷绝对值最小,其值一般为 $10^{-13} \sim 10^{-12}$ 数量级之间;阵性降水雨滴电荷绝对值为前面两者之间。固态降水粒子中,雪暴的降水粒子的电荷最大,其值有时与雷暴降水的雨滴相当,有时要小一些,其值介于 $10^{-13} \sim 10^{-11}$ 数量级之间。稳定性降雪降水粒子电荷绝对值最小,其值与稳定性降水的雨滴电荷相当或小一些,其变化范围为 $10^{-14} \sim 10^{-13}$ 数量级之间。

观测表明,荷正电的降水粒子与荷负电的降水粒子往往同时存在,有时荷正电的降水粒子与荷负电的降水粒子的概率相同,但也可出现荷正电的降水粒子要大于荷负电的降水粒子,或者相反。表 5.4 是不同研究者降水粒子的荷电和电流的测量值。

表 5.4 降水粒子荷电量的测量值

研究者	高度范围	优先改变的电荷符号	电流密度的量级	产生例子/消散例子
Rust and Moore [1974]	3~4 km msl (+7℃~0℃)	负	1~9nA/m²	3/16
Gaskell et al [1978]	4~5 km msl (+4℃~0℃)	负	3~10nA/m²	全部消散
Chrisitan et al [1980]	4~6 km msl (+1℃~8℃)	负	2~20 nA/m²	4/4
Marshall and Winn [1982]	3~7 km msl (+10℃~-15℃)	正	1~25nA/m²	大部分产生
Gardiner et al [1984]	4~5 km msl (-3℃~-7℃)	正	1~5 nA/m²	大部分消散

5.5.1.2 降水粒子群的荷电

对于降水粒子群的荷电,由降水粒子的电荷谱分布表示,常用与云雾粒子相同的谱分布函数 $n_r(q,r)$,单位为 $cm^{-3} \cdot C^{-1} \cdot mm^{-1}$,降水粒子相对电荷谱分布函数 $n_{rr}(q,r)$,单位 C^{-1}。若电荷间隔 Δq 已确定,也可用百分比表示。其中 q 是降水粒子电荷,r 是降水粒子半径。降水粒子电荷谱分布函数之间关系与云雾粒子的相类似,并改写为

$$n_r(r) = \int_{q_1}^{q_2} n_r(q,r) dq \tag{5.45}$$

$$n_{rr}(q,r) = \frac{n_r(q,r)}{n_r(r)} \tag{5.46}$$

$$n_{rr}(q) = \int_{r_1}^{r_2} n_{rr}(q,r) dr \tag{5.47}$$

式中 $n_r(r)$ 是荷电降水粒子的尺度分布函数,q_2 和 q_1 是降水粒子电荷的上下限。r_2 与 r_1 是降水粒子的上、下限半径。

图 5.27 表示在 3050m 高度处阵性降水条件下雨滴电荷谱分布,可见其呈正态分布,这说明降水粒子电荷谱分布与云雾粒子电荷谱分布具有相似的特征。降水粒子电荷谱分布随高度而变化,高度越低,宽度越宽,峰值越大。降水粒子电荷谱分布随高度变化特征,反映了降水粒子群在降落过程中荷电的变化,也间接反映降水粒子平均正、负电荷绝对值随高度的变化。

图 5.28 为连续性降水和阵性降水时雨滴平均正、负电荷绝对值和雨滴半径随高度变化的实际例子。从图中可见,连续性降水和阵性降水时雨滴平均正负电荷绝对值均具有随雨滴下降距离而递减的变化趋势,其中连续性雨滴荷电绝对值要比阵性的约小 1 个数量级。此外连续性降水雨滴平均半径随雨滴下降距离变化并不明显。而降水则具有随雨滴下降距离而递减的趋势。这可能是由于大气的导电作用使降水

粒子部分电荷中和的结果。

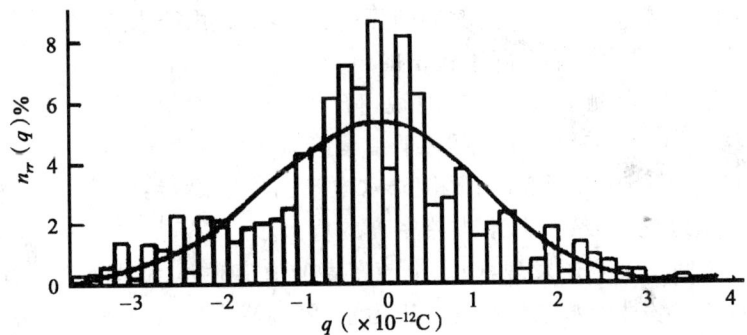

图 5.27 阵性降水条件下 3050m 高度处雨滴相对电荷谱分布函

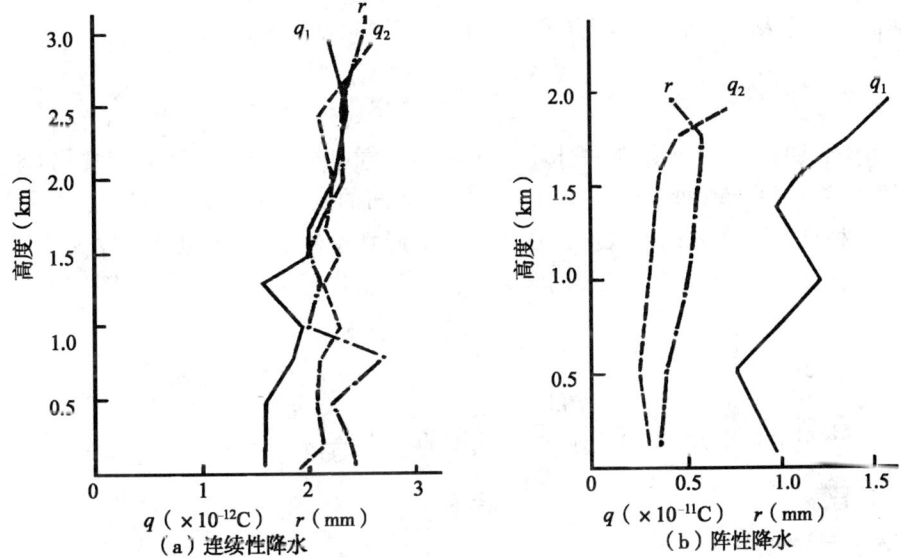

图 5.28 连续性降水和阵性降水时雨滴平均正、负电荷绝对值
和雨滴半径随高度变化的实际例子

5.5.2 降水电场和电流

5.5.2.1 降水电流

各种类型降水粒子荷有不同极性和数量的电荷,它们相互混合在一起,一般难以见到降水粒子携带一种电荷,只有对大量荷电降水粒子才能形成一股相对稳定的、方向垂直地面的降水电流。降水电流的大小和方向可以用降水电流密度矢量表示,其单位为

A·cm^{-2};降水电流密度方向定为向下为正,向上为负。

利用降水电荷测量仪测量一定时间间隔内、一定面积内降水总电荷,就能得到降水电流密度,也可以测量大量单个降水粒子的电荷确定。降水电流的大小与与降水的类型和降水强度有关,观测表明:一般地说,降水电流密度绝对值的范围为从 10^{-16} A·cm^{-2} 到 10^{-11} A·cm^{-2} 之间。而对于雷暴降水电流密度的值最大,约为从 10^{-13} A·cm^{-2} 到 10^{-11} A·cm^{-2} 量级间;阵性降水电流密度次之,约为从 10^{-14} A·cm^{-2} 到 10^{-13} A·cm^{-2} 量级间;连续性降水电流密度的值最小,约为从 10^{-16} A·cm^{-2} 到 10^{-14} A·cm^{-2} 量级之间。观测还发现,降水电流密度的值随时间、地理而变。而电流极性,对于雷暴降水和连续性降水电流密度以正为主,阵性降水电流密度以负为主。平均而言,降水粒子的负电荷绝对值大于正电荷绝对值,但荷正电荷的粒子数多于负电荷粒子数,所以其综合结果是平均降水电流密度为正。这说明降水电流将大气中的正电荷输送给地面。前述表 5.4 给出了不同研究者得出不同高度处的降水电流值。

5.5.2.2 降水电流与降水电场

观测还表明,通常情况下的降水电流密度与大气电场以反相位随时间变化,即降水电流密度的绝对值和地面大气电场的绝对值随时间的变化同时增大或减小,但两者符号相反,这种现象称之为镜像效应。在较稳定的降水条件下,降水电流密度和地面大气电场随时间变化的镜像效应尤为明显,两者符号的变化近乎在同一时刻发生。图 5.29

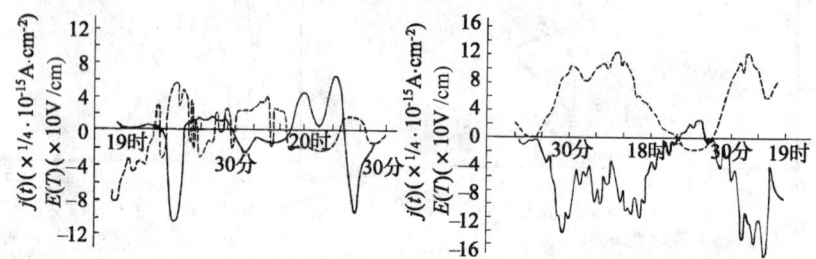

图 5.29 降水电流密度和地面大气电场随时间变化的实例

为阵雨和降雪条件下,降水电流密度和大气电场随时间的变化,从图中可以看到,大气电场随时间变化的镜像效应明显,尤其是具有较强大气电场的降雪条件下的镜像效应更为明显。镜像效应的出现可能是两者相互影响的结果,当地面大气电场较弱时,可能是降水电流密度对地面大气电场影响为主。如降水电流为正时,其将正电荷输送给地面,此时云中和云下大气将携带负电荷,从而形成与降水电流密度方向相反的地面大气电场。而当地面大气电场较强时,则大气电场对降水电流密度影响为主,如地面大气电场为正时,降水粒子极化,上部带负电,下部荷正电,于是粒子在降落过程中,将俘获负离子,从而形成相反的降水电流密度。

图 5.30 给出了阵性降水时的电场和电流变化,图 5.30(a) 为小阵性降水时地面的电场 E、电流 i 和降水电流密度 I_{pr} 变化,可以看到,在没有降水的云下电场 E、电流 i 逐渐成为负值,而在有弱阵性降水区,电场 E、电流 i 显著增大,表现为正值,而降水电流密度 I_{pr} 表现为负值,符号相反;图 5.30(b) 是出现强阵性降水时地面的电场 E、电流 i 和降水电流密度 I_{pr} 变化,与弱阵性降水不同的是电场 E、电流 i 和降水电流密度 I_{pr} 变化较快,但是电场 E、电流 i 和降水电流密度 I_{pr} 是反相位改变的。

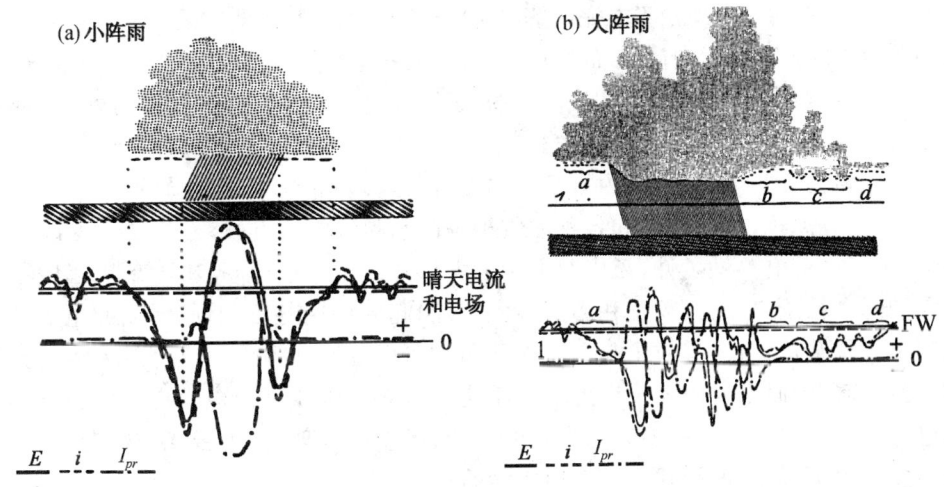

图 5.30　阵性降水的电场和电流(Reiter,1992)

第六章 云雾和雷雨云荷电机制

云内起电机制的研究是大气电学和雷电学原理的重要问题之一,关于云内的起电理论有几十种,但每一种理论不能完善解释所有云荷电的实际观测结果。不同种类的云,起电原因也不同,所以至今有关云的起电分成两类:一是云雾粒子起电,二是雷雨云起电。

对于云雾粒子,云内的上升气流很弱,云内起电主要是云雾大气内的离子扩散引起和云滴选择性吸附大气离子引起的。

对于雷雨云粒子,雷雨云内有很强的上升气流,且常有很强的降水,在积雨云内除雨滴外,还有冰雹、霰(雪丸)和各种冰粒子等固态和液态水组成,云顶温度很低,垂直厚度大,为云内荷电提供条件,云内起电量大。积雨云不同阶段,上升气流强度不同,云内有大的降水粒子、小的云粒子和离子,其分布和起的作用各不相同,云内起电的特征和原因也很复杂,这与云雾粒子起电明显不同。在积雨云内,由云中粒子间相互作用起电称为微观起电,而由云内大尺度上升气流使云不同部位荷不同极性电荷的机制称宏观起电机制。雷雨云起电主要有感应起电理论、温差起电理论、大云滴破碎起电、对流起电等多种理论,但是这些理论难以用实际的观测说明其正确性,大多理论是从实验室通过各种试验来说明,特别是随计算机的发展,雷雨云起电的数值试验得到很大发展,是雷电研究的新途径。

雷电是由雷暴云带电而形成的,前面已经讲述了雷暴云的荷电结构,这一章主要描述雷暴云中各部分的电荷是如何形成的,为什么云的上部荷正电,下部荷负电,底部又带有少量的正电荷? 这一章将回答这些问题。

§6.1 雷雨云的起电的电特点

为叙述雷雨云起电机制,首先根据一些观测事实描述一下雷雨云的荷电特征。

6.1.1 云起电的一些特征

Monson(1971)研究了云起电的一些基本特点,得出:
1)对于单个雷暴产生降水和闪电活动的平均持续时间为30min;
2)在一次闪电中破坏的电场强度大约是$3\sim 4kV/cm$,晴空中击穿电场则要高得多

(30kV/cm);

3)在大块积雨云中,电荷的产生和分离发生在-5~-40℃高度为界的区域中,半径大约有2km;

4)负电荷常常集中在-10~-20℃高度之间,正电荷在其上数千米处,有时在云底附近发现有一个次级正电荷区,而在中尺度系统中负的电荷中心位置可以略为低一些,接近冻结高度;

5)电荷的产生和分离过程与降水发展关系密切,虽然空间电荷中心似乎在垂直方向和水平方向都有与主降水核心区有偏离;

6)在雷达能检测的降水质点尺度出现后的20min之内,为了供应首次闪电,必须产生并分离足够的电荷。

6.1.2 云起电假说(机制)的要求

1)发展着的云中的初始起电通常为指数增长,每两分钟左右增加 e 倍。

2)雷暴中产生闪电的平均速率为每分钟数次,要求起电电流约为1A。

3)闪电放电产生约100C·km的偶极矩变化,电荷输送约数十库仑。雷暴的电偶极子通常为正电荷在上,负电荷在下,但在某些云中,极性也会反转。云内放电而消失的电偶极子,经常不同于垂直电偶极子;某些情况中,偏离90°之多。

4)起电过程能产生大于400kV/m的云中电场。

5)起电过程能够产生大于 $20\times10^{-9}C/m^3$ 的空间电荷。

6)为产生强起电或闪电,云的厚度至少必须为3或4km。

7)强对流活动和降水两者似乎是产生闪电的必要条件,但不是充分条件。然而还观测到在电场发展和云的迅速垂直发展之间有密切联系。

8)降雨小至3mm/h的云能够产生闪电。

9)由闪电放电频数所表示的起电强度,与当时的降水强度或以前的降水量或强度几乎无关。

10)云中不存在冰相粒子时能够产生强起电。

11)云中温度低至只有冰相粒子存在的区域内能够产生强起电和闪电。

12)高度高的雷暴要比一般高度的雷暴产生的闪电频数高得多。

13)在云之上,强电场主要在穿透的对流单体上空观测到。

14)云中电场通常要比周围晴空电场强得多,在云的边界上电场强度增大。

15)除触发放电之外,闪电总是起源于云内。

16)云内闪电数和云地闪数之比变化极大,某些云只产生的云闪,某些云只产生云地闪电。

17) 当对流和降水实际上已停止的消亡阶段,在云下方的地面上经常有强负电场,能持续十分钟或更长,有时可能伴有向下输送正电荷。

6.1.3 产生闪电要求的电场强度

据报道,Winn(1974)用自旋火箭探测,由电介质窗口后面两电极间的位移电流感应外电场,在一次闪电后的 1min,测得雷雨云中的最大电场强度比 $4\times10^5 V/m$ 稍强。

Clark(1971)用系留气球将置于球形外罩内的电场仪放到雷雨云中,使用绝缘的绳系住,发现 4km 高度时球表面的场强达 $1.3\times10^6 V/m$。

Dawson 和 Warrender(1973)在实验室于垂直风洞中悬浮直径 3.8mm 的雨滴,加了约 $10^6 V/m$ 电场,并未引起火花放电。

Dawson(1969)使处于电场中单个水滴在气压小于 650hPa 时产生电晕需最小场强为

$$E_{pc} \approx 703P(\sigma/r_0)^{1/2}/T \tag{6.1}$$

式中 P 是大气压,σ 水的表面张力,r_0 等效雨滴半径,T 温度。结果表明,对于液态云中放电场强至少要超过 900kV/m。Griffiths 和 Latham(1974)研究冰晶始晕得出约 400~500kV/m 的场强足以使雷暴中的冰开始放电。

§6.2 云雾粒子大气离子扩散的起电机制

观测表明,云雾粒子初始阶段,云粒子很小,云雾粒子带有数量不大的电荷,对于云雾大气,上升运动很弱,其带电的原因不可能是强上升气流引起的,对于云雾粒子的荷电可解释为由于大气离子扩散引起的。

6.2.1 基本假定

与晴天大气相同,云雾大气中亦存有大量大气正、负离子。其中大气正、负轻离子的尺度小,重量轻,具有较高的离子迁移率,成为大气离子由高浓度区向低浓度区扩散的主体。

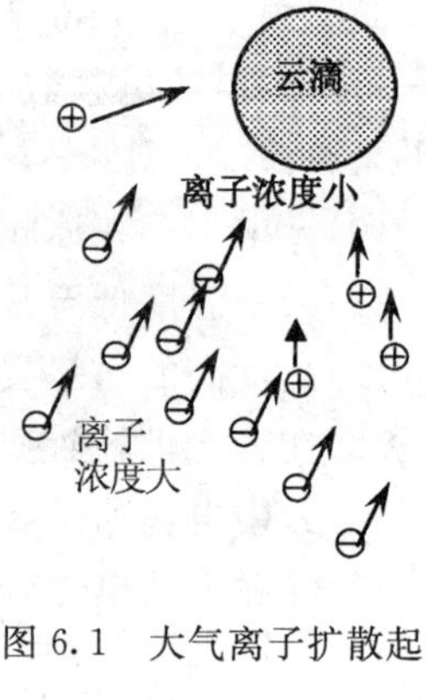

6.2.2 荷电机制

如图 6.1 对于单个云雾粒子而言,其表面处大气正、负轻离子浓度为零,而离云雾粒子稍远处为具有含云雾大气正负轻离子的平均浓度值。

图 6.1 大气离子扩散起电

于是在离云雾粒子很近的大气中,大气正、负轻离子浓度具有径向分布,从而形成大气正、负轻离子向云雾粒子扩散的物理过程,并使云雾粒子荷电。这种由于大气正、负轻离子扩散使云雾粒子带电的过程称为大气离子扩散起电机制。

6.2.3 荷电理论公式推导

由于小云滴的惯性很小,可以认为它完全被空气所带动,云滴与离子的相互作用就只有热扩散和静电库仑力,云滴对离子的捕获满足以下方程

$$\frac{\partial n^{\pm}}{\partial t} = \mathrm{div}(K_{\pm}\nabla n^{\pm}) \mp \mathrm{div}(k\vec{F}n^{\pm}) \tag{6.2}$$

式中 $n^{\pm}$ 是正负离子浓度,$K_{\pm}$ 是正负离子热扩散系数,k 是离子迁移率,$\vec{F}$ 是云滴电荷产生的库仑力。(6.2)式中右边第一项是由于离子分布不均匀引起离子扩散的散度,第二项是由于离子受库仑力的作用使离子浓度的变化。因为云滴为球形,捕获具有对称性,在球坐标中,上方程改写为

$$\frac{\partial n^{+}}{\partial t} = \frac{1}{r^2}\frac{\partial}{\partial r}\left(K_{\pm}r^2\frac{\partial n^{\pm}}{\partial r}\right) \mp kr^2 F(r)n^{+} \tag{6.3}$$

如果将坐标原点取在云滴中心,r 是径向距离。在定常情况下,由上式得出通过球面的通量为

$$J_{\pm} = 4\pi\left(K_{\pm}r^2\frac{\partial n^{\pm}}{\partial r} \mp kr^2 F(r)n^{\pm}\right) \tag{6.4}$$

边界条件是

$$r = R(R\text{ 是云滴半径}), n^{\pm} = 0 \tag{6.5}$$
$$r \to \infty \qquad n^{\pm} \to n_0^{\pm}$$

容易求出(6.4)方程的解为

$$n^{\pm} = \exp\left(\pm\frac{k}{K_{\pm}}\int_0^r F(r)\mathrm{d}r\right)\left[n_0^{\pm} + \frac{J_{\pm}}{4\pi K_{\pm}}\int_{\infty}^r \frac{1}{r}\exp\left(\mp\frac{k}{K_{\pm}}\int_{\infty}^r F(r)\mathrm{d}r\right)\right] \tag{6.6}$$

由于 $n^{\pm}(R) = 0$,所以有

$$\left[n_0^{\pm} + \frac{J_{\pm}}{4\pi K_{\pm}}\int_{\infty}^r \frac{1}{r^2}\exp\left(\mp\frac{k}{K_{\pm}}\int_{\infty}^r F(r)\mathrm{d}r\right)\right] = 0 \tag{6.7}$$

由玻尔兹曼定理得出

$$\frac{k}{K_{\pm}} = \frac{1}{\kappa T} \tag{6.8}$$

令 $\varphi(r)$ 是库仑力位势,即 $\pm\varphi(r) = \mp\int_{\infty}^r F(r)\mathrm{d}r$,则由(6.7)得离子通量公式为

$$J_{\pm} = \frac{4\pi K_{\pm} n_0^{\pm}}{\int_R^{\infty}\frac{1}{r^2}\exp\left(\pm\frac{\varphi(r)}{\kappa T}\right)\mathrm{d}r} \tag{6.9}$$

以变量 $x=\dfrac{R}{r}$ 代入，上式又为

$$J_{\pm} = \dfrac{4\pi K_{\pm} R n_0^{\pm}}{\int_0^1 \exp\left(\pm\dfrac{\varphi(r)}{\kappa T}\right) dr} \tag{6.10}$$

令大气离子带电量为基本电荷 e，云滴带电量为 ie，则静电库仑力为 $F=\dfrac{ie^2}{r^2}$，则带 i 个正电荷的云滴与带 i 个负电荷的云滴捕获正负离子的速率分别为 J_{+i}^+、J_{+i}^-、J_{-i}^+ 和 J_{-i}^-，代入 (6.10) 式不难求得

$$J_{+i}^+ = \dfrac{J_0^+ \lambda_i}{\exp(\lambda_i)-1} = j_{+i}^+ n^+ \tag{6.11}$$

$$J_{+i}^- = \dfrac{J_0^- \lambda_i}{1-\exp(-\lambda_i)} = j_{+i}^- n^- \tag{6.12}$$

$$J_{-i}^+ = \dfrac{J_0^+ \lambda_i}{1-\exp(-\lambda_i)} = j_{-i}^+ n^+ \tag{6.13}$$

$$J_{-i}^- = \dfrac{J_0^- \lambda_i}{\exp(\lambda_i)-1} = j_{-i}^- n^- \tag{6.14}$$

式中 $J_0^{\pm}=4\pi R K_{\pm} n_0^{\pm}$，$\lambda_i=\dfrac{ie^2}{R\kappa T}$。

上式求出的 J 是平均意义上的"云滴捕获离子速率"，也就是如果云滴在 Δt 时间内平均捕获 Δn 个离子，则有

$$J = \lim_{\Delta t \to 0} \dfrac{\Delta n}{\Delta t}, \text{ 或 } \Delta n = J\Delta t + O(\Delta t) \tag{6.15}$$

实际上离子是一个一个捕获的。如果 Δt 足够小，使云滴在 Δt 时间内最多只能捕获一个离子。设云滴个数是 n_c，捕到一个离子的云滴数为 n_c^*，则有

$$n_c^* = (Pn) n_c \tag{6.16}$$

式中 P 是云滴在 Δt 时间内单位离子浓度下捕获一个离子的概率，因此在 Δt 时间内每个云滴平均捕获离子数是

$$\Delta n = \dfrac{n_c^*}{n_c} = Pn \tag{6.17}$$

代入 (6.15) 式

$$Pn = J\Delta t + O(\Delta t) \approx J\Delta t \tag{6.18}$$

最后得概率

$$P = \dfrac{J}{n}\Delta t = j\Delta t \tag{6.19}$$

令不带电的云滴浓度为 n_{0c}，带 1、2、…i 个正、负电荷的云滴浓度分别是 $n_{1c}^+ \cdots n_{ic}^+$ 和 $n_{1c}^- \cdots n_{ic}^-$。则由 P 的定义，利用细致平衡原理（一类分子由于某种特殊碰撞过程使其增加

第六章 云雾和雷雨云荷电机制

多少,必然有一相反的特殊碰撞过程使其同样减少多少,结果正反两过程的效果互相抵消,该类分子的数目平均上讲不变,这表示气体系统已达平衡,不仅客观上它的物理性质不变,而且从微观上看各细微变化也已达到平衡),就有

$$
\begin{aligned}
& n_{0c}P_0^+ n^+ = n_{1c}^+ P_{+1}^- n^- \qquad && n_{0c}P_0^- n^- = n_{1c}^- P_{-1}^+ n^+ \\
& n_{1c}^+ P_{+1}^+ n^+ = n_{2c}^+ P_{+2}^- n^- \qquad && n_{1c}^- P_{+1}^- n^- = n_{2c}^- P_{-2}^+ n^+ \\
& \cdots\cdots\cdots\cdots\cdots\cdots \qquad && \cdots\cdots\cdots\cdots\cdots\cdots \\
& n_{ic}^+ P_{+i}^+ n^+ = n_{(i+1)c}^+ P_{+(i+1)}^- n^- \qquad && n_{ic}^- P_{-i}^- n^- = n_{(i+1)c}^- P_{-(i+1)}^+ n^+ \\
& \cdots\cdots\cdots\cdots\cdots\cdots \qquad && \cdots\cdots\cdots\cdots\cdots\cdots
\end{aligned}
\tag{6.20}
$$

由上式可以求出云滴电荷谱为

$$
n_{1c}^+ = \frac{P_0^+}{P_{+1}^-}\left(\frac{n^+}{n^-}\right)n_{0c}
$$

$$
n_{2c}^+ = \frac{P_0^+ P_{+1}^+}{P_{+1}^- P_{+2}^-}\left(\frac{n^+}{n^-}\right)^2 n_{0c}
$$

$$
\cdots\cdots\cdots\cdots\cdots\cdots
$$

$$
n_{ic}^+ = \frac{P_0^+ P_{+1}^+ \cdots P_{+(i-1)}^+}{P_{+1}^- P_{+2}^- \cdots P_{+i}^-}\left(\frac{n^+}{n^-}\right)^i n_{0c}
$$

$$
\cdots\cdots\cdots\cdots\cdots\cdots
$$

\tag{6.21}

$$
n_{1c}^- = \frac{P_0^-}{P_{-1}^+}\left(\frac{n^-}{n^+}\right)n_{0c}
$$

$$
n_{2c}^- = \frac{P_0^- P_{-1}^-}{P_{-1}^+ P_{-2}^+}\left(\frac{n^-}{n^+}\right)^2 n_{0c}
$$

$$
\cdots\cdots\cdots\cdots\cdots\cdots
$$

$$
n_{ic}^- = \frac{P_0^- P_{-1}^- \cdots P_{-(i-1)}^-}{P_{-1}^+ P_{-2}^+ \cdots P_{-i}^+}\left(\frac{n^-}{n^+}\right)^i n_{0c}
$$

$$
\cdots\cdots\cdots\cdots\cdots\cdots
$$

\tag{6.22}

将 (6.19) 式代入上式得

$$
n_{1c}^+ = \frac{j_0^+}{j_{+1}^-}\left(\frac{n^+}{n^-}\right)n_{0c}
$$

$$
n_{2c}^+ = \frac{j_0^+ j_{+1}^+}{j_{+1}^- j_{+2}^-}\left(\frac{n^+}{n^-}\right)^2 n_{0c}
$$

$$
\cdots\cdots\cdots\cdots\cdots\cdots
$$

$$
n_{ic}^+ = \frac{j_0^+ j_{+1}^+ \cdots j_{+(i-1)}^+}{j_{+1}^- j_{+2}^- \cdots j_{+i}^-}\left(\frac{n^+}{n^-}\right)^i n_{0c}
$$

$$
\cdots\cdots\cdots\cdots\cdots\cdots
$$

\tag{6.23}

$$
n_{1c}^- = \frac{j_0^-}{j_{-1}^+}\left(\frac{n^-}{n^+}\right)n_{0c}
$$

$$n_{2c}^- = \frac{j_0^- \, j_{-1}^-}{j_{-1}^+ \, j_{-2}^+} \left(\frac{n^-}{n^+}\right)^2 n_{0c} \tag{6.24}$$

$$\cdots\cdots\cdots\cdots\cdots\cdots\cdots\cdots\cdots$$

$$n_{ic}^- = \frac{j_0^- \, j_{-1}^- \cdots j_{-(i-1)}^-}{j_{-1}^+ \, j_{-2}^+ \cdots j_{-i}^+} \left(\frac{n^-}{n^+}\right)^i n_{0c}$$

$$\cdots\cdots\cdots\cdots\cdots\cdots\cdots\cdots\cdots$$

如果离子的正、负扩散系数 $K_+ = K_- = K$，和 $n_+ = n_- = n_0$，即大气离子总体上为中性，则有 $j_0^+ = j_0^- = P_0, j_{+1}^+ = j_{-1}^- = P_1 \cdots\cdots j_{+i}^+ = j_{-i}^- = P_i, j_{+1}^- = j_{-1}^+ = Q_1 \cdots\cdots j_{+i}^- = j_{-i}^+ = Q_i$ $\cdots\cdots, n_{1c}^+ = n_{1c}^- = n_{1c}, n_{2c}^+ = n_{2c}^- = n_{2c} \cdots\cdots n_{ic}^+ = n_{ic}^- = n_{ic} \cdots\cdots$，并代入(6.23)与(6.24)式有

$$n_{ic} = n_{0c} \frac{\exp(\lambda_i/2) - \exp(-\lambda_i/2)}{\lambda_i} \left(-\frac{i^2 e^2}{2R\kappa T}\right) \tag{6.25}$$

式中 $\lambda_i = \frac{ie}{R\kappa T}$。当 $\lambda_i = 1$ 时，$\frac{1}{\lambda_i}[\exp(\lambda_i/2) - \exp(-\lambda_i/2)] = 1.04$，而当 λ_i 减小时，该项值趋向于 1。对于半径大于 $1\mu m$ 的云滴，云滴荷电量达到 $\lambda_i \geqslant 1$ 的是极少数，因此上式可以简化为

$$n_{ic} \approx n_{0c} \exp\left(-\frac{i^2 e^2}{2R\kappa T}\right) \tag{6.26}$$

这是一个对称中心在零值的正态分布。它表明，同一半径 R 云滴带正电和带负电的数量相等，其平均电荷为零，云总体上是中性的，而荷电量的均方根差值为

$$\sqrt{\overline{n_{ic}^2}} = \frac{1}{e}\sqrt{\kappa T} R^{1/2} \tag{6.27}$$

或云滴带正电与负电的电量的平均值为

$$\overline{q}_\pm = \sqrt{\kappa T} R^{1/2} \tag{6.28}$$

当 $n^+ = n^-, K_+ \neq K_-$ 时，就能求得归一化的云滴平衡荷电电谱分布为

$$f(i) = \frac{1}{\sqrt{2\pi R\kappa T}} \exp\left\{-\left[i - \frac{R\kappa T}{e^2}\ln\left(\frac{n^+ K_+}{n^- K_-}\right)\right]^2 \Big/ \frac{2R\kappa T}{e^2}\right\} \tag{6.29}$$

则云滴整体荷电平均值

$$\overline{q} = \frac{R\kappa T}{e}\ln\left(\frac{n^+ k_+}{n^- k_-}\right) = \frac{R\kappa T}{e}\ln\frac{\lambda_+}{\lambda_-} \tag{6.30}$$

式中 λ_+、λ_- 是大气正、负离子的电导率。

6.2.4 结果讨论

由(6.30)式可见，当 $\lambda_+ \neq \lambda_-$ 时，如果有 $\lambda_+ > \lambda_-$，云滴群平均具有正极性电荷，而当 $\lambda_+ < \lambda_-$，云滴群平均具有负极性电荷。而正负电荷的平均值为

第六章 云雾和雷雨云荷电机制

$$\bar{q}_{\pm} = \sqrt{kT} R^{1/2} \tag{6.31}$$

当 $T=300K$ 时,令 R 单位为 μm,则有

$$\bar{q}_{\pm} = 2.035 \times 10^{-9} R^{1/2} (\text{esu}) \tag{6.32}$$

或是

$$\bar{q}_{\pm} = 4.2 e R^{1/2} \tag{6.33}$$

云雾粒子因大气正、负离子扩散荷电而达到稳定态时的弛豫时间,与大气正、负离子的浓度有关,当大气中正、负离子的浓度大时,弛豫时间越短;反之,弛豫时间越长。一般情况下,弛豫时间为几十分钟。因此该理论适用于解释持续时间较长的像层云、雾等层状云的起电。当云雾粒子的半径小于 $1\mu m$,理论结果与实际观测结果较为一致。而当云雾粒子较大时,理论计算结果较实际值要小,而且当云雾粒子半径增大时,理论计算结果的偏差增大,这说明该理论只适用云内的小云滴粒子起电,对于大云滴粒子则由下面的湍流电碰并说明。

§6.3 云中云滴起电机制

6.3.1 湍流电碰并起电机制

该理论主要用于解释小云滴的荷电量如何通过湍流电碰并使大云滴荷电的过程。

6.3.1.1 假定

小云滴通过离子的扩散获得电荷,则较大云滴通过与小云滴湍流电碰并获取电荷。

6.3.1.2 机制

荷电的小云滴与大云滴通过湍流电碰并,不仅云滴的半径增大,而且使大云滴荷电。

6.3.1.3 理论推导

对于半径为 $1\mu m \leqslant r \leqslant 20\mu m$ 的云滴,湍流电碰并对云滴的增长十分重要。如果小云滴的起电过程是离子扩散引起的,其平均带电量为 $\pm q' = 5e$,其中一半带正电荷,另一半带负电荷。如果带电小云滴在云中随机分布,则大云滴的荷电是其与不同极性带电小云滴随机碰并生成的。若在碰并过程中,大云滴半径变化为 $\frac{\Delta R}{R} = \frac{N}{3} \left(\frac{r}{R} \right)^3$,电量变化为 $\frac{\Delta q}{q} = N \frac{q'}{q}$。由于 $r \ll R$,有 $\left(\frac{r}{R} \right)^3 \ll \frac{q'}{q}$,则作为近似,大云滴半径相对于荷电量变化而言可以忽略不计,由此大云滴可能带电量为 $\pm i q' (i=0,1,2,3,\cdots)$。

由细致平衡原理有

$$2N_0P_0 = N_1^+ Q_1 + N_1^- Q_1$$
$$N_1^+ P_1 + N_1^+ Q_1 = N_0 P_0 + N_2^+ Q_2 \quad (6.34)$$
$$N_1^- P_1 + N_1^- Q_1 = N_0 P_0 + N_2^- Q_2$$
$$\cdots\cdots\cdots\cdots\cdots\cdots\cdots\cdots$$
$$N_i^+ P_i + N_i^+ Q_i = N_{i-1}^+ P_{i-1} + N_{i+1}^+ Q_{i+1}$$
$$N_i^- P_i + N_i^- Q_i = N_{i-1}^- P_{i-1} + N_{i+1}^- Q_{i+1}$$

式中 P_0 为中性大云滴捕获一个带电小云滴的概率，P_i 为单位时间带电大云滴再捕获一个同号电荷小云滴的概率，Q_i 为单位时间带电 $\pm iq'$ 大云滴再捕获一个异号电荷小云滴的概率。由碰并理论，P_i 和 Q_i 的表达式为

$$P_0 = \pi(R+r)^2 n_{0c} \Delta u E_0$$
$$P_i = \pi(R+r)^2 n_{0c} \Delta u E_i^+ \quad (6.35)$$
$$Q_i = \pi(R+r)^2 n_{0c} \Delta u E_i^-$$

式中 n_{0c} 是小云滴的浓度，Δu 是大云滴与小云滴间的相对速度。由 (6.34) 式可以求出

$$N_1^+ + N_1^- = \frac{2N_0 P_0}{Q_1}$$
$$N_2^+ + N_2^- = \frac{2N_0 P_0 P_1}{Q_1 Q_2} \quad (6.36)$$
$$\cdots\cdots\cdots\cdots\cdots\cdots$$
$$N_i^+ + N_i^- = \frac{2N_0 P_0}{P_i} \prod_{k=1}^{i} \frac{P_k}{Q_k}$$

对于双谱云模式，正负电大云滴所经过的过程完全是随机的，应该是完全对称的，所以有

$$N_i^+ + N_i^- = N_i \quad (6.37)$$

将 (6.35) 式和 (6.37) 式代入 (6.36) 式得

$$N_i = N_0 \frac{E_0}{E_i^+} \prod_{k=1}^{i} \frac{E_k^+}{E_k^-} \quad (i=1,2,\cdots) \quad (6.38)$$

由小云滴绕流带电大云滴的定常方程为

$$\vec{V} \cdot \nabla n + \text{div}(k\vec{F}n) = \text{div}(K \nabla n) \quad (6.39)$$

式中 $\vec{V}$ 是小云滴绕流大云滴的相对速度，$\vec{F}$ 是带电大云滴对小云滴的电力作用，k 是小云滴的迁移率，K 是小云滴相对于大云滴的湍流扩散系数，求得以下湍流电碰并系数的近似公式为：

(1) 大小云滴都不带电时

$$E_0 = \frac{12}{P_e} + \frac{2.5}{P_e^{2/3}} \quad (6.40)$$

(2) 大云滴和小云滴带同号电荷时

$$E_i^+ = \frac{4|\alpha_i|}{\exp\left(\frac{4|\alpha_i|}{E_0}\right)-1} \qquad (6.41)$$

(3) 当大小云滴带异号电荷时

$$E_i^- = \frac{4|\alpha_i|}{1-\exp\left(-\frac{4|\alpha_i|}{E_0}\right)} \qquad (6.42)$$

式中 P_e 为 Peclet 数,它定义为 $P_e = \frac{\Delta u R}{K}$,而 $\alpha_i = \frac{2}{3}\frac{q'^2}{\pi \eta r K^2 \Delta u}i$,将上述碰并系数代入 (6.38) 式得

$$N_i = N_0 \frac{\exp(S_i)-1}{S_i} \exp\left[-S\frac{i(i+1)}{2}\right] \qquad (6.43)$$

式中

$$S_i = \frac{4|\alpha_i|}{E_0}; \quad S = \frac{4\frac{|\alpha_i|}{i}}{E_0}$$

当 R 较大时,$S_i \ll 1$,上式可以近似为

$$N_i \cong N_0 \exp(-S_i^2/2) \qquad (6.44)$$

由上述荷电谱分布,可求得大云滴荷电均方差值为

$$\bar{q} = D(\varepsilon) R^{3/2} \qquad (6.45)$$

式中 $\bar{q}$ 是以元电荷为单位,R 以微米为单位,D 与碰并系数有关,湍流扩散系数为 $K = \sqrt{\frac{\varepsilon}{\upsilon}}$,$\varepsilon$ 湍流耗散率,υ 是大气动力粘滞系数。表 6.1 给出了不同湍流强度下的 $D(\varepsilon)$ 值。由此可见,湍流碰并过程中云滴的荷电量比较接近实际观测值。

表 6.1 不同湍流强度下的 $D(\varepsilon)$

$\varepsilon(\text{cm}^2 \cdot \text{s}^{-3})$	100	300	1000
$D(\varepsilon)$	11	14	19

6.3.2 极化水滴的选择捕获起电

6.3.2.1 假定

大气中存在有正、负离子,云雾水滴在电场垂直向下的大气电场作用下,形成上半部带负电荷、下半部带正电荷的极化降水粒子。

6.3.2.2 机制

由于极化水滴的下半部荷正电荷,所以水滴在降落过程中不断选择捕获负离子,从

而中和了水滴下半部所带的正电荷,结果使降水粒子带有净的负电荷。

6.3.2.3 理论

如图 6.2,假定半径为 R 雨滴所带的电荷为 q,以末速度 V 在大气电场 E 中降落。取原点位于雨滴中心的球坐标,极轴沿重力方向,设正、负带电小粒子浓度和迁移率分别为 n^+、n^- 和 k_+、k_-,则当空气对雨滴绕流时,小粒子的径向速度和切向速度为

$$\frac{dr}{dt} = \pm k_\pm E\left(1 + \frac{2R^3}{r^3}\right)\cos\theta \pm \frac{k_\pm q}{r^2} - V\cos\theta\left(1 - \frac{3R}{2r} + \frac{R^3}{2r^3}\right) \quad (6.46)$$

$$r\frac{d\theta}{dt} = \pm k_\pm E\left(1 - \frac{R^3}{r^3}\right)\sin\theta + V\sin\theta\left(1 - \frac{3R}{4r} - \frac{R^3}{4r^3}\right) \quad (6.47)$$

积分上式,求得小粒子的轨迹方程

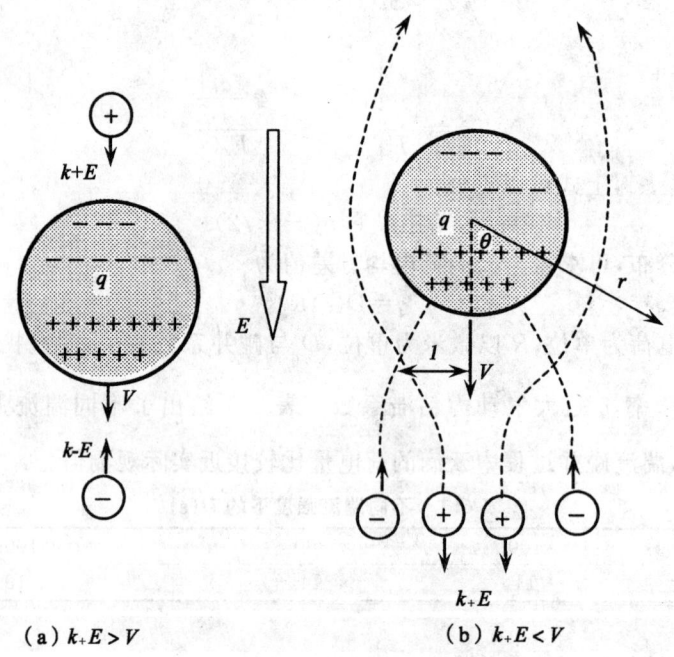

(a) $k_+E > V$ (b) $k_+E < V$

图 6.2 极化水滴选择捕获离子荷电

$$\pm k_\pm E\left(r^2 + \frac{2R^3}{r}\right)\sin^2\theta \pm 2k_\pm q\cos\theta + Vr^2\sin^2\theta\left(1 - \frac{3R}{2r} + \frac{R^3}{2r^3}\right) = C \quad (6.48)$$

观测表明,云中的电场与重力场同为一个方向,即 $E > 0$,则可以分成两种情况讨论:

(1) $k_+E < V$,即正电粒子在宏观电场 E 中的速度小于雨滴下落速度(图 6.2(b))。这时无论是正电粒子或是负电粒子,均由雨滴前方向后运动,由于雨滴被电场极化,它对正负电粒子的捕获是有选择的。对于正电粒子,由于极化正电荷位于雨滴的下半部,

当雨滴带电量 $q \geqslant 0$，正电粒子不可能在雨滴前方被捕获，而当它绕到雨滴后方时，又因 $k_+ E < V$，也追不上雨滴，所以只有雨滴带电时才有可能捕获正电子。对于负电粒子，即使雨滴带负电，由于电极化作用，只要 $|q|$ 小于某一临界值，负电粒子仍在雨滴前方被捕获。下面分别计算对正负电子捕获速率。

根据雨滴捕获负电子的极限轨迹，在距雨滴远处组成一个半径为 l 的圆柱，因而雨滴对负电子的捕获速率为 $\pi l^2 n^- (V + k_- E)$，显然在极限轨迹线上，负电粒子在雨滴表面处的径向速度应等于零，即满足

$$r = R \text{ 时}, \frac{dr}{dt} = 0 \tag{6.49}$$

代入(6.46)式，得

$$\cos\theta_0 = -\frac{q}{3ER^2} \tag{6.50}$$

再代入(6.48)式，得积分常数

$$C = \frac{9k_- E^2 R^4 + k_- q^2}{3ER^2} \tag{6.51}$$

考虑到 $r\sin\theta_0 = l$，以及 $r \to \infty$，$\cos\theta \to 1$，将上式代入 (6.48)式，就得

$$k_- El^2 - 2k_- q + Vl^2 = \frac{9k_- E^2 R^4 + k_- q^2}{3ER^2} \tag{6.52}$$

最后求得捕获截面为

$$\pi l^2 = \pi \frac{k_- (3ER^2 + q)^2}{3ER^2 (k_- E + V)} \tag{6.53}$$

所以单位时间捕获的粒子数为

$$n^- \pi l^2 (k_- E + V) = \pi \frac{k_- n^- (3ER^2 + q)^2}{3ER^2 (k_- E + V)} \tag{6.54}$$

显然只有当时 $0 \leqslant q \leqslant 3ER^2$，上式才成立。当 $q > 3ER^2$ 时，负电粒子极限轨迹在雨滴表面的终点是 $\theta = \pi$，则由(6.48)式得积分常数为 $C = 2k_- q$，重复上述推导得出捕获截面为

$$\pi l^2 = \frac{4\pi k_- q}{k_- E + V} \tag{6.55}$$

捕获速率为 $4\pi k_- n_- q$，而当 $q > 3ER^2$ 时，雨滴捕获不到正电粒子。

当 $q < 0$ 时，在无穷远处靠近极轴的一部分正电粒子可以被捕获，其极限轨迹满足条件：当 $r = R$ 时，$\theta = \pi$，由此得到捕获截面

$$\pi l^2 = -\frac{4\pi k_+ q}{V - k_+ E} \tag{6.56}$$

而捕获速率为 $-4\pi k_+ n_+ q$。但是当 $q < -3ER^2$ 时，雨滴对负电粒子的捕获速率也为零。

由上结果，令 $\lambda_+ = en^+ k_+$，$\lambda_- = en^- k_-$ 得到雨滴荷电的变化率为

$q > 3ER^2$

$$\frac{dq}{dt} = -4\pi\lambda_- q \tag{6.57}$$

$0 \leq q \leq 3ER^2$

$$\frac{dq}{dt} = \frac{-\pi\lambda_-(3ER^2+q)^2}{3ER^2} \tag{6.58}$$

$-3ER^2 \leq q \leq 0$

$$\frac{dq}{dt} = \frac{-\pi\lambda_-(3ER^2+q)^2}{3ER^2} - 4\pi\lambda_+ q \tag{6.59}$$

$q \leq -3ER^2$

$$\frac{dq}{dt} = -4\pi\lambda_+ q \tag{6.60}$$

积分后得

$q > 3ER^2$

$$q(t) = q_0 e^{-4\pi\lambda_- t} \tag{6.61}$$

$0 \leq q \leq 3ER^2$

$$q(t) = -3ER^2 + \frac{q_0 + 3ER^2}{\frac{\pi\lambda_-}{3ER^2}(q_0+3ER^2)t+1} \tag{6.62}$$

$-3ER^2 \leq q \leq 0$

$$q(t) = -k\frac{m^*(q_0+mk) - m(q_0+m^*k)e^{-4\pi\lambda_-\sqrt{a+a^2}t}}{q_0+mk - (q_0+m^*k)e^{-4\pi\lambda_-\sqrt{a+a^2}t}} \tag{6.63}$$

$q \leq -3ER^2$

$$q(t) = q_0 e^{-4\pi\lambda_+ t} \tag{6.64}$$

式中 $k = 3ER^2$, $a = \lambda_+/\lambda_-$, $m = 1+2a+2\sqrt{a+a^2}$, $m^* = 1+2a-2\sqrt{a+a^2}$.

当 $t \to \infty$ 时,雨滴的平衡电荷量为

$$q_\infty = -km^* = -3ER^2(1+2a-2\sqrt{a+a^2}) \tag{6.65}$$

当 $a = 1$ 时

$$q_\infty = -0.52ER^2 \tag{6.66}$$

即雨滴最终带负电降落到云层下半部,而在云层上半部则为正电荷。

降水粒子因选择捕获大气负离子而形成的云中大气体电荷密度

$$\rho = Nq_\infty \tag{6.67}$$

如果降水强度取决于降水粒子的平均半径、数密度和下降速度,设降水粒子的下降速度为近似为降水粒子相对于大气离子的下降速度 v_1 和订正系数 η 的乘积,则雨强为

$$I_r = \frac{4\pi R^3 \rho_r N \eta v_1}{3\rho_w} \tag{6.68}$$

式中 ρ_r 是降水粒子质量密度，ρ_w 是水的质量密度。则由(6.66)~(6.68)式得云中大气体电荷密度为

$$\rho = -\frac{9(3-2\sqrt{2})I_r \rho_w E}{4\pi \rho_r R \eta v_1} \tag{6.69}$$

由云中垂直大气电场增长率表达式

$$\frac{dE}{dt} = -4\pi j_1 - 4\pi \rho v$$

且 $v_1 = v$，略去垂直方向大气泄漏电流密度，则大气垂直电场的增长率为

$$\frac{dE}{dt} = \frac{9(3-2\sqrt{2})I_r \rho_w E}{\rho_r R \eta} \tag{6.70}$$

积分上式，大气电场随时间的变化表达式为

$$E = E_0 \exp\left(-\frac{9(3-2\sqrt{2})I_r \rho_w t}{\rho_r R \eta}\right) = E_0 \exp(\rho) \tag{6.71}$$

式中 E_0 是云中初始电场，可以看出，云中电场按指数规律随时间增长。

(2) $k_+ E > V$，在这种条件下，正电粒子沿电场向下运动的速度超过雨滴下落速度。因而它不是从雨滴前方向后运动，而是相对于雨滴向前方运动。这样，在外电场中的极化雨滴对正负电荷粒子都有相近的捕获概率，而选择性捕获减弱，由于粒子电导率不同，雨滴荷电情况不同，正负电粒子的被捕获速率也有所区别，利用上面类似的推导，可以得当 $|q| < 3ER^2$ 时，雨滴在单位时间内捕获正、负电粒子数为

$$J_i^+ = \frac{\pi n^+ k_+ (3ER^2 - ie)^2}{3ER^2} = j_i^+ n^+ \tag{6.72}$$

$$J_i^- = \frac{\pi n^- k_- (3ER^2 + ie)^2}{3ER^2} = j_i^- n^- \tag{6.73}$$

式中 $i = 0, \pm 1, \pm 2, \cdots\cdots$，$e$ 是基本电荷，j_i^+、j_i^- 为雨滴单位时间、单位浓度下捕获的正、负电荷电粒子数。

当 $|q| > 3ER^2$ 时

$$J_i^+ = \begin{cases} 0 & i > 0 \\ 4\pi n^+ k_+ ie & i < 0 \end{cases} \tag{6.74}$$

$$J_i^- = \begin{cases} 4\pi n^- k_- ie & i > 0 \\ 0 & i < 0 \end{cases} \tag{6.75}$$

所以雨滴电荷的变化率为

$$\frac{dq}{dt} = \begin{cases} -4\pi\lambda_- q & q > 3ER^2 \\ \dfrac{\pi}{3ER^2}[\lambda_+(3ER^2-q)^2 - \lambda_-(3ER^2+q)^2] & -3ER^2 \leqslant q \leqslant 3ER^2 \\ -4\pi\lambda_+ q & q < -3ER^2 \end{cases} \quad (6.76)$$

积分上式,并令 $t \to \infty$,得雨滴平衡电荷量

$$q_\infty = k\beta - k\sqrt{\beta-1} \quad (6.77)$$

式中 $k = 3ER^2$,$\beta = \dfrac{\lambda_+ + \lambda_-}{\lambda_+ - \lambda_-}$。当 λ_+ 与 λ_- 相差很小时,$\beta \gg 1$,上式展开得

$$q_\infty \approx \frac{3}{2}ER^2 \frac{\lambda_+ - \lambda_-}{\lambda_+ + \lambda_-} \quad (6.78)$$

可见 q_∞ 可正可负,取决于 λ_+ 和 λ_- 的相对大小。当 $\lambda_+ = \lambda_-$ 时,$q_\infty = 0$,这与 $k_+ E < V$ 时,q_∞ 总是负值的情况很不相同,极化选择捕获已不明显。

由(6.74)~(6.77)式,可以算出,雨滴的带电谱为

$$N_{+i} = e^{-\frac{2i^2 e}{3ER^2}} \left(\frac{\lambda_+}{\lambda_-}\right)^i N_0 \quad (6.79)$$

$$N_{-i} = e^{-\frac{2i^2 e}{3ER^2}} \left(\frac{\lambda_+}{\lambda_-}\right)^{-i} N_0 \quad (6.80)$$

当 $\lambda_+ = \lambda_-$ 时,$N_i = e^{-\frac{2i^2 e}{3ER^2}} N_0$,则带电谱的数学期望值为零,而均方差值(正、负电荷平均值)为

$$\bar{q} = \sigma_q = \sqrt[\frac{1}{2}]{\frac{3E}{e}} R = 0.228\sqrt{E} R \quad (6.81)$$

式中 R 的单位是 μm,E 的单位是 V/cm,σ_q 的基本单位是基本电荷 e。

当 $E = 30V/cm$ 时(对流云初期发展的电场),雨滴的荷电量为 $\bar{q} = 1.25R$,而当 $E = 3000V/cm$ 时,$\bar{q} = 12.5R$,因此只有在强电场作用下,该理论的结果才与实际观测较吻合。

云滴选择吸收大气中的负轻离子后荷负电荷,在云滴表面形成向内的径向电场,在该电场作用下,大气正轻离子到达云滴表面获得电能,而负离子到达云滴表面却消耗电能。从(6.81)式可见,云雾粒子的荷电量正比于粒子的半径,半径越大,荷电量越大。

6.3.3 碰撞感应电起电机制

对于云中存在有固态或液态水滴时,碰撞感应起电是很重要的。

6.3.3.1 假定

降水粒子(大粒子)和云粒子(小粒子)在受到外电场的作用而极化,由于降水粒子

远大于云粒子,由重力分离理论,降水粒子向下运动,云粒子向上运动。

6.3.3.2 机制

当它们相遇发生碰撞时可以交换电量。如果电场垂直向下,则粒子上半部极化为负电,下半部极化为正电。当它们接触时,降水粒子正电荷与云粒负电荷相交换,最后导致降水粒子带负电,云粒子带正电,通过重力分离机制,荷正电荷的云粒子向云的上部运动,荷负电荷的降水粒子向云的下部运动,从而形成云中上部为正、下部为负的电荷中心。对于碰撞感应起电的重要条件是两粒子在碰撞交换电荷后必须分离,如果两粒子合并在一起不分离,电荷也不能分离。对此只有固态霰粒子和雪或其它冰粒子才满足这一条件,也就是在温度低于 0℃ 的情况下的固态粒子能碰撞后立即弹出。这说明为什么云内的电荷与云内的温度有关。

6.3.3.3 理论推导

设在外电场为 $\vec{E}$ 下,降水霰粒子半径为 r_g,其与云冰粒子相对于空气的速率分别是 V_g 与 V_{cld},云粒子半径为 r_{cld},浓度为 n_{cld},不难求得降水粒子电量变化率为

$$\delta q = 4\pi\gamma_1 |\vec{E}| r_{cld}^2 \cos\theta_{E,r} \tag{6.82}$$

如果考虑到霰或云粒子原来携带的电荷,则(6.82)写为

$$\delta q = 4\pi\gamma_1 |\vec{E}| r_{cld}^2 \cos\theta_{E,r} + AQ_g - BQ_{cld} \tag{6.83}$$

式中 r_{cld} 是云滴半径,$\theta_{E,r}$ 是通过霰或雹粒中心的电场矢量与作用点方向之间的夹角,Q_g 和 Q_{cld} 是霰或雹粒和云滴上已有的电荷量,γ_1、A 和 B 是两个粒子半径之比 r_{cld}/r_g 的无量纲函数,感应起电产生的电量明显地取决于电场矢量与作用点方向之间的夹角。如图 6.3 中所示,对于球形霰粒子直径与电场矢量平行时,在直径两端点感应的面电荷密度最大;而当夹角 $\theta_{E,r}$ 增加到 90°时,面电荷密度减小为 0。

此外,霰和云滴碰撞并分离的概率随与垂直轴的碰撞作用点角度而变化,对于感应起电,碰撞粒子必须要分离,电荷传输和分离概率的角依赖关系以复杂方式相互作用,碰撞最有效的霰表面位置是感应产生的电荷密度和碰撞分离概率最大的地方。一般掠射(临边)碰撞比对着碰撞的分离概率要大。但是实际粒子碰撞可以是弹出碰撞、及掠射碰撞和与霰的边碰撞。

考虑到相互作用的复杂性,定义平均分离概率 $\langle S(\phi) \rangle$ 和平均作用余弦 $\langle \cos\phi \rangle$,写为

$$\langle S(\phi) \rangle = \frac{1}{\pi r_g^2} \int_0^{\frac{\pi}{2}} S(\phi) 2\pi r_g^2 2\pi r_g^2 \sin\phi\cos\phi d\phi \tag{6.84}$$

$$\langle \cos\phi \rangle = \frac{1}{\langle S(\phi) \rangle} \int_0^{\frac{\pi}{2}} 2S(\phi) \sin\phi\cos^2\phi d\phi \tag{6.85}$$

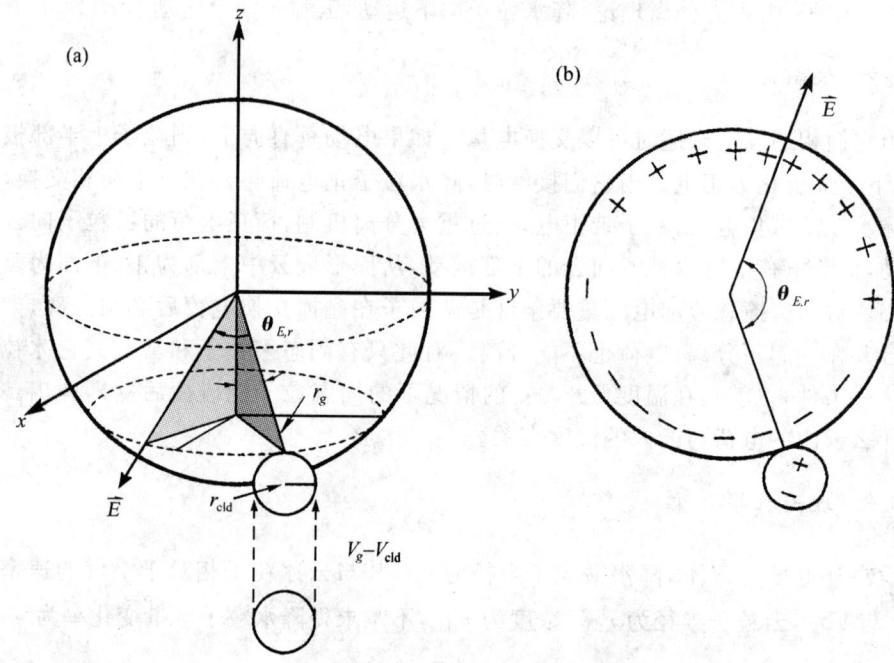

图 6.3 云中大粒子与小粒子碰撞感应起电电荷交换图示(Chiu,1978)

对(6.84)式积分的加权因子是对无限小的霰粒水平截面面积,则因霰与云粒相互碰撞的交换的平均电荷为

$$\langle \delta q \rangle = \langle S(\phi) \rangle (4\pi\gamma_1 |\vec{E}| r_{cld}^2 \cos\theta_{E,z}\langle \cos\phi \rangle + A\langle Q_g \rangle - B\langle Q_{cld} \rangle) \quad (6.86)$$

式中 $\theta_{E,z}$ 是电场矢量与较低垂直轴之间的夹角,$\langle Q_g \rangle$ 和 Q_{cld} 是每一霰粒或云粒的平均荷电量,由于半径 r_g 霰粒与半径 r_{cld} 云粒的碰撞的荷电速率为

$$\frac{\partial \rho_g(r_g, r_{cld})}{\partial t} = \pi r_g^2 \Delta_{g\,cld} \xi_{colli}\, n_g(r_g) n_{cld}(r_{cld}) \langle \delta q \rangle \quad (6.87)$$

式中 $n_g(r_g)$ 和 $n_{cld}(r_{cld})$ 分别是半径为 r_g 的霰粒子和半径为 r_{cld} 的云滴粒子的数密度,ξ_{colli} 是对于霰粒和云粒的碰撞效率,对于求取截面积的 $r_g + r_{cld}$ 之和这一表达式略去了 r_{cld}。感应起电的电荷产生率主要取决于参数 $\langle S(\phi) \rangle$ 和 $\langle \cos\phi \rangle$ 的值。如果平均分离概率等于1(所有碰撞粒子分离),则 $\langle \cos\phi \rangle = 0.67$,此时起电的有效率达到最大。这种估算肯定太大。Farlty(1987)提出使用分离概率为0.015,平均余弦为0.5。

Ziegler 等(1991)根据几个简化假定提出一个体参数,他考虑 $D_l \ll D_g$ 和 $\nu_{lT} \ll \nu_{gT}$,和在这些的求和与差中略去云滴项,并应用 ν_{gT}。而且假定窄的谱分布近似为单个粒子直径 D_{cld},而对于 $r_{cld}/r_g \approx 0$ 使用 γ_l, A 和 B 的值。在考虑碰撞感应的起电过程中,在碰撞后仅有小部分分离,假定只在掠射碰撞时发生重新弹回,由于任意一个云滴经二

第六章 云雾和雷雨云荷电机制

次弹出再碰撞的概率比一次的要低,略去项中原先存在的电荷,而且考虑的仅是垂直电场,则由于感应起电的电荷变化率方程为

$$\frac{\partial \rho_g}{\partial t} = \int \frac{\pi}{4} D_g^2 v_{gT} \xi_{\text{colli}} \xi_{\text{sep}} \alpha N_{\text{cld}} n_g(D_g)$$
$$\cdot \left[\frac{\pi^3}{2} \varepsilon E_z \cos\theta_{zr} - \frac{\pi^2}{6} \frac{Q_g}{D_g^2} \right] D_{\text{cld}}^2 dD_g \tag{6.88}$$

式中 α 是掠射轨迹的碰撞部分,N_{cld} 是云粒的总浓度数,ξ_{sep} 是掠射粒子分离的部分,E_z 是垂直电场。

对(6.88)积分

$$\frac{\partial \rho_g}{\partial t} = \frac{\pi^3}{8} \xi_{\text{colli}} \xi_{\text{sep}} \alpha N_{\text{cld}} n_{g_0} D_{\text{cld}}^2 \left(\frac{4g\rho_G}{3C_D \rho_A} \right)^{\frac{1}{2}}$$
$$\cdot \left[\pi \Gamma(3.5) \varepsilon E_z \Lambda_g^{-3.5} \cos\theta_{zr} - \frac{\rho_g \Lambda_{gN}^{-1.5}}{3N_g} \Gamma(1.5) \right] \tag{6.89}$$

式中 $\Gamma(1.5) = 0.886$,$\Gamma(3.5) = 3.323$。选取 $\xi_{\text{colli}} = 0.84$,$\xi_{\text{sep}} = 0.1$,$\alpha = 0.022$,$\cos\theta = 0.1$,给出弹出碰撞概率 $\xi_{\text{colli}} \xi_{\text{sep}} \alpha$ 是接近范围内的低端,Λ_{gN} 是对于霰的 Marshall-Palmer 谱分布参数,ρ_G 是霰的密度,ρ_A 是空气密度,C_D 是阻尼系数。

4. 结果:令云粒子从降水粒子下表面各部位分离的机会均等,取平均夹角 $\bar{\theta} = 45°$,则积分上式,得出降水粒子的电荷量为

$$q = -2.12ER^2(1 - e^{t/\tau}) \tag{6.90}$$

式中 τ 是弛豫时间,$\tau = \left[\frac{1}{6} \pi^3 \alpha (V_R - V_r) n_r r^2 \right]^{-1}$,而最大荷电量为

$$q_m = -2.12ER^2 \tag{6.91}$$

显然这个起电机制的荷电量要大于选择性捕获起电机制的起电量。降水粒子因碰撞而生成的云中体电荷密度为

$$\rho = Nq \tag{6.92}$$

云中垂直方向大气泄漏电流密度与云中大气电场密切相关。当云中大气电场较弱时,大气泄漏电流密度以传导电流密度为主;当云中大气电场较强时,大气泄漏电流密度则以尖端放电为主,云中大气泄漏电流密度随云中大气电场增大而急剧递增。大气泄漏电流密度表示为

$$j = 10^{-3} [\exp(E/5) - 1] \tag{6.93}$$

式中各量均取静电单位。当大气电场较弱时,上式可写为

$$j = 2 \times 10^{-4} E \tag{6.94}$$

若降水粒子的下降速度近似为 v_2 与订正系数 η 的乘积,则降水强度为

$$I_r = \frac{4\pi R^3 \rho_r N \eta v_2}{3\rho_w}$$

大气泄漏电流密度正比于大气电场;而当大气电场较强时,大气泄漏电流密度随大气电场增大而按指数规律增加。如大气电场为 300V/cm,大气泄漏电流密度为 7.7×10^{-14} A/cm²,当大气电场增大 10 倍,则大气泄漏电流密度增加 30 倍。由(6.90)、(6.92)、(6.93)、(6.94)式及降水强度公式代入大气电增长方程式中得到大气电场增长率写为

$$\frac{dE}{dt}+4\pi\times10^{-3}\left[\exp\left(\frac{E}{5}\right)-1\right]=\frac{9I_r\rho_w E}{\sqrt{2}R\rho_r\eta}\left[1-\exp\left(-\frac{t}{\tau}\right)\right] \quad (6.95)$$

上式表明云中大气电场增长率取决于降水强度,降水粒子产生电荷的弛豫时间,以及大气泄漏电流密度。

由(6.91)式,感应起电的荷电量与云粒子半径的平方成正比,这与实际观测得到的经验关系是一致的。

§6.4 积雨云底部大雨滴破碎正电荷的起电机制

在积雨云荷电结构中,在积雨云的底部带有少量的正电荷,为什么在积雨云底部带有正电荷,这可以从大云滴的破碎而引起的带电机制来说明。

如图 6.4 中,观测表明,雷暴云底处集中相当数量大雨滴,当大雨滴出现在上升气流很强的地方,且当水滴的半径超过毫米时,水滴即被强上升气流作用而破碎。最初水滴表现为变得扁平,然后其下表面被气流吹得凹进去,成为一个水泡或口袋,最后破裂为小滴。如果外电场 E 指向是自上向下,则大雨滴上半部破碎成荷负电的小水滴,下半部破碎成荷正电大水滴。于是在云中正、负电荷的重力分离过程中,带负电的小水滴随上升气流到达云底上部,而带正电的较大水滴因重力沉降而聚集于 0℃ 层以下的云底附近,使云底荷正电。破碎起电比较复杂,它与水滴的化学组成、气流、水滴温度、电场强度及水滴破裂形式有关,其起电量很不稳定。实验表明,雨滴破碎强烈时,所形成的电荷较多,反之形成的电荷较少。如一个半径为 4mm 的纯水滴在强烈破碎时,生成的平均电荷为 1.8×10^{-12} C/g;若破碎不很强烈时,则产生的电荷仅为 5.0×10^{-12} C/g;对于积雨云中的大水滴,每次破碎产生的平均电荷为 6.7×10^{-12} C/g,在强上升气流中破碎三次,则形成的电荷为 9×10^{-12} C·km^{-3},但这一数值比实际的小 2 个数量级。

当水滴在大气电场中破碎时,其起电量与大气电场密切相关,水滴在大气电场中极化,球内沿电场 E 方向的上半部带正电,下半部带负电,破碎时最大可能起电量是水滴的上半部和下半部完全分离,可以算出,上半部荷电量为

$$q=\int_{S/2}\sigma dS=\int_{S/2}\frac{E_r}{4\pi}dS \quad (6.96)$$

沿水滴的径向电场为

第六章 云雾和雷雨云荷电机制

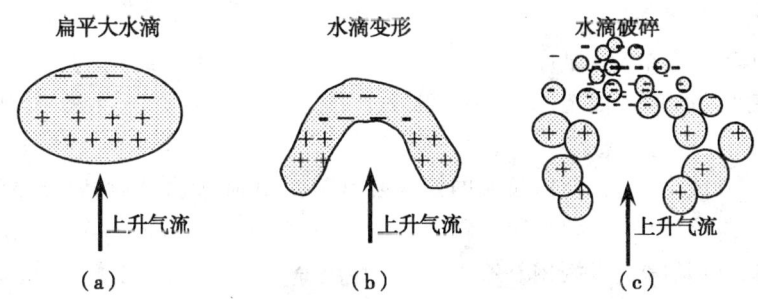

图 6.4 大水滴破碎起电过程

$$E_r = E\cos\theta\left(1 + \frac{2R^3}{r^3}\right) \tag{6.97}$$

积分上式后得水滴最大可能荷电量

$$q = \frac{3}{4}ER^2 \tag{6.98}$$

若 $R=3$mm 时,$E=500$V/cm,由上式求得 $q=3.7\times 10^{-11}$C。在大气电场 $E=500$V/cm 的作用下,大雨滴因破碎而产生正、负电荷,在重力分离的机制作用下,大雨滴破碎后荷正电荷沉降聚集在云底附近,使云底附近处形成一正电荷区,这对云下部的荷电结构有重要贡献。这种荷电结构对闪电初始击穿的形成具有重要作用,它激发云内负电荷向下运动。

§6.5 积雨云的温差起电机制

夏季经常可观测到在积雨云的顶部的卷云处有电晕现象,这与该处的冰晶和温度有关联。在强对流天气系统中,一方面冰晶与雹粒相互碰撞,相互摩擦增温,另一方面当水滴冻结时有潜热释放,产生温差起电机制。

6.5.1 温差起电原理

观测发现,当过冷水打在冰面上而未完全冻结时,所形成的淞冰层带有相当多的负电荷,研究表明,结淞起电决定于垂直冰块表面的温度梯度,对于单个水滴冻结过程表现为:

(1)在环境温度低于零度以下,水滴的冻结过程可以分成两个阶段:

第一阶段是在 0.1s 时间内,水滴表面形成一层不透明的冰壳,因潜热释放,此时水滴温度突然上升到 0℃;

第二阶段是冰壳内的水逐渐冻结,导致冰壳内体积增大而使冰壳破裂,温度变化很慢。

当水滴全部冻结后,温度又降至环境温度,这个时间持续约为30～180s,当第二阶段结束时,水滴表面会长出一些冰刺而脱落,有时水滴还会破裂,脱落下一些冰屑。

(2)在冰刺或水滴破裂时,较大的残块常常带负电荷,每滴破碎后分离的电量在-1.1×10^{-4}静电单位到-1.2×10^{-3}静电单位,平均为-0.86×10^{-3}静电单位。

冻结的起电是由于水滴内存在有径向的温度梯度(中心部位为0℃,水滴表面为低于零度的环境温度),如图6.5中,其起电原因为:(1)冰中有一小部分的分子处于电离状态,形成较轻的H^+和较重的羟基OH^-离子,并且其浓度随温度升高而很快增加,温度高(热)的地方离子浓度大,温度低(冷)的地方离子浓度低;(2)H^+离子的扩散系数和迁移率比OH^-离子要大10倍以上。因此当冰中有温度梯度时,将出现离子浓度梯度。由于热端起初具有较高的正、负离子,而后沿此浓度梯度,H^+离子扩散得快,导致正负离子分离,使冷端获得净正电荷电量,而热的一端为净的负电荷,冰中

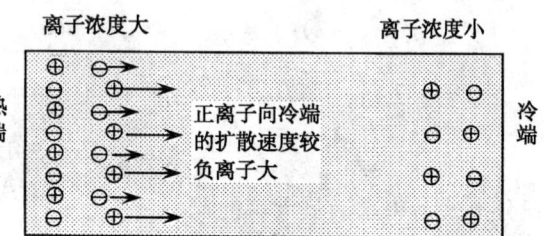

(a)温差引起离子浓度差异和离子的运动

(b)冰内电荷分离成功

图6.5 温差起电原理图

体电荷生成的电场将阻止电荷分离的继续,最后达到平衡状态,冰内建立了稳定的电位差。在$+x$方向上正、负离子通量为

$$j^+ = -\frac{d}{dx}(D^+ n^+) - \frac{1}{2}D^+ \frac{n^+}{T}\frac{dT}{dx} - k^+ n^+ \frac{dV}{dx} \tag{6.99}$$

$$j^- = -\frac{d}{dx}(D^- n^-) - \frac{1}{2}D^- \frac{n^-}{T}\frac{dT}{dx} - k^- n^- \frac{dV}{dx} \tag{6.100}$$

式中D^+、D^-分别是H^+和OH^-离子的扩散系数,k^+、k^-分别是正负离子的迁移率,$-\frac{dT}{dx}$和$\frac{dV}{dx}$是温度梯度和电势梯度,在稳定状态下无净电流,$j^+ + j^- = 0$,如假定$n^+ \cong n^- = n$,以及认为$D = k\kappa T/e$在小的温度范围内为定值,κ为玻尔兹曼常数,则

$$-\frac{dV}{dx} = \frac{\kappa T}{e}\left(\frac{k^+ - k^-}{k^+ + k^-}\right)\left[\frac{1}{n}\frac{dn}{dx} + \frac{1}{2T}\frac{dT}{dx}\right] \tag{6.101}$$

或热电率(温度改变引起电压变化)为

$$-\frac{dV}{dT}=\frac{\kappa T}{e}\left(\frac{k^+/k^--1}{k^+/k^-+1}\right)\left[\frac{1}{n}\frac{dn}{dT}+\frac{1}{2T}\right] \qquad (6.102)$$

在晶体中任一点离子浓度具有质量作用定律给出的平衡值,于是有

$$n^+n^-\cong n^2=\alpha\exp(-\phi/\kappa T) \qquad (6.103)$$

式中 ϕ 是分子离解时的激化能,这就有 $\frac{1}{n}\frac{dn}{dT}=\frac{\phi}{2\kappa T^2}$,从而有

$$-\frac{dV}{dT}=\frac{\kappa T}{e}\left(\frac{k^+/k^--1}{k^+/k^-+1}\right)\left(\frac{\phi}{\kappa T}+1\right) \qquad (6.104)$$

取 $k^+/k^-=10$, $\phi=1.2\text{eV}$, $T=260\text{K}$ 代入上式有

$$-\frac{dV}{dT}=1.9\text{mV}/\text{℃}$$

它正比于温度梯度,最后得电场强度为

$$E=-\frac{dV}{dx}=\kappa\frac{dT}{dx} \qquad (6.105)$$

式中 $\kappa=1.9\text{mV}/\text{℃}$。

$$\sigma=+\frac{\varepsilon}{4\pi}\frac{dV}{dx}=5\times10^{-5}\frac{dT}{dx} \qquad (6.106)$$

如果有两片温度不同的冰块瞬时接触,则温度较高的冰块荷负电荷,而温度较低的则荷等量的正电荷,如果两块半无限空间的冰,具有初始温度为 T_1、T_2,导热率为 K,电导率为 λ,接触时间为 t,则根据 Mason 理论得到每单位接触面积上的电荷转移量为

$$\sigma=\frac{n\kappa T}{2(\pi K)^{1/2}}(k^+-k^-)\left\{\frac{\phi}{2\kappa T^2}+\frac{1}{T_1+T_2}\right\}(T_1-T_2)e^{\frac{-4\pi\lambda t}{\varepsilon}}\int_0^t\frac{e^{\frac{\pi\lambda t}{\varepsilon}}}{t^{1/2}}dt \qquad (6.107)$$

式中两冰块的温度分别是 T_1 和 T_2,则由上述理论计算,在 0.01s 左右的时间内,冰块获得最大的表面电荷密度为

$$\sigma_{qM}=3.05\times10^{-3}(T_1-T_2)(\text{静电单位 cm}^{-2}) \qquad (6.108)$$

对于霰起电,它与粒子大小、碰冻的相对速度(粒子接触时间)和过冷水滴的温度有关。当碰并的相对速度为 10m/s,空气温度为 -15℃,直径 60~80μm 的过冷水滴起电最强,每个冰滴分离获得的荷电量为 4×10^{-6} 静电单位。

积雨云中的温差起电机制包括云中冰晶与雹碰撞摩擦而引起的起电,较大过冷云滴与雹粒碰冻释放潜热产生冰屑温差起电机制。前一种称之摩擦温差起电,后一种称碰冻温差起电机制。

6.5.2 雹块与冰晶摩擦温差起电

对于摩擦温差起电,雹粒系雹胚碰冻云中过冷水滴增长而成,表面较为粗糙,在它降落过程中,云中的冰晶与它碰撞摩擦增温。摩擦时雹粒的粗糙表面只有少量突出部

分与冰晶相接触,这些少量突出部分升温较高,加上霰粒含有气泡,而空气的导热率小于冰的导热率,不利于这些突出部分的温度因热传导而下降。反之冰晶表面较为细密而光滑,以较大面积与霰粒突出部分接触,摩擦增温面积大,则单位面积增温小。因而由于冰的热电效应,温度高的霰粒带负电荷,温度较低的冰晶带正电荷。由于云中重力分离作用,带正电荷的冰晶随气流上升至云体上部,而带负电荷的霰粒因重力沉降至云下部,形成云体上部为正电荷区,云体下部为负电荷区。

可以认为碰撞起电速率与碰撞的次数成正比,即与粒子数的浓度、碰撞效率成正比,对于冰晶与霰粒单离散性谱分布下,荷电的速率 $\frac{dQ}{dt}$ 写为

$$\frac{dQ}{dt} = \frac{\pi}{4} E_{gi} (D_g + D_i)^2 |\Delta V| N_g N_i dq \qquad (6.109)$$

式中 N_g、N_i 是霰电粒与冰晶的浓度,D_g、D_i 分别是这两类粒子的直径,E_{gi} 是碰撞效率,$\Delta V = V_g - V_i$ 是碰撞粒子霰电粒与冰晶的速度差,每次碰撞的起电的量 dq 及其符号是温度、周围过冷水滴含量、粒子大小、粒子相对速度的复杂函数,写为

$$\delta q = k_q D_i^m (\Delta v_{gi})^n (LWC - LWC_{crit}) f(\tau) \qquad (6.110)$$

式中 $\Delta v_{gi} = |v_{gT} - v_{iT}|$,$m \approx 4$,$n \approx 3$。LWC 是液态水含量 (gm^{-3}),LWC_{crit} 是当 δq 符号改变时液态水含量的临界值,它是温度 T 的函数。τ 是温度小于 0℃过冷水滴的温度值 $(\tau = T - 0℃, T < 0℃$,否则为 0),$f(\tau)$ 是由实验室资料拟合得到的多项式,写为

$$f(\tau) = a\tau^3 + b\tau^2 + c\tau + d \qquad (6.111)$$

式中系数分别为 $a = -1.7 \times 10^{-5}$,$b = -0.003$,$c = -0.05$,$d = 0.13$,δq 取 fC (10^{-15} C)。实验表明,荷电粒子电量随冰晶直径增大而增大,但是当直径很大时就高估了荷电量。Saunders 等(1991)根据实验试验提出一个粒子尺度范围更大的冰粒、液态水含量和温度的更复杂的参数化的 δq 表示式为

$$\delta q = k_q D_i^m (\Delta v_{gi})^n f(T, EW) \qquad (6.112)$$

式中 EW 是有效液态水含量,$f(T, EW)$ 是以温度和有效液态水含量不同状态的函数式。而 k_q, m, n 取决于冰晶粒子大小和电荷传输的极性。表 6.2 给出了这些参数间关系。据 Saunders 等(1991)使用 EW 替代 LWC,观测表明 EW 能更好地求取荷电量。EW 是 LWC 的修正,它为环境液态水含量 LWC 乘以捕获效率 $\xi_{collect}$($EW = LWC \xi_{collect}$)。对于霰和水滴粒子的捕获系数等于 $\xi_{colli} \xi_{accrete}$,这里 ξ_{colli} 是碰撞效率,为一个 ≤ 1 的因子,简化为霰的几何截面积。如图 6.6 中,表示了一对球粒子在空气动力的作用下相互作用,在大粒子扫过的体积中,在圆柱的最外层半径为 r_{cld} 的小粒子环绕大粒子在空气动力作用下运动,对于小粒子的掠射轨迹的临界半径为 x_{crit}。$\xi_{accrete}$ 是由霰碰撞粒子增加的部分。Saunders 的试验表明 EW 大约等于 $LWC/2$。

第六章 云雾和雷雨云荷电机制

表 6.2 非感应荷电参数(Saunders 等, 1991)

T (℃)	EW (gm^{-3})	δq 极性	$f(T,EW)$ (fC)	D_i (μm)	k_q	m	n
<-20	<0.16	$+$	$2042EW-129$ (对于 $0.06<EW<0.12$) $-2900EW+463$ (对于 $0.12<EW<0.16$)	<155 $155\sim452$ >452	4.92×10^{13} 4.04×10^6 52.8	3.76 1.9 0.44	2.5
-7.4 到 -16	<0.22	$-$	$-314EW+7.9$ (对于 $0.026<EW<0.14$) $419EW-92.6$ (对于 $0.14<EW<0.22$)	<253 >253	5.24×10^8 24	2.54 0.5	2.8
-7.4 到 T_r^b $\leqslant -7.4$	>0.22 >1.1	$+$	$2.20EW+1.36T+10.1$	<155 $155\sim452$ >452	4.9×10^{13} 4×10^6 52.8	3.76 1.9 0.44	2.5
$<T_r^{b,d}$	<1.1	$-$	$3.02-31.8EW+26.5(EW)^2$	<253 >253	5.24×10^8 24	2.54 0.5	2.8

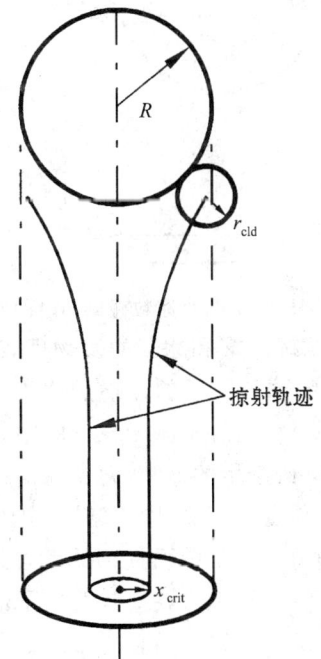

图 6.6 在空气动力作用下两球粒子相互作用

图 6.7 霰荷电的极性为温度和液态水的函数

在表 6.2 给出的对于每一种温度和有效液态水的组合,霰的荷电极性显示在图 6.7 中,它是温度和有效液态含水量的函数。对于 $0.22 \text{gm}^{-3} < EW < 1.1 \text{gm}^{-3}$,由 EW 或 T 的阈值可以给出划分正、负荷电区的实线。Saunders 给出了有效温度范围为 $-10.7℃ > T > -23.9℃$ 时的 EW_{crit} 的表达式:

$$EW_{crit} = -0.49 - 6.64 \times 10^{-2} T \tag{6.113}$$

对于 T_r 的方程见表 6.2 的最下一行。Brook(1997)指出,粒子的结霜率也影响每次碰撞的电荷的电量和符号,对此由 $EW \Delta v_{gi} / 3$ 替代用(6.112)式中的 EW。

Wojcik(1994)指出,对于小的 EW 值(对正电荷 $EW < 0.22 \text{gm}^{-3}$,而对负电荷 $EW < 0.16 \text{gm}^{-3}$)某些粒子每次碰撞的荷电量表示式在表 6.2 给出的表示式得出的结果比观测到的荷电量多,而且由这些表示式计算雷电的荷电分布负电荷位于正电荷之上。当由表 6.2 给出的每次碰撞的荷电量降低到 10%~20% 时,计算的荷电分布与风暴测量的推出的一样。图 6.8 是根据 Saunders 等给出的参数,冰晶直径为 0.3mm,相对垂直速度为 $3 \text{m} \cdot \text{s}^{-1}$,低液态水含量时求得的每一次碰撞的电量与温度 T 和液态水含量 EW 的函数关系。

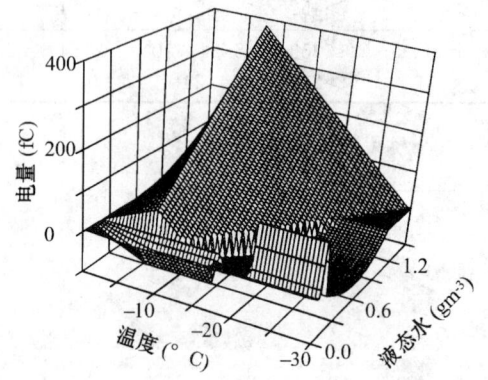 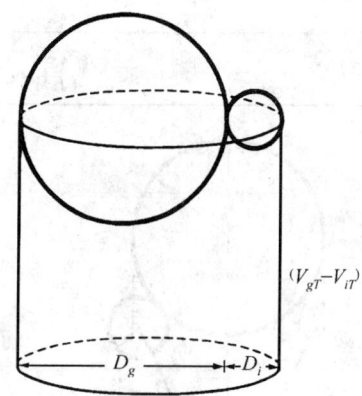

图 6.8 每次碰撞荷电的霰-冰参数(Wojcik,1991)　　图 6.9 霰与小冰粒碰撞扫过的面积

为了推导霰与冰粒荷电密度的速率,在模式中用明确的霰和冰云的微物理表示,如图 6.9 中,每单位时间直径为 D_g 的霰粒与直径为 D_i 的冰云粒子的碰撞的体积正好为截面积 $\pi(D_g + D_i)^2/4$(霰与冰粒刚好相接触的圆面积)与相对于冰云粒子的霰粒垂直下落速度 $\Delta v_{gi} = |v_{gT} - v_{iT}|$ 的时间的乘积。为计算电荷产生的速率,每单位时间霰粒扫过的体积必须乘以霰粒与冰粒碰撞分离效率(ξ_{gi}),它是在冰粒与霰碰撞,并与其分离的这一体积中的冰粒部分。ξ_{gi} 等于 $\xi_{colli} \xi_{sep}$ 的乘积,这里 ξ_{colli} 是前面提到的考虑到空气动力阻尼的作用,而 ξ_{sep} 是碰撞粒子分离的那部分,($\xi_{sep} = 1 - \xi_{agg}$),$\xi_{agg}$ 是霰粒子部分凝聚的部分。每单位时间体积的改变称为碰撞核 K_{gi} 可以表示为

$$K_{gi} = \frac{\pi}{4}(D_g + D_i)^2 \Delta v_{gi} \xi_{gi} \quad (6.114)$$

如果 n_N 是直径为 D_N 的第 N 种粒子类型的数密度，则霰粒的碰撞和与云粒分离的速率为 $K_{gi} n_g n_i$，而霰直径 D_g 和云粒直径 D_i 的荷电过程速率为

$$\frac{\partial \rho_g}{\partial t} = K_{gi} n_g n_i \delta q = -\frac{\partial \rho_i}{\partial t} \quad (6.115)$$

对霰与雪的非感应荷电而言，除云参数用雪参数 ($N_s, D_s, \xi_{gs}, \Delta v_{gs}$) 替代外，(6.115)与表达式(6.114)是同样的。同样对于雹，将雪、霰参数改变为雹的 ($N_h, D_h, \xi_{gh}, \Delta v_{gh}$) 值。为了确定霰粒荷电密度的速率，必须将冰云粒和雪粒的各个尺度的作用都考虑进去。

为确定某一类降水电荷密度的变化速率，第一种方法是确定格点上 δq 和 K_{gi} 的平均值，和格点上对于 N_g 和 N_i 所有尺度的浓度。第二种方法是对(6.115)式的右边所有的降水类和其他种类粒子尺度积分，由于霰与雪或冰云粒碰撞引起电荷密度的变化为

$$\frac{\partial \rho_g}{\partial t} = \frac{\pi}{4} \iint (D_g + D_n)^2 |v_{gT} - v_{iT}| \cdot \xi_{gn} n_n(D_n) n_g(D_g) \delta q \, \mathrm{d}D_n \mathrm{d}D_g \quad (6.116)$$

式中下标 n 代表雪或冰云粒子。粒子谱分布常假定参数为 n_{n0} 和 Λ_n 的 Marshall-Palmer 谱分布。对于冰云粒子，由于 $D_i \ll D_g$ 和 $v_{iT} \ll v_{gT}$，这些量的和与差可以近似为 D_g 和 v_{gT}。由于云粒具有谱分布，对云粒求积分可以近似为只对单一直径 D_i 进行。如果 N_i 是云粒的总浓度，这就意味着有

$$N_i = \frac{6 \rho_A q_I}{\pi \rho_I D_i^3} = \frac{\rho_A q_I}{\rho_I V_i} \quad (6.117)$$

式中 ρ_A 是空气的质量密度，q_I 是冰云粒的混合比，ρ_I 是冰云的质量密度，V_i 是冰云粒子的体积，N_i 和 V_i 是由微物理过程确定，影响冰云的质量。霰的最终降落速度近似为

$$v_{gT} = \left(\frac{4 g \rho_G}{3 C_D \rho_A}\right)^{\frac{1}{2}} D_g^{\frac{1}{2}} \quad (6.118)$$

式中是 g 重力加速度，ρ_G 是霰的质量密度，C_D 是霰的阻尼系数，由于冰云对电场的贡献比冰雪的贡献小，假定对于冰云粒的每次碰撞的电量是定值，则(6.116)式的积分为

$$\frac{\partial \rho_g}{\partial t} = \frac{\pi}{4} \left(\frac{4 g \rho_G}{3 C_D \rho_A}\right)^{\frac{1}{2}} \xi_{gi} N_i n_{g0} \Lambda_g^{-3.5} \Gamma(3.5) \delta q$$

$$= 2.61 \left(\frac{4 g \rho_G}{3 C_D \rho_A}\right)^{\frac{1}{2}} \xi_{gi} N_i n_{g0} \Lambda_g^{-3.5} \delta q \quad (6.119)$$

式中 n_{g0} 和 Λ_g 是对于霰的 Marshall-Palmer 谱分布参数，$\Gamma(a)$ 是完全的伽马函数，写为

$$\Gamma(a) = \int_0^\infty s^{a-1} e^{-s} \mathrm{d}s \quad (6.120)$$

对于霰与雪相互作用的表示更加复杂，因为 v_{sT} 和 D_s 与 v_{gT} 和 D_g 相比是不能忽略的，

D_g 的谱分布是宽的,δq 的改变太大,不能近似为常数。如果假定 LWC_{crit} 为常数,把 $|v_{gT} - v_{sT}|$ 简化假定为

$$|v_{gT} - v_{sT}| = \left[\left(\frac{4g\rho_G}{3C_D\rho_A}\right)^{\frac{1}{2}} - 4.38\left(\frac{\rho_{Asl}}{\rho_A}\right)^{\frac{1}{2}}\left(\frac{3.67}{\Lambda_s}\right)^{\frac{1}{4}}\left(\frac{3.67}{\Lambda_g}\right)^{\frac{1}{2}}\right]D_g^{\frac{1}{2}} \quad (6.121)$$

式中 ρ_{Asl} 是海平面的空气密度,则对雪积分(6.116)式得到

$$\frac{\partial \rho_g}{\partial t} = 5.73\xi_{gs}(LWC - LWC_{crit})f(\Delta T)n_{s0}n_{g0}$$

$$\cdot \left[\left(\frac{4g\rho_G}{3C_D\rho_A}\right)^{\frac{1}{2}} - 4.38\left(\frac{\rho_{Asl}}{\rho_A}\right)^{\frac{1}{2}}\left(\frac{3.67}{\Lambda_s}\right)^{\frac{1}{4}}\left(\frac{3.67}{\Lambda_g}\right)^{\frac{1}{2}}\right]^4$$

$$\cdot \left\{[\Gamma(5)]^2\Lambda_s^{-5}\Lambda_g^{-5} + 2\Gamma(4)\Gamma(6)\Lambda_s^{-6}\Lambda_g^{-4} + \Gamma(3)\Gamma(7)\Lambda_s^{-7}\Lambda_g^{-3}\right\} \quad (6.122)$$

式中 $[\Gamma(5)]^2 = 576, 2\Gamma(4)\Gamma(6) = 1440, \Gamma(4)\Gamma(6) = 1440$。

6.5.3 温差起电机制——碰撞冻结破裂起电

较大过冷云滴与霰粒碰撞时,一般因冰核化而引起冻结,云滴表面形成一冰壳,同时释放冻结潜热,使过冷云滴内部增温;随后,当过冷云滴内部亦冻结时释放潜热,形成冻滴内部热外部冷的径向温度梯度,由于冰的热电效应使冻滴外壳带正电荷,内部携带负电荷。当过冷云沿着内部冻结的瞬间,因膨胀使冰壳破裂,于是冻滴表面飞离的冰屑携带正电荷,冻滴核心部分携带负电荷。在正、负电荷的重力分离过程中,带正电荷的冰屑随上升气流到达云体上部,而带负电荷的霰粒因重力下沉到云的下部。

如果半径大于 $20\mu m$ 的单个过冷云滴与霰粒碰冻产生的电荷为 q_0,云中较大过冷云滴的数浓度为 n,霰粒半径为 R,霰粒相对于过冷云滴的速度为 v,碰冻系数为 β(单位时间内霰粒下降过程中与较大过冷云滴碰冻滴数),则单位时间与霰粒的碰冻滴数为 $\pi R^2\beta vn$,霰粒温差起电具有的电荷为 q,则电荷的产生率为

$$\frac{dq}{dt} = -\pi R^2\beta vnq_0 \quad (6.123)$$

如果 R、v 与时间无关,则 t 时刻霰粒携带的电荷为

$$q = -\pi R^2\beta vnq_0 t \quad (6.124)$$

因霰粒温差起电生成的大气体电荷密度为

$$\rho = Nq = -\pi R^2 N\beta vnq_0 t \quad (6.125)$$

如果霰粒下降速度近似为 v_3 乘以订正系数 η,则降水强度为

$$I_r = \frac{4\pi R^3 \rho_r N\eta\, v_3}{3\rho_w} \quad (6.126)$$

由(6.93)、(6.124)、(6.125)和(6.126)得大气电场增长率

$$\frac{dE}{dt} = -4\pi \times 10^{-3}\left[\exp\left(\frac{E}{5}\right) - 1\right] + \frac{3\pi\beta nq_0 I_r\rho_w vt}{R\rho_r\eta} \quad (6.127)$$

6.5.4 冰晶荷电符号与温度关系

Gaskell 和 Illingworth(1980)通过实验研究了反弹的冻结冰球在离开结晶冰目标物的荷电,图 6.10 是在实验室针对在不同含水量和 4 种温度下结晶冰目标速度为 8m/s,与直径为 100μm 冰冻的球相碰撞后的荷电结果,发现冰球由结冰的目标弹回时,当温度为 -5℃(●)和 -10℃(○)时荷正电荷,而当温度为 -15℃(+)和 -20℃(*)时荷负电荷,冰晶、和霰在低温时荷负电荷,温度高时荷正电荷,但是荷电符号受霰捕获液态水含量的影响。

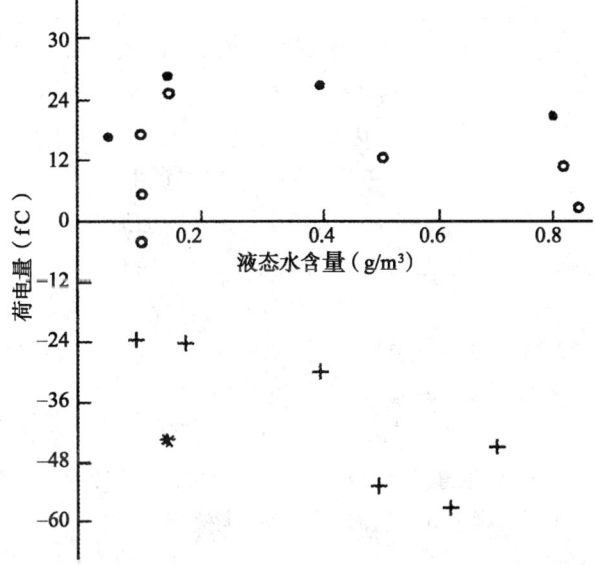

图 6.10 100μm 冰球与结晶冰目标物碰撞的荷电输送
(Gaskell,W 等,1980)

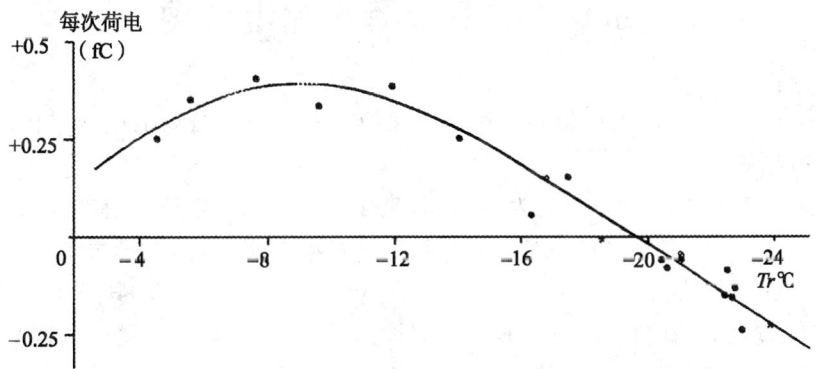

图 6.11 对结霜目标物每次冰晶分离的电荷为温度的函数
(Jayaratne,E.R. 等,1983)

Jayaratne et al(1983)证明,在结霜目标物上冰霰(霜)荷电符号改变为温度的函数,如图 6.11 中,随云液态水含量减小,在温度高(暖)的一端时电荷符号发生逆转,由正变为负;还发现荷电量取决于碰撞速度和小冰晶粒子的大小。Keith 和 Saunders(1990)继续上面的工作,将冰晶的直径增大到 800μm,发现随小冰晶的尺度增加时起电量迅速增加,而对于大冰晶则增加得较慢。指出,荷电量高值的界限由粒子分离时表面的侧向电荷加相反输送。

6.5.5 界面起电

有一种界面起电理论从实验发现,当水溶液冻结时,冰水界面处有电位差,荷电的符号与数值紧密依赖于溶液的性质和浓度。对于大多数实验溶液,冰相对于液体的电位差为负,即冰带负电、液体带正电。因此可以认为:湿雹表面水层的溅散可以引起有效电荷的分离,溅散出去的小水滴带正电荷,而冰雹带负电。

另有一种界面起电理论认为:当两个冰粒子碰撞接触后分离,即使没有外电场的作用下,它们也获得电荷。这种起电的电量与两个粒子半径有关,写为

$$q = FR^{1.3}r^{1.7} \tag{6.128}$$

当 q 单位为 10^{-12}C,R 和 r 的单位为厘米时,系数 $F=-978$,其负号表明大冰粒子带负电。当冰粒子中含有氯化钠时,F 值为 -1100(-10℃)和 -3100(-20℃)。按此估算,在温度 $-15 \sim -20$℃范围内,半径 1mm 的降水冰粒子与半径为 50mm 的冰粒碰撞分离后,将带 0.02×10^{-12}C 负电量。如取 $F=-978$,则算得带电 0.006×10^{-12}C。如果小冰晶浓度为每升 100 个,则 6min 后经历 3000 次碰撞,起电量将达 20×10^{-12}C,这与实际观测结果较为符合。

§6.6 雷雨云降水起电理论

在热带雷雨云内,起电是由降水粒子引起的,因此设想,云中的电荷是由于降水粒子间碰撞引起的。

假定上升气流 U 通过一个宽为 W、轴垂直于地表的圆柱电荷区,在区内 U 为常数,在云顶处,$U=0$。在荷电区内,以稳定速率上升的降水质点,随上升气流 U 上升而增大。降水质点主要是雹丸。在荷电区顶部,雹丸达到平衡直径 D_0,其下落末速度 $V=U$。因而,在雹丸开始向地面下落,其通量假设为常数 F,当雹丸通过荷电区下落时,它可能与非均匀分布的直径为 d、浓度为 n 的冰质点碰撞,碰撞中有 f 部分分离,每次碰撞时,雹丸与冰粒之间交换电量为 q。还假定在给定高度 z 上,雹丸的直径为 D,总荷

电量为 Q，而下落速度为 $V=KD$（K 是常数）。最后雹丸到达荷电区底部时，其直径、下落速度和总电量分别为 D_m、$V_m=KD_m$ 和 Q_m。

在上述情况中，雹丸增长率表示为

$$D=D_0\exp\left[\frac{KCt}{2\rho_p}\right] \tag{6.129}$$

式中 C 为云中含水量，ρ_p 为雹丸密度，$D_0=U/K$。

假定 q 为常数，则荷电区内单位体积空气内冰粒子总电量 Q_t 的变化率为

$$\frac{dQ_t}{dt}=\frac{1}{4}\pi D^2 nNVfq \tag{6.130}$$

而一个雹丸带电量的变化率为

$$\frac{dQ}{dt}=\frac{1}{4}\pi D^2 nVfq \tag{6.131}$$

如果雹丸通量 F 与雹丸的浓度 N 的关系式为

$$F=N(V-U)=NK(D-D_0)=(NV/D)(D-D_0) \tag{6.132}$$

雹丸通量用地面雨强 P_m 表示为

$$P_m=(\pi/6)D_m^3 F(\rho_p/\rho) \tag{6.133}$$

式中 ρ 是水的密度。将(6.133)式代入(6.131)式得

$$\frac{dQ}{dt}=\frac{1}{4}\pi(Fnq)fD^3/(D-D_0) \tag{6.134}$$

而降水体的荷电密度 Q_P 为

$$Q_P=FQ/K(D-D_0) \tag{6.135}$$

任一高度 z 处的电场强度为 E，它是云层中宽 W、厚 Δz 圆柱内所有荷电雹丸粒子与冰粒子产生的电场 E_i 之和，而高度 z_i 处第 i 层圆盘状云层的 E_i 为

$$E_i=(Q_{i,i}+Q_{P,i})\left(\frac{\Delta z}{2}\right)\{(1-(z-z_i))/[(z-z_i)^2+W^2/4]^{1/2}\} \tag{6.136}$$

如果 $W=0.8$km，$D_m=6$mm，$U=2$m/s，则可求得 $z_m=3.2$km，又取 $z_a=-2$km，$z_E=5.2$km，则 $t_m=15$min，$t_E=18$ 分 20 秒。

§6.7 热带对流云起电机制

在热带地区的暖性雷雨中，没有冰晶化过程，上述理论无法解释雷雨云中的强电场结构。所以，Vonnegut(1955)提出一个暖云对流起电模式。如图 6.12，这模式假定在雷雨云的发展过程中，上升气流初期把云底以下低层大气净正离子电荷带到云内直至云的上部，这些正电荷在云上部聚集形成正电荷中心，在这正的中心电场作用下，形成

向上的传导电流,云顶以上电离层的负离子向下移动到云顶,由于云体周围是以下沉气流为主,这些负离子随下沉气流沿云体侧面下降到云体下部(图 6.12a),在云的下部形成负电荷中心,使地面产生尖端放电,形成大量正离子,这些正离子又随上升气流到达云体上部,进一步加强了云上部的正电荷中心,同时又吸引云上方的电离层的负离子,复又随云四周的下沉气流到达云下部(图 6.12b)。

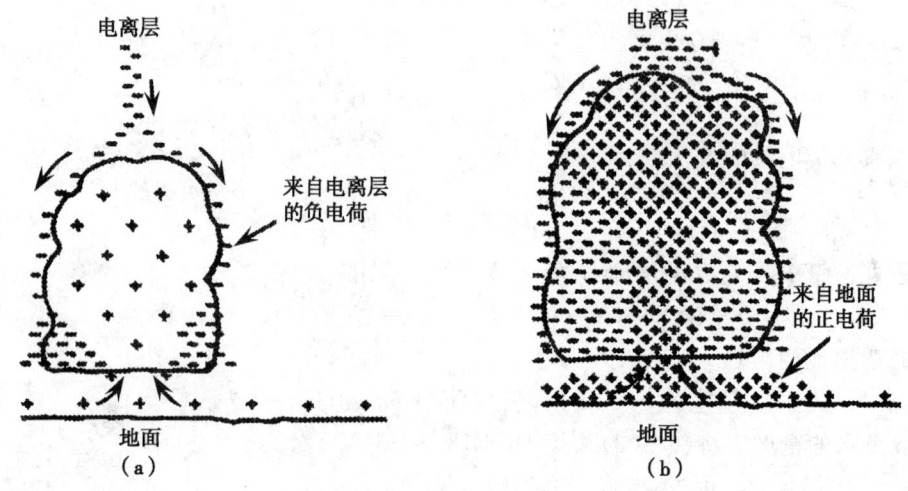

图 6.12 对流云起电机制(Vonnegut,B,1955)

但是,可以证明,依靠云中的环流是难以实现正电荷聚集的。电荷的积累需假定大气离子全部被小云滴所捕获形成体电荷,其条件是只要云滴半径达到 30μm 左右,其下落速度达 10cm/s 左右,云顶上升气流小于此值,云上部电荷就可以积累。

假定离子完全被云滴捕获,形成云中的体电荷 q,并随气流 u_0 进入截面为 πR_0^2 的云内,正电荷完全集中在一个半径为 R 的球形空间内,若在时刻 t 球形空间内的总电量为 $+Q$,则由 Q 产生的电场吸引负离子进入球内,中和正电荷,此时云中球体总电量的变化方程式为

$$\frac{dQ}{dt} = \pi R_0^2 u_0 q - 4\pi\lambda_- Q \tag{6.137}$$

当 $t=0$ 时,$Q=0$,则上式解为

$$Q = \frac{\pi u_0 q R_0^2}{4\pi\lambda_-}(1 - e^{-4\pi\lambda_- t}) \tag{6.138}$$

当 $t \to \infty$,达到平衡状态时的总电量 Q_∞ 为

$$Q_\infty = \frac{\pi u_0 q R_0^2}{4\pi\lambda_-} \tag{6.139}$$

到达平衡时的张弛时间为

第六章 云雾和雷雨云荷电机制

$$\tau = \frac{1}{4\pi\lambda_-} \tag{6.140}$$

这时球表面的电场强度为

$$E = \frac{u_0 q}{4\lambda}\left(\frac{R_0^2}{R^2}\right) = \frac{u_0 q}{4\lambda_-}\left(\frac{R_0}{R}\right)^2 \tag{6.141}$$

令 $\lambda_- = 5.10^{-4}/s, u_0 = 2\text{m/s}, q = 100$ 离子$/\text{cm}^{-3}, \frac{R_0}{R} \leqslant 1$，由此得出

$$\tau \cong 3\text{min}$$
$$E \approx 1.5\text{V/cm}$$

这一数值与观测值接近。若对流强度大时，$u_0 = 5\text{m/s}, q = 500$ 离子$/\text{cm}^3$，则场强增大到 $E = 20\text{V/cm}$，与积云中的电场强度相当。

对流起电机制不仅要求积雨云发展过程中在云内有强的上升气流，而且在云体侧面还应存有强烈的尺度较大的下沉气流，而这种强烈的下沉气流只在强雷暴消散时出现。因此此种理论还有待进一步研究。

第七章 雷暴云闪电

闪电对国民经济建设有较大的危害，特别是随现代高科技的发展及其广泛应用于各个领域，所造成的损失更加重大，闪电可破坏高压输电线、诱发森林火灾、影响现代通讯和计算机的广泛应用，造成飞行事故、干扰火箭和导弹的发射，破坏建筑物、造成人畜伤亡等。因此防雷工作的内容和范围大大地扩大了，这时人们对闪电的特点和成因要求更多的了解，从而增强对闪电的防范能力。对此下面将对闪电的特点及电状况进行说明。

§7.1 闪电的分类

7.1.1 闪电的分类

闪电是指积雨云中不同符号荷电中心之间的放电过程，或云中荷电中心与大地和地物之间的放电过程，或云中荷电中心与云外大气不同符号大气体电荷中心之间的放电过程。

7.1.1.1 根据闪电部位可分成云闪和地闪两大类

(1)云闪：是指不与大地和地物发生接触闪电。它包括云内闪电、云际闪电和云空闪电。

云内闪电是指云内不同符号荷电中心之间的放电过程；

云际闪电是指两块云中不同符号荷电中心之间的放电过程；

云空闪电是指云内荷电中心与云外大气中不同符号荷电中心之间的放电过程。

(2)地闪：是指云内荷电中心与大地和地物之间的放电过程，亦指与大地和地物发生接触的闪电。如图 7.1 是照相机观测到的一次地闪，从图中可以看到，闪电自上而

图 7.1　地闪和闪电分枝

(Martin A. Vman, The lighting discharge)

下,表现有许多分叉结构。

7.1.1.2 根据闪电的形状又可分为线状闪电、带状闪电、球状闪电和联珠状闪电

线状闪电最为常见,包括线状云闪和线状地闪。线状闪电的形状蜿蜒曲折、具有丰富的分叉,类似树枝状,所以也称枝状闪电。线状闪电具有若干次放电,其中每次放电过程称之为一次闪击。图 7.2 是照得的一次线状闪电照片,闪电表现为细而明亮的流光。

带状闪电是宽度达十几米的一类闪电,它比线状闪电要宽几百倍,看上去像一条亮带,所以称为带状闪电。图 7.3 给出一次带状闪电击中烟囱的闪电图片。

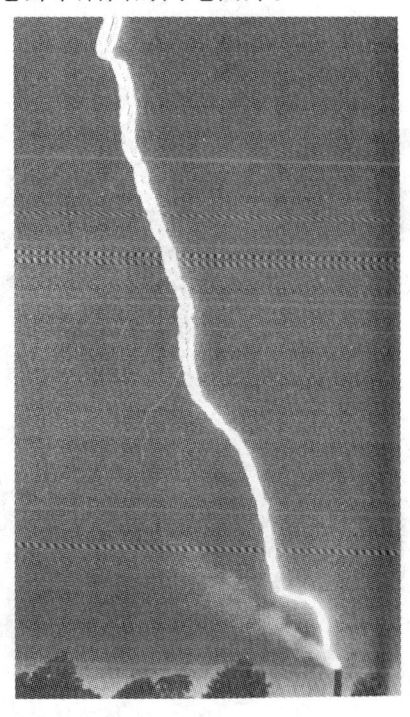

图 7.2 线状闪电(Salanave,L. E,1980)　　图 7.3 带状闪电(Salanave,L. E,1980)

球状闪电看上去像一团火球,因而称为球状闪电。

联珠状闪电的形状像挂在空中的一长串珍珠般的发光亮斑,因而称联珠状闪电或称铧状闪电。图 7.4 是一次联珠闪电闪击高塔的图片,该图片是以每秒 13000 帧的相机获取的 8 张闪电照片中的二张,其中第一、二张照片质量太差未选。图 7.4a 是该系列的第三张,图 7.4b 是该系列的第四张,图 7.4c 是该系列的第五张。

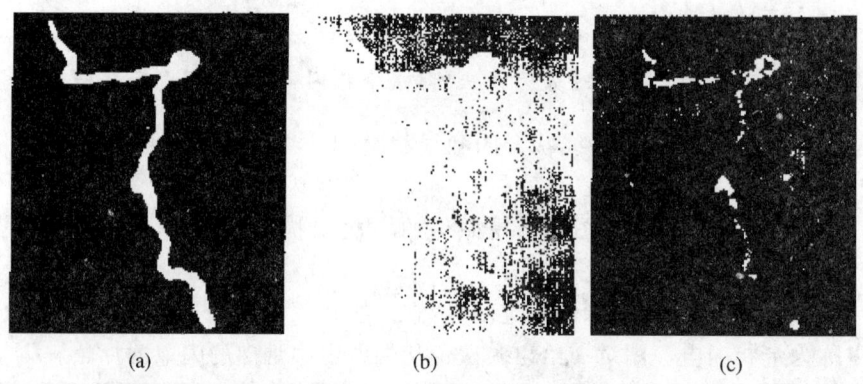

图 7.4 联珠式闪电照片(Salanave,L.E,1980)

图 7.5 是相机摄取的既有云空闪电,还有地闪的照片,表现为两支明亮的流光,一支到达地面,另一支则于空中近乎水平方向伸展很长的距离后消失,并有许多分枝,分枝主要发生在三处。

图 7.5 地闪伴有云空闪电的照片(Salanave,L.E,1980)

图 7.6 为山脉上环状的向上负电闪,闪电流光从一塔顶伸出,打了个圈,然后水平方向伸很长距离。

图 7.7 是 1963 年 Surtsey 火山喷发时发生的云空闪电现象,表现一条条很亮的流光。

图 7.6 山脉上环状的向上负电闪(Salanave,L.E,1980)

图 7.7 1963 年 Surtsey 火山喷发时发生
的云空闪电(1963 年 12 月)(Anderson 等,1965)

7.1.2 球状闪电

球状闪电是闪电中一种很特殊的闪电现象(图 7.8(a)),它的发生发展和演变也与一般闪电有很大的不同。

7.1.2.1 球状闪电特点

(1)球状闪电的尺度:常出现在强雷暴期间,与强烈的地闪同时出现。球状闪电多为球形,也有环状或放射出火花球状闪电。直径平均为25cm,多数在10~100cm。

(2)球状闪电的亮度和颜色:球状闪电发出的光并不特别明亮,但即使在白天也清晰可见,其亮度较为稳定。球状闪电的颜色大多呈橙色和红色,也观测到黄色、蓝色和绿色的球状闪电。

(3)球状闪电的气味和声响:球状闪电多数不发声,也有不少发出嘶嘶的响声,多数球状闪电无明显气味,也有发出硫磺、臭氧或二氧化氮的气味。

(a)球闪形状(Jensen,1933)
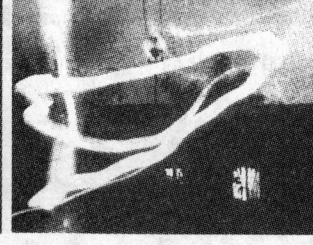
(b)球闪路径(F. Wolf,1956)

(c)球闪入室(Dqvidov,1958)

图 7.8 球状闪电

(4)球状闪电的路径(图 7.8(b)):球状闪电一般以每秒几米的速度作水平运动,它的移动路径较为复杂,有时停滞不前,有时从空中直接向下降落、在接近地面突然改变方向。地面的球状闪电具有曲折的轨迹,如图 7.8(c),它可以通过门窗直接进入室内。有的球状闪电在运动过程中伴有自旋运动。球状闪电运动的速度不太快。

(5)球状闪电的寿命:球状闪电一般可以存在 1~5s,个别较大的球状闪电甚至可以维持几分钟之久。许多球状闪电无声无息地消失,但也有不少球状闪电在消失时爆炸。

(6)球状闪电对物体和周围物体有吸引性,如当其吸引到金属物体上时,它通常沿这些物体移动。

7.1.2.2 球闪形成理论

球状闪电出现的次数少而不规则,因此取得的资料十分有限,它是对科学家们提出了一个长达几个世纪的难题。但是由于球状闪电的奇特的表现,对球状闪电的报道很多。也引起了许多科学家的兴趣,为什么球状闪电持续时间如此之久,它的路径又为什么曲折漂游,人们为此提出了许多球状闪电形成的理论。如 Meissner(1930)认为球状闪电是闪电通道方向剧变形成迅速转动的涡旋所致;Bruce(1963)则认为是通道弯曲处由减弱的磁鞘中逃出的高压的离子射流所致。这说明了球状闪电为什么是球形,但不能说明它的寿命问题。随近代科学理论的发展,关于球状闪电又提出了几种新的理论解释,它们是:

(1)Kapitsa 的射频理论:他认为由射频放电产生的等离子粒团,在射频电源切断后,这种等离子粒团在 0.5～1s 时间间隔内仍能存在下去;Jennison(1973)则提出电磁辐射驻波能产生球状闪电;Dawson 和 Jones(1969)认为球状闪电的结构是充满微波的辐射共振腔,能量贮存在共振腔中。

(2)等离子体理论:由射电望远镜观测到等离子体卫星。将球形闪电看成是一团等离子体粒子流。

(3)核反应理论:根据热核反应中磁场的约束作用来说明球状闪电。静电力有助于磁约束。10^4V/cm 电压能束缚住半径 200cm 圆形轨道上运动的 1 兆电子伏特的质子。

(4)相干辐射理论:将球闪当作大气激光器。当激光脉冲击中固体表面产生等离子体涡旋。

7.1.3 联珠状闪电

联珠状闪电多出现在强雷暴期间,并且常紧接着在一次线状闪电之后出现在原通道上,联珠状闪电的亮斑有时为一串发光球体,如图 7.4 所示,联珠状闪电看上去像悬挂在空中的一长串珍珠,有时则为许多长达几十米的发光段,这些亮斑一般较暗淡。联珠状闪电的持续时间较线状地闪长得多,熄灭过程也较缓慢。

关于联珠状闪电的形成的原因的解释也较多,主要有:

(1)由于闪电通道中体电荷密度分布不均匀,如图 7.4b 和 c 中,通道弯曲的地方体电荷密度较高,在闪电过程中出现亮的光斑。

(2)体电荷在闪电通道中为周期性不均匀分布,于是呈现出联珠状的亮斑。

(3)由于闪电通道的半径愈大,闪电通道冷却的时间愈长,而闪电通道的半径随高度呈现周期性的变化,所以在闪电通道消失过程中出现联珠状闪电。

(4)闪电电流产生磁场,对电离通道内的电离气体产生磁缩效应,引起径向振荡,可能形成驻波,产生周期性节点,表现为联珠状的亮斑。

§7.2 地闪概述

地闪是云与大地之间的一种放电过程,它与地面建筑物、电讯和电力输送等人类活动的防雷直接有关,它对人类造成的危害远较其它闪电要大。所以对它的研究也较为深入。有关地闪的结构的研究要归功于 1926 年博尹斯(Boys)设计的一种旋转式相机,利用Boys相机揭示了地闪的结构、闪电的速度、发展时间等。

7.2.1 地闪的结构

图7.9给出了由Boys相机揭示地闪的结构,图7.9(a)是由快速旋转相机获取的闪电照片;图7.9(b)是一般相相机对同一闪电的摄取的照片。根据图7.9得到如图7.10闪电的结构,图7.11表示了闪电放电过程中不同极性电荷的活动情况,下面对此分别作说明。

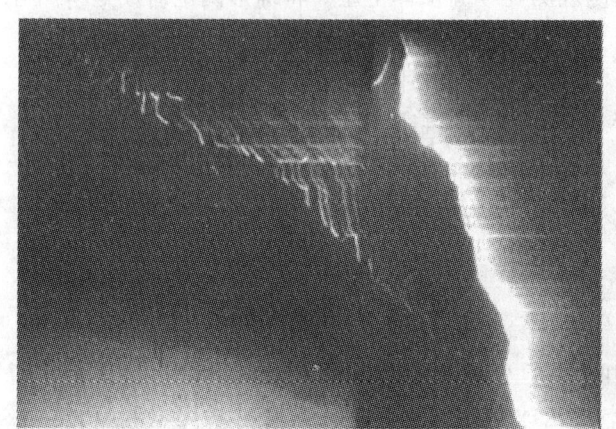

(a) 由高速旋转相机摄取的梯式闪电　　　　(b) 慢速相机摄取的闪电

图7.9　向下负电闪(Berger和Volgelsanger,1966)

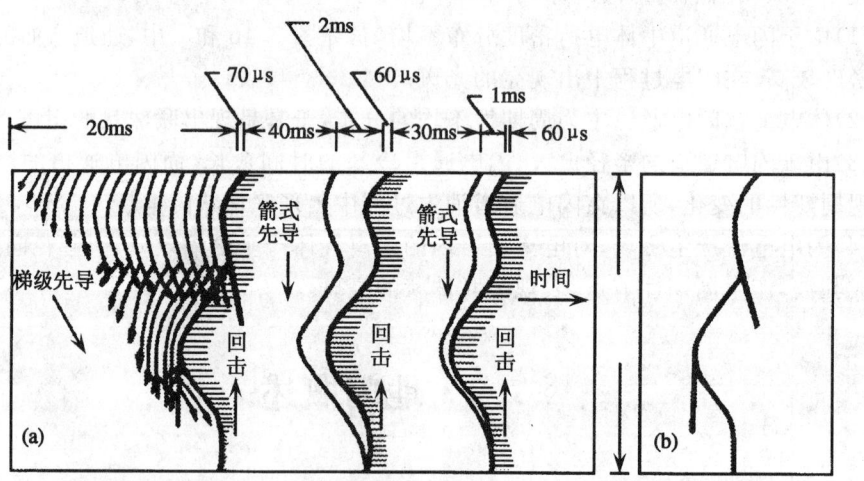

(a) 由博尹斯的旋转式照相机观测到的地闪结构　　(b) 普通照相机观测到的闪电图像

图7.10　地闪结构模式(Uman,1969)

7.2.1.1 梯式(级)先导

(1)闪电的初始击穿：在图7.11a、b中，通常在含云大气开始击穿的初期，在积雨云的下部有一负荷电中心与其底部的正电荷中心附近局部地区的大气电场达到10^4V/cm左右时，则该云雾大气会初始击穿，负电荷向下中和掉正电荷，这时从云下部到云底部全部为负电荷区。

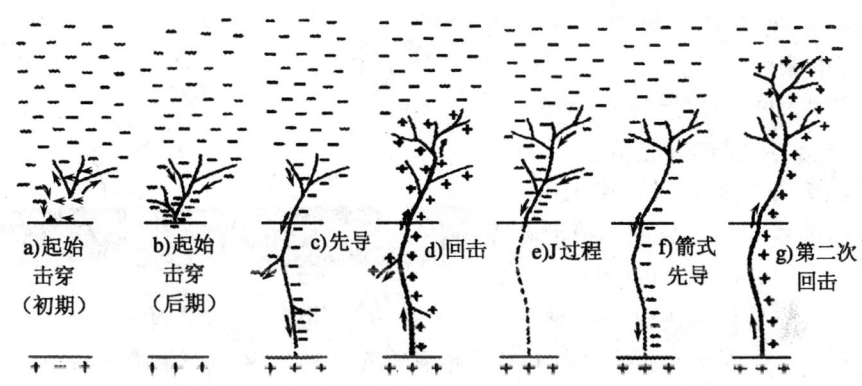

图 7.11　闪电放电过程电荷活动(Ogawa,T,1993)

(2)梯级先导过程：随大气电场进一步加强，进入起始击穿的后期，这时电子与空气分子发生碰撞，产生轻度的电离，而形成负电荷向下发展的流光，如图7.9(a)，表现为一条暗淡的光柱像梯级一样逐级伸向地面，这称之为梯式先导(图7.11c)。在每一梯级的顶端发出较亮的光。梯式先导在大气体电荷随机分布的大气中蜿蜒曲折地进行，并产生许多向下发展的分枝。梯式先导的平均传播速度为$3.0×10^5$m/s左右，其变化范围$1.0×10^5$m/s至$2.6×10^6$m/s左右，梯式先导由若干个单级先导组成，而单个梯级的传播速度则快得多，一般为$5×10^7$m/s左右，单个梯级的长度平均为50m左右，其变化范围为30～120m左右。梯式先导通道的直径较大，变化范围为1～10m左右。

(3)电离通道：梯式先导向下发展的过程是一电离过程，在电离过程中生成成对的正、负离子，其正离子被由云中向下输送的负电荷不断中和，从而形成一充满负电荷(对负地闪)为主的通道，称为电离通道或闪电通道，简称为通道。如图7.12，闪电通道由主通道、失光和分叉通道组成。在闪电放电过程中主通道起重要作用。

(4)连接先导：当具有负电位的梯式先导到达地面附近，离地约5～50m时，可形成很强的地面大气电场，使地面的正电荷向上运动，并产生从地面向上发展的正流光，这就是连接先导。连接先导大多发生于地面凸起物处。

7.2.1.2 回击(图7.11d)

当梯级先导与连接先导会合，形成一股明亮的光柱，沿着梯式先导所形成的电离通道由地面高速冲向云中,这称为回击。回击比先导亮得多,回击的传播速度也比梯式先导的速度快得多,平均为 5×10^7 m/s,变化范围为 2.0×10^7 m/s 到 2.0×10^8 m/s 左右。回击通道的直径平均为几厘米,其变化范围为 0.1~23cm。回击具有较强的放电电流,峰值电流强度可达 10^4 A 量级,因而发出耀眼的光亮。地闪所中和的云中的负电荷,绝大部分已在先导放电时贮存在先导主通道及其分枝中,当回击传播过程中便不断中和掉贮存在先导主通道和分枝中的负电荷。

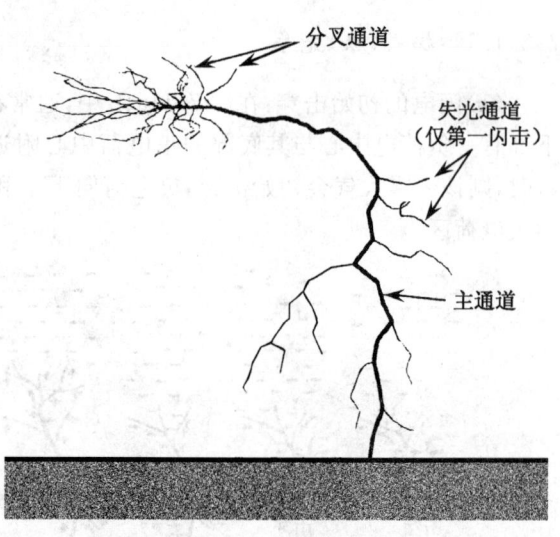

图 7.12 电离通道结构

由梯式先导到回击这一完整的放电过程称为第一闪击。从地面向上发展起来的反向放电,不仅具有电晕放电,还具有强的正流光,它与向下先导会合,其会合点称连接点,有时称之"连接先导"的向上流光,又若其在向下先导到达放电距离同一瞬间开始发展,则连接先导高度约为放电距离一半。

7.2.1.3 箭式(直窜或随后)先导(图 7.13)

紧接着第一闪击之后,约经过几十毫秒的时间间隔,形成第二闪击。这时又有一条平均长为 50m 的暗淡光柱,沿着第一闪击的路径由云中直奔地面,这种流光称箭式先导。箭式先导是沿着预先电离了的路径通过的,它没有梯式先导的梯级结构。箭式先导的传播速度大于梯式先导的平均传播速度,平均值为 2.0×10^6 m/s,变化范围为 1.0×10^6 m/s 到 2.1×10^7 m/s 左右。箭式通道直径的变化范围亦为 1~10m 左右。当箭式先导到达地面附近时,又产生向上发展的流光由地面与其会合,随即产生向上回击,以一股明亮的光柱沿着箭式先导的路径由地面高速驰向云中。由箭式先导到回击这一完整的放电过程称为第二闪击,第二闪击的基本特征与第一闪击是相同的,而以后各次闪击的情况与第二闪击的情况基本相同。图 7.13a 是高速旋转相机摄取的箭式先导照片,图中箭式先导表现为一条细长的亮线,而成片的亮区是回击,图 7.13b 是相应于图 7.13a 各高度先导的相对光强。

由一次闪击构成的地闪称为单闪击地闪,由多次闪击构成的地闪称为多闪击地闪,如图 7.14 中给出相机摄取的多闪击照片,一次闪电过程由 12 次闪击组成。而第一闪击后的各闪击称为随后闪击。通常一次地闪由 2~4 次闪击构成,个别地闪的闪击数可达 26 次之多。多闪击地闪各闪击间隙时间,在无连续电流的情况下平均为 50ms 左

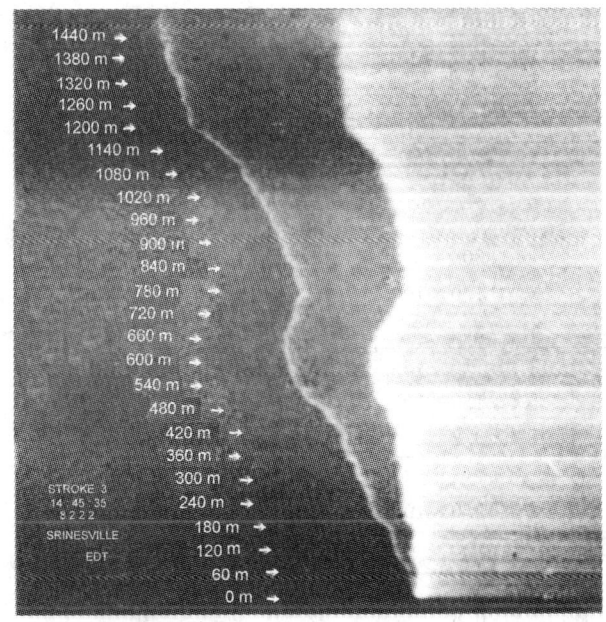

图 7.13a 1982 年 8 月 10 日发生于佛罗里达的一次闪击,左边细亮线是箭式先导,右边亮区为回击
(Jordan 等,1997)

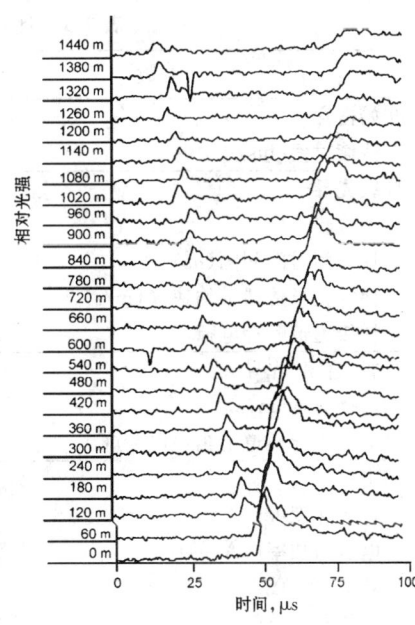

图 7.13b 这是相应于图 7.13a 照片上不同高度和时间的相对光强度
(Jordan 等,1997)

右,其变化范围为 3~380ms。一次地闪的持续时间平均为 0.2s 左右,其变化范围为 0.01~2s 左右。表 7.1 给出了地闪放电的一些典型值和最大、最小值。

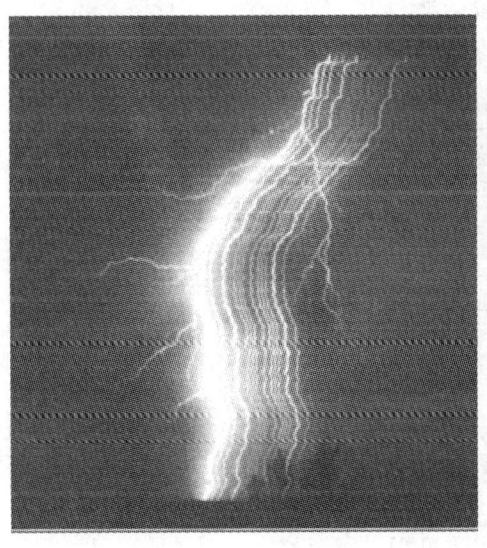
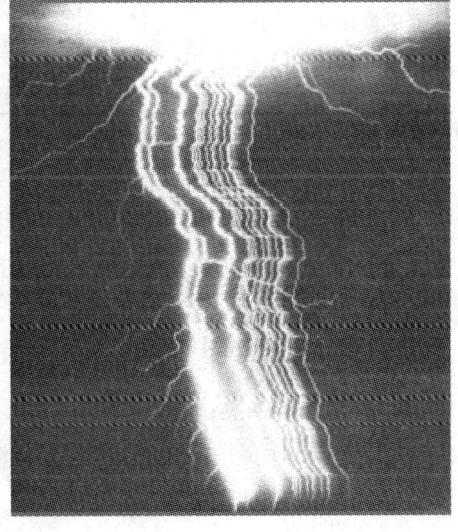

图 7.14 多次闪击

表 7.1 地闪放电的典型值和最大最小值

参数		最小值	代表值	最大值
初始击穿				
	持续时间(ms)		100	
梯级先导				
	梯级步长(m)	3	50	200
	梯级间时间间隔(μs)	30	50	125
	梯级先导传播平均速度(m/s)	1.0×10^5	3.0×10^5	2.6×10^6
	梯级通道贮存电荷(C)	3	5	20
箭式(直窜)先导				
	传播速度(m/s)	1.0×10^6	2.0×10^6	2.1×10^7
	箭式先导通道上累积电荷(C)	0.2	1	6
回击				
	传播速度(m/s)	2.0×10^7	5.0×10^7	2.0×10^8
	电流增加率(kA/μs)	1	10	210
	峰值电流(kA)	1	30	250
	峰值电流时间(μs)	0.5	2	30
	半峰值电流时间(μs)	10	40	250
	不包括连续电流的电荷传送(C)	0.2	2.5	20
	温度(K)	0.8×10^4	2×10^4	3.0×10^4
	电子密度(m³)	1.0×10^{23}	3.0×10^{23}	3.0×10^{24}
	通道长度(km)	2	5	14
连续电流				
	峰值电流(A)	30	150	1600
	持续时间(ms)	50	150	500
	电荷传送(C)	3	25	330
闪电				
	每次闪电的闪击数(次)	1	3	26
	无连续电流时两次闪击之间的时间(ms)	3	40	380
	闪电持续时间(s)	0.01	0.3	2
	包括连续电流的电荷传送	1	20	400
J 过程	持续时间(ms)	30	60	200
	发展速度(m/s)	1×10^5	10×10^5	30×10^5
	传送电荷(C)	2.4	3	3.4
	电矩(C·km)	1	8	16
K 过程	持续时间(ms)	0.1	1	2.7
	间歇时间(ms)	1	5	33
	电矩(C·km)	0.01	$\sim 10^{-1}$	1

续表

参数		最小值	代表值	最大值
C过程	持续时间(ms)	50	150	500
M过程	持续时间(ms)		1	
	间歇时间(ms)	1	7	33
F过程	持续时间(ms)		85~45	

7.2.2 地闪的大气电场变化

一般地说,由于雷暴云下部荷负电荷,因此在闪电前雷暴云底下的电场是负电场(电场方向向上),其电场很少超过100V/cm,但闪电时,由于地表面的正电荷作用产生一个强电场的正变化,电场可达500 V/cm以上,随着正空间电荷的逐步消失,或正电荷在强正电场作用下流入地中或是地面尖端放电的大量负离子所中和,或云中电矩的再生,电场迅速复原。大量地闪的观测表明,在闪电通道中,每一次放电过程都引起电场的突变增长,在这些突变之间,电场则维持不变或只是缓慢地增加。除先导和回击外,还有一系列次要的、但更为细致的放电过程,也会引起电场变化。地闪引起电场快变化可分别表示为B变化、I变化、L变化、R变化、J变化、K变化、C变化、M变化和F变化。这些大气电场快变化所对应的放电过程则分别表示为B过程、I过程、L过程、R过程、J过程、K过程、C过程、M过程和F过程。如图7.15,给出了照相观测和电场仪记录的示意图,其中图7.15(a)是分立型闪电,它由一系列突发闪光和脉冲电场组成;图7.15(b)是多次放电的混合型闪电组成的,但其中至少有一次放电的光辐射历时较长,可以看到在整个混合型闪电期间,电场剧增,出现大幅度电场增长和连续电流增长。下面分别介绍这些放电过程,以及由此引起的电场变化特征。

7.2.2.1 B变化

大气电场的B变化多出现在梯式先导之前夕(如图7.11a),也就是在云的下部含云大气中最初出现击穿时的变化。B变化的特点是在几毫秒时间内大气电场变化较为明显,且具有不规则的脉动起伏,引起大气电场的B变化的B过程,是云中荷电中心附近的含云大气中出现的初始击穿过程。

7.2.2.2 I变化

大气电场I变化,常出现在大气电场B变化与梯式先导所引起大气电场L变化之间的时段内(如图7.11b期间),具有大气电场缓慢变化的特征。引起大气电场I变化的I过程,是使含云大气中开始出现的击穿进一步发展的过程。大气电场B变化和大气电场I变化的持续时间之和,一般为30ms,其变化范围为10~200ms。

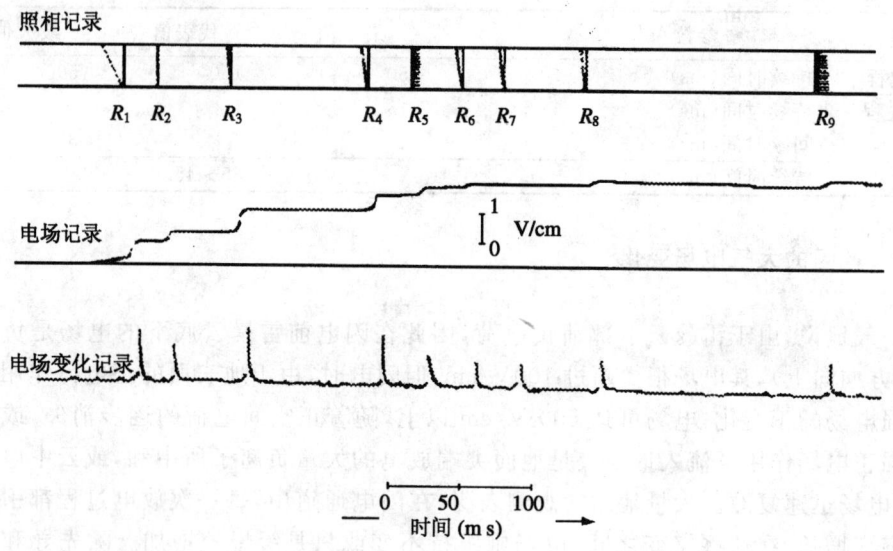

图 7.15a 分立型多闪击地面照相、电场和电场改变记录

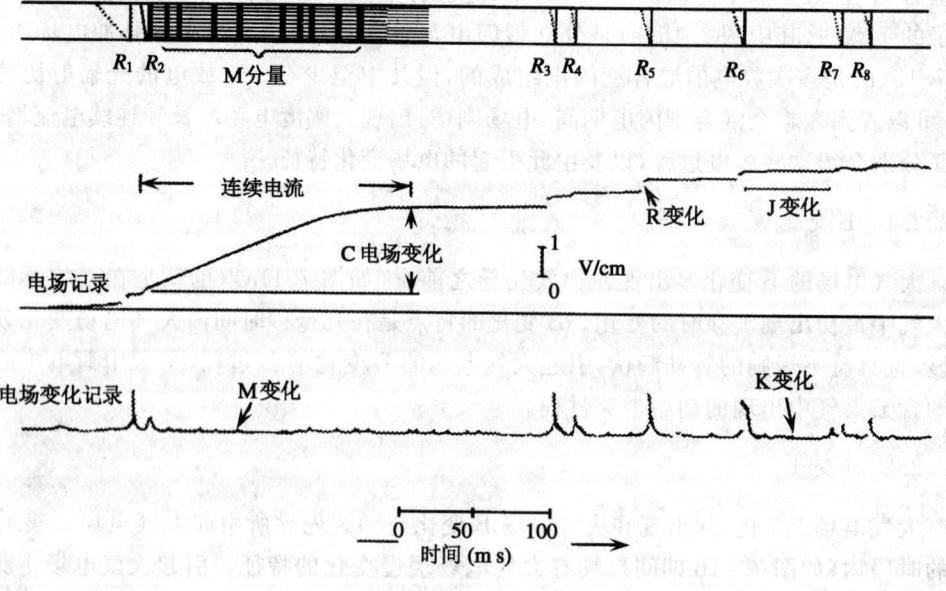

图 7.15b 混合型多闪击电场变化(Kitagawa 等,1962)

7.2.2.3 L 变化

大气电场 L 变化是由梯级先导引起的,它具有大气电场变化较迅速的特征,并可细分为 L(α) 变化和 L(β) 变化。引起大气电场 L(α) 变化的 L(α) 过程,是 α 梯式先导放电过程,具有大气电场稳定增长的特征,其持续时间较短,平均为 50ms 左右。引起大气电场 L(β) 变化的 L(β) 过程是 β 梯式先导放电过程,具有大气电场开始时增长缓慢而最后增长迅速的特征,其持续时间较长,平均为 125ms 左右。

7.2.2.4 R 变化

大气电场 R 变化因回击放电过程所造成,具有持续时间不到 1ms 的阶跃特征。

7.2.2.5 J 变化

在多闪击地闪的闪击间隙,往往出现大气电场的 J 变化。J 变化具有大气电场缓慢增长的特征,其持续时间一般为 30~90ms 左右。J 过程是指闪电通道顶部形成的局部正电荷,向其上方云中荷电中心发展,并使闪电通道顶部的局部正电荷中和的正流光过程。J 过程发生在云中,其作用是将前次闪击的闪电通道与云中负荷电中心相连接,因此,也称为连接过程。J 过程具有持续电流,但无发光现象。

7.2.2.6 K 变化

在大气电场 J 变化部分,通常还叠加若干持续时间不到 1ms 的微弱而迅速的脉冲状大气电场 K 变化,脉冲的间歇时间平均为 5ms 左右,其变化范围为 1~33ms 左右,K 脉冲振幅约为回击脉冲的 10%,所引起的电场变化小于回击的变化幅值,重复周期为 10ms。引起大气电场 K 变化的 K 过程,是为中和云中较大局部负荷电中心的正流光过程,是流光发展到直径达几百米左右的异常强电荷区形成的,在 J 过程中只有 K 过程有发光现象。

7.2.2.7 C 变化

在多闪击地闪的闪击间隙,有时出现大气电场 C 变化。C 变化具有大气电场稳定而大幅度变化特征,其持续时间平均为 150ms,其这化范围为 50~500ms 左右。引起大气电场 C 变化的 C 过程,是云中局部荷电中心对地的放电过程,具有持续电流,并称之为连续电流,伴有发光现象。

7.2.2.8 M 变化

大气电场 C 变化部分通常还叠加有若干持续时间约 1ms 的脉冲状大气电场 M 变

化,脉冲间隙时间平均为 7ms 左右,其变化范围为 1~33ms 左右。引起大气电场 M 变化的 M 过程,为中和云中较大局部荷电中心的云内流光过程,并与闪电通道光强的突增相对应。根据地闪有无 C 过程,可将地闪分为分立型地闪和混合型地闪等两类。分立型地闪系指无 C 过程的地闪,混合型地闪系指至少出现一次 C 过程的地闪。

7.2.2.9 F 变化

有时在最后一次闪击之后,出现大气电场 F 变化,F 变化具有大气电场缓慢增长到某稳定值的特征。引起大气电场 F 变化的 F 过程,是指最后一次闪击的闪电通道所到达高度上方的云中局部荷电中心对地的放电过程。F 过程具有持续电流,并称之后续电流,伴有发光现象。大气电场的 F 变化还可细分为 F(α) 变化和 F(β) 变化。F(α) 变化具有大气电场缓慢而平滑地变化到某个稳定值的特征,而且往往具有某段时间内大气电场基本不变的特征,其持续时间较长,平均为 145ms 左右。

7.2.3 地闪分类

7.2.3.1 按闪电电流划分

(1)正地闪:闪电电流为正(向下)的称正地闪;通常云底荷正电荷,地面为负电荷。

(2)负地闪:闪电电流为负(向上)的为负地闪;通常云底荷负电荷,地面为正电荷。

7.2.3.2 按先导方向划分

(1)向下先导:由云向下地面发展的先导;如果先导带负电,称向下负先导;如果先导带正电,称向下正先导。

(2)向上先导:由地面向云中发展的先导。如果先导带负电,称向上负先导;如果先导带正电,称向上正先导。

图 7.16 是旋转快速相机摄取的向上负地闪,闪电流光表现为阶梯式向上。图 7.17 是普通相机摄取山脉顶的一个塔的向上闪击。

7.2.3.3 根据先导传播方向和地闪击电流方向,将地闪分为四类如图 7.18 所示

第一类地闪(图 7.18.1a,1b):具有向下先导和向上回击,云中负荷电中心与大地和地物间的放电过程,具有负闪电电流,因此,简称为向下负先导负地闪;如果负先导不着地,则就无回击,此时只有图 7.18.1a 所示的过程,云空放电。若对于图 7.18.1b,如果负先导着地,则就产生回击,将云中的部分电荷泄放到大地,若该过程只有一次为单闪击闪电,若重复多次为多闪击闪电。

第七章 雷暴云闪电

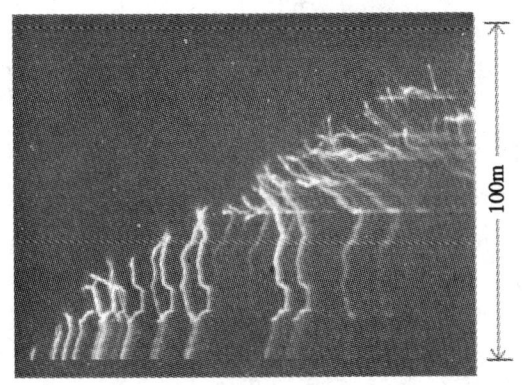

图 7.16 旋转快速相机摄取的向上负地闪
（Berger 和 Vogelsarger，1966）

图 7.17 普通相机摄取的向上闪击

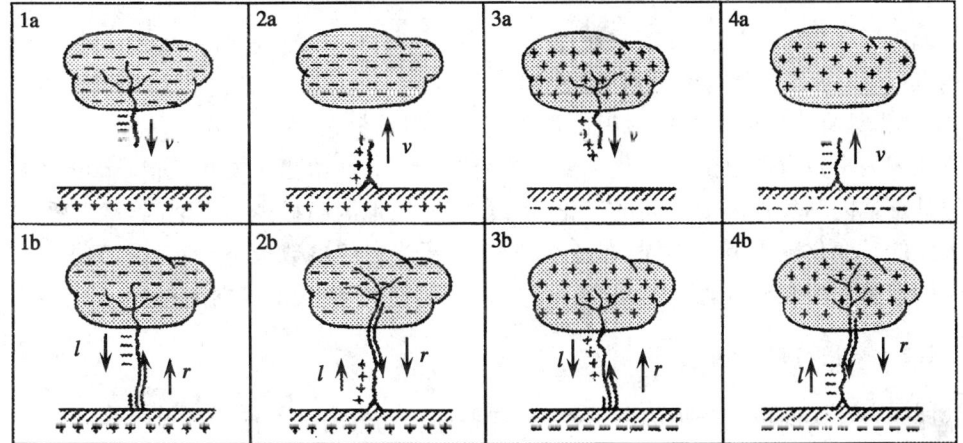

图 7.18 地闪的四种类型（l—先导，r—回击，v—发展方向）

第二类地闪（图 7.18.2a，2b）：具有向上正先导的云中负荷电中心与大地和地物间的放电过程，具有负闪电电流。它又分下面两种情况：

若对于图 7.18.2a，先导带正电向上，放电一般始于高耸的接地体（塔尖或山顶），具有向上正先导而无回击，简称为向上正先导连续负放电。

若对于图 7.18.2b，先导带正电向上和向下回击，称之为向上正先导负地闪，如果其后有随后闪击，称之向上正先导多闪击负地闪。

第三类地闪（图 7.18.3a，3b）：云中荷正电，为具有向下正先导和向上回击，云中正电荷中心与大地和地物间放电过程具有正闪电电流，简称为向下正先导正地闪。

若对于图 7.18.3a，向下正先导不着地，于是产生云空放电过程。

若对于图 7.18.3b，向下正先导着地，引起向上正回击，泄放云中的正电荷到大地，这一类在山地少见,在湖边可见到。

第四类地闪(图 7.18.4a,4b):云中荷正电,具有向上负先导的云中正电荷中心与大地和地物间的放电过程,具有正闪电电流。

若对于图 7.18.4a,向上先导始于高耸的高层建筑的尖顶,这类地闪也有以有无回击而细分为 A 型和 B 型。A 型地闪具有向上先导和向下回击的放电过程,简称向上负先一连续正电流闪电。向上正地闪多为单闪击地闪。B 型地闪具有向上先导而无回击的放电过程,只是在先导后出现持续时间约几百毫秒,持续电流为几百安的放电过程,简称为向上负先导正地闪。

7.2.4 地闪闪击数和地闪持续时间

7.2.4.1 地闪闪击数

地闪闪击数和地闪的类型与地理条件、气象条件等有关,通常一次地闪可由 2～4 次闪击组成,也有一次地闪具有 26 次闪击的情况。地闪闪击数时常用地闪出现的概率,定义为具有一定闪击数的地闪出现次数与地闪总数之比,用百分数表示。

地闪闪击数有明显的日变化和随季节而变,图 7.19 给出了美国 Oklahoma 不同季节每日正地闪和负地闪随时间的变化,可以看到,正地闪明显少于负地闪,可以看出,闪电次数的日变化随季节而不同,在冬季到早春,后半夜闪电数最小;到春季,闪电的极小值向后推移到凌晨时分;夏季,整个上午的闪电数较少,最大值区向后移。

7.2.4.2 地闪持续时间

地闪持续时间取决于地闪闪击数、地理条件和气象因子。据大量观测资料表明,地闪持续时间的典型值为 0.2s 左右。其变化范围为 0.01s～2s 左右。图 7.20 表示了南非(a)和高加索(b)地区地闪持续时间与地闪闪击数间关系,图中纵坐标为累积几率(%),表示地闪持续时间小于等于横坐标所示地闪持续时间的地闪出现的次数与地闪总数之比。图 7.20a 中南非地区由 2 次闪击组成的地闪的持续时间中值为 80ms;由 3 次和 4 次闪击组成的地闪持续时间中值分别为 150ms 和 200ms;由 5～12 次组成的地闪持续时间中值增大到 350ms,对全部地闪的持续时间中值为 200 ms。图 7.20b 中为高加索地区地闪的持续时间,由 1 次闪击组成的地闪的持续时间中值 120ms;由 2 次、3 次、4 次和 5 次闪击组成的地闪持续时间平均值分别为 160ms、200 ms、240 ms 和 260ms;由 6～23 次组成的地闪持续时间中值增大到 350ms,对全部地闪的持续时间中值为 220 ms。

第七章 雷暴云闪电

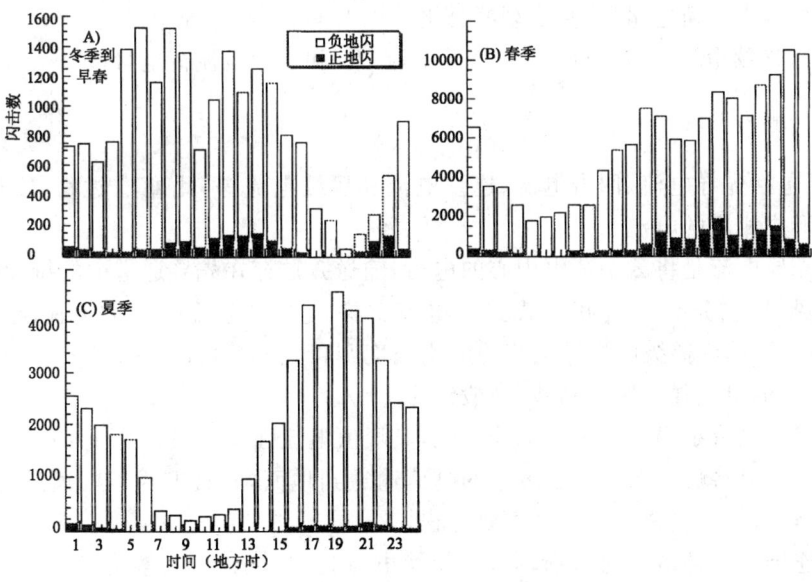

图7.19 地闪闪击数的日变化(Donald.R等,1993)

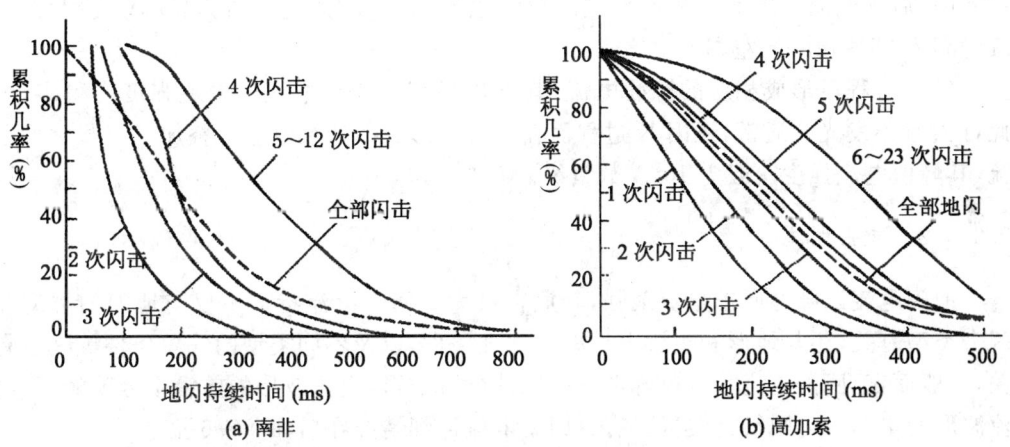

图7.20 地闪持续时间与闪击数关系(Malan 1956和Kulijew,1976)

7.2.5 地闪电学参量

为描述地闪的特性,必须引入一些电学参量。闪电的电学参量主要有:每次闪电的回击数(N)、闪电持续时间(T_g)、回击间隔(T_s)、回击峰值电流(I_p)、每次闪电的荷电量

(C_g)、每次闪击的荷电量(C_s)、出现峰值电流的时间(T_p)、电流上升速率(I_t)、电流半值时间(T_h)、连续电流持续时间(T_c)、连续电流(I_c)和连续电流荷电量(C_c)。

7.2.5.1 地闪电流

主要包括先导电流、回击电流、连续电流和后续电流等,此外,J过程、K过程和M过程,也形成相应的电流。

(1)先导电流是将云中荷电中心的电荷,输送并贮存在先导通道中的持续电流。先导电流包括梯式先导电流和箭式先导电流。梯式先导电流的平均电流强度一般为10^2A左右,而单个梯级的先导电流的电流强度则可达到$5×10^2$~$2.5×10^3$A左右;箭式先导电流的电流强度则偏高些,一般约为10^3A。

(2)回击电流是幅度很大的脉冲电流,其峰值电流强度一般可达$1×10^4$~$3×10^4$A左右,回击电流将贮存在先导通道中的电荷输送到地面,并且形成闪电通道高温、高压和强电磁辐射等闪电物理效应的主要过程。

(3)连续电流是指C过程所形成的持续电流,其电流强度一般为$1.5×10^2$A,其变化范围为$3×10^1$~$1.6×10^3$A,持续时间为50~500ms左右。通常,还因M过程而在连续电流上叠加了一些脉冲电流,其峰值强度一般为10^3A左右。

(4)后续电流是指F过程所形成的持续电流,其电流强度一般为10^2A数量级,持续时间为85~145ms左右。

(5)J过程可形成相应的持续电流,其电流强度比连续电流的电流强度小得多,因此,J过程不发光。通常,还因K过程而在J过程形成的持续电流上叠加了一些脉冲电流,其峰值电流强度一般为10^3A数量级。

7.2.5.2 回击电流

地闪电流以脉冲回击电流最强,其危害最大。回击电流特征不仅与地闪的类型和闪击类型有关,还与地形和土壤电导率等地理条件,以及不同类型的气象条件等因子有关,一般而言,回击电流具有单峰形式的脉冲电流波形,电流波形的前沿十分陡峭,而电流波形的尾部变化则较为缓慢。有关回击电流详细情况在后面§7.6描述。

7.2.5.3 地闪电荷和地闪电矩

地闪电荷主要包括:先导电流输送并贮存在先导通道中的电荷,回击电流输送到地面的电荷,连续电流输送到地面的电荷,以及后续电流输送到地面的电荷等。通常,多闪击地闪中,第一闪击的闪击电荷比随后闪击的相应值大好几倍,而正闪击的闪击电荷又比负闪击的相应值大好几倍。

整个地闪过程输送到大地的地闪电荷,其平均值为20C左右,变化范围为1~400C

左右。

地闪电矩即为地闪前、后积雨云的电矩变化,它由云中荷电中心将被输送到地面的电荷及其在地下的镜像电荷所构成,表示为

$$M_g = 2Q_g H \tag{7.1}$$

式中 M_g 为地闪电矩,Q_g 为地闪时输送到地面的电荷,H 是该电荷离地面的高度。

地闪电矩主要包括:先导电流将云中电荷输送并贮存在先导通道中所形成的等效电矩,回击电流将电荷输送到大地所形成的电矩,连续电流将云中电荷输送到大地所形成的电矩,以及后续电流将云中电荷输送至大地所形成的电矩等。

7.2.5.4 地闪功率和地闪能量

地闪功率是指回击所产生的峰值功率,它取决于回击峰值电流 $I_{\max}$ 和闪电通道上端与大地间的电位差 V,表示为

$$P = I_{\max} V \tag{7.2}$$

地闪能量则是指整个地闪过程所释放的电能,它取决于地闪电荷 Q_g 与闪电通道上端与大地间的电位差 V,表示为

$$W = \frac{1}{2} Q_g V \tag{7.3}$$

闪电通道上端与大地间的电位差 V 近似为 $10^7 \sim 10^9$ V,若取 $V=10^8$ V,而回击峰值电流取典型值为 $I_{\max}=10^4$ A,代入(7.2)式,可得闪电功率为 10^{12} W,即 10 亿千瓦。由此可见,地闪功率之大,远远超过世界上任何一个发电厂的功率。

如果全球每秒钟有 50 次负地闪,则全球的闪电功率为

$$P = 50 \times 10^{12} = 5 \times 10^{13} \text{ W}$$

考虑到正地闪(它为负地闪的 10 倍,但次数很少),上面的值增大 50%,则输送到每平方千米地面的功率为

$$P = 20 \text{ W/km}^2$$

比太阳辐射要小一百万倍。

如果闪电通道上端与大地间的电位差为 $V=10^8$ V,地闪电荷取典型值 $Q=20$ C,代入上式,可求得闪电能量为 10^9 焦耳(J)= 10^9 瓦·秒(W·s),日常生活用电 1 度为 1kWh,即为 3.6×10^6 J。因此地闪能量近似为 300kWh,可供 30 个 100W 的灯泡用 100h。所以地闪功率巨大,但能量有限。

如果每年每平方千米发生 3 次地闪,则每平方千米获取的能量为

$$W = 10^9 \text{ W/s} \times 3 = 3 \times 10^9 \text{ W/s}$$

§7.3 闪电的初始击穿

7.3.1 闪电初始击穿的时间

闪电最初电场的变化的时间各不相同,可以从几毫秒到几百毫秒,其典型值为几十毫秒,Clarence 和 Malan(1957)在南非报告第一闪击前电场变化可以持续到 200ms,50%的测量值大于 30ms,10%的值大于 10ms。Kitagawa 和 Brook(1960)在新墨西哥发现持续时间在 10~200ms 之间,多数值约为 30ms。表 7.2 给出了 Beasley 等(1982)统计闪电初始击穿的时间。

表 7.2 初始击穿变化的时间(Beasley 等,1982)

风暴 年一天	最长时间 (ms)	最短时间 (ms)	平均时间 (ms)	标准偏差 (ms)	中值时间 (ms)	事件数	最大概率
1976－181	258	18	79	101	42	5	
1976－195	373	0	61	98	30	13	
1976－201	34	11	24	10	－26	4	
1976－203	52	0	24	22	－22	4	
1977－203	90	0	45	64		2	
1977－211	240	0	61	59	39.5	26	
1977－212	484	123	349	137	400	7	
1977－212	254	38	126	77	114	12	
1977－220	53	0	12	20	－5	6	
	484	0	90	115	42	79	0~20

7.3.2 含云大气初始击穿的位置

含云大气初始击穿的位置的确定可以有下面三种方法:(1)由单站测量作为与不同闪击的距离函数的各种初始击穿电场变化;(2)由 8 个地面站同时测量的初始击穿电场的变化;(3)确定云内产生的甚高频(VHF)辐射源的位置。有关闪电的初始特征的研究工作有:

1. Clarence 和 Malan(1957)假定闪电初始击穿通道是垂直的,初始击穿开始于主

要负电荷中心 N 和其下正电荷中心 P 之间开始。放电是由正电荷中心开始向上,负电荷中心开始向下。在南非雷暴中,他们还发现闪电初始击穿位置在离地约 $1.4\sim3.6$ km 之间。

图 7.21 表示发生于海平面高度之上约 1.8 km 云对地放电初始电场的改变。离闪电距离不同,电场的改变也不同,图中 B、I、L 分别是初始击穿、中间阶段、梯级的电场变化,R 是回击电场变化。B 电场在几毫秒内出现显著改变,是由于云中 P 与 N 荷电中心的电场击穿引起的,并有强的甚低频(VLF)脉冲发生;I 部分电场的改变是缓慢或不规则的变化,它是负电荷中心 N 向下放电引起的;L 部分电场表现有迅速的改变,它是发生于云底放电之后开始的梯式先导

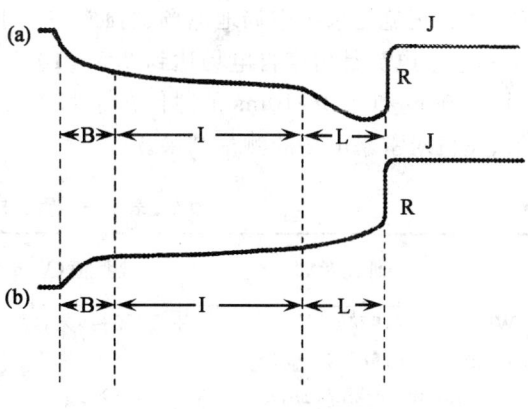

图 7.21 闪电初始电场变化
(Clarence 和 Malan)

放电。图 7.21(a)是 2 km 的电场,在 B 和 I 阶段电场减小趋势,而图 7.21(b)是 5 km 的电场,呈增加趋势。

2. Krehbiel 等(1979)发现初始击穿发生于地面之上约 $4\sim6$ km 负电荷中心高度,相应晴空大气温度为 $-10℃\sim-20℃$,因此与低的大气正电荷中心无联系。

3. Proctor(1983)和 Rustan 等(1980)通过测量 VHF 脉冲到达的时间差,确定闪电产生的单个 VHF 脉冲源的位置。在南非对一个风暴中 19 次云闪和 7 次地闪,发现一个初始 VHF 源的离地的平均高度约为 4.0 km,或海平面之上 5.8 km,具有标准偏差 440 m,所有的闪电开始于地面之上 $3\sim5$ km 之间(气温 $-5℃\sim-6℃$),和一荷负电荷的通道。Rustan 等(1980)发现在 Florida 的一次闪电的 VHF 初始源是垂直的、大约在 $5.1\sim7.2$ km 高度之间($0\sim-20℃$)。

7.3.3 初始击穿电场

许多研究表明,在初始击穿结束或梯级先导开始之际,时常观测到频率从 VLF 到 VHF 的一系列相对大的双极脉冲,这些脉冲可认为是 β 先导的开始。Weidman 和 Krider(1979)描述了这种脉冲波形,如图 7.22 为 $30\sim50$ km 处这种脉冲的例子,以慢($20\mu s/div$)和快($4\mu s/div$)两种时间刻度表示,极化波形由向下负电荷和向上正电荷组成。初始极化与地闪击电场的变化相同,随后整个形状是具有 $10\mu s$ 的双极上升到峰值,其间叠加有 2 或 $3\mu s$ 宽的脉冲,接着是负半周,整个持续时间是 $50\mu s$;当振幅接近

回击时由间隔为 $100\mu s$ 的若干脉冲组成的特征序列。

关于闪电的初始击穿的详细物理过程尚不清楚,对此有很多解释。如何说明在周围电场很小情况下直接瞬时击穿导致梯式先导,Griffiths 和 Phelps(1976)提出一种模式,通过正流光系统中局地电场加强能在大于 1.5×10^5 V/m 的电场中向上传播。这些正的电晕电流是由来自电场达到 2.5×10^5 V/m 处水凝结物的电晕开始的。电流向上通过 100m 和在 2~10ms 的时间加强最低点的电场。表 7.3 给出了不同作者利用火箭、飞机对雷暴电场的测量结果。

表 7.3 雷暴电场的测量

研究者	典型值(V/m)	测量到的最大值(V/m)	测量工具
Winn et al (1974)	$5\sim8\times10^4$	2×10^5	火箭
Winn et al (1981))	—	1.4×10^5	气球
Kasemir 和 Perking(1978)	1×10^5	2.8×10^5	飞机
W. D. Rust H. W. Kasemir	1.5×10^5	3.0×10^5	飞机
Imyanitov et al(1972)	1×10^5	2.5×10^5	飞机
Evans(1969)		2×10^5	
Fitzgerald(1976)	$2\sim4\times10^5$	8×10^5	飞机

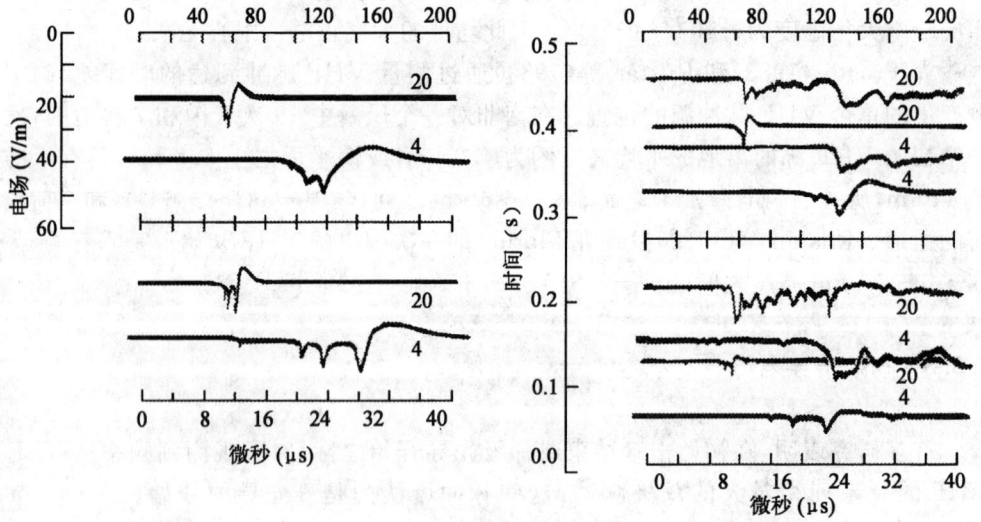

图 7.22 初始击穿结束或梯先导开始时 30~50km 距离处闪击放电发出的大双极化电场
(Weidman 和 Krider,1979)

§7.4 梯式先导

在上面已对梯式先导的特点作了一些描述,下面将对梯先导作进一步的说明。

7.4.1 梯式先导的类型

图 7.9 显示了梯式先导的闪电照片,Schonland 等(1938)测量闪电向地面的长度和速度,将梯式先导分成 α 型梯式先导和 β 型梯式先导两类,它们的特点有:

(1) α 型梯式先导:α 型梯式先导的平均传播速度较低,约为 10^5 m/s,但比较稳定。α 型梯式先导的单个梯级的长度较短,亮度较暗淡,也比较稳定。

(2) β 型梯式先导:β 型梯式先导的平均传播速度较高,开始可达 8×10^6 m/s 到 2.4×10^7 m/s 左右,然后逐渐下降,至接近地面时,其传播速度与 α 型梯式先导的传播速度相近。β 型梯式先导的上部有丰富的分枝,单个梯级的长度较长,也较为明亮,但在发展过程中单个梯式先导的长度逐渐变短,亮度也减弱。表 7.4 为梯级 α 型和 β 型先导向下速度出现的次数。

表 7.4 梯级 α 型和 β 型先导向下速度

速度($\times 10^5$ m/s)	α 型先导数	β 型先导数和空气放电
0.8~2.0	27	
2.0~3.0	9	
3.0~4.0	13	
4.0~5.0	4	
5.0~6.0	3	1
6.0~7.0	2	1
7.0~8.0	2	1
8.0~9.0		3
9.0~10.0		2
10.0~11.0		2
11.0~12.0		2
12.0~13.0		1
17.0~18.0		1
20.0~21.0		1
23.0~24.0		1
25.0~26.0		1

另外，发现与 β 先导相类似的 β_1 和 β_2 型先导，β_1 型先导与一般的 β 先导不同，在它的某些点处表现不连续的速度。β_1 型先导出现不连续点之前有显著的分枝，其平均速度约为 $0.6\times10^6\sim3.2\times10^6$ m/s。在 β_1 型先导不连续点之后，实际上就演变成具有很少分枝的 α 先导，呈现弱的亮度和平均速度为 $0.7\times10^5\sim3.2\times10^5$ m/s。β_2 型先导与一般 β 先导的慢速接近地面处时不同，从云底到先导不连续点处表现有连续移动的或箭式先导快速通过。

7.4.2 梯式先导的长度和时间

Schonland(1956)测量得出，α 型梯式先导梯级长度范围在 10～200m 之间，在步级间的脉冲时间为 37～124μs，紧接是相应脉冲时间的长梯级步长。Vogelsanger(1966)得出对于梯级步长 3 和 50m 的脉冲时间为 29～52μs。很显然，短的梯级步长出现于接近地面。Kitagawa(1957)从电场观测记录观测到离地远的平均时间为 50μs 梯级步长，而当梯式先导接近地面时，梯级平均时间减小为 13μs。Krider 和 Rada (1975)，Cooray 和 Lundquist (1982，1985)等的研究表明，由梯式先导产生的电场脉冲平均值 15μs，范围约为 5～20μs。图 7.23 显示了相距 20～100km 佛罗里达四次回击前梯级先导的电场脉冲。同一种波以慢(40μs/div)和快(8μs/div)两种方式显示。

当先导接近地面时，电场增强而形成击穿，这时所对应的放电距离可以由棒与棒之间实验测量得出，实验给出平均临界电场强度 E 约为 500kV/m，如果先导顶端的电位 V 已知，放电距离 S 则为

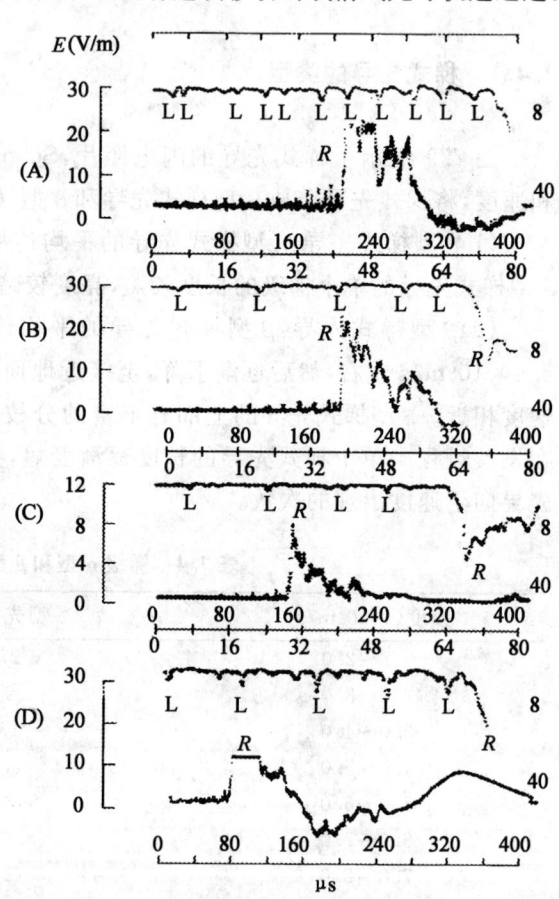

图 7.23 Florida 四个闪电放电电场波
(Krider et al, 1977)

$$S=\frac{V}{E} \tag{7.4}$$

但是，实际闪电的放电距离要长得多。

7.4.3 梯式先导的电场脉冲和梯级

研究工作发现,在回击之前的梯式先导在几百毫秒时间内产生约 $5\sim20\mu s$ 的电场脉冲,平均为 $15\mu s$;当先导有分枝且一起到达地面,使得电场脉冲时间比只有一支先导梯级时间要短。图 7.23 表示了回击之前先导电场脉冲特点,可看到梯级先导最后一脉冲通常是大的,平均为随后回击峰值的约 0.1,与回击峰值相关。梯级与电场脉冲相联系。

从图 7.23 看到,梯式先导电场脉冲出现于回击之前几百毫秒,是单极的,与大的双极有很大的不同,它发生于梯式先导开始到回击之前的 $10\sim20ms$ 的时间,大的双极化脉冲、梯式先导脉冲和回击电场的改变随负电荷向下移动时都有同样的初始极性。

7.4.4 梯级先导的电流

Williams 和 Brook(1963 年)对两个梯级先导远距离测量得平均的梯式先导的电流为 $50\sim63A$。Thomson (1985)对 62 个梯导由电场测量导得近地面平均电流为 1.3kA 和 1kA 的标准偏差,其范围从 $100A\sim5kA$。Krehbiel(1981)对 7 个梯级先导,从多站电场测量导得毫秒间隔的平均电流 1.3 kA,其范围从 $200A\sim3.3kA$。

表 7.5 梯式先导电场变化时间

来源	闪电数	距离范围	持续时间(ms)		
			最小	最大	模式
Schonland et al. (1938a)	69	0~24	0~3	66	9~12
Pierce(1955)	~340	40~100	0~20	525~550	20~40
Clarence and Malan(1057)	234	0~80	6	442	—
Kitagawa(1957)	41	0~15	8	89	20~30
Kitagawa and Brook(1960)	290	—	0~10	210	10~30
Thomson(1980)	53	6~40	~4	~36	—
Beasley et al (1982)	79	0~20	2.8	120	6~20

7.4.5 梯级先导的电场

梯式先导电场是毫秒尺度,它的持续时间见表 7.5。现已发展有解释梯级先导的理论，Thomson 计算了梯级先导的电场和垂直一维、倾斜通道和三维荷电分布电场随高度的变化。图 7.24 给出假定线电荷密度分布均匀时，高度 H 负梯级先导向下的电场变化，H_B 为梯级先导顶端离地面的高度，D 是离梯级先导的水平距离。从图中看出，在梯级先导开始时，电场的时间变化为 0，当先导接近地面（$H_B \approx 0$，D 较大）时的远距离处，$H/D < 0.9$ 时，电场出现的变化为正，而当 $H/D > 0.9$、H_B/H 值小时，H/D 越大，电场的负变化越大。

在地面不同距离处测量的梯级先导产生的电场是不同的，图 7.25 表示了在地面四个距离处测量梯级先导产生的电场改变，图中 R 是梯式先导电场变化与回击电场变化之比，梯级先导顶端越接触地面时是正变化，它与由模式得出的图 7.24 所表示的电场变化是很一致的。图 7.26 为 Florida 9 个风暴 80 个梯式先导总电场变化相对距离的关系，图中将距离分为近、近中、近远和远距离四类，对于梯级先导在近距离处电场变化是负的，距离愈近，负变化愈大，而在远距离处电场的变化是正的。

图 7.27 为观测到的先导与回击电场变化之比相对距离的关系，图中实线是由高度为 5 和 10km 高度先导荷电均匀分布由模式计算的得到的曲线，可以看到在近距离处，梯级先导电场改变小于回击电场的改变。

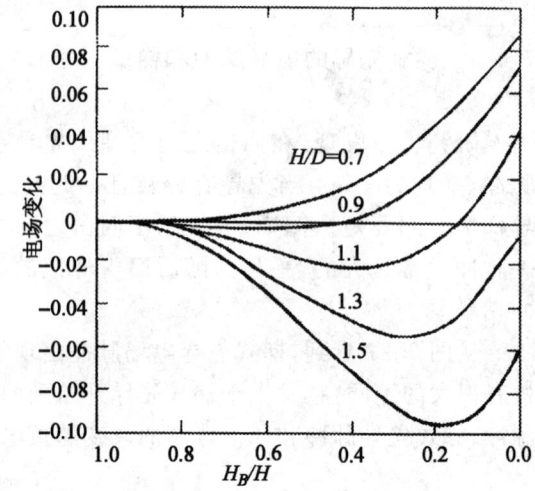

图 7.24 荷电高度 H 负先导的电场变化
（Uman 1969）

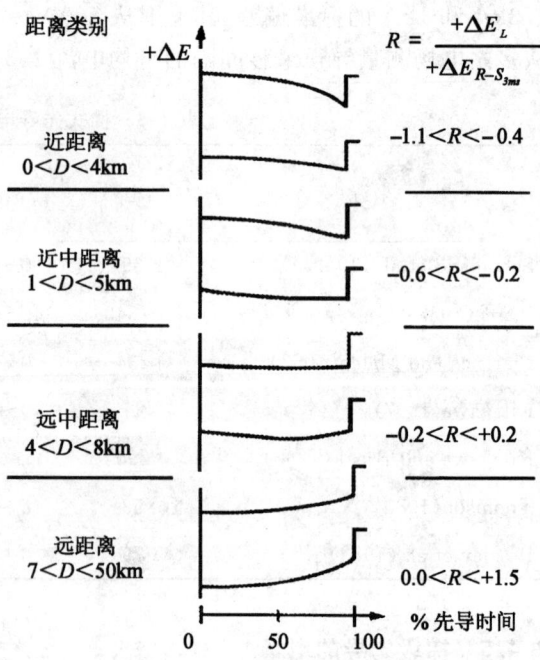

图 7.25 四个距离上梯级先导电场变化的典型形状
（Beasley 等，1982）

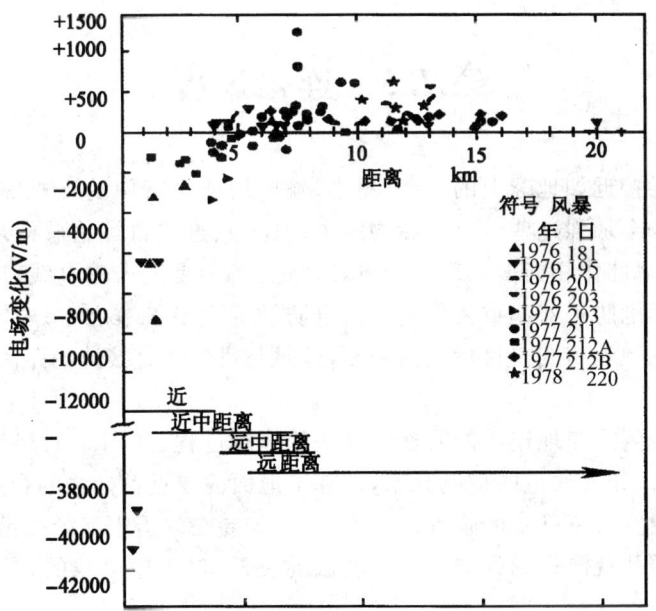

图 7.26　先导电场变化是距离的函数(Beasley 等,1982)

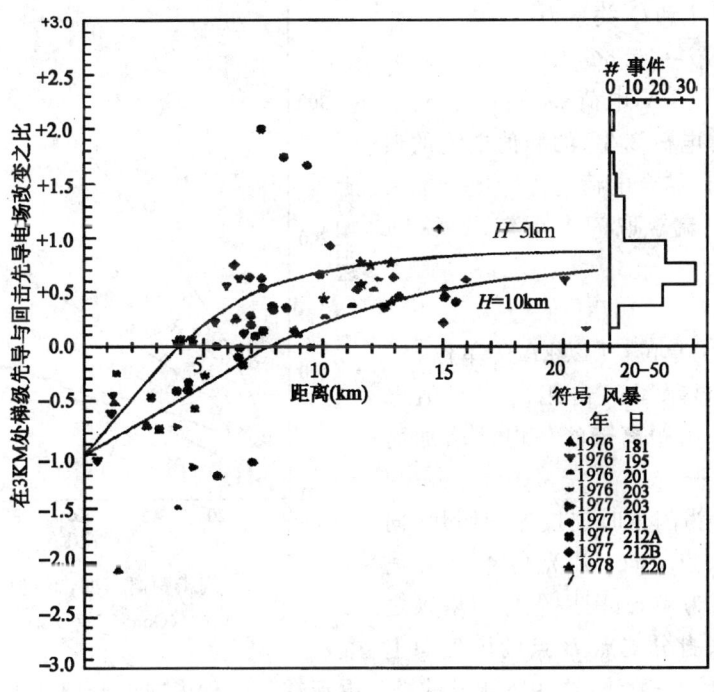

图 7.27　梯级先导与回击电场变化比(Beasley 等,1982)

§7.5 连接过程

当梯式先导接近如地球上的土墩、树木、输电塔或飞行中的飞机等时,由梯式先导荷电产生的电场会加强这些放电目标物的电场,虽然这些目标物放电现象尚没有很好的解释,但是已对此作相当多的理论分析和讨论,特别是闪击输电线,连接过程对于设计地面的金属闪电防护器起重要作用。闪电防护的重要参数之一是"闪击距离":是指先导向下运动的顶端与闪击目标间的距离,就是与目标物直接连的距离,通常这一点已确定。

现研究与地闪或与地连接的目标物有关的连接过程。Golde 对连接过程作这样的分析:他假定梯式先导通道的荷电分布,计算了地面的或近目标物的合成电场。当某个点的电场超过由实验室确定的临界击穿值,假定先导在闪击距离处的情况下,各研究者由理论和闪电照片观测得到闪击距离与电流的关系,对于输电线的防护需要更加实际的值。

Berger(1972)根据 89 次第一次负闪击资料拟合得 I 和 Q 关系为

$$I = 10.6 Q^{0.7} \quad (7.5)$$

式中电流 I 单位 kA,电荷 Q 单位 C。对于上式相对于总电荷 3.3C 的峰值电流的典型值为 25 kA。结合电荷与击穿电场的关系可用峰值电流求取闪击距离 d_s,Golde(1977)得到

$$d_s = 10 I^{0.65}$$

式中 d_s 以 m 为单位,I 以 kA 为单位。

图 7.28 显示了闪击距离与峰值电流的关系为闪击距离随峰值电流增加而增大。

图 7.29a 为闪击时连接先导照片,向下负先导在 A 点与向上流光会合,A 点离塔的水平距离为 40m,图中先导与塔顶之间的连接是来自分支点 B 点的塔处向上

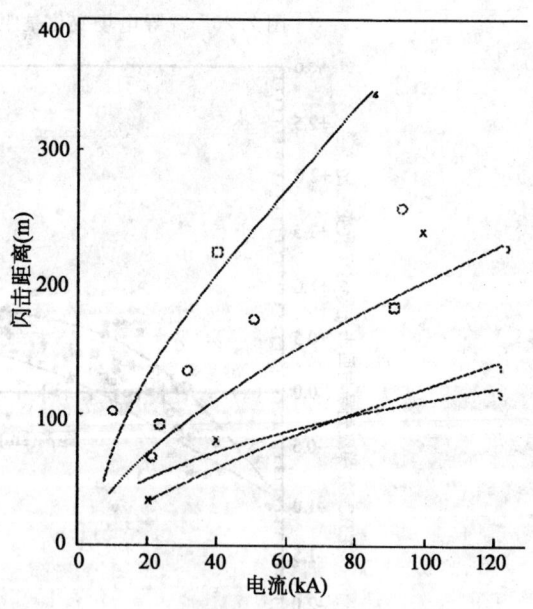

图 7.28 闪击距离与回击峰值电流关系
(Golde,1977)

正放电进行的。一般地,这些所测量的塔上电流在几微秒内向上升到几千米高度处,在随后几微秒中达到十几千米。由于向上连接放电的形成的电流在所观测的资料难以识

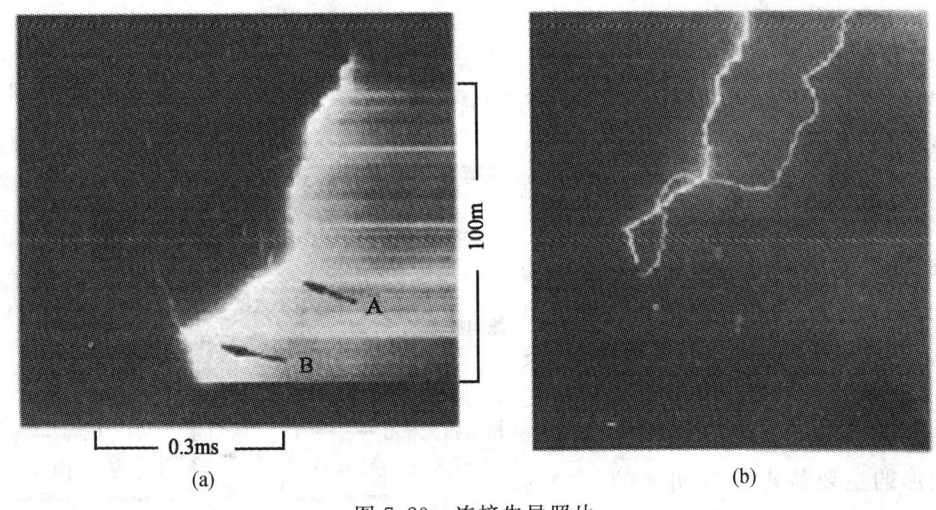

图 7.29 连接先导照片
(Berger,1977)

别,Orville 和 Idone(1982)从带条纹的照相图片上推得三次放电的先导长度分别为 20m、20m 和 30m。图 7.29b 显示是静止相机摄取的照片,图中通道是环形或分裂的,有一个向上和向下先导的接点,往往是向上传播的先导分枝位于分支点之下,而向下先导位于分支点之上。许多地闪照片显示了通道接近地面时有环形和通道方向发生改变。在环形之下,通道是直的。由这种类型照片分析确定闪击距离的温差来自于在一个三维通道的二维照片上交叉点位置的主观判断。

§7.6 回 击

如前所述,闪电的回击是云与大地间的最重要的放电过程,此时出现强的电磁场突变,发出最强的光和最强的电流,图 7.30 给出了向上回击放电的模型,图中电晕区内充满(负)电荷,在电晕区内有一从地面向上发展和向外迅速扩展的流光区,流光区内中心部分为沿着先导形成的闪击弧光核心向上传播的回击弧光柱,并向侧向放电。下面对此进行说明。

7.6.1 回击的电磁场

回击的垂直电场和水平电场变化时间间隔是以毫秒级或次毫秒计算的。图 7.31 和图 7.32 给出了第一闪击和随后闪击的电磁场为距离 1.0km、2.0km、5.0km、

10.0km、15.0km、50.0km、200km 的函数,图中左边一栏是电场的改变,右边栏是磁场改变量,实线是第一闪击电场改变,虚线是随后闪击的电场改变。从图中看到,几十微秒以后,在几千米范围内总电场以静电场分量为主,在同一时间,闭合磁场是以总磁场的静磁场为主,形成一隆起的磁场分量(图 7.31 右)。而对于远距离电磁场有相同的波形,并且是双极的,所构成的电磁场实际是辐射场分量。除 10km 之外,电磁场波形的主要特点是有明显的初始的电磁场峰值,为了比较,不同回击产生的初始峰值进行归一化调整,如相对于 10km,测量的峰值电场乘以 $D/10^5$,D 是闪击距离,单位 m。表 7.6 给出了不同作者得出的标准的初始峰值电场、零交点时间、从零交点上升到峰值时间等。

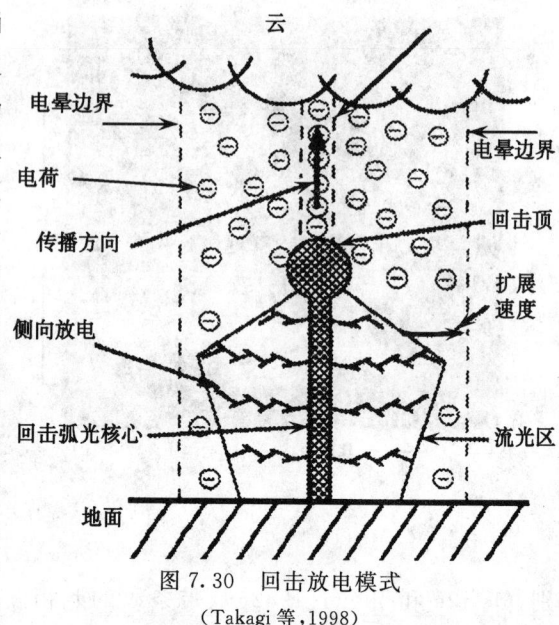

图 7.30 回击放电模式
(Takagi 等,1998)

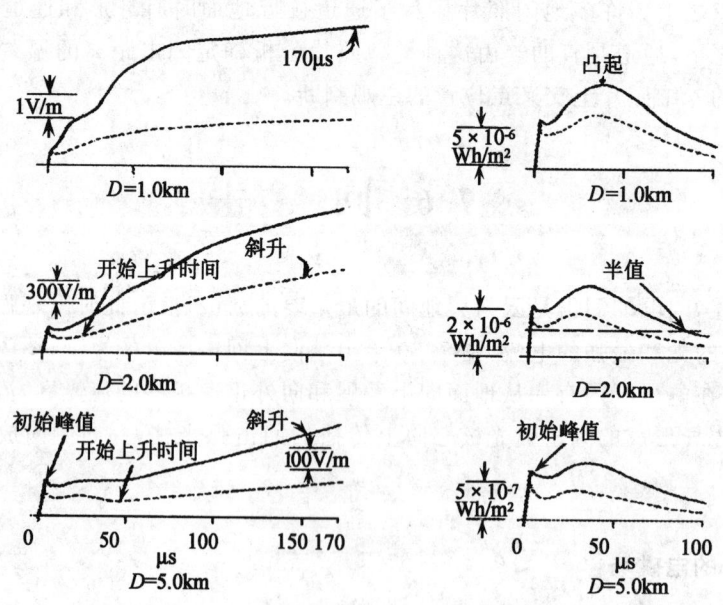

图 7.31 近距离处第一闪击(实线)和随后闪击(虚线)的垂直电场(左)和水平磁场(右)

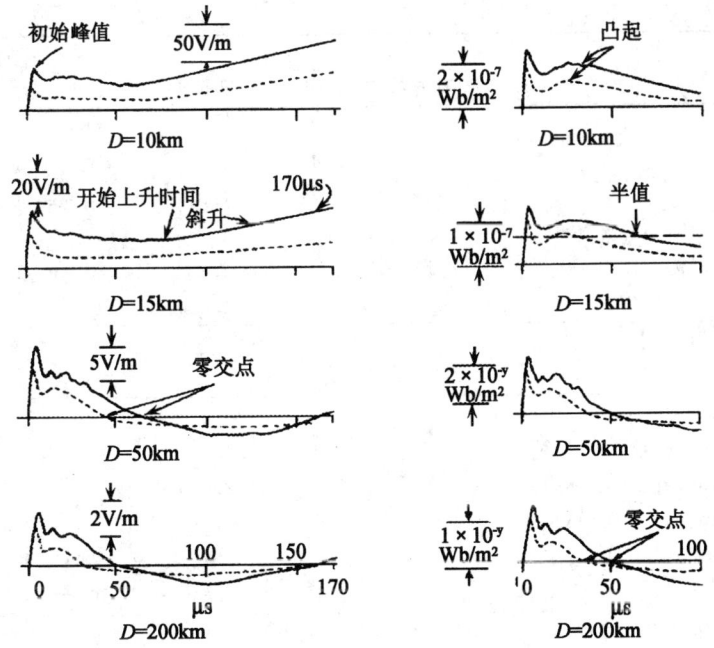

图 7.32 远距离处第一闪击(实线)和随后闪击(虚线)的垂直电场(左)和水平磁场(右)
(Lin 等,1979)

表 7.6 向下负闪击垂直电场的统计结果(Berger,1975)

	第一闪击			随后闪击		
	闪击数	平均	标准偏差	闪击数	平均	标准偏差
初始峰值,以 100km(V/m)为标准	112	6.2	3.4	237	3.8	2.2
Master et al (1984)	69	11.2	5.6	84	4.6	2.6
Krider 和 Guo (1983)	31	8.8	4.0	31	6.0	1.9
	553	5.3	2.7			
Cooray 和 Lundquist (1982)	54	5.4	2.1	119	3.6	1.3
McDonald et al (1979)	52	10.2	3.5	153	5.4	2.6
McDonald et al (1979)	75	9.9	6.8	163	5.7	4.5
Tiller et al (1976)						
Lin et al (1979)						
[KSC]	51	6.7	3.8	83	5.0	2.2
[Ocala]	29	5.8	2.5	59	4.3	1.5
Talor (1963)	47	4.8				
零交点时间(μs)						
Lin 和 Uman (1979)	46	54	18	77	36	17
Cooray 和 Lundquist (1985)						
[Sweden]	102	49	12	94	39	8
[Sri Lanka]	91	89	30	143	42	14
从零上升到峰值时间(μs)						
Master et al (1984)	105	4.4	1.8	220	2.8	1.5
Cooray 和 Lundquist (1982)	140	7.0	2.0			

续表

	第一闪击			随后闪击		
	闪击数	平均	标准偏差	闪击数	平均	标准偏差
Lin et al (1979)						
[KSC]	51	2.4	1.2	83	1.5	0.8
[Ocala]	29	2.7	1.3	59	1.9	0.7
Tiller et al (1976)	120	3.3	1.0	163	2.3	0.9
Lin et al (1979)	12	4.0	2.2	83	1.2	1.1
Fish 和 Uman(1972)	26	3.6	1.8	26	3.1	1.9
10%~90%上升时间						
Master et al (1984)	105	2.6	1.2	220	1.5	0.9
慢锋持续时间(μs)						
Master et al (1984)	105	2.9	1.3			
Cooray 和 Lundquist (1982)	82	5.0	2.0			
Cooray 和 Lundquist (1985)	104	4.6	1.5			
Weidman 和 Krider(1978)	62	4.0	1.7	44	0.6	0.2
	90	4.1	1.6	120	0.9	0.5
慢锋,振幅为峰值的百分数						
Master et al (1984)	105	28	15			
Cooray 和 Lundquist (1982)	83	40	11			
Cooray 和 Lundquist (1985)	108	44	10			
Weidman 和 Krider(1978)	62	52	20	44	20	10
	90	40	20	120	20	10
快速跃变,10%~90%上升时间(ns)						
Master et al (1984)	102	970	680	217	610	270
Weidman 和 Krider(1978)	38	200	100	80	200	40
	15	200	100	34	150	100
Weidman 和 Krider(1980,1984) Weidman (1982)	125	90	40			

图 7.33 给出了佛罗里达 20km 之内闪电的对于 100km 为标准的初始峰值电场的直方图,可以看到,对于第一闪击的电场范围为 6~8V/m,对于随后闪击为 4~6V/m。较高的观测平均值表明观测电场仪的触发阈值电平太高,对于小的闪击电场值就观测不到。Peckham et al(1984)的实验表明,对于固定的阈值电平的平均标准初始峰值电场随距离由在 25~75km 的 7V/m 增加到于 100~150km 的 9V/m。

图 7.34 显示了闪击电场的精细形状和初始峰值后的精细结构,图中看到回击前的梯级先导脉冲,第一回击电场具有一在几微秒上升的"慢峰 F"到峰值电场部分。Master 等(1984)发现为初始峰值电场的 30%、平均慢峰 F 持续时间为 $2.9\mu s$,Cooray 和 Lundquist

(1982,1985)报告,相应值为 5μs 和 40%,Weidman 和 Krider(1978)求得初始峰值电场的 40%~50%、平均慢峰 F 持续时间为 4.0μs。慢峰 F 之后是一快的"突变"上升到峰值 R,上升时间为 0.1μs 和 10%~90%。Weidman 和 Krider(1980,1984)报告对于 125 次第一闪击平均上升时间为 90ns,标准偏差为 40ns。从图中看到,对于随后闪击具有类似第一闪击的快速突变,跃变时间较第一闪击更短,为 0.5~1μs,仅为总的峰值的 20%。

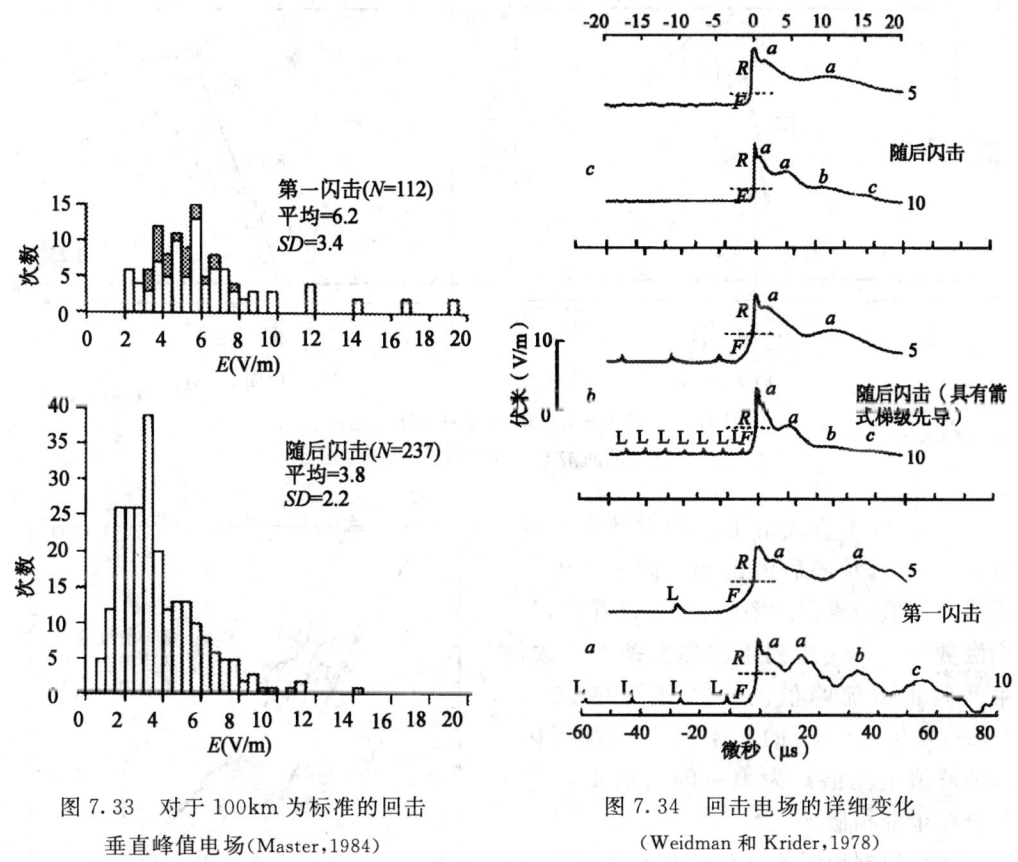

图 7.33 对于 100km 为标准的回击垂直峰值电场(Master,1984)

图 7.34 回击电场的详细变化
(Weidman 和 Krider,1978)

7.6.2 回击电流

地闪电流以脉冲回击电流最强,其危害最大。回击电流特征不仅与地闪的类型和闪击类型有关,还与地形和土壤电导率等地理条件,以及不同类型的气象条件等因子有关,一般而言,回击电流具有单峰形式的脉冲电流波形,电流波形的前沿十分陡峭,而电流波形的尾部变化则较为缓慢。

描述回击电流的波形的参量,主要有峰值电流、电流上升率、峰值时间等。峰值电流是指回击电流波形峰值处的电流强度,单位 A,电流上升率有时也定义为回击电流从峰值电流的 10% 递增到 90% 时,电流强度随时间的平均变化率,并称为平均电流上升率。峰值时间是指回击电流上升到峰值电流所需时间,单位为微秒,半峰值时间是指回击电流上升至峰值,然后又下降到峰值电流一半时所需时间。如图 7.35 显示了两个典型的回击电流波型,图的上部表现有双峰电流波形,下面图为单峰电流波形。

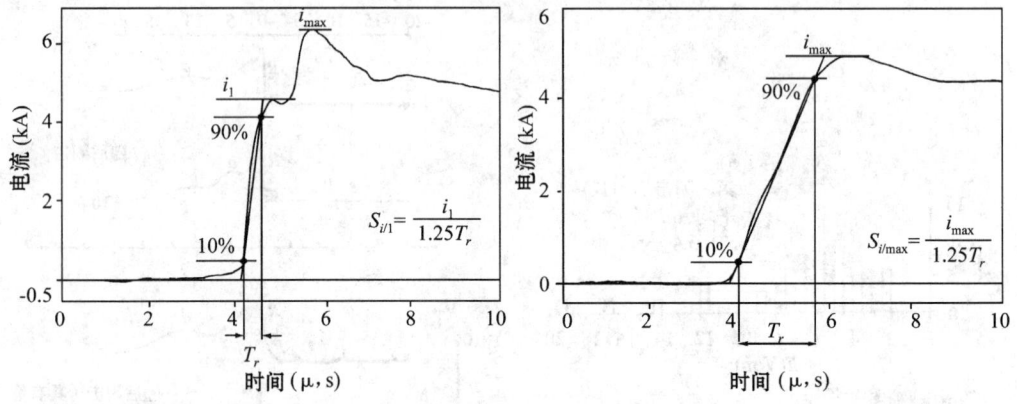

图 7.35 对于 α 和 β 的两种回击脉冲电流波型,
图中给出了回击电流的参数(Fuchs 等,1998)

图 7.36 中直线给出了用对数表示的负第一闪击、负随后闪击和正闪击电流的峰值电流值的累积几率(%),可以看出,几率函数与表 7.7 中列出的参数基本一致,第一闪击电流峰值的平均范围在 20~40kA,发生 200kA 的几率为 1%;随后闪击的峰值电流值只为第一闪击的 1/2,但其分布十分相似。

下面根据地闪的类型对向下负先导—负地闪脉冲闪电流作一分析:

这类闪电在开始时有几十千安的脉冲电流,并接着出现大量放电,其中有些放电的连续电流为 100~200A,持续百分之几秒至十分之几秒。常见负地闪回击中,其峰值

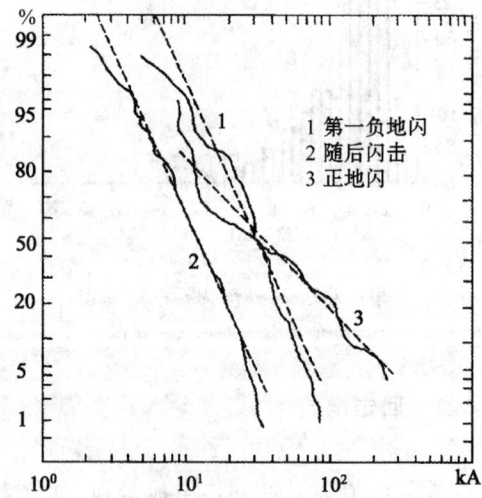

图 7.36 峰值电流几率分布(Berger,1975)

电流的典型值为 $2×10^4$ A 左右,变化范围为 $2×10^3 \sim 2×10^5$ A 左右;电流上升的典型值为 10^4 A/μs 左右,其变化范围为 $10^3 \sim 8×10^4$ A/μs 左右;峰值时间的典型值为 2μs 左右,其变化范围为 1~3μs;半峰值时间的典型值为 40μs 左右,其变化范围 10~250μs 左右。

图 7.37a 为第一负闪击电流的变化,可以看出电流的上升率远较在后面描述的正地闪要大;图 7.37b 为随后负闪击电流。图中有两个标尺 A、B,其中 B 是放大后的标尺,所对应的是虚线表示的电流波形。

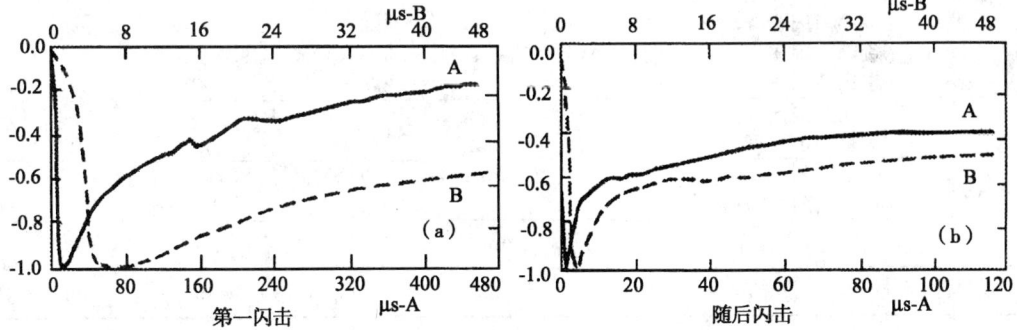

图 7.37 平均负闪回击电流(振幅归一化)(Berger et al 1975)

表 7.7 闪电电流参数

事件数	事件	单位	超过表中个例数的百分数		
			95%	50%	5%
	峰值电流(极小 2kA)				
101	负第一闪击	kA	14	30	80
135	负随后闪击	kA	4.6	12	30
20	正第一闪击	kA	4.6	35	250
	荷电量				
93	负第一闪击	C	1.1	5.2	24
122	负随后闪击	C	0.2	1.4	11
94	负闪击	C	1.3	7.5	40
26	正第一闪击	C	20	80	350
	脉冲电荷				
90	负第一闪击	C	1.1	4.5	20
117	负随后闪击	C	0.22	0.95	4.0
25	正第一闪击	C	2.0	16	150
	顶端持续时间(2kA 到峰值)				
89	负第一闪击	μs	1.8	5.5	18
118	负随后闪击	μs	0.22	1.1	4.5
19	正第一闪击	μs	3.5	22	200
	最大 di/dt				
92	负第一闪击	kA/μs	5.5	12	32
122	负随后闪击	kA/μs	12	40	120
21	正第一闪击	kA/μs	0.20	2.4	32
	闪击时间(2kA 到半值)				
90	负第一闪击	μs	30	75	200
115	负随后闪击	μs	6.5	32	140
16	正第一闪击	μs	25	230	2000

续表

事件数	事件	单位	超过表中个例数的百分数		
			95%	50%	5%
	($i^2 dt$)积分				
91	负第一闪击	A^2 s	6.0×10^3	5.5×10^4	5.5×10^5
88	负随后闪击	A^2 s	5.5×10^2	6.0×10^3	5.2×10^4
26	正第一闪击	A^2 s	2.5×10^4	6.5×10^3	1.5×10^7
	时间间隔				
133	两负闪击之间	ms	7	33	150
	闪电时间	ms	0.15	13	1100
94	负闪击(含单次闪击)	ms			
39	负闪击(不含单次闪击)	ms	31	180	900
24	正闪击(仅单次闪击)	ms	14	85	500

回击起始于连接点,其特征是向下先导和向上连接先导中的电流剧增,闪电通道可看成是一导体,作为一级近似,设冲击阻抗为 Z 的导体向下先导,而电感为 L 的良导体(击穿火花)表示连接先导,已知先导电位 V,则可由下式算出基本电流 i 和初始上升率 di/dt

$$i=\frac{V}{Z} \text{和} \frac{di}{dt}=\frac{V}{L} \tag{7.6}$$

取 $V=50\text{MV}, Z=500\Omega, L=100\mu\text{H}$,则求得 $i=10^5\text{A}, \frac{di}{dt}=500\text{kA}/\mu\text{s}$。

对于一次闪击消耗的电量 $-dQ$ 正比于时间间隔 dt、云中的电量 Q 和电荷消耗系数 a,即是

$$dQ=-a\cdot Q\cdot dt$$

或是

$$dQ/Q=-a\cdot dt \tag{7.7}$$

如果闪击之前的初始电荷量为 Q_0,并且电荷消耗系数 a 为常数,则

$$Q=Q_0 e^{-at} \tag{7.8}$$

7.6.3 回击的速度

由于回击流光波峰具有随高度而变的形状,因此显然不能将不同高度的回击看成是同样的流光。最早测量回击速度的是 Schonland 和 Collens(1935)使用博尹斯相机测量回击速度,在通道底的第一闪击的速度大约为 $1\times10^8\text{m/s}$,而通道顶的速度为 $5\times10^7\text{m/s}$。

较近的工作有 Idone 和 Orville(1982)分析了 17 次第一闪击和 46 次随后闪击得到回击的速度分布如图 7.38 所示,在地面上 1.3km 内第一闪击平均速度为 $9.6\times10^7\text{m/s}$,随后闪击的速度为 $1.2\times10^8\text{m/s}$,第一闪击和随后闪击的速度随高度减小。Idone 等

(1984)报告了由人工触发的闪电中 56 次接近地面的随后闪击的回击速度,平均三维速度为 $1.2×10^8$ m/s,最小和最大值分别为 $6.7×10^7$ m/s、$1.7×10^8$ m/s。

由于回击速度和峰值电流与先导通道内单位长度的荷电量和先导通道内由荷电引起的电势有关,由实验得出回击速度和峰值电流的关系为

$$v=c[1+(W/i_p)] \quad (7.9)$$

式中 W 是常数($=40$kA),i_p 是峰值电流,c 是光速。

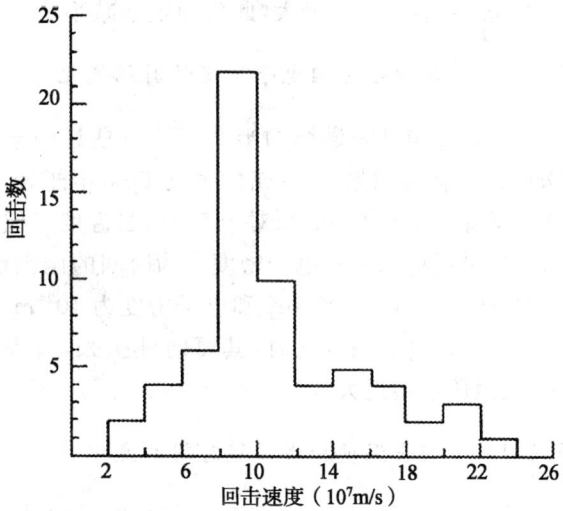

图 7.38 回击速度和回击数(Idone 和 Orville,1982)

7.6.4 闪电通道温度和电子密度

闪电通道的温度和电子密度对于研究闪电放电机制是重要的,Krider(1965),Orville(1966)利用他们自己制造的光谱仪获取了大量的闪电资料,由此能研究闪电通道的物理特性,Prueitt(1963)得出闪电通道的平均温度为 24000 到 28000K;Uman 等(1964)得出闪电通道的电子密度为 $3×10^{24}$ m^{-3},闪电通道的电导率为 $1.8×10^4$ S/m。Uman 和 Orville 使用在玻尔末系列 $H\alpha$ 全加宽光谱线确定电子密度,对于三个回击求出电子密度为 $1×10^{23}$ m^{-3} 到 $5×10^{23}$ m^{-3},这一值更为可靠。

7.6.4.1 闪电通道温度的时间变化

闪电通道内的温度是随时间变化的,如图 7.39 是 Orville(1968)给出两次闪击通道温度随时间的变化,图中虚线为时间的分辨率,垂直实线表示温度的误差范围。

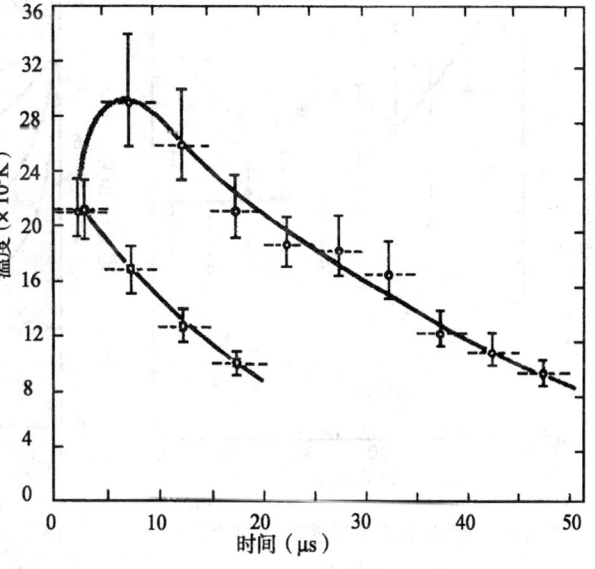

图 7.39 回击温度随时间的变化(Orville,1968)

可以看到,在 50μs 期间回击温度的时间变化,最大的温度值是 30000K,在最

初的 10μs,温度达到最大,此后稳定地减小。

7.6.4.2 闪电通道内电子密度的时间变化

通过测量 $H\alpha$ 谱线的半宽度可以估计闪电通道电子密度的时间变化,图 7.40 为 Orville 的估算结果,在回击的最初 5μs,电子密度为 $1\times 10^{24}\,m^{-3}$,在下一的 25μs,电子密度下降为 $1\times 10^{23}\,m^{-3}$,对于 50μs,虽温度降低,但电子密度稳定为一常数。

如果通道温度和电子密度作为时间的函数已知,则通道的压力和其它特性可以求出,当通道温度为 30000K 和电子密度为 $10^{24}\,m^{-3}$ 时,通道的压强为 10 个大气压。当通道的压强超过周围空气时,其要向外扩张,直到压强达到平衡。由图 7.39 和 7.40 看出,通道压强接近大气压需用 20μs。

7.6.4.3 回击温度和半径随时间的变化

Uman 和 Voshall(1968)应用(1)能量输送方程,(2)动量传输方程,(3)质量守恒方程和(4)状态方程计算了通道没有能量输入时的冷却率。图 7.41 为计算的一个例子,当回击电流停止那一瞬间假定初始温度为 8000K,则通道中心温度为通道半径的函数,通道半径越大,温度越高。

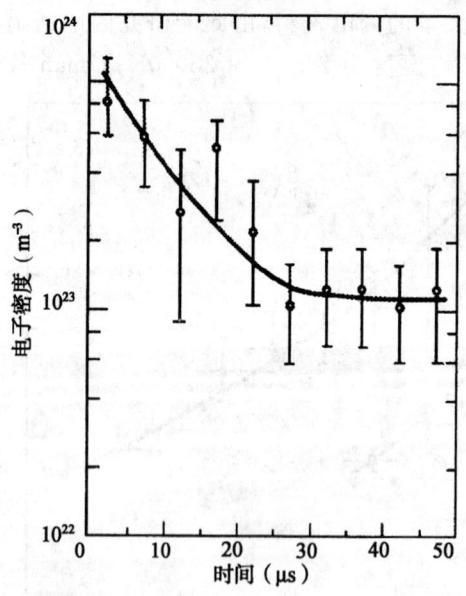

图 7.40 回击电子密度随时间的变化
(Orville,1968)

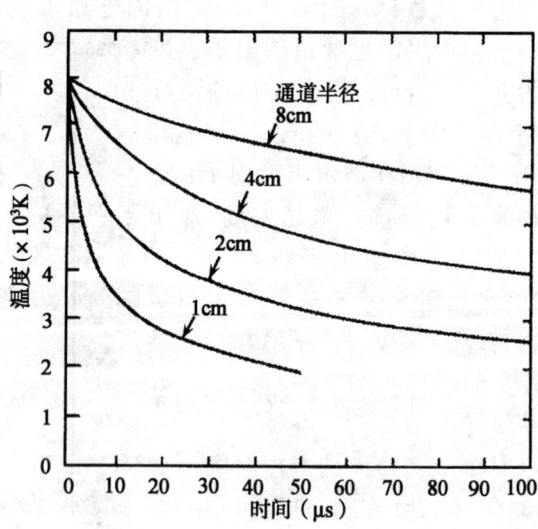

图 7.41 回击温度和半径随时间的变化
(Uman. M. A 和 Voshall,R. E,1968)

§7.7 箭(直窜)式先导

在地闪中第一次闪击之后的回击是由箭式先导开始的,箭式先导将电荷贮存于前一次的闪击电流留有电荷的通道内,为随后闪击提供相对于地球更高的电势,如果前一次闪击是第一次闪击,包含有一枝或更多枝。箭式先导名称的由来是由于它在照片上表现为发亮的一条线,意为急速或突发的火箭(导弹)。也有称之为直窜式先导。

7.7.1 箭式先导的光特性、步长

发光的箭式先导的步长可以由条纹状的箭式先导图片确定,Schonland 和 Collens(1934)第一次测量箭式先导的步长度,对于 9 个先导得出其平均长度为 54m、范围为 25~112m。Orville 和 Idone(1982)对 11 个箭式先导作了类似分析,对每一先导通道的顶端和底端作测量,得 22 个值,求出梯长平均值为 34m,范围 7~75m,通过红滤光器对 6 个先导照片得较短的箭式先导平均梯长为 15m,这意味测量与记录光的谱带有关。在某些情况下,测量到的箭式先导长度与胶片特性的作用有关。在大多数情况下,Orville 和 Idone(1982)发现在通道(下端)低的部分,箭式先导的长度是较小的。由 19 个人工触发闪电研究发现,箭式先导的长度平均为 50m,变化范围为 15~90m。

箭式先导的长度是由箭式先导通道小段内先导波开始反转后发光的时间和波的速度两者决定的。如果光的消亡时间是常数,则快速的先导朝东移,其长度也愈长。Orville 和 Idone 发现箭式先导的长度与速度是相关的,对这一观测的另一个解释是强先导不仅快速而且对通道有强烈加热,从而导致通道较慢消亡。通道内发光的减小与通道内温度的减小有关,温度的减小的原因是由于热传导、热对流和辐射损失。Schonland(1938)提出箭式先导发光出现于原子激发态寿命量级对发光贡献的时间。Orvill(1975)对箭先导发射光谱线研究原子能态的寿命为 $10^{-2}\mu s$。

7.7.2 箭式先导的速度

表 7.8 给出各研究工作者给出的箭式先导的传播速度,图 7.42 表示 Orville 和 Idone(1982)对发生佛罗里达 10 次闪电(21 次先导)和新墨西哥州(7 次先导)箭式先导传播速度出现次数的直方图,可以看到速度范围的低端为 $1\times10^6 \sim 3\times10^6$ m/s,速度大一端的范围 $21\times10^6 \sim 23\times10^6$ m/s,所有的平均值是相近的,约为 1×10^7 m/s,而 Schonand 等(1935)得出的平均值为 5.5×10^6 m/s,其 55 个测量值的 1/3 落在 $1\times10^6\sim3\times10^6$ m/s 范围内,仅为其他研究者的一半。

Schonand 等(1935)报告,如表 7.9 中,高的箭式先导速度与前一次闪击间的短时间间隔相联系,而低的箭式先导速度与前一次闪击间的长时间间隔相联系。还可看到,较长的闪击时间间隔的随后闪击流光更强烈。Idone(1984)用火箭引发闪电发现,箭式先导传播速度与随后的回击电流存在正相关。

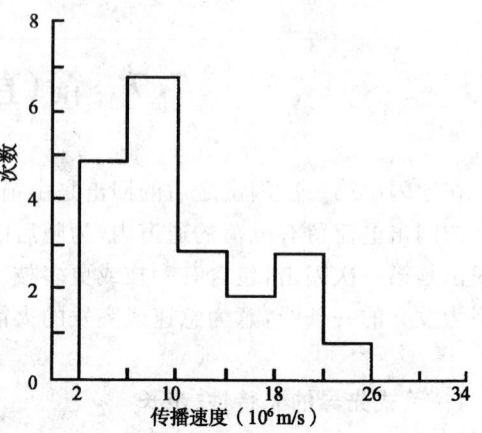

图 7.42 箭式先导的速度分布
(Orville 和 Idone,1982)

表 7.8 对于不同研究者的箭式先导的平均速度

	样品数	平均速度(10^6 m/s)
Schonand et al(1935)	55	5.5
McEachron(1939)	17	11.0
Brook 和 Kitagawa(1965)	103	9.7
Berger(1967)	80	9.0
Hubert 和 Mouget(1981)	10	11.0
Orville 和 Idone(1982)	21	11.0

图 7.43 给出了由 Brook 和 Kitagawa(1965)测量 103 次箭式先导的结果,可以看出,箭式先导的速度与闪击之间的时间间隔的关系与如上所述的相同。

Schonand et al(1935)发现箭式先导的速度随先导接近地面而减小,没有观测到与其相反的例子。但是,Orville 和 Idone(1982)发现有 16 个样本中有 4 个是在朝向地面传播时速度增加的。

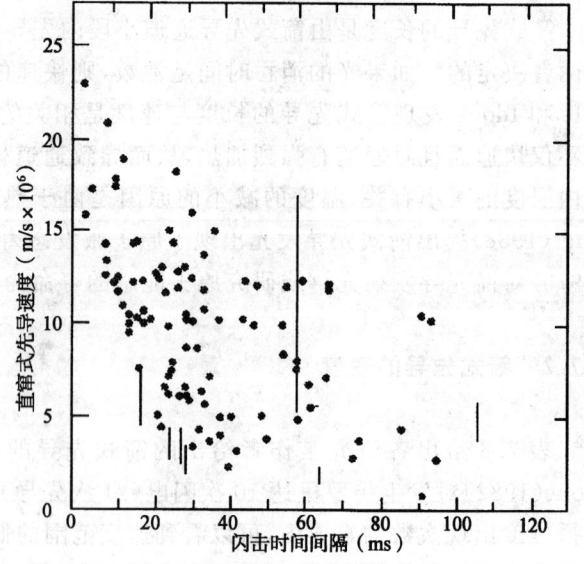

图 7.43 闪击时间间隔与箭先导的关系(Winn,1965)

表 7.9 箭式先导和随后闪击的特性(schonland(1956,1935))

箭式先导数	与前一闪击的时间间隔(s)	平均时间间隔(s)	速度(10^6 m/s)	平均速度(10^6 m/s)	回击强度	平均强度
5	0.005~0.12	0.044	15~22	19	0.3~0.8	0.46
5	0.07~0.48	0.17	1.7~2.8	2	1.2~5.0	2.2

注:以第一闪击强度为单位。

7.7.3 箭式先导的电流

Orville 和 Idone(1985)用火箭引发的闪电用两种不同的光学方法估算了箭式先导的峰值电流:(1)取箭式先导与回击电流的比与箭式先导与回击速度的比相等,这就是假定在每一过程的单位长度荷同样的电荷的简单模式,其中速度比和回击电流是可测的,则可求出箭式先导的电流。(2)利用回击峰值电流 I_R 与回击峰的相对光强 L_R 之间的两个关系($L_R=1.5I_R^{1.6}$,$L_R=6.4I_R^{1.1}$)中的一个,应用于闪电中箭式先导相对光强,确定箭式先导电流。两种方法得出结果很相似,对于方法 1 和 2,箭式先导电流分别为 1.6A 和 1.8A。范围为 100A~6kA。箭式先导与回击电流之比范围为 0.03~0.3,方法 1 和 2 平均值分别为 0.16 和 0.17。

表 7.10 箭式先导与其多闪击的第二闪击的平均速度、平均长度、平均时间间隔
(Schonland,1956)

闪电标记	速度(m/s)	箭式先导步长度(m)	时间间隔(μs)
67	1.2×10^6	9.0	7.4
64	1.1×10^6	10.0	9.0
75	1.0×10^6	7.4	7.4
130	1.7×10^6	25.0	15.0
657	1.7×10^6	13.0	7.0
X7	0.48×10^6	12.0	25.0

7.7.4 箭式先导的电场

Malan 和 Schonlnd(1951)描述箭式先导的电场变化如图 7.44 所示,图中左边第一列是梯式先导和第一回击,之后是箭式先导和回击。在 5~8km 范围内,多次闪击和第一次箭式先导产生正的电场变化,而后的则开始具有负极性的钩状电场改变。对于负的电场改变在图中以箭头表示,Malan 和 Schonlnd 认为这是由于随后的先导

起源于云中较高处的荷电中心,并且发现具有垂直放电的随后闪电的高度约为 0.7km。通过将测量值与图 7.24 中来自点电荷的均匀垂直通道的理论曲线相比较得到这些结果。

Krehbiel 等(1979)观测表明,箭式先导电场波形状部分是由于先导的几何形状和水平先导的发展,多站测量表明,由于云内回击荷电位置的水平位移,使随后的箭式先导更向水平方向伸展,"表观"(指垂直方向上先导的高度)先导高度为总的箭式先导高度。

由箭式先导电场变化的测量或把箭式先导与回击电场变化的测量结合一起,利用

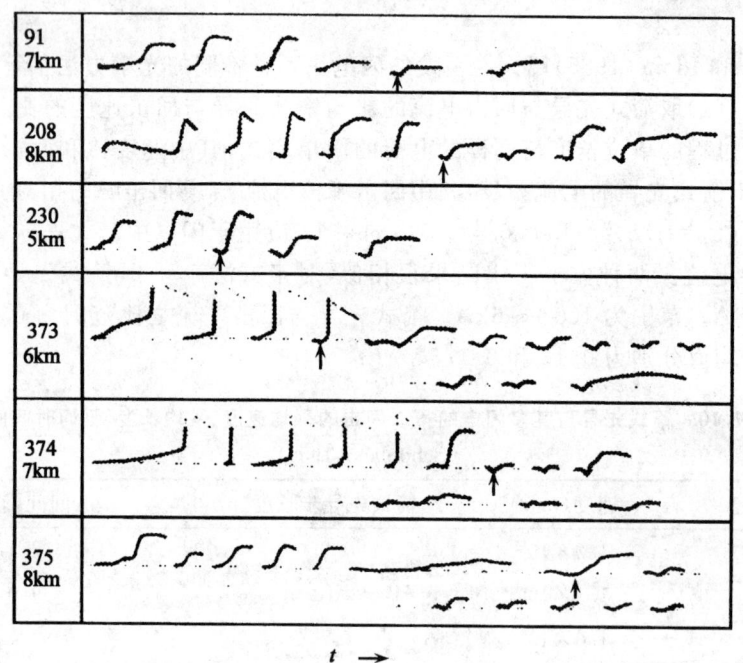

图 7.44 在多次闪击中先导与回击的电场变化
(Malan 和 Schonland,1951)

理论模式确定先导通道底端的荷电量,Brook 等(1962)报告对于第一随后闪击的最小荷电量为 0.21C,大多数为 0.5～1C。因此箭式先导比梯式先导荷较小的电量。如果箭式先导荷 1C 电量,由此箭式先导电流量级为 1kA。Orville 和 Idone(1985)用光学方法对 22 个个例得到平均电流为 1.7 kA,范围为 100A～6 kA。

Schonlnd(1938)由 46 个箭式先导和 26 个梯式先导电场的变化与回击电场的变化的比值可以推断,箭式先导通道内的电荷分布趋向于均匀的。

§7.8 连续电流

7.8.1 连续电流的长过程和短过程

在负的地闪中,回击沿由梯级先导形成的电离通道于 $100\mu s$ 的时间量级内向云迅速运动,此时通道底的回击电流迅速增加到一峰值,然后减小到为它的十分之一,就是在回击的传播阶段之后,在 1 ms 的时间内,通道存有基本电流约为 1kA,这就是连续电流。在负闪击中,Kitagawa 等(1962)进一步把连续电流分成两类:一是时间持续超过 40 ms,称之长过程;二是时间持续小于 40 ms,称之短过程。Kitagawa 等(1962)和 Brook 等(1962)还引入如下两类定义:(1)"混合闪电",在闪电中至少包含有一个长的电流分量;(2)"离散"闪电,它不含有长时间的连续电流,但包含有短时间的电流。图 7.45 是具有连续电流的负电闪过程,图中用两次时间刻度表示四次地闪的电场,右图是以较高时间分辨率显示由于连续电流引起的电场变化。由单站观测表明,在多数情况下,含有连续电流的闪电在稳定缓慢变化的电场之后有一个更为迅速变化的回击电场改变。

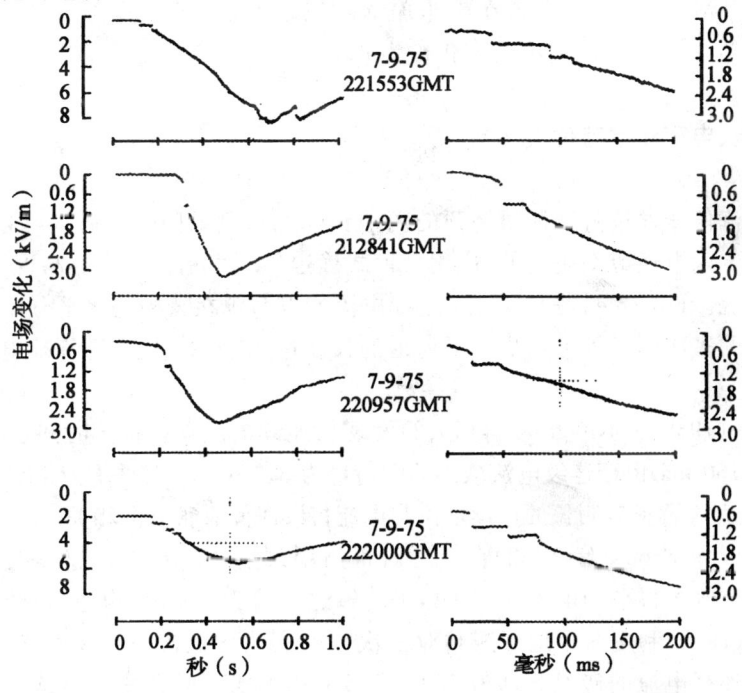

图 7.45　四次闪电场化及其连续电流(Livingston and Krider,1978)

在负地闪中的连续电流的重要特征是：(1)多数闪电包含有一个短过程和长过程；(2)大约有50%的闪电包含有一长过程连续电流分量，并且这些闪电输送到达地面的电荷是没有长过程连续电流的两倍。在实际中，闪电连续电流对目标物闪击的效应是潜在的严重的加热危害，如长过程的连续电流使飞机表面金属燃烧出洞和引起森林火灾。

下面仅对向下负地闪进行一些分析。

由 Kitagawa 等(1962)和 Brook 等(1962)得到的闪击照片和电场记录的193次闪电的46%表明在闪击之间至少有一次时间大于40ms同时有连续流光和电场变化。所有闪击时间间隔的四分之一具有一长过程连续电流。Livingston 和 Krider(1978)发现在佛罗里达的239次地闪的39%具有连续电流。Fuquay 等(1967)在 Montana 报告，856次地闪的一半具有长连续电流过程。Thomson(1980)在 Papua New Guinea 发现34次闪电的34%显示有长连续电流过程。

跟随单闪击闪电连续电流，不同的研究者之间有相当大的差别，Kitagawa 等(1962)报告27次闪电仅有2次伴随有长连续电流，而 Malan(1954)发现71次单闪击闪电的一半伴随有与慢电场变化或 F(最后)电场变化的连续电流。

不同研究者对在多次闪电最后一次闪击出现连续电流的几率较为一致，Kitagawa 等(1962)在新墨西哥州观测发现，约有一半的长连续电流过程发生于多次闪击最后一次闪击之后。Malan(1954)报告在南非连续电流基本发生于闪电的最后一次闪击后，在闪击之间超过100ms的慢电场变化仅为6%。

7.8.2 电流、电荷和电荷位置

连续电流值能通过直接测量塔顶的闪击和远距离测量闪击电磁场确定。Krehbiel 等(1979)假定闪电通道是垂直的，应用由模式确定的距离和荷电中心高度，由电场测量确定连续电流。Krehbiel 等发现对于连续电流的电荷源在云中是水平分布的。对于二或三次以上的多次闪击闪电出现水平通道的长度达几千米。这在计算荷电与电流时必须考虑的。

Brook 等(1962)和 Kitagawa 等(1962)发现长连续电流具有持续时间达500ms，平均持续时间为150 ms，由于连续电流减小的电荷量为3.4～31.2C，平均为12C，电流值范围38～130A 之间。资料表明长的连续电流与电流持续时间有很高的相关。

Williams 和 Brook 等(1963)在新墨西哥州用磁场计测量来自连续电流的闪电磁场，对14个个例求得平均电流为184A，平均输送电荷为31C，平均持续时间为184 ms。Krehbiel 等(1979)利用8个地面测站对三次放电测量的电磁场求出连续电流在50～580A 之间，连续电流的初值分别为580A、185A 和 150A，所有三次连续电流均随时间减小。这些电流的电荷源在云中是水平分布的，与闪击电荷处在同一高度上。

7.8.3 M 分量

7.8.3.1 M 分量概述

M 分量是在相对稳定电流和在通道发光相联的扰动(或脉冲)。如对先导－回击后和对连续电流，M 分量起着将云内的负电荷输送到地面的作用。M 分量输送电荷也发生于：(1)在向上梯级先导的形成中；(2)在由物体开始的初始连续电流期间和火箭触发闪电。M 分量与箭式先导－回击不同的是其形成需要有到地面的电流输送，而箭式先导－回击是当没有电流到地面时在沿原先形成的所留下的通道内发生。M 分量通道的 VHF 图像基本在云内。

如图 7.46 所示，照相观测放电通道在 R_C 电场期间是十分明亮，随电场的增加而增加，其与电场的变化有关。R_C 电场变化可能与中等或短时的连续电流相联系。Malan 和 Schonland(1947)研究发现 60% 的回击没有 R_C 部分，这表明没有 M 分量。在近距离观测到的钩形、M 分量场起始于负电场变化，并且随后没有强的正电场变化脉冲，净电场变化通常为 R_C 的几分之一到百分之一，钩状过程持续时间为 $200\sim 800\mu s$，但还观测到与回击和发生 M 分量间的时间间隔相联系更长的持续时间。Kitagawa 等(1962)发现发生于短的和长的连续电流两者期间，对于远距离随通道亮度增加，闪击电场没有方向的改变。他还提出，在回击后的第一个 15ms 内，各 M 分量之间的时间间隔趋向于随时间迅速增加；在 15~40ms 之间则趋向于减小；而在 40ms 之后，各 M 分量之间的时间间隔与时间没有关系。还发现在连续通道发光期间的多闪击之间和之后的小而迅速的 K 变化电场是与 M 分量相关联的。就是在某一距离处连续发光期间观测到的 M 分量是 K 变化。而且在连续发光期间大多数 K 变化和场变化间的频率时间为 6ms。与 M 分量相联的 K 变化与没有发光期间各闪击之间的 K 变化没有本质的不同。

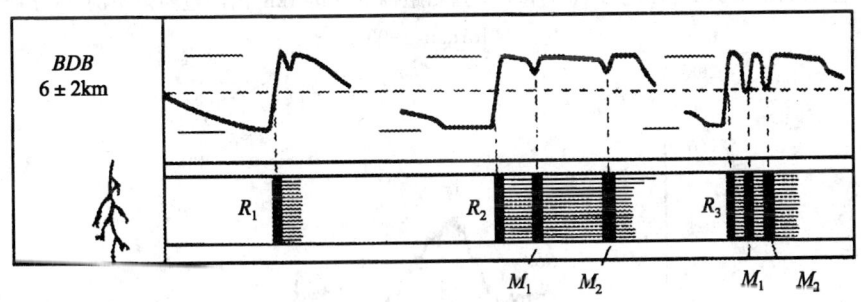

图 7.46 与 M 分量有关的通道闪光的电场变化

(Malan 和 Schonland,1947)

7.8.3.2 M 分量流光

图 7.47a 为 1978 年 7 月 9 日发生于美国相距佛罗里达 4km 自然闪电的流光照片,图中在回击之后有两个 M 分量,三条水平亮线相应图 7.47b 中三个高度(1100m、600m、地面)上的光强廓线。M 分量的光强与回击的光强有很大的不同,如图 7.47b 中,回击光脉冲(RS)在地面表现为快速上升到峰值,随高度明显降低,而第一个 M 分量光脉冲(M_1)随高度几乎没有变化,至少在云下 1km 的地方。第二个 M 分量光脉冲(M_2)表现为随高度的增加,振幅有些减小。回击脉冲具有的最大振幅在地面(图 7.47b(c)),可见光通道的上半部(图 7.47b(a)、(b)),脉冲 M_1 是主要的。M 分量光脉冲或多或少是对称的,上升和下降时间多于数十毫秒。

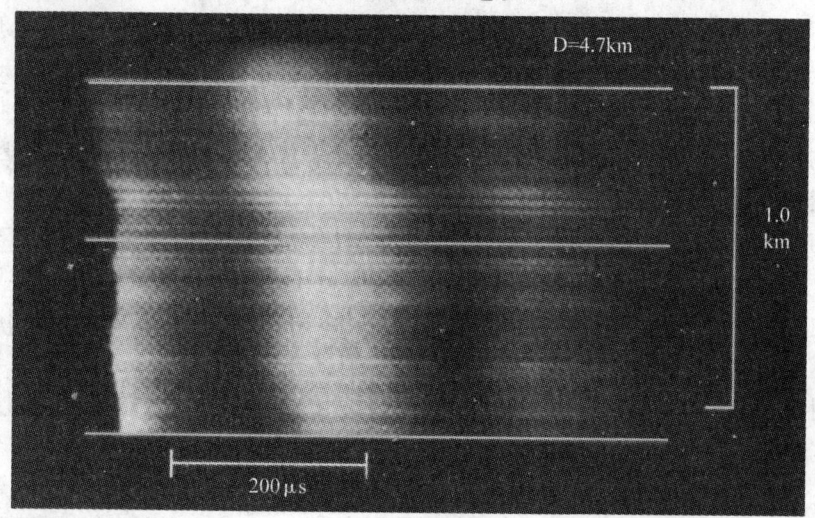

图 7.47a 1978 年 7 月 9 日发生于美国相距佛罗里达 4km 的闪电照片中的 M 分量
(Jordan,1995)

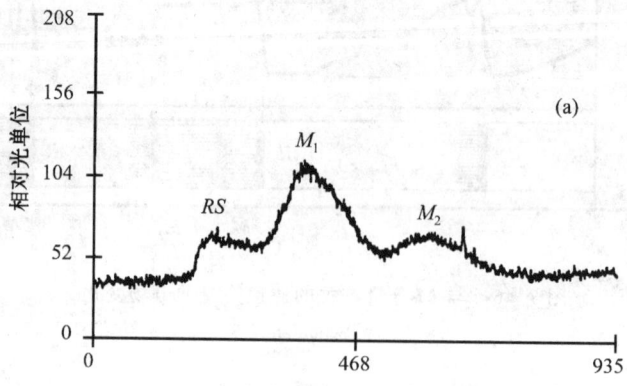

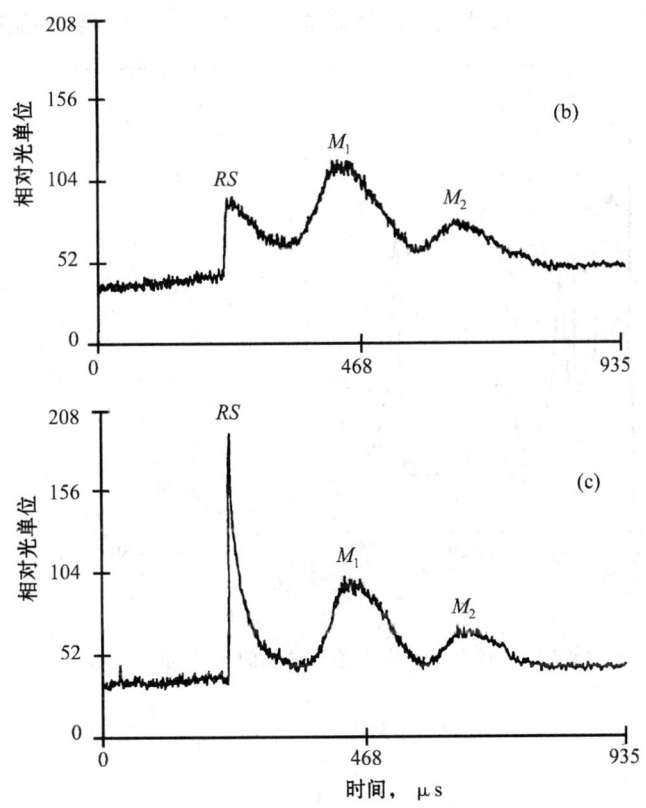

图7.47b 相应于图7.47a中M分量各高度上的光强(Jordan,1995)

7.8.3.3 M分量电流

图7.48给出了一次触发闪电的回击之后出现的通道底处的回击电流,基本为对称的电流脉冲表征了典型的M分量,图中I_∞是连续电流水平,T_M是M的时间间隔,T_{RM}是M分量消失的时间。其主要特征有：(1)电流振幅为100~200A,较回击电流小2个数量级；(2)10%~90%的上升时间为300~500μs,比回击电流长3个数量级；(3)向地面输送的电量为0.1~0.2C,比对于随后闪击脉冲小1个数量级。有些M分量的电流峰值为千安培范围,与回击电流峰值相比是小的。三分之一的M分量输送的电荷比与负的随后闪击相关的最小电荷大,在回击之外的约4到1。当通道底处的连续电流大于或等于30A时,观测到M电流脉冲,此外,大约140个例子的电流为20A。在回击后的第一个M分量的发生不迟于4ms。Thttoappillil等(1995)发现从回击或从前一个M脉冲消失的时间、连续电流的大小、M电流脉冲的形状,M电流的大小和输送到地面的电荷是彼此独立的。图7.49是图7.48部分放大,图中显示了M电流的量级I_M,

10%～90%上升时间 RT，持续时间 T_M，和峰值半宽度 T_{HW}。I_∞ 是连续电流的水平。

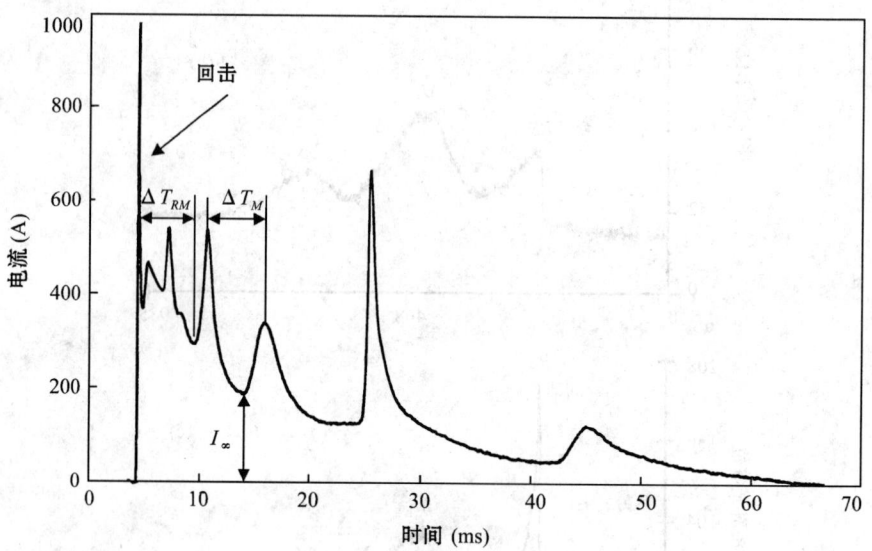

图 7.48　佛罗里达触发闪电中电流记录到的 M 分量（Thttoappillil，1995）

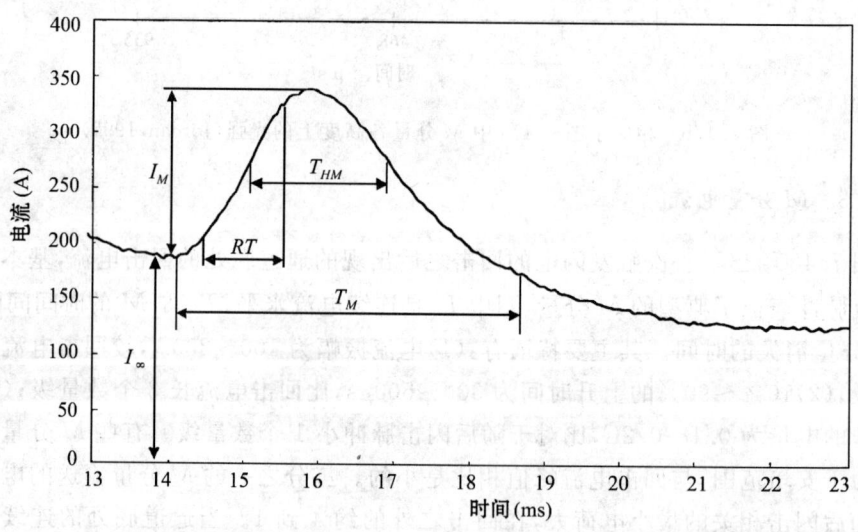

图 7.49　相应于图 7.48 的电流放大图（Thttoappillil 等，1995）

7.8.3.4 M 分量电场

观测表明 M 分量电场变化的时间从 1~21ms，电场变化曲线显示有钩状特征，M 分量电场变化的钩状持续时间一般从 0.2~0.8 ms，观测到的最大值达到 1.6 ms。图 7.50 显示了 1984 年 8 月 11 日发生在距佛罗里达约 5km 的第 4 次回击后连续电流期间的 4 个 M 分量的钩状电场变化。Thttoappillil 等(1990)对佛罗里达自然闪电分析得出，几何平均 M 变化的持续时间为 0.9 ms，M 变化之间的几何平均时间间隔为 2.1 ms。对 38 次第一个 M 分量的 84% 发生在回击的 3ms 内，大多数钩状电场变化发生在连续电流电场变化小于 40ms 期间。Rakov 等(1992)观测到毫秒尺度的 M 钩状电场经常有一个毫秒尺度的脉冲，其形状与先前的回击电场脉冲不同，并且极性相反。还指出，与最初在通道顶处相联的脉冲，由得到的与 VHF 图像相联的电场测量可推断沿通道输送到地面的电荷。M 变化发生在相对短的时间（小于或等于 20ms）内的连续电流电场变化与发生在较长的时间相比较更像脉冲。

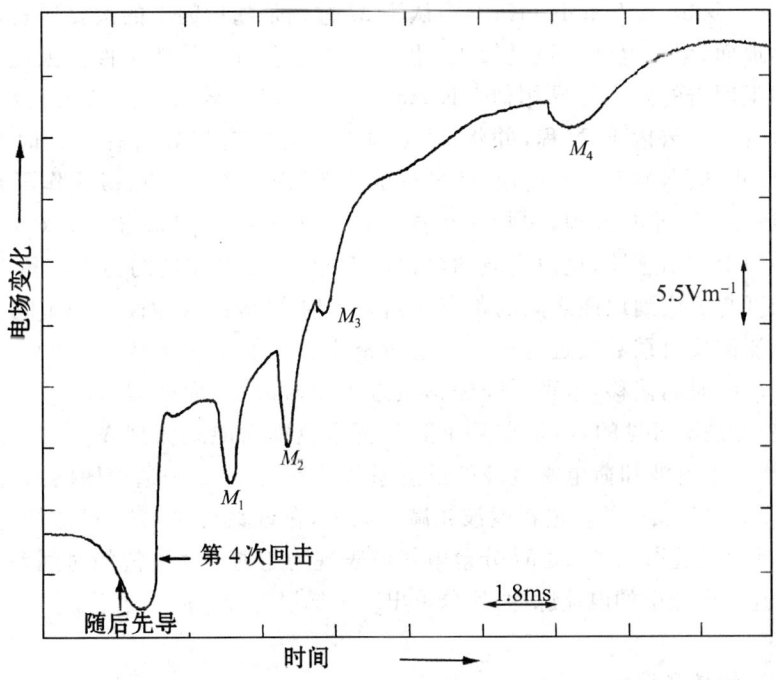

图 7.50　1984 年 8 月 11 日佛罗里达记录到的第 4 次回击开始的连续电流变化期间的 M 分量的钩状电场变化(Rakov,1992)

7.8.3.5　M 分量的 VHF-UHF 图像

Shao(1995)使用干涉仪观测到典型的 M 分量是由速度为 $10^6 \sim 10^7$ m/s 击中与到地的导电通道上端的负流光开始的,附加于具有毫秒尺度的脉冲电场上。后来,Mazur(1998)干涉仪的研究,将这些对于自传播的放电流光称之为先导更为合适。Shao(1995)还观测到速度 10^7 m/s 的正流光从与到地的导电通道的上端向外发展,随后出现速度($>10^7$ m/s)更快的负的反冲流光过程,回到通道。如果先前由回击进入先导源区而导致一束过量的正电荷发射正流光,并且不涉及到地的闪电通道的底部是可能的话,由 Shao(1995)观测的两种 M 分量型式仅是方式不同,负荷电源与到地的导电通道相接,而不出现于闪电通道内。

7.8.3.6　M 分量机制

虽然 M 分量早在半个世纪前就观测到,但是直到现在对这一闪电过程的机制没有统一的认识。Malan 和 Scholand(1947)认为 M 过程是随后闪击的次要形式,是较低的负电荷到达地面,但是电量不是足够大,也没有能发生回击其他条件。因此 M 过程与不能产生向上回击的向下先导相似。Kitagawa 等(1962)认为是通道内相对小的电流流向地面时发生的云内 K 过程,并将 M 分量描述为没有先导过程的瞬时电流增加。Rakov 等(1995)根据触发闪电提出 M 过程的机制,对上面的观点似乎作了否定,他认为 M 分量是一个引导波过程,包括一个向下的前进入射波和来自地面对入射波反射(类似回击)向上的前进波,这两个波的振幅接近相等,传播速度约为 10^7 和 10^8 m/s,空间前列的长度与云底到地面之间的距离相当。入射 M 波感应地面为一短的迴路,这样对于地面电流的反射系数接近为 +1,与电荷密度有关的反射系数为 -1。在每一通道内出现两个波的时间偏移,这种时间偏移接近地面时减小,而朝向云时增加。在云下,两个 M 波经常是不可见的,但是在几十到几百米范围内能观测到 M 分量的电磁场特征,由于传播的电流波和荷电密度波的反射系数的不同,对每一通道内的入射和反射电流波相加,而入射和反射的荷电密度波相减。结果,在近距离的 M 分量磁场有一个与通道底电流相类似的完整波形,而 M 分量电场波表现为与通道底电流的时间差,这种特性附加到背景连续电流上的电流脉冲,使分量出现于梯级先导—回击之后。

7.8.4　开始、维持和消亡

Brook 等(1962)的观测表明回击中通过其后的连续电流输送的电荷相对于闪击输送的电荷是小的。Krehbiel 等(1979)据此包括先前闪击箭式先导在内的连续电流有相对长的持续时间(2ms)。Livingston 和 Krider(1978)提出与连续电流相联系的慢场变化的大部分是通过较先前回击要小的幅度和上升时间较慢的电场突变的开始的。

Kitagawa 等(1962)提出在 10～500ms 特别长的连续电流结束之后,下一次闪击之前,通道不发光,与没有长连续电流闪击之间的时间间隔是可比较的。对于没有长连续电流但是有短连续电流的闪电,具有一个到三个 M 分量,这些电流,在新的闪击前相对长的时间间隔内,在照片不再观测到。还发现,在通道不发光后,如果箭式先导在 100ms 内发生,则随后闪击沿同一通道发生。也就是如另一个闪击发生,有新梯级先导沿新通道发展。

Krehbiel 等(1979)从闪电的多站电场观测发现,在闪击之间的电场变化是与 J 过程相联系的,其不会对连续电流发展提供一个荷电源,如 Malan(1954)提出,与其是在云中两个独立过程,而更可能是在不同位置同时发生的电场变化,得出对于连续电流的开始是直接通过回击反馈过程开始的。

由 Krehbiel 等(1979)电场测量提供了在中间的或短的连续电流期间通道电流中断的观测证据。在这种情况下,当在近处地面闪电观测回击电场 Rc 变化显示迅速恢复或突然变平,而在远处放电观测时回击电场 Rc 连续增加。这样的观测可解释当在通道内电荷向下移动而没有达到通道较低部,即是在大气低层通道中断,而电流仍流至通道顶端。

Pierce 和 Wormell(1953)提出另一观点,电场 R_c 的变化是由于来自云电荷源到地面的中等或连续电流,慢 R_c 电场变化是由于回击之后通道四周留有的先导荷电部分消失引起的,这种电荷消失的时间为毫秒量级,与 R_c 电场变化的量级相当。另一方面,Lin 等(1980)由微秒量级的电场测量得出,回击在微秒分之几十时间内改变先导大部分的荷电量。

§7.9 地闪中的 J 和 K 过程

在两次回击之间,J 过程或连接过程发生于云内,时间尺度约为几十毫秒量级,变化范围为 43～200ms,发展速度的典型值为 2×10^5m/s,变化范围 $(1\sim30)\times10^5$m/s,有关 J 过程的参数见表 7.1。J 变化可以是正的或是负的,通常比由于连续电流产生的电场要小,与连续电流产生的电场不同,它不与闪光通道相联系。K 过程也发生于闪击间歇期间,时间尺度约为 2～20ms,表现为与 J 过程相联且叠加于整个电场之上。

7.9.1 J 过程的电场

对于几千米以内的闪电,两次地闪之间发生的 J 电场变化总是负的,而对于 5km 以外地区的电场变化可以是正的或负的。Malan 和 Schonland(1951)观测了包含有 388 个闪击的 105 次闪电中的 J 变化,对 19 次闪电在 5km 范围内发生 80 次负电场变化,8 次零电场变化,2 次正电场变化;对于 34 次远距离闪电,在 12～30km 范围内,报告有 7 次负电场变化,29 次零电场变化和 64 次正电场变化。Malan 和 Schonland(1951)观测中,有些零电场变化是由于在相当远距离测量 J 电场的改变是很小的。图 7.51 表示了不同距离处观测到的电场。Malan(1965)发现在 25km 之外的闪击电场变化的 44% 是负电闪,Malan 和 Schonland(1951)报告,对于 52 次闪电,在 5～12 km 中间距离处,发生有 71 次负电场变化,64 次零电场变化,63 次正电场变化;Malan 和 Schonland 在同样的距离处作了增加测量,发现对于 18 次闪电中,有 43 次负电场改变、8 次零电场改变,29 次正电场改变。

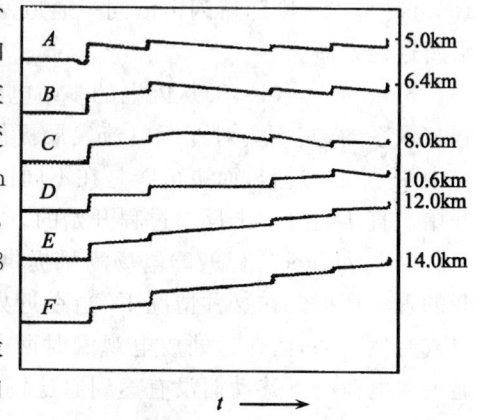

图 7.51　J 过程的电场变化
(Schonland,1956)

随着与放电距离的增加,在近处范围的最初负的 J 电场变化反转为混合极,在单闪电内 J 变化可以为相反的极,也就是在最初的闪击间隔为正的 J 变化,后来为负的 J 变化,这种反转类型一般出现在中距离范围处。

Brook 等(1962)报告,对于所有的 J 变化的测量,最大电偶极矩改变为 1.6C·km,约为闪击平均值的 10%,连续电流平均电偶极矩的 1%,他还得出,电场的慢变化 0.1V/m 是周围晴天电场的 10^{-3} 倍,在存在有大气噪声可探测的最低界限,而电偶极矩的改变量 1.6C·km 相当于在 50km 处的电场强度改变 0.1V/m,在距离 50km 以外地区,J 变化是测不出的。所以在相当大距离处观测到的某些正电场改变是可能是由于连续电流对 J 过程的贡献。在闪电间歇期间可能有流向地面的弱电流,这些电流产生的通道发光对于在条纹照相机距离处的暗胶片不足以有反应。

可以想象所有闪击间歇期间低的电流流向地面,这些电流不足以使胶片感光,例如在 50ms 内 10A 电流,输送电荷为 0.5C,对于 km 高度的荷电中心,电矩变化为 5C·km,较 J 过程的最大电矩 1.6C·km 要大。

早在 1938 年 Schonland 就提出在闪击之间的时间间隔期间,"梯级先导"是电荷从云内还未放电的负荷电中心到先前回击顶传播,他归因于与不同闪击相联的 Y 形各上部分支的 Y 形放电通道,云中负电荷中心因水平移动而分裂,每一荷电区以共同的通道流向大地,描述了云内负荷电中心的水平移动,为同一通道将电荷提供到地球。有趣的是到 1951 年,他又改变了先前的这一看法,他根据单站 J 过程极性变化的电场测量认为闪击的电荷中心基本上是垂直的,J 变化是由于负电荷向下或正电荷向上垂直运动引起的。但是许多研究者通过多站的电场测量,各种照片、电视和雷源的位置测量等多种手段测量表明,在云内地面放电通道更趋向于水平。Krehbiel 等(1979)通过多站电场测量,提出 J 过程通常是负电荷向前一次的回击顶水平移动。

7.9.2 K 过程

7.9.2.1 K 过程概况

当不发光的通道到地时,K 过程发生于闪击间歇期间或最后一次闪击之后,在云闪中也会有同样的过程,关于 K 变化在著作中有很大的争论和混淆。不同的作者使用不同的定义。主要有下面几种:

(1)Thttoappillil 等(1990)和 Rakov 等(1992)将地闪中的 K 变化等同于发生在闪击间歇期间或最后一次闪击之后的步跃式(或是跳跃式)的电场变化,具有与 J 变化的同样极性,并且电流 10%~90% 的上升时间为 3ms 或更少,例如图 7.52 所示。

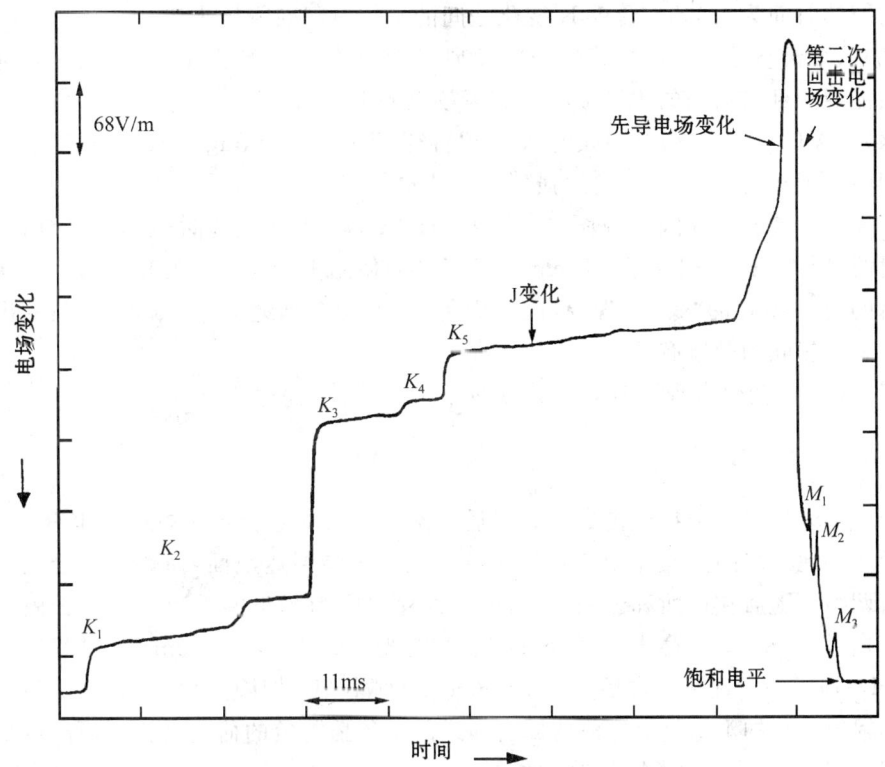

图 7.52 1979 年佛罗里达电场观测记录到的 5 次 K 变化、J 变化和 3 次 M 变化
(Thttoappillil 等,1990)

(2)Kitagawa 和 Brook(1960,1962)将 K 变化等同于他们观测的电场记录中发生在闪击间隔期间和最后一次闪击之后的脉冲,使用高增益的测量系统得到的记录,所具有的衰减时间常数为 $70\mu s$,比数量级为 1ms 的 K 变化脉冲时间更短。

(3)Rhodes 和 Krehbiel(1989),Mazur 等(1995)把时间分解的 VHF 图像中的 K 变化等同为在闪击间隔时间的云内过程,而且不可能对其它任何过程闪电有所贡献。当观测到的 K 过程向下通道向下运动到地面,称之为"企图(attempted)"先导。

7.9.2.2 K 过程的主要特性

K 过程的主要特征有:

(1)Krehbiel 等(1979)报告在 8 个站同时观测地面闪电的 K 变化,在每一个站观测到有重叠的 J 电场变化的 K 变化与其有相同的极性,尽管在不同的站可能为不同的极性。但是也观测到约 10% 的 K 变化与 J 变化相反的极性。

(2)Thttoappillil 等(1990)按上面的定义(1),发现在佛罗里达的地面闪电,K 变化的平均持续时间为 0.7ms,两个 K 变化之间的平均时间间隔约为 13ms。

(3)从全天空的光电倍增管的记录发现 K 变化与脉冲流光相伴随,从记录的图片上偶然能观测到与消失的先导或在云底下放电的 K 变化。

(4)与 VHF-UHF 辐射相联的 K 过程特征,Brook 和 Kitagawa(1964)发现在云闪和地闪中出现有与 K 变化相联的强烈的微波辐射(从 400~1000MHz),其它一些研究者对于无线电波发射的闪电源图像,使用 VHF-UHF 干涉仪或时间到达系统,观测到的辐射明显与 K 过程相联系。Richard 等(1986)使用干涉仪系统发现在最后一次对地闪击后的与 K 变化的"爆炸"现象,向地面传播,但没有到地面。"爆炸"现象的出现与前一次闪击相联的通道有关。

(5)有时 K 变化表现为有规则的脉冲爆炸。

7.9.2.3 K 过程的机制

Kitagawa(1957)把在闪击之间和最后一次闪击后的电场变化的跃变和不与可探测到在云底和地面之间的发光相伴解释为由于先导没能到达地面,而代之在云内产生一次电荷调整。随后在地面和云内闪电的 K 过程假定为当正的 J 型先导在云内传播到与负荷电中心相遇时发生一个负的反冲流光。Clegg 和 Thomson(1979)在 HF(10MHz)辐射中发现回击之后大约 6~9ms 的间隔一定为 K 变化结束,他认为这是由于与非辐射的正的 J 先导由先前的回击通道的顶传播与负的荷电区相碰而产生反冲流光过程,他与 Kitagawa 的看法是一致的。

§7.10　正地闪

雷暴云的荷电结构为下部荷负电荷，离地面近，与大地间的放电相对容易，所以在地闪中负地闪的闪电次数多；而云中正的荷电中心离地面远，相对负地闪而言，对地放电要困难些，所以正地闪出现的次数少。由于云中的正、负荷电量是基本相等的，所以正地闪必须比负地闪输送更多的电量，正地闪产生的电流明显大于负地闪。观测记录到正地闪的电流范围达 200~300kA。

7.10.1　正地闪的发生统计和一般特性

Bruce 和 Golde(1941)从测量闪电电磁场的符号的改变以及直接在地面测量的闪电流可以确定是否是正地闪。正地闪占的百分数从 0 到约 30%。

7.10.1.1　电流测量结果

在美国，从输电线塔的峰值电流测量，Lewis 和 Foust 发现，2721 个电流记录中的 18% 是由于正地闪引起的。输电线的高度与向下正地闪所具有的百分数相关，范围从海平面的 3% 到高度的 2~4km 山地的 30%。

7.10.1.2　电场测量结果

Pierce(1955)作足够时间分辨率的电场测量，识别电场的负变化，他发现 34 次完全是慢的负的电场改变和每次闪电中 6 次具有大于 1 次的是迅速负电场变化。同时观测了 373 次正电场改变，包括对于通常的负闪击的迅速正变化。他指出，从观测闪击大小和持续时间表明这些闪电是云中正电荷区开始的向下正地闪，进一步观测表明向下正地闪大多发生在风暴最后阶段。此时云中正电荷区的位移，相对于地表面为较小的负电荷区屏蔽。

7.10.1.3　磁场测量结果

Norinder(1956)在 1000 次闪电 2000 多次地闪击中，约 90% 的向下闪击和闪电是负地闪，只有 3% 是正地闪，余下的部分是正和负地闪两者（或至少产生复合磁场）。

Hagenguth 和 Anderson 研究了美国帝国大厦的闪电发现，84 次记录中有 2 次的电流峰值是正极性。最大峰值电流为 58kA，在半值电流时间内输送的最大电量为 4.6C。Mackerras(1968)在澳大利亚在 6km 范围内观测到 100 次地闪的 8 次是向下正地闪。

7.10.1.4 电场和光学测量

Fuquay(1982)在 Montana 山地区域用电场和光学测量发现大约 3%的闪电(75 次事件)是正地闪。在三个夏季期间对具有闪电的 48 天进行了测量,有 16 天发生从 1 到 11 个正电闪。如果不都是那样,所有大多数单闪击闪电是由向下运动的正先导开始的。正闪电发生于负电闪之后的雷暴结束时间,云内放电经常也发生于雷暴最后时期。正放电照片和观测有长的水平分量通过晴空区。

7.10.1.5 电场和电视测量

Rust 等(1981)使用电场和电视测量记录了在 Oklahoma 的五个春季雷暴的 31 次正地闪,表明对正回击有微秒尺度的贡献。正地闪只是总的闪电的一小部分,一般来自于云的高部位,与降水的中心处(一般是负地闪)没有关系。多数正地闪是单次闪击闪电。大约一半的正地闪有指示连续电流的电场。

7.10.1.6 磁定向系统

Orville 等(1983)使用磁定向系统对秋季雷暴(1982 年 10 月)观测发现 11000 闪电,正地闪占有的百分比随风暴的寿命而增加,在十分活跃的最后 1 小时,达到 37%,平均正地闪的百分数是 4%。观测表明,正电闪的百分数在夏季最小,冬季最大。

7.10.2 正地闪的电场和光学特性

7.10.2.1 正地闪电场

已经发布的资料表明,正地闪的电场的时间尺度为毫秒数量级,图 7.53 和表 7.11 显示了单个正闪击毫秒尺度的电场波和正地闪电场特性。从观测到慢时间尺度的正地闪的电场变化与一般的负地闪相似,事实上仅是观测到正回击电场变化。慢电场变化可解释为是由于大的连续电流引起的。

7.10.2.2 正地闪的回击电场

正回击电场时间是微秒或次微秒。图 7.53 显示了在 Florida 约 20km 范围内来自正地闪闪击电讯号与光讯号,图中上面两波形显示为毫秒电场,图中间及底的一对波形是快的时间尺度,在电场与光之间有 $4\sim7\mu s$ 的时间延迟。从图 7.53 也看到电场变化的时间尺度与在地面之上 0.5 到 1km 之间的高度处大约 100m 通道的发光相关。可以注意到,如果回击发光是从地面以约 $10^8 m/s$ 速度向上传播和开始产生电场讯号,此时回击发光是在通道底附近时,则在电讯号之后光信号应有几微秒时间。

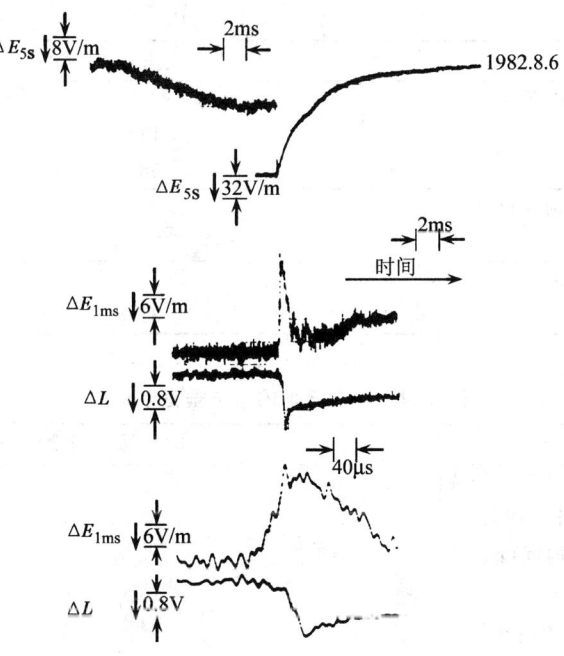

图 7.53 正地闪回击的电场和光变化

(Beasley 等 1983)

表 7.11 和表 7.12 分别给出了正地闪垂直电场和正回击垂直电场的统计结果，与表 7.6 中列出的负回击参数比较，可以看到正闪击平均峰值归一化（对于 100km）电场约为负闪击电场的两倍，正闪击零到峰值电场上升时间和慢锋持续时间为负闪击的两倍。另一方面，对于任一极性闪击的慢锋初始振幅的百分数是相同的。

表 7.11 向下正地闪电垂直电场的统计

	闪击数	平均	标准偏差	范围
闪击前电场的变化(ms)				
Prierce(1955a)				
$L(\beta)^a$	15	310		
$L(\alpha)^a$	8	45		
Rust et al.(1981)	25	241		40~800
Fuquay(1982)	41	130	36	65~210
与梯级先导相关的电场变化时间(ms)				
Fuquay(1982)	13	50		40~70
连续电流后的正地闪部分				
Takeuti et al.(1978)	12	0.7		
Rust et al.(1981)	31	0.5		
Brook et al.(1982)	12	0.8		
Fuquay(1982)	75	1.0		
Beasley et al.(1983)	3	1.0		

续表

	闪击数	平均	标准偏差	范围
与连续电流相关的电场变化时间(ms)				
Rust et al.(1981)	14	121		30～240
Fuquay(1982)	58	50		5～160
由于回击引起总电场变化部分				
Rust et al.(1981)	20	0.12		0.01～0.54
正地闪持续时间(ms)				
Rust et al.(1981)	31	520		100～1200

表 7.12 向下正地闪回击垂直电场的统计

	闪击数	平均	标准偏差	范围
对 100km(V/m)标准化初始峰值				
Cooray 和 Lunquist(1982)	58	11.5	4.5	4.5～24.3
零到峰值电场上升时间(μs)				
Rust et al.(1981)	15	6.9		4～10
Cooray 和 Lunquist(1982)	64	13	4	5～25
	52	12	3	5～25
Cooray(1986)	20	8.9	1.7	4～12
Hojo et al.(1985)	—	22.3		
10%～90%电场上升时间(μs)				
Beasley et al.(1983)	6			1.6,2.0,4.5
Hojo et al.(1985)				1.2,2.8,4.0
冬	32	8.7		
夏	44	6.7		
Cooray(1986)	15	6.2	1.4	3～9
慢锋持续时间(μs)				
Cooray 和 Lunquist(1982)	63	10	4	3～23
	33	9	3	3～19
Cooray(1986)	20	8.2	1.7	3～11
Hojo et al.(1985)	—	19.3		
慢锋振幅为峰值的百分数				
Cooray 和 Lunquist(1982)	67	38	11	10～70
	31	44	14	10～80
Cooray(1986)	20	45	7	30～60
对于盐水上快速成跃变 10%～90%的上升时间(ns)				
Cooray(1986)	20	560	70	400～800

7.10.3 电流和电荷的输送

正地闪的电流和电荷输送可以由测量塔顶的电流直接确定和分析测量的电场间接确定,首先考虑其形成。Berger 等(1975)给出了在 San Salvatore 上的塔的 26 次正电流脉冲波形,表 7.6 和图 7.36 给出了这些统计结果。图 7.54 为四次正回击电流的波形,电流中值前沿时间为 $22\mu s$,电流最大上升率的中值为 $6.4\text{kA}/\mu s$;持续时间为零点几秒的连续电流,波形叠加有许多小脉冲而变得不规则;

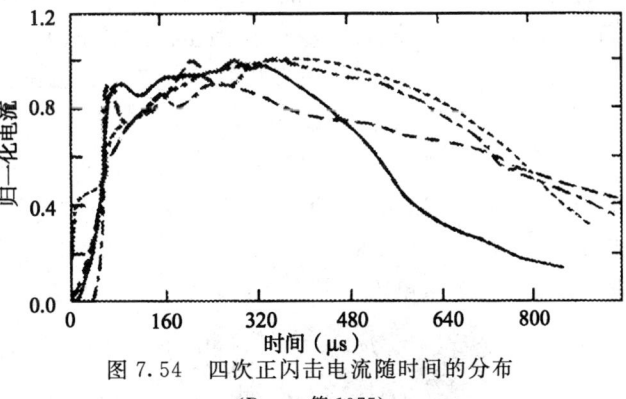

图 7.54 四次正闪击电流随时间的分布
(Berger 等 1975)

观测资料表明,正地闪电流具有较低的电流上升率,和较负地闪更低的电流下降率。中等强度的正地闪闪击峰持续时间为 $22\mu s$,为 $200\mu s$ 的 5%,大约是第一负闪击的 4 倍之多,并且先导顶的脉冲波形与向上先导的作用有关。

Berger(1967)的观测资料表明,在上升到峰值电流的最大变化速率与向上先导的长度成反相关。在峰值电流之后,正电流则缓慢递减,在表 7.6 中看出,(1)正地闪的平均持续时间大约是单次负闪击的 7 倍;(2)对于正地闪的($\int i^2 dt$)平均积分值较负地闪大一个数量级。(3)正地闪的平均脉冲电荷是单个负闪击的 3 倍大;(4)正地闪的平均总的闪电电荷是单个负闪击的一个数量级以上。正地闪和负地闪的平均第一闪击的峰值电流差不多,对于正地闪为 35kA,负地闪为 30kA,但是正地闪包含较高的大的峰值电流的百分数。事实上,Berger(1972)对正闪击的作了很可靠测量,其中峰值电流达 100kA 以上的 6 次,一次在 200 kA 以上,一次接近 300 kA。正地闪脉冲电流输送的平均电荷为 16C,150C 的占有 5%。由于单个脉冲电流之后是较低的电流,总的正地闪电荷为 80C,350C 的占有 5%。

Berger(1978)统计了 1963~1973 年 35 次正闪击,他发现平均峰值电流为 36.5kA,范围 10%~90% 的值为 127A 到 10.4A,闪电平均输送的电量为 82.4C,范围 10%~90% 的值为 348 到 20.4C。对于电流上升率,峰的时间分别为 30、340 和 $4.5\mu s$ 时平均电流积分分别为 6.6×10^5、9×10^6、$5\times10^4 A^2 \cdot s$。对闪电持续时间 68、240、19ms 的电流上升率分别为 1.9、12.2 和 $0.28\text{kA}/\mu s$。

7.10.4 双极性地闪

McEachron(1939,1941)首先根据美国帝国大厦的观测研究提出闪电电流显示有极性相反的电流波。Anderson(1952)经10年期间观测的80次闪电中有11次为双极闪电,对于负极性输送的电荷是较大的,可能是由于初始阶段的电流主要是负的。有趣的是在这些观测中没有正电荷输送到地面。Berger(1978)从1963年至1973年期间观测到的1196次放电有72次为双极性放电,占6%,其中58次是向上先导型的,他发现对于30次双极性闪电中的负的和正的电流波平均峰值电流分别是350A和1.5kA。相应输送的平均电量为12C和25C。这种双极性闪电是与在地面凸起物给出了两个塔顶上的一次双极性地闪的闪电照片和电流波形。图7.55(a)中的右边是向上双极性电闪,左边是向上负电闪。图7.55(b)是相应双极性电闪的电流波形。

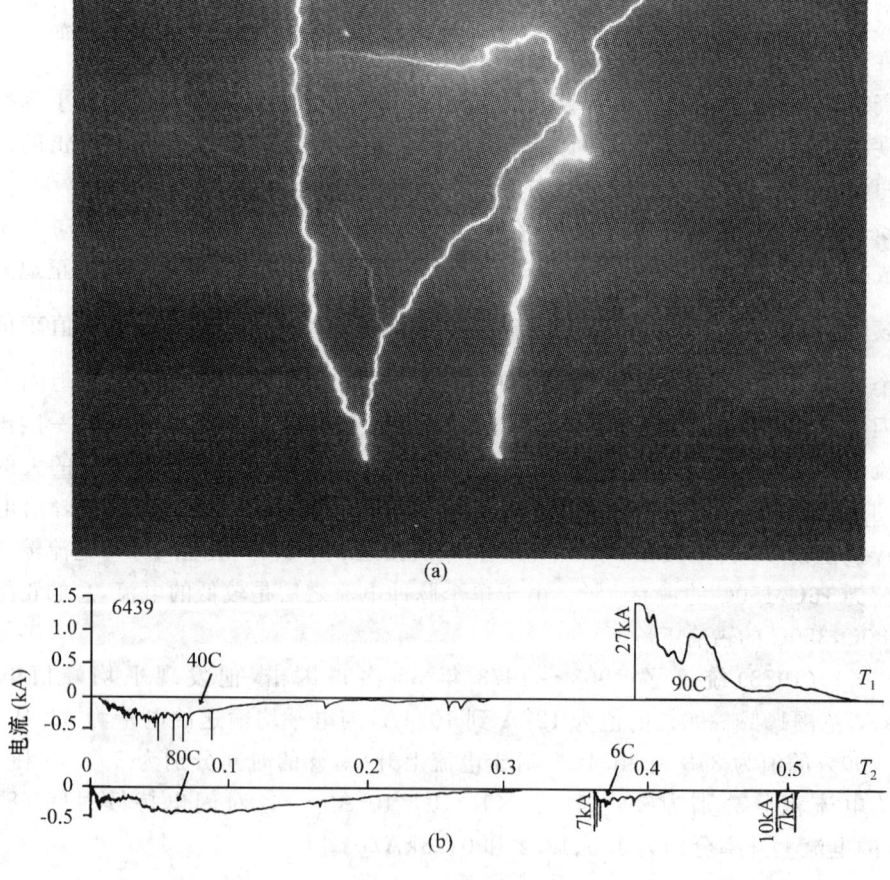

图7.55 (a)来自两个塔的双极性闪电(右)和向上负地闪(左);(b)在两个塔记录到的电流波形(Berger和Vogelsanger,1966)

双极性闪电有以下几类：

(1)第一类双极性放电,这一类是极性相反,与缓慢变化(毫秒尺度)的电流分量相联系,如从物体开始的闪电或火箭触发的闪电。极性相反可发生一次或多次,并在波形极性相反之间出现相当长的电流为 0 的时间间隔。

(2)第二类双极性放电,这是通过初始阶段电流的不同极性和随后闪击或闪击的电流表示。如图 7.55b 中在初始阶段电流波形是负的,具有几百安培的电流振幅；输送总的电荷为 40C,而回击电流是具有 27kA 峰值的正值。正的闪击跟随在连续电流之后,输送的总电量为 90C。正的回击电流与初始阶段的负电流被大约 100ms 的零电流时间间隔所分开。

(3)第三类双极性放电,涉及到相反极性的回击,在这一类中所有的双极性放电都是向上类型。Janischewskyi 等(1999)观测到在 Toronto 的 CN 塔(塔顶高度 535m)向上初始闪电的三次回击具有的电流为 −10.6、+6.5 和 −8.9kA。第一次与第二次闪击的时间间隔为 300ms,第二次与第三次闪击的时间间隔为 335ms。所有三次闪击是在同一个通道内进行,其外形都是十分相似的。

7.10.5　正电闪的特点

(1)正地闪通常是单闪击闪电,而负地闪则包含有 2 次或更多次闪击。正地闪很少发生多次闪击。

(2)正地闪趋向于在连续电流方出现后约 10 到几百毫秒发生。

(3)由电场记录,正回击发生之前经常显示有活跃的云内闪电,持续时间平均超过 100ms 或 200ms,如图 7.56 所示,这些观测表明正地闪可以是通过延伸很长的云闪的分支开始的,图 7.56(a)是距离闪电 4km 处记录到正地闪的典型的电场变化。图中 a 是初始击穿到先导时的电场变化,b 是回击到连续电流期间电场变化,c 是连续电流期间电场变化。图(b)为毫秒尺度的电场变化,x 是电场慢跃变；y 是电场快速变化；图(c)是回击时的照片。

(4)有的研究发现正地闪经常有长的水平通道,长度可达十余千米。

(5)正先导可以是连续或梯级的任一种,这决定于光学图像的时间分辨。

§7.11　人工触发闪电

7.11.1　人工触发闪电的作用

最早成功进行人工触发闪电试验要算是由 Newman 于 1966 年在离佛罗里达海洋

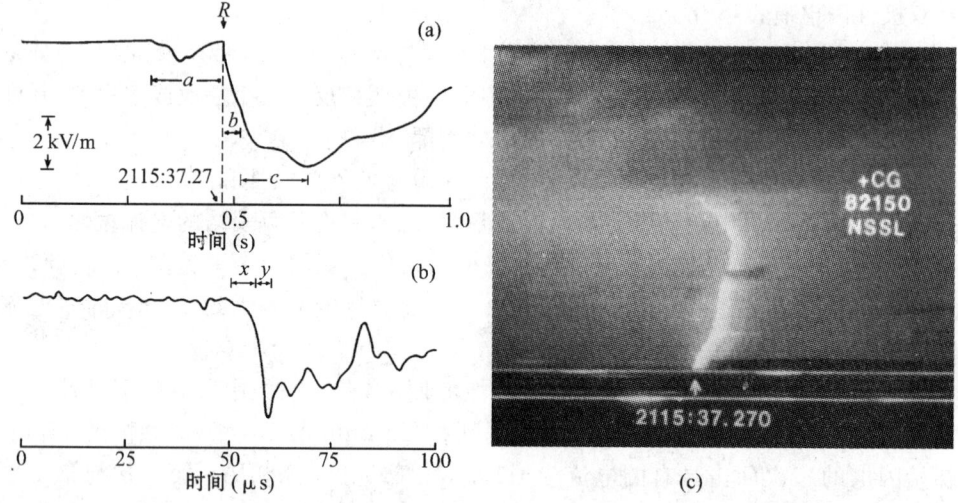

图 7.56 1982 年 5 月 30 日记录到的一次正地闪的典型的电场变化
(Rust, 1985)

上进行的,我国在这方面也做了很多工作。人工触发闪电可以(1)用于研究闪电的物理特性;(2)对实际的防雷设备进行检验;(3)发展新的防雷方法。

7.11.2 人工触发闪电方法

7.11.2.1 火箭触发闪电

火箭触发闪电的方法是用一导线将火箭与地面连接,使火箭在几秒内加速,其速度达到约 100m/s 进行人工触发闪电。欧洲和美国采用火箭长度为 80cm,用细的钢丝或铜线与火箭相连接,可上升到 1km 的高度;日本采用约 20cm 长的火箭,用细钢丝相连,由火箭射出一个飞船的救援线圈。图 7.57 给出了三种发射火箭系统,图 7.57a 为一线圈安置于地面,这是一个可卷绕的钢线圈,与上升火箭相连接。一个向上先导从火箭顶向云中传播。先导到达云以后,放电电流通过线圈流向大地。对于图 7.57b 中,升空的火箭下部的线圈与地用一绝缘尼龙线相连接。触发闪电为向下的先导从导体线圈的下端向输电塔或大地传播;同时向上先导出现在小火箭顶端。当向下先导接近地面的试验物体或安装在塔顶的导电体时,向上先导从这些物体上开始,两先导在某点相接时,则形成主要放电过程。图 7.57c 中,这是日本采用的一种称之母子方法,在天空中的母火箭发射一用导体线圈相接的女儿火箭,小火箭带有测量通过母火箭的电流的装置,在空中两次触发通过线圈地闪。

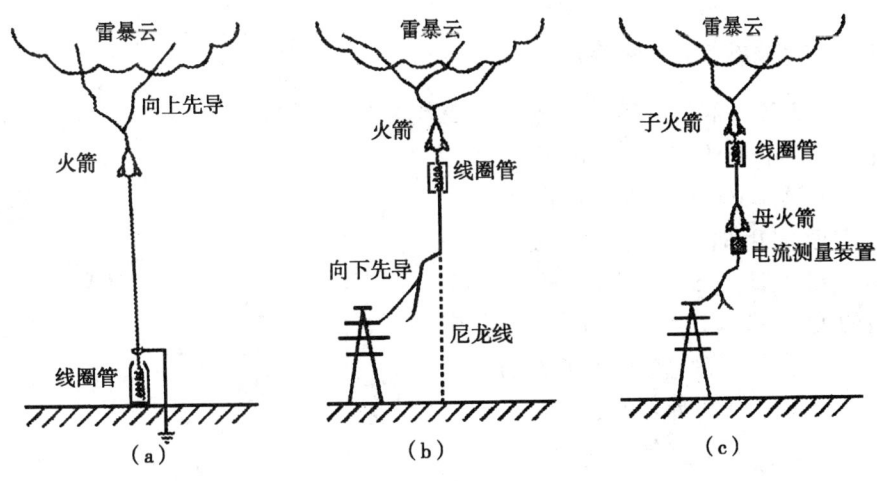

图 7.57 火箭触发闪电的三种方式
(Hans Volland, 1995)

7.11.2.2 激光触发闪电

在不久的将来,利用激光器使空气电离,并去触发来自导体线圈的离子水蒸汽的闪电放电。通常利用高功率的 CO_2 激光器或激发态气体进行试验,实际上激发态气体的激光辐射紫外线具有电离气体的功能。如果激光指向云,由激光器激发的带电粒子沿激光射线去触发来自云的向下先导。如果激光是指向塔顶,则可使塔顶生成一向上的先导。在日本实验室使用一 CO_2 气体脉冲激光器发射的几焦耳的射线实现几米的长间隔放电试验。图 7.58 为利用 CO_2 激光器构成一 Z 形放电通道。

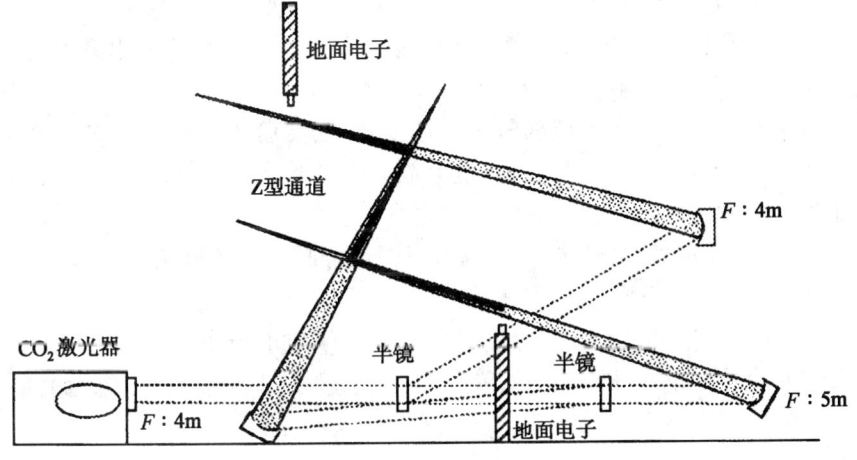

图 7.58 激光触发闪电
(Kawasaki 和 Matsu-ura, 1993)

7.11.2.3 触发闪电的电场条件

当上升火箭头部的电场加强,如果头部尖顶处的电场超过空气的击穿电压时,出现电晕并且有向上先导发展。因此闪电的触发决定于雷暴云下近地面的电场强度。火箭发射的时间由地面的电场强度确定。图7.59给出了日本冬季火箭高度与电场强度间的关系,可以看到,火箭高度与电场间关系不是十分明确,点较为离散分布。当地面电场超过5kV/m,触发闪电的几率可达60%以上。从高空气球观测发现,地面电场被由植物尖端电晕放电产生的稠密空间电荷所屏蔽,有时在离地面30~40m高度处这一电场为地表面的二或三倍大,因此向上先导的开始必须是火箭刚通过这一稠密的空间电荷层。

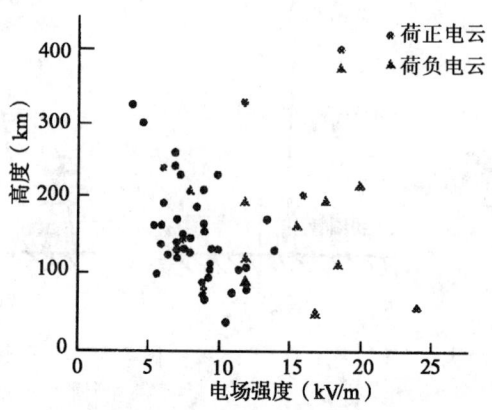

图7.59 地面电场强度与火箭高度间的关系
(Hans Volland,1995)

7.11.2.4 触发闪电的特征

(1)向上先导:当火箭越来越高时,火箭顶端的电场逐步加强,因此在火箭上升期间产生电晕放电,电晕电流由小的脉冲组成,当电晕电流达到几毫安时,向上先导开始由火箭的尖顶向上发展。先导的特征取决于云的荷电极性,正先导以 $10^4 \sim 10^5$ m/s 的速度向荷正电荷的云运动,而负先导以 $10^5 \sim 10^6$ m/s 的速度向荷正电荷的云运动。

(2)回击:荷负电荷的云的回击电流像一般闪电一样表现有电流上升率约 $1\mu s$ 的尖锐的电流脉冲,逐渐减小到电流上升率约 $50\mu s$ 电流的一半。多次闪击的电流脉冲重叠于小的连续电流上。相反正电流随时间缓慢变化,初始阶段电流的许多脉冲相应于梯级先导。图7.60表示了触发闪电的峰值电流分布。

对于人工触发闪电的位置和时间是固定的,先导和回击的传播速度比自然闪电更容易测量,负回击速度约在 $5 \times 10^7 \sim 2 \times 10^8$ m/s 之间,平均值约为 1×10^8 m/s,这与自然闪电的相同。

(3)电流和电荷量:试验表明,触发闪电的平均峰值电流小于3kA的占40%,平均值为15kA,较自然闪电电流要小。表7.13给出了触发闪电的峰值电流和电量。

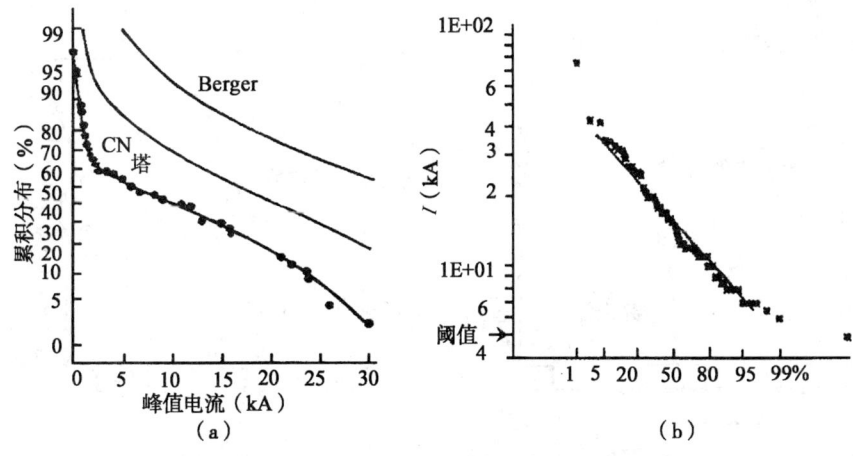

图 7.60　触发峰值电流分布　(a)日本;(b)佛罗里达
(Leteinturier,C. 等,1991)

表 7.13　人工触发闪电的峰值电流和电量

极性	样本数	峰值电流(kA)		荷电量(C)		$\int i^2 dt (10^5 A^2/s)$	
		最大	平均	最大	平均	最大	平均
正	12	40	9.6	140	35	36	3.8
负	6	18	2.3	280	170	3.5	1.1
双极性	9	50	17.6	490	200	41	2.1
总计	27	50	5.9	490	52	41	1.8

7.11.3　早期的人工触发闪电

早期触发闪电的方法如图 7.61 所示,当地面测量到地面与雷暴云间环境的电场达到 $-4\sim-10$kV/m 时,这对闪电的发生十分有利,发射一与卷轴上细铜线相连接的火箭,火箭以大约 200m/s 的速度上升,当其达到 $200\sim300$m 高度(导线超过临界长度 100m)时,火箭尖端处电场加强到足以触发和发展向上正先导,通常这一先导持续几百毫秒,向云传播和开始产生一连续电流,在初始连续电流停止后顺序发生向下先导和向上回击。对于正先导的特性可以通过安装于火箭发射器的 $1m\Omega$ 的分流电路的电流确定,先导开始由卷轴弹出的导线长度由照片确定。

图 7.62 是一次经典的人工触发闪电照片,在向下正先导与向上导线通道相连接时,图中金属导线长 115m。

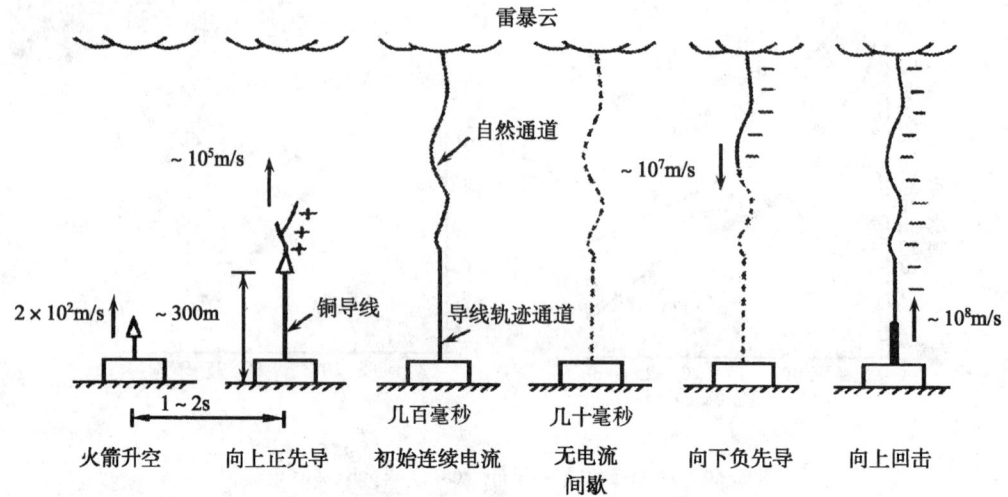

图 7.61 经典人工触发闪电的第一闪击
(Rakov V. A. 等,1998)

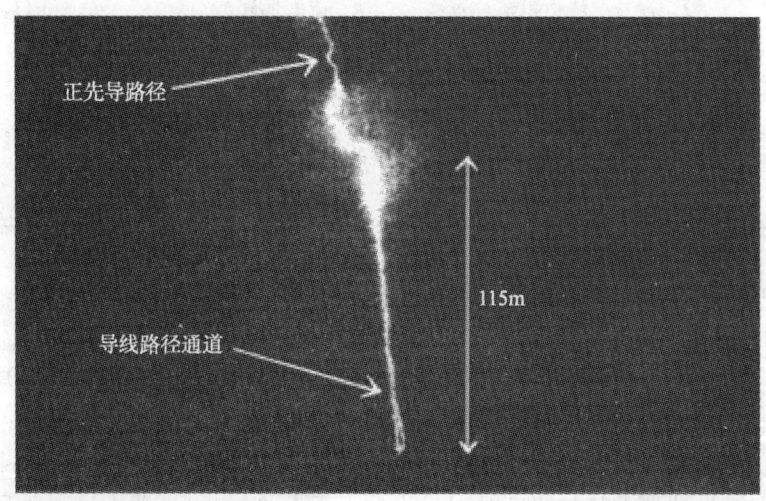

图 7.62 一次经典人工触发闪电的照片
(Lalande P. 等,1998)

7.11.4 空中触发闪电

图 7.63 给出了空中触发闪电的方法,第一次由卷轴伸出的离地导线长度为 50m,随后是 400m 合成纤维,最后是第二条触发闪电的铜导线,当这最后条无卷轴导线足够长,一双先导从它的两端开始发展,这时一个正先导从触发导线的顶点或火箭的尖端开

第七章 雷暴云闪电

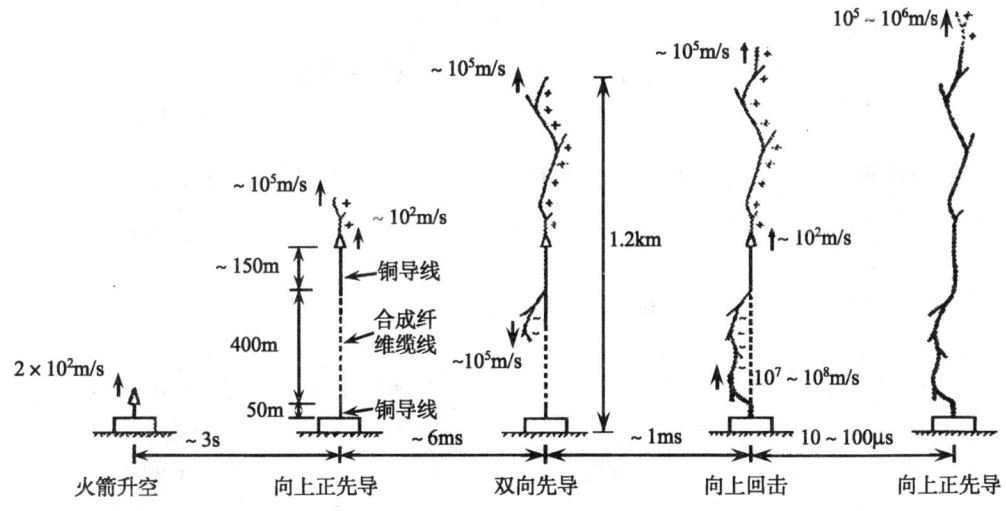

图 7.63 人工触发闪电的第一闪击过程式
(Laroche 等,1991)

始向云传播。在几毫秒后,从触发导线的底端开始有一向地面的负先导,它通过一个来自地面导线的向上正的连接先导与地面相连接。与地面相连接的 50m 导线的电流通过 $1m\Omega$ 的旁路电路测量,快速电场变化通过与闪电通道相距 50m 的二个电容天线 A_1、A_2 测量,与回击相连的磁场变化的测量通过与火箭发射相距 55m 的感应器作出。

图 7.64 是空中触发闪电照片例子。图 7.64(a)为第一回击的照片,显示了在离地 120m 处两个主要分支的负先导,向下负先导的速度为 $1.3×10^5 m/s$,低于实际的三维速度;图 7.64(b)是相应图 7.64(a)的负片,可得负先导步长约为 3~5m,平均每步时间为 $21\mu s$。

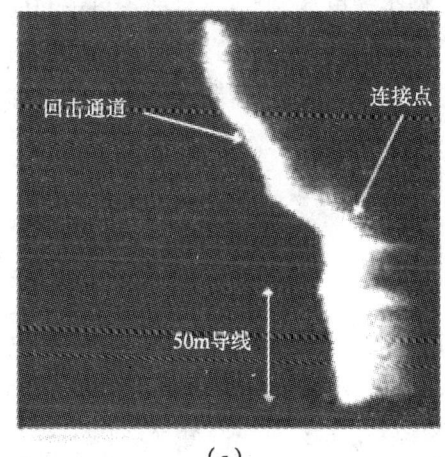
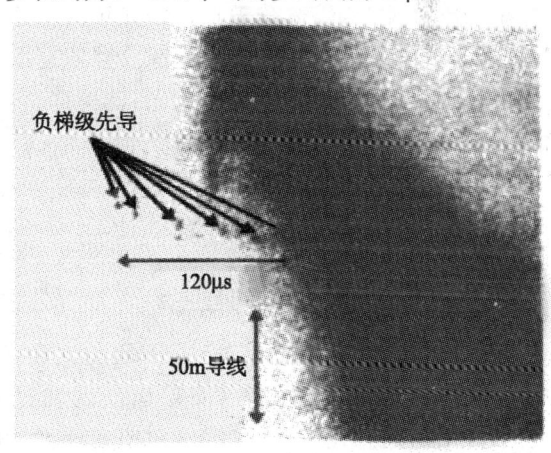

图 7.64 空中触发闪电的照片
(Lalande P,1998)

§7.12 地闪形成机制

地闪过程与长火花放电过程十分相似,而长火花放电的实验研究表明,放电过程的基本过程为流光过程,为此先说明流光过程。

7.12.1 电子雪崩——流光过程

若气体中的电子在强电场的作用下,它由负电极向正极高速运动,电子在高速运动过程中与中性分子碰撞而产生电离,形成正离子和电子。若电场足够强,则一个电子在高速运动过程中因碰撞而产生若干对正离子和电子。这些新产生的电子又在强电场作用下形成高速运动,又要与中性分子碰撞电离又产生更多的正离子和电子,从而形成电子雪崩式地快速增长,称为电子雪崩过程。同时,气体中的正离子也会在强电场的作用下由正极向负极运动,碰撞电离使正离子形成雪崩式快速增长,称之为正离子雪崩过程。

7.12.2 正、负流光

电子在强电场作有下不仅会形成电子雪崩过程,同时雪崩过程中使原子从低能态跃迁到高能态,从而形成激发态原子,辐射出高能光子,当这些光子具有的能量大于气体分子的电离能时,气体分子在这些光子的作用下产生光电离,形成大量的正离子和电子,这些新电子成为新的电子雪崩源。并重复电子雪崩过程和光电离过程,形成巨大的向正极运动的电子流,称之为负流光,其速度比电子雪崩大一个数量级。从正极向负极发展的流光称正流光。

7.12.3 地闪的形成机制

7.12.3.1 地闪的初始击穿

积雨云中的强电场区相对于 0℃层的位置确定了云中放电位置。如果云中的强电场区位于 0℃层以上,由于在 0℃层以上区域有大量固态水成物冰晶,图 7.65a、b、c、d 中表示云中的固态粒子,它有突出的棱角,大气电场达到 10^4 V/cm 时,在冰晶棱角处形成强电场,产生电晕放电;若云中电场处在 0℃层附近时,在该区域中存有大量的大水滴,大水滴在电场的作用下向两端伸长而破碎,如图 7.66 中,水滴在伸长的两端也会形成强电场,产生电晕放电。在云中局部强电场区,特别是云休下负荷电中心与其下放的弱正电荷中心之间的强电场区都会导致云雾大气击穿放电,形成流光,并向电场较弱的区域发展,最后由云中向大地发展成地闪。图 7.66(a)为小于 500kV/m,(b)为大于 500 小于 1000kV/m,(c)为接近 1000kV/m,(d)为大于 1000kV/m 的水滴形状。

云中大水滴产生畸变并导致电晕放电的临界大气电场为

$$E_c = 3875 r^{1/2} \quad (7.10)$$

式中 r 为水滴半径,单位 cm,E_c 单位 $V \cdot cm^{-1}$,对于 $r=1mm$,$E_c=1.2 \times 10^4 V \cdot cm^{-1}$。

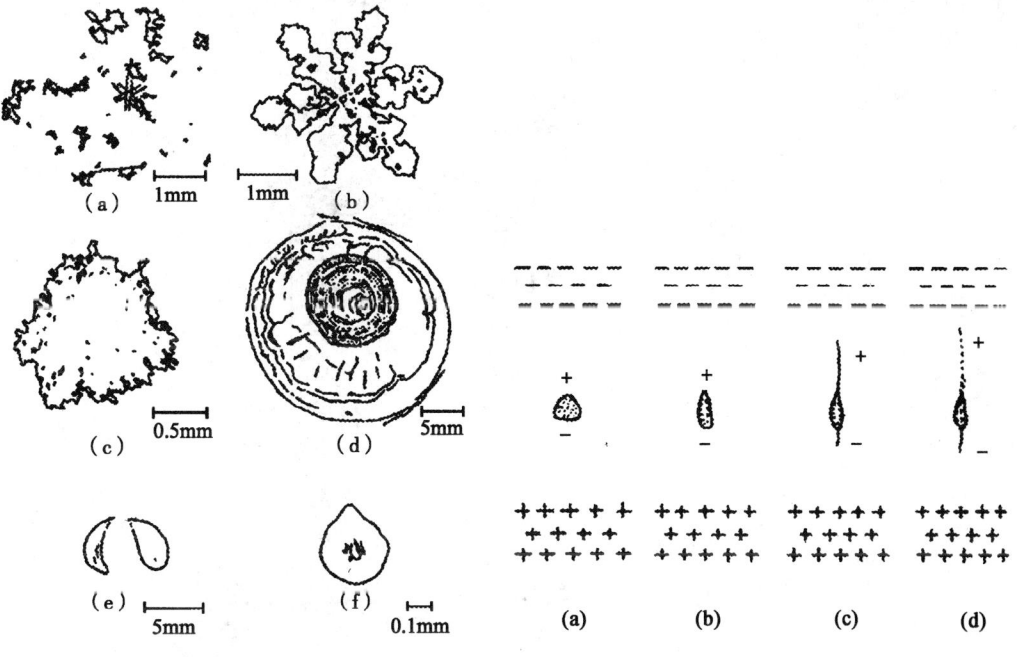

图 7.65 降水粒子类型 (a)雪晶碎片;(b)有边的雪晶;(c)霰;(d)冰雹剖面;(e)雨滴;(f)小冰丸
(Magono,1980)

图 7.66 电场下水滴的变形
(Malan D. J.,1963)

7.12.3.2 梯级先导形成机制(图 7.67)

云底少量正电荷区,诱导云中负电荷向下运动,在梯级先导形成之前有一看不见的引路先导,由于负流光形成的梯级先导为高度电离,因此,在梯级先导顶端有与云中负电荷中心相同的电位,也就是在梯级先导顶端前形成很强的电场,当电场达到 $6 \times 10^4 V/cm$ 时,在梯级先导前端产生电子雪崩,形成热电离,并以大约 $10^7 cm/s$ 的速度向下发展,这就是引路先导。当引路先导向下传播时,由于引路先导的电场随距离减弱,又因梯级先导顶端聚集了大量正电荷,使梯式先导通道的顶端处的电场大为减弱,局部甚至出现反向电场,这时引路先导便停止发展,而梯级先导局部电子会退缩回梯式先导的正电荷区,产生强烈的复合,形成很强的光电离,这时出现由辉光向弧光条件突变。梯级先导负流光便以大约 $10^9\,\mathrm{cm/s}$ 的高速沿引路先导形成的通道向前发展,从而完成一次梯级过程。此时先导顶端又具有云中负电荷的电位,并在先导顶端重新形成大于 $6\times10^4\,\mathrm{V/cm}$ 的强电场,于是复又形成引导先导,并向前发展一有限距离。随之导致梯级先导再向前伸展一梯级,直至到地面附近。先导与大地间形成的强电场,将导致从地面发展向上正流光(即连接先导)与梯式先导会合,从而使梯式先导通道与大地相接。梯式先导部分中止于大气,形成梯式先导分枝。在梯式先导主通道和分枝中贮存了大量负电荷。

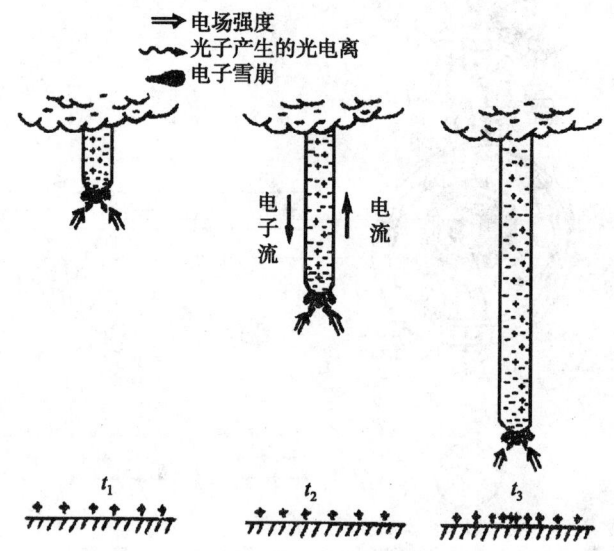

图 7.67 梯级先导流光机制示意图

先导中从电子雪崩转化为电弧状态时包括下面物理过程:(1)先导顶端的电离,即产生新电子和正离子;(2)位于负阵面后的正电荷通道,使电子向后收缩;(3)新产生的电子附着在气体分子上,形成负离子;(4)负阵面后的收缩空间中,电子和正离子复合;(5)电子和离子向外径扩散;(6)电子、离子和中性气体分子间的能量传递;(7)电子导电至电弧导电的转化。

电离通道内电子和离子向外径向扩散与时间的关系为

$$\rho^2 = 4Dt \tag{7.11}$$

式中 ρ 是电离通道的扩展半径,$D=\frac{1}{3}\lambda v$ 是扩散系数,λ 是离子或电子的自由程,v 是离子或电子的平均速度,t 是先导电弧开始起算的时间。对于标准气体密度为 N_2 时,负离子,可取以下值:$\lambda_i=8\times10^{-5}$cm,$v_i=500$m/s,$D=1.33$cm^2/s,$\rho_i^2=4\times1.33t$。对于梯级先导的时间为$t=50\mu s$,则得$2\rho_i=0.32$mm。如闪电持续时间为0.5s,则有$2\rho_i^2=3.2$cm。对于标准气体为自由电子时,$\lambda_e=4\sqrt{2}\lambda_i$,$v_e=380v_i$,$D_e=716\lambda_i v_i=2866$cm^2/s,$\rho_e^2=4\times2866t$。对于梯级先导的时间为$t=50\mu s$,则得$2\rho_e=1.5$cm。如闪电持续时间为0.5s,则有$2\rho_e=4.8$mm。

7.12.3.3 回击形成机制(图7.68)

当充满负电荷的梯式先导通道与向上连接先导相接的一瞬间,便出现明亮的回击,从而完成了第一闪击过程,回击实为向上的正流光,携带大量的正电荷,并在预先电离的梯式通道中发展,因此其传播速度高达$10^9\sim10^{10}$cm/s左右,这时梯式先导通道中的大量电子,在回击顶端强电场作用下,高速到达回击顶端,并形成电子雪崩,从而出现高达10^4A的峰值电流,使回击通道加热并发出耀眼的光亮。回击通道在向上发展过程中,不断中和梯式先导主通道和分枝通道中的大量负电荷。

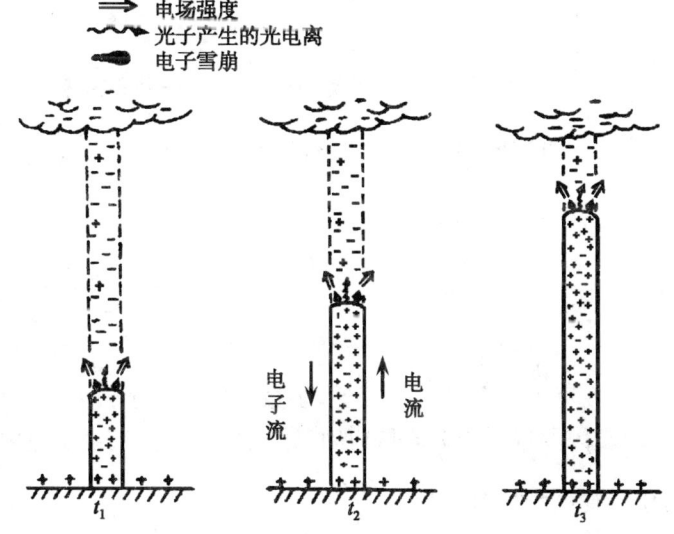

图7.68 回击流光机制示意图

7.12.3.4 箭式先导的形成机制(图7.69)

箭式先导的形成机制与梯式先导十分相似,同为向下的负流光过程,只是箭式先导前的引路先导是沿着前一次闪击所形成的通道中发展的,由于原通道中的剩余电离的影响,使引导先导发展十分迅速,以致箭式先导就像连续发展的负流光过程,即一小段发光光柱连续向大地发展。箭式先导的发展速度达10^7cm/s左右,约比梯式导平均大一个数量级,箭式先导可以直接向下发展与地连接,也可以与向上的连接先导相接,当充满负电荷的箭式先导通道与大地相接的瞬间,复又出现明亮的回击,从而完成随后闪击过程。

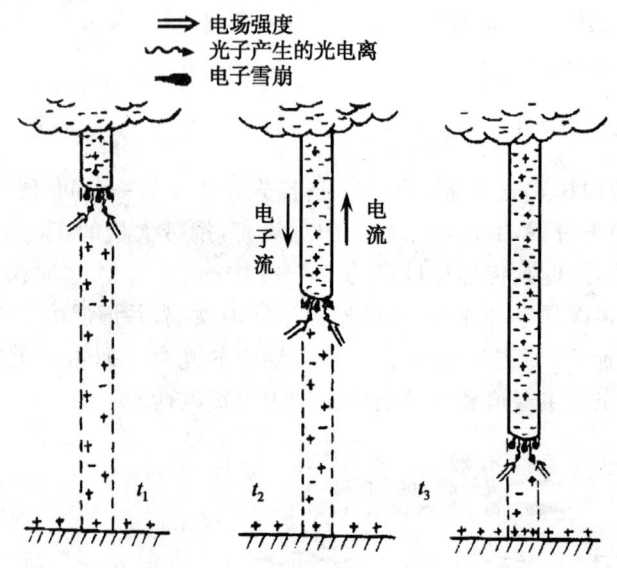

图 7.69　箭式先导流光形成机制示意图

§7.13　云　　闪

在自然界中大多数闪电属于云闪,云闪的危害远小于地闪,但随航空事业的发展,云闪对飞机的飞行存在巨大的危险性。此外,多数云闪发生于云内,对它的观测也较地闪要困难很多,获取云闪的资料十分有限,所以对它的研究要远少于地闪。

7.13.1　云闪结构和其电学参量

7.13.1.1　云闪结构

(1)初始流光:云闪包括云内闪电、云际闪电和云空闪电。通常在积雨云的上部为一正电荷中心,下部为负电荷中心。当正电荷中心附近局部地区的大气电场达到 10^4 V/cm 左右时,云雾大气便会击穿而形成连续发光的正流光,持续地向下方负电荷中心发展,这就是初始流光,这一过程称为初始流光过程,初始流光的持续时间约为 200ms,其传播速度为 10^4 cm/s,其持续电流强度为 100A 左右。

(2)负流光:当初始流光到达下方负荷电中心时,将形成不发光的负流光,沿着初始流光所形成的通道,向相反方向发展,使负荷电中心与上方正荷电中心相连接。这过程与地闪中闪击间歇的 J 过程十分相似,所以也称为 J 过程,其持续时间约为 100ms,持续电流强度一般不超过 100A。

(3)反冲流光:在负流光与正流光相接期间,出现时间间隔约为 10ms,持续时间约 1ms,并伴有明亮发光的强放电过程,称为反冲流光过程。反冲流光过程是中和初始流光所输送并贮存在通道中的电荷主要过程,这一过程与地闪中闪击间歇的 K 过程十分类似,因此称为 K 过程,它在云闪中的作用也与地闪中的回击过程很相似,反冲流光的传播速度比初始流光高 2 个数量级,为 10^6 cm/s 左右,其峰值电流可达 10^3 A,一次反冲流光过程中和的电荷为 0.5~3.5C 左右,其电矩为 3~8C·km 左右。

可见,云闪主要由初始流光过程和反冲流光过程构成放电过程。通常在积雨云上部存在正荷电中心,下部存在负荷电中心,在负荷电中心下方往往还存在有较弱的正荷电中心。因此云闪多由起始于云体上部正荷电中心的向下初始正流光过程,以及云体下部负荷电中心随之而形成的向上反冲负流光过成的放电过程。有时,云闪由起始于云体下部负荷电中心的向上初始负流光过程,以及云体上部正荷电中心随之而形成的向下反冲正流光过程构成的放电过程。此外云闪还可以由起始于云体下部负荷电中心同时形成的向上初始负流光过程和向下的负流光过程,以及分别由云体上部正荷电中心随之而形成的向下反冲正流光过程,与负荷电中心下方较弱正荷电中心随之而形成的向上反冲正流光过程,构成复杂的放电过程,如此等等。

7.13.1.2 云闪产生的电场

Kitagawa 和 Brook(1960)得到大约 1400 个电场记录,如图 7.70 中,把发生云闪时近地面电场分为三个阶段:

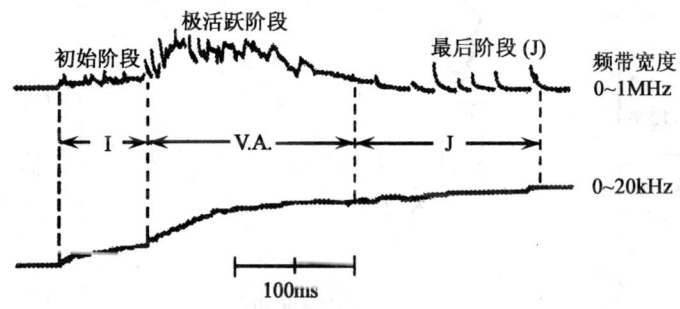

图 7.70 云闪的电场变化
(Kitagawa 和 Brook,1960)

(1)初始阶段:具有大量较小振幅的脉冲、平均脉冲间隔为 680μs,云放电时间为

50～30ms，云闪与地闪初始阶段的主要不同点是：云闪初始阶段的脉冲之间的间隔和云初始的持续时间明显地要比地闪的梯式先导的脉冲时间间隔和持续时间要长。另外，Schonlnd(1956)报告，叠加于慢电场变化的脉动是由于像梯式先导的脉动同样的脉冲时间间隔的云放电引起的。Kitagawa 和 Brook(1960)发现云闪和地闪的电场变化的不同表现为最初的 10ms，可以预测闪电是云闪还是地闪的准确率达 95%。

(2)极活跃阶段：具有大量较大幅度的脉冲和迅速变化的电场，但是从初始活动阶段到极活跃阶段没有明显的突变。

(3)最后阶段：大气电场变化具有与地闪的 J 变化类似，出现间歇脉冲，与极活跃阶段明显不同，云闪的 J 变化不是迅速变化，其是 J 过程叠加 K 过程引起的，并以反冲流光的 K 过程为主要起因。

Kitagawa 和 Brook(1960)观测 1400 多个云闪，50% 包含有以上讨论的三个阶段；40% 具有很活跃的阶段和 J 类型部分(最后阶段)，余下的 10% 没有很活跃的阶段和 J 类型阶段。

图 7.71 给出了云闪时的静电场变化 ΔE(小圆点)和电场仪记录的每次放电脉动平滑后的电场 E(实线)，为表示随时间的变化过程，图中还标出雷暴的大致距离(/表示各雷暴近似距离)，图中表示了云闪电场变化的符号与距离的关系，近闪时的 ΔE 基本为正，远闪时则基本为负。在图中 E 与 ΔE 的极性相反，当 E 为负时，电场变化 ΔE 为正。

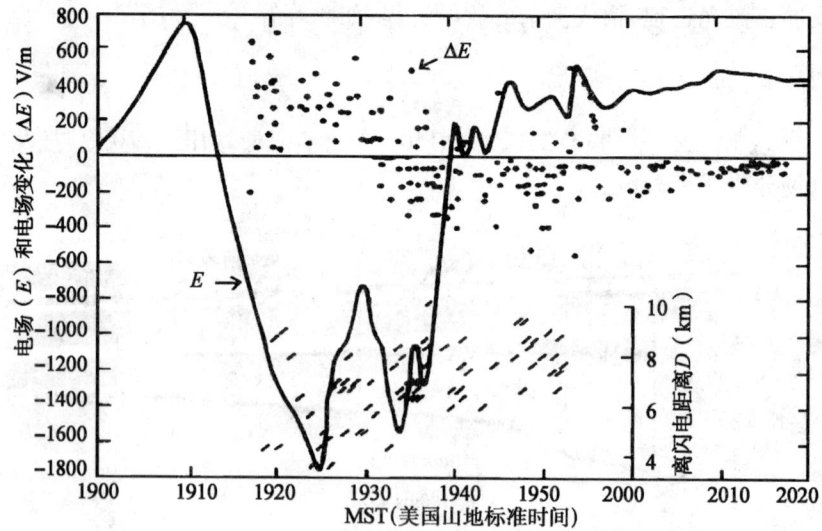

图 7.71　一个孤立雷暴的电场 E 和电场变化 ΔE 与时间的关系

(Ogawa 和 Brook,1964)

7.13.1.3 云闪电场的类型

图 7.72 给出了云闪时电场变化的四种基本类型,图中左边表示了电场变化出现的次数,右边绘出了放电情况。其中第 I 类电场变化曲线和斜率均为正,它一般在距雷暴不到 6km 处观测到,总的持续时间很短,一般仅 100ms,很少超过 300ms;第 II 类电场为正,但斜率为负;第 III 类最初与第 II 类相似,只是到后来电场为负,第 II、III 类电场变化常在距雷暴 4～10km 处观测到;第 IV 类电场变化和斜率都为负值,这一类约距闪电大于 8km 处观测到。

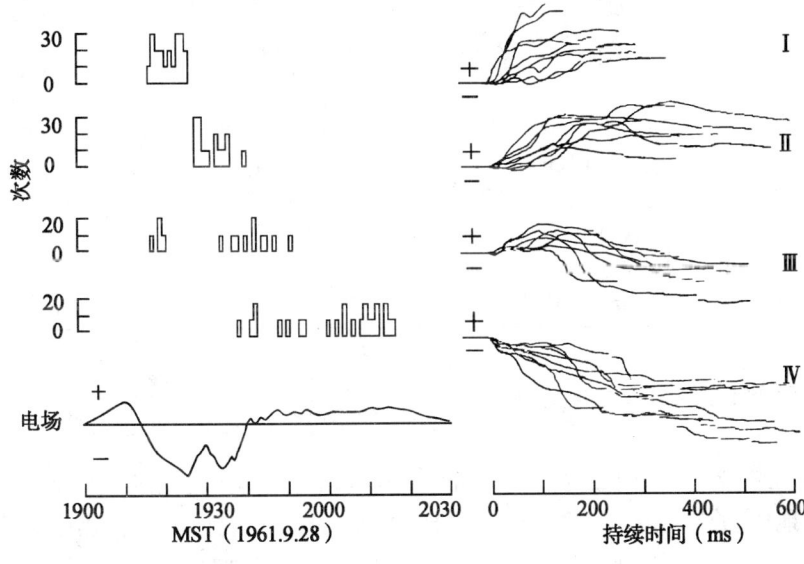

图 7.72 云闪地面电场类型

(Ogawa 和 B,1964)

7.13.1.4 云闪的电学参量

云闪的电学参量有流光的持续时间、传播速度、峰值和持续电流强度、电荷和电矩等,其值见表 7.14。

云闪电矩:云闪前、后积雨云的电矩变化,当云中正负电荷中心为垂直分布的条件下,云闪电矩表示为

$$M_c = 2Q_c \Delta H \tag{7.12}$$

式中 M_c 是云闪电矩,Q_c 是云闪时云中正负电荷中心所中和的电荷,ΔH 是云中正负荷电中心间的垂直距离。表 7.14 给出了云闪结构参量和电学参量的某些典型值和变化范围。

表 7.14 云闪结构参量和电学参量的典型值和变化范围

放电过程	结构参量和电学参量	典型值	变化范围
初始流光	持续时间(ms)	100～300	—
	传播速度(cm/s)	$8\times10^5 \sim 5\times10^6$	—
	持续电流强度(A)	100	—
反冲流光过程	持续时间(ms)	1	—
	间隔时间(ms)	10	2～20
	传播速度(cm/s)	$1\times10^8 \sim 4\times10^8$	—
	总持续时间(ms)	50～200	—
	峰值电流强度(A)	$10^3 \sim 4\times10^3$	—
	电荷(C)	0.5～3.5	—
	电矩(C·km)	3～8	—
云闪全过程	持续时间(ms)	150～500	
	高度(km)	4～10	
	长度(km)	1～3	
	电荷(C)	30	10～100
	电矩(C·km)	100	20～400

7.13.2 云闪数与地闪数之比

闪电以云闪为主，云闪数要大于地闪数。云闪数与地闪数之比值与地理纬度有关，纬度越低，云地闪数之比越大，反之当纬度高时，比值就小。观测表明，热带地区(2°N～19°N)云地闪之比达5.7，亚热带(27°N～37°N)为3.6；温带地区(43°N～50°N)为2.9。其原因可能是与积雨云中0℃层高度有关系。在纬度较低时，积雨云中的0℃层较高，这时云中负电荷中心的高度较高，不易形成地闪，而形成云闪；而纬度较高时，积雨云中的0℃层较低，云中的负电荷中心也低，较易形成地闪。由观测资料求得云闪 N_c 与地闪 N_g 比的经验公式为

$$N_c/N_g = 4.16 + 2.16\cos 3\varphi$$
$$N_g/(N_c+N_g) = 0.1 + 0.25\sin\varphi \tag{7.13}$$

式中 φ 为纬度。

云地闪比还与年雷暴日有关，年雷暴日是指一年中发生雷暴的天数，对于雷暴日少的地区，比值较低，年雷暴日多的地区，比值较高。根据观测，云地闪之比可以用经验关系表示。

$$P(\varphi,N_y) = [4.16+2.16\cos(3\varphi)]\left[0.6+\frac{0.4N_y}{72-0.98\varphi}\right] \tag{7.14}$$

式中 φ 是纬度，N_y 是雷暴日。图 7.73 给出了四位研究者得出云地闪比随纬度的改变，可以看出纬度愈高，地闪与云闪的比越大。

云地闪比与云的厚度有关，如图 7.74 中，0℃层高度基本不随云高而变，云地闪比随云的厚度增加而增大，若云厚为 ΔH_C，则云地闪比的关系式写为

$$z = a\Delta H_C^4 + b\Delta H_C^3 + c\Delta H_C^2 + d\Delta H_C + e \tag{7.15}$$

式中 a、b、c、d、e 是拟合系数，分别为 0.021、-0.648、7.493、-36.54、63.09。

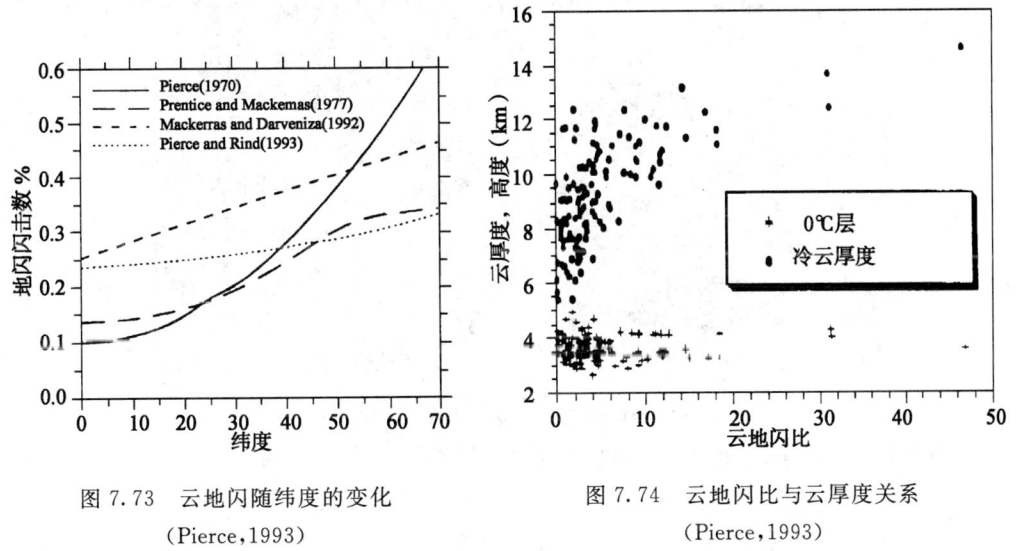

图 7.73 云地闪随纬度的变化
（Pierce，1993）

图 7.74 云地闪比与云厚度关系
（Pierce，1993）

§7.14 航空和闪电

7.14.1 飞机闪击的主要特征

在飞行中的飞机遭受到雷击大多数是相对于在前进中已经截获电荷的飞机开始的，虽然这一观点直到 1980 年之前没有令人信服的证据。即使在截获自然闪电的情况中，来自飞机对自然发生的闪电通道的响应中开始的重要放电也没有证据。一帧电视照片证明了来自高度相对低的飞机开始的闪电的证据（图 7.75），从该图可见，在飞机向上方和向下方闪电通道表现为不同方向的分枝。飞机可以触发闪电的早期证据是观测到许多先前没有闪电的云内或云附近飞机遭闪击的例子。第一个起始于飞机闪电的直接证据是通过在闪击 NASA F-106B 研究飞机时闪电通道形成的 UHF 雷达回波，表明初始先导通道是在或十分靠近 F-106B 开始，并离开它传播。在观测 F-106B 闪击的

49个例子的80%,闪电回波离开飞机回波向两个相反方向开始移动。大约5%的闪击闪电回波直接离开飞机。由雷达推断,很少是由飞机截获闪电的事件。

图7.75 闪击飞机的电视照片(Kawasaki,1982)

飞机触发初始闪电也可由飞机表面的电场波测量分析推断。Reazer等(1987)研究表明,对于CV-580飞机39次闪击的35次电场波的特征是与飞机触发闪电相一致的,虽然他们提出典型的电场波不与表示电流的相一致,而其余4次闪击明显不同,并可解释为由于拦截自然触发的闪电。如像高速电视记录到的通道形成,根据CV-580和C-160研究飞机相关的电流测量也进一步证实了飞机触发闪电。

对于不与地球相连接的导体的闪电的触发机制通常称之为"双向先导"理论(Kasemir,1950),并且它可应用于飞机和其它飞行工具的触发闪电。当环境电场接近50kV/m,CV-150和C-160研究飞机高度近5km,来自飞机末端的电场方向发射正先导,并在几毫秒以后,来自另一端相反方向的负先导。类似的双向先导发展由Mazur(1989)在F-106B的情况中推知,除先前由电晕或其它过程触发的初始正先导,并由正先导引起极性相反的毫秒时间的电场变化之外。在双向先导发展中,正先导首先发展的原因有两个:一是通常由于正先导先出现,二是由于正先导相对负先导可在较低电场中传播。在正先导出现后,由于来自飞机正先导的正电荷的移动和整个导体系统伸长,飞机上的电场明显加强,由此引起负先导触发。至今没有负先导先于正先导发展的观测记录的例子,另外从已有的文献中,也没有为什么负先导不能先于正先导从飞机发射的理由的解释,即使负先导发射一端的电场加强较正先导发射一端的大很多。飞机某处电场强度的加强速率是飞机形状和走向两者的函数,还有电晕过程的影响可能降低电场的加强。为触发闪电放电,飞机一端需要有强的背景电场强度,海平面场强击穿值达 3×10^3 kV/m,在 6km 高度处电场强度击穿值为海平面的一半。因此,在飞行高度上的背景电场中,对于初始闪电需求一个数量为 10 倍的适当的飞机加强因子。对于飞机某一局部位置的电场加强中,飞机的形状是一个重要因子,例如飞机两翼的倾斜或垂直平衡器的数量大小,使闪电触发成为可能。在闪电初始阶段,表现为与负的梯先导的每一步级相联的 1kA 的脉冲电流,通过飞机观测到的电流一般由稳定的和变化的脉冲组成,很可能与云内自然闪电相似。有时,飞机初始闪电或当飞机接近地面时,其部分成为地闪。显然如果飞机在足够低的高度开始闪电,也就是飞机刚起飞不久,飞机必然与地闪有关。

根据 Harrison(1965)对美国航空线上飞机的 99 次闪电雷击的研究,在飞行时的电荷放电得到三个基本特征:

(1)一个明亮的闪光,有时是目眩的;
(2)"嘣"一声爆炸声,有时是低沉的;
(3)三分之一到二分之一对飞机有破坏或损坏。

导航员要区分飞机与闪电的两种类型相互的作用,在非专业人员称为"静电放电"和"闪电放电"。前者表现为对于导航员耳机的几毫秒的无线电静电,并相应于飞机主要静电放电之前的电晕放电(当它是暗的,明亮的电晕是可见的,并一般称为 St Elmo's 火)。而后者,闪电是没有很多预先警报发生的放电。静电放电是更多更普遍发生并明显地与飞机触发闪电相联。导航员观测静电类放电是由存贮在飞机的电荷引起的,其大小一般为 1mC,因此飞机表面出现的这些电荷不会产生太大的危险。通常飞机表面的损害表现为连续的燃烧标志,或由于当飞机相对于闪电移动,改变闪电通道接触点,称做扫点—闪击现象。飞机表面的损伤可以由实验室试验证实。

7.14.2 飞机闪击的统计

图 7.76 给出早在 1950 年到 1970 年期间由 5 个研究者(A,美国,Plumer,1971~1975;B,欧洲,S. A, Aderson,1966~1974;C,俄罗斯,Trunov,1968~1974;D,英国,Perry,1959,1975;E,美国,Newman,1950~1961)得到的飞机遭遇雷击随高度变化的关系。这对所有飞机类型是相似的,早期的老飞机在 3~4.5km 高度飞行,遭受闪击是高度的函数,与飞行高度很高的喷气式飞机相类似。对于现代的喷气式客机,当飞机通过温度接近于 0℃云区时,大多数闪击发生在飞机上升到飞行高度(飞行高度在 9km 左右),或在着陆的情况下。根据 Fisher 等(1999),不可避免的闪击发生在当飞机进入云内,只有少数闪击发生在当飞机在云的下方或云的附近。大多数闪击是与大气的不稳定相联系(占 27%),包含有活跃飑线的有组织的锋面(占 53%),更多的闪击与湍流和

降水相联系,70%与降水相联,另20%与雨和雪、霰或雹的混合物相联。图中的还给出典型的雷暴云荷电分布,但是并非所有的闪电都与这样的云相联,例如曾记录到有的闪击与由冰晶组成的云有关,根据 Harrison(1965)研究,大约有40%的放电发生在没有雷暴报告的区域,其余60%出现有雷电或闪电,提出降水天气有利引起飞行中飞机的放电,而在弱的湍流大气或弱降水天气条件下引起飞机闪电的可能性是很小的。

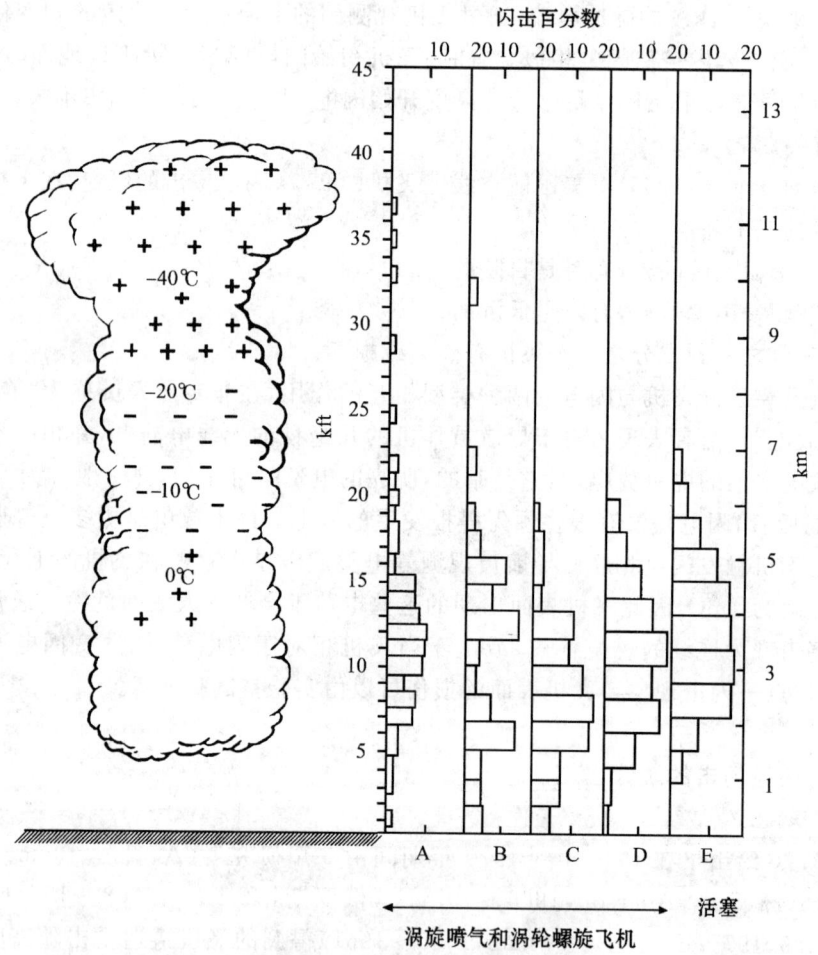

图7.76 飞机遭雷击事件与高度的关系和夏季雷暴云荷电分布(Fisher,1999)

表7.15是1950~1974年美国客机遭闪击的频数,那时一般的客机遭闪击的每飞行1000小时一次,或每年约一次。

表 7.15　客机遭受闪击的事件数

	Newman (1950~1961)		Perry (1959~1974)		总数		
	闪击	小时数	闪击	小时数	闪击	小时数	每小时闪击
活塞式飞机	808	2000,000			808	2000,000	2475
涡轮螺旋桨飞机	109	415,000	280	876000	389	1291000	3320
喷气式飞机	41	427000	480	1314000	521	1741,000	3340
总数	958	2842,000	760	2190000	1718	5032,000	2930

图 7.77 给出由 Murooka(1992)统计 1980 到 1991 年夏季和冬季期间 1000 次以上喷气客机遭到的闪击,可以看到在夏季飞机在 5km 高度处遭闪击的百分数最高;而在冬季,云顶高度为 5km,冻结高度接近地面,飞机遭闪击高度很低,大约在 1km 左右及以下。

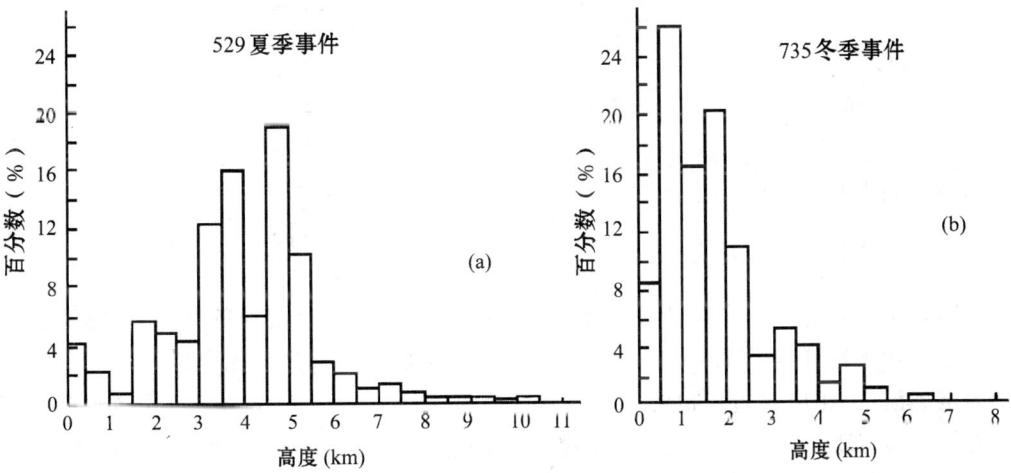

图 7.77　在日本夏季客机飞机闪击事件与高度的关系(a)夏季;(b)冬季(Murooka,1992)

图 7.78 给出了飞机遭闪击数与云内温度的关系,发现在夏季和冬季闪击都发生在 $-5\sim0$℃的温度范围内。

飞机的闪电灾害通常分为直接的和间接的(或感应),直接效应发生在闪电接触的点,并在飞机金属表面有洞、击穿在飞机前头的覆盖在雷达上的非金属结构塑料罩,使其成为碎片,使焊接或可移动挂钩和承载变得崎岖不平,损坏天线和位于飞机一端的灯,和引发飞机燃料燃烧。而间接效应是由闪电电磁场感应的有危害的电压和电流产生的,它干扰或损害飞机的电子系统。表 7.15 给出了飞机遭受雷电闪击的事件数。

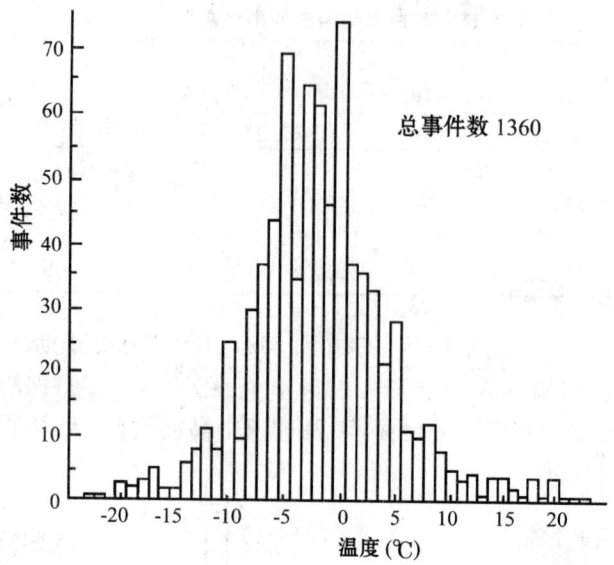

图 7.78 所有季节日本客机飞机闪击事件与温度的关系(Murooka,1992)

7.14.3 闪电与飞机的相互作用

7.14.3.1 飞机的初始闪电

Mazur(1989)从于 F-106B 和 CV-980 获得的电场和电流记录的分析，提出飞机初始闪电的物理模式。图 7.79 给出了 C-160 和 C-580 在飞机初始闪电期间观测到的典型的电场波，及相应通过飞机的典型时间—电流，图中也表示有从电场和电流推断的双向先导发展，E_0 是初始闪电时的背景电场，图中上面横轴的时间间隔是 5ms，由电场和电流的记录研究推断大约 90% 的闪电是由飞机触发形成的，飞机触发闪电可以分为 AB、BC 和 C 以后三个阶段：

（1）AB 阶段：包括有触发发展和双向先导的发展，当飞机进入到云中时，云内电场接近 50kV/m，有趣的是，对 C-160 遭闪击时基本是垂直趋向，而 C-580 基本是水平趋向，其原因是 C-160 的飞行高度是 4.6km(环境温度是－5℃)，主要是负电荷区，而 C-580 的高度是 4.5km，处于主要负电荷区的下面。图中 A—B 表示了正先导发展时的电场变化，随正先导发展，在飞机上正电荷的减少，净的负电荷增加。由于飞机加上正先导的整个导电系统的长度增加，飞机的电场强度增加，飞机上负电荷的增加产生一个指向飞机表面的电场增加，从曲线 A 到 B 的表示电场增加，为测量到正电场的变化，其矢量方向依赖于飞机。而且环境电场方向和电场变化 A—B 之间的关系也与飞机的位置有关。在初始正先导之后的几毫秒，电场接近 B 点，负先导从飞机相对于正先导的

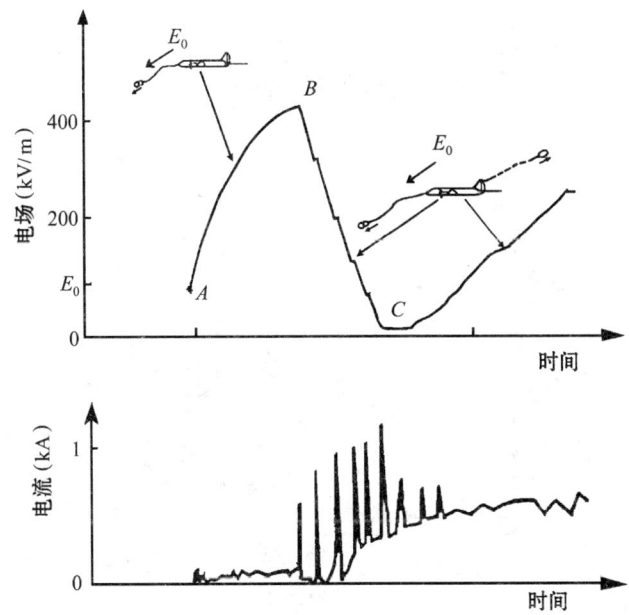

图 7.79　在飞机初始闪电期间典型的电场强度、电流和先导发展的图解表示，
时间刻度为 5ms(Lalande 等,1999)

相反的另一端发展,其方向反着环境电场和正电荷发展方向传播。

(2)在 BC 阶段:在正先导触发之后大约 50 ms 是 BC 阶段,如图 7.79 从 B(负先导开始)到 C 表示负先导的发展显著地减小了飞机上的负电荷,由此减小指向飞机的电场。根据 Lalande 等(1999),负先导传播引起正先导加速和分枝,在 C 以后飞机上的正电场的增加。Lalande 等认为,从 B 到 C 负先导比正先导从飞机更有效地移动电荷,而在 C 后,由于分枝和电荷高速移动,正先导更加有效,但是双向先导发展的细致的物理过程并不很清楚。Lalande 等认为,电流可以从测量电场变化得出,初始正先导只有几安培电流。Morean 等(1992)用每秒 200 帧电视显示初始负先导之前的正先导(阶段 AB)图像,虽然电视和电测量只有 1 秒同步,在 CV-580 上 AB 阶段估计正先导的电流约是 1A,并且他注意到在研究飞机上的电流的分路测量观测如此小的电流是不够敏感的。实验室研究正先导在几毫秒时间内量级 1A 的电流上升速率为 6.6×10^2 A/s,这与火箭触发正先导形成的电流上升值接近。在负先导的最初几毫秒,如 BC 阶段,其电流的典型值为 10kA 或平均时间间隔为 250μs 的脉冲电流近 1kA,重叠于增加到 300A 相对稳定的电流上。

(3)C 以后:如图 7.79 和图 7.80 中,在 C 之后为一组电流脉冲,称之爆炸,其间由几十毫秒分隔开,电流上升率为 2×10^{11} A/s(平均值 6.5×10^{11} A/s,最大电流为 20kA,平均为 4.8 kA)。

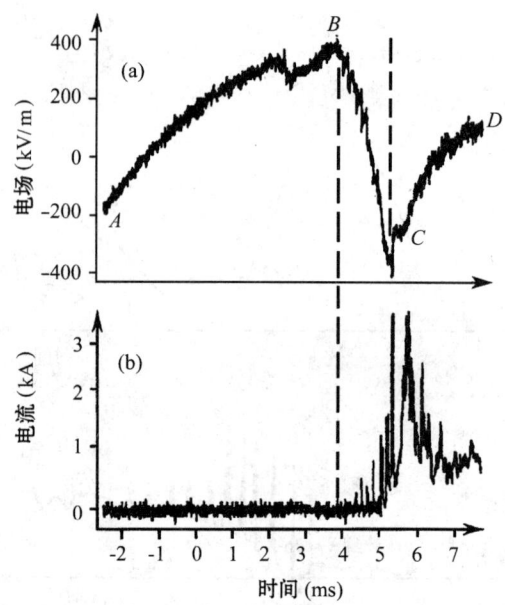

图 7.80 在 C-160 飞机上的电场和电流
(a)飞机机身前上方的感应器测量到的电场;(b)飞机鼻下通过的电流(Mazur,1992)

Lalande 等(1999)总结了对于 CV-580 飞机上的 31 个和 C-160 飞机上的 12 个起始于飞机的闪电,所有由飞机一起始的闪电的平均持续时间为 400ms,最小值为 140 ms,最大为 1s。对于 CV-580 飞机,恰好在闪电发生前的环境电场强度为 51 kV/m,变化范围从 25~87 kV/m;而对于 C-160 飞机闪电发生前的环境电场强度为 59 kV/m,变化范围从 44~75kV/m。环境电场值(E_0)是图 7.79 和图 7.80 中 A 点处的电场强度值。对于 CV-580 飞机,从 A 到 B 的正先导的电场强度变化贡献平均值为 342 kV/m,并发生于平均时间 3.9ms;对于 C-160 飞机相应在 4.3ms 时间内的电场强度变化为 551 kV/m。对于各资料结合得出从 A 到 B 的电场变化大约从 200~800 kV/m,时间间隔大约从 1 ms 到大约 9 ms。在 B 到 C 期间,假定负梯级先导是从飞机开始传播,飞机表面的电场在平均 1 ms(对于 CV-580 飞机)和在平均 2 ms(对于 C-160 飞机)的时间内减小到接近为 0。从两飞机的组合资料看,具有平稳电流 330A 的平均时间为 188 ms,而平均最大电流为 910A,对飞机与闪电相互作用的全部时间内,将通过飞机的电流积分,得平均电荷为 60C。

图 7.81 是 Reazer 等(1987)给出 CV-580 飞机上得到时间标度不同的一对电场和电流波形,可以看到其与图 7.79 和图 7.80 是类似的,他认为初始闪电在时刻 B 发生的是负先导,而在时刻 C 的负先导与正电荷区相连接,并产生相同极性的较大的电流脉冲和连续电流。

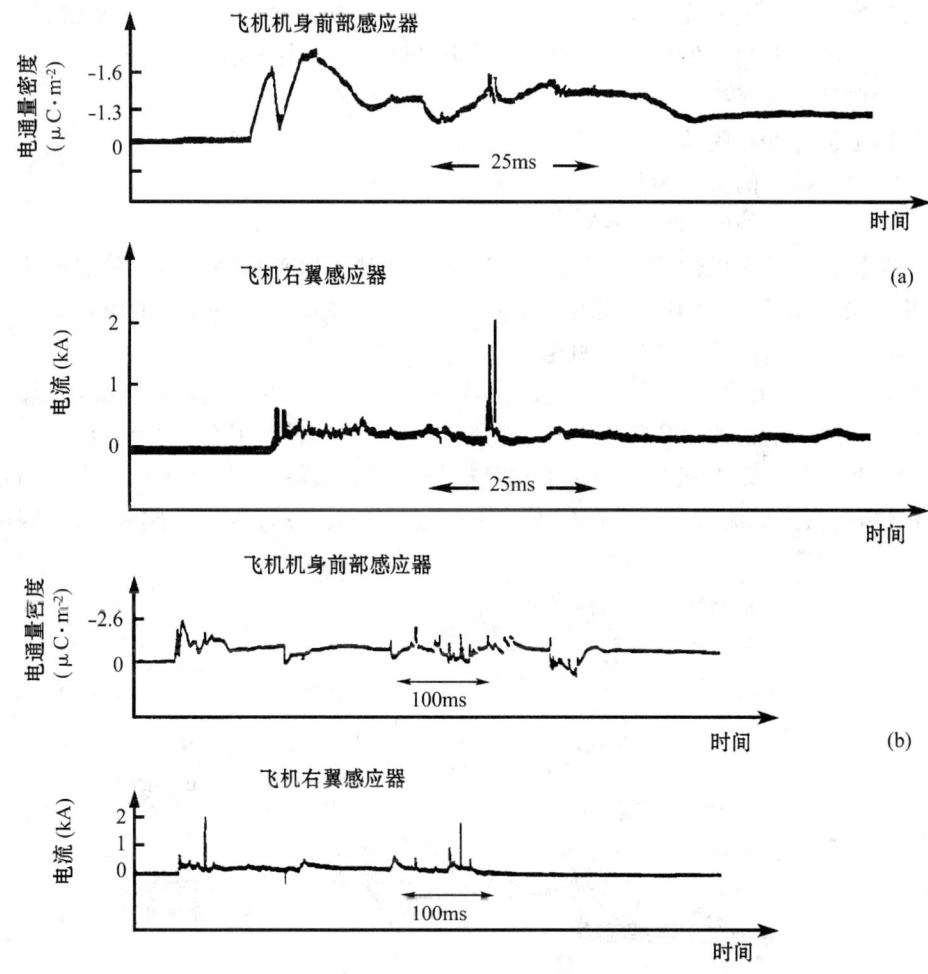

图 7.81(a) 对于 CV-580 闪电开始第一个 100ms 期间的电场和电流波形(Reazer 等,1987)
(b)与上相同的,但较长的时间刻度的电场和电流波形

Pitts 等(1987)对 F-106B 型飞机进行闪电研究,其目的是提供对于的电流、电子通量密度和磁通量密度导数的统计和最大值,也讨论了被 F-106B 型飞机在接近正电荷区中心和负电荷中心两种情况下触发的闪电,并讨论了与 F-106B 型获得有关触发闪电的电磁场导数资料。他提出,随飞机另一端的电击穿后的首先发生在机鼻下的电晕过程,但是他仅考虑的是最初几毫秒的过程。他由 F-106B 型飞机的研究结果包括下面测量值:最大电流的变化率(电流导数)为 3.8×10^{11} A/s,最大电流值为 54kA 和电通量密度最大变化率为 97A/m^2。所有这些测量是以峰值记录。测量的电流最大变化率大约是飞机检验参数的四倍并按标准迅速增加。电流变化率是一个重要参数,因为闪

击间接影响是通过电流变化率的大小相关。Mazur(1986)根据 F-106B 型飞机的研究提出在 F-106B 型飞机的触发闪电的初始放电期间的电流脉冲有下面几个特征：

(Ⅰ)脉冲的重复率从每 $100\mu s$ 一次到每 20ms 一次；

(Ⅱ)电流脉冲时间从毫秒分之一到几毫秒；

(Ⅲ)电流脉冲的大小为从 2～20kA；

(Ⅳ)一列脉冲的时间是 2～35ms。

闪电脉冲波是无极性的,并且是不对称的和有时叠加有精细结构。稳定电流振幅范围几百安到 3kA。从闪电通道与 F-106B 型飞机翼尖和尾的相连接的电视照片观测估计的稳定电流时间从几秒到几百毫秒。

Mazur(1989)比较 F-106B 型飞机与 CV-580 和 C-106 的闪电场和电流测量结果,并发现它们除闪电初始 AB 阶段之外是类似的,图 7.82 表示了在 F-106B 型飞机触发闪电的过程,图中 E_L 为机身左前部的局部电场,⊕和⊖表示飞机在环境垂直电场中的荷电极性,箭头为电流方向,I_C 和 I_P 分别表示连续电流和脉冲电流,此时,触发闪电可以分为四个阶段：

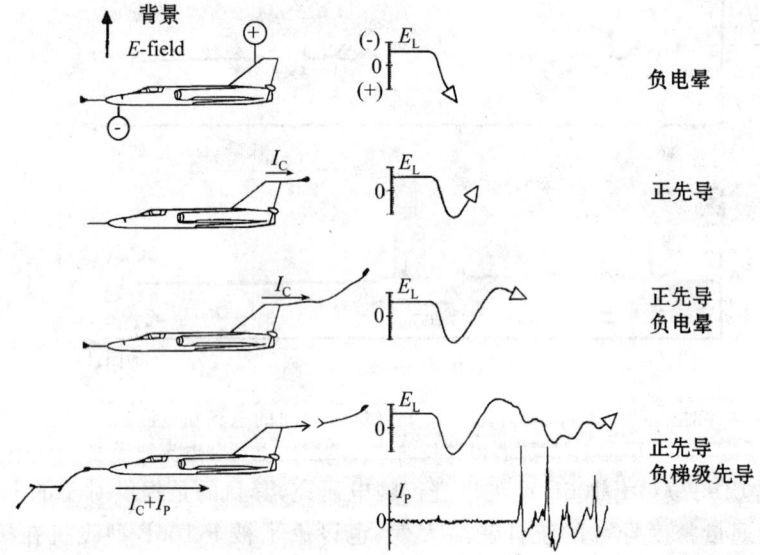

图 7.82 由 F-106B 飞机触发闪电的过程,闪击点处于飞机鼻尖下和尾翼的顶端,
圆圈内的＋和－表示飞机感应电荷的极性(Mazur,1989)

(Ⅰ)负电晕:表现为在飞机鼻尖下电晕放电,负电场的减小,这负电场的减小是由于飞机一端的负电晕使 F-106B 型飞机充正电引起的。因此没有负先导,这时仅发生负电晕。

(Ⅱ)正先导:在飞机尾部的直尾翼的顶端出现正先导开始后 50ms,飞机开始放电在这一阶段电场下降,图 7.82 中出现电流 I_C 和间隔几毫秒的电流脉冲群。

(Ⅲ)正先导和负电晕:飞机尾部的直尾翼的顶端出现正先导加大和在飞机鼻尖下电晕放电,正先导形成的电流加大电场下降到极大后因负电晕出现开始上升。

(Ⅳ)正先导和负梯级先导:在飞机的鼻尖和尾翼的顶端分别出现正先导和负的梯级先导。

7.14.3.2 飞机截获电荷过程

在 CV-580 和 C-160 研究飞机从 $t_1 \sim t_2$ 时刻观测到如图 7.83 表示飞机截获闪电的毫秒尺度的电场变化过程,从 CV-580 和 C-160 分别截获的三次闪击的资料得到,对于飞机上不同位置处的感应器具有不同的符号。如从 C-160 飞机的不同的感应器观测到的实际资料表现有不同极性的电场变化见图 7.84,图 7.84(a)是感应器处于飞机背部测量的电场曲线,而 7.84(b)是感应器位于飞机机身的前部测量到的电场曲线。可以解释为当飞机接近闪电通道时,外界电场对飞机产生极化作用:在飞机的一端感应负电荷,相反的一端感应正电荷;而不是在整个飞机上相同符号电荷的改变,如在飞机触发闪电的 AB 阶段。根据 Lalande 等(1999),不同电场感应器 t_1 到 t_2 的电场是与飞机截获净的正电荷的数量相类同。这一结果,根据 Lalande 等(1999)可能由于同时接近正和负先导的,这拒绝了在飞机上会出现数量较大的电荷,或甚至负先导开始。在 t_3 以后,飞机触发闪电的所有感应器观测到的电场如像 C 时刻后观测的值,都是向正值增加的。截获剩余下的电荷特点一般与飞机触发闪电是类似的。

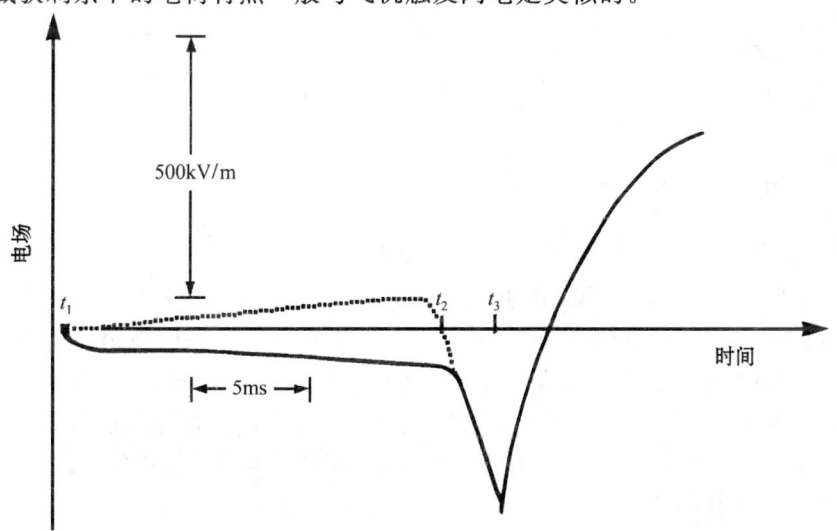

图 7.83 在飞机截获电荷闪电的第一部分期间两感应器(实线和虚线)观测到的电场波(Lalande 等,1999)

Moreau(1992)由图 7.84 的电场波分析对飞机截获电荷过程给出了不同的解释,他认为飞机上电荷的分离(极化)是由于接近先导,直到 B 点时发生与先导连接。在 t_3 时刻两感应器正电场的迅速变化表示与负先导连接和放电。在 C 点处负电场的迅速变化表示负先导激励飞机。

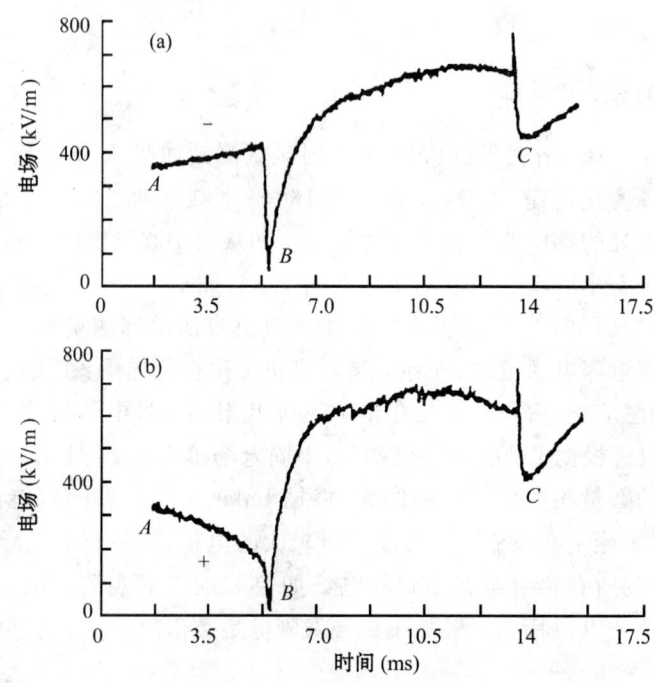

图 7.84 对于截获闪电在 C-160 飞机上的电场变化(Moreau 等,1992)

7.14.3.3 闪电的检测标准

1999 年美国自动工程师协会(SAE)和欧洲政府装备组织发布了对于飞机雷电防护的三个主要检测标准:(1)飞机闪电环境和有关波的检测;(2)对于直接闪电的飞机电子系统的检测;(3)飞机闪击区。图 7.85 给出了飞机闪电的典型电流波,图中以 A、B、C、D 表示,由已知道的闪电特征,A 到 $D/2$ 代表地闪的强电流,图 7.85(a)标有字母 $A-D$ 为地闪(飞机高度很低时遇到)中第一、二次闪击的电流分量;图 7.85(b)为多次闪击的电流波;图 7.85(c)为脉冲波(上)和脉冲暴发的结构(下)。表 7.16 给出相应各分量参数的值。

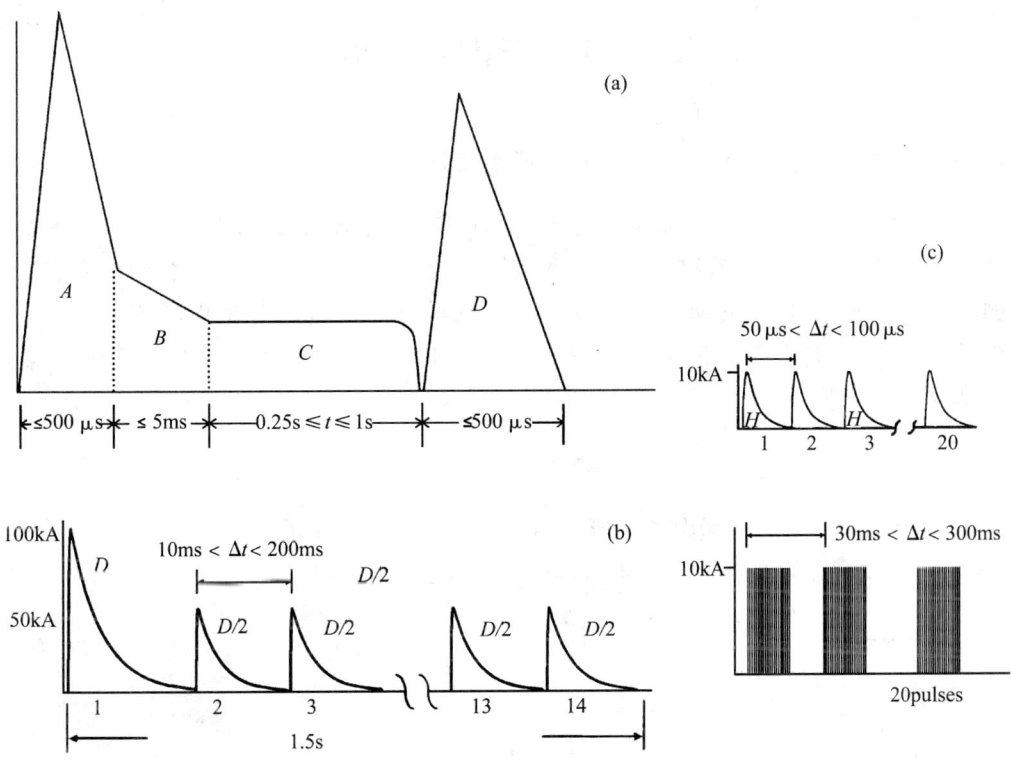

图 7.85 (a)地闪中第 1,2 次闪击中的 $A\sim D$ 的电流分量;(b)多次闪击电流波;
(c)多次脉冲波(SAE ARP5412)

表 7.16 闪击时各分量的参数

A 分量(第一回击)		C 分量(连续电流)	
峰值振幅	200kA(+10%)	振幅	200~800A
活动积分	$2\times 10^6 A^2\cdot s(\pm 20\%)$	输送电荷	200C($\pm 20\%$)
	(在 500μs 时间内)	持续时间	0.25~1s
持续时间	≤500μs		
B 分量(中间电流)		D 分量(随后回击)	
最大输送电荷	10C($\pm 20\%$)	峰值振幅	100kA($\pm 10\%$)
平均振幅	2 kA($\pm 20\%$)	活动积分	$0.25\times 10^6 A^2 s(\pm 20\%)$
持续时间	≤5ms		(在 500μs 时间内)
		持续时间	≤500μs

§7.15 闪电与雷暴云间的关系

7.15.1 中尺度对流系统(MCS)中的电场高度分布与荷电垂直结构

中尺度对流系统是夏季重要的降水天气系统,因此在气象上对它的动力和热力特性进行了很多研究。同时它也是雷电发生最多、雷电灾害最重的系统之一,但由于受探测技术的制约,缺乏有关 MCS 的电学方面的资料,长期以来对它的电场和荷电结构缺少了解,近年来随探测技术的发展,特别是无线电云中电场探空仪的出现和卫星、雷达探测技术的发展,为研究 MCS 的电场、荷电结构和闪电的关系有了新进展。

7.15.1.1 MCS 上升气流区的垂直电结构

MCS 内的电场分布是对于了解云内电荷的垂直分布和结构十分重要。图 7.86 是 MCS 对流云区内基本荷电结构,图 7.86(a)中 T 是温度廓线,ASC 是垂直速度,E 是电场垂直分布,L 是闪电电场的改变,η, γ, ϕ 是电场的峰值,从图中可见:

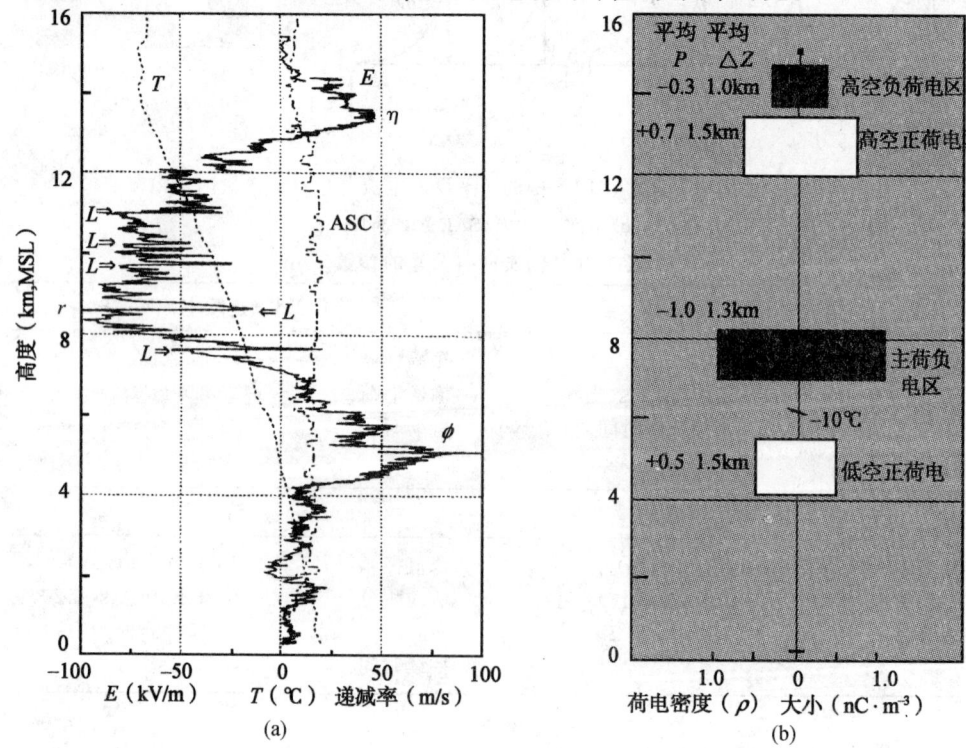

图 7.86 中尺度对流系统(MCS)中的基本荷电结构(Stolzenburg. M 等,1998)

(1) 在正电场峰值之下 4~6km 为正电荷，这个底部的正电荷有时向下伸展到约 2km，在有些情况下闪电电场变化就在这个高度和以下。

(2) 在 6km 以上直至 8~9km 是一负荷电中心，当上升速度较大时，荷电中心高度是较高的，负荷电中心高度和平均垂直上升速度有直接的关系。在主负荷电中心之上相关的闪电场变化最大，在这些闪电中就涉及到相邻电荷（正电荷在上、负电荷在下），一般正电荷重叠于受闪电相关最大电场改变的影响的厚度层之上。

(3) 电场探空资料表明，最上部负荷电中心的高度约在 10.7~11.6km。

图 7.86(b) 中是根据图 7.86(a) 中 E 是电场垂直分布得到的 MCS 对流上升气流中基本电荷结构，给出了电荷密度和荷电厚度的平均值。

7.15.1.2 MCS 上升气流区外部的垂直电结构

图 7.87(a) 显示了 MCS 对流区上升气流区外部的电结构，图中电场的重要特征用希腊字母 α、β、δ、κ、λ 表示，可以看到：

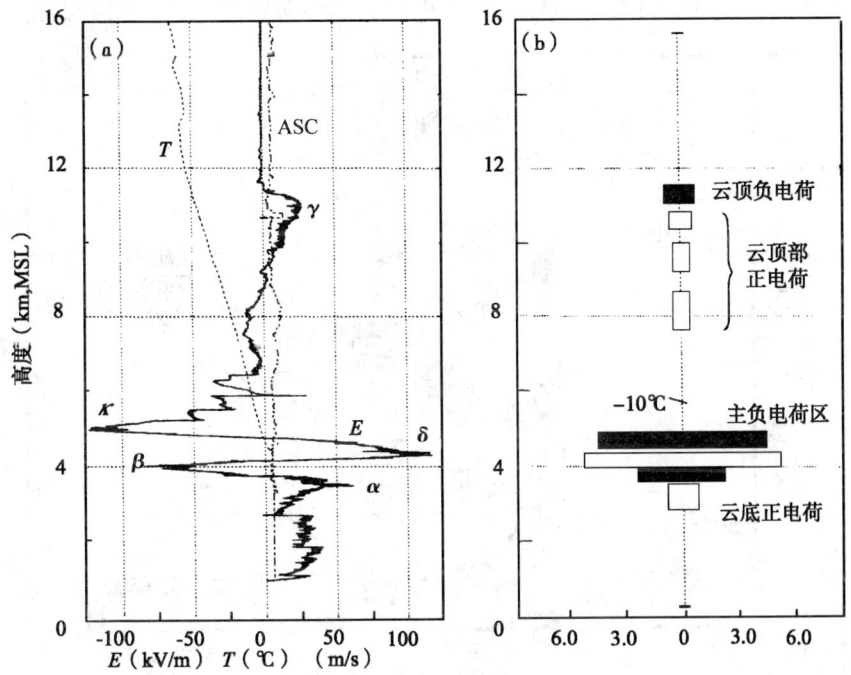

图 7.87　MCS 对流区上升气流区外侧的电结构
(Stolzenburg. M 等, 1998)

(1) 在最下部高度约 3.5km 处有电场强度为 60~100kV/m 的正的峰值电场 α，对于这正峰值电场 E 迅速增加相应于相对湿度迅速增加高度（电场探空气球进入云底）；

(2) 在这最下部正电场峰值之上为大而负的峰值 β;

(3) 在这负的峰值电场之上又转回大的正电场,这是第二个小于 1km 的正峰值电场 δ;在这第二个正峰值电场之上再回到负的电场 κ(5 和 5.7 km)。最后在最上部出现第三个正峰值电场 λ(11km)。

图 7.87(b) 显示了非上升气流区内的荷电结构,可见在接近云底的最下部为正电荷层,正电荷层之上是一负电荷层,负电荷层之上约 4~6km 之间是稠密的正电荷层,然后是一电量相等的负电荷层。

7.15.2　MCS 对流区结构和荷电模式

Stolzenburg 等根据 MCS 对流云区 16 个电场探测得到的 MCS 荷电概念模式如图 7.88 中,图中给出了雷达反射率、气流和荷电分布,外部实线表示云的边界,虚线是雷达反射率(每 10dBz 画一条等值线,从 0~50 dBz),粗实线箭头表示上升气流,空心箭头表示水平气流,正电荷区以灰色表示,负电荷区用深灰色表示。从图中看到:

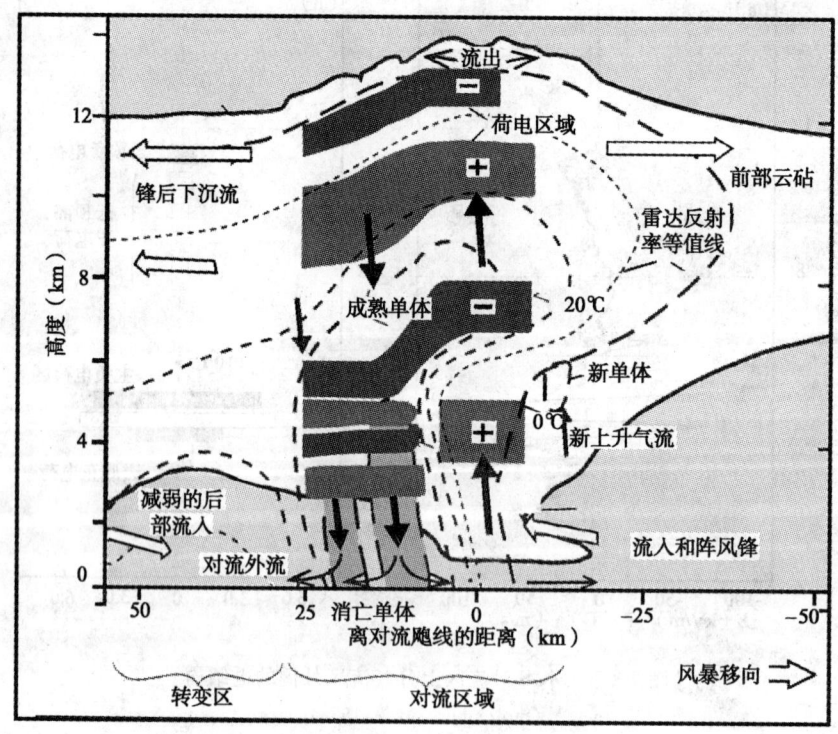

图 7.88　MCS 对流区荷电概念模式

(Stolzenburg. M 等,1998)

(1) 在高度约 6km 和水平距离 -10km 的地方是一反射率中心,表示有一新的单体发展。

(2) 该新单体伴随较深和逐渐成熟的对流,具有大于 50dBz 的峰值反射率和高度为 2 km 的成熟单体,整个系统向东或东北方向移动,个别单体较其所处的飑线的移动慢,而且常有一个向上运动的分量,整条连续飑线的移动与缓慢移动单体间的差别是通过在完全发展的单体的前头形成新单体,在飑线位置上不连续跳跃。

(3) 对流上升区一般位于 MCS 对流云区中强的和发展的反射核心的前方。

(4) 多普勒雷达观测表明,在 6 km 高度这些上升区具有最大上升速度。

(5) 图中还显示,成熟的 MCS 核心和流线随高度向后倾斜,消散的对流单体位于对流区的尾部边界处。

(6) 下沉气流出现在降水核心区的中下部,在高层是成熟和接近消散的单体。在图中叠加于反射率和气流的 MCS 对流区的荷电结构。

(7) 在上升气流区有极性交替出现的四个电荷区,最低是正荷电区;最上是负荷电区,上升气流的顶部为强的向后的外流气流。

(8) 在成熟和消散单体的降水核心区、上升气流的外侧有 6 个荷电区。这个荷电结构是根据五个 MCS 对流区电场 E 探测得出的,具有平均垂直速度小于 6m/s。其中三个处在对流线前方附近的上升气流或后面,另两个探测位于对流已通过,降水减弱的上升气流尾部。

在图 7.88 中给出了在上升和下沉区相接处的荷电分布。发现在上升气流中负电荷中心、上部的正电荷中心和最上面的负电荷层与上升气流之外的分布是同样的。非上升气流荷电结构可以是上升气流结构的最后阶段,或者是伴随上升区荷电结构下风方同时发生的。

表 7.17 给出了 MCS 对流云区内的荷电分布的厚度、高度、温度和荷电密度。

表 7.17 MCS 对流云区内荷电

	上升气流 (平均±S.D)	非上升气流区 (平均±S.D)	统计差额?
云下部正电荷			
密度	$+0.5\pm0.3$ nC·m^{-3}	$+1.7\pm0.6$ nC·m^{-3}	是 95%
厚度	1.47 ± 0.75 km	0.54 ± 0.22 km	是 99%
中心高度 z	4.05 ± 1.11 km	3.12 ± 0.18 km	是 95%
中心温度	5.5 ± 6.8 C	2.9 ± 0.6 C	不

续表

	上升气流 （平均±S.D）	非上升气流区 （平均±S.D）	统计差额？
附加(次)负电荷			
密度	……	-2.4 ± 1.9 nC·m^{-3}	……
厚度	……	0.41 ± 0.25 km	……
中心高度 z	……	4.07 ± 0.73 km	……
中心温度	……	-0.5 ± 3.9 ℃	……
附加(次)正电荷			
密度	……	$+5.6\pm4.1$ nC·m^{-3}	……
厚度	……	0.34 ± 0.21 km	……
中心高度 z	……	4.20 ± 0.59 km	……
中心温度	……	-4.3 ± 3.5 ℃	……
主要负电荷中心			
密度	-0.9 ± 0.5 nC·m^{-3}	-3.1 ± 0.9 nC·m^{-3}	是 99%
厚度	1.35 ± 0.98 km	0.54 ± 0.10 km	是 95%
中心高度 z	6.93 ± 0.98 km	5.07 ± 0.35 km	是 99%
中心温度	-15.7 ± 5.6 ℃	-4.3 ± 3.5 ℃	是 99%
云上部正电荷			
密度	$+0.7\pm0.3$ nC·m^{-3}	$+0.4\pm0.2$ nC·m^{-3}	是 90%
厚度	1.59 ± 0.95 km	2.90 ± 1.27 km	是 90%
中心高度 z	10.87 ± 2.16 km	8.47 ± 0.65 km	是 95%
中心温度	-40.4 ± 16.5 ℃	-27.3 ± 3.9 ℃	是 90%
云上部负电荷			
密度	-0.3 ± 0.1 nC·m^{-3}	-0.5 ± 0.1 nC·m^{-3}	是 95%
厚度	1.12 ± 0.66 km	0.40 ± 0.10 km	是 90%
中心高度 z	11.67 ± 2.01 km	10.45 ± 1.17 km	否
中心温度	-49.0 ± 6.1 ℃	-43.8 ± 6.2 ℃	否

7.15.3 MCS 荷电结构概念模式

图 7.89 给出了 MCS 荷电结构、气流和雷达反射率模式，图中符号说明与图 7.88 一样，可以看到：

(1) 该模式是 MCS 对流区荷电结构的扩展，主要表现为在层状云区的荷电结构，它是对 MCS 的五次电场探测得出的。

(2) 在离对流云很远的层状云地方，有四个荷电层，在靠近对流云区的层状云最上部的云顶的地方处叠加有一层负荷电层,而在层状云的最下部的云底处为负电荷。

(3)在接近0℃高度和雷达亮带处具有荷电密度很大的正电荷层,在这一层之上的5~6km为负荷电层,6~10km为正荷电层。

(4)图中还可看到在层状云区、对流云区和这两种云区过渡区的高空三种电荷层,在这三种电荷下面,过渡区的正电荷与对流区上升气流外侧的电荷层成对相接,在邻接区内的电荷极性、密度和厚度与MCS邻接区的荷电特性是相似的,其原因是由于MCS邻接区内为同样的荷电过程,一个区内的电荷顺气流平流到另一个MCS的区域。

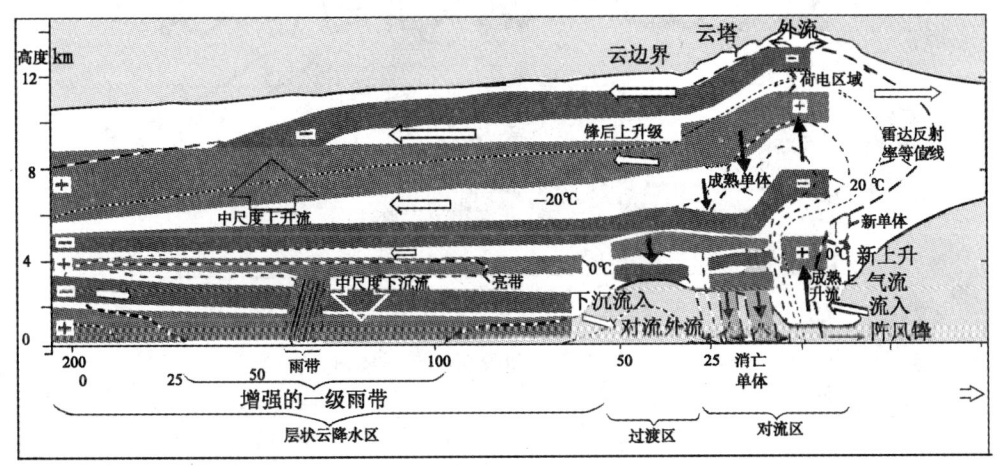

图7.89　MCS系统内的荷电、气流和雷达反射率(Stolzenbury.M等,1998)

7.15.4　雷暴云与闪电间的关系

7.15.4.1　闪电与降水间的关系

云中降水和起电有密切关系,但它们的因果关系尚不清楚。有强降水不一定有闪电,但有强闪电,总有强降水。观测表明,当第一次闪电后,雷达回波强度会突然增大20dB,或更大;当闪电数分钟后,突发性强降雨或冰雹到达地面,降水强度在30~60s内常常超过75mm/h。在首次闪电后5~6min内,降水强度大致以指数形式逐渐减小到2~5mm/h。如果邻近发生其它闪电,则这种变化会反复出现。

Schonland(1950)对产生这一现象的解释是当云中强电场使带电雨滴悬浮在空中,当闪电发生时,电场减小,于是雨滴从空中落下;关于这一现象的另一种解释为雷的声波引起空气运动,使云滴间的碰撞次数突增,从而加大云滴碰并的速率,降水显著加大。

Krehbiel等(1983)观测报告,闪电放电形成为风暴的整个降水区,他注意到闪电主要集中于降水最强的区域。然而,Williams(1985)总结了大量闪电源区与降水位置的观测资料,指出大多数情况下强降水区并不是空间电荷密度最大的区域。

如图 7.90,图中的上面一条曲线是距离 $\Delta R=84$km,高度 4km 雷达降水回波曲线,下面一条是闪电电场变化曲线,可以看到在开始 0.3s 时间段内,电场的变化相对缓慢,出现一次云闪;之后出现电场突变相应于地闪回击过程,至少出现 8 次地闪回击。在雷达的降水回波曲线就出现一次峰值,也就是闪电主要集中于降水最强的时间。

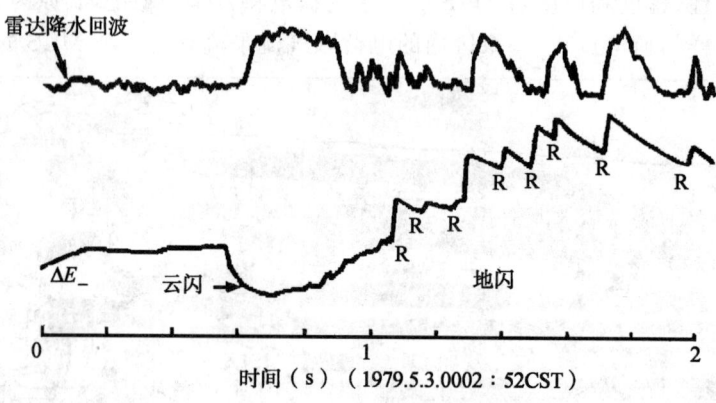

图 7.90 闪电与降水间关系(David Rust,1981)

7.15.4.2 闪电与云内温度关系

近年来的观测表明,云—地闪击负电荷区主要源地位于 $-10\sim-25$℃之间的区域,这也与降水区相吻合。Taylor 也发现主要闪电活动中心与过冷云层相联系,但位于稍暖的温度区,介于 $-5\sim-20$℃之间;如图 7.91,Krehbiel 等(1983)发现,在佛罗里达的

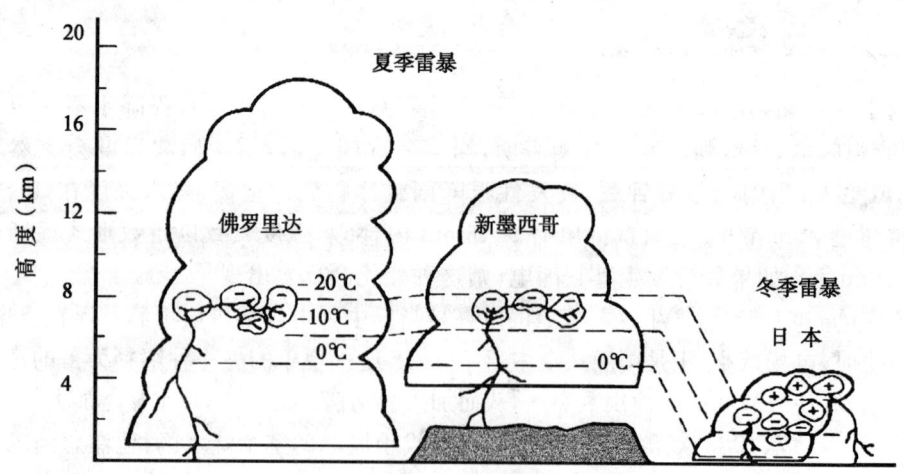

图 7.91 闪电电荷源与温度(高度)
(Krehbiel 等,1983)

海洋性底部暖性积云、新墨西哥的大陆性底部冷性积云及日本岛上的浅薄的底部冷性积云,与闪电活动相联系的负电荷主中心都位于-10～-20℃之间,这一结果明显地表明了云中的带电与云中的冰相过程相关联,而负空间电荷中心处的温度是上升气流速度或降水的函数。

7.15.4.3　闪电形成位置与气流和的雷达反射率的关系

Lhermitte和Krehbiel(1979)利用多普勒雷达导得的云中气流与远距离探测到云中电荷位置分析发现,闪电活动开始的时间与大于20m/s强上升气流相一致,以后进入-10～-15℃区域,最初的闪电源在有组织的上升气流上空形成一伞形屏蔽罩,该处的上升气流与外围的下沉气流相合并,闪电环绕高反射率区边界近-10℃高度处发生,与强降水核心区有相当的距离。

Lhermitte和Williams(1985)在研究负电荷中心发现,与闪电相联系的负电荷中心位于高反射率区以上1km以内的位置,在该处的质点垂直速度接近为零的平衡高度或累积带,他认为负电荷中心的这种相对稳定性是由于雷暴云的大部分生命期内平衡高度持续地位于同一位置。对应于-15℃的负电荷中心与降水中心区相关联,但并不重合。

Rust等(1981)还发现闪电源位置发生在上升气流较弱(<10m/s)的地区,常与下沉气流相毗邻;另外,有些闪电源位于雷达高反射率核心区。上升气流、反射率与闪电速率之间相关很高。

MacGorman(1980)等发现闪电发生在气旋性切变区中或其附近,这种气旋性切变经常与上升气流相联系。Winn等(1978)利用气球携带的的仪器进入雷暴云观测发现,电场的改变与水平风切变及上升气流和下沉气流相调有联系。

7.15.4.4　风切变与云闪和地闪间关系

Brook(1982)在日本岛冬季雷暴中观测发现,水平风垂直切变与携带的正电荷的地闪闪击有很强的相关,指出风的垂直切变会使云上部的正空间电荷区从云下部负电荷区平移出去,这使得云顶与地球表面之间形成较强的电位梯度。因此在不存在风切变的情况下,电荷放电主要以云闪为主。

Rust等(1981)研究了强风暴中的正、负地闪,如图7.92,负地闪在强降水核心区观测到,在卷云砧处出现正地闪,图中螺旋线表示强上升区且是旋转的。

Ray等(1987)发现,在超单体风暴中闪电倾向于发生在风暴主上升气流和雷达反射率核心的顺切变部位,而在多单体风暴中则集中在上升气流和反射率核心区中。因为超级单体风暴在更强的切变环境中盛行。在强切变环境中正的空间电荷被平流输送至气流的下风方向,从而改变闪电发生区域。

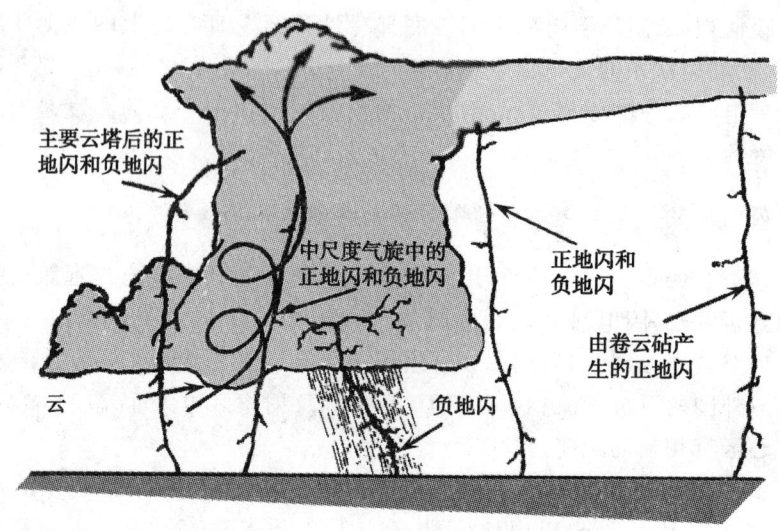

图 7.92　正负地闪与雷暴云结构

7.15.4.5　雷暴结构对闪电的作用

Pakiam 和 Maybank(1975)研究了加拿大阿伯塔产生冰雹的多单体雷暴和超级单体雷暴活动得出闪电与风暴间的关系有：

1) 如果风暴的厚度是有限的普通多单体型雷暴(云顶 7.5～12km)，则降水和闪电发生的频率是低的；

2) 如果热力学不稳定度较大，风暴成组织良好的多单体风暴，云顶较高，则降水、冰雹和闪电频率明显增加；

3) 在不稳定度更大、风切变较强的情况下，盛行有组织的多单体风暴，云顶深入平流层。在这类风暴中，可形成大冰雹，而闪电频率则取决于雷暴单体数目和互相接近程度。如一个由 5 个单体组成的雷暴每分钟可产生 35 个闪电，大多数是云内闪电；而对于一个孤立的单体每分钟只产生约 3 个闪电；

如图 7.93 中，强雷暴与非强雷暴云系的差异有以下几点：

非强雷暴云	强雷暴云
(1) 形成于弱风垂直切变中	(1) 形成于强风垂直切变中
(2) 云形连续多变	(2) 云形准稳定状态
(3) 寿命小于或等于 1h	(3) 寿命大于或等于 4h
(4) 闪电 平均地闪频率为 1～5/min 平均总的闪电频率为 2～10/min 在消散阶段会出现正地闪	(4) 闪电 平均地闪频率为 5～12/min 平均总的闪电频率为 10～40/min 在成熟和消散阶段会出现正地闪

4) 在一个产生冰雹的超单体风暴中,闪电频率只有 2~3 次/min,对这种风暴只有单个带电单位。闪电的放电频率是多单体对流云的厚度及数目的函数。

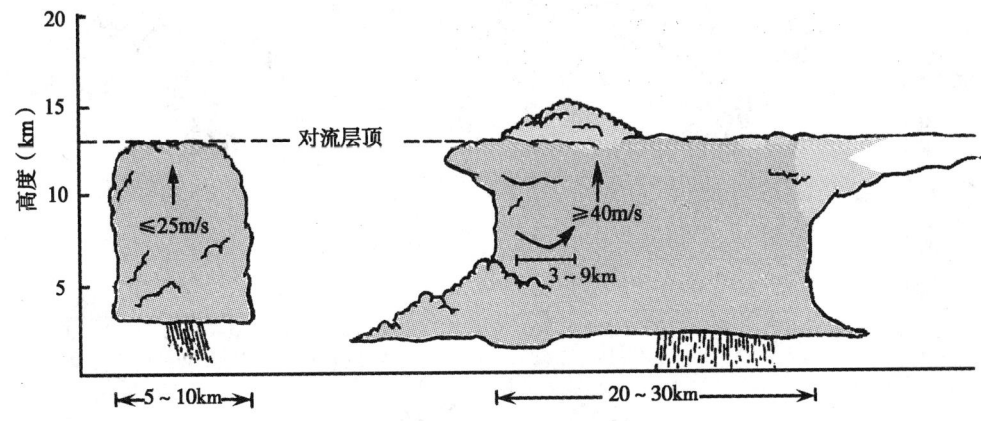

图 7.93 强雷暴云与非强雷暴云系之比较

7.15.4.6 中尺度对流复合体中的闪电活动

Goodman 和 MacGorman(1986)研究了中尺度对流复合体系统(MCC)中的闪电活动,指出闪电频率是多单体对流云的厚度和单体数的函数。MCC 是一非常有组织的中尺度对流系统,它由众多的积雨云单体组成,平均 1h MCC 可产生 54/min 最大地闪击频率,或者按连续 9h 平均有一持续超过 17/min 的闪电频率,对于 MCC 这样高的闪电频率,单个 MCC 在通过某一地点产生的闪电是该处年平均的闪击密度的 25%。它与普通雷暴中的地闪比值为 4∶1,而对于美国高原强风暴为 20∶1。McAnelly 和 Cotton(1985)发现,MCC 峰值闪电速度发生的时间正好是云顶温度最低(冷)的时刻,也是 MCC 降雨速率最大的时间,正是多个活跃对流单体所形成的时间。

图 7.94 为 1985 年 5 月 28 日 0858UTC 正、负地闪的位置和由位于 Kansas 处的 WSR-57 天气雷达观测的反射率,雷暴云系位于雷达的西北方,向东南方移动,图中表示的是雷暴云初期与地闪间的分布关系,雷达回波的型式表明强对流区(≥30dBz)镶嵌于层状云区内,可看到在半小时期间

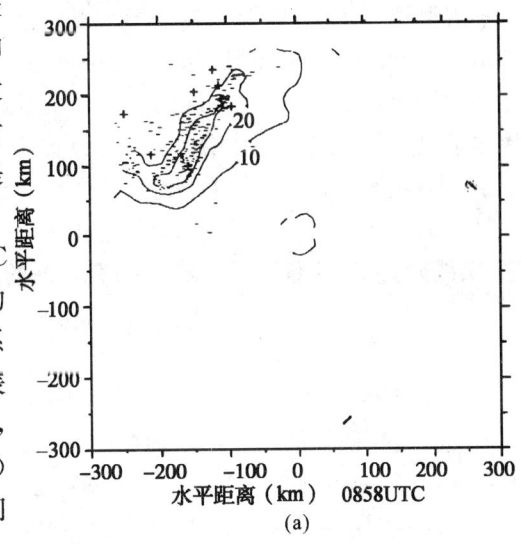

(a)

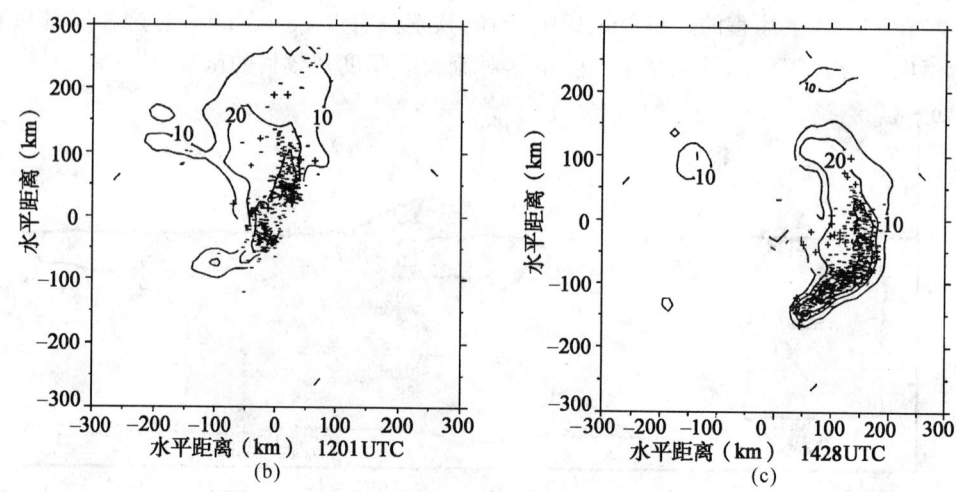

图 7.94 雷达反射率 dBz 与正、负地闪的分布
（Rutledge，Lu 等，1990 下同）

内有 309 个负地闪和 8 个正地闪，正地闪位于对流云区内和后部，在以后三小时内飑线继续向东南方向移动，回波结构和发展没有明显的变化，至 1201UTC，飑线云系显著加强，伴随对流云系加强的同时层状降水区扩大，主要负地闪处于对流云区域，正地闪位于头部（北）、对流飑线之后和内部；至 1428UTC，观测到大的闪电速率，约 1600 次/h，这时大多数正地闪位于对流云区后的层状降水区。

7.15.4.7 地闪速率和降水粒子

观测资料表明，地闪频率与降水质量通量和霰质量通量间有一定关系，如图 7.95 给出了 1995 年 11 月 28 日 0200 至 0800UTC Tiwi 岛上地闪频率降水的质量通量和混合霰质量通量间的关系。可以看出，霰质量通量在地闪中的重要作用，地闪频率与霰质量通量最大值和最小值十分一致，霰的质量通量峰值出现于 03 59 UTC，地闪频率最大值于 04 16 UTC，同时可以看到另几个霰与地闪频率相对应的峰值。

图 7.96 给出了总的霰冰质量通量和雨通量的时间高度剖面图。从图看出，地闪频率（实线）与霰冰质量通量（灰度）间有较好的一致性，与雨通量间关系不是很明显。

7.15.4.8 地闪频率和云高间的关系

许多研究表明，闪击频率与云的动力学以及云顶高度有很高的相关性。雷暴云中的电场是云粒间及降水粒子碰撞的结果，强上升运动有助于粒子间的碰撞，进而加强云中电场，导致闪击频率的加大。图 7.97 是由 Colin Priceand David Ring(1990)得出的云顶高度与闪击率的经验关系，可以看到闪击频率 F 与云顶高度 H 的五次方成正比，

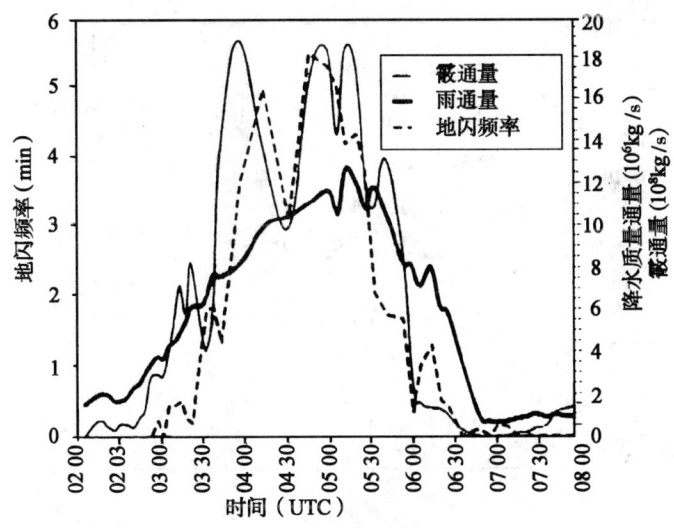

图 7.95 地闪速率与雨通量、霰通量关系

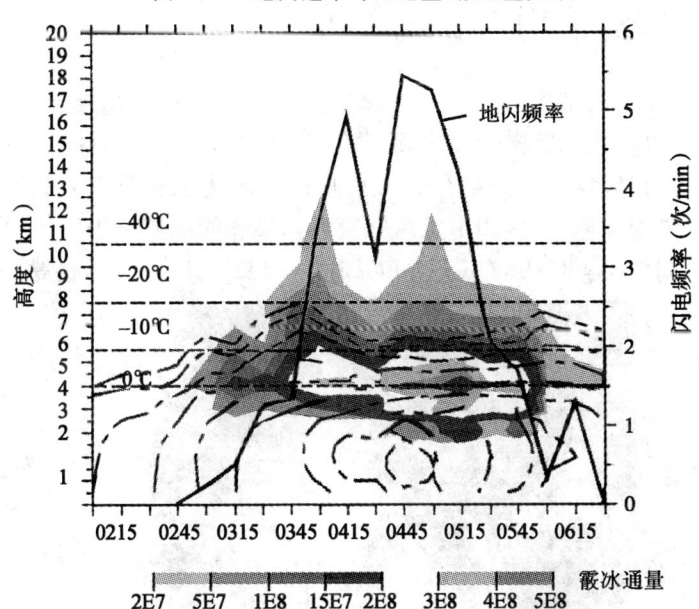

图 7.96 霰冰通量和雨通量与地闪频率关系

相关系数达 0.944。图中是美国三个地点的不同年份观测样本的拟合结果。因此根据卫星测量的云顶高度(温度)可以估算雷暴云的闪击率。

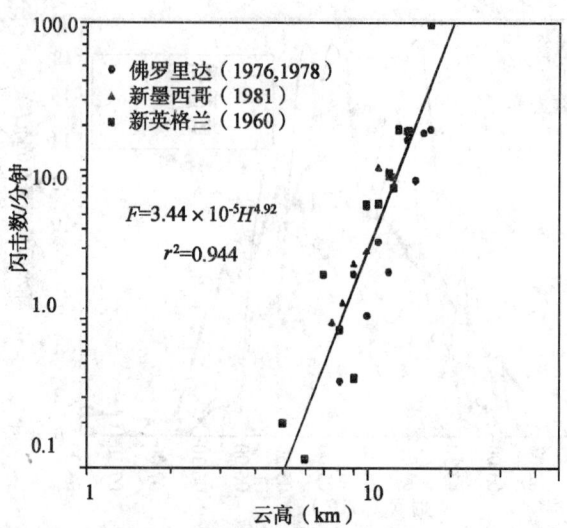

图 7.97　云顶高度与闪击率的关系(Colin Price and David Ring,1990)

7.15.4.9　增强红外云图上 MCS 与闪电的关系

从上面知,雷暴云的结构与闪电的关系十分密切,地闪一般出现于有风切变的情况下,在卫星云图上可以判别雷暴云团云顶部的强风切变,如果云顶的卷云只向一方向伸展,另一侧云边界很光滑,表明高空有强风速垂直切变,卷云伸展的方向为下风一侧,而卷云边界光滑一侧为上风一侧,图中上风一侧色调最亮的区域是积雨云的母体,云体与闪电分布的关系如图 7.98(1989.6.7.0900UTC,GOES IR 云图),这是一张增强红外

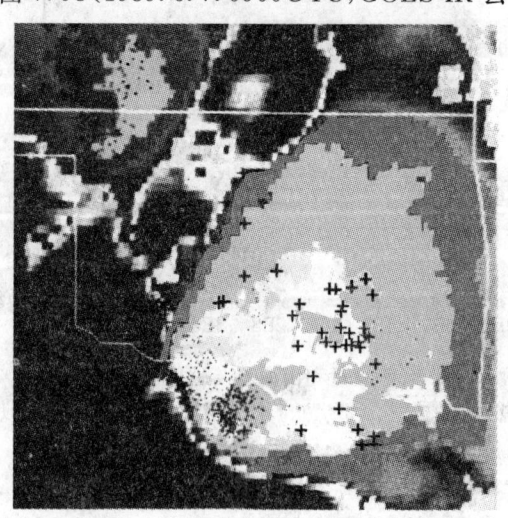

图 7.98　MCS 与闪电分布,图中点是负地闪,十是正地闪。
(1989.6.7.0900UTC,GOES IR 云图)

云图,图中雷暴云区内的"黑点"表示的是负地闪,它主要集中于雷暴云母体的上风一侧,尤其是云体向东南方突起的地方,黑点最密集,表明该处负地闪出现次数最多,图中"+"表示出现正地闪的地方,可以看到正地闪出现于雷暴云母体顶部卷云下风方一侧,色调由灰白色到浅灰色的地方,该地区是由于高空强风切变使雷暴云顶部的卷云脱离雷暴云母体的地方。

7.15.5 闪电与垂直速度、液态水通量间的关系

7.15.5.1 闪电与云中垂直速度和液态水通量关系

Solomon 和 Baker 的数值模拟表明,闪电与云中的垂直速度和液态水通量有明显的关系,图 7.99 给出了一个由计算得到对于第一闪击前最大上升速度区与雷暴闪电特征,图中正方框代表闪电,十字叉为非闪电,并且上升速度达到峰值的时间通常发生在最大液态水含量进入荷电区。可以看到液态水进入荷电区充足时,起电强烈地依赖于上升速度,当风暴荷电区底处最大上升速度小于阈值 $w_{threshold}\sim$ 7m/s,最大总的液态水通量小于阈值 $LWF_{threshold}\sim 8g/m^2/s$,不出现闪电。在干燥的环境中,上升速度可以超过 $w_{threshold}$,总 LWF 的值可以大到在荷电区使电荷分离所需要的结晶霰。在湿的环境中,如果有足够的含水量进入荷电区,但是弱的上升气流不可能足够的时间分离大量的电荷维持荷电区的结晶霰粒子。另外对于是否超过阈值 $w_{threshold}$ 和 $LWF_{threshold}$ 时间也是约束产生闪电的原因。如果在长时间内上升速度不是足够大,则未达到电场 E_{init},云中的霰粒子和降水大粒子荷电太低。因此在云内某个点的上升速度 w_c 必须超过 $w_{threshold}$,直至 $E(z)>E_{init}$。在模式云中,对于 $w_c>w_{threshold}$,产生所需要的电场时间为150s。

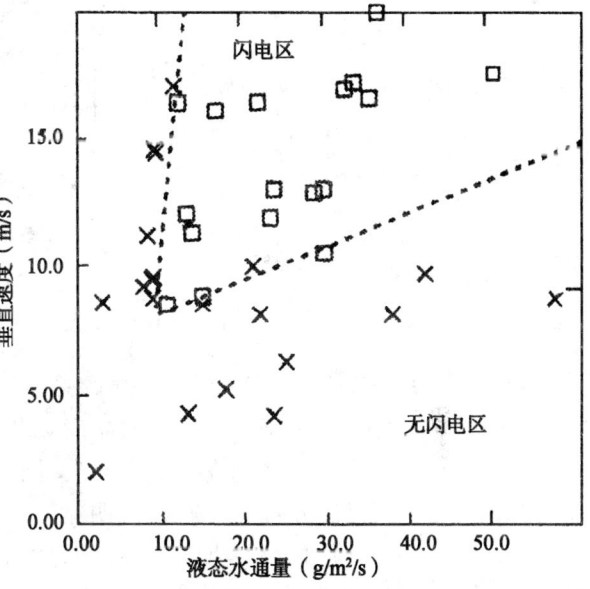

图 7.99 液态水通量、垂直速度与闪电关系
(Robert Solomon 等 1998)

7.15.5.2 云凝结核与第一闪电的时间

Solomon 和 Baker 的数值模拟是通过改变云凝结核的浓度(改变范围为:100~

$600cm^{-3}$),而保持其它参数不变来看它对闪电的作用。在试验中改变荷电区内大水滴浓度和冰雹的数目,结果如图7.100,可以看到在同样多的凝结核的情况下,热带海洋风暴比陆地产生闪电需要更多的时间,原因是海洋上在云的荷电区有弱的上升气流,因此有低的电荷的产生率。同时可看到随凝结核的增加,第一闪电的时间变小。

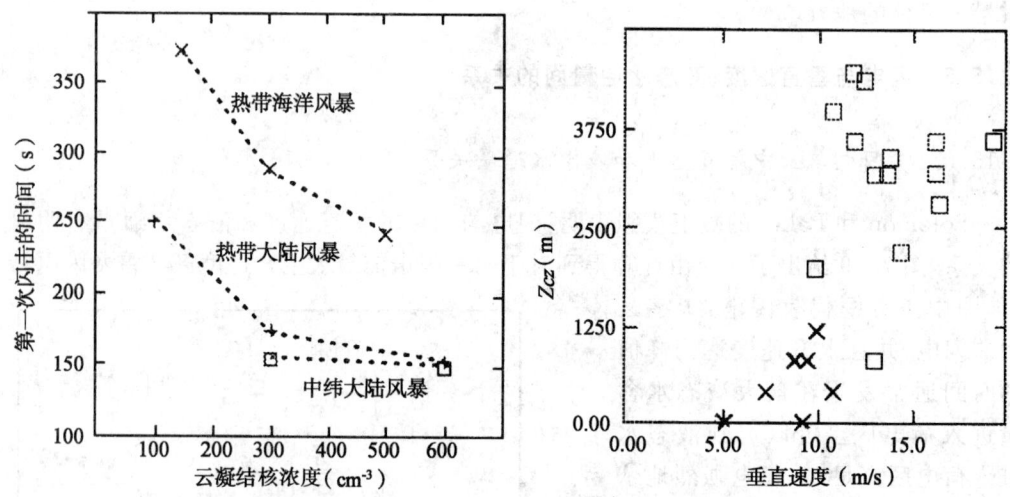

图7.100 云中凝结核浓度与第一闪击时间
(Robert Solomon 等,1998)

图7.101 荷电区最大深度和垂直速度峰值
(Robert Solomon 等,1998)

7.15.5.3 雷暴云荷电厚度 Z_{cz} 与垂直速度间关系

云中的荷电层厚度与垂直速度有明显的关系,如图7.101中,"×"表示风暴非荷电,"□"表示风暴荷电区,图中表示荷电区的厚度 Z_{cz} 作为在荷电区底测量的垂直速度峰值 w_{cz} 的函数,在垂直速度10m/s左右处为荷电与非荷电的临界值。随荷电区的厚度 Z_{cz} 增加,导致更多的电荷碰撞分离,Z_{cz} 与 w_{cz} 间明显的依赖关系对于云中起电相对 w_{cz} 的关系是很重要的。云模式模拟结果表明,对于无闪电的荷电云闪内垂直速度小于 $7.5ms^{-1}$,而对于有闪电的荷电云的荷电云的垂直速度接近 $12ms^{-1}$,荷电云层厚度可达3000m以上。

7.15.5.4 MCS 对流云区中上升速度与荷电中心的高度

许多观测资料表明,在MCS对流区,具有较大上升速度(由气球上升速度估算)的主要荷电中心的高度明显地要高,这说明荷电中心高度与上升速度间存在有一定的关系。通过对MCS对流区的上升和非上升区域荷电中心高度的比较,在上升区最低的荷电中心区高度平均为4.05km,而非上升区为3.12km。对于MCS上升区主要负荷电中心区的平均高度为6.93km,非上升区为5.07km。图7.102给出了对13个MCS对流区探测到的主要负荷电中心高度z相对于平均上升速率ASC的关系,图中也给出对于仅上升、非上升和全部探测三种情况的线性回归拟合关系、标准偏差 s 和相关系数 r，确定系数 r^2，由此可以给出一个主要负荷电中心高度变化的估计值。

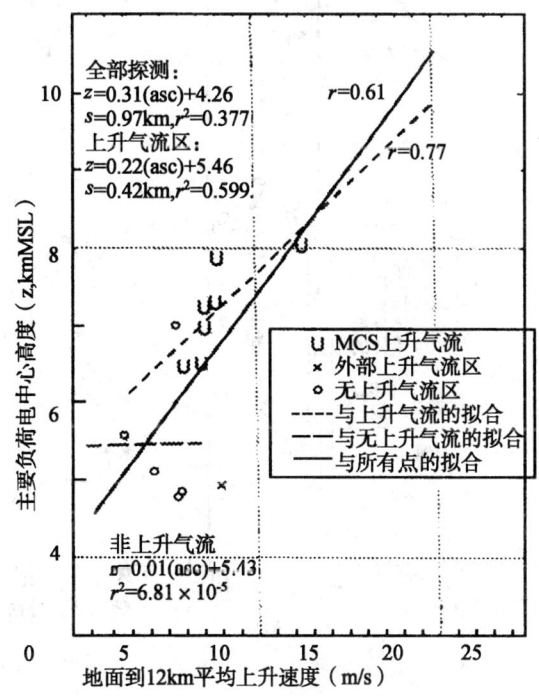

图 7.102　MCS 对流区上升气流速度与荷电中心的高度
（Stolzenburg 等，1998）

对于超级单体、MCS 对流云区和新墨西哥雷暴等三种不同类型的雷暴负荷电中心高度和温度不同。新墨西哥雷暴负荷电中心高度为 6.05km，MCS 对流云上升区的负荷电中心高度为 6.93km，超级单体为 9.12km，相应的平均温度分别为 -7℃、-16℃ 和 -22℃。图 7.103 为对超级单体、MCS 对流云区和新墨西哥（NM）雷暴从地面到 12km 高度负荷电中心高度与平均上升速率间关系，图中给出了对于三种雷暴的拟合曲线和回归拟合方程。回归分析表明，MCS 对流云区相关系数 $r=0.77$ 和回归曲线斜率 $=0.22$，与图 7.102 一样；超级单体相关系数 $r=0.86$，具有很高的相关性；新墨西哥雷暴相关系数 $r=0.86$ 也很高。比较三条回归曲线说明，三种对流云类型的荷电中心高度与上升速率间具有类似的关系，有很强的相关性。三条曲线的斜率不同，如图中表明，平均上升速率每增加 1m/s，荷电中心高度增加 0.31km。

图 7.104 是三种对流云荷电中心高度与温度的关系，可以看到，新墨西哥雷暴云位于低端（暖温和较低的平均上升速率），而多数 MCS 对流云位于中间部分，超级单体雷暴云则位于高的一端，对于 MCS 对流云和超级单体雷暴云的荷电中心温度在 $-11\sim$

−22℃之间,而墨西哥雷暴云荷电中心温度在−4～−8℃之间。

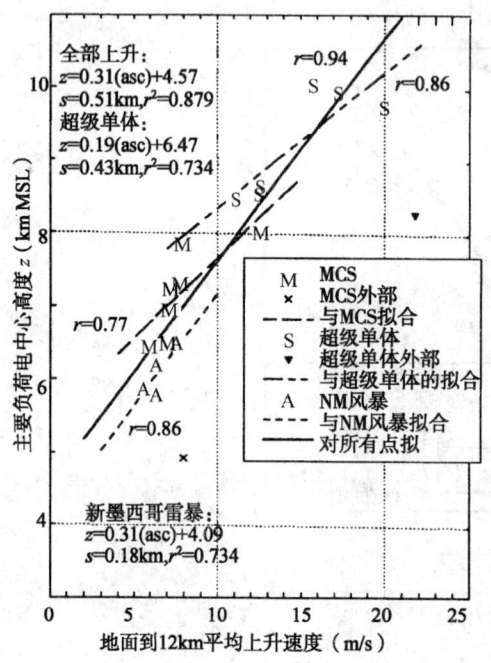

图 7.103　对流区垂直速度与荷电中心的高度
(Stolzenburg,等 1998)

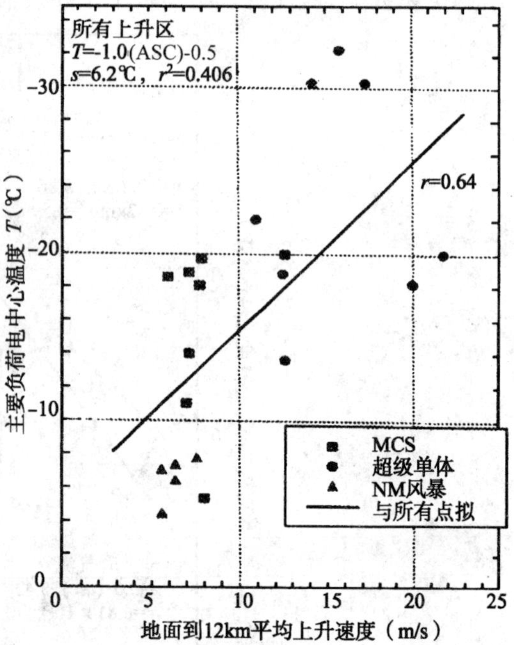

图 7.104　上升速率与负荷电中心温度
(Stolzenburg 等,1998)

7.15.5.5　雷暴云中电特性的时间变化

Solomon 和 Baker 模拟雷暴云中电特性的时间变化,模式初始资料用 1991 年 7 月 29 日在 Cape Canaveral 的探测资料。图 7.105 中给出了一模式云区内正和负荷电(图 a、b 中实线及虚线分别代表 6km(正)、5km(负)之上和以下)中心以及闪击率的时间变化,由于云上部正电荷随高空风的平流到云外,云内的电荷是不守恒的。在雷暴初期(图中Ⅰ),云内还没有建立电荷产生的条件;约过了 400s,雷暴进入时期Ⅱ,通过冰霰间相互碰撞建立荷电区,这一阶段后期荷电中心间的电场足以产生初始闪电;在时期Ⅲ,继续有电荷产生和分离,并且在 6～7km 高度处云间有闪电通道出现,云闪通常降低电场为 10%～15%,在时期Ⅱ的荷电结构是简单的双极性电荷分布,但此时在有的时候在主要负荷电中心之下有一小的正电荷区,云顶处有一小的负电荷区;这一时期雷暴达到它的最大云顶高度、峰值反射率和最大电荷贮存量。随云闪开始,云中垂直电荷结构很快变成多层结构,云闪通道内和云下部的负电荷四周贮存正电荷,在云的上部荷负电荷;当云顶达到最大高度之后,云下部负电荷之下的贮存的足够的正电荷使电场上升到比下部负电荷区的 E_{init} 大(5～6km 之间),开始有一长的地闪通道,标志着时期Ⅳ

初开始;刈下部区主要供给正电荷是来自于长的云间通道,虽然某些电荷是循环的结果,在时期Ⅳ云闪与地闪持续进行到没有充足的电量维持初始闪电所需的强电场。

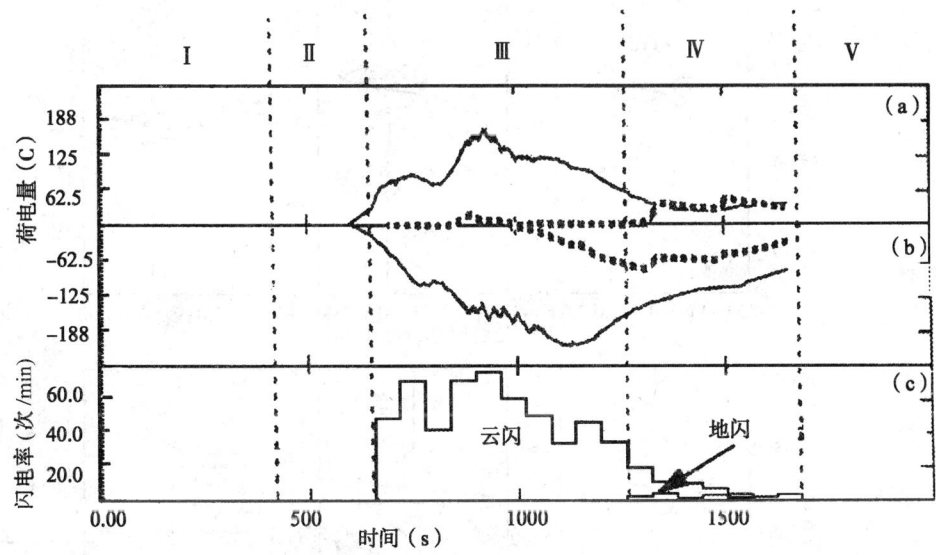

图 7.105　雷暴云内荷电量的时间变化和闪电率
(Robert Solomon 等,1998)

7.15.5.6　闪电期间的电荷和电场

Solomon 和 Baker 模拟得出闪电时的电荷与电场,图 7.106a 是第一次闪电时刻的垂直电荷密度与电场变化;图 7.106b 是云顶达到最在高度时的垂直电荷密度和电场;图 7.106c 是第一地闪时的垂直电荷和电场变化。图中粗箭头指的是随后开始有闪电通道的地方。从图中可看到当第一次地闪出现时,云底出现正荷电区。另外,如果负电荷中心高度较低,云地闪比减小,大粒子降水增大。

7.15.5.7　降水速率与闪电率

Solomon 和 Baker 模拟了闪电频率与降水率的关系,如图 7.107 中随闪电频率加大,降水率也增大。但是对于那些无闪电的风暴产生的降水也能与闪电风暴相当。

7.15.5.8　降水粒子与正、负闪电的关系

观测表明,闪电的类别与降水粒子的类型有关。Carey 和 Rutledge 根据美国 Colorado 探空资料和线性双极化 CSU-CHILL 雷达探测结果对发生于 1995 年 6 月 7 日的雷暴的降水粒子的大小与闪电的关系探测结果如表 7.18 中,可见,大、小冰雹粒子与正地闪的相关性较高,而雨滴与负地闪的相关性较高。对垂直取向的冰晶粒子与正、负地

闪也有一定的相关性。

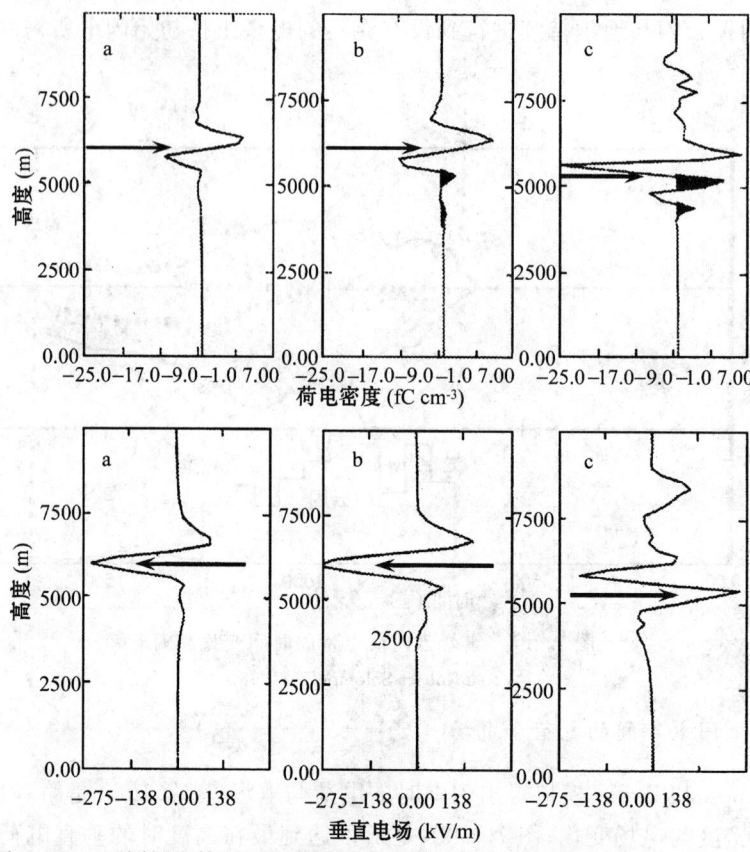

图 7.106　不同闪电情况下电荷密度和电场廓线（Robert Solomon 等 1998）

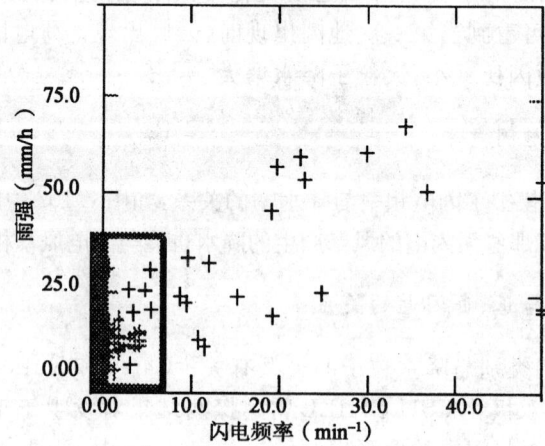

图 7.107　对于 1993 年 1 月 31 日两个风暴闪电（Robert Solomon 等,1998）

表 7.18　降水粒子类型与地闪的相关系数

地闪类型	大雹	小雹	雨	垂直取向冰晶
CG+	−0.85	−0.86	0.17	0.75
CG−	−0.44	0.32	0.93	0.61

7.15.6　超级单体雷暴在卫星云图和雷达回波上的特征与闪电关系

超级单体雷暴与地闪的关系已有很多研究,超级单体分为弱降水(LP)、中等降水(CP)和强降水(HP)——龙卷和大雹暴等类型。雷达和卫星云图为揭示超单体雷暴与闪电关系是很有用的工具。下面以 1995 年 5 月 19 日发生在美国东部地区的三个超级单体雷暴的雷达和卫星云图特征与地闪间关系作为例子,简要分析和说明。图 7.108 给出了卫星云图上三个超级单体雷暴 A、B、C 和相应在雷达上显示的回波反射率。可以看到这三个超级单体雷暴具有强的卷云砧,强中心位于上风一侧(雷暴的西南端一侧)。风暴 A 附近云砧的亮度温度为 235K(−38℃),探空资料确定相应云高为 9.7km。同时来自风暴 B 向北伸展到风暴 A 的云砧的 Z 值为 10～15dBz,云高大约为 11.6km,云砧处开始有正地闪 CG+增加。

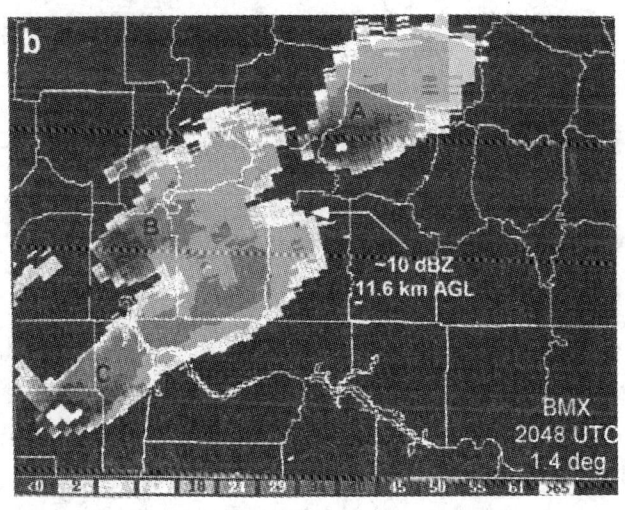

图 7.108　三个超级雷暴单体

(Knupp 等,2003)

图 7.109 显示了由雷达和卫星导得的每隔 5min 三个风暴 A、B、C 的回波顶高、云顶最低亮温、正负闪电次数,从图中可见,风暴 A 显示有三个主要地闪时刻,位于 2055UTC(130 次闪击$(5min)^{-1}$)、2220UTC($>$次 100 闪击$(5min)^{-1}$)、0020UTC(45 次闪击$(5min)^{-1}$),其中第一、二两时刻是以正地闪为主。风暴 B 显示有多个短生命的峰值,最重要的中心位于 2145(120 次闪击$(5min)^{-1}$),风暴 C 在它生命的后期显示有一个主要的地闪时刻,出现在各中等负地闪周期之后,位于 2320(80 次闪击$(5min)^{-1}$),在这一时刻仍以负地闪为主,并紧随其后有重要的地闪。对于风暴 A 和 B 是在整个生命史中它演变为 HP 超级单体以负地闪为主。

图 7.109 中给出了地闪(CG—Cloud to ground)时间与龙卷(F)的关系,图中 F_0—F_1 表示弱龙卷,F_3—F_4 表示龙卷,显示出风暴的型式与龙卷形成的时间有关。如风暴 A 产生龙卷开始于地闪速率相对不活跃期[CG－和 CG＋的速率分别为 23 和 9 $(5min)^{-1}$]的第二次正地闪峰值之后 1h。CG＋和 CG－连续减小到最小值 3 和 5 $(5min)^{-1}$,龙卷消散后的 20min,报告有直径为 20mm 的冰雹,地闪速率最小与龙卷 F_3 的形成基本一致。对于风暴 B 的龙卷 F_4 形成于第一个高的 CG＋53$(5min)^{-1}$ 和 CG－41$(5min)^{-1}$ 地闪速率期间后的 5min,龙卷出现在 CG 活跃期的最小值和在 CG－的中度上升期消散。而对于风暴 C 发生的龙卷 F_4 显示相反的特点,龙卷形成于地闪 CG－速率相对小的峰和地闪 CG＋27 和 CG＋5$(5min)^{-1}$ 次峰期间,而地闪速率最小时没有龙卷形成。对于弱龙卷 F_0—F_1 则没有一定规律性。表 7.19 为三个风暴的持续时间和地闪数、正、负地闪占有的百分数。可以看到,位置最北的风暴 A 的正地闪占有的百分比最高,云地闪比最小,地闪占有的时间最长,而风暴 C 则相反。

表 7.19　CG＋:正地闪,CG－:负地闪

	风暴 A	风暴 B	风暴 C
闪电持续时间(min)	480	430	350
总的地闪数	3894	2730	1259
CG＋占的百分数	43	34	20
CG－/CG＋	2200/1694	1811/921	1003/256
平均 CG－/CG＋频率(5min)	23/17	21/11	14/4
最大 CG－/CG＋频率(5min)	56/81	53/73	71/25
CG＋占有的时间(%)	23	15	10

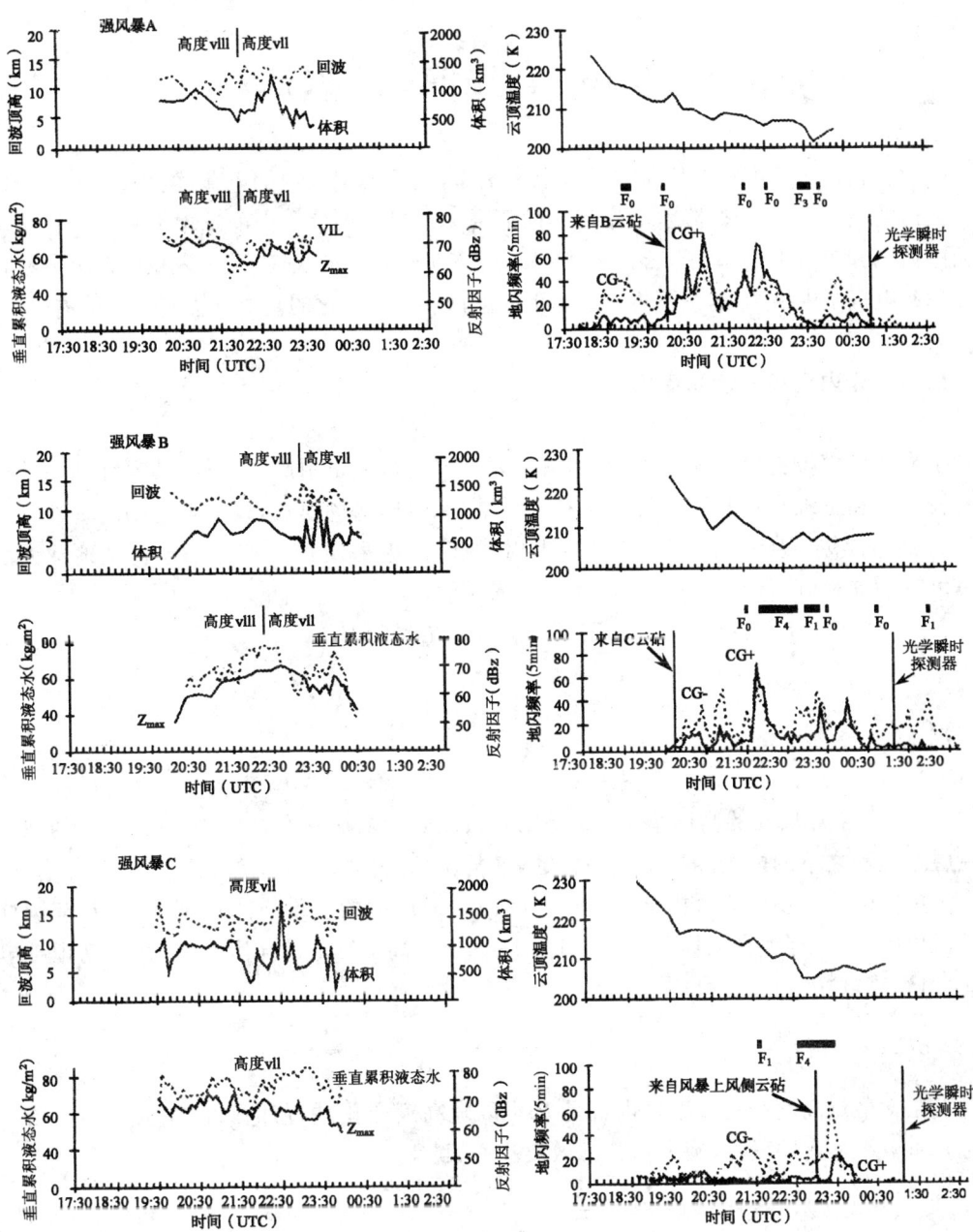

图 7.109 由雷达和卫星得到的风暴 A、B、C 的各参数与闪电龙卷的关系
(Knupp 等,2003)

§7.16 闪电的数值模拟

有关雷电云荷电的数值研究已有很多工作,主要模拟云内的电荷、电场、电流分布以及云内的电分布对云雾、降水的作用等的研究。这里介绍这方面的基本方程式。在雷暴云中荷电分布与正、负离子,云粒子,降水粒子等荷电粒子有关,有关云内粒子荷电方程在云的起电机制中描述,这里不再重复。下面就这些粒子变化的基本方程作一简单描述。

7.16.1 云内电场的计算模式

当数值模拟雷暴云中粒子荷电,就需要计算荷电粒子引起的电场,其零维和一维模式较二维和三维模式要简单得多。对于零维、无限层电场模式,只考虑电场的垂直分量 E_z,则由高斯定理(Gauss's law)计算得到,如果高度 z_k 处第 k 格点的电荷及地球表面导电下的虚拟电荷对在高度 z_0 处的电场 E_z 贡献为

$$E_z(z_0) \begin{cases} = -\dfrac{\rho_k \Delta z}{\varepsilon} & z_0 < z_k \\ = -\dfrac{\rho_k \Delta z}{2\varepsilon} & z_0 = z_k \\ = 0 & z_0 > z_k \end{cases} \quad (7.16)$$

式中 Δz 是格点层间的高度增量,ρ_k 是第 k 格点处的电荷密度,由于来自无限层的在这一层之上和之下的电场随高度是一常数,这与实际的雷暴电场廓线很不相同。

更实际的电场廓线可由某个半径范围内的云尺度的一维模式得到,对于具有圆柱轴对称的云,只有垂直电场分量,如图7.110在 z_0 高度轴上的无限小电荷(包括虚拟电荷)对垂直电场的贡献为

$$dE_z(z_0) = \frac{\rho_k}{4\pi\varepsilon}\left[\frac{z_k - z_0}{[r^2 + (z_k - z_0)^2]^{\frac{3}{2}}} + \frac{z_k + z_0}{[r^2 + (z_k + z_0)^2]^{\frac{3}{2}}}\right] \cdot r\mathrm{d}r\mathrm{d}\phi\mathrm{d}z \quad (7.17)$$

由于在 k 格点高度半径 $R(z)$(也就是 R 可以随高度变化)的荷电圆盘在轴上的电场只对 r 和 ϕ。对上式积分,确定积分常数要小心,可得

$$E_z(z_0) = \frac{\rho_k \Delta z}{2\varepsilon}\left[\frac{z_k - z_0}{[r^2 + (z_k - z_0)^2]^{\frac{1}{2}}} + \frac{z_k + z_0}{[r^2 + (z_k + z_0)^2]^{\frac{1}{2}}} - C\right] \quad (7.18)$$

式中当 $z_0 > z_k$,$C=0$,当 $z_0 = z_k$,$C=1$,当 $z_0 < z_k$,$C=2$。

对于二或三维的任意荷电分布没有计算电场的简单公式。它可以通过计算电势或计算任意点的电场,通过累加方法求取。一般通过在每一点变换泊松方程用数值方法

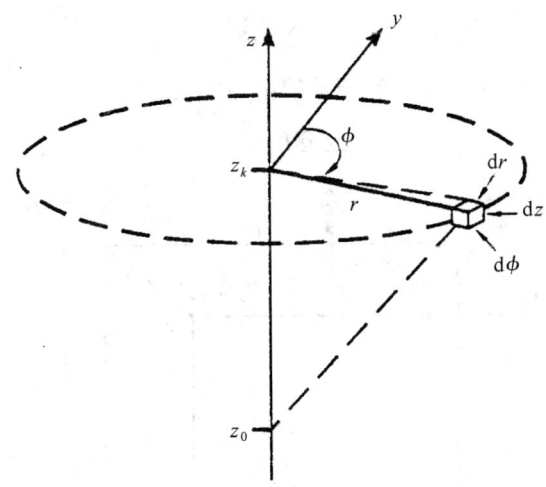

图 7.110 在高度 z_k 处无限小的荷电在 z 轴方向高度 z_0 处的电场计算

计算电势 Φ：

$$\nabla^2 \Phi = -\frac{\rho}{\varepsilon} \tag{7.19}$$

式中 ρ 是求取点处的总的空间荷电密度，则使用关系 $\vec{E} = -\vec{\nabla}\Phi$，计算电场强度。在求解中要用到边界条件。

7.16.2 风垂直模式

雷暴云内风的廓线对云内的荷电分布有明显的作用。对此，风速垂直分布和时间 $V(z,t)$ 变化表示为

$$V(z,t) = V_{\max}(z/H_0)\exp[-(z/\sqrt{2}H_0)^2 + 0.5] \times \exp\{-[(t-t_0)/\tau]^2\} \tag{7.20}$$

式中 $V_{\max}$ 是最大风速，H_0 是最大风速高度，t_0 是风速最大时的时间，这里假定 $V_{\max}=10\text{m/s}$、$H_0=4\text{km}$、$t_0=1800\text{s}$、$\tau=900\text{s}$。在 11km 处风速为 0。

7.16.3 云内电荷的连续性方程

对于电荷的连续性方程与像空气、水的连续性方程一样，对于云内每一个水滴或冰粒子的电荷连续性方程控制模式每一格点的获得和失去的电荷，在模式格点上的总电荷是全部水物质电荷的总和。如果 ρ 是总电荷密度，ρ_n 是第 n 类水物质的电荷密度，则有

$$\rho = \sum_n \rho_n \tag{7.21}$$

在模式处理离子过程中,模式也包括轻离子的电荷密度。

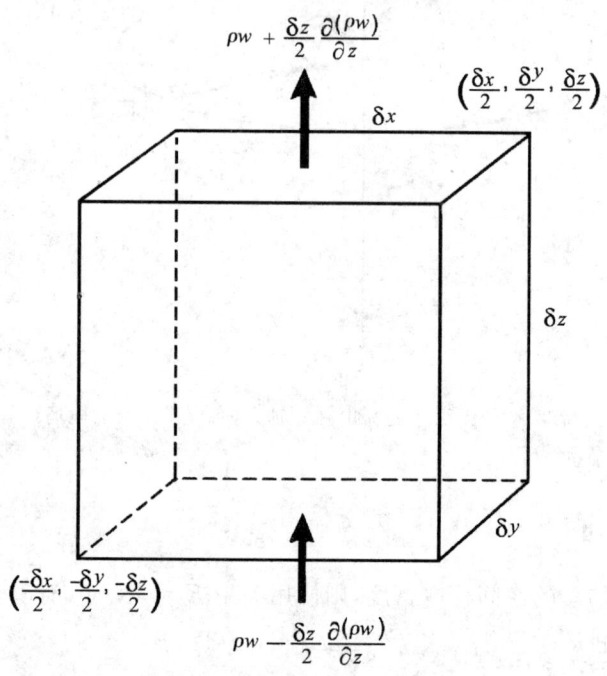

图 7.111　计算由风携带电荷的电流密度的辐散,
正方体中心电荷密度为 ρ,上升速度为 w

为导得云中电荷的连续性方程,现考虑在上升速度为 $w = w(z)$、荷电密度为 ρ_n,略去下落速度的冰粒或液态水滴粒子,在给定点的电流密度为 $\rho_n w$。如果考虑中心在任意一点的无限小的体元 $\delta x \delta y \delta z$,如图 7.111 进入到体元的第 n 类水物质的电荷变化率近似为

$$\frac{\partial Q_n}{\partial t} = \left[\rho_n w - \frac{\delta z}{2}\frac{\partial}{\partial z}(\rho_n w)\right]\delta x \delta y$$
$$- \left[\rho_n w + \frac{\delta z}{2}\frac{\partial}{\partial z}(\rho_n w)\right]\delta x \delta y \tag{7.22}$$

式中 Q_n 是体积元内的电量,上式两边除以 $\delta x \delta y \delta z$,就得

$$\frac{\partial \rho_n}{\partial t} = -\frac{\partial}{\partial z}(\rho_n w) \tag{7.23}$$

对于 x 和 y 方向的风可得类似的表达式,因此在一个单位体积元电荷的改变率为

$$\frac{\partial \rho_n}{\partial t} = -\vec{\nabla} \cdot (\rho_n \vec{v}) \tag{7.24}$$

也就是

$$\frac{\partial \rho_n}{\partial t} = -\vec{v}\vec{\nabla} \cdot \rho_n - \rho_n \vec{\nabla} \cdot \vec{v} \quad (7.25)$$

式中右边第一项表示的是由于电荷分布不均匀的随风的电荷平流,第二项表示的是由于风的辐散引起的电荷变化。由于大气的辐散近似为

$$\vec{\nabla} \cdot \vec{v} = -\frac{\omega}{\rho_D}\frac{\partial \rho_D}{\partial z} \quad (7.26)$$

式中 ρ_D 是空气密度,(7.26)式代入(7.25)式得

$$\frac{\partial \rho_n}{\partial t} = -\vec{v}\vec{\nabla} \cdot \rho_n + \frac{\omega}{\rho_D}\frac{\partial \rho_D}{\partial z} \quad (7.27)$$

因此右边第二项是由于可压缩空气的贡献。

除以上各项外,还要考虑电荷的扩散、产生和消失。由于电荷扩散电流密度的垂直分量为 $K_d \partial \rho_n/\partial z$,$K_d$ 是扩散系数,同样考虑到电流密度的水平分量,由于扩散电荷通量引起的电荷密度的净改变为 $K_d \vec{\nabla} \rho_n$。如果考虑到电荷的产生和消失的贡献用 $S_{\rho n}$ 表示,则对于云内液态水粒和冰粒的电荷密度完整的连续性方程为

$$\frac{\partial \rho_n}{\partial t} = -\vec{v}\vec{\nabla} \cdot \rho_n + \frac{w}{\rho_D}\frac{\partial \rho_D}{\partial z} + \vec{\nabla} \cdot (K_d \vec{\nabla} \rho_n) + S_{\rho n} \quad (7.28)$$

作为对于第 n 类荷电粒子的产生和消失还包括离子的捕获,与另一类粒子碰撞时电荷的交换,和粒子的质量从一类到另一类传输。当质量由一类到另一类失去时,质量把携带的电荷传输给新的一类,由此减小了质量失去这一类的荷电量。但是对质量增加的新一类的电荷可以是增加或减小,因为质量增加类的电荷极性可以是相同的或相反的。由于大多类粒子的电荷既有产生同时也有消失,不必要区分电荷的产生和消失,因此通常将它们一起考虑。

7.16.4 正、负离子模式

自由离子的连续性方程式写为

$$\frac{\partial n_\pm}{\partial t} = -\vec{v}\vec{\nabla} n_\pm + \frac{n_\pm}{\rho_D}\frac{w}{\partial z}\frac{\partial \rho_D}{\partial z} + \vec{\nabla} \cdot (K_d \vec{\nabla} n_\pm)$$
$$\mp \vec{\nabla} \cdot (n_\pm k_\pm \vec{E}) + G - \beta n_+ n_- + S_{T\pm} \quad (7.29)$$

式中 n_+ 是正离子的数密度,n_- 是负离子的数密度,$G = G(z)$ 是由于宇宙线等非雷暴原因的离子产生率,β 是离子复合系数,$S_{T\pm}$ 是雷暴产生和消失离子的净贡献(即是闪电、荷电水滴蒸发、云滴的捕获)。离子最初为晴天时的值,然后在垂直和水平方向向上发展,并成为带电的离子。n_+ 和 n_- 离子初始值的估算由高斯定理得到

$$\frac{\mathrm{d}E_z}{\mathrm{d}z} = \frac{e}{\varepsilon}(n_+ - n_-) \tag{7.30}$$

式中 e 是电子的荷电量,使用晴天电流密度 J_{Fw} 随高度是一常数,

$$J_{Fw} = e(k_+ n_+ + k_- n_-)E_z \tag{7.31}$$

由(7.30)(7.31)式给出 n_+ 和 n_- 的表达式为

$$n_+ = \left(\frac{J_{Fw}}{E_z} + k_- \varepsilon \frac{\mathrm{d}E_z}{\mathrm{d}z}\right)\frac{1}{e(k_+ + k_-)} \tag{7.32}$$

$$n_- = n_+ - \frac{\varepsilon}{e}\frac{\mathrm{d}E_z}{\mathrm{d}z} \tag{7.33}$$

把有典型的晴天的 $k_\pm$、$n_\pm$、E_z 值代入(7.32)(7.33)式就得正负离子的初始廓线。通过同样的方法由下面的晴天离子平衡条件得到净的晴天离子产生率 $G(z)$

$$\frac{\partial}{\partial z}(k_\pm n_\pm E_z) = \pm G(z) \mp \beta n_+ n_- \tag{7.34}$$

而离子迁移率由下式表示

$$k_\pm = c_\pm e^{az} \tag{7.35}$$

式中 $c_+ = 1.4 \times 10^{-4} \mathrm{m}^2 \cdot \mathrm{V}^{-1} \cdot \mathrm{s}^{-1}$,$c_- = -1.9 \times 10^{-4} \mathrm{m}^2 \cdot \mathrm{V}^{-1} \cdot \mathrm{s}^{-1}$,和 $a = 1.4 \times 10^{-4} \mathrm{m}^{-1}$。将 $k_\pm$ 和 $n_\pm$ 代入(7.34)式得到

$$G(z) = \frac{k_+ k_- \varepsilon}{e(k_+ + k_-)}\left[aE_z\frac{\partial E_z}{\partial z} + \left(\frac{\partial E_z}{\partial z}\right)^2 + E_z\frac{\partial^2 E_z}{\partial z^2}\right] + \beta n_+ n_- \tag{7.36}$$

除晴天离子外,还要加上由于雷暴产生的离子。由雷暴和云内云滴捕获离子的速率取决于离子的速度、云滴上存有的电荷,离子运动是扩散和电场的作用引起的,通常将离子的扩散运动和在电场作用下的运动可以分别独立处理,然后进行相加在一起。则由于捕捉电荷密度的变化率为

$$\left(\frac{\partial \rho_f}{\partial t}\right)_{\text{ion capture}} = e\left[\left(\frac{\partial n_+}{\partial t}\right)_{\text{dif}} - \left(\frac{\partial n_-}{\partial t}\right)_{\text{dif}} + \left(\frac{\partial n_+}{\partial t}\right)_E - \left(\frac{\partial n_-}{\partial t}\right)_E\right] \tag{7.37}$$

式中 ρ_f 是净的自由离子的电荷密度,下标 dif 是指由于扩散导致云粒捕获离子,而下标 E 是指电场导致云粒捕获离子。对于 j 类离子由于扩散运动追上云粒的速率可写为

$$\left(\frac{\partial n_\pm}{\partial t}\right)_{\text{dif}} = 4\pi r_j D_\pm n_\pm n_j(r_j)\left[\frac{\pm\frac{Q_j}{Q_D}}{\exp\left(\pm\frac{Q_j}{Q_D}\right) - 1}\right] \cdot \left[1 + \left(\frac{r_j v_{jT}}{2\pi D_\pm}\right)^{\frac{1}{2}}\right] \tag{7.38}$$

式中 D_+ 和 D_- 是正负离子的扩散系数,Q_j,$n_j(r_j)$ 和 v_{jT} 是电荷、数密度和半径为 r_j 的第 j 类云粒下落速度。$Q_D = 4\pi r_j \kappa_B T/e$ 是在水粒子表面处的离子的电势和热能可比较时的电量大小(κ_B 是玻尔兹曼常数;T 是气温(K),e 是电子荷电量),离子的扩散系数可由离子的迁移率 $k_\pm$ 给出为 $D_\pm = k_\pm \kappa_B T/e$。(7.38)式最后一项括号考虑的是捕获离子时水粒子的通风效应,当 v_{jT} 接近为 0m/s 时等于1。如果 Q_j/Q_D 也接近于0,则

(7.38)式右边接近于 $4\pi r_j D_{\pm} n_{\pm} n_j(r_j)$。

为确定由于电场使离子运动的附着率,对于附着率的表达式取决于水滴是否携带有足够的电荷,水滴表面的任何地方没有电场极化(就是整个表面荷正电荷或负电荷),要求荷电量为

$$Q_M = 12\pi\varepsilon |\vec{E}| r_j^2 \tag{7.39}$$

附着率的表示也取决于相对于下落水滴的平均离子速度的大小和方向。表7.20为这些变量的不同组合的表示式。

表 7.20 由电场捕获离子的表达式(Whipple 和 Chalmers 1994)

Q_j	$\vec{E} \parallel \vec{v}_T$ 或 $\vec{E} \parallel \vec{v}_T$	$k_{\pm}\|E\|$	$\partial n_+/\partial t$	$\partial n_-/\partial t$
$Q_j > Q_M$	任意一个	任意值	0	$n_- n_j k_- Q_j \varepsilon^{-1}$
$Q_j < -Q_M$	任意一个	任意值	$-n_+ n_j k_+ Q_j \varepsilon^{-1}$	0
$0 < Q_j < Q_M$ $-Q_M < Q_j < 0$	平行	$k_+\|E\|<\|v_T\|$	0	$n_- n_j k_- \|E\| (3\pi r_j^2)$ $\cdot [1+(Q_j/Q_M)]^2$
$-Q_M < Q_j < Q_M$		$k_- \|E\| > \|v_T\|$	$-n_+ n_j k_+ Q_j \varepsilon^{-1}$ $n_+ n_j k_+ \|E\| (3\pi r_j^0)$ $\cdot[1-(Q_j/Q_M)^2]$	
$0<Q_j<Q_M$ $-Q_M<Q_j<0$	反平行	$k_+\|E\|<v_T$	$n_+ n_j k_+ \|E\| (3\pi r_j^2)$ $\cdot [1-(Q/Q_M)]^2$	$n_- n_j k_- Q_j \varepsilon^{-1}$ 0
$-Q_M<Q_j<Q_M$		$k_-\|E\|>\|v_T\|$		$n_- n_j k_- \|E\| (3\pi r_j^2)$ $\cdot [1+(Q_j/Q_M)]^2$

$n_j = n_j(r_j)$

7.16.5 降水粒子荷电模式

为导得降水粒子荷电的连续性方程式,必须考虑云中粒子的下落速度。若将降水粒子的速度写为 $\vec{v} + \vec{v}_{nT}$,这里 $\vec{v}$ 是空气的速度,$\vec{v}_{nT}$ 是第 n 类降水粒子仅是 z 分量的下落终速度。空气速度对连续性方程的作用与云内粒子的作用是一样的,如果用 v_{nT} 代替 w,降水粒子的电荷连续性方程式为

$$\frac{\partial \rho_n}{\partial t} = -\vec{v}\vec{\nabla}\cdot\rho_n + \frac{w}{\rho_D}\frac{\partial \rho_D}{\partial z} - \frac{\partial(\rho_n v_{nT})}{\partial z} + \vec{\nabla}\cdot(K_d \vec{\nabla}\rho_n) + S_{\rho n} \tag{7.40}$$

假定降水粒子的初始半径 r_{ps} 为 $100\mu m$,从云底向上运动,由于与云粒子碰并而增大,从而以最终速度 v_{pr} 向下降落。

降水粒子数密度连续方程表示为

$$\frac{\partial N_{pr}}{\partial t} = -\nabla[N_{pr}(V-v_{pr})] \tag{7.41}$$

式中 N_{pr}、v_{pr} 是降水粒子的浓度和速度。

降水粒子的质量密度连续方程

$$\frac{\partial W_{pr}}{\partial t} = -\nabla[W_{pr}(V-v_{pr})] + N_{pr}(\delta m_{pr}/\delta t)_{\text{coal}} \tag{7.42}$$

式中 W_{pr} 是降水粒子的质量密度,$(\delta m_{pr}/\delta t)_{\text{coal}}$ 是由与云粒碰并导致降水粒子的增长率。

降水粒子的荷电密度连续方程写为

$$\frac{\delta \rho_{pr}}{\partial t} = -\nabla[\rho_{pr}(V-v_{pr})] + e[(\delta n_+/\delta t)_{pr}$$
$$- (\delta n_-/\delta t)_{pr}] + (\delta \rho_C/\delta t)_{\text{coal}} + (\delta \rho/\delta t)_{\text{sep}} \tag{7.43}$$

式中 ρ_{pr} 是降水粒子的荷电密度。

7.16.6 云内电荷密度和电场

总的空间荷电密度 ρ_T

$$\rho_T = e(n_+ - n_-) + \rho_c + \rho_{pr} \tag{7.44}$$

根据泊松方程计算的电势 Φ

$$\nabla^2 \Phi = -\rho_T/\varepsilon_0 \tag{7.45}$$

假定在电离层的上边界处(20km)电势为常数(=300kV),下边界(0km)Φ 为 0V,由电势梯度得垂直电场 $E = -d\Phi/dz$。

7.16.7 荷电方程式

云内电荷分离速率写为

$$\left(\frac{\delta \rho}{\delta t}\right)_{\text{sep}} = <S>\pi(r_{pr}+r_c)^2 |v_{pr}-v_c| N_c N_{pr} \Delta q \tag{7.46}$$

式中 $<S>$ 是分离概率,而 Δq 为

非感应荷电 $\Delta q = -|A| + (\omega-1)q_{pr} + \omega q_c$

感应荷电 $\Delta q = -3/8\pi e\gamma_1 |E|\cos(\mathbf{E},\mathbf{V}_{cp})r_c^2 + (\omega-1)q_{pr} + \omega q_c$

非感应与感应荷电结合 $\Delta q = -|A| - 3/8\pi e\gamma_1 |E|\cos(\mathbf{E},\mathbf{V}_{cp})r_c^2 + (\omega-1)q_{pr} + \omega q_c$

式中 $|A|$ 是每次碰撞输送的电量,q_{pr} 是降水粒子的荷电量,q_c 是云粒子的荷电量,V_{cp} 是云粒子相对降水粒子的速度。ω 表示为

$$\omega = 1/[1+\gamma_2(r_c/r_{pr})^2] \tag{7.47}$$

其中 γ_1、γ_2 是给定的常数。

通过有限差分法,对上述方程数值积分作初值问题分析,高度间隔为200m,时间增量 Δt 为3s,时间间隔从 $t=0$ 到 $t=1920s$,1s 到 $t=1920s$,在 $t=1920s$ 后取 0.1s。时间增量根据离子的速度 $v_i = kE$ 确定。

§7.17 尖端放电

尖端放电是重要的大气电现象,其重要性在于:(1)地面上各类向上凸起的物体的尖端放电对大气整个电量的收支有重要作用;(2)同时它影响到雷暴云内电场的增长,与闪电有密切关系的大气电现象。有人认为尖端放电电流进入雷暴云内阻止电场的耗散过程;(3)尖端放电是造成地球原始大气中有机化合物的生成前合成的原因,弱的放电能在原始大气中合成氨基酸和其它产物;(4)尖端放电影响降水雨滴上荷电分布。

7.17.1 尖端放电与电子雪崩

无论是金属尖端还是树木尖端或水滴、冰晶尖端,放电性质都是相同的。在各类物体的尖端处,当尖端电荷形成的尖端电场足够强,则紧贴尖端的小团空气中,气体分子通过与电子的碰撞可能发生电离,这些电子在平均自由程中受到电场加速,当电子动能超过气体的电离电位,与分子碰撞产生更多的电子,新的电子又以与上同样的方式起作用,发生累积的电离过程,称之电子雪崩,从而在尖端处形成电晕放电。

7.17.2 地表面的尖端放电

一般的地面尖端放电的物体是树木,但是电场较强时,如草地等凸起物也会产生尖端放电。为研究树木的尖端放电,可以在一棵树干中用两个旁路电极接上检流器,测量树木中的电流,活树中的电导率是由树液产生的,树液中含有各种大小和不同迁移率的离子,当金属电极插入树中,电极周围形成电偶层,电容量为几微法拉,随接触的电极面积而变。

对于雷暴间电位梯度的瞬变产生的位移电流为几毫安,给定时间以速率 dF/dt 变化的电位梯度,树中的位移电流为

$$i_D = \varepsilon_0 S_e \, dF/dt \tag{7.48}$$

式中 ε_0 是真空中的介电常数,S_e 是树的有效面积。另外 Stromberg(1971)发现在树木中发生的正或负尖端放电电流具有脉冲性质,表 7.21 是他测量的树木的放电电流。

表 7.21　树林的尖端放电电流

	林地内部的树		林地边缘的树	
	正	负	正	负
平均电流(μA)	0.15	−0.18	0.15	−0.14
总持续时间(min)	9	22	15	40
总输送电量(μC)	84	−240	132	−332
净输送电量(μC)	−156		−200	
输送的负电量与正电量之比	2.9		2.5	

Ogden(1968)指出尖端放电电流产生的空间电荷造成下风方向电势的减小量为

$$\Delta E \approx \frac{1}{2\pi\varepsilon_0 Vh}\left[1+\frac{d}{(d^2+h^2)^{1/2}}\right]$$

式中 V 为风速，h 为树高，d 为下风方向上测点与树的距离，ε_0 是真空中的介电常数。如果上风方向的场强值大于 1000V/m 左右，则树下风方向的电位梯度将大为减小。

7.17.3　洋面电晕放电

在洋面上，因尖端放电产生电晕现象有三种情形：

(1)水滴溅散：当水滴落到水中并溅散时，将溅出一股直径与水滴直径相近的垂直向上的液滴射流，离水面数厘米之高。如果这发生在有电场的情形下，由于电场的作用，射流会被拉得更远，当电场强度达到临界值 E_C 时，射流顶端成尖端面产生电晕放电。对于半径 r（毫米量级）的水滴其临界电场强度为

$$E_C(r)=\left(\frac{1.9}{r^{3.5}}\right)+(1.7\pm 0.04) \tag{7.49}$$

若 $r=3$mm 的水滴，可算得 $E_C\approx 180$kV/m。

(2)气泡破裂：由波浪或雨滴强迫带进海水中的空气，将以气泡形式升到海洋表面，并发生破裂，其裂口之下出现一股高速涌出的液体射流，达数毫米之高，然后又排出许多水滴。气泡破裂时形成的射流顶端是可能发生电晕的地方。实验表明，当用毛细管在水下产生气泡，并上升到水面在垂直电场中破裂，在有电场强度达 260kV/m 左右的条件下就开始有电晕放电，放电能促进海洋中有机物质的合成和积累。根据测量，每次水滴溅散所输送的电量约为 0.1μC，在示波器上显示的电流脉冲持续时间为 3~20ms。

(3)雨滴碰撞：有关雨滴碰撞产生电晕在下面说明。

7.17.4　雷雨云中的电晕放电

雨滴在强电场中会严重变形，变形雨滴曲率最大处的表面电场较四周电场强度大

第七章 雷暴云闪电

得多,这时雨滴表面产生正电晕放电。Dawson 及 Richards 对雷雨云中的电晕放电进行了研究。

7.17.4.1 雷雨云中的电晕放电与大气压

Dawson(1969)对于标准大气 1～13km 气压范围内测量了半径0.22～1.46mm 的水滴表面的电晕放电初始电晕的放电值,结果表明,在低气压时,电场强度可以通过未破裂的水滴表面的纯电晕放电而减小,始晕电场强度与气压成反比关系;在高气压下,强电场作用下水面破裂产生的液体尖端将诱发电晕放电,始晕电场强度由水滴表面张力和半径确定的 E_d 所决定,与气压无关。当水滴表面破裂方式放电过渡到电晕放电过程中,这种过渡正电位表面发生于 470hPa(5.9km)附近处,负电位表面发生在 340hPa(8.3km)处。

7.17.4.2 雷雨云中的电晕放电与雨滴碰撞

Richards 和 Dawson 提出,两雨滴的碰撞在瞬间内产生一个变形很厉害的物体,它的形状特别有利于在较弱的电场中诱发电场,实验室研究表明,当两水滴掠过碰撞时,两雨滴碰撞之间会拖出一条液体细丝,为水滴半径的数倍之长,细丝的顶端产生尖端电晕放电,始晕电场由 500kV/m 变为 250kV/m,始晕电场随 L 值的增大而减小。每当发生碰撞放电,都可测到正和负两种电晕脉冲。

7.17.4.3 雷雨云中的电晕放电与冰晶粒子

Griffiths(1974)实验发现,对纯冰而言,当温度高于$-18℃$,电场增加到始晕的临界值 E_C 时,将产生源源不断的电晕放电,始晕的临界值是冰晶粒子的大小、形状、纯度、取向和表面特性以及冰粒上的初始电荷、气压、温度的函数。这些参数对始晕场强 E_C 有重要影响,发现 E_C 与气压成反比,E_C 随电场矢量方向粒子尺度的增大而减小。还发现当温度低于确定的临界值以下,冰不能维持电晕放电的主要原因是其表面电导率随温度下降而减小得太低的缘故。他研究得出雷雨云中部分区域内雹块和雪晶产生电晕放电的场强约在 400～500kV/m。发现冰晶的电晕放电与金属尖端放电相似,对于负荷电表面,出现负辉光、Trichel 脉冲和火花,对于正荷电表面,有爆发性脉冲,正辉光和流光。

第八章 雷电的物理效应

雷电产生强大的闪电电流,引起电磁场、光辐射、冲击波和雷声等物理效应。这些物理效应所产生的电、磁、光和声是用来探测雷电的有效信息。它对于雷电的防护和雷电形成的机制研究都有重要意义。

§8.1 雷电的电磁场效应

雷电产生强电流,从而引起强的电磁辐射和静电场的变化,它干扰无线电通讯和各种遥控设备的工作,成为无线电噪声的重要来源;另一方面,雷电产生的电磁场又是雷电探测的重要信息,从测量到的闪电产生的电磁场变化可以获得闪电电流、闪电电矩和云中电荷分布等各种电学参量,进行雷电定位和预警。

8.1.1 闪电的电磁场变化

当测站离闪电距离远大于积雨云云中荷电中心高度,电离层对闪电辐射的传播影响忽略时,由于地闪或云闪所引起地面垂直大气电场随时间的变化 $E(t)$ 表示为

$$E(t) = E_s(t) + E_i(t) + E_r(t) \tag{8.1}$$

式中 $E_s(t)$ 是由于闪电通道内电荷引起的静电场分量,$E_i(t)$ 为由于闪电电流变化而产生的感应场分量,$E_r(t)$ 是闪电发射的电磁辐射分量。它们分别表示为

$$E_s(t) = \frac{1}{4\pi\varepsilon_0} \frac{1}{R^3} M(t-R/c) \tag{8.2}$$

$$E_i(t) = \frac{1}{4\pi\varepsilon_0} \frac{1}{cR^2} \frac{dM(t-R/c)}{dt} \tag{8.3}$$

$$E_r(t) = \frac{1}{4\pi\varepsilon_0} \frac{1}{c^2 R} \frac{d^2 M(t-R/c)}{dt^2} \tag{8.4}$$

式中 c 为光速,R 为闪电距离,$M(t-R/c)$ 为闪电电矩随时间的变化。考虑到电磁场的延迟,所以闪电电矩采用 $t-\dfrac{R}{c}$ 时刻的值。

从(8.2)式可以看出,闪电引起的地面垂直大气电场变化的静电场分量,正比于闪电电矩,反比于闪电距离的立方;从(8.3)式可见,闪电所引起地面垂直大气电场随时间

变化的感应分量正比于对闪电电矩的一次微商，反比于闪电距离平方；从(8.4)式可见闪电所引起的地面垂直大气电场变化的辐射分量，正比于闪电电矩对时间的二次微商，反比于闪电距离的一次方。因此，闪电引起的地面三个分量随闪电距离的变化而异。当离闪电距离较近时，静电场分量是主要的；当离闪电距离较远时，感应分量和辐射分量的作用相对加强；当离闪电距离更远时，辐射分量起主要作用，而静电电场分量和感应场分量的作用相对减弱。

地闪闪电电矩随时间的变化 $M_g(t)$ 表示为

$$M_g(t) = 2Q_g(t)H \tag{8.5}$$

式中 $Q_g(t)$ 是地闪所中和负电荷中心的电荷随时间的变化，H 是负电荷中心高度。对于云中电荷分布为云上部正电荷、云下部负电荷的情况下，云闪闪电电矩随时间的变化 $M_c(t)$ 表示为

$$M_c(t) = -2Q_c(t)\Delta H \tag{8.6}$$

式中 $Q_c(t)$ 是云闪所中和电荷随时间的变化，ΔH 是云中正负电荷的垂直间距。

闪电所引起的地面磁场强度的变化，称为地面大气磁场变化，大气磁场方向垂直于大气电场方向，因此因地闪或云闪引起的地面水平大气磁场随时间的变化表示为

$$H(t) = H_i(t) + H_r(t) \tag{8.7}$$

式中 $H_i(t)$ 是大气感应磁场分量，$H_r(t)$ 为辐射分量。

$$H_i(t) = \frac{1}{4\pi\varepsilon_0} \frac{1}{R^2} \frac{dM(t-R/c)}{dt} \tag{8.8}$$

$$H_r(t) = \frac{1}{4\pi\varepsilon_0} \frac{1}{cR} \frac{d^2 M(t-R/c)}{dt^2} \tag{8.9}$$

与闪电引起的大气电场相类似，闪电引起的地面垂直大气电场随时间变化的感应分量正比于闪电电矩对时间的一次微商，反比于闪电距离的平方。而地面水平大气磁场随时间变化的辐射分量正比于闪电电矩对时间的二次微商，反比于闪电距离的一次方。

大气磁感应强度与大气磁场关系为

$$B(t) = \mu_a H(t) \tag{8.10}$$

式中 μ_a 是大气磁导率，它与大气介电常数 ε_a 的关系为

$$c^2 = \frac{1}{\mu_a \varepsilon_a} \tag{8.11}$$

(8.7)代入(8.10)式就得大气磁感应强度为

$$B(t) = \frac{1}{4\pi\varepsilon_0} \left[\frac{1}{c^2 R^2} \frac{dM(t-R/c)}{dt} + \frac{1}{c^3 R} \frac{d^2 M(t-R/c)}{dt^2} \right] \tag{8.12}$$

式中假定大气介电常数 ε_a 与自由空间的介电常数 ε_0 近似相等。

8.1.2 闪电时地面大气电场

对于地闪引起地面垂直大气静电场的变化,若闪电电荷为 Q_g,离地闪的水平距离为 D,荷电中心高度为 H,则由地闪引起的地面垂直大气电场变化的静电场分量为

$$E_{sg} = -\frac{1}{4\pi\varepsilon_0}\frac{2Q_g H}{(D^2+H^2)^{3/2}} \tag{8.13}$$

式中 $2Q_g H = M_g$ 为地闪矩。若测站离闪电较远,有 $D \gg H$,则上式简化为

$$E_{sg} = -\frac{1}{4\pi\varepsilon_0}\frac{M_g}{D^3} \tag{8.14}$$

对于云闪(上部为正电荷、下部为负电荷)引起地面垂直大气静电场的变化,若闪电电荷为 Q_c,则由云闪引起的地面垂直大气电场变化的静电场分量为

$$E_{sc} = 2Q_c\frac{1}{4\pi\varepsilon_0}\left[\frac{H_2}{(D_2^2+H_2^2)^{3/2}} - \frac{H_1}{(D_1^2+H_1^2)^{3/2}}\right] \tag{8.15}$$

若正、负电荷中心垂直分布,且有 $D_1 = D_2 = D$,则上式为

$$E_{sc} = 2Q_c\frac{1}{4\pi\varepsilon_0}\left[\frac{H_2}{(D^2+H_2^2)^{3/2}} - \frac{H_1}{(D^2+H_1^2)^{3/2}}\right] \tag{8.16}$$

若测站离闪电较远,有 $D_1 \gg H_1$,$D_2 \gg H_2$ 和 $D_1 \approx D_2 = D$,则上式简化为

$$E_{sc} = -\frac{2Q_c(H_1-H_2)}{4\pi\varepsilon_0 D^3} = \frac{M_c}{4\pi\varepsilon_0 D^3} \tag{8.17}$$

式中 $2Q_c(H_1-H_2) = 2Q_c\Delta H = M_c$ 为云闪电矩。

8.1.3 闪电通道的电场

如图 8.1 中,考虑电荷沿垂直方向改变,所形成的电偶极矩写为

$$M = 2\int_{H_B}^{H_T}\rho_L(z')z'\,\mathrm{d}z' \tag{8.18}$$

式中 $\rho_L(z')$ 是垂直线单位长度的荷电量,H_B 和 H_T 分别为垂直线的上、下界。下面考虑荷电线段在 D 处产生的电场,若荷电线段上微元 $\mathrm{d}z'$ 的荷电量为 $\rho_L(z')\mathrm{d}z'$,并将其等同于点电荷,则其在 D 处产生的电场为

$$\mathrm{d}E_{+\rho_L \mathrm{d}z} = \frac{2\rho_L(z')z'\mathrm{d}z'}{4\pi\varepsilon_0(z'^2+D^2)} \tag{8.19}$$

并考虑镜像荷电线段产生的电场,则总电场为

$$\mathrm{d}E_{\text{total}} = \frac{2\rho_L(z')z'\mathrm{d}z'}{4\pi\varepsilon_0(z'^2+D^2)^{3/2}} \tag{8.20}$$

如果荷电线段为正的,电场与地表面垂直,方向向下。对于整个垂直线荷电分布产生的总电场通过积分求得为

$$E_{\text{total}} = \int_{H_B}^{H_T} \frac{2\rho_L(z')z'\mathrm{d}z'}{4\pi\varepsilon_0(z'^2+D^2)^{3/2}}$$
(8.21)

如果$(z'/D)^2 \ll 1$,则上式为

$$E_{\text{total}} = \frac{2QH}{4\pi\varepsilon_0 D^3} = \frac{M}{4\pi\varepsilon_0 D^3}$$
(8.22)

现讨论如何计算均匀荷电垂直线的电场,这种均匀荷电线包括如梯式先导、回击和某些云的放电过程。对(8.21)式积分就得均匀荷电垂直线产生的电场为

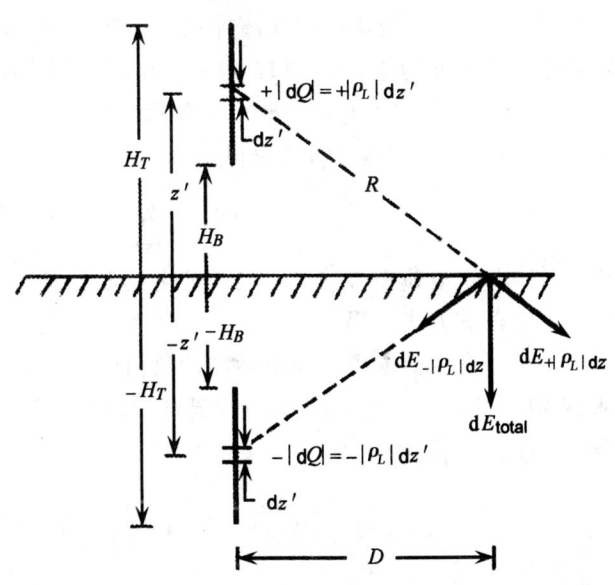

图 8.1 闪电通道电场

$$E_{\text{total}} = \frac{2\rho_L}{4\pi\varepsilon_0}\left[\frac{1}{(D^2+H_B^2)^{1/2}} - \frac{1}{(D^2+H_T^2)^{1/2}}\right]$$
(8.23)

式中ρ_L是常数。现考虑一简单的先导模式,如果梯式先导荷同样极性的电荷,先导荷电就如它伸展的长度在一个体积荷电中心减小结束。如果先导长度为l,电荷中心的高度为H,荷电中心可以看成一个点电荷,或看成荷电中心H的球形对称电荷分布,则可求得由于荷电中心电量减小在地面电场的变化为

$$\Delta E_s = -\frac{2\rho_L lH}{4\pi\varepsilon_0(H^2+D^2)^{3/2}}$$
(8.24)

式中$\rho_L l$是荷电体积内电量的减小。例如,如果ρ_L是正的,则由于荷电体积内正电荷量的改变,正的电场将减小,导致上式的右侧为"负"。

通常,梯式先导或先导的某范围可以近似看作荷负电荷的先导自对称球形负荷电体向下运动。设先导的顶端为荷电中心,其高度为H,则在(8.23)和(8.24)式中,$H_T = H$,$l = H - H_B$,则由于荷电中心电荷减小和先导的伸展,由(8.23)和(8.24)得总电场的改变为

$$\Delta E = -\frac{2|\rho_L|}{4\pi\varepsilon_0 D}\left[\frac{1}{(1+H_B^2/D^2)^{1/2}} - \frac{1}{(1+H^2/D^2)^{1/2}} - \frac{H-H_B}{D}\frac{H}{D}\frac{1}{(1+H^2/D^2)^{3/2}}\right]$$
(8.25)

式中当梯式先导初始时刻,即$t=0$时,有$H_B=H$。随着时间增加,H_B减小,直至梯式先导到达地面时,$H_B=0$。如果梯式先导的速度v是一常数,由上式中的变量H_B以H

$-vt$ 代替,$l=vt$。观测表明在离梯式先导近处,电场的改变是负值,而在离先导较远处观测电场的改变为正。对于 $H/D=1.27$,模式先导接触地面时,$H_B=0$,电场的改变为 0;对于 H/D 较大时,电场的改变为负;而对于 H/D 较小时,电场的改变为正。如果略去高于 $(H/D)^2$ 的高阶项,则求得

$$\Delta E = \frac{|\rho_L| l^2}{4\pi\varepsilon_0 D^3} = \frac{|\rho_L| v^2 t^2}{4\pi\varepsilon_0 D^3} \tag{8.26}$$

对于云中荷正电荷中心的小正先导的电场改变的求取,可以用上面类似方法将先导看作荷正电荷的方式求得。

下面考虑负荷电中心向上运动的负荷电先导。这种放电的可能情况是在云内先导从 N 朝向 P 区域放电。对这种情况,(8.23)和(8.24)式中 $H_B=H$,$l=H_T-H$,给出合成电场改变

$$\Delta E = -\frac{2|\rho_L|}{4\pi\varepsilon_0 D}\left[\frac{1}{(1+H_B^2/D^2)^{1/2}} - \frac{1}{(1+H_T^2/D^2)^{1/2}} - \frac{H_T-H}{D}\frac{H}{D}\frac{1}{(1+H^2/D^2)^{3/2}}\right] \tag{8.27}$$

式中当 $t=0$,$H_T=H$,并且 H_T 随时间增加。在距先导放电较近时,电场的改变是正的;而远离先导放电时,电场变化是负的。

8.1.4 闪电通道的静磁场

云或云地间的电荷运动就构成了电流,这种电流的产生便引起磁场,并能在地面观测到这种磁场。下面以一简单的模式讨论闪电放电中由于电流流动而引起的静磁场。这里把电流理想化为垂直的并集中在一携带电流的线上,如图 8.2 中,对于荷电流 I、长为 dz 的线元在相距 r 处产生的磁通量密度 dB 写为

$$d\vec{B} = \frac{\mu_0 I dz}{4\pi r^2}(\vec{a}_I \times \vec{a}_r)(\text{Wb/m}^2) \tag{8.28}$$

式中 $\vec{a}_r$ 是一单位矢量,方向沿 r 指向外,$\vec{a}_I$ 也是一单位矢量,指向是通过 dz 的电流方向。μ_0 是真空导磁率(近似为大气导磁率)。如果电流垂直向上流动,则 D 点磁通量密度矢量指向书里。由于 Idz 在 D 点产生磁通量密度为

$$dB = \frac{\mu_0 I dz}{4\pi} \cdot \frac{D}{(z^2+D^2)^{3/2}} \tag{8.29}$$

$$|\vec{a}_I \times \vec{a}_r| = \sin\phi = \frac{D}{(z^2+D^2)^{1/2}} \tag{8.30}$$

对(3.29)式积分求出由于电流通过垂直线段 $x-y$ 而产生的总磁通量密度大小可用 $z=x,z=y$,并乘以包括镜像电流的作用,得

$$B = \frac{\mu_0 I}{2\pi R}\left[\frac{y}{(y^2+D^2)^{1/2}} - \frac{x}{(x^2+D^2)^{1/2}}\right]$$
(8.31)

方向指向内,如电流反方向,则通量密度指向外。

对于电流在高度为 H 的电荷中心与地之间,则上式为

$$B = \frac{\mu_0 I}{2\pi D}\frac{H}{(H^2+D^2)^{1/2}}(\text{Wb/m}^2)$$
(8.32)

对于离放电很近处,$D \ll H$,上式变为

$$B \cong \frac{\mu_0 I}{2\pi D}(\text{Wb/m}^2) \qquad (8.33)$$

如果在离放电很远的地方,则(8.31)式又可写为

$$B \cong \frac{\mu_0 IH}{2\pi D}(\text{Wb/m}^2) \qquad (8.34)$$

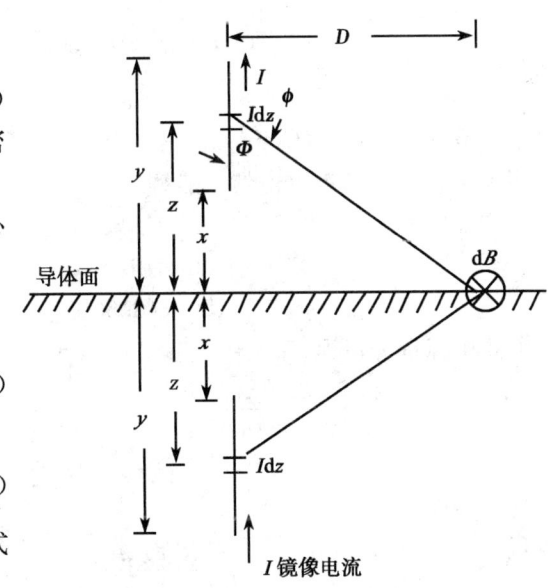

图 8.2 闪电静磁场

如果位于导体上面 H 处的电荷 Q 与其镜像电荷之电偶极矩定义为

$$M = 2IH \qquad (8.35)$$

如果正电荷流向地面,电流等于源电荷的改变率,因此有

$$\frac{\text{d}M}{\text{d}t} = 2IH \qquad (8.36)$$

由(8.34)、(8.36)式得

$$B \cong \frac{\mu_0}{4\pi D} \cdot \frac{\text{d}M}{\text{d}t} \qquad (8.37)$$

8.1.5 闪电的电磁场的时间变化

8.1.5.1 基本方程

自由空间的 Maxwell 方程为

$$\nabla \cdot \vec{E} = \rho/\varepsilon_0 \qquad (8.38\text{a})$$

$$\nabla \cdot \vec{B} = 0 \qquad (8.38\text{b})$$

$$\nabla \times \vec{E} = -\partial \vec{B}/\partial t \qquad (8.38\text{c})$$

$$\nabla \times \vec{B} = \mu_0 \vec{J} + \frac{1}{c^2}\frac{\partial \vec{E}}{\partial t} \qquad (8.38\text{d})$$

$$\nabla \cdot \vec{J} + \frac{\partial \rho}{\partial t} = 0 \quad \text{或是} \quad \nabla \cdot \vec{J} + \frac{\partial n_q}{\partial t} = 0 \tag{8.38e}$$

$$j = \sigma E \tag{8.38f}$$

式中 ρ 是体电荷密度(C/m^3),J 是体电流密度(A/m^2),c 是光速。在 ρ 和 J 已知的,则利用标量势和矢量势可得到一般解。

如在图 8.3 中,
$$\vec{E}(r_s,t) = -\nabla \phi - \partial \vec{A}/\partial t \tag{8.39a}$$
$$\vec{B}(r_s,t) = \nabla \times \vec{A} \tag{8.39b}$$

在上式中标量势写为
$$\phi(r_s,t) = \frac{1}{4\pi\varepsilon_0} \int_{V'} \frac{\rho(r'_s, t-R/c)}{R} dV \tag{8.40}$$

和矢量势为
$$\vec{A}(r_s,t) = \frac{\mu_0}{4\pi} \int_{V'} \frac{\vec{J}(r'_s, t-R/c)}{R} dV \tag{8.41}$$

罗仑兹条件为
$$\nabla \cdot \vec{A} + \frac{1}{c^2} \frac{\partial \phi}{\partial t} = 0 \tag{8.42}$$

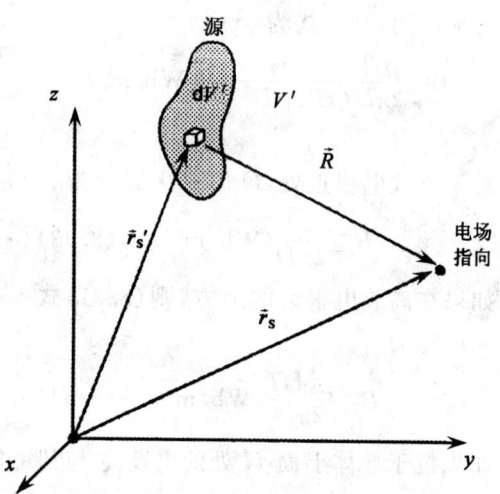

图 8.3 麦克斯韦方程时间依赖关系的几何图

8.1.5.2 由电偶极矩计算磁通量密度

如图 8.4,由于偶极电流只有 z 分量,则由(8.41)式产生的矢量势也只有 z 分量,即
$$d\vec{A} = \frac{\mu_0}{4\pi} \frac{i(z', t-R/c)}{R} dz' \vec{a}_z \tag{8.43}$$

如果采用球坐标系统,以电偶极子为坐标原点,正交单位矢量为 $\vec{a}_R$、$\vec{a}_\theta$ 和 $\vec{a}_\phi$,则(8.43)式写为

$$d\vec{A}(\vec{R},t) = \frac{\mu_0 dz'}{4\pi} \left[i(z', t-R/c) \frac{\cos\theta}{R} \vec{a}_R - i(z', t-R/c) \frac{\sin\theta}{R} \vec{a}_\theta \right] \tag{8.44}$$

对(8.44)式求旋度,可得
$$\nabla \times d\vec{A} = \frac{\mu_0 dz'}{4\pi} \left[-\frac{\sin\theta}{R} \frac{\partial i(z', t-R/c)}{\partial R} + \frac{\sin\theta}{R^2} i(z', t-R/c) \right] \vec{a}_\phi \tag{8.45}$$

使用等式
$$\frac{\partial i(z', t-R/c)}{\partial R} = -\frac{1}{c} \frac{\partial i(z', t-R/c)}{\partial t} \tag{8.46}$$

由(8.39)和(8.45)式就可得电偶极矩的磁通量密度为

$$dB = \frac{\mu_0 dz'}{4\pi}\sin\theta\left[\frac{i(z',t-R/c)}{R^2} + \frac{1}{cR}\frac{\partial i(z',t-R/c)}{\partial t}\right]a_\phi \quad (8.47)$$

8.1.5.3 由电偶极矩计算电场强度

由(8.42)式和(8.47)式可确定电偶极矩的微分电场,并且将(8.44)代入(8.40)式可求得标量势为

$$d\phi(\vec{R},t) = \frac{dz'\cos\theta}{4\pi\varepsilon_0}\left[\frac{1}{R^2}\int_0^t i(z',t'-R/c)dt' + \frac{i(z',t-R/c)}{cR}\right] \quad (8.48)$$

将(8.44)、(8.48)式代入(8.39)式,并使用(8.46)式将对空间求导变换为对时间求导,就得

$$d\vec{E}(\vec{R},t) = \frac{dz'}{4\pi\varepsilon_0}\Bigg\{\cos\theta\left[\frac{2}{R^3}\int_0^t i(z',t'-R/c)dt' + \frac{2}{cR^2}i(z',t-R/c)\right]\vec{a}_R$$
$$+ \sin\theta\left[\frac{1}{R^3}\int_0^t i(z',t'-R/c)d\tau + \frac{1}{cR^2}i(z',t-R/c) + \frac{1}{c^2R}\frac{\partial i(z',t-R/c)}{\partial t}\right]\vec{a}_\theta\Bigg\}$$
$$(8.49)$$

8.1.5.4 一个理想导体地球表面的电场

如果把地球看成是一个理想的导体,则地球上空的电磁场的确定可以采用电偶极子虚拟电荷的方法。对于在一平面上的离点电荷和虚拟电荷的距离为 R 处,产生的磁场只要将(8.47)式中的 θ 用 $\pi - \theta$ 代替。由于 $\sin\theta = \sin(\pi-\theta)$,虚拟电荷的作用只要将(8.47)加倍。

对于无限小的虚拟电矩的电场强度只要将(8.49)式中 θ 用 $\pi-\theta$ 代替。除此之外,由于坐标原点的位置不同,对于实际的和虚拟组成的电偶极子单位矢量 $\vec{a}_R, \vec{a}_\theta$ 方向不同。比较虚拟各量,单位矢量 $\vec{a}_Z$ 与地面垂直,$\vec{a}_H$ 与地面平行,如图 8.4 中,单位矢量 $\vec{a}_R, \vec{a}_\theta$ 和 $\vec{a}_{Ri}, \vec{a}_{\theta i}$ 间关系表示为

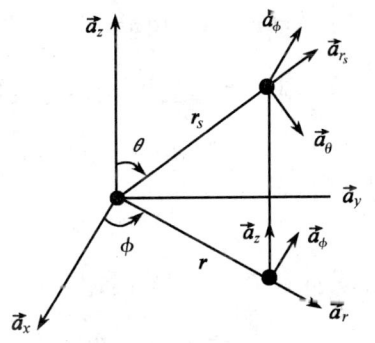

图 8.4 单位矢量间关系

$$\vec{a}_R = \vec{a}_Z\cos(\pi-\theta) + \vec{a}_H\cos[\theta-(\pi/2)] = \vec{a}_Z\cos\theta + \vec{a}_H\sin\theta \quad (8.50)$$
$$\vec{a}_\theta = -\vec{a}_Z\cos[\theta-(\pi/2)] + \vec{a}_H\cos\theta = -\vec{a}_Z\sin\theta + \vec{a}_H\cos\theta \quad (8.51)$$
$$\vec{a}_{Ri} = \vec{a}_Z\cos(\pi-\theta) + \vec{a}_H\cos[\theta-(\pi/2)] = -\vec{a}_Z\cos\theta + \vec{a}_H\sin\theta \quad (8.52)$$
$$\vec{a}_{\theta i} = -\vec{a}_Z\cos[\theta-(\pi/2)] + \vec{a}_H\cos(\pi-\theta) = -\vec{a}_Z\sin\theta - \vec{a}_H\cos\theta \quad (8.53)$$

利用(8.50)~(8.53)式,由(8.49)式求得对于一点离通道的水平距离 D 的点电荷与虚拟电荷的电场强度为

$$d\vec{E}(\vec{R},t) = \frac{dz'}{4\pi\varepsilon_0} \times \left[\frac{(2-3\sin^2\theta)}{R^3} \int_0^t i(z',\tau-R/c)d\tau \right.$$
$$\left. + \frac{(2-3\sin^2\theta)}{cR^2} i(z',t-R/c) - \frac{\sin^2\theta}{c^2 R} \frac{\partial i(z',t-R/c)}{\partial t} \right] \vec{a}_z \tag{8.54}$$

8.1.6 闪电通道发出的电磁辐射

8.1.6.1 地面处闪电通道的电磁场

如图 8.5,可以将闪电通道看成是一个垂直的天线,考虑闪电通道上具有电流为 $i(z,t)$ 无限小的长度为 dz 的垂直电偶极矩,则在离闪击通道底的水平距离为 D 处观测到的电磁辐射为来自上部闪击通道的和下面镜像部分的电磁场之和。就是在离闪电距离为 D 处的垂直电场分量和水平磁场分量是时间的函数,分别为

$$E_z(D,t) = \frac{1}{2\pi\varepsilon_0} \int_0^H \frac{(2-3\sin^2\theta)}{R^3}$$
$$\times \int_0^t i(z,\tau-R/c)d\tau dz$$
$$+ \frac{1}{2\pi\varepsilon_0} \int_0^H \frac{(2-3\sin^2\theta)}{cR^2} i(z,\tau-R/c)dz$$
$$- \frac{1}{2\pi\varepsilon_0} \int_0^H \frac{\sin^2\theta}{c^2 R} \frac{\partial i(z,t-R/c)}{\partial t} dz \tag{8.55}$$

$$B_\phi(D,t) = \frac{\mu_0}{2\pi} \int_0^H \frac{\sin\theta}{R^2} i(z,\tau-R/c)dz$$
$$+ \frac{\mu_0}{2\pi} \int_0^H \frac{\sin\theta}{cR} \frac{\partial i(z,t-R/c)}{\partial t} dz \tag{8.56}$$

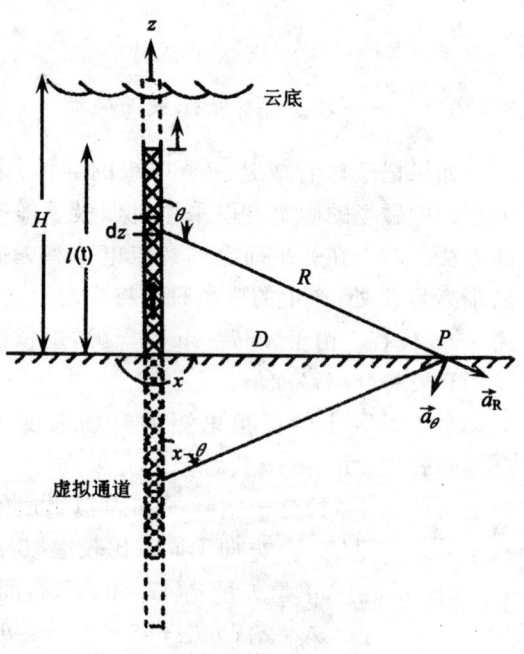

图 8.5 闪电通道的电磁辐射场

式中 ε_0 和 μ_0 分别是自由空间的介电常数和磁导率,H 是云底高度,$R = (D^2 + H^2)^{1/2}$。方程(8.55)式中右端的第一项是静电场;第二项是感应场;第三项是电辐射场。而方程(8.56)式中右端的第一项感应磁场;第二项是磁辐射场。可以注意到没有静磁场分量。

8.1.6.2 大气中任一点处的闪电通道电磁

如图 8.6,在柱坐标系统中,对于来自高度 z' 处通道垂直部分无穷小量 dz',闪电电流 $i(z',t)$ 的电磁场为

$$d\vec{E}(r,\phi,z,t) = \frac{dz'}{4\pi\varepsilon_0}\left\{\left[\frac{3r(z-z')}{R^5}\int_0^t i(z,\tau-R/c)d\tau + \frac{3r(z-z')}{cR^4}i(z',t-R/c)\right.\right.$$
$$\left.+\frac{r(z-z')}{c^2R^3}\frac{\partial i(z',t-R/c)}{\partial t}\right]\vec{a}_r + \left[\frac{2(z-z')^2-r^2}{R^5}\int_0^t i(z',\tau-R/c)d\tau\right.$$
$$\left.\left.+\frac{2(z-z')^2-r^2}{cR^4}i(z',t-R/c) - \frac{r^2}{c^2R^3}\frac{\partial i(z',t-R/c)}{\partial t}\right]\vec{a}_z\right\} \quad (8.57)$$

$$d\vec{B}(r,\phi,z,t) = \frac{\mu_0 dz'}{4\pi}\left[\frac{r}{R^3}i(z',t-R/c) + \frac{r}{cR^2}\frac{\partial i(z,t-R/c)}{\partial t}\right]\vec{a}_\phi \quad (8.58)$$

式中 ε_0、μ_0 分别是自由空间的电导率和磁导率,在(8.57)式中对电流(通过 dz' 输送的电荷)的积分项,称之静电场项,它主要取决于距离。离偶极电荷越近,静电场分量是主要的。电流的导数项称辐射项,当远离偶极电荷时,辐射场分量是主要的。含有电流的项称之为感应项。在(8.58)式中右端把第一项称之为磁感应项,与偶极电荷的距离较近时,它是主要的。第二项是辐射项,它在离偶极电荷较远时是主要项。在图 8.6 中理想导体地表面的作用可假想在平面之下有虚拟电流,虚拟电荷的电磁场只要将(8.57)和(8.58)式中的 z' 和 R 分别用 $-z'$、R_1 代替,一旦通道上所切割段和它的虚拟段的电场公式表达式确定,则总通道的电磁场可以通过对通道的积分求取。

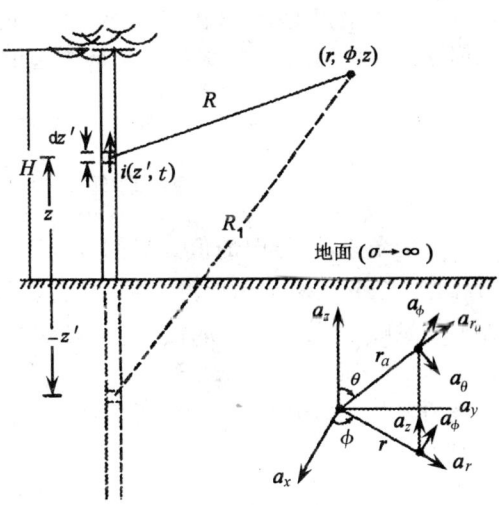

图 8.6 回击电磁场各参量的几何关系

由于大多数测量是在地面进行的,所以现考虑对于地面电磁场的特别情况,则对于地面高度 H_B(通常取 0)和通道顶高度 H_T 的电磁场分别为

$$\vec{E}(r,\phi,0,t) = \frac{1}{2\pi\varepsilon_0}\left[\int_{H_B}^{H_T}\frac{2z'^2-r^2}{R^5}\int_0^t i(z',\tau-R/c)d\tau dz'\right]$$
$$+ \left[\int_{H_B}^{H_T}\frac{2z'^2-r^2}{cR^4}i(z',t-R/c)dz' - \int_{H_B}^{H_T}\frac{r^2}{c^2R^3}\frac{\partial i(z',t-R/c)}{\partial t}dz'\right]\vec{a}_z \quad (8.59)$$

$$\vec{B}(r,\phi,0,t) = \frac{\mu_0}{2\pi}\left[\int_{H_B}^{H_T}\frac{r}{R^3}i(z',t-R/c)dz' + \int_{H_B}^{H_T}\frac{r}{cR^2}\frac{\partial i(z',t-R/c)}{\partial t}dz'\right]\vec{a}_\phi$$
$$(8.60)$$

在(8.59)式中右端第一项是静电场项,第二方括号内的第一项是感应项,第二项是辐射项。在(8.60)式中右端方括号内第一项是静磁场或感应场项,第二项是辐射项。

8.1.7 用电矩表示的随时间变化的电磁场

若将雷暴云中的电荷分布看成一总的电偶极矩,即把每单个电荷或电荷群与其镜像造成的偶极矩加起来得到一总的电偶极矩

$$M = 2\sum_i Q_i H_i \tag{8.61}$$

式中求和是对地面电荷或电荷群。如果是负电荷,则需加负号。如果离闪电的距离 R 远大于闪电的尺度,而且由于 M 变化引起的电流大小和相位在电流通道上必须不变,同时 H_i 不变,则单个辐射体产生的垂直电场和磁通量密度近似为

$$E = \frac{M}{4\pi\varepsilon_0 R^3} + \frac{1}{4\pi\varepsilon_0 cR^2}\left(\frac{dM}{dt}\right) + \frac{1}{4\pi\varepsilon_0 c^2 R}\left(\frac{d^2 M}{dt^2}\right) \tag{8.62}$$

$$B = \frac{\mu_0}{4\pi\varepsilon_0 R^2}\left(\frac{dM}{dt}\right) + \frac{\mu_0}{4\pi\varepsilon_0 cR}\left(\frac{d^2 M}{dt^2}\right) \tag{8.63}$$

式中 c 是光速,括号内的值是时间($t-R/c$)时得到的延迟值。方程(8.62)右边第一项为已作了场速度订正后的静电场项,右边第二项为感应项,它与电流成正比,表示电抗性的能量贮存,它与 R^{-2} 成比例,当 R 较大时,其比静电场项更大一些。右边最后一项是辐射项,它表示闪电以光速向外传播的能量,与电流的时间变化率成正比。当大的 R 时该项较其它两项大,是主要项。对于方程(8.63),其右端第一项为感应项,第二项是辐射项。

§8.2 闪电通道的半径、速度、能量和温度

闪电过程中的主要物理和化学过程都是在闪电通道内进行的,闪电的物理现象都与闪电通道有关系。描述闪电通道特性的参数有:通道的半径、速度、温度、电流、电荷等。Borovsky(1995)假定:(1)闪电通道是直的;(2)闪电通道是柱体;(3)闪电通道是均匀的的电磁场。同时还假定闪电产生的电磁波是:(1)电磁波的传播是一调谐函数 $e^{ikz-i\omega t}$;(2)通道内没有预先的光子加热;(3)通道内由波的加热忽略,提出了估算通道的半径、速度、温度、电流、电荷的理论。

8.2.1 柱状闪电通道电磁场方程

如果对(8.38c)式再进行一次 $\nabla \times$ 运算,并消去 B,则有

$$\nabla \times \nabla \times E = -\frac{4\pi\sigma}{c^2}\frac{\partial E}{\partial t} - \frac{1}{c^2}\frac{\partial^2 E}{\partial t^2} \tag{8.64}$$

第八章 雷电的物理效应

根据假定,电磁场的解具有谐波 $e^{ikz-i\omega t}$ 关系,所以在柱坐标 (r,θ,z,t) 内,z 是沿通道的轴,r 是离通道中心的径向距离,则闪电通道的电磁场分量为

$$E_z(r,\theta,z,t)=E_z(r,\theta)e^{ikz-i\omega t} \qquad (8.65a)$$

$$E_\theta(r,\theta,z,t)=E_\theta(r,\theta)e^{ikz-i\omega t} \qquad (8.65b)$$

$$E_r(r,\theta,z,t)=E_r(r,\theta)e^{ikz-i\omega t} \qquad (8.65c)$$

$$B_z(r,\theta,z,t)=B_z(r,\theta)e^{ikz-i\omega t} \qquad (8.65d)$$

$$B_\theta(r,\theta,z,t)=B_\theta(r,\theta)e^{ikz-i\omega t} \qquad (8.65e)$$

$$B_r(r,\theta,z,t)=B_r(r,\theta)e^{ikz-i\omega t} \qquad (8.65f)$$

式中各个量的实部为实际观测量。由于闪电通道四周的电磁场是方位对称的,所以 $\partial/\partial\theta=0$,在圆柱坐标 (r,θ,z) 中,对于 $\partial/\partial\theta=0$ 与调谐函数 $e^{ikz-i\omega t}$ 相联的电磁场,由 (8.64)式的分量表示为

$$k^2 E_r + ik\frac{\partial E_z}{\partial r}=\left(\frac{i4\pi\sigma\omega}{c^2}+\frac{\omega^2}{c^2}\right)E_r \qquad (8.66a)$$

$$k^2 E_\theta - \frac{\partial}{\partial r}\left[\frac{1}{r}\frac{\partial}{\partial r}(rE_\theta)\right]=\left(\frac{i4\pi\sigma\omega}{c^2}+\frac{\omega^2}{c^2}\right)E_\theta \qquad (8.66b)$$

$$ik\frac{1}{r}\frac{\partial}{\partial r}(rE_r)-\frac{1}{r}\frac{\partial}{\partial r}\left(r\frac{\partial E_z}{\partial r}\right)=\left(\frac{i4\pi\sigma\omega}{c^2}+\frac{\omega^2}{c^2}\right)E_z \qquad (8.66c)$$

在上面(8.66a)、(8.66b)、(8.66c)三个式中,E_θ 与 E_r 和 E_z 是去耦合的,因此 E_θ 归属于不同的波模,而不是 E_r 和 E_z。对于闪电有意义的解是 $E_z\neq 0$,此时电流 $\vec{j}=\sigma\vec{E}$ 出现于在闪电通道方向。据此,(8.66b)式可不考虑,由(8.66a)式可解出

$$E_r=\left(\frac{\omega^2}{c^2}-k^2+\frac{i4\pi\sigma\omega}{c^2}\right)^{-1}ik\frac{\partial E_z}{\partial r} \qquad (8.67)$$

由上式与(8.66c)式消去 E_r,得

$$-\left(\frac{\omega^2}{c^2}-k^2+\frac{i4\pi\sigma\omega}{c^2}\right)^{-1}\frac{1}{r}\frac{\partial}{\partial r}\left(r\frac{\partial E_z}{\partial r}\right)=E_z \qquad (8.68)$$

则微分方程(8.68)仅是电场 E_z 的函数,为了方便,定义量 γ,为

$$\gamma^2=k^2-\frac{\omega^2}{c^2}-\frac{i4\pi\sigma\omega}{c^2} \qquad (8.69)$$

γ 是电场径向波函数,则将上式代入(8.67)式,并作求导展开,得

$$\frac{\partial^2 E_z}{\partial r^2}+\frac{1}{r}\frac{\partial E_z}{\partial r}-\gamma^2 E_z=0 \qquad (8.70)$$

对于微分方程(8.70)式的解具有 $I_0(\gamma r)$ 和修正的贝塞尔函数 $K_0(\gamma r)$。在闪电通道外部,当 $r\to\infty$ 时,$K_0(\gamma r)\to 0$;为了描述 E_z 的特征,在闪电通道内 $I_0(\gamma r)$ 是有限的,对于 $r=0$,$I_0(\gamma r)$ 是非零的,对此有

$$E_z=aI_0(\gamma_{in}r)e^{ikz-i\omega t} \qquad r\leqslant r_{ch} \qquad (8.71)$$

$$E_z = bK_0(\gamma_{out}r)e^{ikz-i\omega t} \qquad r \geqslant r_{ch} \qquad (8.72)$$

式中 a 和 b 是单位电场下的复常数，γ_{in}、γ_{out} 分别是通道内和通道外的 γ 值，E_r 与 E_z 的关系由(8.67)式给出；由(8.69)式的定义，(8.67)式可写为 $E_r = -(ik/\gamma^2)\partial E_z/\partial r$。对于 E_z 使用(8.71)式，和对于 I_0、K_0 的求导采用 Abramowitz 函数，这就给出

$$E_r = -a\frac{ik}{\gamma_{in}}I_1(\gamma_{in}r)e^{ikz-i\omega t} \qquad r \leqslant r_{ch} \qquad (8.73)$$

$$E_r = b\frac{ik}{\gamma_{out}}K_1(\gamma_{out}r)e^{ikz-i\omega t} \qquad r \geqslant r_{ch} \qquad (8.74)$$

对于 B 分量很容易由法拉第定理(8.38c)式得出

$$\left(-ikE_\theta, ikE_r - \frac{\partial E_z}{\partial r}, \frac{1}{r}\frac{\partial}{\partial r}[rE_\theta]\right) = \frac{i\omega}{c}(B_r, B_\theta, B_z) \qquad (8.75)$$

从上式分析 r、z 分量可以看出，B_r、B_z 仅与 E_θ 相联系，因此如象 E_θ 那样，B_r、B_z 可略去，从(8.75)式，r、z 分量可以不考虑，使用(8.75)式的分量和从 E_r、E_z，应用(8.73)(8.74)式得

$$B_\theta = -a\frac{ic}{\omega}\gamma_{in}\left(\frac{k^2}{\gamma_{in}^2}-1\right)I_1(\gamma_{in}r)e^{ikz-i\omega t} \qquad r \leqslant r_{ch} \qquad (8.76a)$$

$$B_\theta = b\frac{ic}{\omega}\gamma_{out}\left(\frac{k^2}{\gamma_{out}^2}-1\right)K_1(\gamma_{out}r)e^{ikz-i\omega t} \qquad r \geqslant r_{ch} \qquad (8.76b)$$

因此闪电通道内外的电磁场分量 E_r，E_z 和 B_θ，由(8.73)(8.74)(8.76)式给出。并有

$$\gamma_{in}^2 = k^2 - \frac{\omega^2}{c^2} - \frac{i4\pi\sigma_{ch}\omega}{c^2} \qquad (8.77a)$$

$$\gamma_{out}^2 = k^2 - \frac{\omega^2}{c^2} \qquad (8.77b)$$

式中 σ_{ch} 是闪电通道的电导率（各向同性、均匀与时间无关），k 是在 z 方向（沿通道方向）上调谐函数的波数（传播常数），ω 是调谐函数的角频率（弧度/秒）。波的极化量（E_r，E_z 和 B_θ 为非零，E_θ，B_z 和 B_z 为零）。

8.2.2 闪电通道的边界条件和方程解

在闪电通道表面处，即通道内、外的边界的电场应匹配，这就为求解麦克斯韦方程提供一个通道内侧和外侧振幅 a、b 的关系方程和消散方程 $k=k(\omega, r_{ch}, \sigma_{ch})$。

第一边界条件：电场通过闪电通道表面时，电场 E 的切向分量是连续的，即为

$$E_{Zin}(r=r_{ch}) = E_{Zout}(r=r_{ch}) \qquad (8.78)$$

第二边界条件：通过通道表面的磁场 B 切向分量的跃变与通道表面电流大小有关，由于通道表面电流为 0，所以磁场 B 切向分量的跃变为 0，给出

第八章 雷电的物理效应

$$B_{\theta in}(r=r_{ch}) = B_{\theta out}(r=r_{ch}) \tag{8.79}$$

对于 E_z 应用(8.71)和(8.72)式,及对于 B_θ 应用(8.76)式可得到

$$aI_0(\gamma_{in}r_{ch}) = bK_0(\gamma_{out}r_{ch}) \tag{8.80a}$$

$$-a\gamma_{in}\left(\frac{k^2}{\gamma_{in}^2}-1\right)I_1(\gamma_{in}r_{ch}) = b\gamma_{out}\left(\frac{k^2}{\gamma_{out}^2}-1\right)K_1(\gamma_{out}r_{ch}) \tag{8.80b}$$

必定满足边界条件,由(8.80)式可得

$$b = a\frac{I_0(\gamma_{in}r_{ch})}{K_0(\gamma_{out}r_{ch})} \tag{8.81}$$

由(8.80)(8.81)式消去 b 就得

$$-\gamma_{in}\left(\frac{k^2}{\gamma_{in}^2}-1\right)I_1(\gamma_{in}r_{ch})K_0(\gamma_{out}r_{ch}) = \gamma_{out}\left(\frac{k^2}{\gamma_{out}^2}-1\right)I_0(\gamma_{in}r_{ch})K_1(\gamma_{out}r_{ch}) \tag{8.82}$$

用 $\gamma_{in}r_{ch}$ 乘(8.82),然后将(8.77)式改写为 $(k^2-\gamma_{in}^2) = (\omega^2/c^2)(1+i[4\pi\sigma_{ch}/\omega])$ 和 (8.78)式写为 $(k^2-\gamma_{out}^2) = \omega^2/c^2$ 得

$$-\gamma_{out}\left(1+\frac{i4\pi\sigma}{\omega}\right)I_1(\gamma_{in}r_{ch})K_0(\gamma_{out}r_{ch}) = \gamma_{in}I_0(\gamma_{in}r_{ch})K_1(\gamma_{out}r_{ch}) \tag{8.83}$$

该(8.83)式为描述电磁波在沿闪电通道方向传播的关系式,从中可见,它与相互间的 k,ω,σ_{ch} 和 r_{ch} 有关,对于一定的 $r_{ch}、\sigma_{ch}、\omega$ 值,可对 k 求解(8.83)式。

为由(8.83)式求解 k,作某些简化,首先可以证明根据所期望的

$$|\gamma_{out}r_{ch}| \ll 1 \tag{8.84}$$

是合理的,根据(8.77)式,$\gamma_{out}^2 = k^2 - \omega^2/c^2$。对于传播速度小于光速 c,$|\omega|/|k|<c$,这样(8.77)式给出 $\gamma_{out}^2 \approx k$。这意味着 $\gamma_{out}^2r_{ch}^2 \sim kr_{ch}^2$。波数 k 是与轴(z 方向)波的波长 λ 有关,即为 $2\pi/\lambda$。这样,$\gamma_{out}^2r_{ch}^2 \approx (2\pi)^2r_{ch}^2/\lambda^2$。对于闪电通道半径 r_{ch} 范围 0.1～5cm,波长至少为 10m,所以 $r_{ch}^2/\lambda^2 \ll 1$,由此 $|\gamma_{out}r_{ch}| \ll 1$,(8.84)式是有效的。对于 $|\gamma_{out}r_{ch}| \ll 1$,可由用对于修正的贝塞尔函数 $K_0(\gamma_{out}r_{ch})$ 和 $K_1(\gamma_{out}r_{ch})$ 的小变量简化表示(8.83)式,写为

$$K_0(\gamma_{out}r_{ch}) = -\ln\left(\frac{\gamma_{out}r_{ch}}{2}\right) - 0.5772$$

$$= -\ln(0.8905\gamma_{out}r_{ch}) \tag{8.85a}$$

$$K_1(\gamma_{out}r_{ch}) = \frac{1}{\gamma_{out}r_{ch}} \tag{8.85b}$$

式中 0.5772 是 Euler 常数,在(8.85a)式中,利用关系 $\log(X)+\log(Y) = \log(XY)$ 和 $x = \ln(e^x)$ 简化。(8.83)式的第二个简化是考虑下述关系

$$\sigma_{ch} \gg \omega \tag{8.86}$$

对于通道温度 $T \geqslant 5000K$,通道空气的电导率 $\sigma_{ch} \geqslant 5\times10^{-2}$ mho/cm $\approx 5\times10^{10}$ s^{-1}。波

$e^{-i\omega t}$ 的角频率 ω 与上升时间 Δt 的关系为

$$\omega = \frac{1}{\Delta t} \tag{8.87}$$

闪电回击上升时间 $\Delta t \geqslant 10^{-7}\text{s}$，所以角频率 $\omega = 1/\Delta t \leqslant 10^7 \text{s}^{-1}$。由这些值对于 $T > 5000\text{K}$ 导得 $\sigma_{ch}/\omega \geqslant 5 \times 10^3$。因此(8.86)式是有效的，但是对于 $T < 5000\text{K}$，由于闪电通道电导率随温度迅速减小，使用时必须小心。利用(8.86)式，对于(8.77)式的 γ_{in} 可以写为

$$\begin{aligned}\gamma_{in}^2 &= k^2\left[1 - \frac{1}{c^2}\frac{\omega^2}{k^2}\left(1 + \frac{i4\pi\sigma_{ch}}{\omega}\right)\right] \\ &\approx k^2\left[1 - \frac{v_{\text{prop}}^2}{c^2}\left(1 + \frac{i4\pi\sigma_{ch}}{\omega}\right)\right]\end{aligned} \tag{8.88}$$

式中 $v_{\text{prop}} \approx \omega^2/k^2$ 是波模的传播速度。对 $T > 5000\text{K}$，具有 $\sigma_{ch}/\omega \geqslant 5 \times 10^3$，及 $v_{\text{prop}} \gg 1 \times 10^8 \text{cm/s}$ 时，有 $v_{\text{prop}}^2/c^2 (4\pi\sigma_{ch}/\omega) \gg 1$。而具有 $v_{\text{prop}}^2/c^2 (4\pi\sigma_{ch}/\omega) \gg 1$ 时，在(8.88)式中右端方括号的第一项可以略去，则给出（又使用 $v_{\text{prop}} \approx \omega^2/k^2$）

$$\gamma_{in}^2 \approx -i\frac{4\pi\sigma_{ch}\omega}{c^2} \tag{8.89}$$

上式对于 $T > 5000\text{K}$ 和 $v_{\text{prop}} > 1 \times 10^8 \text{cm/s}$ 始终是成立的。而对于通道温度较高于 5000K，传播速度略小于 $1 \times 10^8 \text{cm/s}$，(8.89)式是有效的。由于在修正的贝塞尔函数 $I_0(\gamma_{in} r_{ch})$ 和 $I_1(\gamma_{in} r_{ch})$ 消去了 k 的依赖关系，为由(8.89)式求解 k 可获很大的简化，这可取以 $\gamma_{in} r_{ch}$ 为级数的多项式展开形式，得到(8.89)式对于 $\gamma_{in} = (\gamma_{in}^2)^{1/2}$ 的两个根

$$\gamma_{in} = \pm(1-i)\left(\frac{2\pi\sigma_{ch}\omega}{c^2}\right)^{1/2} \tag{8.90}$$

通过使用定义

$$\delta_{ch} = \left(\frac{c^2}{2\pi\sigma_{ch}\omega}\right)^{1/2} \tag{8.91}$$

最终得以简化表达式(8.83)。这里 $\delta_{ch} = \delta_{ch}(\omega)$ 是频率为 ω 的闪电通道的电磁趋肤厚度。由(8.85)(8.90)式和(8.91)式，(8.83)式简化为

$$\begin{aligned}&-\left(k^2 - \frac{\omega^2}{c^2}\right)r_{ch}^2 \ln\left[0.8905\left(k^2 - \frac{\omega^2}{c^2}\right)^{1/2}r_{ch}\right] \\ &= \pm i(1-i)\frac{r_{ch}}{\delta_{ch}}\frac{\omega}{4\pi\sigma_{ch}}\frac{I_0\left[\pm(1-i)\frac{r_{ch}}{\delta_{ch}}\right]}{I_1\left[\pm(1-i)\frac{r_{ch}}{\delta_{ch}}\right]}\end{aligned} \tag{8.92}$$

(8.92)式给出了传播（色散）关系的解。

求取具有 $k_{\text{real}} > 0$ 和 $ik_{\text{imag}} > 0$ 的解 $k = k_{\text{real}} + ik_{\text{imag}}$，是由于电磁场都有 $e^{ikz - i\omega t}$ 的依赖

关系,具有 k_{real}、ik_{imag} 和 ω 都 >0 的解相应于传播 z 方向的阻尼模。因为 $I_0(x)$ 是 x 的奇函数,$I_1(x)$ 是 x 的偶函数,(8.92)式中加减号的选取是不相关的,这就是在(8.92)式中的加减号可以取消。加或减号的选取相应于(8.90)式对于 γ_{in} 两个根的选取,由于(8.71)、(8.73a)和(8.76a)中的 E_r、E_z 和 B_θ 是 γ_{in} 的奇函数,这个选择对导体内的电场结构无关。

由(8.92)式的解可看到一些有意义的特性,即相速度、群速度、沿通道的梯度定标长度和沿通道的距离衰减。对于实 ω 和复 $k = k_{real} + ik_{imag}$,相速度定义为

$$v_{phase} = \frac{\omega}{k_{real}} \tag{8.93}$$

即是在波动场中的等相点的 z 速度,另一个物理意义的量称为复相速度,定义为

$$v_{c-phase} = \frac{\omega}{k} \tag{8.94}$$

这里 k 及 $v_{c-phase}$ 是复变量,$v_{c-phase}$ 的实部是与沿闪电通道的波脉冲电荷速度相联的。群速度定义为

$$v_{group} = \frac{\partial \omega}{\partial k} \tag{8.95}$$

式中 k 是对复数而言。v_{group} 的实部是与沿通道的波形移动速度相联的。由于波具有 $e^{ikz-i\omega t}$ 的依赖关系,$\partial/\partial z \to k$,所以在 z 方向波的定标长度为

$$W_{front} = \text{real}\left(\frac{1}{k}\right) = \frac{k_{real}}{|k|^2} \tag{8.96}$$

梯度定标长度 W_{front} 是波峰的宽度,对于实 ω 和复 k,讯号振幅的衰减长度为

$$\lambda_{damp} = \frac{2\pi}{k_{imag}} \tag{8.97}$$

在传播中波幅随 $e^{ikz-i\omega t}$ 减小。

8.2.3 传播速度和衰减

在这一部分主要讨论对于参数 r_{ch}、T 和 Δt 研究传播方程(8.92)式的解。这解是满足对于 Maxwells 方程电离通道外部边界条件的解。

8.2.3.1 计算结果讨论

对于给定的 ω、r_{ch} 和 σ_{ch} 值(实),(8.92)式使用一阶牛顿方法对复 k 求解。解的特性见图 8.7~8.9,图中画出了波模的群速度为 r_{ch}、T 和 Δt 的函数,从图 8.7a 看到:如果(1)通道半径 r_{ch} 增加,(2)通道温度 T 增加或(3)波的上升时间 Δt 减小,则传播速度增加,即 ω 增加。注意到群速度总是 $\leq c$。从图 8.7b 看到,如果(1)通道半径增加,(2)通

道温度 T 增加或(3)波的上升时间 Δt 增加,衰减距离增加,即 ω 减小。在图 8.7～8.9 中还看到,对于 $r_{ch} \geqslant \delta_{ch}$ 传播速度 $v_{group} \approx c$ 和衰减是弱的,而对于 $r_{ch} \leqslant \delta_{ch}$ 传播速度 $v_{group} < c$ 和衰减是强的。

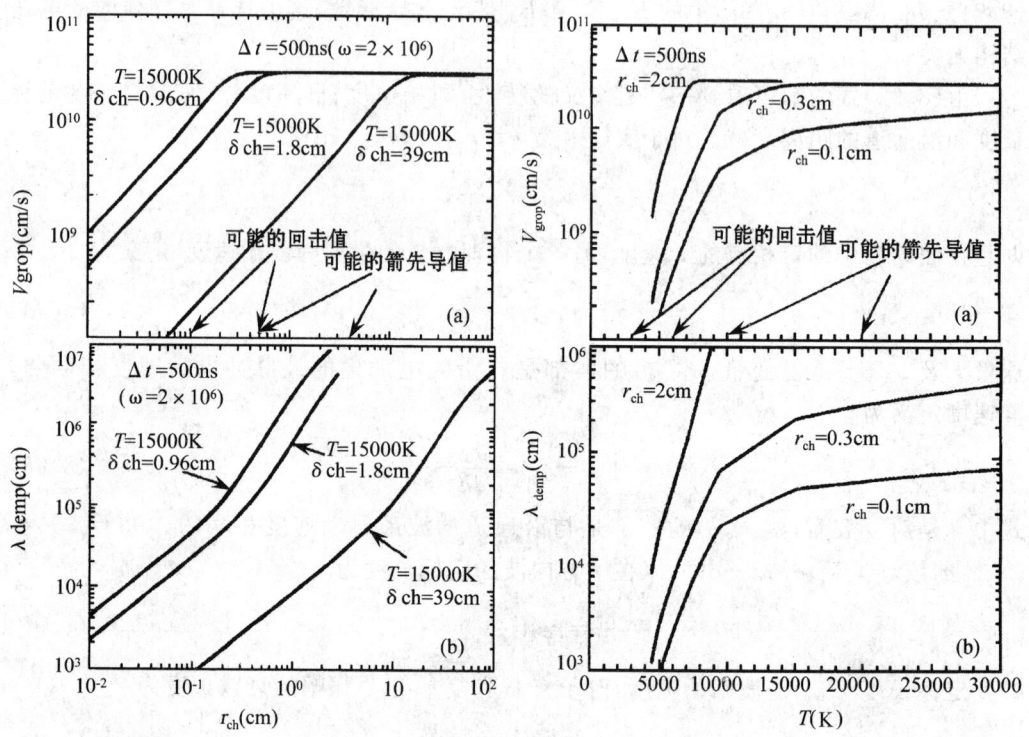

图 8.7　不同温度下群速度、衰减距离
　　　　与通道半径间的关系
　　　　　　(Borousy,1995)

图 8.8　不同通道半径下群速度、衰减距离
　　　　与通道温度间的关系
　　　　　　(Borovsky,1995)

对于回击和箭式先导参数在图 8.7(a)的水平轴上标注,Schonland(1956),Willett 等(1989)测量的回击速度 v_{prop} 范围 $1\times10^{10} \sim 2.5\times10^{10}$ cm/s,测量箭式速度 v_{prop} 范围 $5\times10^{8} \sim 3\times10^{9}$ cm/s,从图中可看到对于不同 r_{ch}、T 和 Δt 组合下回击和箭式先导的速度,与测量的一致。

8.2.3.2　近似解析解

如图 8.7～8.9,解呈两种状态:$v_{group} \approx c$ 和 $v_{group} < c$,分别发生于 $r_{ch} \gg \delta_{ch}$ 或 $r_{ch} \ll \delta_{ch}$,这里 r_{ch} 是闪电通道半径,δ_{ch} 是通道的趋肤厚度,这可以从求解传播方程(8.92)得出。

如取 $r_{ch} \gg \delta_{ch}$ 可得到解 $v_{group} \approx c$。在(8.92)式中修正贝塞尔函数 I_0 和 I_1 的变量是

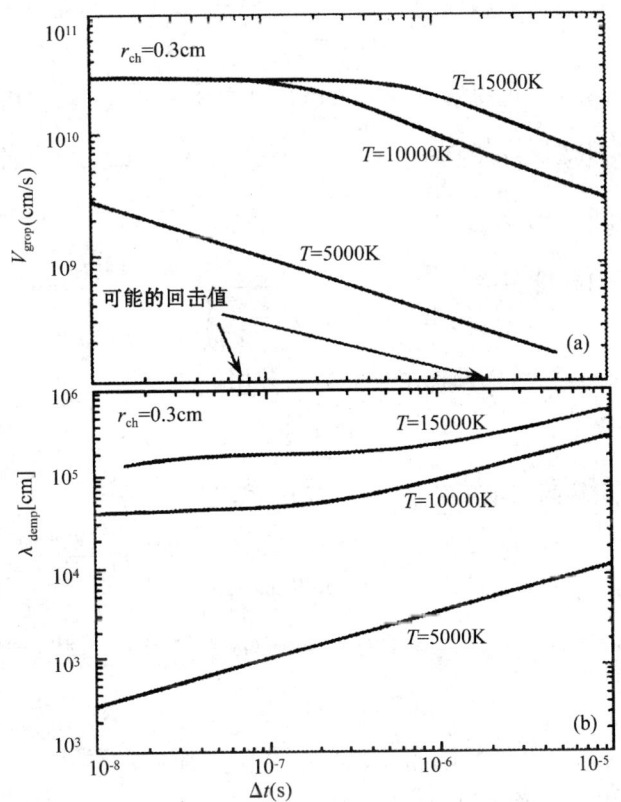

图 8.9 波的上升时间与群速度、衰减距离的关系
(Borovsky,1995)

大的,这样使用修正贝塞尔函数的大变量界限,这时贝塞尔函数比值 $I_0/I_1 \to 1$,在 (8.92)式中用这一关系,通过对数项除,然后用 $r_{ch}^2\omega^2$ 除就得传播方程为

$$\frac{k^2}{\omega^2}-\frac{1}{c^2}\pm i(1-i)\frac{1}{4\delta_{ch}4\pi\sigma_{ch}\omega r_{ch}}\times\frac{1}{\ln\left[0.8905\left(k^2-\frac{\omega^2}{c^2}\right)^{1/2}r_{ch}\right]}=0 \quad (8.98)$$

由此可以解得 k。从(8.91)式看到 $4\pi\sigma_{ch}\omega=2c^2/\delta_{ch}^2$,所以(8.98)式成为

$$\frac{k^2}{\omega^2}-\frac{1}{c^2}\pm i(1-i)\frac{\delta_{ch}}{c^2 r_{ch}}\frac{1}{\ln\left[0.8905\left(k^2-\frac{\omega^2}{c^2}\right)^{1/2}r_{ch}\right]}=0 \quad (8.99)$$

对于 $r_{ch}\gg\delta_{ch}$,在(8.99)式左侧的第三项的量级比第二项的量级要小得多,所以略去第三项,则有

$$k^2=\frac{\omega^2}{c^2} \quad (8.100)$$

具有解 $k=\omega/c$,这里 k 是实的,对此群速度为

$$v_{\text{group}} = \frac{\partial \omega}{\partial k} = c \qquad (8.101)$$

在(8.92)式中取 $\delta_{ch} \ll r_{ch}$，可得解 $v_{\text{group}} < c$；而当具有 $\delta_{ch} < r_{ch}$，可以使用修正的贝塞尔函数 I_0 和 I_1 的小的自变量：$I_0(x) \approx 1$，$I_1(x) = \frac{1}{2}x$ 代入(8.92)式，并除以 $r_{ch}^2 \ln\{0.8905 [k^2 - (\omega^2/c^2)]^{1/2} r_{ch}\}$ 得到

$$k^2 + i \frac{\omega}{2\pi\sigma_{ch} r_{ch}^2} \frac{1}{\ln\left[0.8905\left(k^2 - \frac{\omega^2}{c^2}\right)^{1/2} r_{ch}\right]} - \frac{\omega^2}{c^2} = 0 \qquad (8.102)$$

为了求解 k，不等式 $\delta_{ch}^2 \gg r_{ch}^2$ 的两侧乘 $\omega^2/r_{ch}^2 c^2$，并用(8.91)式得出

$$\frac{\omega}{2\pi\sigma_{ch} r_{ch}^2} \gg \frac{\omega^2}{c^2} \qquad (8.103)$$

所以(8.102)式的左端第三项可略去，(8.102)式成为

$$k^2 = i \frac{\omega}{2\pi\sigma_{ch} r_{ch}^2} \frac{1}{-\ln\left[0.8905\left(k^2 - \frac{\omega^2}{c^2}\right)^{1/2} r_{ch}\right]} \qquad (8.104)$$

可预期解将具有 $\omega/k < c$，(8.104)式中对数 $k^2 - (\omega^2/c^2)$ 用 k^2 替代，这样得到(用 $i^{1/2} = (1+i)/2^{1/2}$)

$$k = (1+i)\left(\frac{\omega}{4\pi\sigma_{ch} r_{ch}^2}\right)^{1/2} \frac{1}{[-\ln(0.8905 k r_{ch})]^{1/2}} \qquad (8.105)$$

(8.105)式可以采用以下形式的迭代解

$$k = \frac{G}{[\lg(Hk)]^{1/2}} \qquad (8.106)$$

式中 G、H 是常数。对于(8.106)的零阶解是 $k_0 = G$。把它代入(8.106)右边，得(8.106)式的一阶解：$k_1 = G/[\lg(HG)]^{1/2}$。更多迭代导致高阶解，越来越接近精确解。使用方法仅对于一阶，$k \approx k_1$，对于(8.105)式的一阶解为

$$k \approx (1+i)\left(\frac{\omega}{4\pi\sigma_{ch} r_{ch}^2}\right)^{1/2} \left\{-\ln\left[0.8905(1+i)\left(\frac{\omega}{4\pi\sigma_{ch} r_{ch}^2}\right)^{1/2} r_{ch}\right]\right\}^{1/2} \qquad (8.107)$$

对数的复变量是通过 $(1+i) = 2^{1/2} e^{i\pi/4}$ 和使用 $\lg(gh) = \lg(g) + \lg(h)$；由此 $\ln[(1+i)f] = \ln(2^{1/2} f e^{i\pi/4}) = \ln(2^{1/2} f) + \ln(e^{i\pi/4}) = \ln(2^{1/2} f) + i\pi/4$，应用这些简化的对数式，(8.107)式近似写为

$$k \approx (1+i)\left(\frac{\omega}{4\pi\sigma_{ch} r_{ch}^2}\right)^{1/2} \left\{-\ln\left[1.259\left(\frac{\omega}{4\pi\sigma_{ch} r_{ch}^2}\right)^{1/2} r_{ch}\right] - i\frac{\pi}{4}\right\}^{1/2} \qquad (8.108)$$

在上式的对数中，略去 ω 依赖关系，$v_{\text{group}} = \partial\omega/\partial k = (\partial k/\partial\omega)^{-1}$ 得

$$v_{\text{group}} \approx (1-i)(4\pi\omega\sigma_{ch} r_{ch}^2)^{1/2} \left\{-\ln\left[1.259\left(\frac{\omega}{4\pi\sigma_{ch} r_{ch}^2}\right)^{1/2}\right] - i\frac{\pi}{4}\right\}^{1/2} \qquad (8.109)$$

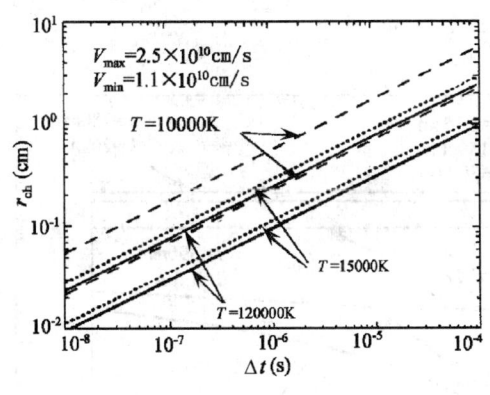

图 8.10 回击通道半径与
上升时间和温度间关系
(Borovsky,1995)

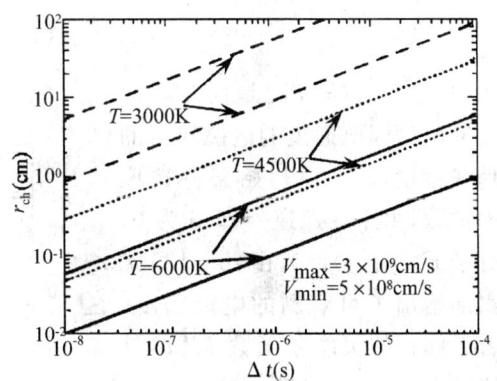

图 8.11 箭式先导通道半径与
上升时间和温度间关系
(Borovsky,1995)

当 $\delta_{ch} \gg r_{ch}$ 时,(8.108)与(8.109)式的解是一致的。由(8.109)式得出 $v_{group} \propto r_{ch}$,如在图 8.7~8.9 中所示与精确解的定标值相一致。还得出近似有 $v_{group} \sim \omega^{1/2}$ ($v_{group} \propto \Delta t^{-1/2}$),这在图 8.9 中所示。(8.109)式也得到 $v_{group} \propto \sigma_{ch}^{1/2}$。当 $v_{group} \ll c$,由(8.108)和(8.109)式,可对 k 和 v_{group} 作较精确估计。

可进一步简化(8.109)式,对于参数范围($10^6 s^{-1} \omega \leqslant 10^7 s^{-1}$)和($10^{10} s^{-1} \sigma_{ch} \leqslant 10^{14} s^{-1}$),(8.109)式右端大括号内平方根项的值仅从 2.1 到 3.2,如果取该项的值为 2.7,则(8.109)式的实部写为

$$v_{group} \approx 10(\omega \sigma_{ch} r_{ch}^2)^{1/2} \tag{8.110}$$

式中仅对于 $v_{group} \ll c$ 成立。使用(8.91)式消去(8.110)式中的 $(\omega \sigma_{ch})^{1/2}$,得到另一个近似表达式为

$$\frac{v_{group}}{c} \approx 4 \frac{r_{ch}}{\delta_{ch}} \tag{8.111}$$

这也仅对 $v_{group} \ll c$ 成立。在图 8.10~8.11 中,使用(8.110)式,定出对于解的 r_{ch}、T 和 ΔT 值的范围,对于解的传播速度与实际观测的回击和箭式先导速度是一致的。对于回击顶部的波速度范围为 $1 \times 10^{10} \sim 2.5 \times 10^{10}$ cm/s,对于箭式先导为 $5 \times 10^8 \sim 3 \times 10^9$ cm/s。

8.2.4 闪电通道中的电流和趋肤效应

由(8.38f)式,即由欧姆定理很容易得到闪电通道的电流密度,与通道平行的最大电流分量 j_z,对于闪电通道内的 E_z 使用(8.71)式,对 γ_{ch} 使用(8.90)式,表达式

(8.38f)写为

$$j_z = a\sigma_{ch} I_0 \left[\pm(1-i)\frac{r}{\delta_{ch}} \right] e^{ikz-i\omega t} \quad r \leqslant r_{ch} \quad (8.112)$$

式中 $\delta_{ch} = \delta_{ch}(\sigma_{ch}, \omega)$ 是由(8.91)式给出的闪电通道的电磁辐射的趋肤厚度，a 是由初始条件选取的常数，由于在通道外部，σ 为 0，对于 $r > r_{ch}$，$j_z = 0$，由(8.112)式实部给出了可观测的电流密度。由于修正的贝塞尔函数 $I_0(x)$ 是偶函数，与在(8.112)中解的正负号的选取无关。例如对于回击参数，$r_{ch} = 0.15$cm，$T = 15000$K，$\Delta t = 500$ns，作不同时间 t 的电流密度与 r 间的关系曲线（图 8.12），由(8.112)式得出的曲线

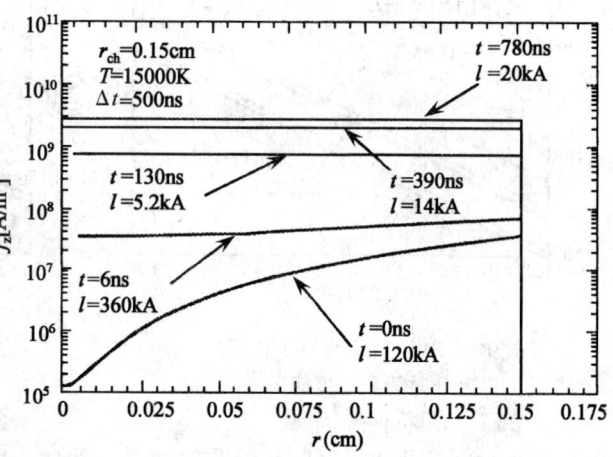

图 8.12　回击电流密度与通道半径的函数关系
(Borrovsky, 1995)

所用参数值为 10.8statV/cm(1statV=300V)，$\sigma_{ch}=7.8\times10^{13}$s^{-1}=87mho/cm，角频率 $\omega=2.0\times10^6$s^{-1}，$\delta_{skin}=0.96$cm，对此由消散方程得波数为 $k=(1.0\times10^{-4}+1.0\times10^{-4})$。如在图中看到，随时间的增加，电流先是在 $r \sim r_{ch}$ 处出现，而后在 $r \sim 0$ 处出现，这个时间延迟是由于表层电场使电流由外侧向导体通道扩散。对于通道内的扩散时间可以应用(8.38f)、(8.64)式估算。将(8.38f)式代入(8.64)式，消去 j，在通道内使用 $\nabla \cdot E = 0$，写成 $\nabla \times \nabla \times E = -\nabla^2 E + \nabla(\nabla \cdot E)$，与第二项比较，略去(8.64)式的最后一项，对于 $\sigma_{ch} \gg \partial/\partial t \approx 1/\tau_{diff}$ 可得到 E 的 z 分量的传播方程为

$$\nabla^2 E_n = \frac{4\pi\sigma_{ch}}{c^2}\frac{\partial E_z}{\partial t} \quad (8.113)$$

由(8.113)式，取 $\partial/\partial t \to 1/\tau_{diff}$ 和 $\nabla^2 \to r_{ch}^2$，就得到由 $r=r_{ch}$ 到 $r=0$ 的电场 E_z 传播所需的时间为

$$\tau_{diff} = \frac{4\pi\sigma_{ch} r_{ch}^2}{c^2} \quad (8.114)$$

对于回击参数，到达垂直于闪电通道中心电场变化的所要的时间为 $\tau_{diff}=24$ns。对于加热通道，表面效应显著影响通道的电流密度，如取 $r_{ch}=0.5$cm，$=35000$K，$\Delta t=100$ns 和 $I_{max}=20$kA，就得到趋肤厚度 $\delta_{ch}=0.26$cm，大约为通道半径的一半，则对热通道传播时间为 $\tau_{diff}=750$ns，顶部的速度为 2.97×10^{10}cm/s=0.99c。

闪电通道内总的电流写为

第八章 雷电的物理效应

$$I(z,t) = \int_0^{r_{ch}} j_z(r,z,t) 2\pi r \, dr \tag{8.115}$$

式中电流密度 j_z 由(8.112)式代入(8.115),得到

$$I = a 2\pi\sigma_{ch} \int_0^{r_{ch}} r I_0 \left[\pm (1+i) \frac{r}{\delta_{ch}} \right] dr \, e^{ikz-i\omega t} \tag{8.116}$$

式中 δ_{ch} 是通道电磁趋肤厚度,对于修正的贝多塞尔函数积分,在(8.116)式中利用 $\int x I_0(x) dx = x I_0(x)$ 和应用 $(1-i)^{-1} = (1+i)/2$,通道电流写为

$$I = a \frac{1+i}{2} 2\pi\sigma_{ch} \delta_{ch} r_{ch} I_1 \left[(1-i) \frac{r_{ch}}{\delta_{ch}} \right] e^{ikz-i\omega t} \tag{8.117}$$

式中省略了正、负号,常数 a 是(8.71)式引入的。

8.2.5 电荷和电压

在电离通道的外表面与定向驻波相联的荷电密度,正如电流密度 $\vec{j}$ 在通道内移动,在电离通道内部电荷密度为零。对于调谐变量 $e^{ikz-i\omega t}$,$\partial/\partial t \to -i\omega$ 和 $\partial/\partial z \to ik$,$\vec{j}$ 是圆柱通道对(8.38e)式求解得

$$n_q = \frac{k}{\omega} j_z - \frac{i}{\omega} \frac{1}{r} \frac{\partial}{\partial r}(r j_r) = \frac{k\sigma_{ch}}{\omega} E_z - \frac{i\sigma_{ch}}{\omega} \frac{1}{r} \frac{\partial}{\partial r}(r E_r) \tag{8.118}$$

上式中于通道内应用 $\vec{j} = \sigma_{ch} \vec{E}$ 和 $E_\theta = 0$。在电离通道内应用欧姆定理(8.38f),和在电荷守恒方程中消去 $\vec{j}$ 得到

$$\sigma_{ch} \nabla \cdot \vec{E} = -\frac{\partial n_q}{\partial t} \tag{8.119}$$

上式使用库仑定理 $\nabla \cdot \vec{E} = 4\pi n_q$,消去 $\nabla \cdot \vec{E}$ 得到

$$\frac{\partial n_q}{\partial t} = -4\pi\sigma_{ch} n_q \tag{8.120}$$

其解为

$$n_q(r,z,t) = n_{q0}(r,z) e^{-t/\tau_{decay}} \tag{8.121}$$

式中 $n_{q0}(r,z)$ 是 $n_q(r,z,t)$ 时间为 $t=0$ 时的值。其中荷电密度的衰减时间 τ_{decay} 为

$$\tau_{decay} = \frac{1}{4\pi\sigma_{ch}} \tag{8.122}$$

对于通道温度 $T \geq 4000K$,可以得 $\sigma_{ch} \geq 2 \times 10^9 \, s^{-1}$,则电荷的衰减时间为 $\tau_{decay} \leq 4 \times 10^{-11}$ s。

为表示面电荷密度 $\Sigma_q = \Sigma_q(z,t)$,对于圆柱通道表面应用 Coulombs 定理得

$$E_{rout}(r=r_{ch}) - E_{rin}(r=r_{ch}) = 4\pi\Sigma_q \tag{8.123}$$

对于通道内外侧的径向分量 E_r，应用(8.73)(8.74)式，对于 b 应用(8.81)式，则对 Σ_q 求解(8.123)式得

$$\Sigma_q = \frac{iak}{4\pi}\left[\frac{1}{\gamma_{\text{out}}}\frac{I_0(\gamma_{\text{in}}r_{ch})}{K_0(\gamma_{\text{out}}r_{ch})}K_1(\gamma_{\text{out}}r_{ch}) + \frac{1}{\gamma_{\text{in}}}I_1(\gamma_{\text{in}}r_{ch})\right]e^{ikz-i\omega t} \qquad (8.124)$$

注意上式中 $K_0(\gamma_{\text{out}}r_{ch})$ 和 $K_1(\gamma_{\text{out}}r_{ch})$ 可以用(8.85a)(8.85b)式简化，在(8.124)式中方括号的第一项明显大于第二项。实际中，所有的电荷并不分布于闪电通道的表面，但是更多的电荷迅速径向外移进入电晕层或通道四周半径内。

线电荷密度 $\lambda_q = 2\pi r_{ch}\Sigma_q$，由(8.124)式得

$$\lambda_q = \frac{iakr_{ch}}{4\pi}\left[\frac{1}{\gamma_{\text{out}}}\frac{I_0(\gamma_{\text{in}}r_{ch})}{K_0(\gamma_{\text{out}}r_{ch})}K_1(\gamma_{\text{out}}r_{ch}) + \frac{1}{\gamma_{\text{in}}}I_1(\gamma_{\text{in}}r_{ch})\right]e^{ikz-i\omega t} \qquad (8.125)$$

在近通道处的电场是由通道表面的荷电密度引起的，而不是电离通道内的电流密度的时间变化引起的，所以外侧的径向电场 E_r 主要是静电场，静电场通过 $E = -\nabla\phi$ 与静电势相联系，因此 $E = -\partial\phi/\partial r$，所以通道与 ∞ 的电势差为

$$\Delta\phi = -\int_{r_{ch}}^{\infty} E_r \, dr \qquad (8.126)$$

对于电离通道外侧的 E_r 和对于 b 的(8.81)式，及修正的贝多塞尔函数 $K_1(\gamma_{\text{out}}r)$ 积分式，由(8.126)式导得

$$\Delta\phi = -a\frac{ik}{\gamma_{\text{out}}}\frac{I_0(\gamma_{\text{in}}r_{ch})}{K_0(\gamma_{\text{out}}r_{ch})}\int_{r_{ch}}^{\infty} K_1(\gamma_{\text{out}}r) \, dr \, e^{ikz-i\omega t} \qquad (8.127)$$

$$= a\frac{ik}{\gamma_{\text{out}}^2}I_0(\gamma_{\text{in}}r_{ch})e^{ikz-i\omega t}$$

通常可观测的电势差与(8.127)式的实部相联。

8.2.6 电场和磁场

图 8.13 给出了闪电的回击阶段（$I_{\max} = 20\text{kA}, \Delta t = 500\text{ns}, r_{ch} = 0.15\text{cm}, T = 15000\text{K}$）电磁场最大值为 r 的函数，利用(8.92)式、(8.84)式和(8.81)式对于合适的参数，取 $z = 0$ 和 $e^{i\omega t}$ 随时间变化的每一表达式的实部最大化，就能求得极大电磁场。对于回击通道，由于通道的外层厚度 $\delta_{ch} = \delta_{ch}(\omega)$ 较通道的半径 r_{ch} 大得多，通道内电场 E_z 的瞬时最大值与半径 r 无关。如果 δ_{ch} 较通道半径 r_{ch} 小得多，则电场限于通道表层厚度内，且对于通道 $r = 0$ 的部分，电场为零。按(8.71)式和(8.85a)式，在通道外侧的 E_z 随 $K_0(\gamma_{\text{out}}r) \approx -\ln(0.8905\gamma_{\text{out}}r)$ 而缓慢地随 r 减小。电场的 E_z 分量为由于电流随时间变化引起的感应分量和由电荷产生的静电分量两部分组成。对于圆柱闪电通道附近处感应电场最大值为

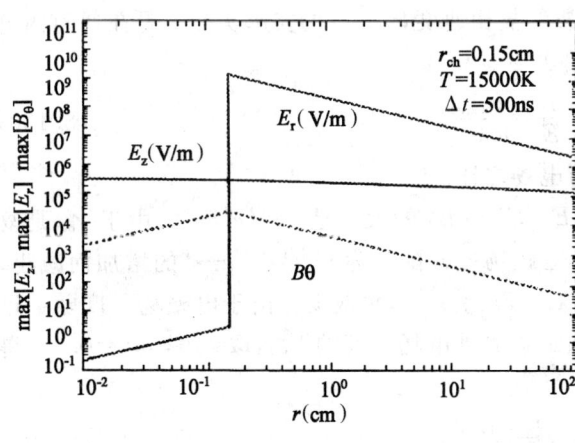

图 8.13　回击电磁脉冲为半径的函数
(Borovsky,1995)

$$E_{\text{ind}} = \frac{1}{c^2}\frac{\partial I}{\partial t} \quad (8.128)$$

式中 I 是通道内的电流，如对于回击，$\partial I/\partial t = I_{\max}/\Delta t = 20\text{kA}/500\text{ns} = 1.2\times 10^{20}\text{statA/s}$。在(8.128)式代入这些值，得出感应电场的最大值为 $E_{\text{ind}} = 0.13\text{statV/cm} = 4.0\times 10^3\text{V/m}$。在通道附近处，$E_{\text{ind}}$ 为 E_z 的 1%。在通道内，E_z 电场约为 $3.2\times 10^5\text{V/m}$。在远离通道处，由 (8.71)式得出的电场 E_z 为：如对于 $I_{\max} = 20\text{kA}$ 的回击通道，离通道 50m 的地方电场为 $E_z = 18\text{kV/m}$。

对于箭式先导，在通道内电场的 z 分量的峰值为 $9.0\times 10^5\text{V/m}$，这一值十分接近在暖低密度箭式通道内空气击穿电压$[2.0\times 10^6 \text{V/m}(n_{ch}/n_{\text{atoms}})]$。对于通道内压与外部周围大气压平衡时，有 $n_{ch}\kappa_B T = n_{\text{atmos}}\kappa_B T_{\text{atmos}}$，$\kappa_B$ 是玻尔磁曼常数，$T_{\text{atmos}} = 300\text{K}$，可得 $n_{\text{atmos}}/n_{ch} = 300\text{K}/T$，这样通道中的击穿电场强度为 $E_{\text{break}} \approx 2.0\times 10^6(300\text{K}/T)\text{V/m}$。对箭式先导，$T = 5000\text{K}$，这样就得 $E_{\text{break}}(1.2\times 10^5\text{V/m})$。

在通道内电场的辐射分量 E_r 是很弱的，但是在通道的外部是很强的，在 $r = r_{ch}$ 处，由于闪电通道外存在有荷电层，E_r 的值出现跃变。注意到在通道附近，E_r 约为空气击穿电场强度 $E_{\text{break}} \approx 2.0\times 10^6\text{V/m}$，在实际中，电晕层形成于通道周围，通道内的某些电荷将迅速地进入电晕层。在这种情况下，电场在电晕时将降低到 $E_r < E_{\text{break}}$，除电晕之外，E_r 将不变。在通道外，E_r 减小为 $K_1(\gamma_{\text{out}}r)$；在合适的 r 值下，这关系为 $1/\gamma_{\text{out}}r$。

在通道内电流引起磁感应分量为 B_θ，在通道内部，B_θ 随 r 的增加而增加；在通道外，B_θ 随 r 的增加而减小。对于 E_r 的情况，在通道外部 B_θ 的关系为 $K_1(\gamma_{\text{out}}r)$；在合适的 r 值下，这关系为 $1/\gamma_{\text{out}}r$。

在远离通道距离处，修正的贝塞尔函数 $K_0(\gamma_{\text{out}}r) \to (\pi/2)^{1/2}(\gamma_{\text{out}}r)^{-1/2}e^{-\gamma_{\text{out}}r}$ 和 $K_1(\gamma_{\text{out}}r) \to (\pi/2)^{1/2}(\gamma_{\text{out}}r)^{-1/2}e^{-\gamma_{\text{out}}r}$，如从(8.72)和(8.74)式看到，对大的 r 值，K_1 和 K_0 是相同的，则电场之比 $E_z/E_r \to -i\gamma_{\text{out}}/k$；对于 $k \approx \gamma_{\text{out}}$，这样对所有大 r 值，电场有 $|E_z| \approx |E_r|$，并且相互间有 90°的相位差。对于以速度 $v_{\text{group}} \ll c$ 传播，通道外的所有 r 值，B_θ 与 E_z 和 E_r 相比较是很弱的。由(8.74)(8.76b)式和(8.77b)式，通道外侧的任一处 B_θ 与 E_r 之比为

$$\frac{B_\theta}{E_r} = \frac{c\gamma_{\text{out}}^2}{\omega k}\left(\frac{k^2}{\gamma_{\text{out}}^2} - 1\right) = \frac{\omega}{k}\frac{1}{c} = \frac{v_{c-\text{phase}}}{c} \quad (8.129)$$

式中 $v_{c-phase} = \omega/k$ 是由(8.94)式给出波的复相速度，$v_{c-phase}$ 的实部实际上是在通道内电荷的运动速度。这与(8.95)式比较，给出

$$\frac{B}{E} = \frac{v_{charge}}{c} \tag{8.130}$$

表示速度为 v_{charge} 的电荷通过的磁场与电场之比。

如前所述，决定电磁场三个分量：E_z、E_r 和 B_θ 的大 r 是 $r^{-1/2} e^{-\gamma_{out} r}$。由于 γ_{out} 是复合量($\gamma_{out} = \gamma_{out-real} + i\gamma_{out-imag}$)，因此，电磁场振幅随 r 为 $r^{-1/2} e^{-\gamma_{out-real} r}$ 的增加而减小，并且随 r 为 $r^{-1/2} e^{-\gamma_{out-imag} r}$ 和辐射波长 $\lambda_r = 2\pi/\gamma_{out-imag}$ 而振荡。由于电磁场强度随 r 迅速下降，为此定义一强电磁场半径为通道边界处电场强度的 1%，取 $e^{-\gamma_{out-real} r} = 0.01$，得到这一半径的近似表达式为

$$r_{field} = \frac{4.60}{\gamma_{out-real}} \tag{8.131}$$

对于这 r_{field} 可以通过沿闪电通道传播的先导波的半径估计。对于回击，由(8.131)式得 $r_{field} = 520$m，对于箭式先导 $r_{field} = 150$m。

8.2.7 玻印亭通量和能量流

玻印亭(Poynting)矢量 $\vec{S} = (c/4\pi)\vec{E} \times \vec{B}$ 是描述电磁场能量输送的一个量，对于复调谐电场，玻印亭通量写为

$$\vec{S} = \frac{c}{8\pi}\vec{E} \times \vec{B}^* \tag{8.132}$$

式中 $\vec{B}^*$ 是 $\vec{B}$ 的复共轭，对于沿柱闪电通道的玻印亭通量为

$$S = \frac{c}{8\pi}(-E_z B_\theta^*, 0, E_r B_\theta^*) \tag{8.133}$$

将(8.72)(8.74)(8.76)式给出了通道外侧的电磁场 E_z、E_r、B_θ 代入(8.133)式和使用关系式 $(C_1 C_2 C_3 \cdots)^* = C_1^* C_2^* C_3^* \cdots$ 得通道外的玻印亭通量

$$S_{r\,out} = bb^* \frac{ic^2}{8\pi\omega} \gamma_{out}^* \left(\frac{k^{*2}}{\gamma_{out}^{*2}} - 1\right) K_0(\gamma_{out} r) K_1(\gamma_{out}^* r) e^{-2k_{imag} z} \tag{8.134a}$$

$$S_{z\,out} = bb^* \frac{kc^2}{8\pi\omega} \frac{\gamma_{out}^*}{\gamma_{out}^{*2}} \left(\frac{k^{*2}}{\gamma_{out}^{*2}} - 1\right) K_0(\gamma_{out} r) K_1(\gamma_{out}^* r) e^{-2k_{imag} z} \tag{8.134b}$$

在推导上式时用关系 $e^{-ikz-i\omega t}(e^{-ikz-i\omega t}) = \exp(ik_{real} z - k_{imag} z - i\omega t - ik_{real} z - k_{imag} z + i\omega t) = e^{-2k\,imagz}$。在 $|\gamma_{out} r| \ll 1$ 下，对于 K_0 和 K_1 使用修正的贝塞尔函数(8.85b)式，近通道的玻印亭通量写为

$$S_{r\,out} \approx -bb^* \frac{ic^2}{8\pi\omega} \gamma_{out}^* \left(\frac{k^{*2}}{\gamma_{out}^{*2}} - 1\right) \frac{1}{r} \ln e(0.8905\gamma_{out} r) e^{-2k_{imag} z} \tag{8.135a}$$

$$S_{z\,\text{out}} \approx bb^* \frac{kc^2}{8\pi\omega} \frac{\gamma_{\text{out}}^*}{\gamma_{\text{out}}} \left(\frac{k^{*\,2}}{\gamma_{\text{out}}^{*\,2}} - 1 \right) \frac{1}{r^2} e^{-2k_{\text{imag}} z} \tag{8.135b}$$

在闪电通道内部,应用(8.71)、(8.73)、(8.76)给出的电场,代入(8.133)式中得

$$S_{r\,\text{in}} = -aa^* \frac{ic^2}{8\pi\omega} \gamma_{\text{in}}^* \left(\frac{k^{*\,2}}{\gamma_{\text{out}}^{*\,2}} - 1 \right) I_0(\gamma_{\text{in}} r_{ch}) I_1(\gamma_{\text{in}}^* r_{ch}) e^{-2k_{\text{imag}} z} \tag{8.136a}$$

$$S_{z\,\text{in}} = aa^* \frac{kc^2}{8\pi\omega} \frac{\gamma_{\text{in}}^*}{\gamma_{\text{in}}} \left(\frac{k^{*\,2}}{\gamma_{\text{out}}^{*\,2}} - 1 \right) I_1(\gamma_{\text{in}} r_{ch}) I_1(\gamma_{\text{in}}^* r_{ch}) e^{-2k_{\text{imag}} z} \tag{8.136b}$$

在通道外侧处小 r 值($K_1 \gg K_0$)由(8.134)式比较 S_r 和 S_z 的大小,可以发现 $|S_z| \gg |S_r|$,所以输送的能量主要集中于在 z 方向通道。而对于大 r 值($K_1 \approx K_0$)比较 S_r 和 S_z 的大小,可以发现有 $|S_z| \approx |S_r|$,此时输送的能量在朝通道的径向方向和沿通道的 z 方向。

玻印亭通量 S 是单位面积输送的功率,所给出的功率流 P 是将玻印亭通量对整个面积进行积分,在通道 z 方向的功率为

$$P_z = \int_0^\infty S_z(r) 2\pi r \, dr \tag{8.137}$$

如在图 8.13 中看到,能量流的主要部分在通道外侧,S_z 很大,因此有 $P_z \approx \int_0^\infty S_z(r) 2\pi r \, dr$。考虑到当 $r \to \infty$ 时,修正的贝塞尔函数 $K_1(\gamma r) \to (\pi/2\gamma r)^{1/2} e^{-r}$;因此当积分限为 $r = \infty$ 时,对积分没有贡献。为近似求取 P_z,积分在 $r = 1/|\gamma_{\text{out}}|$ 中止,在这里 $K_1(\gamma_{\text{out}} r)$ 近似为 1,所以将(8.135b)式代入(8.137)式,并仅对积分 $\int_{r_{ch}}^{1/|\gamma_{\text{out}}|} dr$ 给出通过电离通道点 $z = 0$ 的功率流为

$$P_z(z=0) \sim bb^* \frac{kc^2}{4\omega \gamma_{\text{out}}^2} \left(\frac{k^{*\,2}}{\gamma_{\text{out}}^{*\,2}} - 1 \right) \ln \left(\frac{1}{|\gamma_{\text{out}}| r_{ch}} \right) \tag{8.138}$$

这里(8.138)式是对 S_z 积分得到的,S_z 易受先前通道内的电荷的辐射场影响,这就是受通道内存有的电荷变化的影响。对于回击参数代入上式可得闪电通道的功率为 $P_z \sim 2 \times 10^{18} \text{erg/s} = 2 \times 10^{11} \text{W}$。

通过闪电通道表面对径向玻印亭矢量从 $z=0 \to z=\infty$,积分就得径向输入闪电通道的功率

$$P_r(r=r_{ch}) = 2\pi r_{ch} \int_0^\infty S_z(r)(r=r_{ch}) dz \tag{8.139}$$

式中可以用 $S_{r\,\text{in}}(r=r_{ch})$ 或 $S_{r\,\text{out}}(r=r_{ch})$。将(8.135a)式代入(8.139)式就得

$$P_r(r=r_{ch}) = bb^* \frac{ic^2}{16\pi k_{\text{imag}}} \left(\frac{k^{*\,2}}{\omega^{*\,2}} - 1 \right) \frac{1}{r} \ln(0.8905 \gamma_{\text{out}} r_{ch}) \tag{8.140}$$

(8.140)式为进入除 $z=0$ 之外通道的功率。

另一个有意义的量是进入单位闪电通道长度的功率为 $P_r = 2\pi r_{ch} S_r (r = r_{ch})$；则将 (8.135a)式代入得

$$P_r = -bb^* \frac{ic^2}{4\omega} \left(\frac{k^{*2}}{\gamma^{*2}_{out}} - 1 \right) \ln(0.8905 \gamma_{out} r_{ch}) \qquad (8.141)$$

为每单位长度由玻印亭能量通量进入通道的功率。如对于回击，$P_r = 3.0 \times 10^9 \text{W/m} = 3.0 \times 10^{14} \text{erg/s/cm}$。

8.2.8 箭式先导和回击图像

图 8.14 给出了回击和箭式先导电磁波峰是如何传播的。图中给出的雷暴云之下和离地较高的一段闪电通道，图 8.14 的右边是向下传播的箭式先导，雷暴云中负电荷在已存的通道向下传播，如前描述的，在通道内与向下传播的波峰的电流向上到云内。电流仅出现于波峰和云之间，可以看到静电场径向地指向闪电通道内的负电荷，磁力线围绕闪电通道电流，向下运动通道顶(峰)的前方是不带电的，后部则充满了电荷(～10^{-4}C/m)，在先导顶端处的向下的感应电场很小，在图中没有标出。图中粗箭头表示能量的玻印亭通量 $\vec{S} = (c/8\pi)\vec{E} \times \vec{B}$，从雷暴云沿通道外部向下，通道顶(峰)的部分能量进入通道加热通道，部分则进入通道四周，以静电能密度 $E^2/8\pi$ 在通道新的荷电区域贮存，因此箭式先导波峰需求的能量来自两方面：加热的通道和静电能。在箭式先导中，进入的能量超过贮存能量的部分加热通道，之后回击利用贮存的能量再加热通道。在箭式先导闪电通道的顶端(波峰)处是冷的和较差的导电特性，这样导致波具有较慢的群速度和强的衰减。在波峰后的闪电通道是热的和好的导电性，所以波具有快的群速度和小的衰减。因此在通道的顶端(波峰)的后部能量从云中以高速传播，并追上冷的波峰头部，这样能量可以持续支持波峰。图 8.14 的左图显示的是向上传播的回击，它将消耗通道内到地面的负电荷。与向下消耗负电荷的相联的是向上传播波峰的电流。静电场以径向地指向通道内的负荷电区域。与箭式先导相反的是通道荷电区域位于回击波峰的头部(上方)。近波峰处为向下的感应电场，比静电场要弱得多，图中没有表示。图中给出了磁场激发的电流，与箭式先导不同的是磁场出现于通道没有荷电的部分，由于在回击波峰的头部(上方)的磁感应为零，所以电场是很强的；而在回击波峰的后部电场为零，磁感应是强的。在回击波峰的前方或后方的玻印亭矢量 $\vec{S} = (c/8\pi)\vec{E} \times \vec{B}$ 为零，这就意味着在回击波峰的长距离没有能量输送，然而在回击波峰附近处，由于 $\vec{E}$ 和 $\vec{B}$ 不为零，有能量流。在回击中，玻印亭通量由通道外部附近将贮存在通道四周的静电能 $E^2/8\pi$ 输送进入通道，而通道四周的能量消失。因此由箭式先导沿通道向下的能量密度用于诱发回击。

在运动着的箭式通道波峰后，闪电通道荷具有线性分布负电荷密度，由线性均匀分

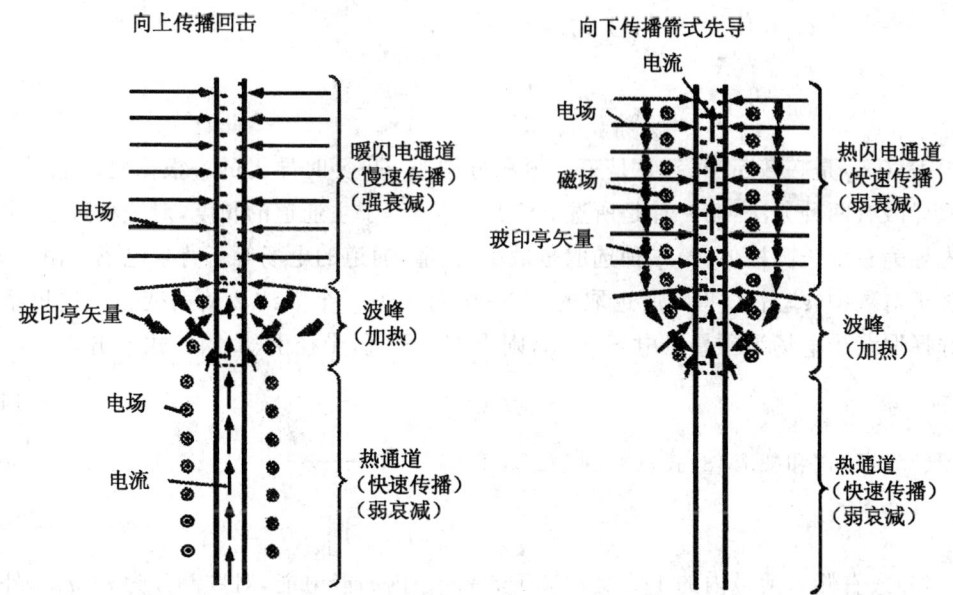

图 8.14 向下传播的箭式先导和向上回击荷电和电磁波能进入闪电通道模式
(Borovsky,1995)

布的荷电密度为 λ_q 发出的径向电场为 $E=2\lambda_q/r$, 对具有电场强度为 $E\leqslant E_{break}$, 是形成电晕的界限, 通道内的某些电荷泄漏为电晕。对于空气的击穿电场 E_{break} 约为 $2.0\times 10^6 V/m=67 satV/cm$。电晕区域的半径 $r_{corona}=2\lambda_q/E_{break}$。因此在荷电通道附近的电场由下式给出

$$E=E_{break} \qquad r\leqslant r_{corona} \qquad (8.142)$$

$$E=\frac{2\lambda_q}{r} \qquad r\geqslant r_{corona} \qquad (8.143)$$

单位长度内贮存的静电能为

$$\varepsilon=\int_{r_{ch}}^{\infty}\frac{E^2}{8\pi}2\pi r\,dr=\frac{1}{4}E_{break}^2\int_{r_{ch}}^{r_{corona}}r\,dr+\rho_q^2\int_{r_{corona}}^{r_{cutoff}}\frac{1}{\gamma^2}r\,dr \qquad (8.144)$$

在通道周围持有的静电能密度为

$$\frac{E^2}{8\pi}=\frac{E_{break}^2}{8\pi} \qquad r\leqslant 2\lambda_q/E_{break} \qquad (8.145)$$

$$\frac{E^2}{8\pi}=\lambda_q^2\frac{1}{2\pi r^2} \qquad r\geqslant 2\lambda_q/E_{break} \qquad (8.146)$$

通道外侧单位长度内贮存的总静电能为 $\varepsilon_{stored}/L=\int_0^{\infty}(E^2/8\pi)2\pi r\,dr$。对 $\int_0^{\infty}dr=$

$\int_0^{r_{break}} dr + \int_{r_{break}}^{\infty} dr$ 和使用(8.144)式得

$$\frac{\varepsilon_{stored}}{L} = \frac{1}{2}\lambda_q^2 + \lambda_q^2 \lg\left(\frac{r_{cut}}{r_{break}}\right) \tag{8.147}$$

式中引入 r_{cut} 是一截断半径,它是第二项积分中当 $r \to \infty$ 时导出的。根据物理意义,r_{cut} 选取界限有两种方法:第一种是所选 r_{cut}(最大值)等于主通道的长度,对这种选取,中止的先导为有限长圆柱体;第二种选取是最小 r_{cut} 值,通道的电场等于背景电场。由于 r_{cut} 出现于对数中,ε_{stored}/L 将随所选取的 r_{cut} 一个对于另一个大约 2 倍而变化。这里第二个选择取背景电场为雷暴云电场 E_{cloud},则当 $E = E_{cloud}$,半径由(8.143)式给出

$$r_{cut} = \lambda_q \frac{2}{E_{cloud}} \tag{8.148}$$

利用(8.145)式和(8.148)式,(8.147)式就为

$$\frac{\varepsilon_{stored}}{L} = \lambda_q^2 \left[\frac{1}{2} + \lg\left(\frac{E_{break}}{E_{cloud}}\right)\right] \tag{8.149}$$

(8.149)式右侧方括号内的 1/2 是相应于 $r = r_{break}$ 内的静电能,对数部分为 $r = r_{break}$ 外部的静电能;如果在 $r = r_{break}$ 内的空气是足够电离的,则电荷分布于 $r = r_{break}$ 外部,对 $r \leqslant r_{break}$ 通道内,$E = 0$,此时在(8.149)式右侧方括号内的 1/2 由 0 代替。由于 1/2 由 0 代替 ε_{stored}/L 仅有很小的差别。对于大多数雷暴云,取 E_{break} 为 2.0×10^6 V/m,E_{cloud} 为 1.0×10^4 V/m$\sim 4 \times 10^5$ V/m,λ_q 的值为 1×10^{-4} C/m,对于箭式先导取下限,梯式先导取上限,就能由(8.149)得 $\varepsilon_{stored}/L \sim \lambda_q$ 的关系图。

荷电通道周围的静电能 ε_{stored} 是回击功率的源,因此通道能量的减小是 ε_{stored},所以由(8.149)式得到单位长度能量减小为

$$\frac{\varepsilon}{L} = \frac{\varepsilon_{stored}}{L} = \lambda_q^2 \left[\frac{1}{2} + \lg\left(\frac{E_{break}}{E_{cloud}}\right)\right] \tag{8.150}$$

(8.150)式略去在荷电期间通道中能量的减小。

8.2.9 能量守恒和闪电通道半径

由于回击贮存在闪电通道内的能量是如此迅速,以致在通道径向扩展发生加热、分解和电离,因此贮存的能量分为三部分:

$$\varepsilon = \varepsilon_{disso} + \varepsilon_{thermal} + \varepsilon_{ionis} \tag{8.151}$$

式中 ε_{disso} 是分子离解的能量,为

$$\varepsilon_{disso} = \pi \gamma_{init}^2 L n_{molec} \varepsilon_{disso} \tag{8.152}$$

$\varepsilon_{thermal}$ 是通道初始热能,为

$$\varepsilon_{\text{thermal}} = \pi \gamma_{\text{init}}^2 L(1+F) \frac{3}{2} n_{\text{atomic}} \kappa_B T_{\text{init}} \qquad (8.153)$$

$\varepsilon_{\text{ionis}}$ 是原子电离的能量，为

$$\varepsilon_{\text{ionis}} = \pi r_{\text{init}}^2 L\, n_{\text{atmoic}} F \epsilon_{\text{disso}} \qquad (8.154)$$

在(8.151)～(8.154)式，r_{init} 是通道的初始半径，L 是通道长度，κ_B 是玻尔兹曼常数，T_{init} 是通道的初始温度，F 是通道中原子电离部分，n_{atomic} 是通道未扩展时原子数密度，n_{molec} 是通道未扩展时分子数密度，ϵ_{disso} 是离解一个空气分子所需要的能量，ϵ_{ionis} 是离解空气的电离一个原子需要的能量。在(8.153)式中，1 是原子和离子的贡献，F 是自由电子的贡献。

对于贮存能量之后通道的半径 r_{init}，将(8.151)～(8.154)式代入(8.150)式，则在(8.147)式中应用(8.151)式，对于全离解的空气中取 $n_{\text{atomic}} = 2n_{\text{molec}}$，求解得

$$r_{\text{init}} = \lambda_q \left[\frac{1}{2} + \log\left(\frac{E_{\text{break}}}{E_{\text{cloud}}}\right) \right]^{1/2} (\pi n_{\text{atomic}})^{1/2} \times \left[(1+F)\frac{3}{2}\kappa_B T_{\text{init}} + \frac{1}{2}\epsilon_{\text{disso}} + F\epsilon_{\text{ionis}} \right]^{-1/2} \qquad (8.155)$$

若作为 T_{init} 的函数通道内空气电离部分 F 可以得到，离解能 ϵ_{disso} 和电离能 ϵ_{ionis} 为已知常数，又若可得到的 T_{init} 估算值，则由(8.155)式估算 r_{init}。为计算，对于海平面处空气密度电离部分 F 为温度函数，表示如下：

$$F = 1.27 \times e^{T/1300\text{K}} \qquad 10{,}000\text{K} \leqslant T \leqslant 13{,}000\text{K}$$
$$F = 3.09 \times e^{T/2880\text{K}} \qquad 13{,}000\text{K} \leqslant T \leqslant 20{,}000\text{K}$$
$$F = 1.16\log(T/15200\text{K}) \qquad 20{,}000\text{K} \leqslant T \leqslant 29{,}000\text{K}$$
$$F = 0.839\log(T/12{,}000\text{K}) \qquad 29{,}000\text{K} \leqslant T \leqslant 40{,}000\text{K}$$
$$F = 1.48\log(T/19{,}900\text{K}) \qquad 40{,}000\text{K} \leqslant T \leqslant 50{,}000\text{K} \qquad (8.156)$$

最大通道半径出现于通道相对于周围大气超高压的通道加热扩张之后，略去热通道与周围冷空气间的热传导，略去热通道空气与周围空气间的混合，还略去通道空气的再复合，加热通道扩张到与周围空气压力平衡由下面能量守恒和气压平衡方程描述

$$\varepsilon_{\text{thermal-intial}} = \varepsilon_{\text{thermal-final}} + W \qquad (8.157a)$$
$$P_{\text{final}} = P_{\text{atmos}} \qquad (8.157b)$$

式中 W 是闪电通道相对于大气压 P_{atmos} 所做的功，P_{final} 是通道扩张后的压强，对于 $\varepsilon_{\text{thermal}}$ 使用(8.153)式，两表达式写为

$$(1+F)n_{\text{atomic}}\pi r_{\text{init}}^2 L \frac{3}{2}\kappa_B T_{\text{init}} = (1+F_{\text{final}})n_{\text{final}}\pi r_{\text{final}}^2 L \frac{3}{2}\kappa_B T_{\text{final}}$$
$$+ \pi \frac{1}{2} n_{\text{natomic}} \kappa_B T_{\text{atmos}} L(r_{\text{final}}^2 - r_{\text{init}}^2) \qquad (8.158a)$$

$$(1+F_{\text{final}})n_{\text{final}}\kappa_B T_{\text{final}} = \frac{1}{2} n_{\text{atomic}} \kappa_B T_{\text{atmos}} \qquad (8.158b)$$

式中 F 和 F_{final} 分别是通道扩张前和扩张后通道空气电离的部分，r_{init} 和 r_{final} 分别是通道扩张前和扩张后通道半径，T_{init} 和 T_{final} 分别是通道扩张前和扩张后通道温度，n_{atomic} 和 n_{final} 分别是通道扩张前和扩张后通道原子密度数，T_{atmos} 是通道外部空气的温度，周围大气压为 $P_{atmos} = \frac{1}{2} n_{atomic} \kappa_B T_{atmos}$，其中 $\frac{1}{2}$ 是考虑到周围空气是分子形式。由(8.158b)式消去 $(1+F_{final}) n_{final} \kappa_B T_{final}$，由(8.158a)式得

$$r_{final} = r_{init} \left[\frac{2}{5} + \frac{6}{5} (1+F) \frac{T_{itin}}{T_{atoms}} \right]^{1/2} \tag{8.159}$$

式中 F_{final}、r_{final} 和 T_{final} 都已消去。对 γ_{init} 利用(8.155)式，代入(8.159)式得到通道半径的最终表达式为

$$r_{final} = \frac{\lambda_q}{(\pi n_{atomic})^{1/2}} \left[\frac{1}{2} + \log \left(\frac{E_{break}}{E_{cloud}} \right) \right]^{1/2} \times \left[\frac{2}{5} + \frac{6}{5} (1+F) \frac{T_{itin}}{T_{atoms}} \right]^{1/2}$$
$$\times \left[(1+F) \kappa_B T_{init} + \frac{1}{2} \epsilon_{disso} + F \epsilon_{disso} \right]^{-1/2} \tag{8.160}$$

对于梯式先导通道，$\lambda_q = 4 \times 10^{-4}\,C/m$，$n_{atomic} = 5 \times 10^{19}\,cm^{-3}$，及 $E_{break} = 2 \times 10^6\,V/m$，$E_{cloud} = 5 \times 10^4\,V/m$，$\epsilon_{disso} = 9.8\,eV$，$\epsilon_{ionis} = 14.5\,eV$，$T_{init} = 30,000K$，$T_{atoms} = 300K$，代入(8.160)式，就得通道半径 $r_{final} = 4.7\,cm$；对于箭式先导，$\lambda_q = 1 \times 10^{-4}\,C/m$，$n_{atomic} = 5 \times 10^{18}\,cm^{-3}$，则由(8.160)式，就得通道半径 $r_{final} = 3.8\,cm$。

8.2.10 闪电计算参数

8.2.10.1 回击参数

对于空气电导率 σ_{ch} 是空气温度 T 的函数，根据数据拟合得到对于不同温度范围之下电导率的计算式写为

$$\sigma_{ch} = 9.3 \times 10^{-43}/s \left(\frac{T}{K} \right)^{14.25} \qquad 2500K \leqslant T \leqslant 5000K \tag{8.161}$$

$$\sigma_{ch} = 8.1 \times 10^{-25}/s \left(\frac{T}{K} \right)^{9.4} \qquad 5000K \leqslant T \leqslant 9350K \tag{8.162}$$

$$\sigma_{ch} = 3.3 \times 10^{0}/s \left(\frac{T}{K} \right)^{3.2} \qquad 9350K \leqslant T \leqslant 15\,000K \tag{8.163}$$

$$\sigma_{ch} = 7.6 \times 10^{8}/s \left(\frac{T}{K} \right)^{1.2} \qquad T \geqslant 15\,000K \tag{8.164}$$

对于温度达 10000K，空气的电导率与空气的密度和自由电子的密度接近无关。

8.2.10.2 箭式先导参数

由于闪电在箭式通道时间不发光，因此闪电通道的温度难以测量，通常回击间隔时

间为 10～100ms,也就是闪电通道在回击加热后冷却时间为 10～100ms,在这时间间隔内通过热传导在半径约为 2cm,冷却到约 3000K～6000K。因此箭式先导前的通道温度范围为 3000K～6000K。由(8.161)式就可求得通道的电导率。

类似地,利用压强平衡理论可以直接求得箭式先导前闪电通道半径为

$$r_{ch} = r_{initial} \left(\frac{2T_{dart}}{T_{atmos}} \right)^{1/2} \tag{8.165}$$

式中 $r_{initial}$ 是回击前通道半径,T_{dart} 为箭式先导刚发生时的温度,大气温度 $T_{atmos}=300K$,式中假定通道半径是径向扩大或通道加热冷却时与大气处于压强平衡。对于温度 T_{dart} 为 3000～6000K,通道半径 r_{ch} 为 $4.4～8.2 r_{initial}$。而对于 $r_{initial}$ 为 $0.1～0.5cm$,$r_{ch}=0.44～4.1cm$。由于加热传导和通道空气与周围空气相混合,实际的通道半径较上面(8.165)式求得的大。

通道温度的变化率 $\partial T/\partial t$ 与通道电流 I 和电导率 σ_{ch} 的关系式为

$$\frac{\partial T}{\partial t} = C \frac{I^2}{\sigma_{ch}} \tag{8.166}$$

式中 C 是与通道的密度、半径、电离状态有关的常数。上式可见电流上升时间与温度上升时间无关。如果电流随时间线性增加,即表示为 $I=(\Delta I/\Delta t)t$,这里 ΔI 和 Δt 是常数,$\Delta t = I/(\partial I/\partial t)$,根据(8.166)式,通道的电导率可以表示为温度的幂次方 $\sigma_{ch}=gT^h$,g 和 h 为常数。由此(8.166)式可表示为

$$\frac{\partial T}{\partial t} = C \left(\frac{\Delta I}{\Delta t} \right)^2 \frac{1}{g} \frac{t^2}{T^h} \tag{8.167}$$

用 T^h 乘(8.167)式两侧,左边为 $T^h(\partial T/\partial t) = (1+h)^{-1}(\partial T^{h+1}/\partial t)$,并对时间积分可得解

$$T^{h+1} = C \left(\frac{\Delta I}{\Delta t} \right)^2 \frac{h+1}{3g} t^3 \tag{8.168}$$

由(8.168)式得温度的上升时间为

$$\delta t = \frac{T}{(\partial T/\partial t)} = \frac{h+1}{3} t \tag{8.169}$$

式中 h 是一常数。因此温度的上升时间与电流的上升时间无关。

§8.3 闪电电流模式

采用某些闪电电流的数学模式,有助于计算与地闪有关的参数,为此下面介绍某些闪电电流模式。

8.3.1 Bruce 和 Golde 模式

Bruce 和 Golde(1941)提出了地闪回击电流的双指数表达式，如果梯级通道内的荷电量为 Q，在单位时间内回击顶端中和的电量为 α/Q，则

$$dQ = -\alpha Q dt \tag{8.170}$$

式中 α 取决于通道内的电荷密度和通道直径，对(8.170)式积分得

$$Q_t = Q_0 e^{-\alpha t} \tag{8.171}$$

其中 Q_0 是 $t=0$ 时刻梯级通道内总的荷电量，又回击发生后来自云内的向下电荷在回击顶端处对闪电电流的产生贡献，这荷电量的衰减为

$$Q_t' = Q_0' e^{-\beta t} \tag{8.172}$$

在回击通道顶端总的荷电量的变化率为

$$I_t = \frac{d}{dt}(-Q_t + Q_t') = \alpha Q_0 e^{-\alpha t} - \beta Q_0' e^{-\beta t} \tag{8.173}$$

若 $t=0, I_t=0$，则有

$$I_t = I_0(e^{-\alpha t} - e^{-\beta t}) \tag{8.174}$$

式中 $I_0 = Q_0 \alpha = Q_0' \beta$。模式中从地面到回击的顶端电流是瞬时均匀的，回击的顶端的上升速度为 v，则在时刻 t 的电流矩为 $2I_t \int_0^t v dt$，电流可根据辐射场计算。由地面直接测量通道地面端的 I_0、α 和 β 平均值分别为 30kA、4.4×10^4/s 和 4.6×10^5/s。如果由照片资料获取的第一回击速度表示为

$$v_t = v_0 e^{-\eta t} \tag{8.175}$$

式中 $v_0 = 8 \times 10^7$ m/s，$\eta = 3 \times 10^4$ s^{-1}。在多次闪击中的随后回击速度是接近一个常数。由于随后闪击的峰值电流是第一回击的一半，则随后闪击的平均电流模式表示为

$$I_t = (I_0/2)(e^{-\alpha t} - e^{-\beta t}) \tag{8.176}$$

式中 Priece(1977)各参数取值分别为 $\alpha = 2 \times 10^4$/s，$\beta = 2 \times 10^6$/s，$I_0 = 20$kA，$v_0 = 10^8$ m/s 和 $\eta = 3 \times 10^4$/s。

对于大于几百微秒时间内，由(8.174)(8.175)式计算的闪电回击电流远小于 1kA，实际中在几毫秒时间可达 1kA。Cianos 和 Pierce(1972)提出另一个双指数形式的中值电流，写为

$$I_{ti} = I_{0i}(e^{-\gamma t} - e^{-\delta t}) \tag{8.177}$$

式中 $I_{0i} = 2$kA，$\gamma = 10^3$/s，$\delta = 10^4$/s，则得到对于第一闪击和随后闪击的合成电流模式，分别写为

$$I_0(e^{-\alpha t} - e^{-\beta t}) + I_{0i}(e^{-\gamma t} - e^{-\delta t}) \tag{8.178}$$

和

$$(I_0/2)(e^{-\alpha t}-e^{-\beta t})+I_{0i}(e^{-\gamma t}-e^{-\delta t}) \tag{8.179}$$

如取 $I_0=20\text{kA}, I_{0i}=2\text{kA}$,由上两式计算结果如图 8.15 所示。

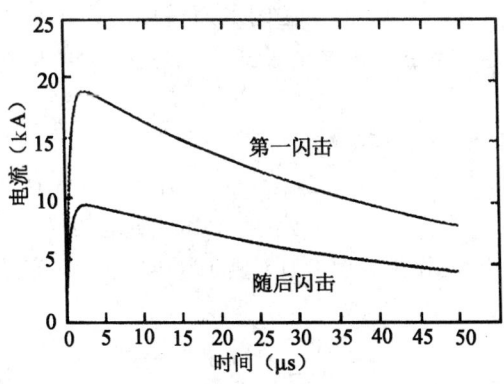

图 8.15 由(8.178)式计算的闪电电流

对上面的每种电流表示式积分可得闪电的电荷输送,对于第一地闪击电荷输送量为

$$Q_R = I_0 \left(\frac{\beta-\alpha}{\alpha\beta}\right) \tag{8.180}$$

对于随后闪击为

$$Q_{SR} = \frac{I_0}{2}\left(\frac{\beta-\alpha}{\alpha\beta}\right) \tag{8.181}$$

对于中间电流为

$$Q_I = I_{0i}\left(\frac{\delta-\gamma}{\gamma\delta}\right) \tag{8.182}$$

对于连续电流为

$$Q_C = I_C T_C \tag{8.183}$$

由 Cianos 和 Pierce 给出的数值,输送的电荷分别为 $Q_R=1.0\text{C}, Q_{SR}=0.5\text{C}, Q_I=1.8\text{C}$,和 $Q_C=22.5\text{C}$。在没有连续电流的情况下,只是由第一和随后闪击输送的电荷为 2.8C、2.3C。

在 Bruce 和 Golde 模式中,假定在回击波顶端高度以下电流是均匀的,就是

$$I(z,t)=I(0,t) \quad z \leqslant l \tag{8.184}$$

$$I(z,t)=0 \quad z>l \tag{8.185}$$

图 8.16 表示了由 Bruce 和 Golde 模式得出的电流分布。

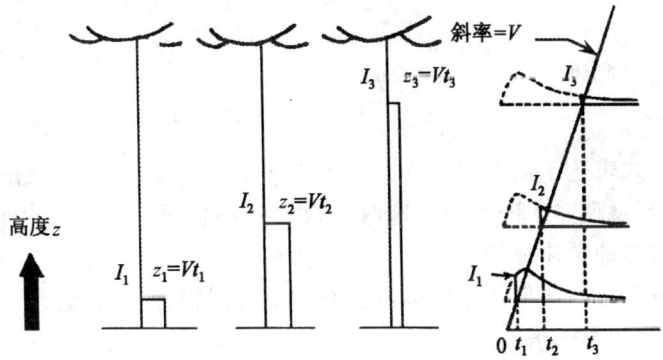

图 8.16 Bruce 和 Golde 模式得出的电流分布(Lin,Y. T 等,1980)

8.3.2 线传输模式(Transmission Line Model)

Dennis 和 Pierce(1964)修改 Bruce 和 Golde 模式,提出在闪电通道中闪击电流波顶端向上的传播速度较 Bruce 和 Golde 模式的要小。在这个模式中,假定地面的电流波沿一想象的直线向上传播,就是

$$I(z,t) = I(t-z/v) \quad z \leqslant l$$
$$I(z,t) = 0 \quad z > l \quad (8.186)$$

式中假设回击速度 v 是常数,由于是该模式要求通过任一高度以相同的电流传播,所以在回击传播期间,在回击通道内没有电晕出现。图 8.17 显示了这模式电流的特征。

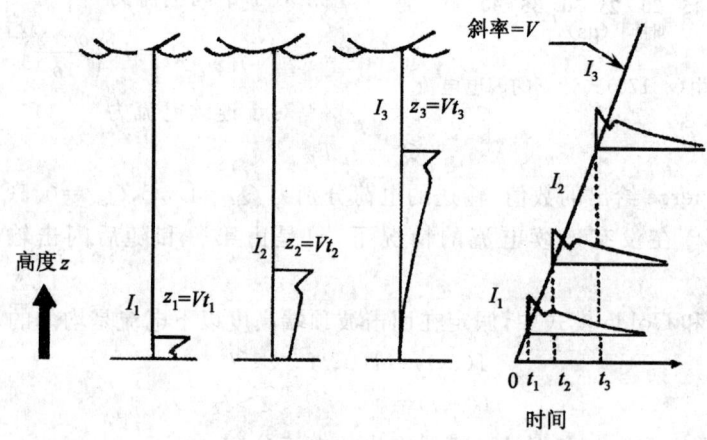

图 8.17　线传输模式(Lin, Y. T. 等,1980)

8.3.3　Lin 模式

上面两个模式表达了回击通道内两个极端例子。Lin 等(1980)根据实验资料对上面两个模式检验,发现对于随后闪击这两个模式并不合适。为此提出了一个新的回击模式。该模式有三种电流分量:

1)在回击波顶部的向上传播的爆发性脉冲电流:具有回击波的速度,但速度不能模式确定,假定为一常数 10^8m/s。

2)均匀电流:为确定均匀电流,当为静电场时闪电直线步跃区,为决定电流 I_u,当电场是静电场,在近闪电发生区测量电场变化 dE/dt,则由下式就可计算出 I_u,即

$$I_u = -\frac{2\pi\varepsilon_0 (H^2+D^2)^{3/2}}{H}\frac{\mathrm{d}E(D,t)}{\mathrm{d}t} \qquad (8.187)$$

式中 D 是闪电与观测站之间的距离，H 是随后闪击通道的高度。

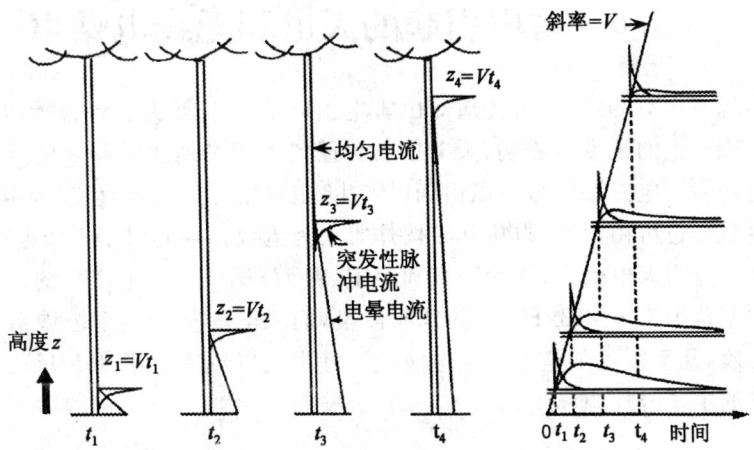

图 8.18　Lin et al 电流模式(Lin, Y. T. 等 1980)

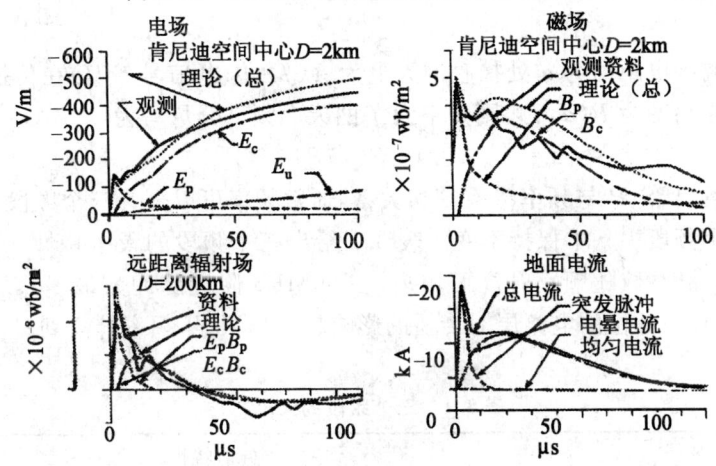

图 8.19　Lin et al 模式与电磁场测量资料拟合(Lin. Y. T,等,1980)

3) 电晕电流：它是事先贮存于先导通道内的电荷径向向内和向下移动引起的。可以将电晕电流想象为沿通道分布的若干电流源。每当回击峰值脉冲电流达到源高度时，每个源转向。在每个高度上，进入通道的电晕电流是相等的，但其大小随高度指数下降。假定电晕电流以光速进入通道和地面。

图 8.18 表示了这一模式电流的分布。图 8.19 是 Lin 等应用这一模式对两个站的资料分析结果，观测结果与模式结果较为一致。由这一模式对 101 个随后回击例子的峰值电流、均匀电流、脉冲电流的电荷输送、电晕电流输送的电荷等电流特性进行估算

为:回击峰值电流为 23 ± 10kA,平均值为 20kA,随后闪击电流为 3.2 ± 1.8kA,平均 2.3kA,随后闪击瞬时脉冲电流输送的电荷量为 0.093 ± 0.055C。

§8.4 雷电引起的天电和无线电噪声

为了实现对雷电的定位,首先应对由雷电引起的天电有所了解。所谓天电是闪电或其它放电所产生的瞬变电磁场,天电也表示任何大于本地背景噪声的外来瞬变电磁场信号。这种瞬变电磁场信号可以由闪电产生,也可由诸如雪暴、尘暴和电晕放电等引起。瞬变电磁场也可由汽车、电机和核爆炸等人为造成。因此对于无线电接收来说,其噪声来源可以分为天电噪声、人为噪声和宇宙(银河)噪声。闪电产生的天电的主要能量集中于频率范围为 5~10kHz 的甚低频波段,而天电的整个频率范围可以从极低频到超高频波段,几乎覆盖了整个无线电波段。其中尤以频率低于 30MHz 的天电较强,为无线电波的主要干扰源。

8.4.1 雷电引起的噪声

如果在离闪电距离为 d 处接收的天电为 $A(f)$,闪电信号 $S(f)$ 在传播过程中受大气的作用发生畸变为 $P(d,f)$,则频率为 f 的天电频谱分量写为

$$A(f)=S(f)P(d,f) \tag{8.188}$$

从上式可以看出,S、P 与频率 f 有密切关系,通常频率可以分为三个频段,并设 S、P 的特性在这三个频段中基本保持不变。表 8.1 给出三个频段的天电特性。就 S 而言,每次闪电的分立脉冲数随频率升高而增多,在 30MHz 附近脉冲数最多然后又减小。当频率增大时,较高部位的电离层对传播的影响越来越明显,频率升高到一定值时能穿透电离层。

表 8.1 三个频段的天电特性

	近似特性	
	闪电源信号	传播
<300kHz(低频)	孤立的瞬变信号,其数量随频率的升高而增多	在地和较低部位的电离层之间所构成的准波导通道中传播
300kHz~30MHz(中频和高频)	存在大量脉冲	取决于电离层的反射
>30Hz(甚高频及以上频率)	开始时出现大量脉冲,然后随频率升高而急剧减少	信号穿透电离层,以准视线方式传播

8.4.2 地闪引起的远电场变化

天电的频谱特性决定于闪电的类型和结构。图 8.20 给出了对于远场情况下的电场变化特点,图中频率 1~1000Hz 时,信号取决于方程的第一项,以静电场为主。而当频率为 1~100kHz 的频段中,以电、磁远场分量为主,图中强分立脉冲是回击产生的,而幅度小一个数量级的孤立信号则是 K 过程式产生的。频率为 1~100MHz 时,大多数信号由脉冲序列组成,并由于脉冲变化太快而连成一片,因此在图中的时间尺度上无法分辨出来。回击之后,脉冲明显地"猝灭"了,K 过程之后的猝灭程度要弱些。在回击和 K 变化以前,脉冲扰动却逐渐增强。

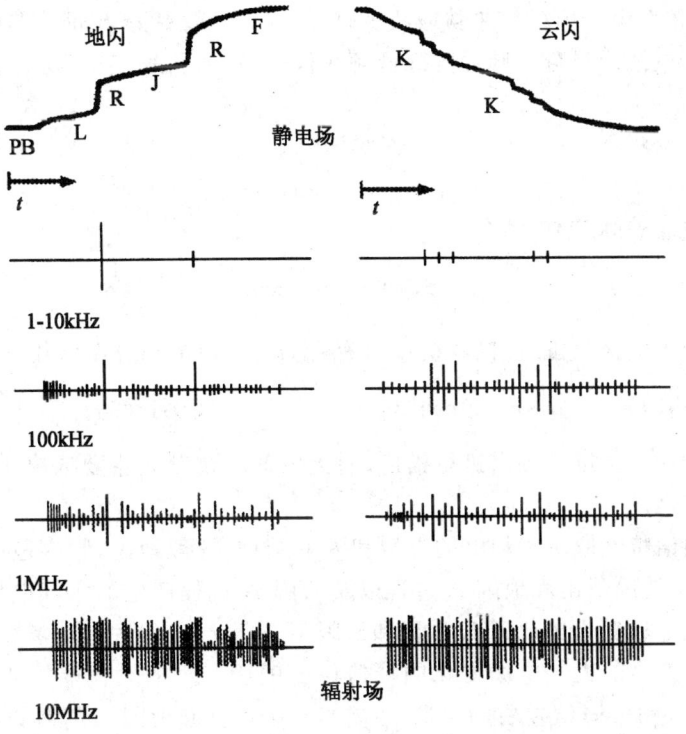

图 8.20 20km 处云闪和地闪产生的电场随时间和频率变化
(Malan,1958,1963)

频率超过 100MHz 时,辐射脉冲数开始减少。从先导过程中所产生的多脉冲到回击时所产生的孤立脉冲是逐渐过渡的。实际上,频率为 11kHz 时就只有回击才能形成较大的脉冲。

云闪闪电的噪声结构与上图相似,不同之处是没有回击脉冲,这时在甚低频至低频频段中,信号主要由 K 流光引起的。

天电的频谱分布主要采用天电的峰值幅度、平均幅度和频谱函数,及天电的峰值辐射功率、平均辐射功率和平均辐射能量等参数表达。如果窄带天电接收机中心调谐频率为 f_0,带宽为 B,则进入接收机的天电成为以 f_0 的振荡波形。若 t 时刻接收机输出信号为 e_t,则天电频谱函数写为

$$S(f) = \left[\frac{1}{4B}\int_0^\infty (e_t)^2 \mathrm{d}t\right]^{1/2} \tag{8.189}$$

其中带宽 B 为

$$B = \frac{1}{G_0}\int_0^\infty G(f)\mathrm{d}f \tag{8.190}$$

式中 $G(f)$ 是频率为 f 时的窄带接收机的增益。G_0 是频率为 f_0 时窄带接收机的增益。如果接收的天电波形呈分立脉冲的甚低频频段时,接收机输出信号为 e_p,则 $S(f)$ 近似地表示为

$$S(f) = \frac{e_p}{2\sqrt{2}B} \tag{8.191}$$

如果出现大量高频脉冲时,则有

$$S(f) = \frac{e_p}{20\sqrt{2B/3}} \tag{8.192}$$

当用宽带天电接收机时,接收机输出为 $e_{s2}(t)$,天电的谱分布函数 $S(f)$ 为

$$S(f) = \left\{\left[\int_0^T e_{s2}(t)\cos(2\pi f t)\right]^2 + \left[\int_0^t e_{s2}(t)\sin(2\pi f t)\right]^2\right\}^{1/2} \tag{8.193}$$

天电的特征通常以其频谱进行描述,而天电的频谱分布主要取决于天电的频谱和电波的传播特性。

天电的频谱特性取决于闪电的类型和闪电结构,一般地说,频率范围为 1~10kHz 的天电,主要是地闪回击和地闪 K 过程以及云闪 K 过程产生的大气电场变化,其中地闪产生的大气电场变化比地闪 K 过程和云闪 K 过程产生的大气电场变化大 1 个数量级。因此地闪产生的大气电场变化的峰值比云闪所产生的大气电场变化大 1 个数量级。对于频率为 100kHz 左右的天电,主要是地闪回击和地闪 K 过程以及云闪 K 过程产生的大气电场变化,地闪和云闪的其它放电过程也对这一频率有贡献,在这一频率处,地闪产生的大气电场变化峰值略大于云闪产生的大气电场变化。对于 1MHz,地闪回击和地闪 K 过程以及云闪 K 过程的贡献减少,而地闪和云闪的其它放电过程的作用在加强;频率在 10MHz 左右的天电,主要是地闪回击和地闪 K 过程以及云闪 K 过程以外的其它放电过程产生的大气电场变化,在这频率下,地闪与云闪产生的电场变化峰值相当。

闪电的辐射场分量的闪电距离下限 R_r 与天电频率 f 间的关系为

$$R_r = \frac{c}{2\pi f} \tag{8.194}$$

式中 c 为光速，上式表明，天电频率越高，闪电距离的下限越短。

在上面图 8.20 还表示了不同频率电场的变化特征。

由于地闪和云闪的结构不同，它们产生的天电频率谱不同，对于地闪有强回击过程，地闪产生的天电主要集中于甚低频波段。云闪无强回击过程，天电弱时产生的频率低，天电强时频率高。

天电频谱分布用天电的峰值幅度、平均幅度和频谱函数表示，其中天电的频谱函数表示为

$$S(f) = \left[\frac{1}{4B}\int_0^\infty E_{s1}^2(t)\mathrm{d}t\right]^{1/2} \tag{8.195}$$

式中 B 为窄频带天电接收机的频带宽度，写为

$$B = \frac{1}{G_0}\int_0^\infty G(f)\mathrm{d}f \tag{8.196}$$

式中 $G(f)$ 表示频率为 f 时窄频带天电接收机增益，G_0 表示频率为 f_0 时窄频带天电接收机的增益。

§8.5 雷

雷电过程的闪电能量是在瞬间释放的，因而具有极其强大的闪电功率，从而构成一次爆炸过程。于是闪电产生冲击波，并在传播过程中迅速衰减为声波，形成所谓雷。雷可以分为两类：(1)可闻雷，即是能听到的声能，可闻雷又分为炸雷和闷雷(拉磨雷)，炸雷的雷声强，持续时间短的(1～2s)；闷雷的声响较弱、持续时间较长，一般可达几分钟。(2)次声(不可闻雷)，人耳不能听到的通常为几十赫兹频率之下的声能。

8.5.1 闪电冲击波和雷的形成

如前所述，闪电的主通道是一个温度高达 $10^4 \sim 10^5$ K 的高温等离子区，强大的电流通过它不过只几十微秒，假如把主通道看成一个柱形的等离子体，则在通道内发生：(1)随温度迅速升高，压力迅速增大，这时等离子体要迅速向外膨胀；(2)强电流感应的磁场对等离子柱产生一个方向向内的束缚磁压力。

随放电电流由大变小而最后其磁场压力无法束缚住等离子柱体时，闪电通道即迅速向外扩展，若其扩展速度超过声速时，则可产生一个冲击波，它在大气中传播同时减弱为退化为一个声波，形成雷声。

有关对闪电冲击波形成的直接观测较为困难，大多采用与地闪相近似的长火花放

电研究闪电冲击波的形成。通过对火花放电的研究表明,当在 1μs 的时间以内,1cm 火花通道释放的电能达 0.1~1J、火花放电功率达 10^5~10^6W 时,形成一次爆炸过程,同时产生冲击波,并以 1~5km/s 的速度向外传播。模拟试验表明,在火花放电的初始阶段,火花通道的的径向扩展速度高达每秒几千米。同时表明,当离长火花通道为 0.3m 时,长火花产生冲击波波阵面的超压约为 100hPa;而当离长火花通道为 3m 时,它产生的超压平均仅为 15hPa。图 8.21 为冲击波波峰随闪电通道距离的衰减,图中给出了回击后四个不同时间通道中超压及冲击波波峰前距离的改变,其初始线源半径为 0.6mm,闪电脉冲电流 $I=I_0[\exp(-at)-\exp(-bx)]$,式中 $I_0=30000A$,$a=3\times10^4/s$,$b=3\times10^5/s$,且假定通道为对称圆柱体。

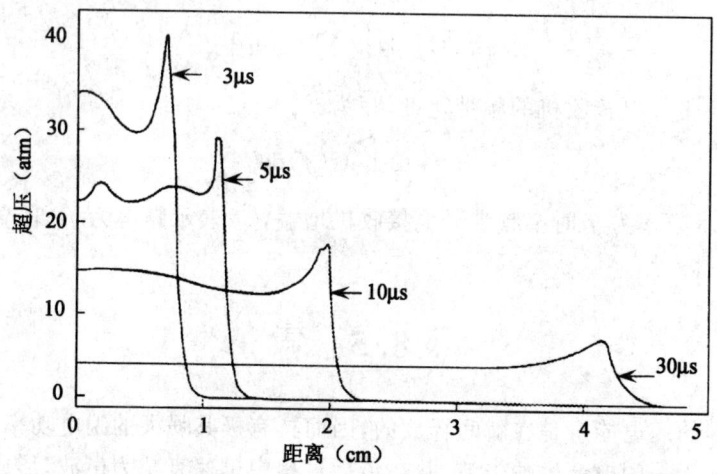

图 8.21 对于四个时间情况下压强与通道半径间的关系
(Hill,1972)

理论计算结果表明,闪电通道的初始半径愈小,则闪电通道电流越大,径向扩展速度愈大,在地闪初始阶段,闪电通道的径向扩展速度可达 1.6km/s 左右,远大于声波的速度。地闪回击的初始阶段,可形成闪电冲击波波阵面的超高压达一万至几万百帕,其破坏范围离闪电通道几厘米至几米左右。

8.5.2 雷的特点

8.5.2.1 雷的基本特点

雷是伴随闪电的声音,广义地讲,雷与雷暴周围大气的所有流体力学性质有关。雷的一个重要特点是它伴有难以听到频率的次声。雷的主要特征取决于雷的形成过程和它在大气中的传播过程,雷是闪电冲击波衰减为声波的结果,观测表明听到雷声的最远距离为 20~30km,这是由于大气温度随高度是递减的,使雷在大气中传播时声线向上弯曲。对于雷的研究可以得出以下结果：

1)云地闪通常产生最响的雷；
2)在超过28.8km左右的距离外偶尔才能听到雷；
3)用看到闪电与听到第一次雷声之间的时间间隔可以估计闪击距离；
4)大气湍流能减小雷的可闻度；
5)紧接着强烈雷鸣之后，常有倾盆大雨；
6)雷声的强度似乎一地不同于另一地；
7)当隆隆声持续时，雷的声音变得很低沉。

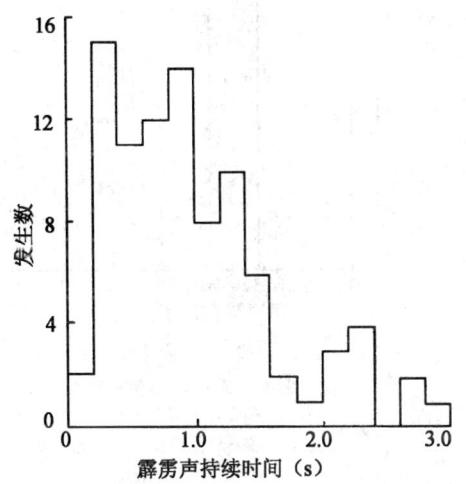

图8.22 地闪和云闪霹雳声的持续时间的直方图 (Latham,1964)

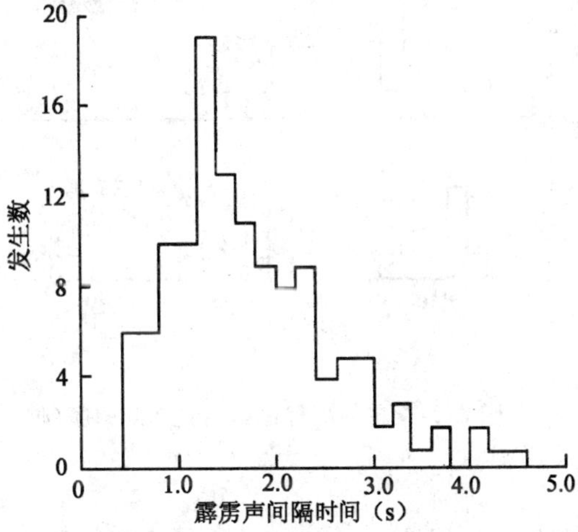

图8.23 霹雳声从开始到下一个霹雳声开始的时间间隔和直方图 (Latham,1964)

8.5.2.2 雷的持续时间

(1)霹雳声持续时间：Latham(1964)在新墨西哥州报告，低强度声的主雷持续时间在0.1~2.2s，在这些霹雳声中的气压振荡频率为100Hz。图8.22给出了地闪和云闪霹雳声的持续时间的直方图，可见大多数为0.2~2.0s，图8.23给出了一个霹雳声从开始到下一个霹雳声开始的时间间隔和直方图，一般为1~3s。Latham(1964)发现，各种霹雳声的相对振幅与霹雳声的次序没有明显的变化，如图8.24中，第一霹雳声、第二霹雳声和第三霹雳声间的振幅相差很小。他指出初始雷讯号是压缩的，如霹雳声的初始部分，虽然地闪的压力一般较大，云闪和地闪产生的雷是类似的特征。

(2)霹雳声间隔时间：图8.25给出了一霹雳声开始到下一个霹雳声开始的间隔时间，一般为1~3s，多数为1.5s，但达到4s的已很少。

每次地闪一般有2或3次霹雳声,图8.25给出了每次雷霹雳声的数目;图8.26分别给出了当第一次霹雳声最大、第二次霹雳声最大、第三次霹雳声最大时霹雳声的直方图。从图中可以看到各次霹雳声所占的百分数。

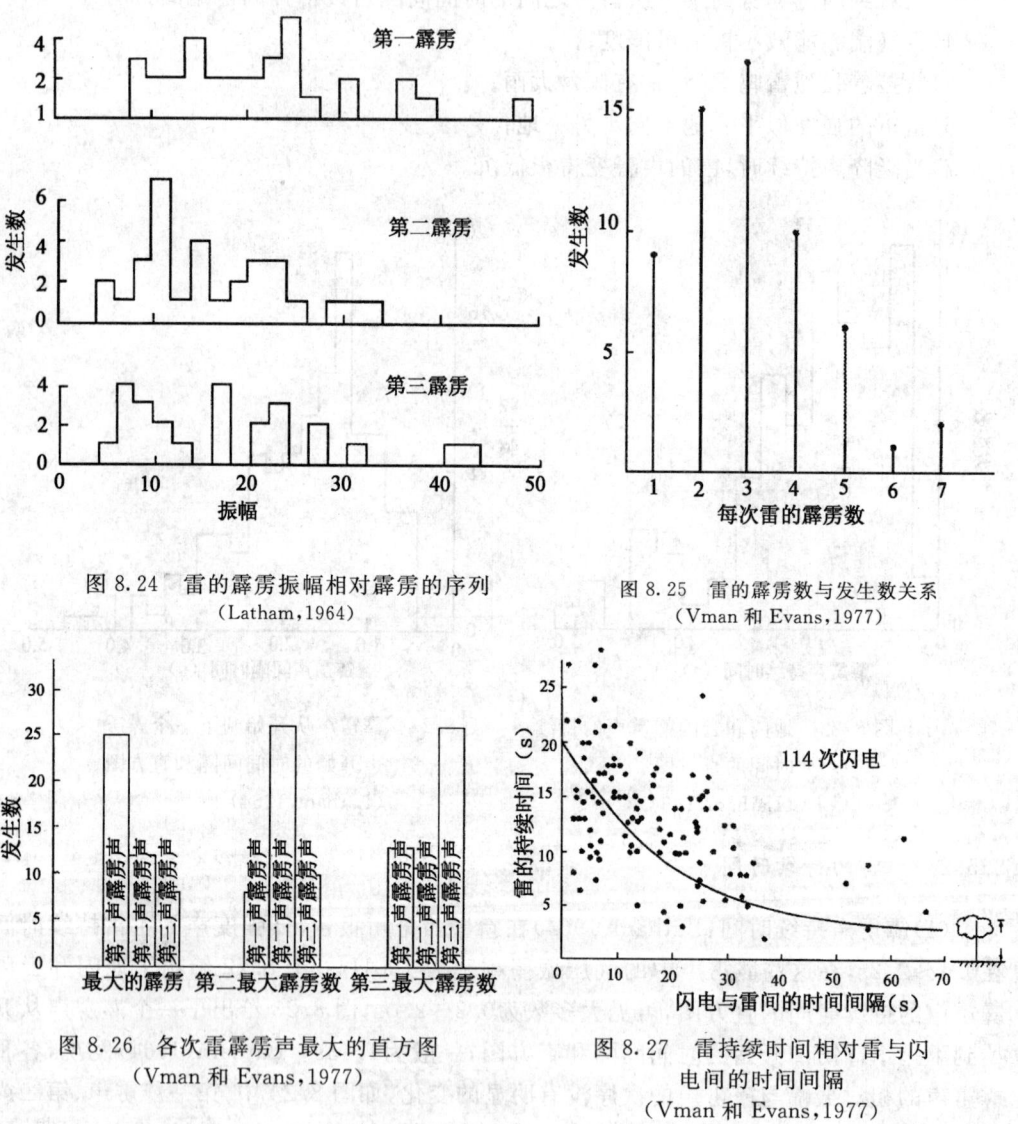

图8.24　雷的霹雳振幅相对霹雳的序列
(Latham,1964)

图8.25　雷的霹雳数与发生数关系
(Vman和Evans,1977)

图8.26　各次雷霹雳声最大的直方图
(Vman和Evans,1977)

图8.27　雷持续时间相对雷与闪电间的时间间隔
(Vman和Evans,1977)

(3)雷持续时间:闪电通道的光学讯号的速度约为300m/μs,因此对于离闪电相距为几千米处的到达时间为10μs。而对于雷的速度约为300m/s,雷到达时间为10s数量级,从闪电通道的光学讯号和雷到达的时间间隔可以为离通道最近点的距离除以声速确定,这时间大约为 3s/km。由第一声雷到达的时间确定闪电距离的方法称为雷距离法。当通过三个或更多的测站同时确定雷的距离，就可确定声源的位置。雷的持续时间是闪电通道最近点和最远点之距离差的测量，图 8.27 表示了闪电与雷之间的时间间隔。

(4) 探测雷的距离

早在 1783 年 DeLIsle 首先观测到人们很少能听到大于 25km 闪电发出的雷声。130 多年后，Veenema(1917～1920) 对发生的每个雷暴进行研究，多远的雷能听到，结果证明了 DeLIsle 的结论，但是偶尔也能听到 100km 的雷声。另一方面 Ault(1916) 报告，对一风暴不能听到大于 8km 的雷声。雷的可探测距离与大气温度结构有关，将在雷的传播中讲述。

8.5.2.3 雷的超压和声能

由 Holmes 等在新墨西哥州中心约海拔 3km 的山顶作了雷的超压和声能的测量，从多数在几千米范围内的全部 40 个云地闪的雷的研究表明，其中云闪雷谱显示在频率 28Hz 处有一声功率的平均峰值，平均总的声能为 1.9×10^6J，范围为 $1.8\sim3.1\times10^6$J。而对于地闪雷，在频率 50Hz 处有一声功率的平均峰值，平均总的声能为 6.3×10^6J，范围为 $1.1\sim17\times10^6$J。他指出，云闪和地闪之间总的声能和频率谱间存在有明显的差异。

总的声能表示为

$$W=\int P(t)4\pi R(t)^2 \mathrm{d}t \quad (8.197)$$

式中声能的单位为焦耳(J)，$P(t)$ 是在 t 时刻测量到的总功率通量，单位 J·m^2·s^{-1}，$R(t)$ 是离声源的距离 $v(t-t_0)$，式中 v 是声波的速度，t_0 是由电场记录闪电发生的时间，上式中假定对于通道每个点辐射的球形声波大气对声波的衰减和折射忽略不计。对于所有雷的资料，平均总的功率通量范围从 $0.17\sim19.3\times10^{-3}$ J·m^{-2}·s^{-1}，平均压强方差为 $0.22\sim2.4$N/m^2。

Holmes 等(1971)计算了地闪中电能转变为声能的效率，他假定第一闪击单位通道长度能量的消散为 2.3×10^5J/m，如果对于山地地区闪电通道的平均长度为 4km，则得第一闪击的能量为 9.2×10^8J，

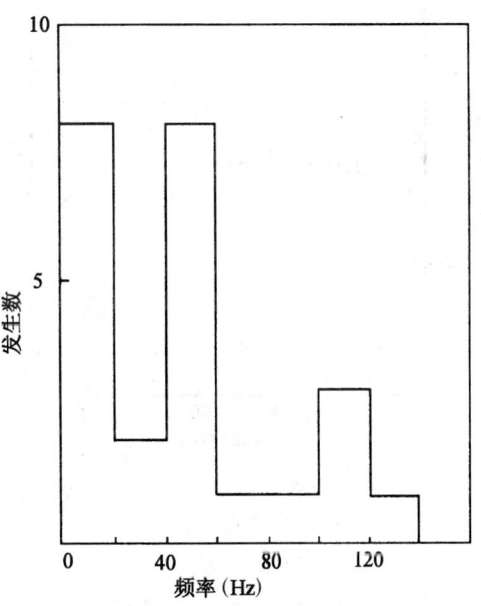

图 8.28 对 24 次地闪的声功率谱的
峰值频率直方图
(Holmes 等,1971)

全部随后闪击的能量与第一闪击的能量一起为 1.8×10^9 J,这全部电能分配到 11 次地闪的平均声能为 3.6×10^6 J,得到声能的效率为 0.18%。

8.5.2.4 频率谱

Holmes 等(1971)由 40 个雷的测量发现,雷的功率谱峰值的频率由小于 4 到 125 Hz,峰值频率与半功率谱的宽度之比在 0.5~2 之间变化,这个比称之谱 Q。图 8.28 为 24 次地闪的功率谱的峰值频率的直方图,图 8.29 为可闻雷频率 100 Hz 附近峰值频率的典型的功率谱,图 8.30 显示了雷的亚音频峰谱分布。图 8.30A 和图 8.30B 给出了全部谱的峰值功率通量的范围从 $4.0 \sim 0.03 \times 10^{-4}$ J·m^{-2}·s^{-1}·Hz^{-1};图 8.30B 雷频率的变化范围是时间的函数。

对于声谱具有最大处的频率 f_m 为

$$f_m = 0.63 C_0 (P_0/E_L)^{1/2}$$

式中 C_0 是声速,E_L 是单位通道长度具有的能量($= 2 \times 10^6$ J/m),P_0 是压强常数。

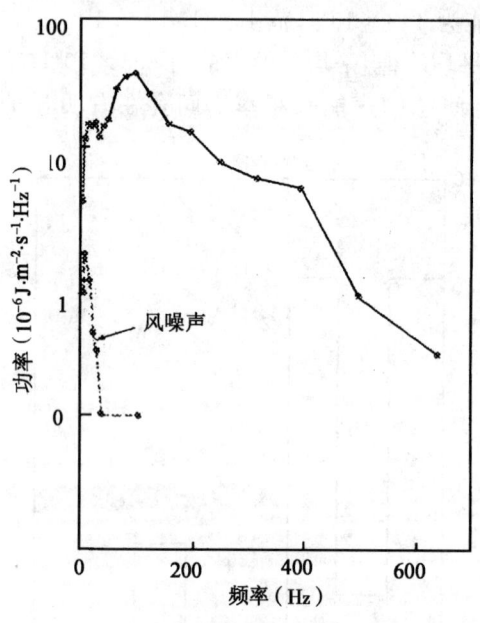

图 8.29 可闻雷频率 100 Hz 附近峰值
频率的典型的功率谱
(Holmes 等,1971)

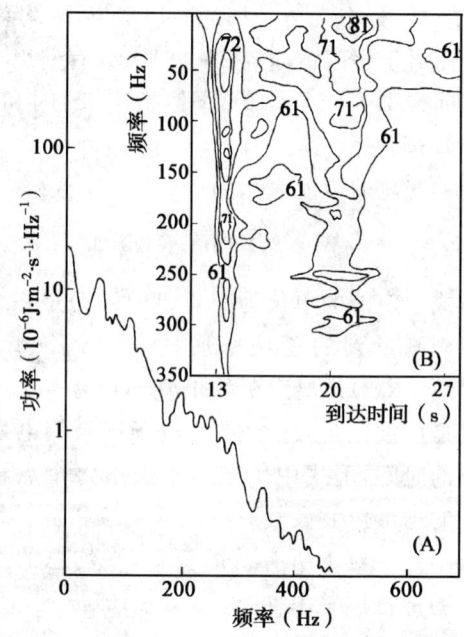

图 8.30 (A)雷的亚音频峰谱分布
(B)雷的功率谱
(Holmes 等 1971)

8.5.2.5 雷传播速度

雷作为一种声波,它在大气中的传播速度取决于温度和风速,当声波在静止大气中

传播时,声速可以近似地表示为
$$V_s = 20.17 T^{1/2} \tag{8.198}$$
式中 V_s 是声速,单位为 m/s,T 为大气温度。

当声波作水平传播时,如果大气的水平风速为 u,风速与声波传播方向之间的夹角为 θ,则声速表示为
$$V'_s = V_s + u\cos\theta \tag{8.199}$$
式中 V_s 是静止大气时的风速。对于下风方向,θ=0,上式为
$$V'_s = V_s + u \tag{8.200}$$
可见下风方向的声速为静止大气的声速与水平风速之和。

而当在上风方向时,θ=180°
$$V'_s = V_s - u \tag{8.201}$$
上风方向声速为静止大气的声速与水平风速之差。

由于大气温度随高度改变,声速随高度而变,如果将大气分成许多薄层,并且每一层的温度是相同的,则当声波在大气中作倾斜传播时,相邻薄层之间的界面上会发生折射,并有表达式
$$\frac{\sin\alpha_i}{\sin\alpha_r} = \frac{V_{s1}}{V_{s2}} \tag{8.202}$$
式中 α_i 和 α_r 分别是声波由气层 1 进入薄气层 2 时的入射角和折射角。V_{s1}、V_{s2} 分别是薄气层 1 和薄气层 2 中的声速。

雷的强弱用声强表示,即是单位时间通过单位截面的声能流,写为
$$I_L = 10 \times \lg \frac{I}{I_0} \tag{8.203}$$
雷的能量集中于频率低于 100Hz 的可闻区和次声区,其声强的峰值位于 40Hz 附近。雷是闪电通道的迅速扩张引起的冲击波。

8.5.3 雷的观测方法

雷造成空气中的压强变化,所以采用压强感应器可对雷进行观测。早在 1914 年 Schmidt 采用两种装置对雷进行了观测,第一个装置是一个边长为 60cm 的立方体的共振箱,它的一面上有一个直径 15cm 的孔,孔几乎完全被用长线由箱外悬挂的铝膜片所封住,这样能探测长周期的扰动。箱内外的气压差引起膜片的运动,并用搁在移动纸带上的记录笔的运动来记录,这种装置对中心频率约为 3Hz 的扰动产生共振,共振总宽也等于 3Hz。Schmidt 采用的第二个装置是由垂直短烟道中燃烧的松脂灯的烟羽所构成,烟道与收集声音的留声机喇叭相连接。熏烟能够在移动的纸带上沉降留下痕迹,因而能给出压强变化的持续记录,该装置能记下 15~200Hz 范围内的变化。

到 20 世纪的 60 年代，Bhartendu(1964、1968、1969)采用三种压强感应装置，感应信号用示波器记录。三种装置是:(1)放置于亥姆霍兹共鸣箱连管中的热线传声器;(2)用作传声器的直径约 30cm 的扬声器，并与圆柱准直管的一端相连接;(3)宽带晶体传声器。

Few(1967)在赖斯顿大学采用三个一般的 Globe 传声器构成列阵，传声器位于地表反射面之上 7cm 高，分别

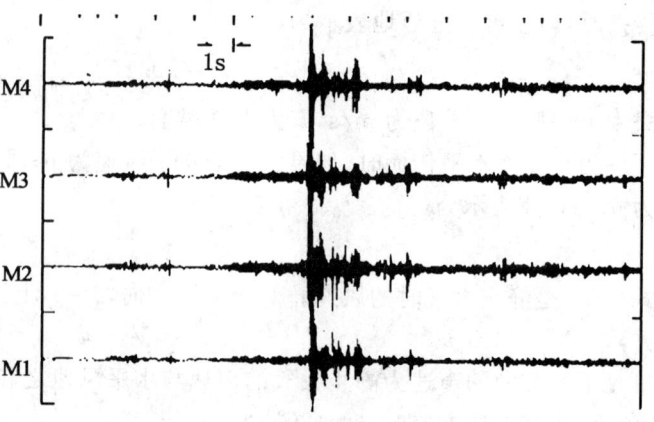

图 8.31　对于多次地闪由四个测量到的雷声
(Courtesy, A. A. Few)

处于边长为 100m 的等边三角形的三个角上。它的压强感应元件是一个由镀铝的聚酯薄膜相距很近地在一开孔金属板构成的圆形的平行板电容器，在板后是一个保持一个大气压的密闭空间。施加到聚酯薄膜上的空气压强的脉动引起电容变化，这些电容变化又造成正比于空气压强脉动量的输出电压变化，可得 0.225V/达因/cm² 的高灵敏度。该装置能将雷信号从噪声和风背景干扰中区别开来。

图 8.31 是在肯尼迪空间中心利用 4 个相距 50m 的正方四角分布的话筒记录到距离约 8km 的雷波形。由闪电发出第一个霹雳声的延迟时间为 25s。

§8.6　闪电与大气化学过程

8.6.1　闪电产生 NO_X 的化学反应方程式

大气的近 80% 是由氮分子(N_2)组成的，Noxon(1975)用光谱仪在野外观测表明，当地闪和雷雨云发生时，大气中的 NO_X 明显增加，闪电对 NO_X 含量的影响是由通道的高温引起的化学反应，在高温(30000K)的情况下，气体被完全电离为等离子，首先放电通道内及其附近的高温引起了 O_2 的分解，即

$$O_2 \leftrightarrow O+O \tag{8.204}$$

并激发以下化学反应

$$O+N_2 \rightarrow NO+N \tag{8.205}$$
$$N+O_2 \rightarrow NO+O$$

这就产生了 NO。

而 NO 消失的化学反应式为

$$NO+N \to NO_2+O \tag{8.206}$$
$$NO+O \to N+O_2$$

以及 NO 的热分解反应

$$NO+NO \to N_2O+O \tag{8.207}$$

地球上氮的固定(NO_X)通过人为的和自然的各种有机和无机过程完成的,其有机固氮过程是陆地上和海洋中细菌和藻类的各种固氮过程的新陈代谢过程,估算为大约 $200Tg(N)a^{-1}$ 速率,即是每年的氮为 $200\times 10^{12}g$。无机固氮过程是消耗足够的能量分解大气中的分子氮,这些过程涉及自然发生的林火和电火花,人为引起的如石化燃料、有机体的燃烧等,大体上由人为固氮约为 $60200Tg(N)a^{-1}$。而由闪电自然地无机固氮是将分子氮变为 NO_X。表 8.2 给出了不同作者得出的全球 NO_X 的估算。

表 8.2 全球对流层 NO_X 收支的估算($Tg(N)a^{-1}$)

	Ehhalt and Drummond(1982)	Logan(1983)	Penner et al(1991)
源			
化石燃烧	13.5 (8.2~18.5)	21 (14~28)	22.4
生物量燃烧	11.2 (5.6~16.4)	12 (4~24)	5.8
土壤发出	5.5 (1~10)	8 (4~16)	10.0
闪电	5 (2~8)	8 (2~20)	3.0
其它源	4 (1.7~6.2)	6 (1.5~11.5)	1.0
总源	39 (19~59)	55 (26~100)	42.2
沉降			
湿沉降	24 (15~33)	27 (12~42)	
干沉降	(0~7)	17 (12~22)	
总沉降	24 (15~40)	44 (224~64)	

当 NO 的生成和消失达到平衡时,就得到 NO 平衡时的浓度 f^0_{NO}。图 8.32 是 Borucki 和 Chameides(1984)计算的 NO 体积混合比 f^0_{NO} 与温度 T 间的关系,从 1000K 开始,大气中的 NO 增加,到 4000K 左右,NO 的浓度达到极大,f^0_{NO} 的值为 0.1。τ_{NO} 表

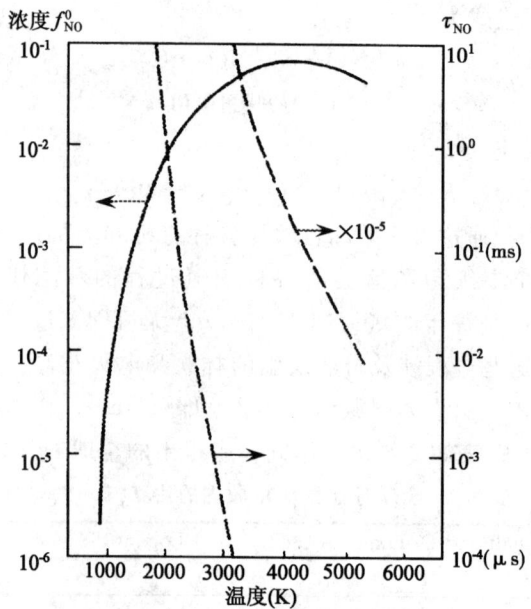

图 8.32 对于 NO 平衡体积混合比与温度的关系
(Chameides, W. L, 1986)

示到达平衡浓度所需的时间,它随温度减低而急剧增大。在 4000K 左右,τ_{NO} 只等于几微秒。在 2500K,τ_{NO} 为毫秒量级。在 2000K,τ_{NO} 为秒量级。在 1000K,τ_{NO} 长达 1000 年左右。在闪电过程中,空气温度急剧增加,NO 含量迅速增大,放电结束后,温度很快降低,但 NO 并非随温度下降而减少,其反应很慢。NO 好像冻结在空气中,这时的温度称为冻结温度 T_F,它由下式确定。

$$\tau_T(T_F) = \tau_{NO}(T_F) \tag{8.208}$$

式中 τ_T 是加热空气的特征冷却时间,最后达到恒定的 NO 的体积、混合比 $f_{NO}^0(T_F)$。

8.6.2 由闪电产生 NO 的估算方法

由一次闪电 NO 分子的产生率为

$$P(NO) = p(NO) E_f \tag{8.209}$$

式中 E_f 是每次闪电放电的能量,单位:J/m,每次闪电大约为 $1 \sim 20 \times 10^8$ J。$p(NO)$ 是单位放电能量产生的 NO,表示为

$$p(NO) = M_E(T_F) f_{NO}^0(T_F) \tag{8.210}$$

式中 $M(T_F)$ 是单位长度通道上被加热到温度 T_F 的分子数(单位:分子数/m),表 8.3

中给出了不同作者得出的 $p(NO)$ 和 $P(NO)$ 值。对于 $p(NO)$ 的平均实验室值和理论值分别为 $(8.5\pm4.7)\times10^{16}$ 和 $(5.9\pm2.8)\times10^{16}$ 分子/J。如果每次闪电的能量 E_f 为 4×10^8 J/每次闪电，则得的实验室和理论的平均值为 $(2.1\pm1.4)\times10^{25}$ 和 $(2.4\pm1.2)\times10^{25}$ 分子/flash。全球闪电产生的 NO 为

$$G(NO)=P(NO)f_f \tag{8.211}$$

式中 f_f 是全球闪电频率。如果取 f_f 为 $100(70\sim150)$/s，$P(NO)$ 为 $2.3(1\sim7)\times10^{25}$ 分子/flash，则 $G(NO)$ 为 $2(1\sim8)$Tg(N)/a。而 Liaw(1990)得出全球的氮的固定产生率为 81×10^{12} g/a。

表 8.3　由闪电产生的全球 NO 的估算结果

$p(NO)$ $(10^{16}NO/J)$	E_f $(10^8J/flash)$	$p(NO)$ $(10^{25}NO/flash)$	f_f $(10^2flash/s)$	$G(NO)$ $(T_g(N)/a)$	
FEA 理论估计					
—	—	1.1	5	4.0	Tuck(1976)
3～7	20	6～	4	18～41	Chameides et al(1977)
8～17	20	16～	4	47～100	Chameides(1977a)
—	—	0.8	5	3	Dawson(1980)
—	—	1.2	1	0.9	Hill et al(1980)
—	—	1.6	1	1.2	Bhetanabhotla et al(1985)
FEA 实验室估计					
					Chameides et al(1977)
6±1	20	12±2	4	35±6	低能
8±4	20	16±4	4	47±23	高能
5±2	1	0.5	5	1.8±0.7	Levineetal(1981)
1.6	20	3.2	4	9.4	Peyrous and Lapeyre(1982)
9±2	4(1.6～10)	3.6±0.8	1	2.6±0.6	Borucki and Chameides(1984)
FEA 野外估计					
—	—	10	5	37	Noxon(1976,1978)
					Kowalczyk and Bauer(1982)
—	—	10	5	3.8	CG
—	—	1	2.5	1.9	IC
—	—	40 (10～100)	1	30	Drapcho et al(1983)
—	—	300	1	220	Franzblau and popp(1989)
雷暴外推估算					
—	—	—	—	7	Chameides et al(1987)
4	625	—	5	5.6	Tuck(1976)
				81	Liawetal(1990)
		2.3(1～7)	1(0.7～1.5)	2(1～8)	

注：G 是由 $P(NO) \cdot f_f$ 得到，FEA=闪电外推方法

由闪电产生的 NO_x 是随高度和纬度而变化，图 8.33 是 Kasibhatla 等(1993)利用

三维全球化学传输模式(CTM)全球氮循环的模拟结果,图8.33a是地面处(990hPa)由闪电产生的NO_x全球年平均值图;图8.33b是对流层中部(500hPa)由闪电产生的NO_x全球年平均值图。

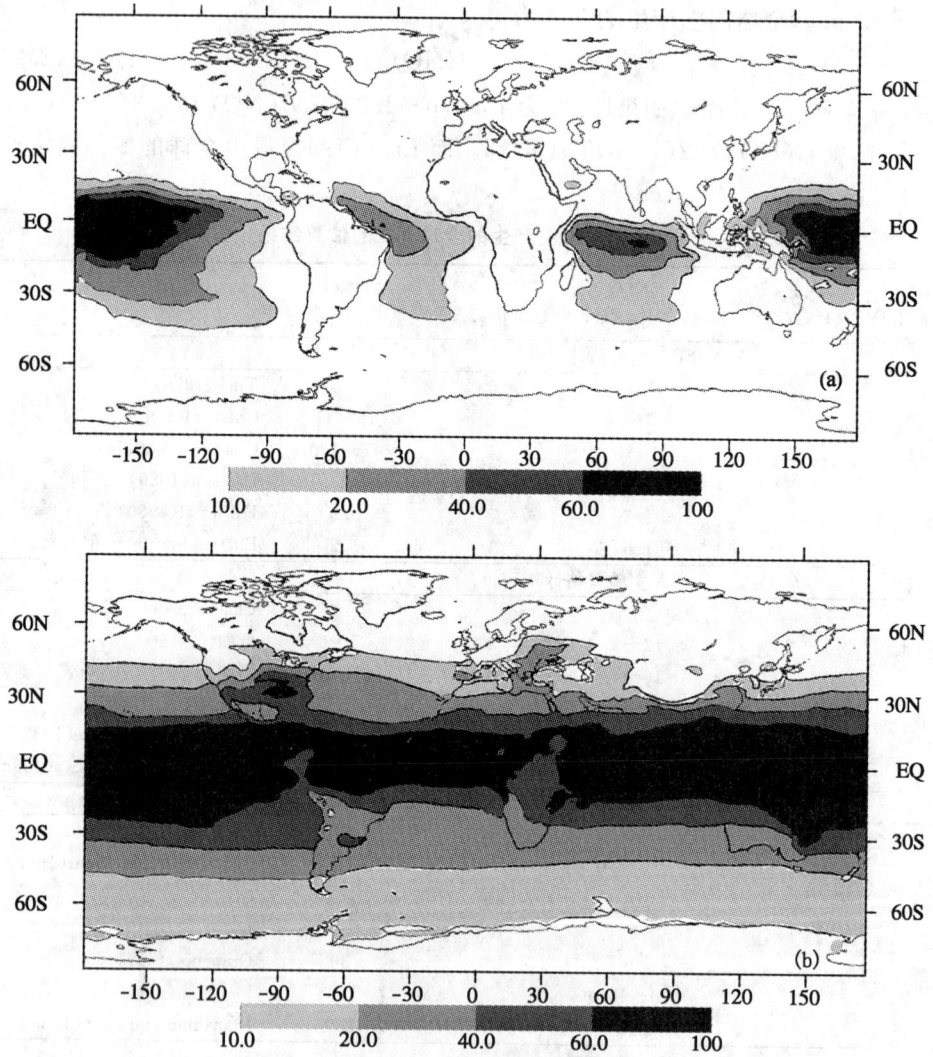

图8.33 (a)在地面(990hPa)由闪电产生的全球NO_x的年百分数;
(b)在对流层中部(500hPa)由闪电产生的全球NO_x的年百分数(Kasibhatla,1993)

§8.7 闪电光谱

雷电过程产生强大的闪电电流,不仅形成丰富的电磁辐射而且在峰值温度高达上万度的闪电通道中,各种气体原子和分子等粒子激发到高能级,当这些高能级的气体分子和原子跃迁到低能级时,便形成光辐射,光谱范围从紫外到红外,利用闪电的可见光辐射可进行闪电的光谱观测,从而获得闪电的结构。

8.7.1 闪电光谱的表示方法

闪电光谱采用光谱学中的一般表示方法。对于原子光谱谱线的标记,习惯上用原子元素符号表示辐射光谱谱线的原子。在原子元素符号后面用罗马字表示其电离状态。罗马字Ⅰ表示未电离的中性原子;罗马字Ⅱ表示单电离原子,即失去一个电子的原子;罗马字Ⅲ表示双电离原子,即失去两个电子的原子;如此等等。在罗马字后括号内的阿拉伯数字,表示原子光谱多重谱线的数目。

8.7.2 闪电光谱

用光谱仪对闪电进行观测,已观测到闪电光谱的范围从紫外到近红外波段,其波长下限为2860Å,波长上限为10000Å左右。对于波长小于2860Å的闪电光谱,因位于大气中臭氧分子的哈脱莱吸收谱带,一般不易观测到。在闪电光谱中,最重要的谱线为NⅠ,NⅡ,OⅠ和OⅡ等原子光谱线。

1)中性氮原子闪电电光谱在可见光和近红外,光辐射产生于能级为 $11\sim13\text{eV}$ 的高能级和基态之间能级跃迁。较强的谱线有4223NⅠ(5),6482NⅠ(21),7442NⅠ(3),8223NⅠ(2),8629NI(8)和8683NI(1)等。氮原子符号波长的单位以Å为单位。

2)单电离氮原子主要辐射紫外光和可见光,光辐射产生于能级为 $20\sim30\text{eV}$ 的高能级与基态之间的能级跃迁。较强的谱线有 3330NⅡ(22),3437NⅡ(13),3919NⅡ(17),3995NⅡ(12),4447NⅡ(15),4630NⅡ(5),5001NⅡ(19)和5680NⅡ(3)等谱线。

3)中性氧原子主要辐射可见光和红外光,光辐射产生于能级为 $10\sim16\text{eV}$ 的高能级与基态之间的能级跃迁。较强的谱线有 7774OⅠ(1),7947OⅠ(30)和8447OⅠ(4)等谱线。

4)单电离氧原子主要辐射紫外光和可见光,光辐射产生于能级为 $25\sim27\text{eV}$ 的高能级与基态之间的能级跃迁。较强的谱线有 3727OⅡ(3),3749OⅡ(3)和4075OⅡ(10)等谱线。

在闪电光谱中还观测到 N_2,N_2^+,O_2,NO,Ar,C,OH,NH,CN 等成分辐射的光谱

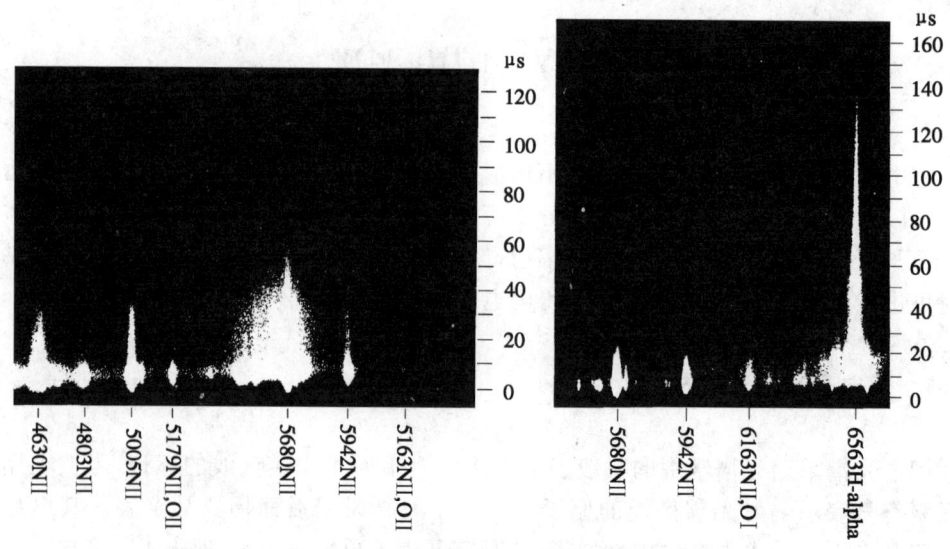

图 8.34　高速时间分辨率光谱(Orville,1968)

带和多重谱线,以及氢原子位于巴尔末光谱系中的 H_α 谱线和 H_β 谱线。

图 8.34 左边是由高时间分辨率的相机观测到的精细闪电光谱,它是将胶卷放置暗盒内的静止盘内侧,通过三个转速为 3000 转/min 的侧镜对闪电观测得到的,光学系统是一水平窄缝,其时间分辨率为 $5\mu s$,对闪电通道的分辨率为 $10m$,由于胶片对光谱的红端不灵敏,图中没有 H_α 谱线,该光谱显示第一条谱线为电离的 NⅡ 谱线,随后是几微秒的中性氮原子的连续和发射光谱。由这些和其它谱线的峰值强度确定温度。峰值温度为 28000～31000K。图 8.34 右边是用一 Dynafax 相机获得的,该相机具有一静止镜和旋转盘,用时间分辨率 $2\sim 5\mu s$ 能分辨闪电通道 10m 的光谱。由于使用柯达胶卷可感应红色光谱,能观测到闪电氢光谱线,该光谱都是回击中的中性氢原子的发射光谱和中性单电离氮和氧造成的。

图 8.35 是用无缝闪电光谱仪得到的紫外线、可见光、近红外三个光谱段的闪电光谱主要谱线分布位置。图中标出的波长是近似值,单位 Å。

8.7.3　闪电的光谱测量

8.7.3.1　窄缝光谱计

如图 8.36,窄缝光谱仪与光谱实验室中常用的光谱仪结构是相同的。它由入口窄缝、准直镜、衍射光栅、聚光镜及探测器等组成。在闪电光谱探测中,探测器通常为胶片。每一条谱线实际上就是窄缝的一个像。这种光谱仪的能精确地确定波长,并且有

第八章 雷电的物理效应

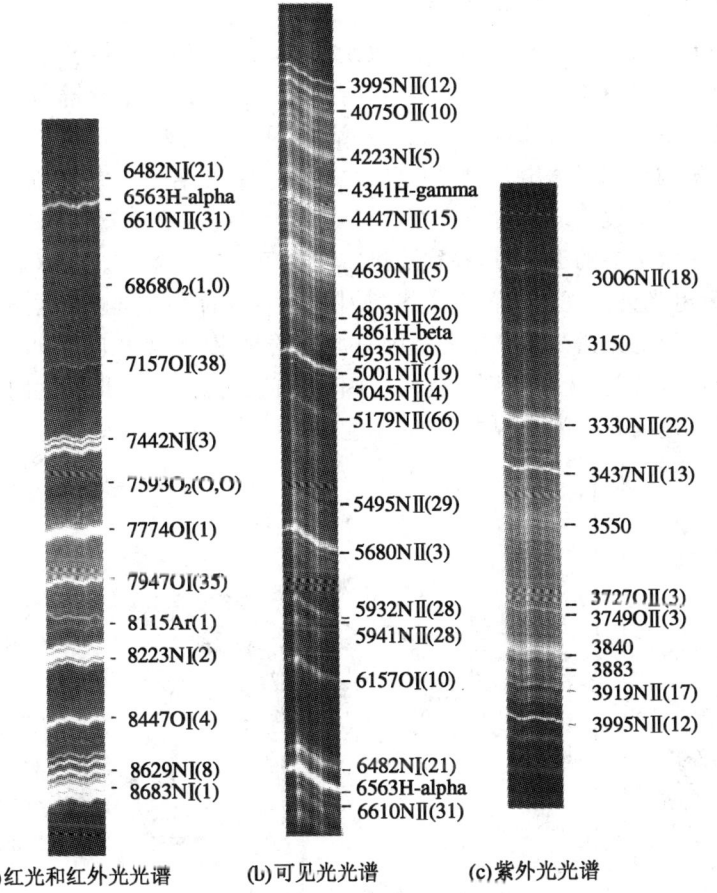

(a) 红光和红外光光谱　　(b) 可见光光谱　　(c) 紫外光光谱

图 8.35　闪电光谱（Orville 和 Salanave，1970）

好的分辨率。当闪电产生的光辐射照射到光谱入口处的垂直取向的狭缝上，狭缝可看做一宽度很窄的直线型等效光源，闪电的光辐射通过狭缝后，经一准光镜将窄缝形成的直线形光源变为平行光，投射到光栅或棱镜等色散器件上，最后再经一聚光镜将色散后的闪电光辐射成像在底片上，从而获得闪电光谱照片。由于有狭缝光谱仪是以被闪电光辐射照射后的狭缝作为等效光源，所以闪电光谱

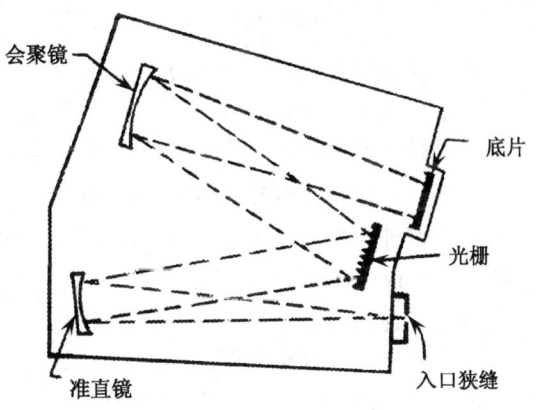

图 8.36　窄缝光谱仪

各谱线在底片上的位置是固定的,与闪电的方位无关。这有利于与谱线波长已知的实验室火花放电光谱进行比较,因而易于确定闪电光谱各谱线的波长,以及各谱线所对应闪电通道中光辐射粒子的成分。此外,由于闪电光谱仪的光谱分辨率与光源的宽度,即闪电光谱仪的窄缝宽度有关,因此,只要在满足闪电光谱照相所要求的辐照度条件下,可将窄缝宽度调节到足够窄,以便提高闪电光谱仪的光谱分辨率,从而有助于分辨闪电光谱谱线结构。不过窄缝闪电光谱仪由于入口的窄缝限制了进入闪电光谱仪的能量,为了使底片获取足够的曝光量,往往需进行多次闪电累积曝光。所以,由此获得闪电光谱,是窄缝闪电光谱仪视场角范围内各类闪电光辐射的长时间累积结果,因此利用窄缝光谱仪获取的闪电光谱是雷暴期各类闪电的平均结果,在累积曝光期间各个闪电之间的物理差异都被掩盖,无法区别任何关于闪电之间或闪电发光性质之间的物理差异,也就是无法区分地闪和云闪的闪电光谱,不能研究一次闪电的光谱特征。

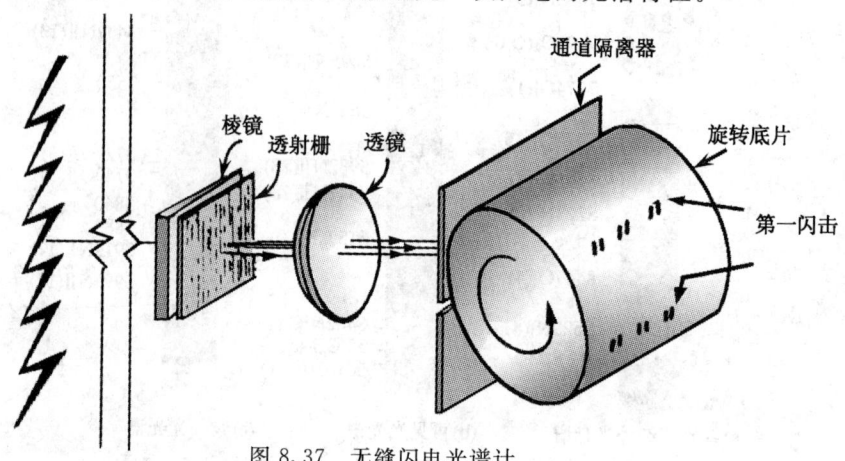

图 8.37 无缝闪电光谱计

8.7.3.2 无缝闪电光谱计

这一光谱仪主要用于观测地闪的闪电光谱,如图 8.37,其原理结构与窄缝光谱仪基本一致。只是在光谱仪的入口处,没有安置窄缝。无缝闪电光谱计的主要特征有:(1)有效狭缝的宽度就是发光光源的宽度,从而能对近处闪电及远处闪电确定光谱计的分辨率;(2)可以研究闪电通道的特性随高度的变化;(3)对闪电的记录成像,一次曝光就够了。这种无缝闪电光谱计可以有两类,一种是记录闪电光谱,就是对一次闪电中各种过程进行时间累积测量;另一种是选取一小段闪电通道,以一定的速度移动胶片,对一次闪电中各种过程进行有时间分辨率测量的光谱仪。

由于无缝闪电光谱计没有安置有窄缝,所以在无缝闪电光谱计视场角范围内发生的线状地闪,近似为平行光,并直接投射到光谱仪中的光栅或棱镜等色散器件上,最后经聚光镜将色散后的地闪光辐射成像在底片上,从而获得谱线形状与曲折的地闪通道形状相同的闪电光谱。由于利用无缝闪电光谱计所拍摄的闪电光谱的各谱线在底片上的位置与闪电方位有关,因此,往往需根据闪电的某些特征谱线,与谱线波长已知的实验室火花放电光谱进行比较,来确定闪电光谱各谱线的波长,以及各谱线所对应闪电通道中光粒子成分。此外,由于无缝闪电光谱计直接以地闪通道作为光源,所以无缝闪电光谱计的光谱分辨率与地闪通道的视角有关。因此,当闪闪电通道较宽而闪电又较接近时,将使无缝闪电光谱计的光谱分辨率降低,影响闪电光谱的细致结构。

利用无缝闪电光谱计可获得一次地闪光谱,可以研究地闪通道不同部位的闪电光谱特征及闪电通道物理参量的平均情况。

此外,在无缝闪电光谱计的基础上,还可以研制时间分辨率很高的闪电光谱仪,并称之为时间分辨无缝闪电光谱计(如图 8.38 所示),它在紧靠拍摄闪电光谱的底片前安

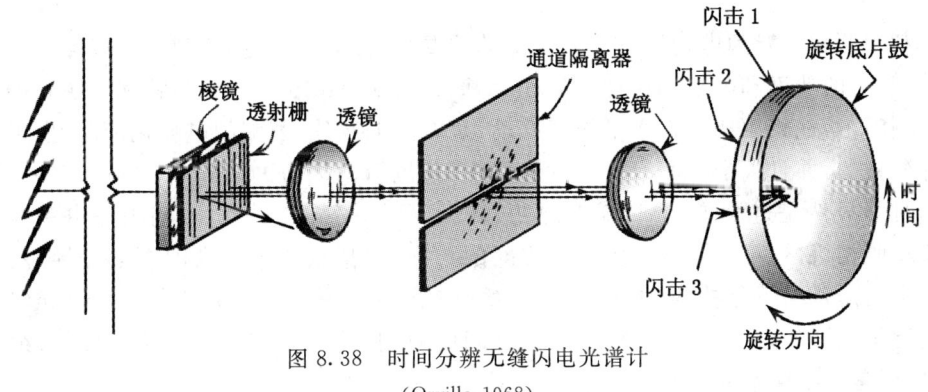

图 8.38　时间分辨无缝闪电光谱计

(Orville,1968)

装一水平取向的窄缝,其作用只允许一小段闪电通道的光谱辐射成像在底片上,而底片则紧贴在一个高速转动的圆柱状滚筒上,滚筒的转轴为水平取向,且与窄缝取向平行。

8.7.3.3　光电探测器的光谱仪

光电探测器是利用卫星、飞机和地面观测闪电的一种仪器,它是一种对天空观测的仪器,就是对半球或半球的一部分进行观测。图 8.39 是一个光电探测器示意图,其外罩是一个玻璃防护罩,探测器置于罩内,探测器是一个光电二极管,测量闪电发出的光辐射,该仪器采用可见光和近红外波段可对方位 360°、仰角 30°的天空观测。

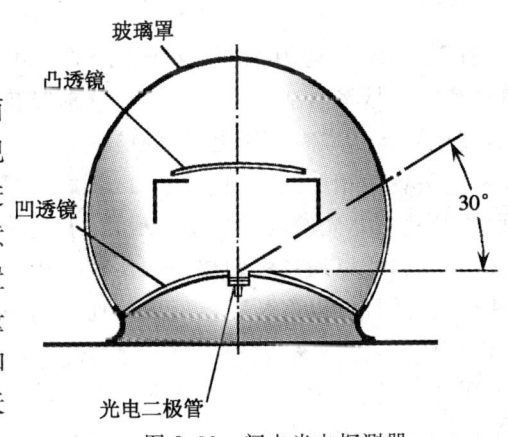

图 8.39　闪电光电探测器

(Guo,Krider 等,1982)

第九章　雷电监测原理和方法

雷电的监测方法主要有：目测、照相、电场仪、闪电计数器、光谱仪、脉冲电压记录仪、卫星闪电探测器、声探测器、雷达探测等。有关声探测和光谱仪已在第八章作了讲述。

§9.1　闪电的照相观测方法

利用照相机对闪电观测是研究闪电的重要工具之一。由照相观测可以测量闪电的时间、闪电的速度和闪电的结构。早在19世纪后期，Hoffert(1889)就利用照相摄影方法观测闪击，他将照相机作水平快速移动，获取闪电照片，观测闪电变化情况，发现闪击是有分枝的，并且闪击之间有连续发光存在，并测量两闪击的时间间隔为 1/5~1/10s，这个时间显然是过大了。到20世纪初，法国Walter(1902~1918)利用一由钟控制的可移动照相机，他精确地测出了闪击之间的时间，并拍摄了第一次闪击之先导，观测到第一次闪击是向下分枝的，但是他没有发现先导是梯级的。同时，美国Larsen(1905)也进行了类似的闪电观测，测量了闪击之间的时间，并记录到一次由40次闪击组成的闪电，但是分不清箭式先导。

9.1.1　闪电的高速旋转照相法

直至1926年博尹斯(Boys)设计的一种旋转式相机，后来称之Boys相机，如图9.1a，其结构是将两个照相机的镜头分别安装在一旋转圆盘的一条直径的两端，镜头随圆盘高速旋转。当观测闪电时，闪电成像于两镜头后面的静止底片上，由于圆盘快速旋转，两镜头各向相反的方向移动，由于镜头的高速移动，闪电光不是同时到达底片上，使得照相底片上感光的闪光发生畸变，但是这畸变方向是以直径为对称的，镜头的旋转速度是已知的，所以通过将两幅图的比较分析，及一系列处理后，就可以推断出闪电的方向和速度；并且可以判断闪电发展的连续相位，从而得到闪电的结构和发展过程。如图9.1(c)中，假定一个镜头垂直地位于另一个之上静止观测，则得到一个向下伸展的闪电放电图像；而当两镜头以相反方向快速移动时，就会形成如图所示的两幅图，对于上方镜头，其闪光成像向右移，对于下方镜头的闪光成像向左移。为精确测量这些位移，在图中画直线 $q-s-p$，然后将照片的两部分画成如图那样的排列，并使通过直线的 $q-s$

一 p 相应部分彼此平行,测出位移 $a\sim b$(图 9.1b)和 $p\sim q$,并将 $p\sim q$ 减去 $a\sim b$,得它们之差,然后除以镜头运动的速度的 2 倍,就得闪光由 a 到 p 的实际时间。由此可以画一张闪电发展的时间表。博尹斯相机的时间分辨率可以达到微秒量级,利用该相机成功地获取了大量地闪结构的照片。由于该相机获取的闪电照片结构呈波纹状,所以时常将这种相机称为波纹状相机。至 1929 年博尹斯又对他的相机作了进一步的改进,如图 9.2,他将转动相机镜头改为两镜头固定不动,而照相底片作快速旋转。这有利于提高观测的稳定性,同时提高观测的精度。

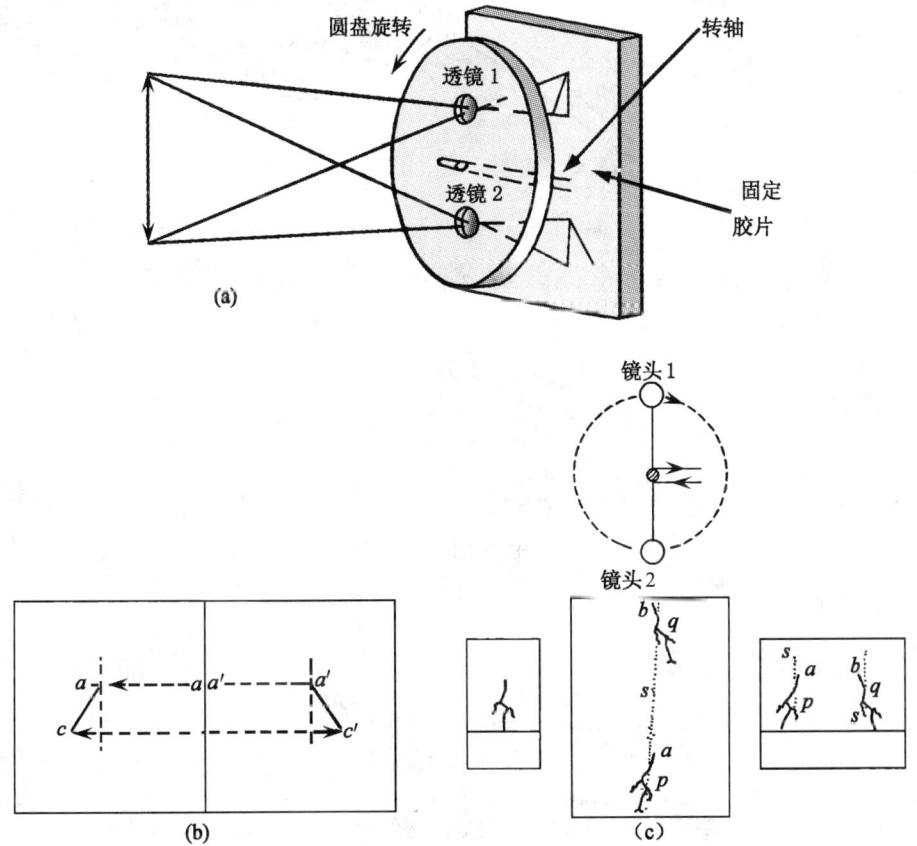

图 9.1 Boys 相机观测原理图(Schonland,1964)

9.1.2 高速线扫描照相机

为观测回击闪电通道径向(侧向)变化,Takagi 等制作了一高速扫描照相机,它是对一般线扫描照相机的改进。图 9.3 显示了这种相机的结构,它的部件有:物镜、图像

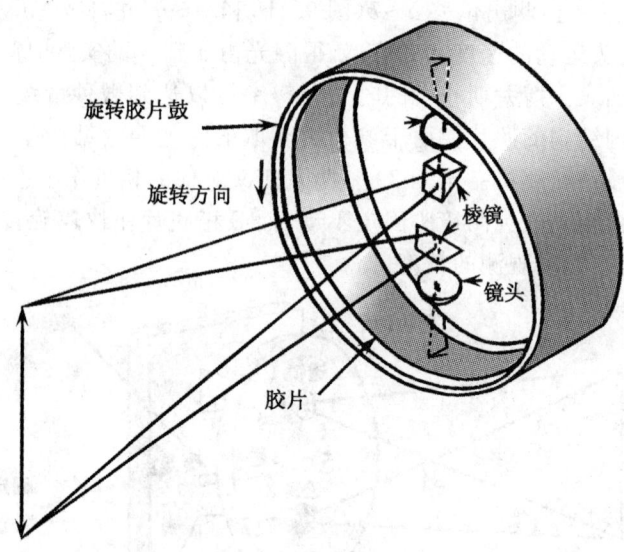

图 9.2 具有移动的胶片和固定的光学系统的 Boys 相机(McEachron,1939)

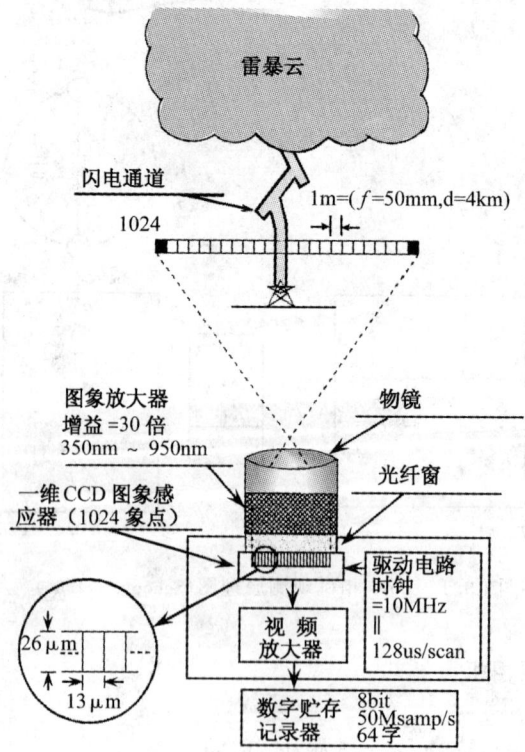

图 9.3 高速线扫描照相机原理图(Takagi 等 1998)

辅助(放大)装置、一维荷电耦合器件(CCD)图像感应器、一个探测器驱动器和一视频放大器。CCD图像感应器是由1024个高灵敏度的硅光敏二极管组成的一线性阵列,每一光敏二极管的宽度为$13\mu m$、长为$26\mu m$,所有的光敏二极管与CCD移位寄存器相连接。以约10MHz右旋速率驱动感应器,帧速率以约每秒7800扫描线,图像放大器对波长由低于350nm到950nm敏感,并且具有600nm的辐射光到物镜后,图像感应器充足的曝光,调节图像放大器将入射光放大30倍,并且选择光纤窗的图像器减小光的透射。

§9.2 大气电场和闪电电场的测量

大气电场是大气电学的一个最基本的参数,大气电场的测量也是一个最基本的测量,根据测量的大气电场可以对大气中的电状况有一个全面的认识,同时也为推算大气中的其它各大气电学参数提供了一个基本已知量。

9.2.1 静电电场强度测量

早期的电场仪在地面测量,其输出的是交流信号,信号的大小正比于场强,将这些信号显示或记录,或经整流给出直流输出。为了确定电场极性则要另加电路,就是在仪器配置一对板极或栅网,其面积要大于电场仪转动盘的面积,两板间相隔一定距离,并加上电压。

9.2.1.1 大气静电场的平板天线测量方法

地面大气静电场强度可以利用测量天线与大地之间的电压来确定。感应大气电场的天线可以是平板、或是金属球或垂直的金属导线,如图9.4中有一平板天线,天线方向垂直于电场矢量,平行于地面,即沿着一等位面。假定电场分布均匀,天线离地面距离为h。在天线没有负载情况下天线附近的电场为E,而大地和天线之间的电位差是$V_g = Eh$,天线与云电荷中心之间的杂散电容为C_c,天线与大地之间的杂散电容为C_g,且$C_g \gg C_c$,云电荷中心与大地之间的电位差为V。云地电位差沿C_c、C_g被分压。C_g上的电位差是

$$V_g = V \cdot \frac{C_c}{C_g + C_c} \qquad (9.1)$$

由于$V_g = Eh$

$$V = Eh \frac{C_c + C_g}{C_c} \qquad (9.2)$$

如图9.4(b),测量电路接上天线,测得电位V,它小于V_g,这时RC电路为天线的负载,假如$R \gg C$,则在确定V时,只需考虑C的作用。C和C_g构成并联电路,电压为

$$v = V \cdot \frac{C_c}{C_g + C_c + C} \tag{9.3}$$

将(9.2)式代入(9.3)式,消去 V 就得

$$v = Eh \cdot \frac{C_c + C_g}{C_g + C_c + C} \tag{9.4}$$

由于 $C_g \gg C_c$,所以上式近似为

$$v = Eh \cdot \frac{C_g}{C_g + C} \tag{9.5}$$

由(9.5)式可见,测得的电压正比于地面电场 E。而其比例系数 $hC_c/(C_g+C)$ 可以通过计算或测量确定。实际上,$C > C_g$,故 C 用来控制测量电压大小。R 的作用是使电压 V 有一时间常数 $R(C+C_g)$,或当 $C \gg C_g$ 时,时间常数为 RC。如果 RC 大于所要测量的时间,则 R 对测量的影响即可忽略。

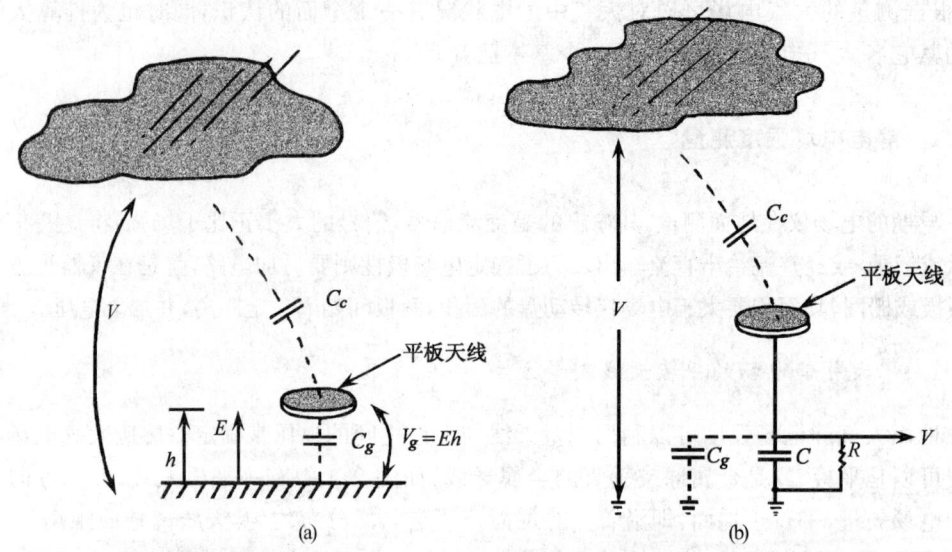

图 9.4 (a)未接到电子线路上的平板天线;(b)与电子线路相连的平板天线

根据与天线相连的测量电路的 RC 取值,把对大气电场的测量分为两种情况:

(1)静电场计(慢天线):取时间常数 $RC = 4s$,频率响应从直流到 20kHz 以上,有 5 个不同的 C 值使电压增益变化范围为 80db,而 R 值从 10^7 变到 10^{11},由示波器显示输出电压。示波器作非同步扫描,每一次扫描较前一次偏离一点,每次扫描时间为 50ms,时间分辨率为几分之一毫秒。

(2)静电场变化计(快天线):取时间常数 $RC = 70\mu s$,频率上限超过 1MHz,可以得到 $10\mu s$ 的时间分辨率。

图 9.5 是两种静电场平板天线系统,对于平板天线的电子积分所提供的积分电压

正比于平板上的荷电量,由此与环境电场成比例。在上面图中,电子积分是通过积分电路实现的。在下面图中积分是通过天线底部处的电容到地进行的。图中 C_G 是天线与地面之间的电容,R_0 是电缆终端的电阻,相对大电阻 R 是对于放电积分电容 C,这样具有时间常数 RC 输出电压趋向于 0。图 9.5(a) 和图 9.5(b) 两系统的上限频率为 1MHz,最低频率为 0.1Hz。

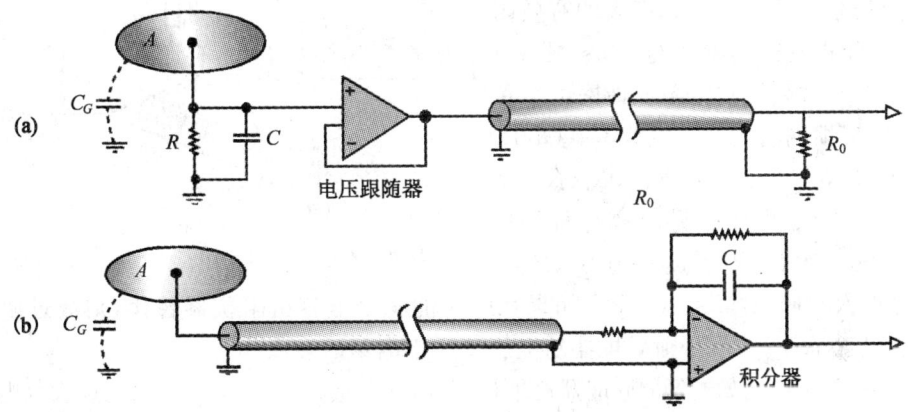

图 9.5　两种静电场测量天线系统(Krider 等 1975)

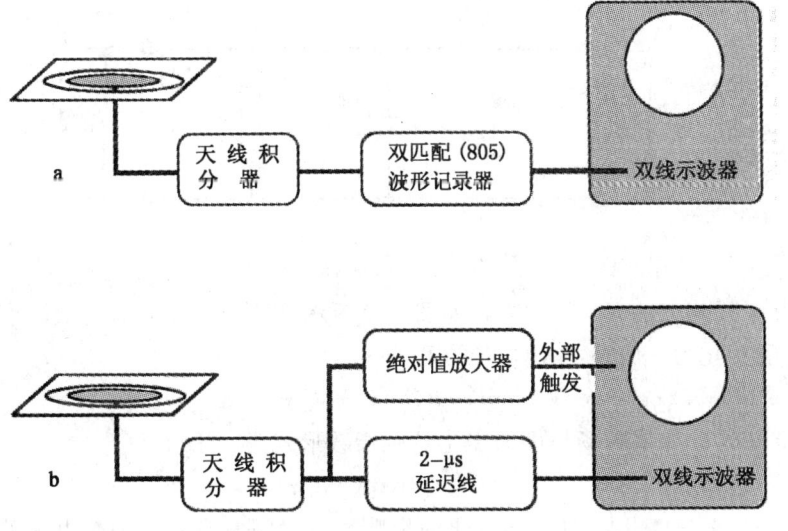

图 9.6　闪电场波记录器方框图(Krider 等 1975)

图 9.6 为平放于地面上周围地面建筑合适的平板天线电场测量仪,因大气电场在天线上感应的电荷 $Q(t)$,并与一电子线路相接,在图中无论是相对地面的电容或电子积分器对平板天线的电流是 dQ/dt。由于垂直于平板的电通量密度分量为 $E_n a = Q/$

$\varepsilon_0 A$,而积分后的电压为 $V=Q/C$,由此得出 $V=(\varepsilon_0 A/C)E_n$,这里 E_n 是垂直于天线的实际法向电场,积分电容 C 与较大的阻抗 R 并联,确定时间常数 RC 和输出讯号,它应当比实际的时间变化值更大,例如,如果对回击电场,RC 应是毫秒量级,如果对整个闪电,RC 应是秒量级。在实验室使用电阻反馈网构成的阻抗器可以得到很大的有效阻抗 R,由此能得到时间常数约 $10\mu s$,图 9.7 为带有一个有效阻抗的电阻反馈网电子积分器,图中反馈网的有效阻抗为 $R=(R_1R_2+R_1R_3+R_2R_3)/R_3$;如果 $R_3 \ll R_1$、R_2,则有 $R \cong R_1R_2/R_3$,并且得到衰减时间常数为 $RC=10s$。例如,$R_1=R_2=10^6\Omega$,$R_3=100\Omega$,可得 $R \cong 10^{10}\Omega$,$C=10^{-9}F$。

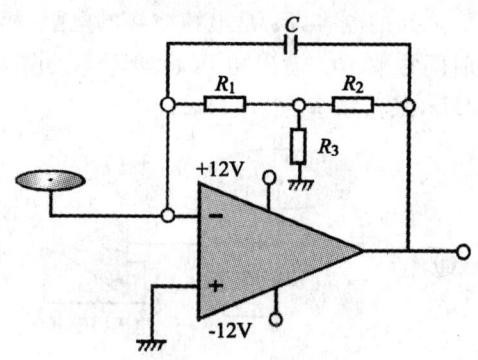

图 9.7 有效阻抗的电阻反馈网电子积分器

如果在图中的积分电容由阻抗器替代,则流过阻抗器的电流为 $\varepsilon_0 A(dE_n/dt)$,则阻抗器的电压正比于电场的导数。

根据测量要求,测量电场的感应器有平板型、球形和鞭状等,在地面主要测量大气电场的垂直分量,感应器采用平板状;为同时测量大气电场的三个分量,感应器作成球型天线。

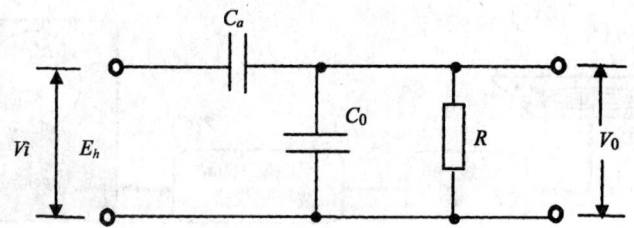

图 9.8 与天线相联的 RC 等效电路

如果与天线相连的 RC 等效电路如图 9.8 所示,图中 C_a 是具有有效高度 h 的天线电容,当电场变化为 e 伏时,输出电压方程为

$$dV/dt+V/RC=C_ah/C \cdot de/dt \tag{9.6}$$

式中 $C=C_a+C_0$。如果电场强度的变化具有指数形式为

$$e=E_c[1-\exp(-t/\tau)] \tag{9.7}$$

式中 E_c 是整个电场变化,τ 是电场变化的指数衰减时间常数。取测量电路的时间常数 $\tau_0=RC$,则由 (9.6) 式得到

$$V=\frac{C_a}{C} \cdot h\, E_c[\exp(-t/\tau_0)-\exp(-t/\tau)]\left(1-\frac{\tau}{\tau_0}\right)^{-1} \tag{9.8}$$

对最大输出电压 V_m 求解,总电场变化 E_c 为

第九章 雷电监测原理和方法

$$E_c = \frac{C}{C_a} \cdot \frac{V_m}{h} \{(1-\tau_r)[\exp(a\tau_r)-\exp(a)]^{-1}\} \tag{9.9}$$

式中 τ_r 是电场变化的时间常数与测量电路时间常数之比,为

$$\tau_r = \frac{\tau}{\tau_0}, \quad a = \ln[\tau_r/(1-\tau_r)] \tag{9.10}$$

当 $\tau_r \to 0$,对于(9.9)式中的大括号项 $\to 1$,而当 $\tau_r = 0.01$ 时,其为 1.05。这就是如果要测量误差不超过 5%,测量电路的时间常数至少必须为电场变化的时间常数的 100 倍。因此,要达到指数电场变化最大值的上升时间为其时间常数的 5 倍,那么 RC 测量电路就必须具有至少为上升时间 20 倍的时间常数。

对于垂直天线长度为 L 和半径为 r 的天线电容 C_a 和它的有效高度 h 分别表示为

$$C_a = 2\pi\varepsilon_0\varepsilon_r L\left[\ln(2L/r) - \frac{3}{2}\right]^{-1} \tag{9.11}$$

$$h = L/2$$

如果天线按底部安装在地面上还有一段距离,则有效高度取为天线中点离地面的高度。

对于地面上高度为 H 点处有点电荷 Q,与测站的距离为 $D(D \gg H)$,电荷 Q 是时间 t 的函数,则电荷随时间的改变产生电流 $i(t)$,则观测点的总电场(8.62)式可以下述形式写为

$$E = \frac{H}{2\pi\varepsilon_0\varepsilon_r}\left(\frac{Q(t)}{D^3} + \frac{i(t)}{cD^2} + \frac{di/dt}{c^2D}\right) \text{V/m} \quad i = \frac{dQ}{dt} \tag{9.12}$$

从上可见,如果能测量出总电场的一种分量就能求出另两种分量。对此假定回击时,闪电通道取决于所假定的电流波形和电荷向上运动,若 $D \gg H$,则电场强度的三个分量为

$$E_s(t) = -\frac{QH}{4\pi\varepsilon D^3} \cdot F^2(Q,t) \tag{9.13a}$$

$$E_i(t) = -\frac{H}{2\pi\varepsilon cD^2} \cdot F(Q,t) \cdot i(t) \tag{9.13b}$$

$$E_r(t) = -\frac{H}{2\pi\varepsilon c^2 D} \cdot [F(Q,t)di/dt + i^2(t)/Q] \tag{9.13c}$$

式中 $\varepsilon = \varepsilon_0\varepsilon_r$;$F(Q,t) = \int_0^t [i(t)dt/Q]$。当 $t \to \infty$ 时,$F(Q,t) \to 1$。因此如果以足够的时间分辨率测量,则能导得相应的放电电流 $i(t)$ 的时间变化,但是如果参数 Q、H、D 未知,就无法确定 $i(t)$ 值。对此必须得到确定总电场变化的四个同时测量值才能计算 $i(t)$。

如若带宽足够大,则用一个屏蔽的、交叉的矩形天线能测量总的电磁场 E_m 变化。如果距离 D 不太大,约为 20~30km,则辐射分量 E_r 和感应分量 E_i 相比,可以忽略,这时,不管电场起始值的影响,时间变化近似为电流 $i(t)$ 的变化。

根据回击电流模式可以计算感应场,通过转换为电学单位,可得上述 $D \gg H$ 的同样结果。对于理想的垂直闪电通道,磁场是水平圆形的,设磁通量在这一点切割垂直导体,沿导体产生电位梯度,数值以 V/m 为单位的电场强度,由此可求出任一点电磁场强度,其中假定导体以光速和同样衰减时间辐射电磁场。

感应场强随距离变化(忽略闪电通道中电流变化),由(9.13b)式对 D 的微商给出,如果矩形天线框两垂直边长为 h,水平间距为 d,与传播方向成 θ 角,则输出电压差为

$$V(t) = \frac{H}{\pi \varepsilon \, cD^3}[F(Q,t) \cdot i(t)] \cdot hd \cos\theta \tag{9.14}$$

式中乘积 $hd = A$ 是矩形天线框的面积,如果 n 是线圈的圈数,则上式化为

$$V(t) = \frac{H}{\pi \varepsilon \, cD^3}[F(Q,t) \cdot i(t)] \cdot nA \cos\theta \tag{9.15}$$

如果 $H = 4\text{km}, D = 20\text{km}$,以及 $nA\cos\theta = 100$,则有

$$V(t) = 6[F(Q,t) \cdot i(t)] \quad (\mu V/A) \tag{9.16}$$

9.2.1.2 旋转(场磨)式大气静电场仪

由于用电子学方法进行电场强度的监视时间是电子系统中等效 RC 的函数,它只能在秒量级的时间内是可行的,不能进行较长时间的电场观测。因此为观测晴天条件下的地面大气电场,以及观测雷暴天气条件下地面大气电场和闪电所引起地面大气电场的变化。现大多采用称之为旋转式场磨仪的一种仪器,它是根据导体在电场中产生的感应电荷原理,来测量大气电场的。仪器由大气电场感应器、信号处理电路、显示系统和雷暴警报器等四部分组成(见图 9.9)。

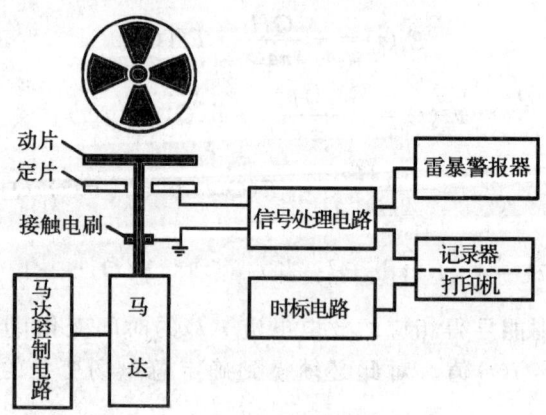

图 9.9 地面大气电场仪原理方框图

1)**大气电场感应器**:它由上、下两片相互平行的、有一定间距形状相似的 4 叶片连接在一起的对称扇形金属片组成。下面的金属片用来感应电荷,固定不动,称为定片。

上面的金属片由马达驱动旋转,称为动片,并与地相连接,它既起屏蔽定片的作用,又使定片暴露于大气电场中。当动片旋转时,定片便交替地暴露在大气电场中,由此产生交变电信号,信号的大小与大气电场强度成正比。

当动片旋转时,它对定片起周期性的屏蔽作用,于是定片一会儿完全暴露于大气中,一会儿则完全屏蔽掉,有时只露出一小部分。如果定片有面积为 ΔS 暴露于大气中,在它上面出现感应电荷 ΔQ,则有

$$\Delta Q = \sigma \Delta S \tag{9.17}$$

其中 σ 是定片上的面电荷密度。由于对金属导体表面的场强与电荷密度 σ 有关系

$$E = -\sigma/\varepsilon_0 \tag{9.18}$$

由此可得板上的电荷与场强的关系为

$$\Delta Q = \Delta S \cdot \varepsilon_0 E \tag{9.19}$$

如果定片与接地的电阻 R 相接,则当定片完全屏蔽时,其上的电荷经电阻 R 流向大地。由于定片被动片周期性屏蔽,定片上的电荷周期性地通过电阻 R 流向大地,这样在 R 上产生交变电流信号,这一电流极微弱,它进入信号处理电路。

2)信号处理电路:它将交变电信号进行放大等处理为显示系统所要求的信号;

3)显示系统:它可以用示波器,或用打印机或记录器等显示大气电场信号;

4)雷暴警报器:根据测量的电场的大小和变化,预测雷暴出现的可能,并发布近距离雷暴警报。

图 9.10 是 Malan 和 Schonland(1950)所描述的另一种场磨仪器,该仪器能响应小于 1ms 的电场变化,它是由多叶的接地圆盘,位于固定的电极上旋转,这些固定电极以凸触式的圆钉安装在绝缘盘上,且与接地负载电阻 R 并联,R 两端产生的电位 V 送入示波器显示。叶片为 N 的旋转盘以 n 转/s 转动,其输出的交流电压频率为 Nn/s,可对 20V/m 的电场产生 1cm 的位移,响应时间为 0.4ms。为指示电场方向,在圆盘径向切出两个较其它槽深的、相对着的长槽,然后在较近轴的地方装上一对额外的凸触式的圆钉,当这对凸触式的圆钉每半周暴露一次时,就造成讯号突增,

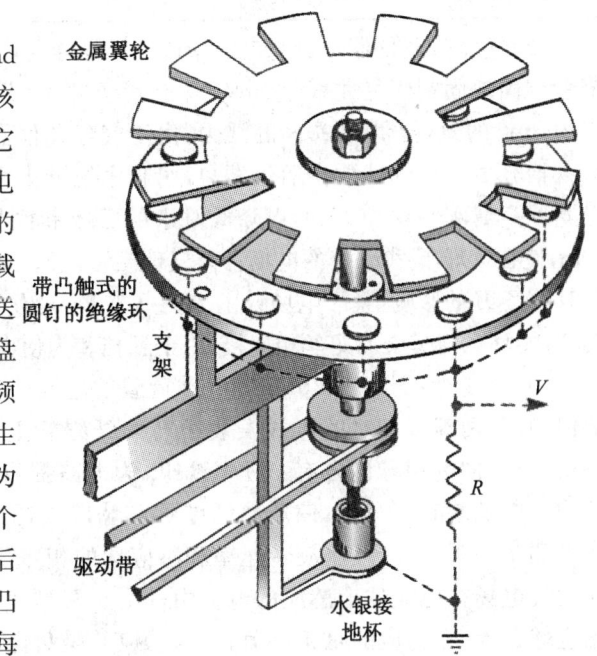

图 9.10 静电场计(Malan,1963)

这样当电场为正时,在显示波形的一边有指示,否则在另一边有指示。

9.2.1.3 大气电场探空仪

(1)概述:大气电场探空仪用于研究积雨云或其它云中大气电场分布和云中电荷分布。它由双球式大气电场感应器、发射机和在地面的接收系统三部分组成,双球式大气电场感应器由两个相隔一定距离、绕水平轴旋转的金属球体组成。在强大气电场中,两金属球分别感应大小相等、极性相反的交变电荷,其幅值与平行于两球旋转所形成平面的大气电场分量成正比,双球式大气电场感应器的输出信号,经发射机传送到地面。

地面接收系统由天线、接收机、数据处理系统和显示装置组成。天线接收的大气电场和温、湿信号,通过接收机和数据处理系统,最后输出探测结果。此外探空仪还携带有温度、湿度和测风应答仪。

大气电场探空仪的主要特性见表9.1。

表 9.1 大气电场探空仪的主要特性

	测定范围	测量精度	灵敏度
大气电场	$\pm 1kV/m \sim \pm 200kV/m$	$\pm 15\%$	$\pm 0.5kV/m$
大气温度	$-60 \sim 50℃$	$\pm 0.5℃$	
大气湿度	$10\% \sim 100\%$	$\pm 5\%$	

(2)气球荷载仪器部分:如图 9.11(a),气球与电场计用尼龙线相连结,探空仪和降落伞牢固地固定于尼龙线上,电场计放置于整个组成的最低部。1200g 橡皮气球内充有约 $8m^3$ 的氦,提供约 90N 的浮力,由于气球和仪器的重量约为 5kg,这大约需 40N 的自由抬升力。在气球放出后仪器离地,将电场计上方的卷线下放,无缠绕涂层处理过的尼龙单金属刚性丝长 15m,以降低对水的吸收和刚性线的电导率。这种无缠绕长约为 10m,使在气球下 20m 处的电场计离气球足够地远,从而可以略去可能在气球上建立的电荷对电场 E 的影响,紧靠电场计上方为一转环,可使电场计在无刚性线缠绕下绕垂直轴转动,转环也与蜡染尼龙丝相连接,用于悬挂和为使电场计对于单金属刚性丝保持平衡。

(3)电场计:图 9.11(b)中为气球荷载的电场计,电场计的主要部件是直径为 15cm 的铝制球,两球以相对的方式安装于玻璃纤维管上,两球之一是感应器并含有电子设备;相反方向的铝球包含有一锂电池组,为电路提供 +12V 和 -9V 电压。在玻璃纤维管的一端安装有一马达,使玻璃纤维管和球以大约 2.5Hz 绕水平轴旋转,在两球之间管内侧是一汞开关,控制旋转速率和感应球的相对位置。由于球是电接触和旋转的,因此大气电场在感应球上感应的电荷由一个正极到负极的振荡。如果电场 E 是正的,当感应球在上,它感应的是正电荷;否则感应的是负电荷。感应的电量与电场的强度成正比。通过线性放大将感应电荷转换为电压,在发送至地面之前对电讯号进行数字化,按

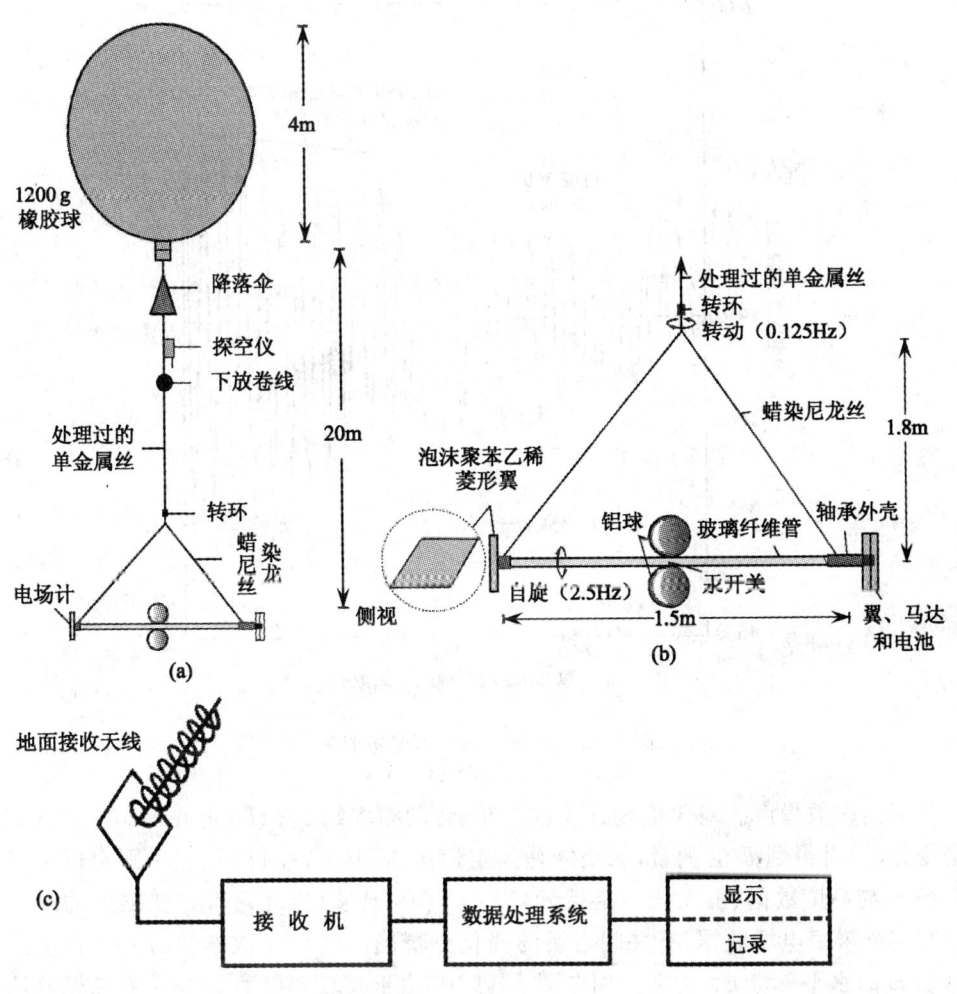

图 9.11 大气电场探空仪
(Marshall 等,1995)

汞开关的功能,数据以 20Hz 的取样速率 12bit 向地面发送。球也起到频率约为 400MHz 的无线电发射天线的作用。

(4)电场计数据:如图 9.12 是电场计输出原始电压(电场 E)的一个例子。原始电压讯号为正弦波,每一完整的电压波相应于仪器(铝球)环绕水平轴旋转整个 360°,该电压正弦波振幅正比于电场的大小,而且在后处理中计算出。电场 E 的垂直分量极性也在后处理中通过比较具有汞开关讯号相位(开关讯号为方波,高值表示开关是合上的和感应球处于下方)的电压正弦波相位确定。在计算电场 E 时,在原始数据内通过软

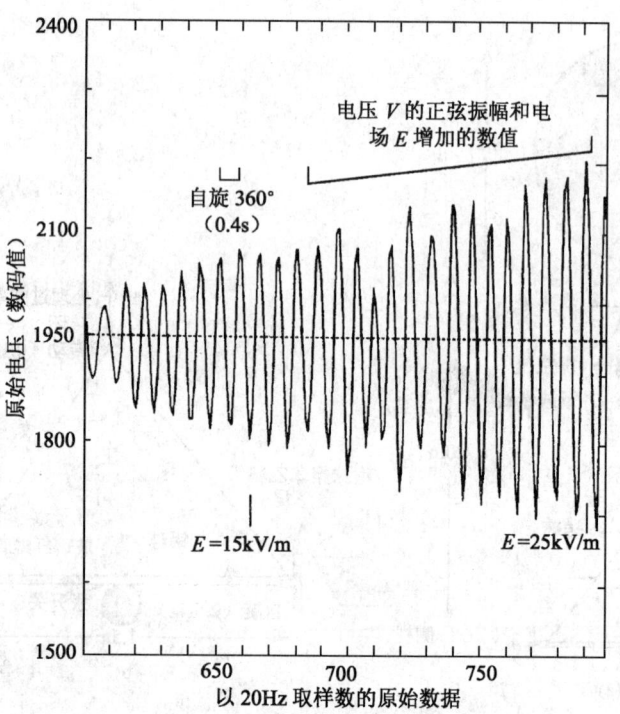

图 9.12 来自电场计的原始数据
(Stolzenburg 等,1998)

件滤波滤出多数噪声。对于电场计每次旋转(转动频率约 2.5Hz,但在马达电池使用期间是变化的)可得到 E 的测量,所用的是固定速率 1 Hz 的 E 资料,这一固定速率容易将电场 E 与高度数据(由无线探空得到,以 0.1 Hz 记录)结合起来。在很短的时间中用高时间分辨率电场数据,有关闪电场的变化更精确。电场计数据的另一个特征是可作电场 E 的水平分量 E_h 估算。如在图 9.11 中,由于在玻璃纤维管一端泡沫聚苯乙稀菱形翼气动力阻力,电场计绕垂直轴(约以 0.125Hz)旋转(在仪器内侧的磁场感应器提供关于方位取向和旋转速率的信息)。当仪器绕垂直轴旋转时,通过仪器的改变感应 E_h 的量值:E_h 值的感应仅当电场计的球沿 E_h 方向的垂直平面内自旋(就是每转两次或以约 0.25Hz)。另一个方位是感应部分或无 E_h 的方向。由于 $E(E_z)$ 垂直分量与方位无关,每次自旋测量整个大小。图 9.13 给出了通过两个旋转仪器感应 E_h 的大小的变化。当 E_h 不是可忽略的小量时,处理的 $E(E=E_z^2+E_h^2)$ 值表明在大小上相对高频变化的重叠在变化较慢的变化上,此噪声表现为当电场计绕垂直轴旋转时感应的电场 E_h 变化量的结果。图 9.14 为非 0 值电场 E_h 廓线,E 廓线的内部包络相应 E_z,而外部包络相应于 E。

第九章　雷电监测原理和方法

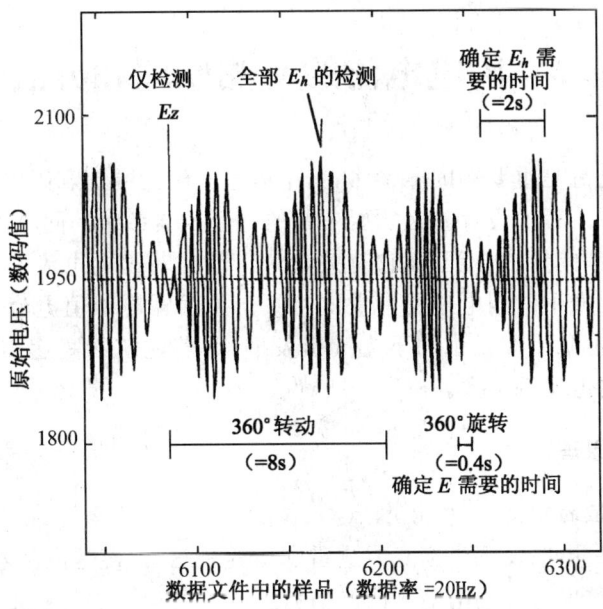

图 9.13　电场计水平电场(E_h)的原始数据(Stolzenburg 等,1998)

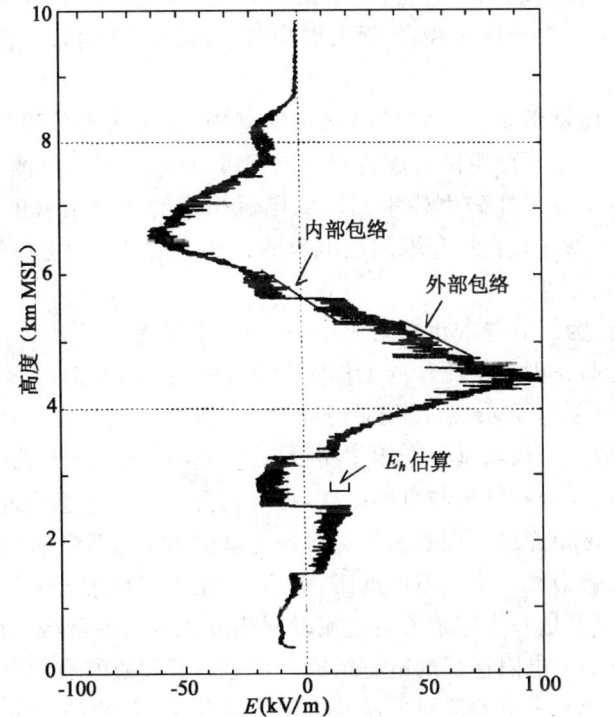

图 9.14　电场的垂直分布(Stolzenburg 等,1998)

§9.3 闪电电流的监测原理和方法

闪电引起的强电流是重要的闪电参量,其中闪电电流的幅值和闪电电流的波形,对于雷电的防护和防雷工程的设计是必须要考虑的一个重要参量。同时由确定的雷电电流数据可以推算电荷、能量、电矩及其它有关参量。因此对闪电电流的观测和监视,对于了解和研究分析大气中的闪电过程有重要意义。如由雷电峰值电流分析发现:对地或对低建筑物的闪击,几乎都是由向下先导引发的,而若建筑物高达100m或以上时,则向上先导引发的闪击比例增大。

9.3.1 闪电流测量原理

9.3.1.1 闪电流峰值的测量

早在1897年,Pockels发现当玄武岩遭雷击后的剩磁,即使是由雷电流引起的磁场只持续极短时间,剩磁也只与闪电电流的峰值有关。为此他加工了一批$4\times 2\times 1.5cm^3$玄武岩块,将它放置在建筑物的避雷针上,测量到电流辐值为11kA和20kA。几十年后,用高剩磁钢条束代替天然玄武岩,而发展为磁钢棒法。磁钢棒已成为测量雷电流幅值的主要工具。

磁钢棒可用一些钴钢条和其它可磁化材料制作,也可用粉状磁性材料熔结制成。一般在离被测量电流的不同距离处放置两个磁钢棒,这样可增大所测电流峰值的范围,并对所测结果进行比较。在磁钢棒中因闪电电流感应的磁通量密度可用磁强度计测量,后来发展了用于测量磁钢棒获取闪电电流的仪器。主要有闪电电流计、磁涌浪波前沿记录器、磁涌浪积分器。

(1)闪电电流计为一有缝的铝轮组成,其外圆周上装有一些磁头,轮子旋转可使每一磁头通过线圈之间。闪电电流计的工作实际上如一磁头,其时间因素靠轮子的旋转完成,最大时间分辨率为$50\mu s$,总的记录时间为$20\mu s$。

(2)磁涌浪波前沿记录器是一个用于测量闪电电流等效上升率的仪器,记录器有三个电路,每个电路包含有一电阻与电感串联,磁头位置在三个电感附近。三个电路与一路有闪电电流的电感相连接。用磁头测量每一并联的RL电路中的峰值电流。在求取峰值电流和三个电路中每一个电路的电阻、电感后,就可计算闪电电流的等效上升率。

(3)磁涌浪积分器是一个记录闪电电流时间积分值的仪器,即记录转移电荷量的仪器。它由一电阻和与该电阻连接的电感组成。在这电感附近装有一个或二个磁头测量电感中的峰值电流。电感中的瞬时电流与电阻上电压的积分成比例,此电压与闪电电流成正比。因此在电感中最终最大电流与电阻中流过的总电荷成正比,时间积分精度达 10 毫秒量级。

Hylten-Cavallius 和 Stromberg(1959)采用另一种方法测量磁头中剩磁确定闪电电流的方法,他将四个磁头装在一绝缘棒上,使闪电电流与每一个磁头的距离相等,磁头之一以通常方式记录峰值电流,另三个包有金属线圈(电感),使进入这三个磁头的通量密度衰减,三个电感的 RL 的时间常数并不相同,测量了磁头中的剩磁和线圈的 RL 时间常数,就可确定电流降到半峰值的时间。

用磁钢棒测量剩磁时要注意以下几点:
1)测量磁钢棒的剩磁时,操作要十分谨慎,细致;
2)磁钢棒与塔架磁心之间的最短距离应使几千安以下的电流无法检测出来;
3)流过地线与塔体的电流对磁钢棒的影响;
4)运输过程中对磁钢棒剩磁的影响。

利用磁钢棒只能记录多闪击电流的幅值,对于单闪击电流的幅值通常用示波器或雷电特性记录仪获取。

9.3.1.2 雷电流的测量

通过导体的电流将产生磁场,电流的变化引起磁场的变化,Norinder 利用合适的环形天线,接收闪电电流,并以高速阴极示波器显示,此为直接获取雷电流随时间变化的途径。测量雷电流一般有以下三种方法:

第一种方法:通过测量精密分流电阻上的电压降,由此可算出闪电电流的大小。

第二种方法:是利用感应线圈上的电压 $V=Mdi/dt$,测出 V,再对时间积分,就能求出闪电电流,即

$$i = M^{-1} \int V dt \tag{9.20}$$

第三种方法:采用数字贮存示波器自动记录闪电电流的波形。

在测量闪电电流中,如果在电路中采用电容和电感器件,就会影响测量的时间分辨率,所以在电路中不希望有电容和电感存在。为提高测量时间精度,可采用电阻(称无感)分路和示波器进行。图 9.15 是采用 60m 天线塔测量闪击放电电流波形的装置,双线示波器用于测量正、负电流波形。

9.3.1.3 由测量的磁通量密度计算闪电电流

如果回击波速度为 $v(t)$,波阵面后的电流为 $i(z',t)$,z' 是沿通道闪光的测量距离,则由(8.47)式求得在 P 点的磁通量密度,写为

$$B_\varphi(r,t) = \frac{\mu_0}{2\pi r^2}\int_0^{l(t)} i(z',t)dz' + \frac{\mu_0}{2\pi cr}\int_0^{l(t)} \frac{\partial i(z',t)}{\partial t}dz' + \frac{\mu_0}{2\pi cr}i[l(t'),t']v(t')$$

$$\tag{9.21}$$

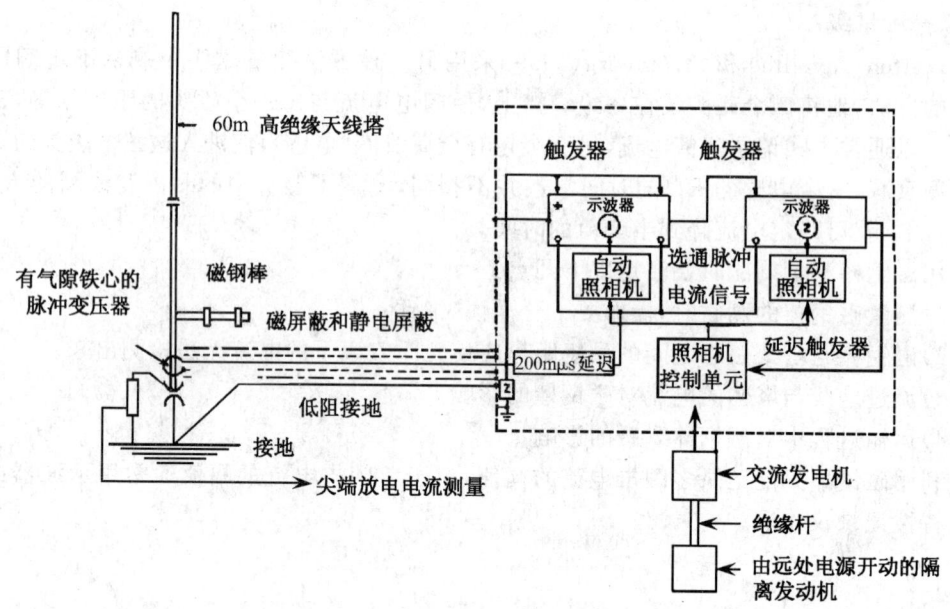

图 9.15 利用 60m 高塔自动记录闪电流的装置
(Golde. R. H,1977)

式中 $l(t')$ 是回击通道长度,为

$$l(t') = \int_0^{t'} v(\tau) \, d\tau \tag{9.22}$$

在(9.21)式中,z' 是沿通道测量,其原点在地表面,t' 表示延迟,且有 $t'=t-r/c$。为了区分来自 $z'=0$ 到 $l(t')$ 和在波阵面 $l(t)$ 处发出的辐射,对于(8.47)式右边第二项积分在(9.21)式中分为右端第二和第三两项,在波阵面处电流的突变由 $i[l(t'),t']$ 到 0。因此在(9.21)式右边中的第二项的积分仅积到波阵面电流不连续处;(9.21)式右边第三项是对通过波阵面电流不连续积分的结果,并称之"激励"场。"激励"场仅当波阵面处电流为非零时才不等于零。在这一点处的电流对时间的导数是无限的。

1) Bruce 和 Golde 模式

如果令 $t=0$ 为电流初始时间,则(9.21)式写为

$$B_\phi(r,t+r/c) = \frac{\mu_0 l(t)}{2\pi cr} \frac{di(t)}{dt} + \frac{\mu_0}{2\pi r}\left[\frac{l(t)}{r} + \frac{v(t)}{c}\right] i(t) \tag{9.23}$$

方程(9.23)的解为

$$i(t) = \frac{2\pi rc}{\mu_0 l(t)} \int_0^t \exp\left[-\frac{c}{r}(t-\tau)\right] B_\phi(\tau+r/c) d\tau \tag{9.24}$$

式中当 $t<t_0$ 时,$l(t)$ 由(9.22)式确定,t 是指回击波阵面到达通道顶端的时间;而对于 $t \geq t_0$,$l(t)$ 为整个通道的长度 H。为简单起见,略去(9.24)式中 B_ϕ 与距离间的关系,对

整个通道和缓变磁场的情况,对(9.24)式分部积分得到

$$i(t)=\frac{2\pi r^2}{\mu_0 H}B_\phi(t+r/c) \tag{9.25}$$

在观测距离某时刻通道高度的电流与感应场间的关系已在前面(8.34)式给定。

如果观测点 P 离闪电通道足够远,则感应场与距离的平方成反比,它不重要,(9.24)式的解为

$$i(t)=\frac{2\pi rc}{\mu_0 l(t)}\int_0^t B_\phi\left(\tau+\frac{r}{c}\right)\mathrm{d}\tau \tag{9.26}$$

其中,对于 $t<t_0$,$l(t)$ 由(9.22)式确定;而对 $t\geqslant t_0$,$l(t)$ 由 H 给定。由于对于辐射场,电场强度的大小相对于磁场强度的大小,即 $E_z/B_\phi=c$,所以也可以利用(9.26)式根据测量的电辐射场计算回击电流。

2)线传输模式(Transmission Line Model)

在传输线模式中,电流取脉冲形式,写为

$$i(z,t)=i[t-(z'/v)] \tag{9.27}$$

式中 v 为一常数。其对时间的导数为

$$\partial i/\partial t=-v(\partial i/\partial z') \tag{9.28}$$

当利用(9.28)式对(9.21)式右边第二项积分时,对于电流初始时间和 $t<t_0$,(9.21)式成为

$$B_\phi(t+r/c)=\frac{\mu_0}{2\pi r^2}\int_0^{l(t)} i\left(t-\frac{z'}{v}\right)\mathrm{d}z'+\frac{\mu_0 v}{2\pi cr}i(t) \tag{9.29}$$

注意在(9.21)式中激励项和第二项积分的上限相加为零。如果在波阵面处电流是连续的,则这些项的每一个分别为零。如果取(9.29)式对时间的导数,并利用(9.28)式对积分项求取积分,则(9.29)式成为

$$\mathrm{d}B_\phi(t+\frac{r}{c})/\mathrm{d}t=\frac{\mu_0 v}{2\pi r^2}\left[i(t)+\frac{r}{c}\frac{\mathrm{d}i(t)}{\mathrm{d}t}\right] \tag{9.30}$$

其解为

$$i(t)=\frac{2\pi rc}{\mu_0 v}\int_0^t \exp\left[-\frac{c}{r}(t-\tau)\right]\left[\mathrm{d}B_\phi\left(\tau+\frac{r}{c}\right)/\mathrm{d}\tau\right]\mathrm{d}\tau \qquad t<t_0 \tag{9.31}$$

通过对感应场项的处理,由(9.29)式直接求得辐射场或远场解。右边第一项为零,结果是

$$i(t)=\frac{2\pi rc}{\mu_0 v}B_\phi(t+\frac{r}{c}) \qquad t<t_0 \tag{9.32}$$

(9.32)式表明,利用电磁辐射场的测量可计算电流。

§9.4 闪电磁场的测量

一个面积为 S，其面垂直于磁通量密度 B 的回形天线，由于磁通量密度改变产生的感应电压为

$$V(天线) = A\frac{dB}{dt} \tag{9.33}$$

其中 A 为常数，在面积 A 上的磁通量密度 B 为均匀的。磁通量密度的变化率可将天线与示波器相连接测量得出。为了测量，先将天线与一电阻 R 与电容 C 相串联，则串联电路中的电流方程为

$$A\frac{dB}{dt} = Ri + \frac{1}{C}\int_0^t i\,dt \tag{9.34}$$

如果初始时刻，电容没有充电，此时 $Ri \gg \frac{1}{C}\int_0^t i\,dt$，可以解出

$$i \cong \frac{A}{R}\frac{dB}{dt} \tag{9.35}$$

在电容上的输出电压为

$$V_c = \frac{A}{RC}\int_0^t \frac{dB}{dt}dt = \frac{A}{RC}B(t) \tag{9.36}$$

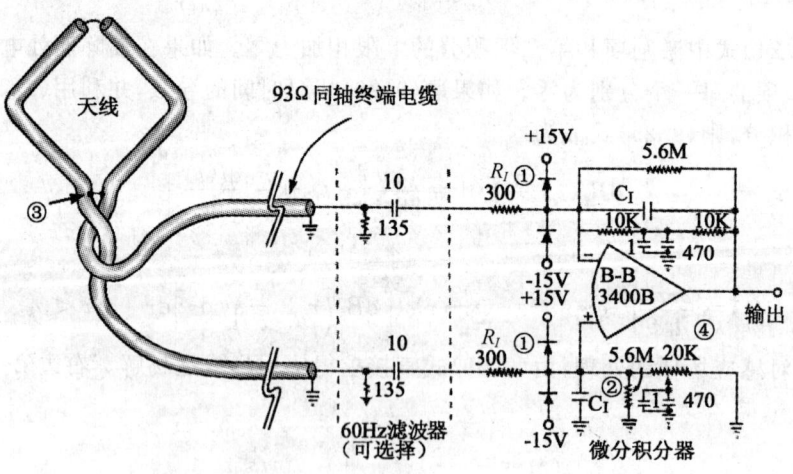

图 9.16 磁场测量系统 (Krider 和 Noggle, 1975)

最简单测磁场的感应器是一开口的环形导线,开口的环形圈感应的电压等于环形面积乘以垂直于环形导线圈的磁通量的时间导数,因此垂直环形线圈天线的讯号与天线观测闪电的来向与环形天线面夹角的余弦成正比,对于磁定向采用两个正交的环形天线确定闪电方向。图 9.16 显示了磁定向天线与其相连的电路,由于回形天线的输出讯号正比于磁通量密度的导数,需对天线讯号积分得到表示磁场的讯号。图中采用单根 93Ω 同轴电缆构成的磁场天线和微分积分电路,所输出的电压与磁场成正比。其中①1% 非导体电阻;②1% 低损耗电容:100~10000pF;③同轴屏蔽电缆连接点;④最佳共模抑制调节。全部二极管采用 IN4447,所有电容单位为微法。

§9.5 雷电的计数和定位

9.5.1 非定向闪电计数器

闪电密度由闪电计数器获取,一般闪电计数器设计成带宽 1~50kHz,灵敏度为 3V/m,只需用一根垂直天线,经距离校正后就能测量给定地区单位面积上的闪电活动和研究闪电天电的频率谱分布。这种闪电计数器不能给出闪电的方位,也不能区分云闪和地闪。后来 Malan 提出利用频谱差区分云闪和地闪,Anderson 等设计一种峰值频率 10kHz,带宽为 2.5~4.0kHz,同时降低灵敏度,以 20V/m 为阈值电平,3m 高的垂直天线,由于它的有效距离较小,能较准确观测云闪和地闪对它的响应。如 Y_g 是地闪数与计数器记录的总闪电数的比,闪电总数为 K_t,则发生的地闪数为 $K_g = Y_g K_t$,云闪数取为 $K_c = (1-Y_g)K_t$。如果地闪和云闪的有效距离分别为 R_g、R_c,相应的地闪和云闪闪电密度分别为 $N_g = K_g/\pi R_g^2$ 和 $N_c = K_c/\pi R_c^2$。为较好区分云闪和地闪,通常采用灵敏度不同的计数器同时测量,或在不同距离上安放同样的计数器。

9.5.2 闪电单站定位仪

雷暴的定位方法可分为两种:1)单站定位系统;2)多站定位法。单站定位系统是利用闪电电磁场相位差和闪电天、地波到达时间差的原理而制作的。可以测量 250km 范围内地闪的方位、距离、强度和极性。仪器的原理方框图如图 9.17 所示,小型化偶极子电场天线位于正交环状磁场天线的对称轴上方,外面用玻璃钢罩保护。三通道接收机由前置放大器、滤波器和线性放大器组成,磁场通道另加有积分器电路,通带宽为 500~3.50×10^5Hz,增益设高、中、低三挡。信号的高速采样器,采样速率有 10,5,2.5,1.25,0.625,0.3125,0.15625,0.078125$\times10^8$s^{-1} 共八挡。准确度 8 位,缓存器容量为 8kB。

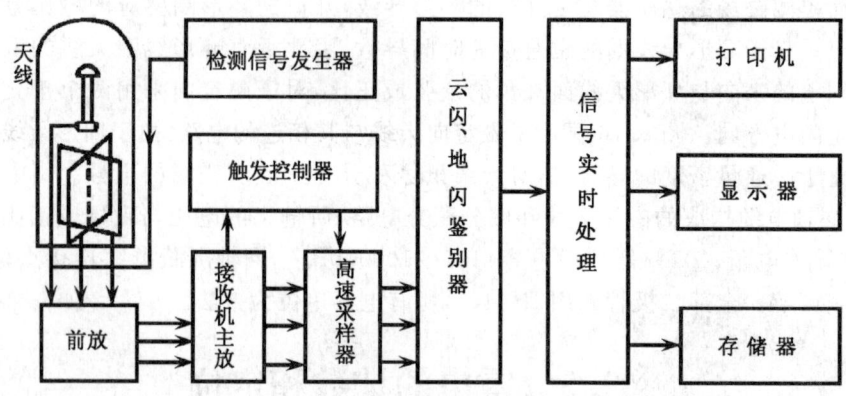

图 9.17　闪电单站定位仪原理方框图

触发控制器由模数电路构成的云地闪识别器,其功能是区别地闪和云闪。它只接收地闪信号,拒绝云闪信号及非闪电干扰。

云地闪鉴别器软件具有更强的甄别功能,以便在复杂的干扰条件下能正确无误地只接收地闪信号。

信号实时处理软件完成地闪信号的测向、测距、强度和极性等计算。对于140km以内的地闪,主要根据极低频(ELF)频段几个频率的闪电电磁波相位差与距离的关系测距。对于140km以外的地闪,根据改进了的地波和一次天波到达时间差方法测距。

系统终端给出地闪的方位、距离、强度和极性等数字打印和彩色图像显示结果,也可以存盘保存。由单个点观测只能确定闪电的方向,如要确定雷电的位置,则必须由多个测站完成。

9.5.3　定向闪电计数器

定向闪电计数器有正负闪电计数器、半导体闪电计数器、闸流管闪电计数器等多种类型。它接收来自各方向的闪电信号,通过计数器进行计数,从而确定闪电频数,根据闪电频数的变化判断云的性质。

(1)定向原理:在图 9.18 中,它是利用环形天线接收闪电信号,环形天线具有"8"字形的方向图。如图 9.19,对于一定的大气电场下,环形天线感应的有效电动势的幅度,与环形天线的圈数和面积成正比,也与入射到环形天线上的闪电信号的余弦成正比。通常将环形天线感应出来的有效电动势的振幅与其电场强度之比称有效位势。环形天线的有效位势写为

$$H = \frac{2\pi nS}{\lambda}\cos\theta \tag{9.37}$$

第九章 雷电监测原理和方法

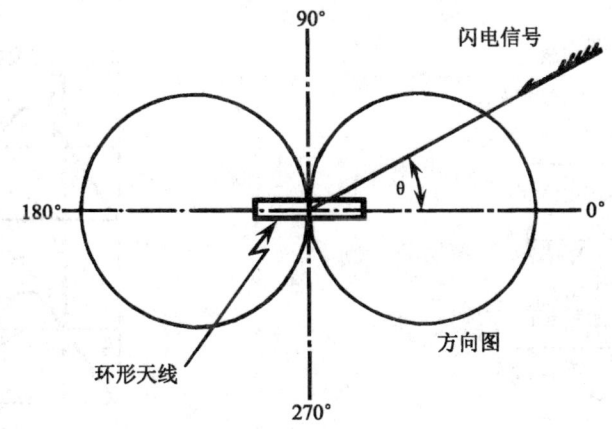

图 9.18 定向闪电原理图

式中 H 是环形天线的位势,单位:m。n 是环形天线的圈数,S 是环形天线的面积,λ 是闪电波长,θ 是闪电信号的入射角。当闪电光波的方向与环形天线平面相平行时,天线感应的电势最强,而在与天线垂直方向上,感应的电动势为零。这说明环形天线具备对闪电的定向能力。

(2)定向闪电计数法:如图 9.19 中,将两只相同的环形天线互相垂直地放置,则当闪电信号以 45°方向(两天线夹角的等分线)入射至两环形天线,它们所感应的电动势应当相等。并分别经两路放大器放大,得到振幅相等、相位相同的两闪电信号。两路放大器各与一个触发电平相

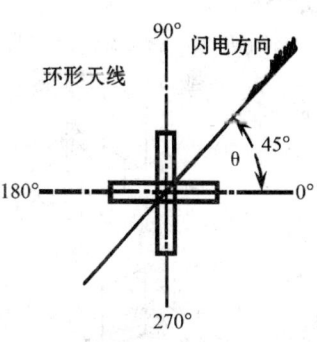

图 9.19 天线取向和闪电方向

等的触发器相连接。并能在触发器的输出端得到一个方形波(图 9.20),并且此方形波的前沿时间相同。然后又各自触发一个单稳态电路,于是在两路单稳态电路的输出端得到时间一致的较窄方形波(图 9.21),窄方形波时间为 $0.4\mu s$,记录 10°左右的闪电方位角。

两路单稳态电路与一"与"门电路相接,当在同一时间里,"与"门电路输入端各输入路都有信号时,"与"门电路才有信号输出。因此,当两只环形天线所接收的信号幅度相等且位相也相同时,"与"门电路就有一个信号输出。此信号接着输入单稳态电路,再进入一个推动电路,推动计数器记下一次闪电。闪电方向离开两个天线夹角等分线(45°)时,"与"门电路不会输出信号,计数器也就不工作。图 9.22 给出了雷电定位计数器方框图。

为消除来自 225°角的闪电计数,仪器增加了第三路放大器,其接收天线为一无方向性的垂直天线,如它接收到的信号与其它两路信号相同者,为 45°方向来的,计数器可记下,225°角度方向的信号与两路信号位相相反,计数器就不能工作。

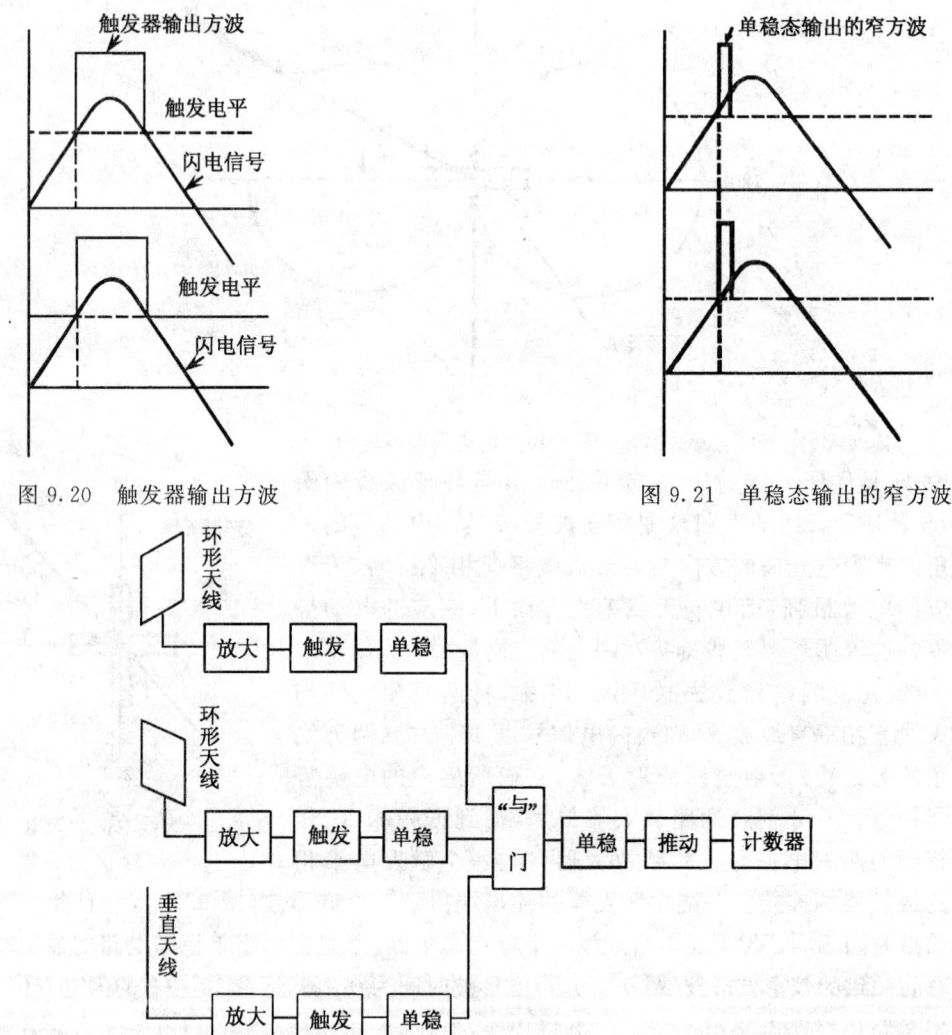

图 9.20 触发器输出方波　　　　　图 9.21 单稳态输出的窄方波

图 9.22 雷电定位计数器方框图

9.5.4 雷暴的多站定位

利用两个或多个测站确定雷暴位置的方法。在单个测站上利用由两个相同的垂直的环形天线,分别指向南北和东西的定向仪,接收闪电发出的讯号。它只能确定闪电的方向,不能确定闪电的具体位置。(1)电磁场振幅方法;(2)磁定向法(MDF(Magnetic

Direction Finder));(3)闪电讯号到达时间(TOA)定位法;(4)磁定向(MDF)和讯号到达时间(TOA)综合法。

9.5.4.1 电磁场振幅方法

如果对于某个闪电电场或磁场振幅表达式中包含有作为未知参数的该闪电的位置与感应器之间的距离信息,则通过至少等于未知参数的若干数量的感应器的测量,就可确定包含距离参数在内的这些未知量。

(1)静电场变化,通常假定当测量系统频率带宽由 1Hz 到 1kHz,所记录的主要是电场分量。则可以利用多站电场测量确定因云内荷电分布变化引起的闪电的位置和这些变化的大小。Jacobson 和 Krider(1976)首先提出一个假定云电荷闪电中和(放电)模式参数与多站测量电场的最佳拟合方法。该方法通过分析多个站使用场磨仪网或具有较高频率响应的平板电场仪天线网测量到的电磁场变化。一般的场磨仪不能分辨由一次闪电中的单个闪电过程,仅测量闪电产生的总的电场变化。下面作为该方法应用于地闪的例子,地闪的 χ^2 的函数定义为

$$\chi^2 = \sum_{i=1}^{N} \left(\frac{\Delta E_{mi} - \Delta E_{ci}}{\sigma_i^2} \right)^2 \qquad (9.38)$$

式中 ΔE_{mi} 是第 i 站测量的电场变化,ΔE_{ci} 是模式预测(计算)第 i 站测量的电场变化,σ_i^2 是由于试验误差第 i 站测量的方差,N 是测站的数目。因子 $1/\sigma_i^2$ 可看作(9.38)式中对于第 i 站数据右边求和的加权因子,因此,因子是第 i 站数据量的测量。从最简单的情形开始,假定模式预测每一个地面站的电场改变 ΔE_{ci} 是由于一次闪电放电引起的,假定地面是理想平面导体,在它的上方 (x, y, z) 处有球对称荷电区的电量 Q,对此单极性电荷模式为

$$\Delta E_{ci} = \frac{2Qz}{4\pi\varepsilon_0 [(x-x_i)^2 + (y-y_i)^2 + z^2]^{1/2}} \qquad (9.39)$$

式(9.39)中有 Q 和 x, y, z 四个未知量。这就要求有四个或更多的测站。将(9.39)式代入(9.38)式中,并且对四个量 Q 和 x, y, z 进行迭代计算,直至 χ^2 最小,相应于 χ^2 最小值的 x, y, z 和 Q,认为是对于测量和 χ^2 最小值的最佳拟合。

(9.38)式右边的多重求和项除以 $1/\nu$,这里 ν 是自由度数,在模式中为测量数减去未知数,结果是一个归一化的 χ^2。最小的 χ^2 值等于或小于 10.0。通过假定由于电量相等极性相反的一个偶极模式的两个电荷改变,计算电场的变化,(9.39)式很容易展开(使用叠加原理)云闪或地闪模式。在这种情况下未知数是 7 个,包括两电荷的每一个的 3 个坐标和电荷的大小。因此测站的最小数应当是 7 个。当两电荷之间的距离与电荷到测站间的距离相比较是小的,可以使用"点偶极矩"近似,在这种情况下

$$\Delta E_{ci} = \frac{1}{4\pi\varepsilon_0} \left[\frac{2p_z}{R_i^3} - \frac{6z}{R_i^5} \vec{R}_i \cdot \Delta \vec{p} \right] \qquad (9.40)$$

式中 $\vec{\Delta p} = Q\vec{\Delta l} = \Delta p_x \vec{a}_x + \Delta p_y \vec{a}_y + \Delta p_z \vec{a}_z$ 是偶极矩变化的矢量。Δl 是由正到负电荷间的距离。而 $\vec{Ri} = (x - x_i) + (y - y_i) + z\vec{a}_z$ 是观测者到荷电源(点偶极矩)位置的斜距矢量。这里共有六个未知量 x, y, z, p_x, p_y, p_z，因此要求至少有六个测量值。显然，点偶极模式比偶极模式提供较少的信息，并且结果常用图形上的箭头表示，它的方向为正电荷移动的方向，其长度指示点偶极矩变化 $|\vec{\Delta p}|$ 的大小。在图中箭头的中点常用圆黑点表示，表示正负电荷中和的位置，在这近似中为实际的位置。如图9.23为点偶极矩解的图形的一个例子，图中表示了1978年7月发生在佛罗里达风暴的负荷电中心和云闪偶极矩发生的高度和时间，圆圈为由地闪中和的负电荷，圆圈内的数为中和的电量，点偶极矩(箭头)表示云闪输送的正电荷，是时间的函数。

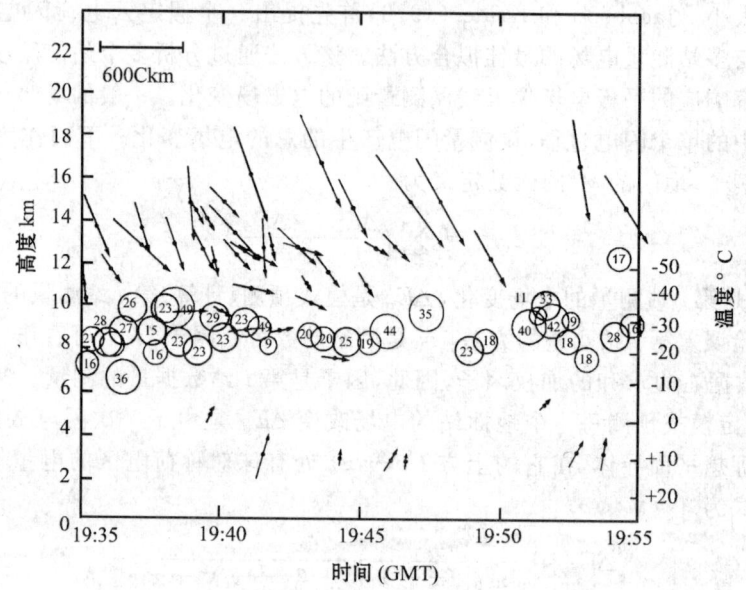

图9.23　负荷电中心与电偶极矩及正电荷输送(Koshak 和 Krider,1989)

(2)电磁辐射场的峰值，当观测站在几千米范围以外，回击表现为以辐射场为主的电磁场，理论表明，在一个平坦的地面上的辐射场随离闪电通道的径向距离而相反地减小。因此，在原则上假定(Ⅰ)测量的电磁场基本是辐射场，(Ⅱ)由近地面闪击点(x, y)发射的初始场的辐射场的峰值，与(9.38)式类似，能由多站观测的数据形成和使χ^2函数极小，模式预测的电场公式为

$$E_{ci} = \frac{E_0}{[(x - x_i)^2 + (y - y_i)^2]^{1/2}} \tag{8.41}$$

式中 E_0 是来自闪电通道的单位距离的电场。通过极小的方法按源的位置确定的源函数是可变的。对磁辐射场也可以建立类似的方程，最少需要三个站。

然而，地球不是理想的导体，由于地形的起伏，一般它既不是平坦的，也不是均匀的，它的特征随闪电的方向变化，电场的峰值比假定未知方式的反向距离减小将更快。因此在实际中不单独使用电场峰值资料作精确定位，如对磁方向定位仪。但是，电场峰值数据与磁定向方法，和磁定向方法与时间到达法系统中同时使用，考虑到辐射传播讯号衰减，需改进系统的定位精度。

9.5.4.2 磁场定向法（MDF）

如前所述，两个互相垂直的矩形线圈平面取向为 NS 和 EW，由给定的垂直辐射器测量磁场，可以获得辐射源的方向。对于一个垂直辐射器，伴随源的磁力线是水平圆形同轴，因此，如果源是北面或天线的南面，取向是 NS 的平矩形线圈（与东西方向垂直）接收的讯号最大，而对于同一地点的 EW 矩形线圈的接收器是没有讯号的。两线圈的讯号比是与测点的北方向和源之间角度的正切成正比。

探测闪电方向的相交的磁定向器可以分为两种类型：窄带 DFs 和"与门"宽带 DFs。这两种定向方法中，假定电场辐射是垂直取向，因此与其相联的磁场取向是水平的，并且垂直于传播方向。自 1920 年，窄带 DFs 用于检测水平闪电距离，它的工作频率一般以中心频率范围 $5 \sim 10 kHz$，在地面与电离层波导间的衰减一般是相对小的，而闪电讯号能量是相对高的。在天气雷达使用之前，闪电定位系统用于中、长距离范围的雷暴的识别和作图。Watson-Watt 和 Herd（1926）使用一对矩形线圈频率约在 $10kHz$ 附近的定向 DF。通过同时在一个 xy 显示器上显示东西和南北方向的输出获得方位角，这样在屏幕上的合成线（在合适的极化讯号）具有指示电荷放电方向的趋向，这一线称为方向矢量。两个这样的方向定位器足够由同时刻的方向矢量相交确定闪电放电的位置。

窄带 DFs 的主要缺点是只能确定 200km 范围内的闪电，而且有大约 $10°$ 的固有极化误差，这误差是由于（Ⅰ）非垂直通道部分，其在一平面内形成垂直于非垂直通道部分的圆形磁力线；（Ⅱ）由电离层反射的晴空波，其磁场同样是对于地面闪击点的方向的取向不合适。另外由于其它原因，不需要的磁场分量出现，如在定向附近非水平的导体地形和通过邻近裸露导体的再辐射。由此造成的误差通常称为位置误差。曾有报告对于窄带 DFs 其达 $30°$ 那么大。Taylor（1963）报告使用宽带 $1 \sim 100kHz$ 的正交的线圈对 $100 \sim 500km$ 范围内的成功地进行闪电定位，在 xy 屏幕上仅显示最初的 $100\mu s$ 的讯号，这样接收到的讯号相应于回击地面波，由此可以略去后来到达的天空的极化讯号波，给出的方位角误差仅为 $\pm 2°$，但是没有数据支持他的这一声称。

为了克服在短距离内窄带 DFs 工作中大的极化误差，早在 1970 年发展了一个"与门"宽带 DFs，其定向是通过回击磁场初始峰值的 NS 和 EW 分量的取样，峰值来自在底部百米或最初毫秒通道的回击辐射的峰值，由于通道下部趋向于直线和垂直的，磁场是水平极化的。另外"与门"宽带DFs不记录电离层反射的辐射,因为这些反射辐射是在对初始峰值磁场取样之后的较长时间才到达的。"与门"宽带DFs工作带宽从几千赫到大约500kHz。

Krider(1976)用电视记录大约10~100km之间的回击,通过方向定位器的矢量作方位误差的确定。对两组闪击,通过磁定向和电视方向定位方法确定方位之间差的分布。其中一组(平地上的325次闪击)差的平均值为0,而标准偏差为1.8°,另一组(山脉地区的164次闪击)平均1°,而标准偏差为2°,为说明"与门"宽带DFs的优点,Herrman(1980)证明,对于3~12km之间的闪击,DFs的误差随NS和EW方向磁场的取样增加逐渐增加,在闪电波发生后时间增加直到155μs。因此此方法可消除来自电离层的反射极化,显著地减小与窄带DFs表征的非垂直通道部分相联的极化差。Krider(1980)设计了一个对地闪电中最初的一次回击起响应的"与门"宽带DFs。通过测量回击波的上升和下降时间、峰的结构、通过零相交线相反极性的大小、最初电场讯号的变化,用已知的第一和随后回击的特征并比较这些特征,用以区分磁场的回击波与云内过程的波和各种非闪电荷电源波。

"与门"宽带DFs最初的设计只能检测负地闪,但是到1980年经改进,可以接收正、负地闪。由于事先并不知道对地的闪击是正电荷还是负电荷,仅由矩形磁场测量闪击方位有180°双向不确定性。在宽带DFs系统中通过测量相联的电场解决这双向不确定性,电场的极性指示向地输送的电荷符号。

在"与门"宽带DFs中的随机误差是由于最初噪声叠加于天线的输出和仪器对讯号的处理不好和两种讯号的数字化。要关注的是,尽管需要一个对许多频率响应的高频频率,保证输入辐射场峰值的再处理的精度,特别是辐射在盐水面之上通过,实际为得到方位大约1°的误差,DFs需要一个仅对几百千赫的响应。这就是因为两线圈中的峰值讯号的比值对于相同的两线圈电路产生相同的畸变是十分敏感的。因此"与门"宽带DFs的工作频率小于AM的无线电谱带和在某些飞机导航发射频率之下,其中的任一个可能会引起不需要的方向噪声。

"与门"宽带DFs与窄带DF一样,对位置误差是敏感的。位置误差是方向的系统函数,但是一般时间是不变的。这些误差是通过出现不必要的磁场引起的,其磁场是由于不平坦的地表和邻近导体,如像下垫面和上面的输电线和建筑物,这些由进入的闪电场激发辐射。为了完全消除位置误差,在DF的周围地区必须是均匀的和平坦的,没有重要的导体,包括埋入地下的导体。这些要求一般不容易满足,所以测量容易有DF位置误差,并且对任一的补偿,以求取可以容许的小的误差。"与门"宽带DFs引起的位置误差可采用订正的方法解决。

图9.24从DF到闪电源的直线两个方向(方位)的矢量相交,给出闪击的位置,但是由于每一个矢量有某些随机角误差和某些系统位置误差,其给出的位置有误差。

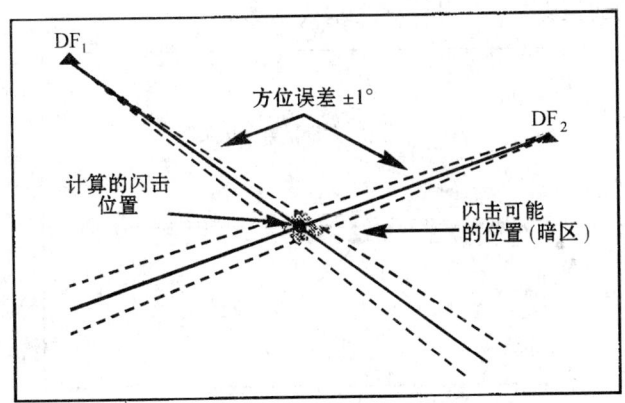

图 9.24 当仅有两个磁定向的 DFs 站时确定闪击的位置,图中实线表示测量到的闪击的方位,虚线表示在方位测量中角的随机误差在±1°。黑色实圆表示计算的闪击位置,暗区表示闪击位置的不确定区域(Holle 和 Lopez,1993)

如图 9.25 所示,如果采用三个 DF 系统,每一对 DF 给出一个位置,这样给出有三个位置,位置之间的距离给出系统测量误差,对于三个或更多的 DF 的回山响应,使用 χ^2 最小的方法求得位置的最佳估计。

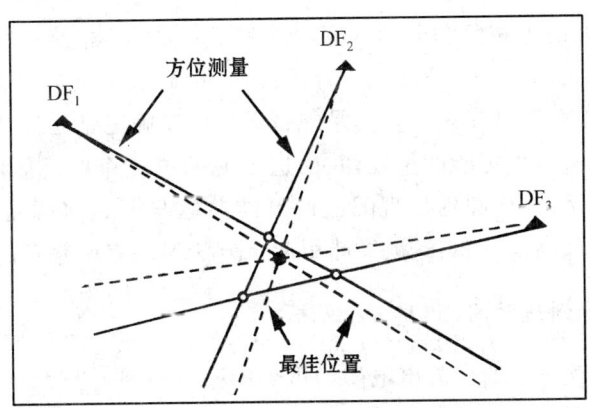

图 9.25 表示三个 DFs 站检测闪击时所确定的闪击位置
实线表示测量到的闪击的方位角,空心圆表示由三个方位矢量相交确定的可能的闪击位置;
最佳闪击位置由对 χ^2 函数求极小值确定,虚线表示计算的方位矢量,黑色圆点是最佳位置
(Holle 和 Lopez,1993)

因此为探测闪电位置需建立 DFs 和 DF 网,DF 网需要每一个站记录 DF 矢量,然后综合给出闪电的位置。

图 9.26 表示当两个磁定向器测量的闪击出现于两定向器的基线(连接线)上,这时

会产生的相对大的误差,这种误差称之基线误差。

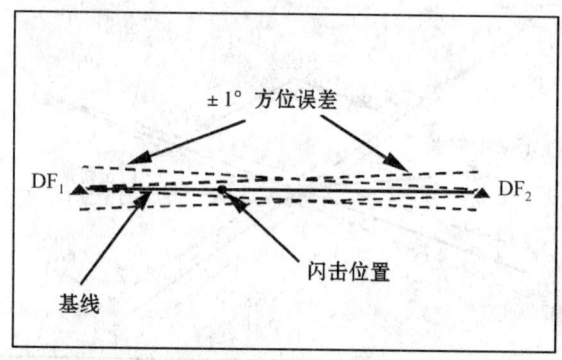

图 9.26 表示当仅有两站测量闪击位于基线附近、并用讯号强度比确定闪击位置,由方位矢量相交确定闪击位置会产生大的误差,而用讯号强度比确定它的位置。(Holle 和 Lopez,1993)

如图 9.24、9.25、9.26 所示,具有两个 DF 网必须通过相交方法计算闪击位置,如在更大的网,两个站只响应给定的事件,但是在较大的网中,通过下面 χ^2 函数最小得到最佳位置

$$\chi^2 = \sum_{i=1}^{N} \left(\frac{\theta_{mi} - \theta_{ci}}{\sigma_{\theta_i}} \right)^2 + \sum_{i=1}^{N} \left(\frac{\Delta E_{mi} - \Delta E_i}{\sigma_{E_i}^2} \right)^2 \tag{9.42}$$

式中 θ_i 和 E_i 是未知的方位角和电场峰值,θ_{mi} 和 E_{mi} 是第 i 站测量的方位和电场峰值,σ 是测量的估计误差。注意在 5km 及以外的闪击,电磁场的初始峰值由它的辐射分量确定,电场峰值可以由通过光速多重测量的磁通量密度确定。通过对 χ^2 函数求极小求取的未知值给出闪击最大可能的位置,并由这可能的位置作误差估计。通常误差估计用一个置信椭圆表示,在椭圆内出现闪击的可能性达 99%。为确定置信椭圆,假定在测量参数的误差服从高斯分布,这就意味引起该方法的误差主要是系统误差。

9.5.4.3 闪电讯号到达时间(TOA)定位法

单个时间到达感应器给出闪电电磁场讯号的某部分到达感应天线的时间,对于闪电定位的时间到达系统可分为三种基本类型:(i)甚短基线系统(几十到几百米),(ii)短基线系统(几百千米),(iii)长基线系统(几百到几千千米)。甚短基线和短基线系统通常工作在甚高频 VHF,就是频率从 30 到约 300MHz,而长基系统频率工作于甚低频 VLF 和低频 LF,从 3 到 300kHz,它一般认为 VHF 辐射与空气爆炸过程相联系,而 VLF 讯号是由于在闪电通道内的电流。短基线系统给出了闪电通道的图像,并用于研究闪电放电发展的时空变化。通常采用长基线系统用于识别地面闪击点的平均位置。

Koshak 和 Solakiqwick(1996)给出了时间到达法计算位置的分析和有关的误差。

(1)甚短基线系统(几十到几百米),甚短基线系统由两个或更多的 VHF 时间到达

(TOA)接收器组成,两接收器间的间距是来自闪电的各单个 VHF 脉冲到达接收器之间的时间差,与脉冲之间的几毫秒到几百毫秒时间相比较是短的。所有源点的轨迹指出在给定在两接收器之间的时间差的结果是一双曲面,但是如果接收器彼此靠得很近,则所寻求的闪电源由双曲面逐步成为平面。根据由三个十分靠近的接收器的两个时间差可得到两个平面,为两平面的相交给出闪电源的方向,就是源的方位和仰角。为确定闪击的位置,必须在几十千米或更大的距离,在闪击源的相对方向上,设立两个或更多的三个彼此靠近的接收器的组,每一组接收器根据 TOA 定向探测技术,由两个或更多的方向矢量的相交处得到闪击源的位置。

Oetzed 和 Pierce(1969)首先提出可以应用于视线的闪电定位的 VHF 源的甚短基线 TOA 方法。为确定源的方向,考虑由 3 个天线组成的天线阵,天线之间相距 30～300m,使用频率范围从 30～100MHz,用甚短基线系统区分波是没有问题的,因为相同脉冲到达相互靠近的接收站的时间与脉冲之间的时间进行比较是短的,因而以同样大小的脉冲序列到达每一个接收器。但是,一个用三个接收器构成的甚短基线系统仅给出方位和仰角,就是闪电的方向,而不是它的位置。Oetzed 和 Pierce 阐述了利用测量的方向确定闪电的位置,虽然需要相隔数十千米的两站内精确的同步时间,在当时是很困难的,但是对现在利用全球定位系统(GPS)的时钟同步是容易完成的。

Cianos 等(1972)成功地检验了 Oetzed 和 Pierce 提出的甚短基线 TOA 定位方法。

(2)短基线系统(几十千米),早在 1970 年广泛使用两种型式的短基线 VHF 的 TOA 系统:(Ⅰ)在南非建立的频率为 253MHz 和 355MHz 系统(Proctor1971,1976,1981,1991);(Ⅱ)在哥达德空间中心建立的闪电检测和距离(LDAR)系统,其工作的中心频率在 56MHz 和 75MHz(Lennon 和 Poehler1982,MaieR 等,1995)。后来,Thomson 等(1994)在哥达德空间中心设计一个短基宽带 TOA 研究系统并应用,工作频率范围在 800Hz 和 4MHz。

对于 Proctor(1971,1976,1981,1991)使用 5 个地面站的短基线时间到达的方法,基线距离范围从 10～40km。中心带宽为 5MHz(中心站的带宽 10MHz),系统的空间分辨率为 100m,在确定 x 和 y 坐标的误差约是 25m,在确定 z 高度的误差是 100m,但是当 x 和 y 坐标大于几千米或闪电式源高度是小的,z 高度的误差是 1km。记录的 VHF 脉冲宽度范围约为 $0.2\mu s$,系统极限大约 $2\mu s$。平均每 $70\mu s$ 获得一次 VHF 定位。需要四个站得到一个明确的闪电源位置。一般地定位看成是三个双曲面的相交点,即是对于两站的恒定测量的时间差的所有可能的闪电源点的每一个。

与上类似的系统是由 Lennon 和 Poehler(1982),MaieR 等(1995)建立的哥达德空间飞行中心的短基线系统。系统为 7 个接收站组成的网,其中 1 个是中心站,其余是外部站,工作频率为具有带宽为 6MHz 的 66MHz,所有接收站处于直径为 20km 的区域内,可提供约 100km 或以上范围内的闪电,系统是近实时的,空间分辨率约为 100m。

哥达德空间飞行中心由 Thomson 等建立研究性系统(1994)检测电场的宽带时间导数 dE/dt,中心站(800Hz～2MHz),4 个外部站(800Hz～4MHz)与中心站相距 10km,其讯号数字化处理后送到中心站。所提供的绝对时间分辨率为 1μs,来自电视同步讯号两站间可调的相对时间在 400ns 以内,系统一旦触发,来自 5 个站的每一个讯号被中心站的处理器进行数字化,以每 204.8μs 为段的 20MHz 取样速率。每一次闪击系统可记录到 25 数据段。对于三种不同类型的 dE/dt 波确定闪电讯号到达的时间:(Ⅰ)上升部分的半峰值;(Ⅱ)峰;(Ⅲ)半峰值的下降部分。在定位的算法中使用到达的时间,是这三种时间的平均值。由来自任意四个测量站的测量讯号足以确定闪击的位置和发生的时间,这样由五个站的讯号给出确定的方程组,使用二个不同的最优方法确定闪电的位置。在观测网内定位误差小于 100m。

时间到达法的具体计算由下面给出。

对于发射 VHF 辐射的闪电源的方位角和仰角可通过一对天线之间 VHF 辐射到达时间差确定,测量时间差的精度达 0.5ns,足够得到在仰角和方位角的精度大约 0.5°的要求。对于仰角≤60°的 6 个感应器,由测量垂直基线的传播时间,可由下式计算闪电 VHF 辐射源的仰角:

$$\theta = \arcsin\left(\frac{c\tau_v}{D}\right) \tag{9.43}$$

式中 τ_v 是天线顶和底之间位置延迟,c 是光速,D 是天线间距离。方位角 ϕ 的计算取决于 VHF 辐射到达的扇形区。对于 60°和 120°之间的方位角可以由 1 号和 2 号天线(图 9.27)接收 VHF 的时间计算:

$$\phi = \arccos\left(\frac{c\,\tau_{ij}}{D\cos\theta}\right) \tag{9.44}$$

式中当讯号先到达 j 天线时,τ_{ij} 是 i 和 j 天线之间的时间延迟。仰角≤60°的不同扇形区 VHF 辐射源的方位角通过时间延迟与另一个水平基线相交的类似表达式计算。

对于仰角≥60°(也就是过顶的扇形区)的 VHF 辐射,VHF 系统测量沿一系列射线中的两水平基线的时间延迟,并用这些时间延迟确定方位角和仰角。如图 9.27 中,方位角计算式为

$$\phi = \arctan\left(\frac{2\tau_{13} - \tau_{12}}{\sqrt{3}\tau_{12}}\right) \tag{9.45}$$

而仰角计算式为

$$\theta = \arccos\left(\frac{c\,\tau_{12}}{D\cos\phi}\right)$$
$$= \arccos\left[\frac{2c}{\sqrt{3}D}(\tau_{12}^2 - t_{12}\tau_{13} + \tau_{13}^2)^{1/2}\right] \tag{9.46}$$

式中 D 是天线之间的距离。

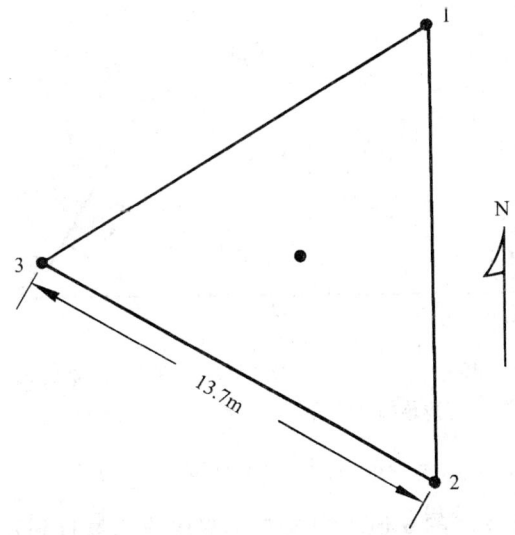

图 9.27 半球开线阵列的布局,中间的圆点是垂直基线天线的位置,天线为 13.7m
(Rust MacGorman,1998)

一旦方位角和仰角求得,就由下面式子确定闪电的具体位置:

$$x = L\tan\phi_A \frac{\tan\phi_B\cos\psi - \sin\psi}{\tan\phi_B - \tan\phi_A} \tag{9.47}$$

$$y = L\frac{\tan\phi_B\cos\psi - \sin\psi}{\tan\phi_B - \tan\phi_A} = \frac{x}{\tan\phi_A} \tag{9.48}$$

$$z = (x^2 + y^2)^{1/2} \tag{9.49}$$

式中 ψ 是天线阵列 A 到天线阵列 B 基线的方位角。L 是基线长度,A 是原点。

短基线相干法

如图 9.28,对于波长为 λ,射线方向角为 θ,两相距 D 的分离天线之间的相位差为

$$\alpha = \frac{2\pi L}{\lambda} \tag{9.50}$$

式中

$$L = D\cos\theta \tag{9.51}$$

则方向角由下式确定

$$\theta = \arccos\left(\frac{\alpha\lambda}{2\pi D}\right) \tag{9.52}$$

一般 α 的测量为从 1 到几十毫秒时间内求平均,以减小噪声。

由于干涉仪辐射的输出是相位差的三角函数,并具有 2π 的周期,当 L 从 $+D$ 到 $-D$ 之间变化,α 的变化大于 2π,它就不能唯一确定。因此对于任何 $D > 0.5\lambda$,α 的测量,及其 θ 是不确定的。对于上式可以改写为

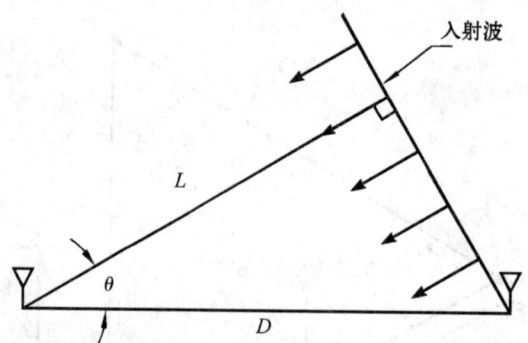

图 9.28　干涉仪系统方向角的相位差关系确定的几何图，D 是基线，L 是波传播的距离，θ 是波传播方向角（Rust MacGorman，1998）

$$\theta = \arccos\left[1 - (\alpha_0 - \alpha)\frac{\lambda}{2\pi D}\right] \tag{9.53}$$

式中 $\alpha_0 = 2\pi D/\lambda$ 是当 $\theta = 0°$ 的 α 值。相位差 α 变化的测量直到 $\alpha_0 - \alpha$ 达到 2π 的倍数，表明测量系统测量的相位差与在 $\theta = 0°$ 时的相位差是相同的。因此对所有的 α 值有

$$\theta = \arccos\left(1 - \frac{n\lambda}{D}\right) \tag{9.54}$$

相应于 $\theta = 0°$ 时同样的干涉仪输出。如图 9.29 给出了相应于具有基线 4λ 的相干相位差测量值的多重 θ 值。假定闪击源产生的是白高斯噪声，在方向角的估计误差为

$$\delta\theta = \frac{\sqrt{2}\lambda}{\pi D(B\tau)^{\frac{1}{2}}} \tag{9.55}$$

式中 B 是系统的带宽。

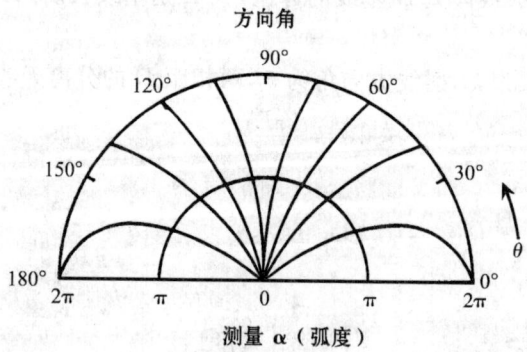

图 9.29　对于 4λ 基线干涉仪方向角 θ 是测量相位差 α 的函数，8 个方向角给出 α
(Rust MacGorman，1998)

电压是相对相移差和方向角的函数，这样对于一个点源有

$$V = K\cos\alpha = K\cos\left(\frac{2\pi D\cos\theta}{\lambda}\right) \qquad (9.56)$$

式中 K 是比例常数。

如果干涉仪用模拟信号记录，输出的是一个时间变化的正弦讯号，替代直流电压讯号，通过本底振荡器的频率与天线输出 f_0 混频，则在中心频率等于 f_0 输出记录和相位的关系为

$$V = K\cos\left(2\pi f_0 t + \frac{2\pi D\cos\theta}{\lambda}\right) \qquad (9.57)$$

式中 t 是时间，从这关系可以看到，两频率补偿的结果是静止点源给出随时间变化的输出等效于频率等同的干涉仪的移动源，这显现的静止源的移动也可以看成把干涉仪的条纹型式作为沿基线方向通过天空。由于 t 的值是未知的，只是测量的相位差及方向角相关的。为闪电源的测量方向，需要提供已知源的周期正弦讯号，作为有关方向角的参考方向。

(3)长基线系统(几百到几千千米)，第一个长基 TOA 系统工作在 VLF 和 LF 频段。Lewis 等(1960)使用在马萨斯诸塞州具有带宽 4~45kHz 和相距 100km 以上的两个接收站，比较到达每一个站的时间讯号差，并由此确定欧洲西部的闪电方向。两站的定位系统类似于甚短基线系统，但是工作在低频，并有长的基线。对于 Lewis 等(1960)采用的长距离 TOA 方向定位，对于接收器之间测量的常定到达时间差，需考虑到在定位轨迹线中地球表面传播的球面几何。

Lee(1986A,B,1989A,1990)由一个长基线 VLF 时间到达系统替代英国气象局窄带磁定向网。该系统由测站相距 250~3300km 和接收仪器工作频率在 2~18kHz 范围组成。系统覆盖范围从 30°N~70°N 和 40°W~40°E，闪电定位误差为 2~20km，对于闪电位置的系统有效检测率不超过 $400h^{-1}$。因此该系统实际仅应用于风暴区域。不能区分云闪和地闪。

对于长基线系统，闪击位置的计算式如下：

$$x = \frac{A_1 L_1 + A_2 L_2}{2(A_2 - A_1)} \cdot \left\{-1 \pm \left[1 - \frac{c(A_2 - A_1)(\tau_2^2 A_2^2 - \tau_1^2 A_1^2)}{(A_1 L_1 + A_2 L_2)^2}\right]^{\frac{1}{2}}\right\} \qquad (9.58)$$

$$y = \frac{A_3 L_3 + A_4 L_4}{2(A_4 - A_3)} \cdot \left\{-1 \pm \left[1 - \frac{c(A_4 - A_3)(\tau_4^2 A_4^2 - \tau_3^2 A_3^2)}{(A_3 L_3 + A_4 L_4)^2}\right]^{\frac{1}{2}}\right\} \qquad (9.59)$$

$$z = \left[\frac{1}{4}(L_1^2 - c^2\tau_1^2)\left(\frac{4x^2}{c\tau_1^2} - 1\right) - y^2\right]^{\frac{1}{2}} \qquad (9.60)$$

式中 $\tau_i = t_i - t_0$，t_i 是到达 i 站的时间，而 A_i 定义为

$$A_i = \frac{L_i^2}{c^2 \tau_i^2} - 1 \qquad (9.61)$$

其中 L_i 是 i 站与中心 O 站之间的距离，c 是光速，对于 x 和 y 表示的正负号的选择是当

$\tau_1\tau_2>0$ 和 $\tau_3\tau_4>0$ 时取正,由于没有垂直基线,因此关于 z 的标准误差较 x 和 y 标准误差大得多。在平面四角形内有四个垂直的站,x 和 y 的误差大约为 25m,z 方向的误差是仰角的函数,从 100~300m。

一般地,需要 4 个站的响应得到唯一的位置,因为地球表面的双曲线,可有两个不同的时间差,一般有两个不同点相交,如图 9.30 中所表示的。但是一般情况下通常是如图 9.31 中只有一个唯一的解。

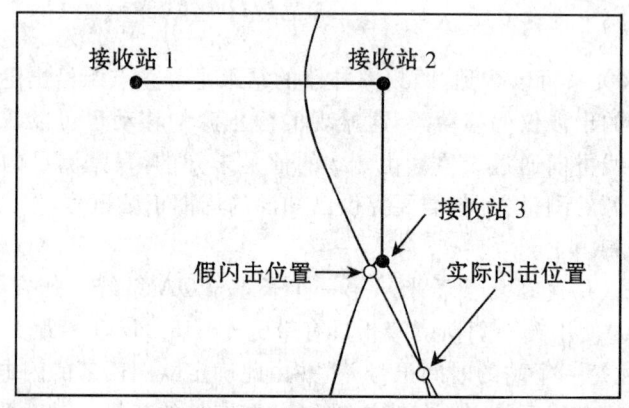

图 9.30 当解不是唯一时,由三个 TOA 接收站确定闪击位置
图中由 TOA 的时间差确定两条双曲线,在两个点相交(空心圆),一个交点相应实际的闪击位置,另一个是虚假的位置(Holl 和 Lope,1993)

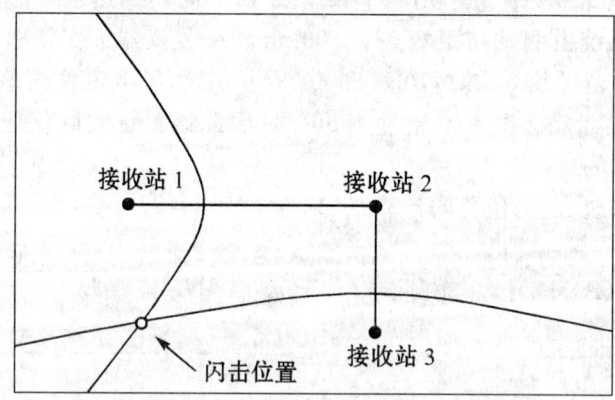

图 9.31 当解是唯一时,由三个 TOA 接收站确定闪击的位置。
由 TOA 差定义两条双曲线其相交确定为唯一的闪电位置(Holl 和 Lopez,1993)

9.5.4.4 磁定向(MDF)和讯号到达时间(TOA)综合法

闪电定位的最佳方法是同时利用磁定向(MDF)法和讯号到达时间(TOA)法。

MDF 可提供方位信息,TOA 提供到达时间的距离信息,利用全部可得到的信息,用圆相交法可确定闪击位置。这两种方法结合可以避免 MDF 和 TOA 的缺点,取它们的优点,如图 9.32 中显示两探测站间的地闪闪击,通过使用方位矢量和距离圆信息可精确地确定闪击的位置,在图中,对于探测站 S_1 的方位信息为 θ_1 角,由闪击到达测站的时间确定的距离为 r_1,在这个例子中有四个参数:两个闪击方位角和两个闪击到达测站的时间,由测量的这四个参数可估算三个参数:纬度、经度和闪击时间。因此综合使用磁定向(MDF)法和讯号到达时间(TOA)法在准确度和探测的概率上要优于单独一种方法。探测的位置准确度小于500m。

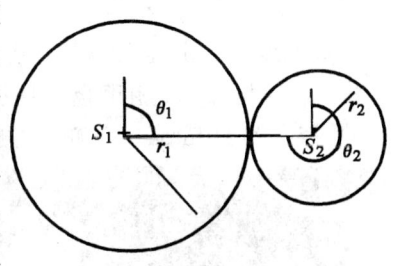

图 9.32 MDF 与 TOA 综合法
(Cummins 等,1993)

§9.6 美国国家闪电监测网

美国国家闪电监测网(NLDN(National Lightning Detection Network))建于 1987 年,资料来自覆盖西部和中西部和位于 Albany 大学的称之 SUNYA/EPRIA 网一起提供国家尺度级的闪电资料。该网使用仪器有:由闪电定位和防护公司共同制造的开关式的宽带磁定向仪(MDFs),用于获取回击波形;由大气研究中心制造的闪电时间到达网。

9.6.1 国家闪电监测网流程

如图 9.33,地基感应器通过卫星系统②—③将闪电①资料输送到在 Tucson,Arizona 的监测网控制中心(NCC(Network Control Center))④,在 NCC 处理来自遥感器的数据,提供每次闪电放电的时间、位置、峰值电流,然后将这处理信息通过卫星广播通讯网⑤返回到实时使用者⑥的手中,所有这些发生于闪电放电的30~40s 内,这一延迟由固有的 30s 和各种处理通讯延迟所组成。以 0.1s 时间分辨率的地闪信息通过卫星广播线路发送,所有获取的其它高分辨率闪电和闪击数据通过另外的通讯线路传送。实时获取的数据在数天内再处理,作为永久的基本数据存档,为不需要实时数据的使用者选择使用。NCC 和实时数据提供系统有一个超出 99.5% 的可用时间。

实时数据有两个误差源,一是探测器的定标误差,另一个是通讯源,但不会影响数据的再处理。定标误差包括系统 MDF 位置误差和辐射场峰值的振幅误差。对这些误差的订正只有在获取大量闪电数据后进行。

9.6.2 NLDN 探测站网

对于地闪的定位方法多数基于 MDF 或 TOA 方法,闪电定位和防护公司发展了一个将 MDF 与 TOA 相组合信息法(IMPACT),这一方法的信息来自于 MDF 感应器、TOA 探测器和 Impact 探测器,测量闪电脉冲波到达时间和所有闪击的方向。

图 9.33　NDLN 数据流程(Cummins 等,1998)

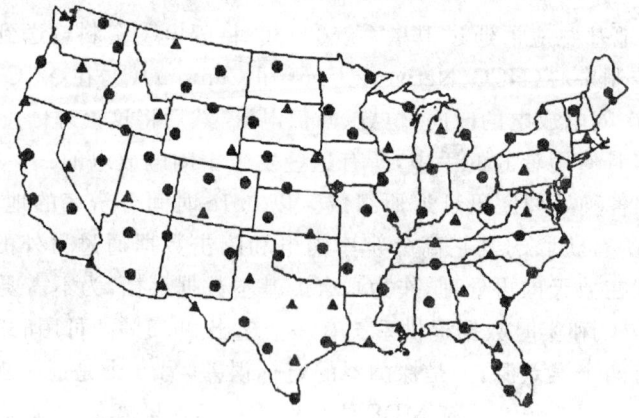

图 9.34　美国闪电探测网站点(Cummins 等,1998)

改进的NLDN包括有来自最初的ARSI国家网（闪电定位和跟踪系统，LPATS (Lightning Positionins And Tracking System)－Ⅲ探测站），59个TOA探测站，和47个IMPACT(Improved Accuracy from Combined Technology)探测站，这些探测站的位置如图9.34中，图中圆点表示LPATS探测站，三角是IMPACT探测站，表示在NLDN建立前对两种类型探测站变更，如Impact探测器的增益增加，触发器阈值就可降低，而且改变可接收波的标准，从而可探测更远的闪电。LPATS探测站有时通过云附近放电和先导脉冲所触发，探测站的增益减小，所选取的标准增加。这些修正的结果，两类探测站具有相似的灵敏度和判据。

在1990年初，为了定标和检验的目的，在NLDN中安置了若干个IMPACT探测站，在改进前，事先确定IMPACT探测器相对于NLDN探测站的增益，在改进后，通过定标的IMPACT探测站报告归一化讯号强度值，导得对于LPATS探测站增益订正值。

1995年，作为改进结果，由于探测有效距离的增加，NLDN探测站由130减小为106个。在网中各探测器的一个测量，通过监测网的相对检测效率(NRDE)定出探测站的有效探测距离。NRDE定义为通过探测站检测到的闪击数与网探测到的闪击数之比，并且它以距离为函数。

9.6.3 定位和闪击处理算法

由NLDN的106个探测数据可用最小二乘法计算最佳闪电位置，在最初的公式中，最佳方法是使一无约束的误差函数最小，其误差函数是角偏差的平方总和。角偏差是探测器测量的角与探测器位置对于闪击最佳位置角的差。当通过期望的角误差和自由度归一化，则误差函数称为归一化假想的正方形。闪击位置的最佳估算是通过沿扁球体的表面移动闪击位置在误差梯度方向迭代求取。

通常IMPACT位置算法有很多相同方式计算，除闪击位置外，也估计回击在地面开始的时间，对每一个探测站在误差函数的附加项中增加精确的定时信息。通过探测站报告的整个定时误差和具有标准偏差近似为$1.0\mu s$确定闪击时间的估计准确度。定时和角度误差对总的假想方值的相对贡献，是由用标准偏差表示的个别测量误差确定的。改进后的位置算法克服了MDF和TOA算法的许多固有问题。如对于发生于两Impact探测站的连线上的放电可由两方位矢量和两个距离圆更精确定位。IMPACT位置算法足以产生LPTS(TOA)和IMPACT(MDF和TOA)资料的组合。如图9.35显示五个探测站对佛罗里达闪击检测和定位：三个IMPACT站和两个LPATS站，角信息由发自探测站的直线表示，TOA信息由以每一个测站为中心的距离圆表示，这是一个由NLDN检测到的典型个例，其中对6～8个测站求平均得到峰值电流为25kA；2～4个测站求平均得到峰值电流为5kA。通常20个或更多探测站检测到一个100 kA闪击。

NLDN 增加一个探测一组单个闪击为一次闪电和估算闪电多重性的新方法。在过去,MDF 测量的是第一次闪击后 1s 期间内第一闪击的 2.5°范围内的闪击的累计值,则闪电的多重性是任一探测站探测到的最大数,由这导得闪电位置。此方法高估了实际闪电的多重性,因为在相同的方位上相对于一个或多个探测器会探测到同时发生的闪电。图 9.36 中说明了这方法,同时发生闪电可以由多个测站不同方位(相差 90°方向)检测同时刻的闪电,由此可检测多重闪电。

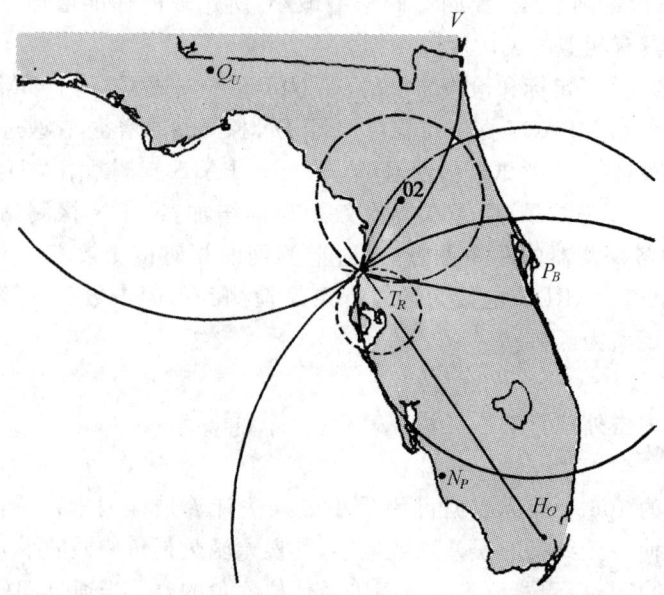

图 9.35　由二个 LPATS 和三个 IMPACT 测站确定闪击的位置例子(Cummin 等 1998)

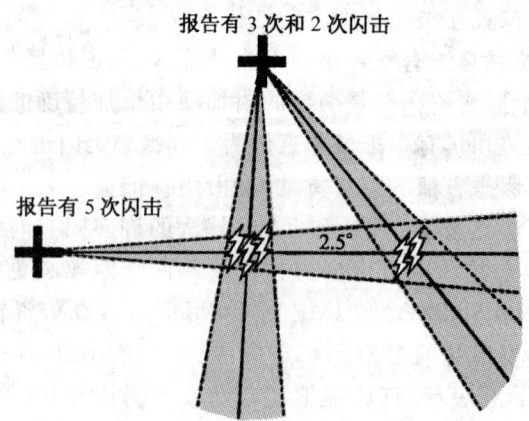

图 9.36　角闪电组的算法,图说明对闪电多重性是如何解决的
(Cummins,等 1998)

§9.7 卫星和雷达监测雷暴

卫星为进行大范围探测闪电提供了理想平台，多年来已有多颗静止气象卫星装载有记录闪电信号的观测仪器，美国国防气象卫星上载有各种光学探测闪电的探测器。

极轨卫星星载闪电探测仪器，只能提供风暴的瞬间图像，由于时间分辨率低，不能提供全天时的雷暴云系。

1980年 Walfe 和 Nagler 首次提出在静止卫星上获取高空间分辨率、高探测效率、昼夜探测闪电放电图像。其主要是根据 U-2 飞机获取的大量闪电光谱探测结果。于1990年代，开发出一种新的 LMS 闪电探测仪。

9.7.1 U-2 飞机的探测

9.7.1.1 U-2 飞机的探测光谱仪

早在1979年一架配有导航仪的 NASA U-2 飞机在白天飞越过一雷暴云获取了位于 20km 高度的高时间分辨率的闪电记录。U-2 飞机探测光谱仪是采用一对焦距为 1/8m 的 Ebert 光谱仪，中心波长为 656nm，时间分辨率为 5ms，观测的波长间隔为 320nm，且可以调节至 380~390nm。

9.7.1.2 U-2 飞机探测的闪电光谱

由 U-2 飞机探测的数据发现，闪电从云顶发出的辐射能量主要集中于近红外谱段的中性氧和中性氮范围内，图 9.37 表示闪电在近红外波段辐射能量分布图，从图中可见，闪电光谱表现有一系列狭窄的谱线，其中在中性氧 O I (1) 777.4nm 和中性氮 N I (1) 868.3nm 辐射最强，777.4nm 的带宽为 1nm，辐射能量约为 $6.5\mu J \cdot m^{-2} \cdot sr^{-1}$；868.3nm 辐射能量约为 $4.7\mu J \cdot m^{-2} \cdot sr^{-1}$。

9.7.2 DMSP 扫描仪

DMSP 卫星是1970年美国空军发射的一颗用于军事目的的气象卫星。如图 9.38，它采用太阳同步轨道，卫星高度为 830km，周期 10156min，倾角为 98.7°。卫星携带的基本仪器是高分辨率扫描仪，可以获取可见光和红外图片。1973年 DMSP 卫星 5C 发射后不久发现高分辨率可见光扫描仪在轨道的夜间部分具有探测闪电的功能。为此，下面先描述一下探测器的特征。该仪器具有 4.56mrad 视场，卫星于 830km 高度

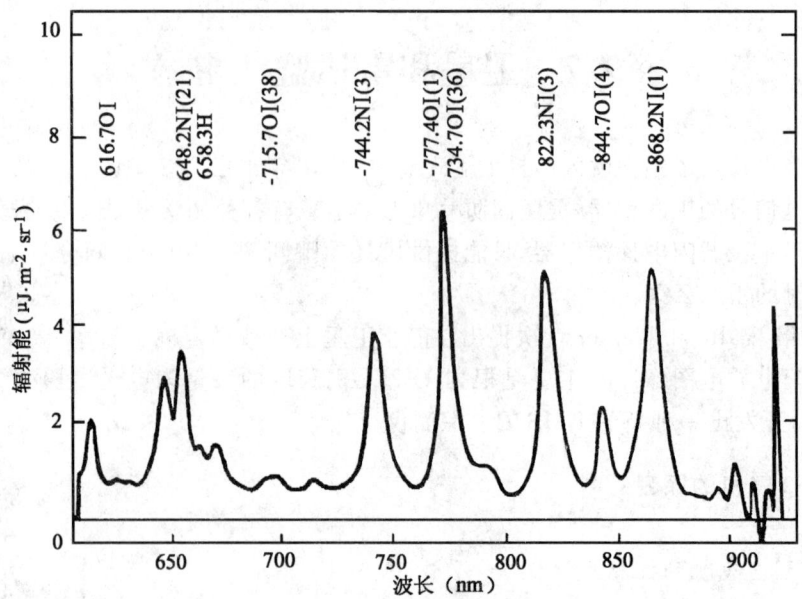

图9.37 闪电在近红外端的辐射能量图

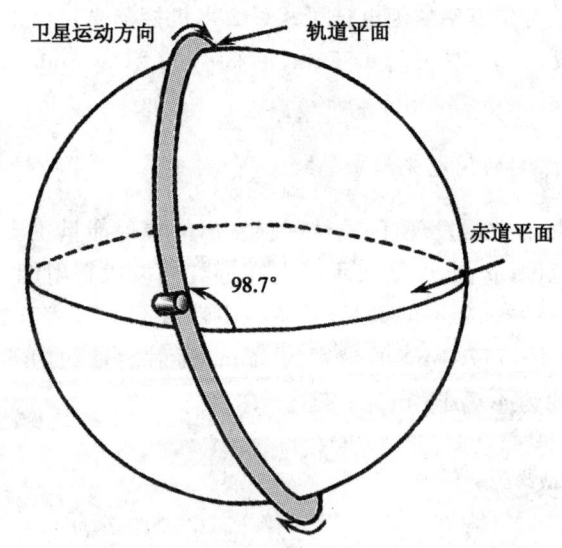

图9.38 DMSP卫星轨道(Orville,1982)

相应地面的直径为3.8km。以1.8Hz的频率将来自扫描区的光反射进入探测器,构成图片的扫描线是依靠卫星在轨道上的运动实现的。扫描镜每旋转一周(360°),大约有111°朝向地球。因此,探测器以31%的时间扫描地球,每条扫描线覆盖范围约为

3000km。图9.39为DMSP卫星对地球扫描观测的图形。DMSP的时间分辨率(就是扫描地面一点的时间长度)和地表面的视场是扫描角的函数,扫描角的角频率为11.2rad/s,所以在天底地面的扫描速度为 $9.3×10^3$ km/s,对于地面距离为3.8km相应的时间分辨率为 $4×10^{-4}$ s。高分辨率的探测器是一硅光敏二极管,它的光谱响应如图9.40所示。

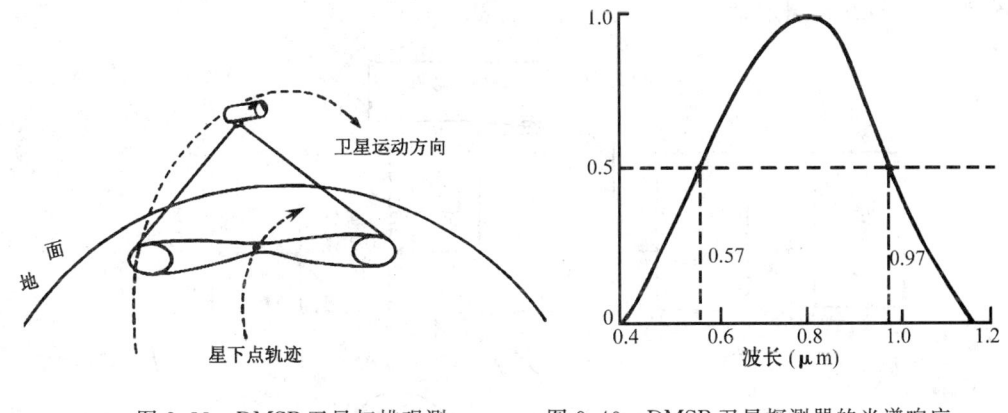

图 9.39 DMSP 卫星扫描观测
(Orville,1982)

图 9.40 DMSP 卫星探测器的光谱响应
(Orville,1982)

9.7.3 LMS 成图探测器

该仪器能连续地探测大范围区域内闪电发生的时间、闪电的辐射能、日夜监测云闪和地闪闪电,其空间探测分辨率为10km。表9.2给出了LMS仪器的视场、光学口径、主要探测参数及性能。图9.41给出了LMS闪电探测仪的功能方框图。

表 9.2 LMS 仪器主要探测参数及性能

观测方向	视场	地面成像范围	焦平面像点数	光学系统口径(mm)	焦距(mm)	数传码率(kbps)	空间分辨率(km)	帧时(ms)
星下点	8°×5°	5031×3132 km	700×560	110	132	80	8	2
中心波长(nm)	带宽(nm)	定位准确度	测量准确度	信噪比	探测效率	虚警率	重量(kg)	功耗(W)
777.4	1	1个像点	10%	≥6	≥90%	<5%	35	100

LMS仪器由四部分组成:
(1)光学系统
LMS的光学系统由两个反射元件的快镜头组成,每一个镜头都有一个窄带干涉滤波器。由于在静止卫星高度上接收的信号极微弱,镜头必须使信号能高通量快速通过。在保持聚焦平面与探测器尺寸适当匹配的同时,镜头口径尽可能与实用一样大。同时窄带滤波器要与望远镜之间适当匹配,采用防反射层减少内部损耗。设计的窄带过滤器的缓冲带通随入射角为函数而变。

窄带干涉滤光片位于探测器前面。该组件接收探测区域内相应波段范围内的闪电图像光信号,并经望远镜聚焦,通过窄带干涉滤光片后在焦平面上成像。

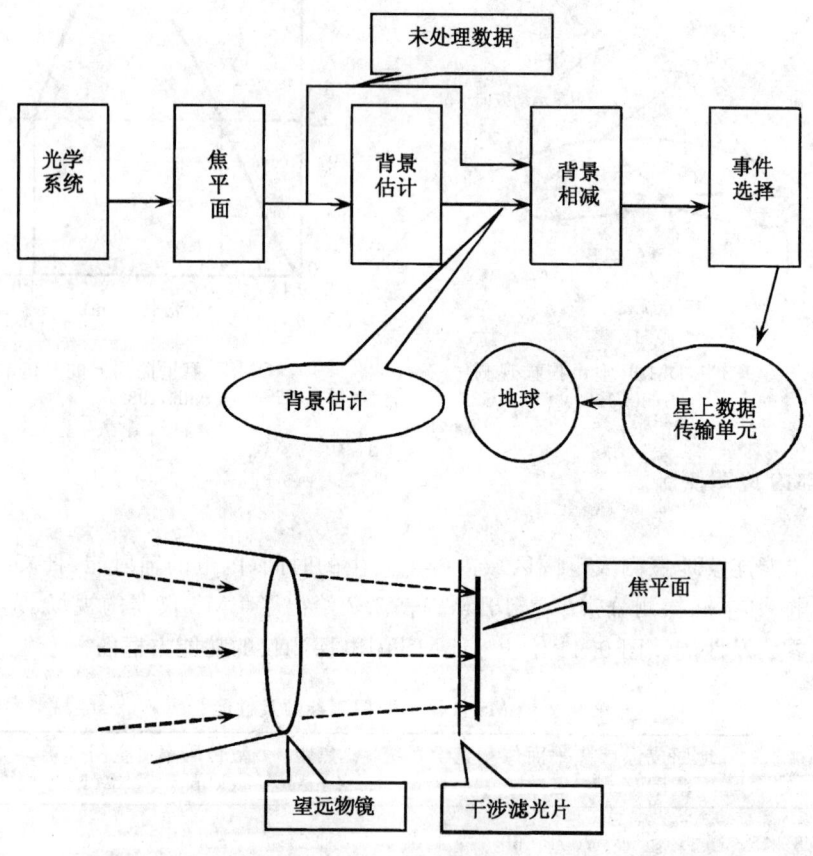

图 9.41 LMS 闪电探测仪

(2)焦平面组件

它采用 1024×1024 的低噪声、高可靠性的两个大充电偶合器件 CCD 阵,(可见光)每一阵列同时有 640×640 个感应单元和存储单元,对感应到的闪电信号积分,光敏区积分完毕后,经帧转移将光敏区的电荷整帧移入存储区,移位区的移位寄存器分两路将存储区的信号(电荷)一行行地移出,经 A/D 转换送入数据总线。接着光敏区开始下一帧的光积分。为了满足快速读出率和大动态范围及低噪声要求,用帧移动和同时读数

第九章 雷电监测原理和方法

完成。由于聚焦平面组件以充电积分方式工作,每个单独像元必须有足够大的存储背景和闪电信号产生的电荷。此外实际像元要大,以便得到一个满意的信噪比。对于快速读出和高通量效率就要使用帧移动技术,要求每个CCD阵的一半面积被屏蔽用来临时存储,缓冲从聚焦平面组件传送到实时信号处理器的资料。

(3)高速 A/D 转换及接口电路

对于由 CCD 构成的焦平面阵的光敏区对光进行积分的同时,水平移位区的移位寄存器将存储区的信号一行行移出,经 A/D 转换送入数据总线。光敏区积分完后,经帧转移将光敏区的电荷整帧移入存储区,光敏区开始下一帧的光积分。水平移位寄存器分两路将电荷移入 A/D,以提高输出速度。

(4)实时信号处理系统

它的主要功能是将闪电信号从背景信号中分离出来,这是因为在白天云顶对阳光的反射而形成的背景与闪电信号之比常常大于 100:1(在一帧图像中,背景在 CCD 像点上积累的光子超过 900,000,而闪电信号积累的光子还不到 6000 个),所以如何在从聚焦平面上以每秒 2.5×10^8 个速率采样,帧积分时间为 2ms(即 $800 \times 640 \times 500$)。

事实上,聚焦平面上只有一小部分是闪电信号数据,大部分是背景信号。实时处理器从背景噪声中检测闪电信号将数据率降低到百万分之一。

实时处理器组件包括一个背景信号 P333、一个背景消除器、一个闪电事件阈值器、一个闪电事件选择器和一个信号鉴别器。由于高数据率和 LMS 上的功率有限,用模拟/数字混合处理器代替所有技术设备。背景估测与去除、确定阈值和事件选取等信号处理功能由并联分离电路完成。分离电路连接每个聚焦平面输出线,共有 16 个分离处理电路,每个电路由运算放大器、模数转换器、比较器及数字逻辑电路、存储电路等组成。背景信号测定器基本上是时间范围滤波器,逐个地对每一个像元进行背景信号测定。在完成的过程中,多路信号聚焦平面先将信号馈入缓冲器和限幅器,以确保强闪电信号不污染背景信号测定。然后信号由一部分增益(B)增大,对于同一像元增大到以前背景测定的(1-B)倍。选择部分增益与常规频率节奏滤波器中调整截止频率类似。部分增益太高会使闪电信号污染低背景测定,还会增加处理噪音,而部分增益太低,背景测定器则不能迅速响应背景强度变化。设计基准线规定 1/B 为 8。为保证测定器正常工作,通过测定器的背景数据与离开焦平面的数据同步,且存储单元的离散存储电子数与聚焦平面阵的每个子阵的像元数要正好相等。当数据同步时,在给定时钟周期内延迟线输出与定量离开聚焦平面的信号空间一致。则用一个差分信号放大器将这两个信号相减以产生一个差分信号。由于原始信号只包含背景加闪电或只有背景信号,则相减后信号是闪电信号或几乎是一个零信号。这个差分信号与阈值相比较,如果信号超过阈值电平,比较器触发,接通开关让闪电信号通过,对信号进一步处理。为此用一个数字多路调制器将比较器输出进行编码,以产生一条地址,这样可以识别检测过的闪电事件的具体像元。

数据处理器的输出表示闪电事件的强度及闪电发生的位置。然后把这些数据送到编码电子设备,格式化为一连续的数据流,再发送至地面,其数据率达每秒几百万比特量级。

图 9.42 为 DMSP 卫星观测到美国东部地区夜间照片,图中一些城市的灯光、犹加

图 9.42　DMSP 卫星观测到美国东部地区的夜间照片
(Orville, R. E, 1982)

敦天然气油田发出的光,闪电出现在佛罗里达半岛的东部沿海岸线一带。

9.7.4 雷达探测闪电

20世纪50年代首次用雷达观测闪电,直到最近雷达用于闪电定位、确定通道的物理特征和监测有关风暴演变的闪电。下面叙述如何由雷达进行闪电定位。雷达可对近距离到几百千米的范围闪电观测,如图9.43,表示一个雷达天线针对一个活跃的雷暴闪电进行观测,在直角平面中雷达对闪电定位的空间分辨率随距离的增加而减小,检测闪电的范围取决于雷达天线波束大小。一个窄的波束只能检测很少的闪电,其方位是很窄的,但在垂直方向的范围在0~60°。较长波长的雷达波较容易测量到降水中的闪电。实际情况中雷达波长需大于10cm,这样可以避免强降水掩盖闪电回波。用波长10cm波段,可在强中心以外的降水中检测到闪电。而使用极化雷达可以抑制降水回波,加强闪电回波。

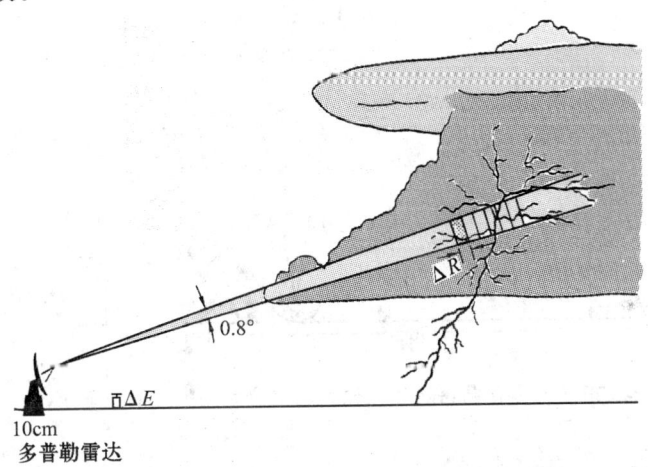

图9.43 使用可定向的天线观测风暴风的闪电,由射线(宽度0.8°)发射的脉冲长度为 ΔR, ΔE 电场观测仪可以比较闪电场变化和回波的时间演变,确定有若干观测体积元(Rust等,1981)

雷达用于闪电通道观测是由于通道有很高的反射率,对于时间几百毫秒和温度>5000K的等离子是高密度的。当闪电通道中的离子为高密度时,可以把闪电通道看作云中的金属导线或电缆,如果降水回波不是十分强,它很容易被检测到。如果通道是冷的,离子密度是低的,反射小于功率。反射功率通常衰减到 $0.2 dBms^{-1}$。

如果雷达天线以低仰角指向雷暴,可以确定雷达射线方向的闪电传播速度,使用垂直指向的多普勒雷达(图9.44),和其他仪器可以捕捉到同一样品体积内的闪电和降水回波。雷达波长为10.5cm,波束宽度为3°,多普勒速度的分辨率为 $1 ms^{-1}$。在微波吸收罩内的圆盘天线正好垂直指向,使旁瓣极小,这给出一个确定的取样体积,就有16次观测体积,每一个 16m 深,相距 300m。整个柱可以垂直向上向下,增加记录闪电的变化。这种方法要比闪电定位中给出更多闪电通道特征的信息,由于通道随空气开始运动,它也提供垂直空气速度的步点测量。图 9.45 显示了降水和闪电的速度,给出了垂直指向的多普勒雷达的单距离间隔的垂直速度谱,W 是闪电初始向上运动的速度,雷达也用于发现在闪电后闪电通道和降水的变化。这就获取降水剧变现象的证据。在强风暴中,同时利用 10cm 的多普勒雷达对中尺度气旋定位和具有宽天线的 23cm 波长雷达记录中尺度气旋中总的闪电的活动性(图 9.46)实行雷达闪电定位。雷达对闪电观测要优于被动观测,雷达能实时连续对雷电进行监测,是监测闪电的有效工具之一。

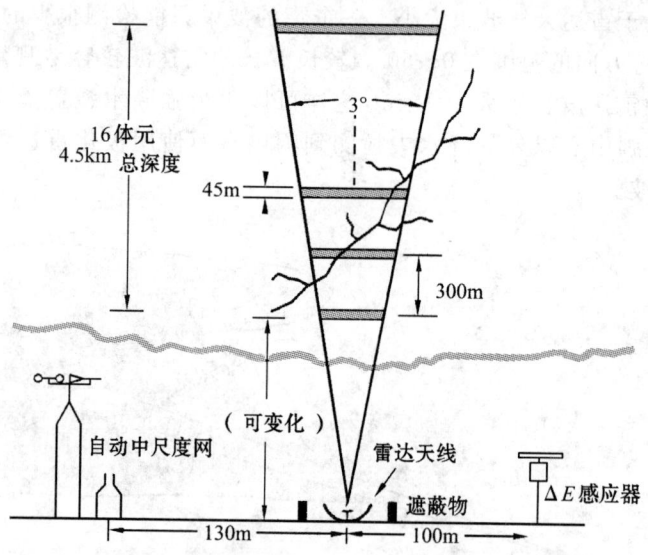

图 9.44 垂直指向的多普勒雷达和其他观测仪器探测闪电回波降水(Mazur 等,1985)

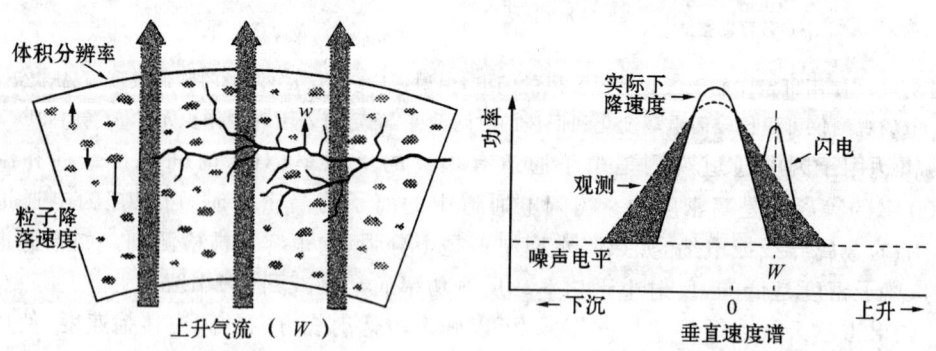

图 9.45 闪电开始以垂直空气运动的速度运动和多普勒雷达垂直指向的垂直速度谱

第九章 雷电监测原理和方法

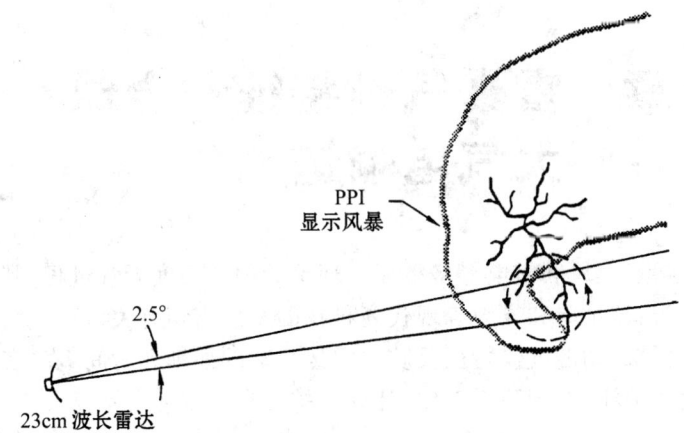

图 9.46 强雷暴中的闪电观测,虚圆线是用 10cm 雷达检测的范围(Rust 和 MacCgorman,1988)

第十章 雷暴气候特征和全球大气电输送

雷暴是一种伴有冰雹、大风和雷电等多种天气现象的中小尺度天气过程,其中雷电与电力、通讯、交通、建筑、核试验和导弹等现代高科技的发展密切有关,还与森林保护、国家基本建设有关。雷暴活动的气候特征反映了雷暴活动的地理和时间上的多年平均结果,因此对雷暴活动的关注,对于防雷工作、计划安排都有一定的实际意义。

§10.1 雷暴活动参量

为了表征雷电的年、月、日分布和强弱活动特点,必须要定义一些参数,主要有雷暴季节、平均雷暴季节、雷暴持续期、雷暴月、雷暴日、雷暴时、逐时年雷暴时和闪电密度等参量。

10.1.1 雷暴活动参量

(1)雷暴季节:指一年中雷暴所发生的月份,而不论在这些月份中雷电发生的天数。如某地某年雷暴发生于 4、6、7、8、9 月,则雷暴季节为 4 月、6~9 月,而不能为 4~9 月,因为 5 月没有雷暴出现。雷暴季节仅表示的是一年中雷暴活动发生的月份,它粗略地反映全年雷暴活动的年分布和强弱程度。

(2)平均雷暴季节:指雷暴季节的多年平均结果,近似为平均初雷暴所在月份至平均终雷暴所在的月份。平均雷暴季节只能大概的反映全年雷暴活动的年内分布和强弱程度的多年平均情况。

(3)雷暴持续期:指一年中初雷日与终雷日期之间的天数,单位为天,雷暴持续期仅表示一年中可能发生雷暴的持续天数,而不表示一年中雷暴可能发生多少天。所以有的地方在不同年份有相近的雷暴持续期,但一年中雷暴发生的天数差异较大。

(4)平均雷暴持续期:雷暴持续期的多年平均结果,单位为天,平均雷暴持续期表示一年中可能发生雷暴的平均持续天数,它反映雷暴活动的多年平均结果。

(5)雷暴月、年雷暴月:雷暴月指该月中发生过雷暴,而不论该月发生过多少天的雷暴;雷暴月是一年中雷暴月数,单位为月。年雷暴月不同于年雷暴季节,前者指的是一年中雷暴发生的月数,后者是指那些月发生过雷暴。

(6)平均雷暴月:指年雷暴月的多年的平均结果,单位月;它概略地反映了全年雷暴活动月份有的多年平均情况。

(7)雷暴日、月雷暴日、季雷暴日和年雷暴日:雷暴日指该天发生雷暴的日子,而不论该天雷暴发生的次数和持续时间;月雷暴日是指一个月中的雷暴天数,单位天。它反映的是一月内雷暴活动的强弱程度;季雷暴日是一个季度内雷暴天数。年雷暴日是一年中的雷暴天数。年雷暴日更为可靠地反映全年雷暴的活动,但是不能反映一天中雷暴发生多少次或雷暴持续时间。

(8)平均月雷暴日、平均季雷暴日和平均年雷暴日:平均月雷暴日指月雷暴日的多年平均结果,单位天;它进一步反映全年雷暴的活动强弱程度的多年平均情况。平均季雷暴日是指季雷暴日的多年平均结果。平均年雷暴日是指年雷暴日的多年平均结果,单位天。

(9)雷暴时、月雷暴时、季雷暴时、年雷暴时:雷暴时指该小时内发生过的雷暴。月雷暴时是指一月中雷暴的时数,单位时;季雷暴时是一季内雷暴的时数,单位时;年雷暴时是一年中雷暴的时数,单位时。

(10)平均月雷暴时、平均季雷暴时:平均月雷暴时指月雷暴时的多年平均结果,单位时。它比月雷暴时更可靠地反映了全月雷暴活动的强弱程度的多年平均情况。平均季雷暴时指季雷暴时的多年平均结果,单位时。

(11)逐时年雷暴时:指一天中某一小时内在全年中的雷暴时数,单位时;根据一天24h逐时年雷暴时的观测资料,可表征全年雷暴活动的日变化。

(12)平均逐时年雷暴时:指逐时年雷暴时的多年平均结果,单位时;根据一天24h平均逐时年雷暴时的观测资料可表征全年雷暴活动的日变化的多年平均结果。

除以上表示外,还可以取平均月雷暴时与平均月雷暴日之比、平均季雷暴时与平均季雷暴日之比、平均年雷暴时与平均年雷暴日之比等作为雷暴活动的参量。

表征雷电活动更理想的参数是用闪电密度参量。它包括总的闪电密度、地闪密度、平均总闪电密度、平均地闪密度。它们的意义如下:

(1)总的闪电密度:指一年内单位面积地面上空发生各类闪电的次数,单位 km^{-2}/a;

(2)地闪密度:指一年内单位面积地面发生地闪的次数,单位 km^{-2}/a;

(3)平均总闪电密度:总闪电密度的多年平均结果,单位 km^{-2}/a;

(4)平均地闪密度:地闪密度的多年平均结果,单位 km^{-2}/a。

10.1.2 雷暴活动参量的逐年气候统计

雷暴活动的气候资料是用气象台站的雷电观测资料进行多年统计的平均结果。气象台站进行雷电观测时,其内容有记录了雷电起止时间和相应的雷电方位等,当两次闻雷的时间间隔超过15min,则重新记录雷电的起止时间和相应的雷电方位等,在对雷电统计时将雷电分成两种:

(1)当地雷暴:指离测站近能听到雷声的闪电,但有时只有雷声不见闪电。

(2)远闪:听不到雷声的离测站远的闪电或称远电。它一般距测站点在20~30km以上,在雷电活动统计时,对这类闪电就不作统计。

雷电的气候统计特征主要包括雷暴活动的地理分布和雷暴活动的时间变化特征。根据资料空间范围的不同,分以下两种情况:

(1)对大范围区域的雷电气候统计可以根据雷电观测资料绘制雷暴参量的等值线分布图,表征大范围雷暴活动的时间变化特征。

(2)对于单个测站的雷暴统计一般制作该处的雷暴活动参量的日变化和年变化曲线,表征该处雷暴的活动规律。

雷暴活动的气候统计使用的资料越长,则雷暴活动的气候代表性就越好,通常至少要有10年以上的观测资料,才能得到较好的气候代表性。如果统计年份太短,则雷暴活动逐年的起伏导致雷暴活动参量缺乏代表性。

雷暴观测站密度越高,则雷暴参量的地理分布代表性就越好,雷暴活动是中小尺度天气系统,其空间尺度小,小的仅十几千米,大到几百千米,时间变化快,短的仅十几分钟,因此要求气象观测站的密度高,常规的气象观测网难以准确地捕捉辖区所有的到雷暴活动,尤其对于无人区的高原、沙漠等地区,测站很少。为此近年来,国内外建立雷电监测网,专门设置雷电观测仪器,加上利用卫星观测资料或雷达资料。对雷暴的气候研究提供更可靠更有用的雷电参量。

§10.2 我国雷暴的地理分布和气候特征

由于我国地域辽阔,各地的雷暴发生的差异也较大,雷电参量分布不同。这一节主要介绍我国雷暴参量的分布特点。

10.2.1 我国雷暴区的划分和雷暴日

根据多年的雷暴观测资料,我国雷暴区可以大致分成四个地区,我国平均年雷暴日的地理分布见图10.1。

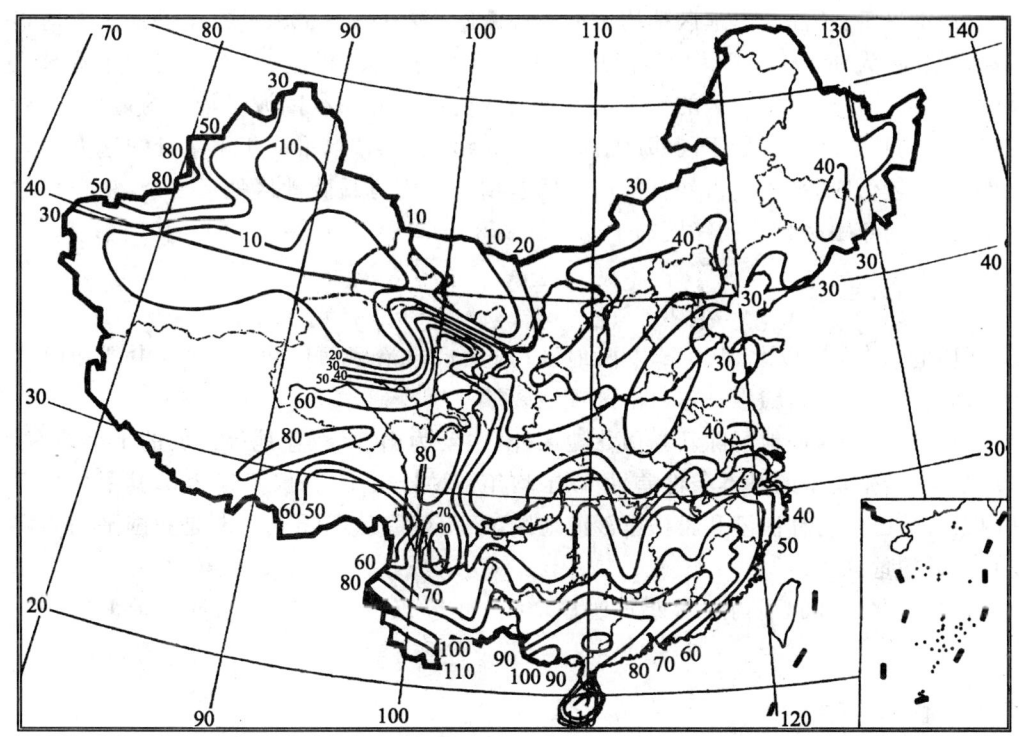

图 10.1 我国平均年雷暴日地理分布(孙景群,1987)

10.2.1.1 第一区

(1)范围:长江以北、105°E 以东地区;主要包括黑龙江省、吉林省、辽宁省、内蒙古自治区中部和东北部、河北省、山东省、江苏省、安徽省西北大部、山西省、河南省、湖北省大部、陕西省、四川省东半部、宁夏回族自治区和甘肃省东南角等地区。

(2)雷暴日:平均年雷暴日为 20~50d,这一区的范围较大,各地区的年雷暴日有所不同,但是随纬度的变化不大。其中:①内蒙古自治区东北部、黑龙江、吉林和辽宁省等地区平均年雷暴日为 20~40d,有些地区略偏高。②内蒙古自治区东南部、河北西北部和山西北部地区雷暴日偏高;③河北东南部和河南省大部地区平均年雷暴日偏低;④秦岭以北陕西和甘肃的渭河流域一带年平均雷暴日偏低;⑤地势低洼的四川盆地,平均年雷暴日低于同纬度地区的值。

10.2.1.2 第二区

(1)范围:长江以南、105°E 以东地区;浙江省、福建省、广东省、广西壮族自治区、安徽省东南角、江西省、湖南省、贵州省及四川省、湖北省和江苏省长江两岸地区。

(2)雷暴日:长江两岸地区平均年雷暴日偏低,多为 40～50d,两广南部地区平均年雷暴日偏高,为 90～120d,其中海南岛中部的琼中和儋县,高达 124d,是我国年雷暴日最高的地区。东南沿海地区的年平均雷暴日普遍低于同纬度离海岸较远的地区,而小岛屿的平均年雷暴日又低于同纬度沿海地区。纬度较高时,平均年雷暴日的这类偏差较小,纬度较低时,平均年雷暴日的这类偏差增大。南方丘陵地区地形复杂,夏季热对流频繁,平均年雷暴日较同纬度的平原地区要高。

10.2.1.3 第三区

(1)范围:36°N 以北、105°E 以西地区;内蒙古自治区西南角、甘肃省中部和西北部、青海省西北部、新疆维吾尔自治区等地区。

(2)雷暴日:这一地区除新疆西北地区外,主要为由沙漠、盆地等组成的干旱地区,水汽很少,产生雷暴的基本条件差,所以平均年雷暴日很小,一般不到 20d,其中如甘肃和内蒙古的巴丹吉林沙漠和腾格里沙漠地区,平均年雷暴日低于 10d,是我国平均年雷暴日最低的地区。

新疆西北山区的平均年雷暴日明显增大,可达 20～50d,其中昭苏一带可达 80～90d。

10.2.1.4 第四区

(1)范围:36°N 以南、105°E 以西地区。甘肃省东南部、青海省大部、西藏自治区、四川省西半部和云南省中部和西部等地区。

(2)雷暴日:这一区多为高原和山脉,地形起伏较大,平均年雷暴日高于同纬度的地区,一般为 50～80d。青藏高原的北缘地带,以及云贵高原地势较高的西部山区的东缘地带,主要包括青海柴达木盆地与昆仑山脉和祁连山脉交界处,甘肃和内蒙古巴丹吉林沙漠和腾格里沙漠与祁连山脉交界的地方,以及四川盆地与其西部山区交界的地方,地形、地貌变化很大,平均年雷暴日的距离变化也大,即平均年雷暴日的等值线分布十分密集,200～300km 范围内,平均雷暴日可变化 30～40d。

在四川的西部和西南角,云南北部以及西藏东北角等地区,地势高且起伏大,平均年雷暴日明显高于周围地区,约偏高 20～40d。西藏东南角雅鲁藏布江流域广大地区,地势相对低而平坦,平均年雷暴日普遍偏低。

总之,我国平均年雷暴日有以下特点:(1)东经 105°以东地区的平均年雷暴日随纬度减小而递增,但长江以北地区这一变化趋势并不显著,而长江以南地区这一变化趋势较为明显。(2)东南沿海地区的平均年雷暴日偏低于离海岸稍远地区的数值,而小岛屿的平均年雷暴日又偏低于同纬度沿海地区的数值。此外江湖流域、河谷平原和河谷盆地的年平均雷暴日往往偏低于同纬度其它地区。(3)新疆维吾尔自治区、甘肃省和内蒙古自治区的广大沙漠和戈壁滩地区以及青海省柴达木盆地等到地区,因气候干旱,平均年雷暴日较低,一般不超过 10d,是我国年雷暴日最低的地区。(4)地势较高、地形复杂的山岳地区,平均年雷暴日往往高于同纬度地区的数值。

10.2.2　平均雷暴时的地理分布

平均年雷暴时的地理分布比平均年雷暴日更能反映雷暴活动的强弱程度的地理分布。根据 210 个气象站雷暴资料的统计,我国平均年雷暴时地理分布如图 10.2,结果如下:

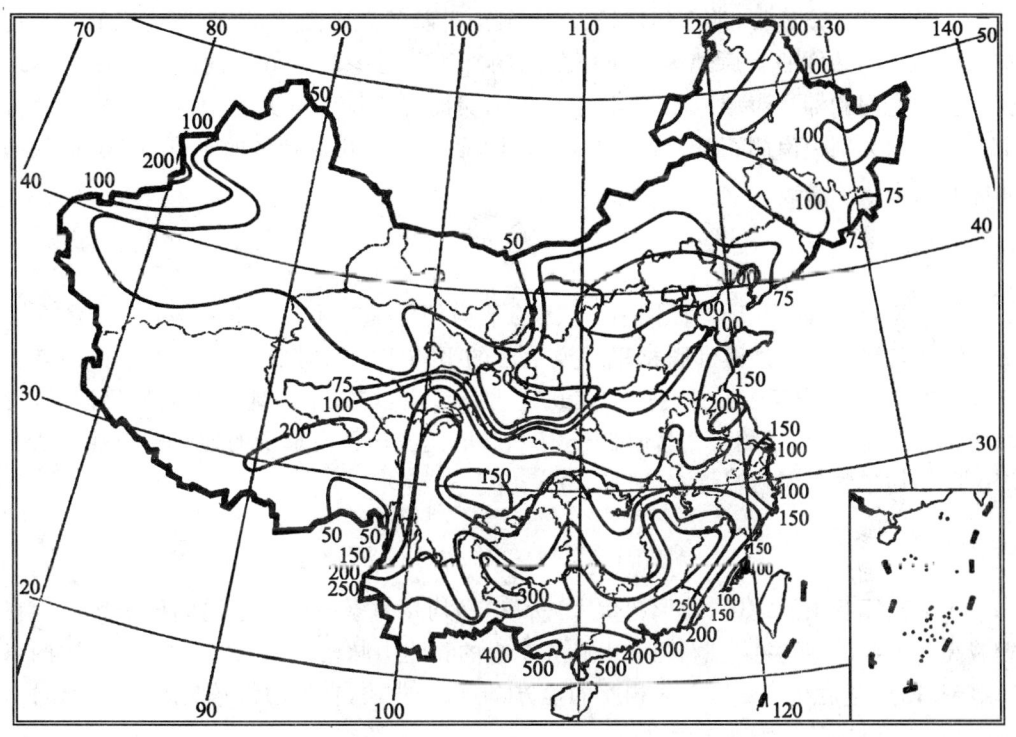

图 10.2　我国平均年雷暴时地理分布(孙景群,1987)

10.2.2.1　第一区

平均年雷暴时为 50～200 时,大部分地区为 75～150 时左右,平均年雷暴时随纬度减小而略有增加。如内蒙古东北部、黑龙江、吉林和辽宁等地区的年平均雷暴时为 75～150 时左右,而大部分地区则为 75～100 时左右,其中某些地区的平均年雷暴时较高,如黑龙江的呼玛为 112h,通河为 135 时等。河北北半部、内蒙古东南角和山西北半部的平均年雷暴时偏高,可达 100～160h。河北南半部、山东、江苏、安徽、山西南半部、河南、湖北、陕西北半部和四川东部等地区的年平均雷暴时略高于我国东北部地区,约为100～200h,有的地方还要高,如江苏射阳202h、盱眙233 h。

10.2.2.2 第二区

这一区平均年雷暴时随纬度增加而减小,长江两岸地区的平均年雷暴时为150～200h;到华南南部地区的平均年雷暴时递增至400～600时左右。长江两岸地区的年平均雷暴时偏低,为120～200h左右,广东和广西地区的平均年雷暴时偏高,达400～600 h。

我国东南沿海地区的平均年雷暴时低于同纬度的离海岸稍远的地区,离海岸较远的东南沿海是丘陵地带,地形起伏较大,有利于雷暴的发生发展,因而该地区的年平均雷暴时高于同纬度的平原地区。而小岛屿的平均年雷暴时又低于同纬度的沿海岸地区。在洞庭湖和湘江流域地形平坦,平均年雷暴时低于同纬度其它地区;在巫山、武夷山、天目山、大别山南侧、黄山等山地区域,以及西南云贵山脉地区的年平均雷暴时较同纬度其它地区要高。

10.2.2.3 第三区

与平均年雷暴日相同的原因,这一区的平均年雷暴时小于50h。其中甘肃和内蒙古自治区的巴丹吉林沙漠和腾格里沙漠地区的平均年雷暴时低于25h,内蒙古的老东庙为16h,新疆的准噶尔盆地内的古尔班通古特沙漠、塔里木盆地的塔克拉玛沙漠、青海的柴达木盆地等,平均年雷暴时低于10～20h,是我国雷暴最少的地区。新疆的西北部山区平均年雷暴时明显增多,可达50～200 h。

10.2.2.4 第四区

多为高原和山脉地区,地形起伏大,所以,平均年雷暴时较其它同纬度地区高。在青藏高原北缘的柴达木盆地、昆仑山脉和东缘的祁连山脉地区,云贵高原西部山区的东缘地带,四川盆地与其西侧山区相交的地方,地形变化快,年平均雷暴时的水平变化快,年平均雷暴时的等值线十分密集。

四川西部到南部山脉,地形复杂,平均年雷暴时高于同纬度地区,另在四川北部和甘肃南部山脉地区交界处平均年雷暴时等值线十分密集,再往北有一个50h 的低值区。

西藏东南角雅鲁藏布江流域等广大地区,由于地势相对较低,平均年雷暴时偏低。

我国平均年雷暴时的总的特征为:

(1)东经105°以东地区的平均年雷暴时随纬度减小而递增,但长江以北地区这一变化趋势不太明显,而长江以南地区较为明显。

(2)东南沿海地区的平均年雷暴时低于同纬度的离海岸稍远的地区,而小岛屿的平均年雷暴时又低于同纬度的沿海岸地区。江河、湖泊、河谷平原和河谷盆地的平均年雷暴时低于同纬度的其它地区。

(3)新疆、甘肃和内蒙古的广大沙漠地区,气候干燥平均年雷暴时较低,一般不超过25小时,是我国雷暴时最低的地区。

(4)地势高、地形复杂的山地区域,平均年雷暴时常高于同纬度其它地区,如青藏高原比同纬度其它地区要高50~100 h。

(5)平均年雷暴时的地理分布与平均年雷暴日的地理分布规律基本类似,不同之处是平均年雷暴时的纬度差异不如年平均雷暴日明显。

10.2.3 平均雷暴持续时期和平均雷暴季节的地理分布

平均雷暴持续时期表示全年可能发生雷暴的持续天数,它的分布如图10.3所示。如同上面一样将我国分成四个区,各区的特点为:

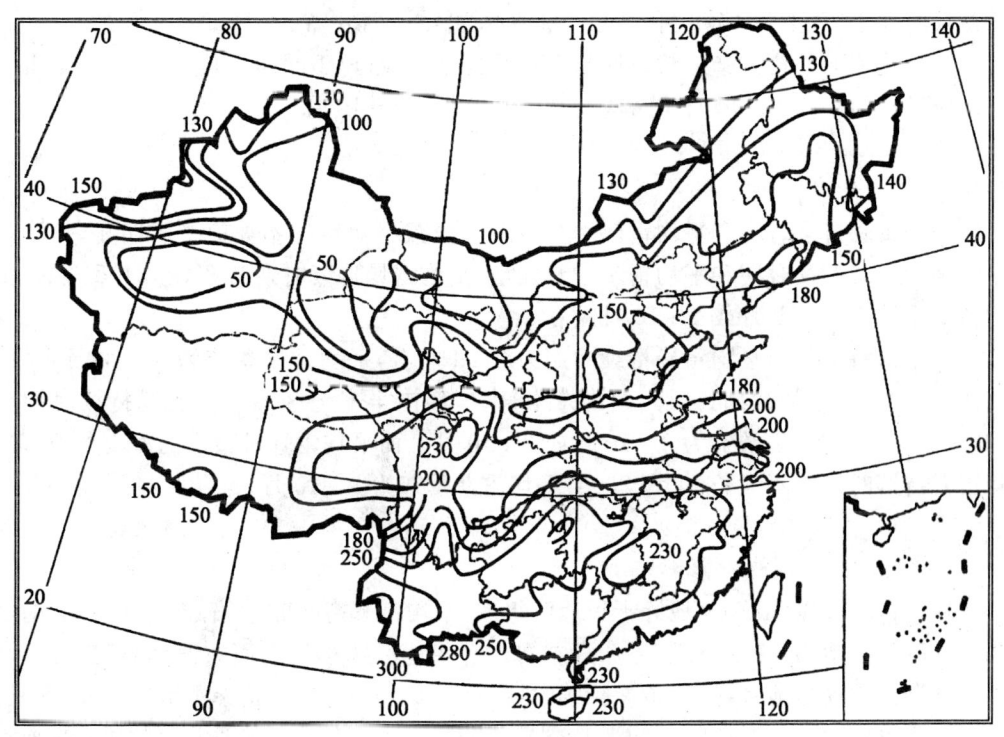

图10.3 我国平均年雷暴持续时期地理分布(孙景群,1987)

10.2.3.1 第一区

这一大部地区的平均雷暴持续时期和平均雷暴季节分别为150d左右和4~9月或

2~10月。但是,平均雷暴持续时期和平均雷暴季节随随纬度减小而增加,由北面的120d增加至南方长江流域的200~240d;平均雷暴季节从北面的5~9月或4~10月左右,延长到长江两岸的3~9月或2~10月左右。

在内蒙古到东北、黑龙江、吉林和辽宁等到地区平均雷暴持续时期和平均雷暴季节由西北向东南递增,该地区西北角的平均雷暴持续时期为120d,平均雷暴季节约5~9月,该区的东南角的平均雷暴持续时期约为180d,平均雷暴季节4~10月。

内蒙古中部、河北、山东、山西、安徽、河南、湖北、宁夏、陕西等省的西北角,及甘肃东南角和四川东部广大地区平均雷暴持续时期较短,一般不到150d,平均雷暴季节约为5~9月左右。

长江两岸地区的平均雷暴持续时期较长,达200~240d,平均雷暴季节3~10月或2~10月。

河北、山东、山西、河南、四省的交界处,以及陕西和甘肃的渭河流域地区的平均雷暴持续时期较短,不到150d,平均雷暴季节约为4~9月左右。

四川盆地的平均雷暴持续时期和平均雷暴季节,略短于同纬度其它地区,平均雷暴持续时期约为160~200d,平均雷暴季节4~9月或3~10月。

10.2.3.2 第二区

平均雷暴持续时期和平均雷暴季节随随纬度减小而增加不如第一区明显,长江两岸的平均雷暴持续时期和平均雷暴季节偏短,平均雷暴持续时期为200~240d左右;平均雷暴季节为3~10月或2~10月左右。

东南沿海地区的平均雷暴持续时期为222d左右,平均雷暴季节为3~10月左右。江西、福建西部、广东西北半部、湖南东半部、广西南半部地区的平均雷暴持续时期为230~250d,平均雷暴季节为3~10月或2~10月。而平均雷暴日最高的海南岛地区平均雷暴持续时期并不很长,仅为230d,平均雷暴季节为3~10月。

10.2.3.3 第三区

这一区主要以沙漠、盆地等干旱地区组成,平均雷暴持续时期偏低,为50~150d;平均雷暴季节一般为5~8月或5~9月左右。有些地区还小于上面数值,如塔克拉玛干沙漠和柴达木盆地地区,平均雷暴持续时期短于50d左右,平均雷暴季节短于5~8月,是我国平均雷暴持续时期和平均雷暴季节最短的地区。但是新疆西北山脉地区平均雷暴持续时期相对要长一些,为130~160d,平均雷暴季节为5~9月或4~9月左右。

10.2.3.4 第四区

这一区多为高原和山岳地区,地形起伏,平均雷暴持续时期和平均雷暴季节较其它

第十章　雷暴气候特征和全球大气电输送

地区高,并有随纬度减小而增加的趋势。该地区的北面的平均雷暴时期为160~170d,平均雷暴季节为4~10月或3~10月左右。该区的甘肃西南角、四川的西部和西藏的东部地区,平均雷暴时期长达180~230d,平均雷暴季节为3~10月或3~11月左右,其中云南中部和西部地区平均雷暴时期长达200~300d左右,平均雷暴季节为2~11月或1~12月左右。

四川、云南和西藏交界地区,其平均雷暴持续时期为150~200d左右,平均雷暴季节为4~9月或4~10月,较同纬度其它地区要小。

西藏中西部,平均雷暴持续时期和平均雷暴季节要短于同纬度其它地区。

从上可看出,我国平均雷暴持续时期和平均雷暴季节的特点为:

(1)东经105°以东地区的平均雷暴持续时期和平均雷暴季节随纬度减小而递增,但长江以北地区这一特征明显,长江以南地区则不太明显。

(2)东南沿海地区的平均雷暴持续时期和平均雷暴季节小于同纬度离海岸较远的地区,而小岛屿的平均雷暴持续时期和平均雷暴季节又小于沿海岸地区。这与年平均雷暴日相似。

(3)新疆、甘肃、内蒙古的广大沙漠地区和柴达木盆地,气候干燥,平均雷暴持续时期和平均雷暴季节较短。

(4)地势高、地形复杂的青藏高原和云贵高原地区,平均雷暴持续时期和平均雷暴季节往往高于同纬度其它地区。

(5)平均雷暴持续时期与平均年雷暴日、平均年雷暴时的分布特征在一些地区有许多相似之处,但在另一些地区则差异较明显。

10.2.4　平均年雷暴日与平均年雷暴时的关系

10.2.4.1　平均年雷暴时与平均年雷暴日之比的地理分布特征

图10.4给出了我国210个气象站的资料统计得到的平均年雷暴时与平均年雷暴日之比的地理分布,由图中可以看到,平均年雷暴时与平均年雷暴日之比和平均年雷暴日呈正相关。从图中数据可将我国雷暴活动分成三个区:

(1)北纬36°以北、东经105°以东地区为第一区,主要包括黑龙江省、吉林省、辽宁省、内蒙古自治区中部和东北部、河北省、宁夏回族自治区、陕西省北部、山西省中北部,以及河南省和山东省的黄河以北地区。该地区平均年雷暴时与平均年雷暴日之比为2.5~3.5左右,大部分地区的比值则为2.5~3.0左右,其地理分布则与平均年雷暴时分布相似。

(2)第二区主要为河南省和山东省的黄河以南地区、江苏省、浙江省、福建省、广东省、广西省、安徽省、江西省、湖北省、湖南省、四川省东南部、贵州省、云南省中部和东南部等地区,该地区平均年雷暴时与平均年雷暴日之比为3.0~5.0左右,大部分地区的

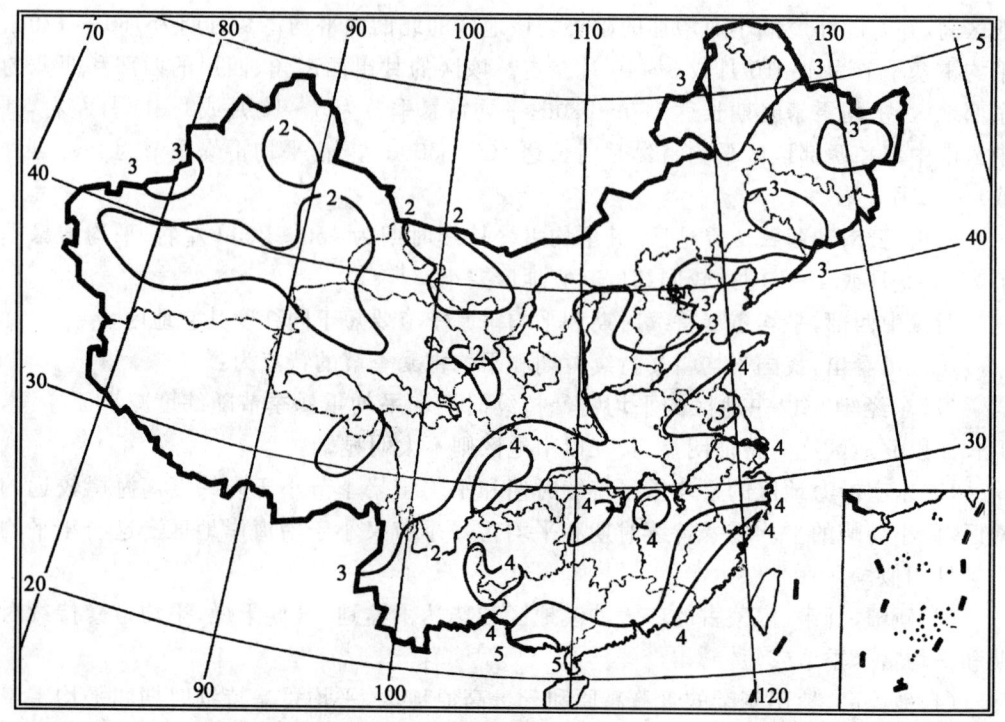

图 10.4 平均年雷暴时与平均年暴日之比的地理分布(孙景群,1987)

比值则为 3.0~4.0 左右,其地理分布则与平均年雷暴时分布特征相似,其中有些地区的平均年雷暴时与平均年雷暴日之比值偏高些,如山东省、江苏省和安徽省一带的比值大于 4.0。而纬度较低的广东南部、广西、贵州南部和云南等地区的平均年雷暴时与平均年雷暴日之比值达到 4.0~5.0 左右。

(3)第三区主要包括内蒙古自治区西南部、新疆维吾尔自治区、甘肃省、青海省、西藏自治区、四川省西北部和云南省西北角等地区,该地区的平均年雷暴时与平均年雷暴日之比值达到 2.0~3.0 左右;其中甘肃中部、内蒙古自治区西南部、新疆大部地区,主要由沙漠、干旱区组成,不仅平均年雷暴时与平均年雷暴日较低,其比值也很低,雷暴持续时间的多年平均值较短。

总之,平均年雷暴时与平均年雷暴日之比值随纬度变化并不明显,只在纬度较低地区其值较高;一些江湖、河谷盆地区平均年雷暴时与平均年雷暴日之比高于同纬度其它地区;我国西北沙漠地区平均年雷暴时与平均年雷暴日之比值偏低。

10.2.4.2 平均年雷暴时与平均年雷暴日间的经验关系

若将气象台站观测的平均年雷暴日为横坐标和平均年雷暴时为纵坐标,可以得到

经验公式为

$$T_h = aT_d^b \tag{10.1}$$

式中 T_h 和 T_d 分别是平均年雷暴时和平均年雷暴日，a 和 b 是常数，由拟合得 $a=0.93$，$b=1.32$。

§10.3 我国雷暴活动的时间变化特征

10.3.1 平均季雷暴日的地理分布

我国平均季雷暴日随季节和地理而变，首先从季节看，春季平均季雷暴日偏低，夏季平均雷暴日较高，秋季雷暴日低于春季，冬季大部分地区无雷暴日，这说明春季雷暴活动较弱，夏季雷暴活动最集中，秋季的雷暴活动显著减弱，冬季无雷暴活动。

不同地区的雷暴活动有很大的差异，下面分季按区分别说明。

10.3.1.1 春季平均季雷暴日

(1) 第一区：春季平均季雷暴日较低，为 2~6d 左右，平均季雷暴日随纬度的变化不大显著，其中内蒙古东北部和中部以及黑龙江北部地区，平均雷暴日偏低，如海拉尔为 1.9d，呼玛为 2.1d，而吉林中部，河北大部以及内蒙古、山西和陕西三省交界的地区，其平均雷暴日偏高，如吉林桦甸为 5.7d，河北承德为 6.5d。四川盆地平均雷暴日偏低于同纬度其它地区。

(2) 第二区：春季平均季雷暴日随纬度的增加而明显减小，如长江两岸的平均季雷暴日为 10~15d 左右；至华南地区，其平均季雷暴日可达 20~30d 左右，海南岛平均季雷暴日一般大于 30d，儋县则高达 37d，是春季平均季雷暴日最高的地区。东南沿海地区低于同纬度离海岸稍远的地区为 10~15d 左右，东南沿海丘陵地带及云贵高原地区平均季雷暴日高于同纬度其它地区。

(3) 第三区：除新疆西北角之外的大部分地区的春季平均季雷暴日偏低，一般小于 2d，是我国平均季雷暴日最低的地区。而新疆北部山区的昭苏却可达 19d。

(4) 第四区：这一区的东部地区平均季雷暴日较高，大部分为 10~20d 左右；云南南半部可达 20~30d 左右；中部较低。

10.3.1.2 夏季平均季雷暴日

(1) 第一区：夏季平均季雷暴日可达 20~35d 左右；平均季雷暴日随纬度变化不大，其中河北、内蒙古和山西三省、区的交界处平均季雷暴日偏高，超过30d。

(2)第二区:这区夏季平均季雷暴日随纬度度增加而明显减小,长江两岸的平均季雷暴日为 20~30d 左右,而到两广地区为 50~60d 左右,海南岛中部地区平均季雷暴日达 65d,广西东兴平均季雷暴日达 67d,是我国夏季平均季雷暴日最高的地区。

(3)第三区:除新疆西北角之外的大部分地区的夏季平均季雷暴日偏低,一般小于等于 15d,是我国夏季平均季雷暴日最低的地区,新疆西北部地区可达 20~40d 左右。而新疆北部山区的昭苏却可达61d。

(4)第四区:这一区的东部地区平均季雷暴日较低,大部分为 20~50d 左右;中南地区平均季雷暴日偏高,一般超过50d。

10.3.1.3 秋季平均季雷暴日

(1)第一区:秋季平均季雷暴日可达 3~7d 左右;平均季雷暴日随纬度变化不显著,只有辽宁东部地区的平均季雷暴日较高,为7~8d。

(2)第二区:平均季雷暴日随纬度度增加而明显减小,长江两岸的平均季雷暴日为 3~5d左右,而到两广地区为 15~20d 左右,海南岛地区平均季雷暴日达20~26d。

(3)第三区:除新疆西北角之外的大部分地区的夏季平均季雷暴日偏低,一般小于等于 2d,是我国夏季平均季雷暴日最低的地区,新疆西北部地区可达 5~10d 左右。

(4)第四区:东部和中部地区平均季雷暴日为 10~20d 左右;云南西南部地区平均季雷暴日偏高,一般可超过20d。

10.3.1.4 冬季平均季雷暴日

在冬季我国大部地区无季雷暴活动,只有第一区的东南角,第二区的大部和第四区的东部地区有弱的雷暴活动。平均季雷暴日为0.1~3d。

10.3.2 平均季雷暴时的地理分布

不同地区的雷暴活动有很大的差异,下面分季按区分别说明。

10.3.2.1 春季平均季雷暴时

(1)第一区:春季平均季雷暴时较低,为 5~10h 左右,平均季雷暴时随纬度的变化不大显著,河北大部以及山西东部地区,其平均雷暴时低于周围地区,小于 10h。四川盆地平均雷暴时偏低,低于同纬度其它地区。

(2)第二区:春季平均季雷暴时随纬度的增加而明显减小,如长江两岸的平均季雷暴时为 30~50h 左右;至华南地区,其平均季雷暴时可达 100~300h 左右,江西大部和福建西部地区平均季雷暴时一般大于 100h,广西中部和西部地区春季平均季雷暴时低于周围地区,一般低于100h。

(3)第三区:除新疆西北角之外的大部分地区的春季平均季雷暴时偏低,一般小于5h,是我国平均季雷暴时最低的地区。而新疆北部山区可达5～20h,昭苏达52h。

(4)第四区:这一区的东部地区平均季雷暴时较高,大部分为10～50h左右;云南西南角较高,可达80～100h左右。

10.3.2.2 夏季平均季雷暴时

(1)第一区:夏季平均季雷暴时可达70～100h左右;平均季雷暴时随纬度减小而增加,其中山西北部地区平均季雷暴时偏高,超过100h。

(2)第二区:这区夏季平均季雷暴时随纬度增加而明显减小,长江两岸的平均季雷暴时为80～100h左右,而到两广地区为200～300h左右,广西东兴平均季雷暴时达462h,是我国夏季平均季雷暴时最高的地区。此外江苏北部地区的平均季雷暴时高于周围其它地区,达150h。

(3)第三区:除新疆西北角之外的大部分地区的夏季平均季雷暴时偏低,一般小于等于25h,是我国夏季平均季雷暴时最低的地区,新疆西北部地区可达30～100h左右。而新疆北部山区的昭苏却可达229h。

(4)第四区:这一区的东部地区平均季雷暴时较高,大部分为100～150h左右;中部地区平均季雷暴时偏低,一般低于100h。

10.3.2.3 秋季平均季雷暴时

(1)第一区:秋季平均季雷暴时可达5～10h左右;平均季雷暴时随纬度变化不显著。

(2)第二区:平均季雷暴时随纬度增加而明显减小,长江两岸的平均季雷暴时为10～20h左右,而到两广地区为50～70h左右,广西东兴平均季雷暴时达123h,是我国秋季平均季雷暴时最高的地区。东南沿海丘陵地带平均季雷暴时高于同纬度其它地区。

(3)第三区:除新疆西北角之外的大部分地区的夏季平均季雷暴时偏低,一般小于等于5h,是我国夏季平均季雷暴时最低的地区,新疆西北部地区可达5～10h左右。

(4)第四区:东部和中部地区平均季雷暴时为20～60h左右;云南西南部地区平均季雷暴日偏高,一般可达70～100h。

10.3.2.4 冬季平均季雷暴时

在冬季我国大部地区无季雷暴活动,只有第一区的东南角,第二区的大部和第四区的东部地区有弱的雷暴活动,平均季雷暴时为0.1～10h。

10.3.3 雷暴活动的年变化和日变化

平均年雷暴日、平均年雷暴持续时期和平均雷暴季节不仅因地而异,平均年雷暴月的年变化也不相同,往往随纬度、地理条件而变化。据对我国527个气象台站雷暴活动的统计发现,我国的雷暴活动主要集中于6～8月,其中以7月份的雷暴活动最为频繁,纬度较高的东北三省和新疆等地区,雷暴活动较早,因此平均月雷暴日变化的峰值位于6～7月,并以7月为主;而青海、宁夏、内蒙古、山西、河北、江苏、河南、广西、四川、贵州等地区,雷暴活动较晚,平均月雷暴日年变化的峰值位于7～8月,并以7月为主;但是江西的平均月雷暴日年变化的峰值位于8月,福建、湖南和广东等地区,平均月雷暴日年变化的峰值几乎都集中于8月。甘肃和西藏地区平均月雷暴日年变化的峰值位于6～8月,以7月份为主。

资料分析表明,纬度较高的如哈尔滨、长春、沈阳、乌鲁木齐、西宁、兰州、西安、太原、北京和济南及杭州、福州、郑州、南宁、成都、昆明和拉萨等地,平均月雷暴日年变化具有单峰型,峰值位于7～8月为主,说明全年的雷暴活动较为集中。而长江流域的南京、上海、汉口、长沙等地,平均月雷暴日年变化具有双峰型,主峰位于7～8月,副峰位于4月。此外广州、南昌、贵阳等地也是双峰型,两峰值幅度相当,分别位于4～6月和7～8月。

雷暴活动的日变化因地而异,根据我国28个城市的资料分析表明,平均逐时年雷暴时的日年变化曲线具有单峰单谷型,其中哈尔滨、长春、沈阳、乌鲁木齐、西宁、兰州、西安、太原、上海、杭州、福州、郑州、广州、昆明等地峰谷值差较大,而北京、济南、南京、南昌、汉口、长沙、南宁、成都等地峰谷值差较小。

§10.4 全球雷暴的气候特征

10.4.1 全球雷暴活动的地理分布

雷暴活动在全球分布是极不均匀的,就全球平均而言,每天约发生50000次雷暴,在任何一个时刻同时存在约2000个雷暴,每秒钟约发生100次闪电。根据各国闪电观测资料,可以绘制全球年平均雷暴日的地理分布。全球年平均雷暴日的地理分布与大气环流、海陆分布、地形和地貌、冷暖洋流及局地条件有关。1973年美国的国防气象卫星DMSP卫星5C发射后不久发现高分辨率可见光扫描仪在轨道的夜间部分具有探测闪电的功能。图10.5～10.8为DMSP卫星1977～1978年期间观测到秋季(9～11月)、冬季(12～2月)、春季(3～5月)和夏季(6～8月)的全球午夜时间的雷电分布。

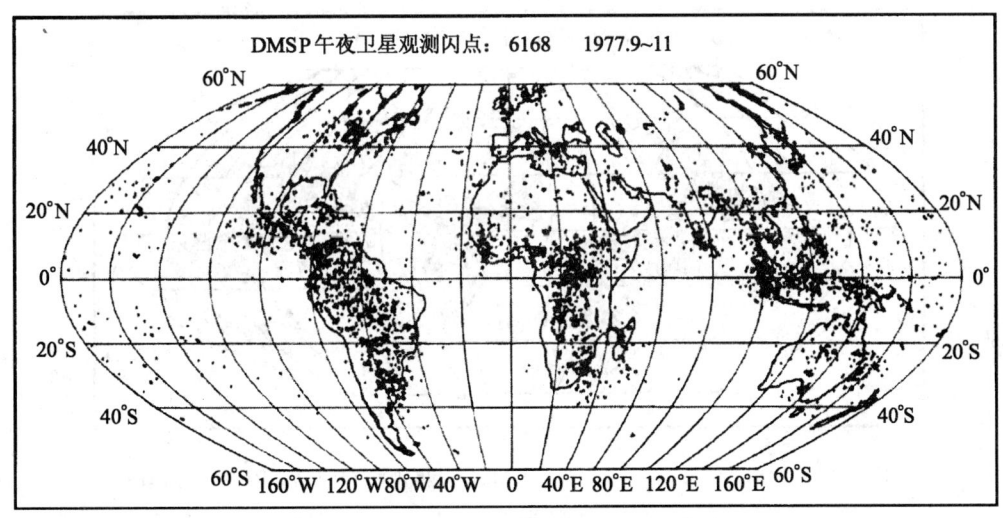

图 10.5　1977 年 9 月～11 月午夜　DMSP 卫星观测到的全球闪电分布:6168
(Orville. R. E,1986)

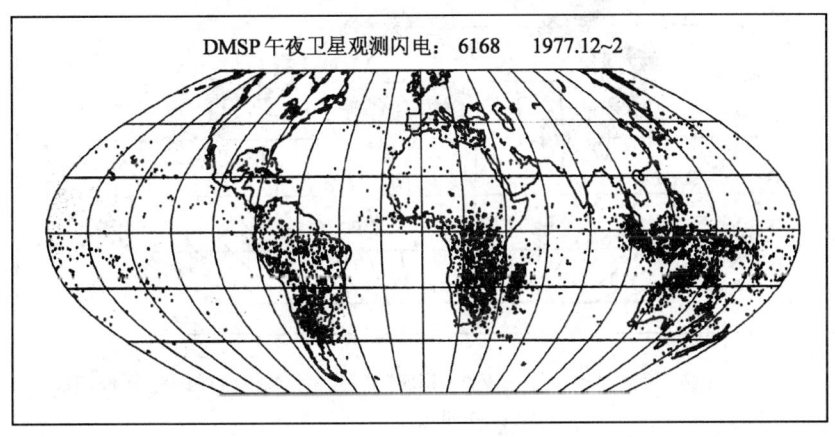

图 10.6　1977 年 12 月～2 月午夜　DMSP 卫星观测到的全球闪电分布:6168
(Orville. R. E,1986)

10.4.1.1　全球雷暴的纬度变化和海陆差异

从图 10.5～10.8 中可以看出雷暴的纬度变化和海陆差异的主要特点有:

(1)纬度的差异:平均年雷暴日具有随纬度增加而递减的分布趋势,因此平均年雷暴日高值区多位于纬度小于 20°的大陆上,而在 70°N 以北地区和 60°S 以南地区,平均年雷暴日递减至 1d 以下。在大陆上赤道地区的平均年雷暴日约为 100～150d,热带地

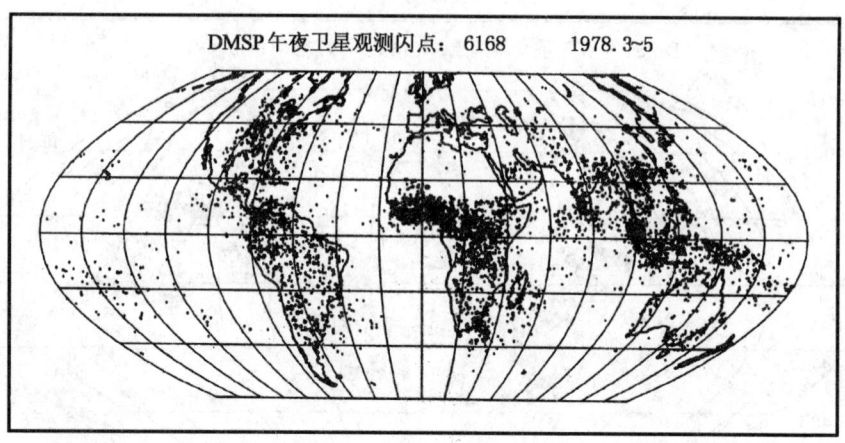

图 10.7　1978 年 3 月～5 月午夜　DMSP 卫星观测到的全球闪电分布：6168
(Orville. R. E, 1986)

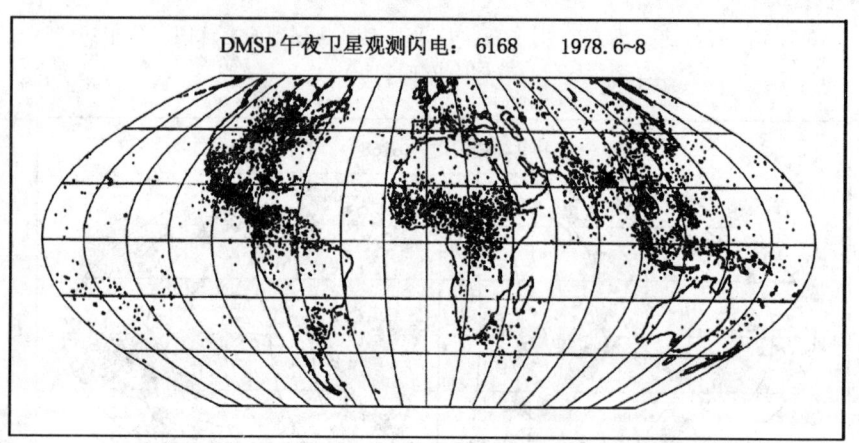

图 10.8　1978 年 6 月～8 月午夜　DMSP 卫星观测到的全球闪电分布：6168
(取自 Orville. R. E, 1986)

区的平均年雷暴日约为 75～100d，中纬度地区的平均年雷暴日约为 30～80d，极地的平均年雷暴日一般约为 1d。在南半球，雷暴活动的南界大致位于 60°S 附近，但有些地方的雷暴活动的纬度更低。在北半球，雷暴活动的范围比南半球广，北界大致可达 70°N 附近，甚至在北极地区的一些地方也有雷暴出现。

(2) 海陆差异：从 DMSP 卫星观测资料表明，由于陆地的热惯量小，地面加热升温快，陆地上的对流活动较海洋频繁，雷暴活动明显大于同一纬度的海洋，雷暴的高值区出现于陆地，而低值区出现于海洋。

(3) 陆地上，水汽条件的作用：干旱的沙漠地区，由于水汽条件很差，即使地面加热率很大,也不易形成对流性云系,因此沙漠地区是平均年雷暴日最低的地区,而对于潮湿地区的平均年雷暴日一般大于同纬度干旱的地区。

10.4.1.2 全球平均年雷暴日的地理分布

(1)全球平均年雷暴日的高值区:全球平均年雷暴日的高值区主要位于非洲中部、美洲中部、东南亚和我国海南岛。这些地区的平均年雷暴日大于100d,个别地区达180d以上,其中如海南岛儋县的平均年雷暴日为124d,马来西亚的吉隆坡为180d,澳大利亚的乔治港为101d,非洲的乌干达的坎帕拉高达242d,巴西的马托格罗索为161d,卡拉瓦里达206d。

(2)全球平均年雷暴日的低值区:全球平均年雷暴日的低值区主要在陆地上的沙漠区,如北非的撒哈拉大沙漠、阿拉伯地区鲁卜哈利沙漠、澳大利亚中部大沙漠、吉布森沙漠、维多利亚大沙漠等地区。海洋地区的平均雷暴日低值区位于印度洋、南大西洋、南太平洋和东北太平洋地区。平均年雷暴日小于5d,某些地区甚至无雷暴发生。

10.4.2 全球雷暴活动的时间变化

对于全球雷暴活动的时间变化可根据全球四季雷暴日的变化了解。由图10.5～10.8可以看到:

(1)在3～5月为北半球春季,南半球秋季,因此北半球的雷暴活动逐渐加强,而南半球的雷暴活动逐渐减弱,如马来西亚和新加坡地区、乌干达和坦桑尼亚与刚果相交地区、塞拉勒内窝、利比里亚、加纳等的平均季雷暴日高值区可达40～60d以上。

(2)6～8月为北半球夏季、南半球冬季,因此北半球的雷暴活动十分旺盛,南半球的雷暴活动较弱,对于雷暴活动频繁的赤道热带地区,雷暴活动并不很显著。这时期,平均季雷暴日的高值区可达30～50d以上。如新加坡和马来西亚、菲律宾,印度北部,巴基斯坦和孟加拉国等地区的平均季雷暴日高值区可达30～40d。

(3)9～11月,北半球为秋季,南半球为春季,这时北半球雷暴活动减弱,南半球雷暴逐渐加强,平均季雷暴日的高值区可30～50d以上。如新加坡和马来西亚等地区平均季雷暴日的高值区可达30d以上,而非洲的坦桑尼亚和乌干达与刚果交界地区、塞拉勒窝内、利比里亚、象牙海岸、加纳、尼日利亚和喀麦隆等地区的平均季雷暴日的高值区可达40～50d以上。

(4)12～2月,北半球为冬季,南半球为夏季,这时北半球雷暴活动最弱,南半球雷暴十分旺盛,平均季雷暴日的高值区可达30～60d以上。如澳大利亚北部、印尼等地区平均季雷暴日的高值区可达50d以上,坦桑尼亚和乌干达与刚果交界地区,马达加斯加平均季雷暴日的高值区达60d以上。巴西大部地区和秘鲁东部地区平均季雷暴日的高值区可 30～50d 以上。

10.4.3 闪电密度的气候特征

10.4.3.1 闪电密度定义

闪电密度是指单位面积上和单位时间内发生闪电的数值,又称闪电频数。它的气候值包括平均总闪电密度和平均地闪密度。总的闪电密度为地闪、云闪密度之和。单位为 $km^{-2} \cdot s^{-1}$,或 $km^{-2} \cdot a^{-1}$。对一个区域研究,所取面积 $1000km^2$。

在雷暴活动期间,各地的闪电密度相差很大。观测表明,当雷暴发展到后期,云闪要比地闪出现的闪电密度高;而总闪电密度增加时,地闪对总的闪电数的比就减小。地闪对总闪电数的比例数由 0～10 次/min 闪电发生率的 90% 减小到 70 次/min 以上闪电发生率的 9%。从防雷角度分析,地闪发生的频数是确定地闪对人类和建筑物危害的最重要的参数。

10.4.3.2 闪电密度与雷暴日的关系

许多工作表明雷暴日与闪电密度间有一定的关系。Pierce(1968)提出雷暴日 T_m 与总闪电密度 N_{tm} 的关系为

$$N_{tm}=(aT_m+a^2 T_m^4)^{1/2} \tag{10.2}$$

式中 m 表示的是月份,a 是系数,等于 $3×10^{-2}$。Maxwell 等(1975)提出关系

$$N_{tm}=0.06T_m^{1.5} \tag{10.3}$$

表 10.1 给出了其它一些作者得出地闪密度与雷暴日间的关系。

表 10.1 闪电密度与雷暴日之间的经验关系(T 为雷暴日)

国家	地闪密度	作者	国家	地闪密度	作者
印度	$0.1T$	Aiya	美国	$0.1T$	Anderson
罗得西亚	$0.14T$	Anderson 和 Jenner	美国	$0.15T$	Brown 和 Whitehead
瑞典	$0.004T^2$	Müller-Hillebrand	前苏联	$0.036T^{1.3}$	Kolokolov 和 Pavlova
英国	aT^b $a=(2.6±0.2)×10^{-3}$ $b=1.9±0.1$	Stringfellow	前苏联	$0.1T^{1.3}$	Kolokolov 和 Pavlova
			全球(温带气候)	$0.19T$	Brooks
			全球(温带气候)	$0.15T$	Golde
美国(北部)	$0.11T$	Horn 和 Ramsey	全球(热带气候)	$0.13T$	Brooks
美国(南部)	$0.17T$	Horn 和 Ramsey	全球	$0.25T$	Pierce

10.4.3.3 闪电持续时间与雷暴日的关系

闪电引起输电线的故障与雷暴的持续时间较为密切。Kopolansky 和 Laitinen

(1972)根据前苏联台站 9 年的观测资料研究得到年雷暴时与雷暴日的关系为

$$T_h = 0.76 T^{1.3} \tag{10.4}$$

式中 T_h 是雷暴小时数。

10.4.3.4 闪电密度与纬度间关系

前面已提到地闪与纬度间的关系,指出云地闪之比随纬度减小而增加。每一个雷暴日的闪电数随 T 的增大而增大。日闪电密度随纬度减小而增大,然而同一纬度的地理环境和气候有很大差异,如同一纬度的沿海地区的年闪电数比内陆地区高。Pierce(1962)提出一个纬度与地闪密度的关系

$$N_g = (0.1 + 0.35\sin\lambda)(0.40 \pm 0.20)T \tag{10.5}$$

§10.5 地球和大气间的电输送

10.5.1 全球大气电过程

在前面介绍局地大气电过程之后,对全球大气电参量的时空分布也应有所了解。在地球上局地的雷电过程可以通过电离层和地球的电传导作用而遍及全球,它对维持晴天大气电场 100V/m 起重要作用。在晴天大气中存在方向垂直向下的晴天大气电场,大气荷正电荷,而地球荷等量的负电荷,大气的电导率随高度增加,大约到 50km 高度处,就是众所周知的电离层,它对于缓变的电讯号,成为很好的导体,无线电波在此被反射。在晴天大气区域,电离层与地球之间的电压约为 300kV,为维持这一电压,地球表面需荷约 10^6 C 的负电荷,而整个大气则需荷等量的正电荷。由于大气离子的存在,大气本身有弱的导电特性,在晴天大气中,大气电流的量级约为 1000A,消耗大气和地球的荷电。如图 10.9,大气中存在有复杂的电过程。主要有:(1)在大气电场作用下,正离子向下运动,形成晴天大气传导电流,将大气中的正电荷输送给地球,同时地面的负电荷向上运动与向下的正电荷中和。如果无相反的电荷输送,晴天大气电场就很快消失,但是实际上大气电场是稳定的。这就说明大气中必定有一与晴天大气电相反方向的电荷输送。(2)在有云区,电场方向相反,当有雷电出现时,出现闪电电流、尖端电晕电流和降水电流。

10.5.2 全球大气电学量定义及其典型值

全球大气电学量包括整层晴天大气电位差,全球晴天大气电流强度,整层大气柱电

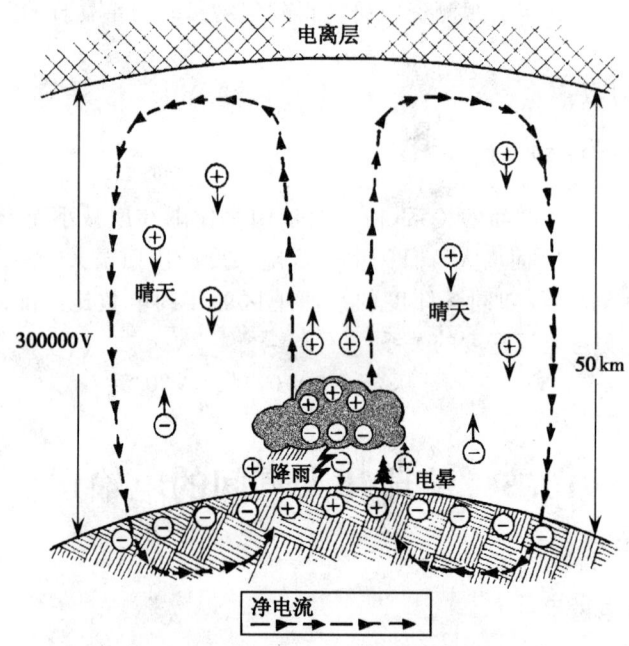

图 10.9 大气中的电过程(Vman,1971)

阻,全球晴天大气电阻,整层大气柱电荷密度,全球表面面电荷密度,全球大地电荷和全球大气电荷等。下面先介绍这些量的定义,给出这些量的关系,然后给出这些量的典型值。

10.5.2.1 晴天大气电位差 $V(h)$

定义为高度 h 处晴天大气与地面间的电位差。它与电场间的关系为

$$E(z) = -\frac{\partial V(z)}{\partial z} \tag{10.6}$$

由于晴天大气电场向下为正,向上为负,则 h 处的晴天大气电位差 $V(h)$ 为

$$V(h) = \int_0^h E(z) \mathrm{d}z \tag{10.7}$$

10.5.2.2 整层晴天大气电位差

定义为电离层下界处的晴天大气电位差,由(10.7)式写为

$$V = \int_0^H E(z) \mathrm{d}z \tag{10.8}$$

式中 H 是电离层下界高度。

10.5.2.3 全球晴天大气电流强度

定义为单位时间内由全球晴天大气向地球表面输送的总电荷,它与全球表面晴天大气电流密度的关系为

$$I = jS \tag{10.9}$$

式中 S 是地球表面总面积。

10.5.2.4 晴天气柱电阻

定义为从地面到高度 h 单位截面晴天气柱电阻,它与高度 z 的晴天大气总电导率之间的关系为

$$R_e(h) = \int_0^h \frac{1}{\lambda(z)} dz \tag{10.10}$$

10.5.2.5 整层晴天气柱电阻

定义为从地面到电离层下界的晴天气柱电阻,则整层气柱电阻的表达式为

$$R_e = \int_0^H \frac{1}{\lambda(z)} dz \tag{10.11}$$

10.5.2.6 全球晴天大气电阻

定义为地球表面与电离层下界之间全球大气的总电阻,它与整层气柱电阻的关系为

$$R = R_e/S \tag{10.12}$$

由欧姆定理,整层晴天大气电位差 V,与全球晴天大气电阻 R 和全球晴天大气电流强度 I 之间关系为

$$V = RI \tag{10.13}$$

上式表明,若已知式中两个全球大气电学量,便可求出第三个全球大气电学量。

由于晴天大气电流密度近似为晴天大气传导电流密度,因此 z 高度处晴天大气电流密度为

$$j(z) = \lambda(z) E(z) \tag{10.14}$$

由电荷守恒定律,确定地点的晴天大气电流密度不随高度变化,即有 $j(z) = j$。于是将(10.14)式代入(10.10)式,得晴天大气电位差的另一种表示式为

$$V(h) = j \int_0^h \frac{1}{\lambda(z)} dz \tag{10.15}$$

若将晴天气柱电阻的表达式(10.14)式代入到(10.7)式,便可得晴天大气电位差与晴天大气电流密度和晴天大气电阻之间的关系为

$$V(h) = jR_c(h) \tag{10.16}$$

上式表明,晴天大气电位差随高度的分布特征与晴天气柱电阻随高度的分布特征是相同的。根据整层晴天大气电位差和整层晴天气柱电阻的定义,由(10.16)式可得晴天大气电位差的另一种表达式

$$V = jR_c \tag{10.17}$$

10.5.2.7 晴天气柱电荷密度

定义为从地面至高度 h 单位截面气柱内的晴天大气电荷,单位为 $C \cdot cm^{-2}$。晴天气柱电荷密度 $\rho_c(h)$ 与高度为 z 的晴天大气体电荷密度 $\rho(z)$ 之间有积分关系式

$$\rho_c(h) = \int_0^h \rho(z) dz \tag{10.18}$$

整层晴天气柱电荷密度 ρ_c,定义为从地面至电离层下界的晴天气柱电荷密度,单位为 $C \cdot cm^{-2}$,由(10.18)式得整层晴天气柱电荷密度的表达式

$$\rho_c(h) = \int_0^H \rho(z) dz \tag{10.19}$$

由静电学可知,晴天大气体电荷密度与晴天大气电场梯度之间有关系

$$\rho(z) = -\varepsilon_0 \frac{\partial E(z)}{\partial z} \tag{10.20}$$

式中晴天大气电场 $E(z)$ 的方向向下为正,向上为负。将(10.20)式代入(10.19)式,则得晴天气柱电荷密度的另一种表示式

$$\rho_c(h) = -\varepsilon_0 \int_0^h \frac{\partial E(z)}{\partial z} dz \tag{10.21}$$

由上式,只要已知大气电场随高度的分布,就可以求得整层晴天大气柱的电荷密度。

10.5.2.8 全球表面面电荷密度

由于晴天大气电场的方向向下为正,向上为负,则可得全球表面面电荷密度 σ 与全球表面大气电场 E 的关系为

$$\sigma = -\varepsilon_0 E \tag{10.22}$$

全球表面面电荷密度的单位取 $C \cdot cm^{-2}$。可见,由全球晴天大气电场就可以求得全球表面面电荷密度。

由静电感应原理,全球表面电荷密度与整层晴天气柱电荷密度之间的关系

$$\sigma = -\rho_c \tag{10.23}$$

10.5.2.9 全球大地电荷 Q_e

定义为全球大地携带有的总电荷,单位取 C。全球大地电荷 Q_e 与全球表面面电荷

密度 σ 和地球表面积 S 之间有关系

$$Q_e = \sigma S \tag{10.24}$$

10.5.2.10 全球大气电荷 Q_a

定义为全球大气携带的总电荷,单位 C。全球大气电荷 Q_a 与全球大地电荷 Q_e 数值相等,符号相反,表示为

$$Q_a = -Q_e \tag{10.25}$$

为对全球大气电学量有一个基本了解,可由晴天大气电学量的全球平均值,用上面各式可求取全球晴天大气电学量的代表值。如取全球表面大气电流密度 $j = 3 \times 10^{-16}$ A·cm^{-2},地球表面积 $S = 5.1 \times 10^{18}$ cm^2,代入到(10.9)式,可得全球晴天大气电流强度为 $I = 1500$ A。利用晴天大气总电导率随高度分布的典型结果,由(10.11)式可得整层晴天大气柱电阻 $R_e = 10^{21}$ $\Omega \cdot cm^2$。将 R_e 和 S 代入(10.12)式可得全球晴天大气电阻 $R = 200\Omega$。将 I 和 R 代入(10.13)式,可得整层大气的电势差 $V = 3 \times 10^5$ V。又若取全球表面大气电场 $V = 130$ V/m,代入(10.23)式,可得全球表面面电荷密度 $\sigma = -1.1 \times 10^{-13}$ C·cm^{-2}。而由(10.24)式得整层晴天大气柱电荷密度 $\rho_e = 1.1 \times 10^{-13}$ C·cm^{-2}。将 σ 值代入(10.25)式,则求得全球大气电荷 $Q_e = -5.6 \times 10^5$ C。由此得全球大气电荷 $Q_a = 5.6 \times 10^5$ C。表 10.2 给出全球大气电学量的值。

表 10.2 全球大气电学量

大气电学量	数 值
全球表面晴天大气电场	130 V/m
全球表面晴天大气电流密度	3.0×10^{-16} A·cm^{-2}
全球表面晴天大气总电导率	2.3×10^{-16} Ω^{-1}·cm
全球表面晴天大气体电荷密度	10^{-17} C·cm^{-3}
整层晴天大气电位差	3×10^{-5} V
全球表面晴天大气电流强度	1500 A
整层晴天大气电阻	10^{21} Ω·cm^2
全球表面晴天大气电阻	200 Ω
整层晴天气柱电荷密度	1.1×10^{-13} C·cm^{-2}
全球表面面电荷密度	-1.1×10^{-13} C·cm^{-2}
全球大地电荷	-5.6×10^5 C
全球大气电荷	5.6×10^5 C

10.5.3 全球大气的电学量

由大气电场探空获取的大气电场廓线,根据(10.7)式可得整层晴天大气电位差和

整层晴天大气柱电荷密度；又根据晴天大气电导率廓线，可得整层晴天气柱的电阻等。结果表明，晴天大气电位差和晴天大气柱电阻均随高度增大而单调递增，但当高度达 20km 后变化就很小。

10.5.3.1 整层晴天大气电位差

(1) 整层晴天大气电位差地理变化：观测表明，整层晴天大气电位差因时因地而异，表 10.3 给出了一些地区晴天大气电位差的观测结果。由 (10.7) 式可求得晴天大气电位差的高度分布，如果整层晴天大气电位差为 300kV，则对于 5km、10km、20km 高度处的晴天大气分别为电位差的 78%、89%、97%。

(2) 整层晴天大气电位差日变化：整层晴天大气的电位差具有日变化，变化规律取决于大气垂直电场的日变化。由于影响晴天大气电位的因子有局地性和全球性变化两因子，因此整层晴天大气电位差具有的日变化随地理位置而变，而且随季节而变。如对列宁格勒（彼得堡）、基辅和塔什干 6km 高度晴天大气电位差具有双峰双谷的日变化，峰、谷值出现的时间各地也不完全相同，一般峰值出现于日出前和日落后，谷值出现在清晨和深夜。其中，清晨的谷值较为显著，晴天大气电位差的日较差（峰值、谷值之差与日平均值之比）为 85%。图 10.10 为全球各地整层大气电位差和海平面大气电场的日变化。图中给出了比较用的 Carnegie 曲线，其变化趋势十分一致。

表 10.3 一些地方整层晴天大气电位差

观测点	V(kV)		作者
	平均值	变化范围	
圣彼德堡（俄罗斯）	190	40～290	Имянитов
基辅（乌克兰）	400	240～710	Имянитов
塔什干（乌兹别克）	240	160～380	Имянитов
沃洛普斯岛（美国）	270	230～290	Markoson
谢弗维尔（加拿大）	210		Markoson
魏森瑙（德）	280	150～610	Mühleisen
浦那（印度）	300	260～360	Huddar
乌普萨拉（瑞典）	280		Israelsson
南极	240		Мазин
北极	230	200～270	Имянитов

(3) 整层晴天大气电位差年变化：整层晴天大气电位差年变化因地而异，具有双峰双谷的年变化特征，如列宁格勒 6km 高度处，两个峰值出现于冬末秋初，谷值出现于冬季和夏初，相对年较差（峰值、谷值之差与年平均值之比）为 130%。

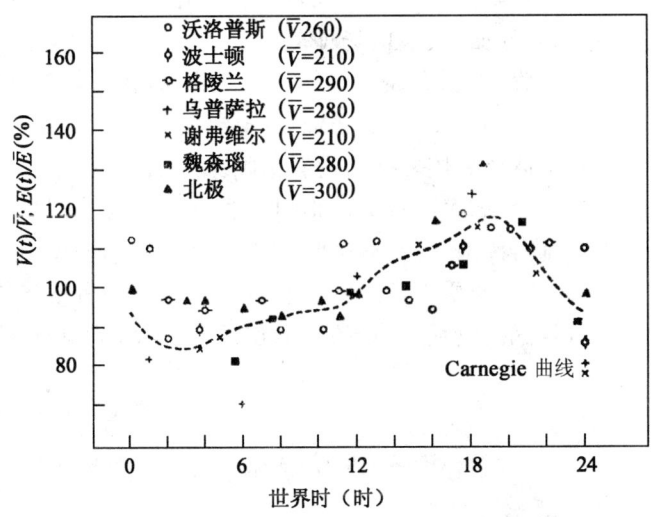

图 10.10 世界各地晴天大气电位差和海平面大气电场

10.5.3.2 整层晴天大气柱电阻

整层晴天大气柱电阻 R_c 是由晴天大气总电导率随高度分布探测的结果,根据(10.11)式求取,积分高度取 20km 就够了,该气柱电阻为整层气柱的 98%。整层大气柱电阻不仅随地理位置而变,且有日变化和年变化。整层大气柱电阻与气溶胶的含量有关,如若低层大气中的气溶胶含量较低,大气电导率就高,从而整层大气柱电阻就低。对于中午前后时间,大气的对流和湍流垂直输送很旺盛,低层大气的气溶胶含量较高,则大气电导率较小,整层大气柱的电阻偏高。

10.5.3.3 整层大气的电荷密度

整层大气电荷密度因时、因地而异,它决定于整层大气电场的垂直廓线的时、空分布。从地面 6km 高度处晴天气柱电荷密度的日变化特征,近似反映了整层晴天气柱电荷密度的日变化特征。观测表明整层晴天气柱电荷密度与大气电场一样,具有双峰和双谷的日变化。

10.5.4 大气与地球间的电荷输送

10.5.4.1 全球大气电容模型

如第三章中所提到的,晴天大气中存在垂直向下的晴天大气电场,大气荷正电荷,地球荷等量的负电荷,由于大气离子的存在,大气有弱的导电性,于是在大气电场的作用下,形成方向向下的晴天大气电流,将大气中的正电荷输送给地球,不要十几分钟即能把大气中的电荷全部输送到地面,大气电场即刻消失。但是实际情况大气电场是稳定的,表明大气中存在另一过程,即大气的充电过程。Wilson在上世纪初提出了全球大气电过程的球形电容器,如图10.11中,若将地球(电导率 $\lambda=\infty$)与电离层看成是两个同心球形导体,而在这两个球形导体之间为具有半绝缘的、电导率为 $\lambda=0$ 的腔体,内为电介质大气层。通常可以把地球表面看成球形电容器的一个电极,另一个电极则为大气扩散区。在这个扩散区内,离地面越近,空间电荷密度越大,而远离地面,则电荷密度减小。这些电荷分布于大气电介质中,当其离地面越远,就越变得不绝缘,最后变成一个导体—电离层。这个带电的球形电容器的总电位差300kV,其间有朝地球方向流动的电流,称泄漏电流。

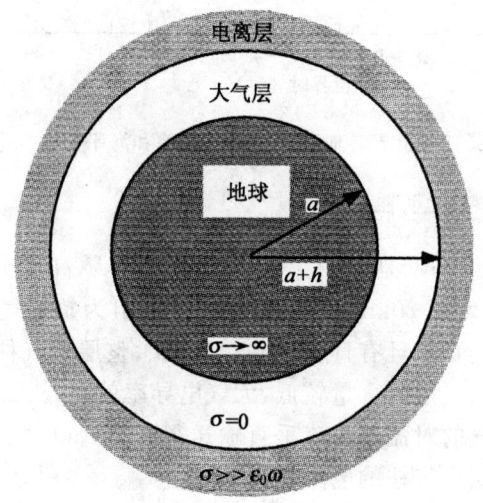

图 10.11 全球大气电容器

由 $j=\lambda E$ 得到,电流密度 $j=2.7\times10^{-12}\text{A/m}^2$,地球的总面积 $S=5.1\times10^{14}\text{m}^2$,电容器的有效放电电流为 $I\approx1350\text{A}$。

电容器的总电荷 Q 为

$$Q=S\times\sigma=5.1\times10^{14}\times1.1\times10^{-9}=5.61\times10^5\text{C}。$$

电容量为

$$C=Q/V=5.5\times10^3/3\times10^5=1.8\text{F}$$

大气总等效电阻

$$R=V/I=3\times10^5/1350=222\Omega$$

因此电荷 Q 随时间常数 τ 而消失,其

$$\tau=RC=407\text{s}\cong7\text{min}$$

如果大气电过程发生在高度 z、气层厚度 Δz，则全球大气电的弛豫时间为

$$\tau=\frac{\varepsilon R(R+z)}{\lambda z \Delta z} \quad (10.26)$$

式中 R 是地球半径，λ 是大气电导率，ε 是大气介电常数。表 10.4 是对不同高度大气电的弛豫时间，可以看到由于电离层的传导作用，可使电离层局部电荷变化在几秒钟内达到全球平衡。

表 10.4　不同高度大气电的弛豫时间

Z(km)	0	10	30	50	80
$\lambda(\Omega^{-1}\cdot cm^{-1})$	2.7 −5×10⁻⁵	5.3 −15	1.0 −13	1.1 −12	4.5 −9
τ(s)	—	6.8 7	1.2 5	6.6 3	1.0 0
τ	—	2.2y	14d	18h	1s

对整个地球而言，由于整层晴天大气电势差的存在，形成大气电场，产生全球晴天大气电流，即全球泄漏电流，全球泄放电流使球形电容器正、负极携带的电荷，通过晴天大气电阻 R 不断泄漏而逐渐减小，并导致整层晴天大气电位差和晴天大气电场的不断下降。因此如要维持球形电容器所携带的电量，必须有充电过程，以补偿电荷的不断泄漏。为此假定充电过程是由全球的雷暴活动完成的，如图 10.12 中，每一次雷电过程起着一台发电机的作用，在雷暴云的上空为一正电荷区，下部为一负电荷区，于是在积雨云上方形成一向上的电场，在全球范围内产生电流强度 I_c 的充电电流，将正电荷输送至电离层，在积雨云下方是垂直平分线向上的电场，从而产生尖端放电电流，而地闪形成闪电充电电流，降水产生降水泄漏电流，其总效果为全球范围内的充电电流 I_c，将负电荷输送到地面。雷暴产生的全球充电电流可补偿全球泄放电流，使大气与地球间的电荷输送达到平衡。

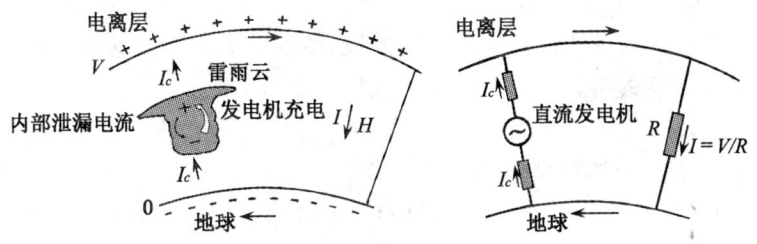

图 10.12　全球大气电过程的球形电容器

全球充、放电过程是相互制约和自动调整的，如当全球雷暴活动频繁时，充电过程加强，从而使球形电容器携带的电荷增加，导致晴天大气电势和电场加强，随晴天大气电场加强，全球泄放电流加大，导致球形电容器携带的电荷减小，直至达到新的动态平

衡。反之,当雷暴活动减弱时,全球晴天大气电场减弱,全球泄漏电流减小,球形电容器携带的电荷增大,直至另一种新的平衡。

10.5.4.2 Schumann 共振

闪电产生的巨大的瞬变电磁场,来自这种侧向伸展源的径向宽带电磁场脉冲进入球形电容器的腔体内。其电磁场脉冲的最低频率分量在衰减之前可绕全球传播几次。在脉冲波环绕全球几次传播中,沿多重路径中因波的相位的相加和相消产生一共振线谱,谱的主要特性可以用地球—电离层腔体的准横向电磁标准模式精确地描述。总的共振谱是由全球闪电总数效应的不相干叠加。这种共振称之为 Schumann 共振。从原则上它可以在地球上的任何地方观测到,但是由于共振的电磁场振幅很弱,容易为邻近的闪电和无关的人造电磁噪声源所模糊。Schumann 共振构成在频率范围 6~50Hz 的电磁谱波有背景主分量。

Schumann 共振频率近似为

$$f_m = [m(m+1)]^{1/2} \left(\frac{c}{2\pi r}\right) \left(\frac{Q-1}{Q}\right)^{1/2} \tag{10.27}$$

式中 m 是共振阶;c 是光速,r 是地球半径,Q 是阻尼损耗因子。对于理想的传导界面,$Q=\infty$,$f_1=10.6$Hz;实际上地球有限的电导率产生损耗,电离层也是如此,所以 $f_1 \approx 7.9$Hz。

Schumann 共振特性与闪电距离和电离层有关,电离层的作用表现为对 Schumann 共振有日变化和季节变化。并随地理条件和地磁场的状态而异,图 10.13 显示了 1989 年 9 月 8~14 日期间,与地球表面平行的水平磁场分量的动态—时间频率谱图,在左边是 9 月 9 日 1252UT 垂直剖面,显示共振线结构,每一垂直带是一 18min 平均傅里叶功率谱,频带为 0~40Hz,功率编码是根据右边的灰度标尺。频率分辨率约为 0.47Hz,在这图中清楚表示有 6 个 Schumann 共振,共振频率约分别位于 8、14、20、26、32 和 38Hz,在约 2200UT 在达到日调制最大准周期的模,图的上方以尖头表示。图 10.14 显示了 Schumann 共振强度的垂直电场和水平磁场的日调制,图中给出了 1989 年 6 月和 9 月 8~14 日两组 6 天的时间频率图。上面图为垂直电场谱图,下面的是相应电场资料的 6 天时间间隔的水平磁场每日功率谱图。图中清楚地显示出电场和磁场分量的 5 或 6 条共振谱线,可见电场和磁场显示出类似的频率共振和日强度廓线。在电场底部处偶然出现的噪声是由风引起的。在磁场资料中 31Hz 窄谱线是来自于附近 Loran 站。表 10.5 给出了 Schumann 共振的主要特征。

第十章 雷暴气候特征和全球大气电输送

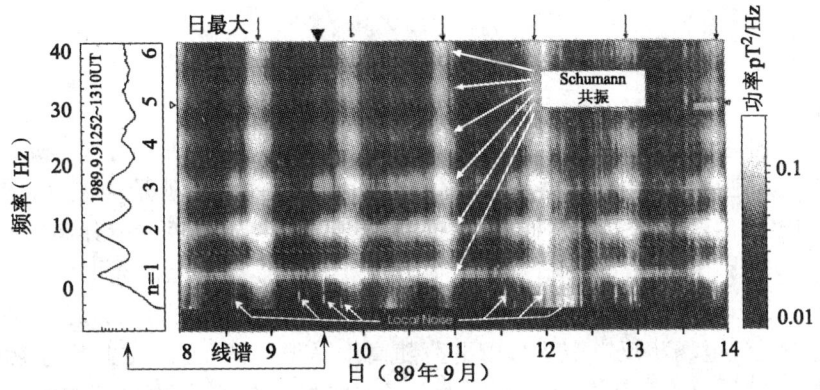

图 10.13 Schumann 共振水平分量动态频率时间光谱图
(Hans Volland,1995)

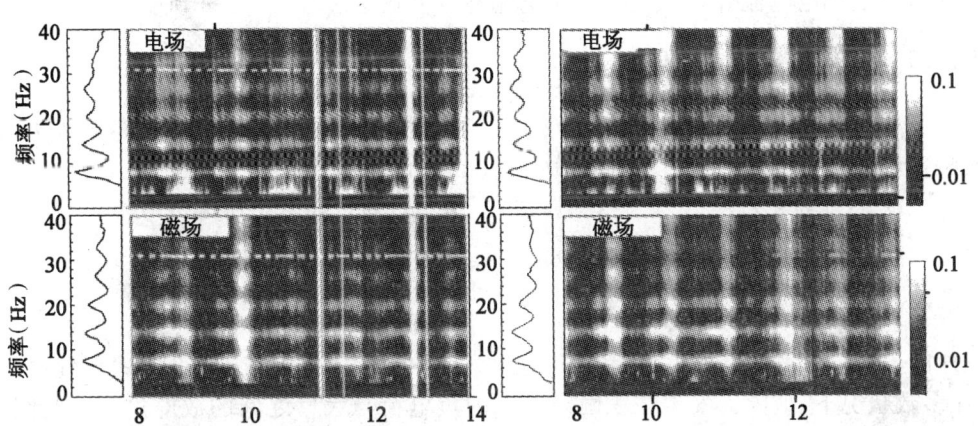

图 10.14 1989 年 6 月和 1989 年 9 月两个时期 0～40Hz 频带的电磁场功率密度谱
(Hans Volland,1995)

表 10.5 Schumann 共振的主要特征

特 性	垂直电场	水平磁场
特征频率 f_n	7.8,14,20,26,33,39,45Hz	7.8,14,20,26,33,39,45Hz
f_n 的日变化	±0.5Hz	±0.5Hz
振幅	约 100～200$\mu Vm^{-1}Hz^{-1/2}$	约 0.5～1$pTHz^{-1/2}$
振幅的日变化	±50～100$\mu Vm^{-1}Hz^{-1/2}$	±0.25～0.5$pTHz^{1/2}$
最大强度,西半球	2000～2200UT	2000～2200UT
极化	线性(垂直)	线性(椭圆)
基本干扰源	输电线,噪声,吹尘,雨	输电线,噪声

10.5.5 全球大气电荷输送

Wilson指出,全球雷暴活动是维持大气与地球间电荷输送平衡的基本原因,他认为每一次雷暴云是一台发电机,以补偿大气正电荷不断向地面泄漏,如上面图10.12中,可以看到电荷的输送有以下几种过程:(1)雷暴云具有将正、负电荷分离的机制,在云的上部荷正电荷、下部荷负电荷,这种电荷分离相当于形成向上的充电电流,而云内的电导率决定了云内的泄漏电流。(2)由于雷暴顶部的正电荷作用,在云之上大气的电场方向与晴天大气电场相反。由于自由电荷随高度是增加的,方向向上的电流是由向下的负电荷造成的。(3)云下的电场与晴天电场方向相反,电流是由电场作用下的传导电流,也可以强对流产生的对流电流,正电荷源是地面的尖端电晕放电。(4)在云下,雷暴的闪电形成充电电流,降水电流,尖端电流等电荷输送过程。

10.5.5.1 晴天大气电流输送的电量

观测表明,全球表面晴天大气电场数值是相当稳定的,即地球荷负电荷,晴天大气电流将大气中的正电荷输送给地面,晴天大气电流的输送的电荷通量密度为35~120C·km^{-2}·a^{-1},如若全球晴天大气电流强度为1500A,则可以求得晴天大气电流输送的电荷通量密度为90C·km^{-2}·a^{-1}左右。

10.5.5.2 闪电电流输送的电量

地闪闪电电流的电荷输送过程是指地闪电流将云中的电荷输送给地球大气电过程,在多数状况下,地闪为发生在积雨云下部的负电荷与大气之间的放电过程,因此地闪电流向地球输送电荷,据估计地闪电流向大地输送的电荷通量密度为-5~-45C·km^{-2}·a^{-1}。如若全球每秒发生100次闪电,其中地闪约占15%,每次地闪向地球输送的负电荷为-20C,于是全球每秒钟地闪输送给大地的负电荷为-300C,由此可求出地闪电流的输送的电荷通量密度为-20C·km^{-2}·a^{-1}左右。在中高纬度地区,地闪占整个放电40%,而低纬雷暴频繁,地闪只占10%,如一个雷暴雹在20分钟内平均产生3次闪电,则一个雷暴单体的有效电流为1A,若全球平均每秒100个闪电,其中10%为地闪,则总电流相当于300A,仅为晴天电流的几分之一。

对于雷暴中发生的负地闪,电流方向向上,每一雷暴单体的平均电流为0.5A,则为了平衡全球晴天电流1800A,全球将有3600个雷暴单体或荷电活动中心在同一时刻活动着。如果每一雷暴单体的平均电流为1.3A,则只需1400个活动雷暴。

10.5.5.3 尖端放电电流输送的电量

在积雨云强电场的作用下,各自然和人造的尖端物产生的尖端放电电流将大气中的电荷进行输送,尖端放电电流可正可负,但是平均而言尖端放电的电流密度为负,即尖端放电电流密度的方向是垂直向上,尖端放电电流将大气中的负电荷输送给地球,输送的电荷通量密度为 $-5\sim-300\mathrm{C\cdot km^{-2}\cdot a^{-1}}$。尖端放电电流与地闪电流输送相同极性的电荷,将补偿因晴天大气电流和降水电流所中和的负电荷,维持地球携带负电荷。

10.5.5.4 降水输送的电量

降水携带不同极性和大小的电荷量向下形成降水电流,将电荷输送给地球,观测得出降水有时带正电荷,有时带负电荷,带正电的和负电的降水元是充分混合的,即使在短暂的时间间隔内,也只是偶然才出现所有降水元带一种符号的电荷的情况,在各种类型的降水中,带正电的雨量大于带负电的雨量,形成一净的正电荷向地面输送;低压的稳定性降水主要带正电荷,雷暴的强降水中心处的降水荷正电。虽然云底附近负电荷占优势,而雷暴下的地面为负电场,实际输送给地面的是正电荷。

降水电荷的观测通常是使雨滴相继通过两个绝缘的金属环的方法来测量电荷,这时在金属环中感生的脉冲振幅就是雨滴电荷的度量,而两脉冲的时间间隔就可得出降水雨滴的降落速率。

另一种方法是用平板电容器作为高频振荡器的一部分,当雨滴下落至垂直放置的两平板组成的电容器之间时,将引起电容量的突变,于是高频振荡器的振荡频率发生变化,从而指示雨滴的大小、荷电量和降落速度以及雨滴质量的脉冲通过示波器显示,同时对电场和尖端电流的测量。结果发现当取样间隔为2min时,在同样大小的雨滴上的电荷量变化相差很大,但对一定大小的的雨滴上的平均电荷量却表现有系统性,小滴上的电荷符号与电势梯度相反,而大滴上却相同。

观测表明,降水电流值的范围为 $10^{-16}\mathrm{A\cdot cm^{-2}}\sim10^{-11}\mathrm{A\cdot cm^{-2}}$,其中雷暴降水的降水电流密度绝对值比其它各类降水电流密度的绝对值大得多。此外各类降水的降水电流密度时正、时负,平均而言,降水电流密度为正,即降水电流密度方向垂直向下,这表明降水电流将大气中的正电荷输送给地球,降水电流输送的电荷通量密度约为 $20\sim40\mathrm{C\cdot km^{-2}\cdot a^{-1}}$ 左右。降水电流输送的电荷过程与晴天大气电流输送的电荷过程相同,都使地球携带的正电荷迅速消失。

Simpson 导得了降水电流 i(静电单位/cm²(s),降水荷电量 Q(静电单位/cm³)与尖端放电电流 I(静电单位/s)之间的关系为

$$i=-2\times10^{-8}I(p)^{0.57} \tag{10.28}$$

$$Q=7.22\times10^{-4}I(p)^{-0.43} \tag{10.29}$$

$$i=2.76\times10^{-5}Qp \tag{10.30}$$

式中降雨率以 mm/h 为单位,(10.29)式表明当电场加强到电晕放电时,由于俘获尖端放电离子,雨滴将得到大量电荷。表10.6为一定体积降水向大地输送的电量。

表 10.6 降水向大地输送的电量（T 表示总降雨，R 表示雷雨，NR 表示非雷雨）（静电单位）

观测者	记录间隔	电荷极性	稳定连续性降水(e/cm^3)	雷暴雨(e/cm^3)	携带的正电量与负电量之比	电流(A/km^2)
Simpson	2min				3.2R	一般 $<5\times10^{-4}$ 最大值 $10^{-2}R$
Baldit	15s	+ −	2.49 1.07	4.0 3.46	1.36T	平均值 $3\times10^{-4}\sim5\times10^{-4}R$
Schindelhauer	1min	+ −	0.52 1.09	1.51 3.19	0.98R 1.4T	最大值 $>\times10^{-3}R$
Herath	连续				15.0T	平均值 10^{-5} 最大值 10^{-4}
McClelland 和 Nolan	30cm³	+ −	0.21 0.08	0.72 0.84	4.5T	一般 $<5\times10^{-5}$ 最大值 $6.6\times10^{-3}NR$
McClelland 和 Gilmour	30cm³	+ −	0.21 0.08	0.72 0.84	4.8T 30R	$+1.6\times10^{-5}$ -5×10^{-6} $\}NR$
Schonland	30cm³					$+1.6\times10^{-5}$ -5×10^{-6}
Marwick	2min	+ −	0.47 0.66	0.77 0.28	1.9T	平均值 10^{-3} 最大值 $10^{-4}R$
Banerji 和 lele	2min	+ −		0.11 0.12	0.69R	
Banerji	2min	+ −		0.08 0.11	0.40R	
Scrase	30cm³	+ −	0.43 1.24	1.23 1.42	1.1T	$+5\times10^{-4}$ $-2\times10^{-3}T$
Chalmers 和 Little	10min		0.2			平均值 $+2\times10^{-5}NR$
Chalmers	4½ min					$3.8\times10^{-6}NR$
Ramsay 和 Chalmers (1960)	1min					$3.5\times10^{-6}NR$

10.5.6 地球表面的电量平衡

根据实际测量到的晴天大气电流、地闪电流、尖端放电电流和降水电流向大地输送的电荷量,可以估算各地表的电荷收支。表 10.7 给出了英国三个地点测量到的各种电流和电荷收支,从表中可看到,地闪电流向大地输送的电荷通量密度最小,平均值为 $-22 C \cdot km^{-2} \cdot a^{-1}$,约占地表电荷收支总量平均值的 8%。降水电流向大地输送的电量次之,平均值为 $+31 C \cdot km^{-2} \cdot a^{-1}$,约占地表电荷收支总量平均值的 11%。晴天大气电流向大地输送的电荷量密度较大,其平均值为 $+62 C \cdot km^{-2} \cdot a^{-1}$,约占地表电荷收支总量平均值的 23%。尖端电流向大地输送的电荷量密度最大,其平均值为 $-161 C \cdot km^{-2} \cdot a^{-1}$,约占地表电荷收支总量平均值的 58%。可见,陆地上的尖端放电电流在全球大气与地球电平衡间起重要作用;从表 10.7 中还可见到,陆地上的地表电荷收支差额大多为负值,最小与最大值间可相差一个数量级,平均为 $-90 C \cdot km^{-2} \cdot a^{-1}$;但是在海洋上,尖端放电流很小,因此海洋地区的电荷收支差额应为正值,从而达到全球地表间电荷达到平衡。表 10.7 中 Wait 的估算忽略了部分海洋和陆地尖端电流在大气和地球海洋间电平衡作用,从而获得全球表面电荷收支差额为正的结果,显然这是不正确的。Israel 采用较为可靠数据,进行适当订正,得到全球表面荷电收支差额为零。其中地闪电流、降水电流、晴天大气电流和尖端放电电流向地球输送的电量分别占全球表面电荷收支总量为 8.3%,12.5%,37.5% 和 41.7%。可见尖端放电电流在全球电平衡作用中不可忽略。

表 10.7 全球一些地方的电流和电荷收支

地 点	电荷通量密度($C \cdot km^{-1} \cdot a^{-1}$)					作 者
	晴天大气电流	降水电流	地闪电流	尖端电流	收支差额	
剑桥	+60	+30	−20	−100	−30	Wormell
剑桥	+120	+30	−20	−170	−40	Manson
德拉姆	+60	+40	−35	−90	−25	Chalmers Little et al
德拉姆	+60	+40	−5	−180	−85	Revised
寇乌	+35	+22	−45	−125	−113	Chalmers
寇乌	+35	+22	−6	−300	−249	Revised
全球	+100	+20	−20	−30	+70	Wait
全球	+90	+30	−20	−100	0	Israel

另外,如前所述,由于晴天大气的电导率较土壤和海洋分别小 10~11 数量级和 14 数量级,同时较电离层的电导率小 10~12 数量级,因此可以把电离层下界面和地球表

面作为全球大气电过程球形电容器的两极,局部地区发生的大气电过程可通过电离层和大地的电传导作用迅速传播全球,达到全球大气电平衡。

10.5.7 太阳活动

太阳活动影响大气高层的电过程,还影响对流层的电过程。太阳活动使宇宙线的强度改变,导致大气电导率也发生改变,由此对晴天大气电场和晴天大气电流密度发生变化,进而可以与雷暴的带电过程相关。太阳表层可以分为光球层和太阳大气,而太阳大气又分为色球层与日冕。光球层的厚度仅约为500km,它构成了太阳可见光辐射的源地,其温度由低层的8000K变化到高层的4000K,平均温度为6000K,有效温度为5800K,光球层发射的辐射基本是连续的。在光球层上表现有直径为1500km的十分光亮的米粒组织的光斑,其间为光斑的暗区和黑子所隔开,均匀地分布于日面上。

光球层之上为约5000km高度内是色球层,它的温度由4000K的极小值向上增加,到2000km达到4000~6000K之间;在此高度以上,温度显著增高,到5000km高度附近,温度高达10^6K。对于温度为4000K度的极小值层延伸数千千米,为处在较热气体层之上的较冷气体构成,在太阳中各种原子的特征波长上,这些较冷气体吸收光球层发射的连续辐射,形成太阳吸收光谱。这时原子吸收辐射后激发到新的高能级上,于是受激原子要向低能态跃迁,发射出辐射,形成色球层的发射光谱。发射光谱线与吸收光谱线具有同样的频率。

色球层以上的大气区称为日冕。日冕层由日盘边缘向外延伸数百千米,在全日食期间可看到它像一个微弱发白色的晕圈。日冕没有外边界,它不断向太阳系发射一股股由等离子体组成的气流,这种气流称之为太阳风。

10.5.8 太阳黑子

太阳黑子是光球层上较暗的区域,平均大小约为10,000km,但从肉眼见到的日面上的黑子变化范围达150,000km以上。黑子通常成对出现,或以复杂的黑子群出现,它们在太阳自转方向上跟随一个先导黑子以后,小黑子可以持续几天或一周,最大的黑子可以持续数周,长的可以在太阳自转27天一周以后再次出现。太阳黑子几乎完全限制在太阳赤道和南北纬40°范围内,而不会在两极地区出现。太阳黑子的平均温度为4000K,是一个比具有平均温度6000K的光球层温度要低的较冷区域,由于它的温度低,所以表现为黑色。

太阳黑子的多少是表示了太阳活动的状态,一个在一段时间内,日面上平均出现太阳黑子数变动很大,有的时期很多,有的时期却几乎完全不出现,把这种时期称之为太阳黑子极大和极小。太阳黑子数的周期变化称为太阳黑子周期。根据200年来每天黑子数目和它们在日面上出现的位置记录,发现两次黑子极大之间的平均时间为11年左右,称之为黑子11年周期。图10.15是1818年～1989年间太阳黑子的周期变化。在太阳黑子极大的那些年份中,太阳表面受到剧烈扰动,能观测到粒子流和辐射爆发。在太阳黑子极小年份中,粒子流和辐射爆发比平常要小得多。这种粒子流和辐射爆发通常在复杂黑子群的附近观测到,并称之为太阳耀斑。由太阳耀斑爆发的高能粒子流和辐射会对无线电通讯产生干扰,引起地球磁场的变化。

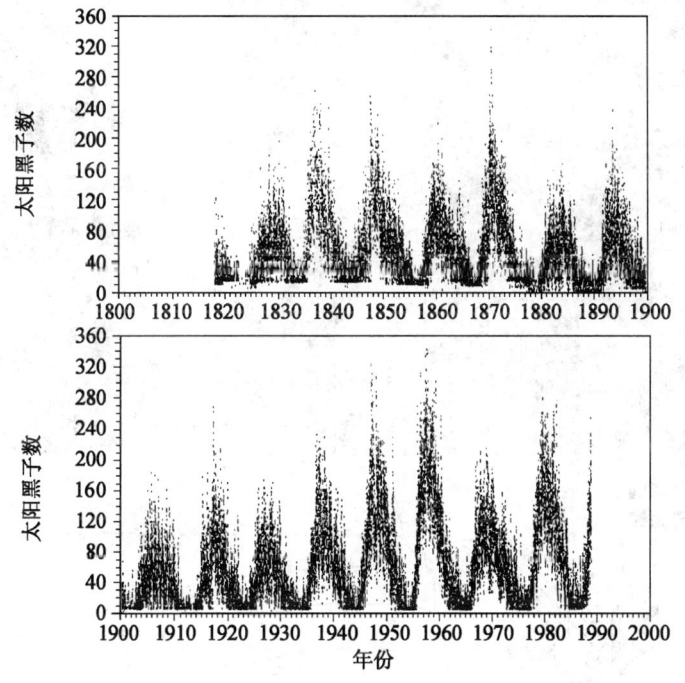

图 10.15　太阳黑子 11 周期(1818.8～1989.12)

(Reiter. R. 1992)

太阳黑子的发生与太阳内部存有极强的磁场有关,成对的太阳黑子具有相反的磁极性,在一个给定的太阳黑子周期内,对一定的半球而言,先导黑子的极性总是相同的,当每一个新的黑子周期到来时,极性反转。具有相同极性的太阳黑子极大的周期称22年周期。

10.5.9　太阳风和磁层

由于地球存在有磁场,宇宙粒子进入地球大气系统,要受到地球磁场的作用而发生

偏转，粒子所受的力垂直于磁场方向和粒子轨迹方向，写为
$$F = q\vec{v} \times \vec{B} \tag{10.31}$$

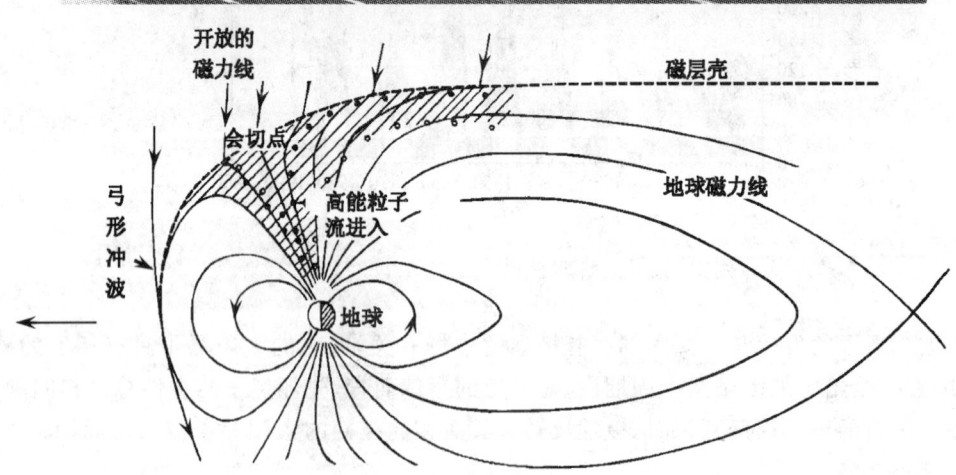

图 10.16 太阳风和地球磁场(Crooker 和 Siscone,1986)

式中 F 是作用宇宙粒子的力，q 是粒子荷电量，$\vec{v}$ 是粒子速度矢量，$\vec{B}$ 是磁感应矢量。$\vec{B}$ 的作用是使离开地球的粒子返转，产生一个对磁场的反作用，使地球磁场分布发生改变，在向阳一侧，在离地球半径 10~15 倍的距离上，磁场减小至零，这一极限称为磁层

顶,在磁层顶以内全部区域为磁层。在背太阳一侧,磁层伸至很远距离,称之地球磁尾。一般磁层限制宇宙粒子的进入,但也可能有宇宙粒子被地球磁场俘获,这时粒子以磁力线为轴围绕磁力线作螺旋运动,即以磁力线为轴呈螺旋状轨迹旋转于两磁极(两半球)间来回活动,时间周期约为1s。同时围绕地球自西向东偏移(负粒子),或自东向西缓慢偏移(正粒子)。在路径的每一端,粒子落入高密度区,与原子和分子发生较多的碰撞,因粒子每一次碰撞后,能量减少,最后脱离磁层向大气低层运动,这些下落的粒子集中于地球周围,形成两个称之范阿仑辐射带,其中靠内侧的一条带称为内范阿仑辐射带(地球上空800~4000km),外面的一条称为外范阿仑辐射带(地球上空60000km)。图10.16给出了太阳风和地球磁场间的作用,图中表示了星际磁场和具有边界(磁层)的地球磁场,地球极点有太阳高能粒子进入。

10.5.10 太阳黑子数和大气电离率

太阳黑子数的多寡反映太阳活动的强弱,太阳黑子数多时,表示太阳活动强烈,由此产生高能粒子流、辐射等宇宙射线也强,虽太阳发出的宇宙射线较银河系发出的宇宙射线弱很多,但是当太阳发生爆发时,将喷发大量的高能粒子流进入地球大气,太阳宇宙射线强度陡增,等离子体构成的太阳风剧增和星际磁场中出现尺度不等的强磁场区,这些强磁场区称为磁云。大量磁云出现,干扰银河系宇宙射线的轨迹,使进入地球大气的银河系宇宙射线强度明显减弱。由于太阳宇宙射线粒子能量比银河系宇宙射线低很多,虽然太阳活动加强导致的太阳宇宙射线加强,太阳宇宙射线粒子不易穿过中低纬度的大气层,在平流层下部和对流层的银河系宇宙射线强度减弱,其总的结果是宇宙射线的强度与太阳黑子数呈负相关。因此当太阳黑子数增加,大气电离率下降,导致大气离子浓度减小,从而影响晴天大气电场和电流密度。

大气电离率与太阳黑子间存在相关性,当太阳黑子数为极小值时,大气电离率偏高,达37cm^{-3}/s左右,峰值高度位于13km左右;太阳黑子数为极大值时,大气电离率偏低,为29cm^{-3}/s左右,峰值高度为12km左右。图10.17为太阳黑子数与大气电离率的时间变化关系,图中实线是太阳黑子数时间变化曲线,虚线表示大气电离率时间变化曲线,黑子数与电离率坐标方向相反,可见太阳黑子数与大气电离率的周期变化十分一致。大气电离率的变化导致晴天大气中离子的浓度发生改变,进而与晴天大气电位差和晴天大气电流密度等晴天大气电学量发生关系。观测发现,地面晴天大气电场的年平均值、日振幅和年振幅与太阳黑子的长期变化呈正相关,具有明显的11年周期性变化。

雷暴活动与太阳黑子活动存在一定关系,根据多年雷暴观测资料的统计分析表明,年雷暴日的平均值的长期变化与太阳黑子数的长期限变化呈正相关,具有11年的周期性变化。

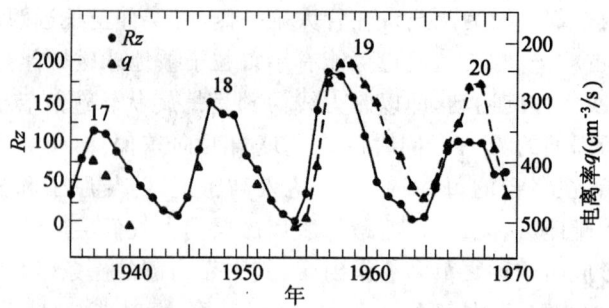

图 10.17　太阳黑子数与大气电离率(Lanzerotti,1977)

10.5.11　太阳磁扇结构

太阳磁场是行星际磁场的源,太阳磁场具有较为复杂的结构,并随时间变化,随太阳自转,从地球上观测到的太阳磁场的赤道剖面呈扇形结构,通常由 2 个或 4 个磁扇区组成,相邻两磁扇区形区具有相反的极性磁场,其中磁力线方向背离太阳的磁场定义为正,向着太阳的磁力线方向定义为负,相邻两磁扇形之间有明显的边界,称之为太阳磁扇形边界,图 10.18 是 IMP-1 空间飞行器(1963)通过 27 天的时间所观测到的星际磁场的剖面结构,其位移和变化是相当缓慢的,在太阳活动最小时,剖面结构几乎没有变

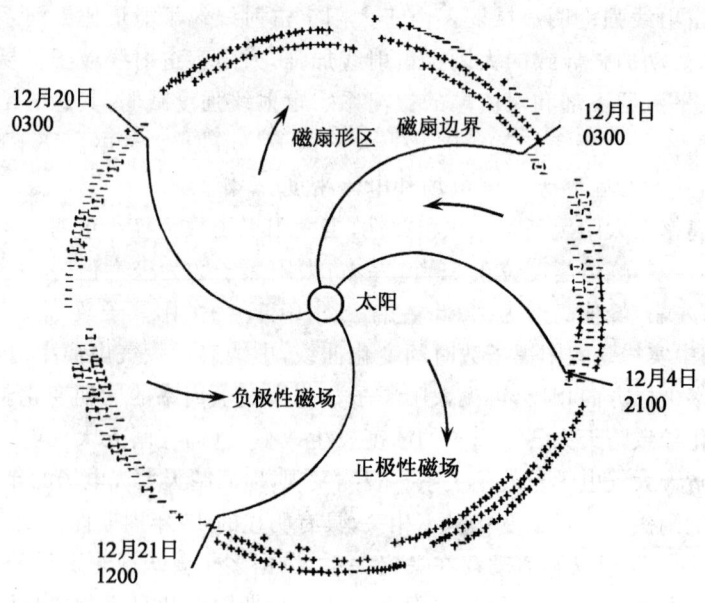

图 10.18　太阳磁扇区(Wilcox 和 Ness,1965)

化;而当太阳活动十分活跃时,在旋转过程中变化也很小,这是在十分持久的星际剖面结构的光球层的源与中等地磁之间连接和中等地磁活动的原因。

在太阳活动期间 $H\alpha$ 耀斑爆发是太阳一重要的现象,在其活动中心,在 $10\sim15$ min 期间出现巨大的能量($10^{32}\sim10^{33}$ erg)转换。实际上把它称为 $H\alpha$ 耀斑是由于它在通常暗的 656.3nm 的 Fraunhofer 谱线发出短时的但是极亮的光,这仅是太阳风暴许多复杂现象中的一个。如图 10.19 中是一个处在光球层上的黑子之上的色球层 $H\alpha$ 耀斑爆发时发出的粒子和强 X 射线、EUV、UV 紫外线和无线电,以及可见光的强度增加。

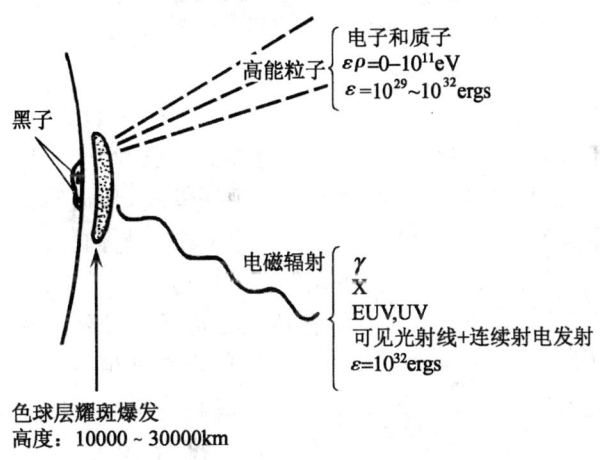

图 10.19　黑子上的色球层爆发发射的粒子和电磁发射
（Akasofu 和 chapman,1972）

图 10.20 是由探索者 12 观测到的 1961 年 9 月 $H\alpha$ 耀斑爆发时在星际空间中太阳宇宙质子和能量风暴粒子的一个例子,图中中心 S 处为太阳位置,A 是地球的位置,实线是磁力线(受形变),而未受形变的以虚线表示。图 10.20(a)、(b)、(c)分别是 $H\alpha$ 耀斑爆发后 0.5、12、40~50h 星际条件。在图 10.20(a)中,太阳质子很快进入星际空间,在头部处是>1GeV 的高能(相对性)质子流,随后是>40~100MeV 的中等能量的粒子,最后是<15MeV 慢速粒子。由于质子沿星际磁力线运动,它们首先到达地球周围的 B 处,然后到达 A 处;在 $H\alpha$ 耀斑爆发后 12h(图 10.20(b)),相对高能质子刚好通过地球轨道,此时以较慢的速度到达或接近地球环境,形成相对地球以半路径太阳风慢速高密度质子的冲击波。约在 40~50h 后(图 10.20c),质子缓慢向下穿过地球轨道,具有<15MeV 质子的太阳等离子区逆着磁层下坠,处在或部分处在由速度、粒子密度和温度表征的太阳风中。此时磁场的水平分量突然增加,表明磁暴开始。在图 10.16 中显示以闭合磁力线的地球磁层。除磁极以上外未闭合的电力线进入或离开。地球周围的这一带称为"极会切点",在该处来自外部空间的慢速质子可以沿电场线直接进入地球表面或离开两极。

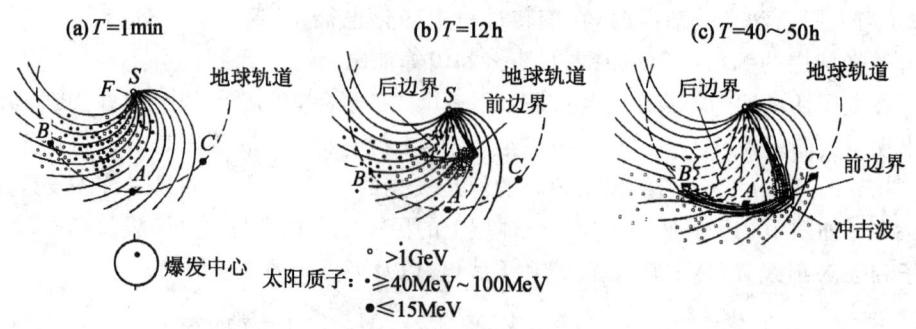

图 10.20　太阳 $H\alpha$ 耀斑爆发时星际磁场各阶段的分布
(Akasofu 和 chapman,1972)

由于太阳活动发生于太阳磁扇边界的太阳大气中,因此当太阳磁扇形边界扫过地球时往往出现磁暴等地球物理现象。观测发现,地面晴天大气电场与太阳磁扇形边界间有一定关系。如从 1964 年到 1975 年一个完整的太阳黑子周期内,地面晴天大气电场和地面晴天大气电流密度在太阳磁扇形边界通过奥地利楚格斯皮茨高山观测站前、后的变化规律是类似的,并与太阳磁扇形边界通过测站时磁极性的变化有关。1964 年 2 月到 1975 年 2 月整个太阳黑子周期中,共有 170 次太阳磁扇形边界通过测站而磁极性由负变为正时,平均地面晴天大气电场和平均地面晴天大气电流密度在太阳磁扇形边界通过测站后 1~2d 出现陡增,递增幅度为 10% 左右。此外在 1967 年 1 月至 1971 年 12 月太阳黑子数为极大值年份中,77 次太阳磁扇形边界通过测站而磁性由负变正时,平均地面晴天大气电场和平均地面晴天大气电流密度在太阳磁扇形边界通过测站后 1~2d 出现陡增现象更为明显,增幅可达 20% 左右。图 10.21 为太阳黑子数为极大值年份期间 77 次太阳磁扇形边界通过测站前、后平均晴天大气电场和电流密度随时间的变化。图中横坐标中 0 为磁扇形边界通过的时间。

10.5.12　太阳耀斑与大气电

太阳耀斑是太阳色球层中突然爆发的亮斑,如图 10.19,它出现于双极性黑子群的上空,持续时间一般为几分钟,也可能出现持续时间不到 1min 或 1h 以上的太阳耀斑。根据太阳耀斑的面积,可将其分 4 个等级,数字越大表示太阳耀斑的面积越大,此外,可将太阳耀斑的亮度分为亮、中、弱 3 个等级,用字每 B、N、F 表示。又将太阳耀斑面积和亮度组合成 12 个等级,如 1N、2B 等。

太阳耀斑对宇宙射线的影响,将直接影响到大气的电导率,进一步影响大气的晴天电场、晴天大气电势差、大气电流密度和雷暴的活动。而宇宙线由银河系宇宙线和太阳宇宙线两部分组成,一般情况下太阳宇宙线比银河系宇宙线弱很多,因此所指的宇宙线

第十章 雷暴气候特征和全球大气电输送

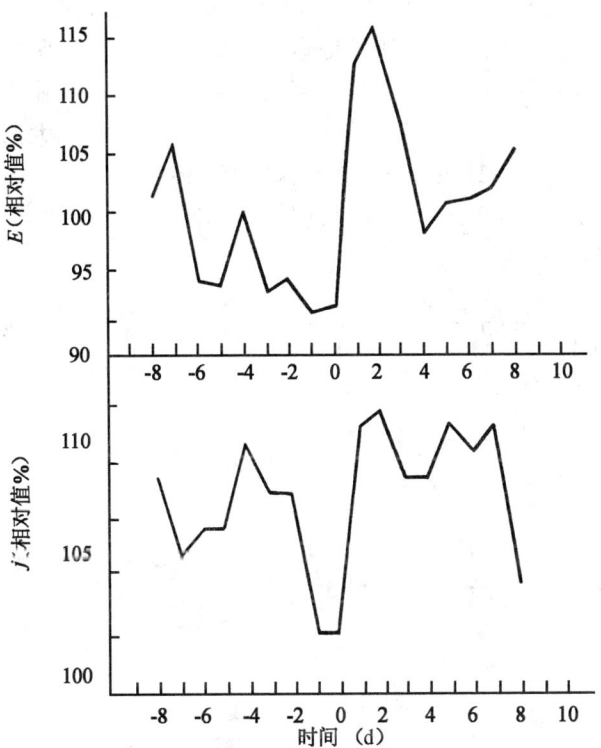

图 10.21 太阳磁扇形边界通过测站前后平均地面晴天大气电场和电流的变化

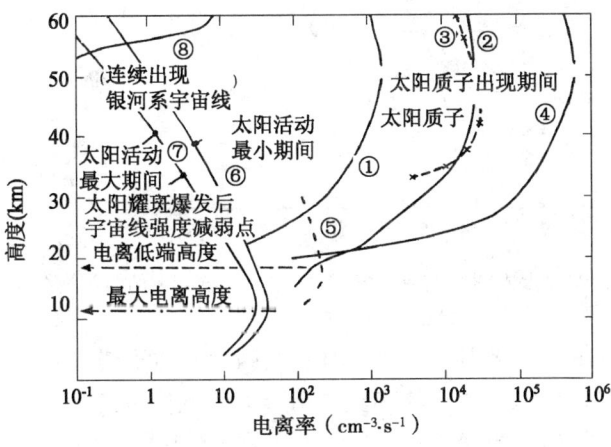

图 10.22 宇宙射线强度不同时电离率的高度改变

(Herman 和 Goldberg,1977)

通常为银河系宇宙线,只有当太阳活动爆发时,太阳发射出大量高能质子流,太阳宇宙线强度递增,但是由于太阳产生的大量质子等微粒流的能量较银河系宇宙线的能量小得多,因此太阳宇宙线在中低纬度地区不易穿越大气层。所以太阳活动与宇宙射线强度呈负相关。图 10.22 表示不同太阳活动状况下银河系宇宙射线和太阳宇宙线对大气电离的影响,图中①是 1969 年 11 月 2 日,②、③、④是 1972 年 8 月 4 日不同时刻的太阳质子高度分布,⑤是 1961 年 9 月 29 日的太阳质子高度分布;⑥和⑦分别是太阳活动最弱和最强时的银河系宇宙线。

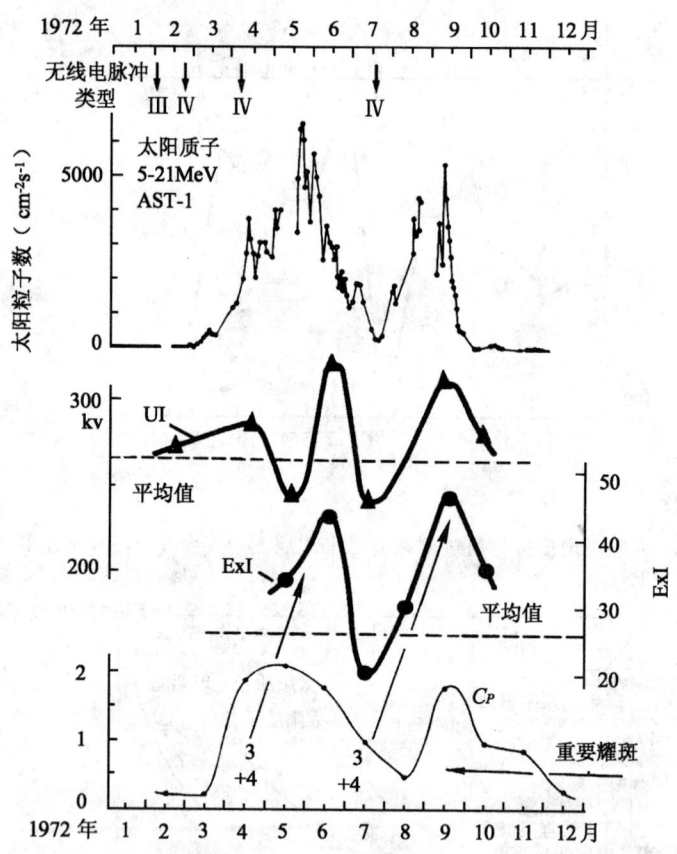

图 10.23　太阳耀斑前后电场、功率和太阳粒子数的时间变化
(Mühleisen 和 Reiter,1973)

图 10.23 给出了 1972 年 8 月 2 日到 8 日一次强太阳质子爆发时在 Zugspitze 测站观测到的地面晴天大气电场、电流密度和整层晴天大气电位差随时间的变化,其中 $E \times I$ 表示晴天大气电功率,以及由 ATS 卫星观测到的太阳质子流,图中从 8 月 2 日到 7 日,无线电脉冲类型Ⅲ和Ⅳ和在 8 月 3 日/6 日和 7 日/9 日两次太阳质子爆发(重要的

3 和+4Hα 耀斑爆发),和地磁活动性,C_P 表示太阳的活动性。从图中可见到当太阳质子通量密度在太阳耀斑爆发后 1~2d 左右递增,达峰值,整层晴天大气电位差、晴天大气电功率 $E \times I$ 具有同步变化的特征。它们在太阳爆发前后虽有起伏,但在太阳爆发后有明显的递增的趋势,并于太阳耀斑爆发后 2~3d 达到峰值。

雷暴活动与太阳耀斑间可能有一定关系,欧、美一些国家观测到在太阳耀斑爆发后雷暴活动增加 20%~60% 左右。

附录 雷电学电学量单位

1. 单位符号和名称

C(库仑)　A(安培)　V(伏特)　Ω(欧姆)　T(特斯拉)　Wb(韦伯)　S(西门子)
F(法拉)　H(亨利)　Pa(帕斯卡)　esu(静电单位)　e(电子电荷)　Gs(高斯)
Oe(奥斯特)

2. 大气电荷

$$1C = 3 \times 10^9 \, esu = 6.24 \times 10^{18} \, e$$

$$1 \, esu = \frac{1}{3 \times 10^9} C = 2.081 \times 10^9 \, e$$

$$1 \, e = 1.602 \times 10^{-19} C = 4.806 \times 10^{-10} \, esu$$

3. 地表面电荷密度和大气气柱电荷密度

$$1C/cm^2 = 3 \times 10^9 \, esu/cm^2 = 6.24 \times 10^{18} \, e/cm^2$$

$$1 \, esu/cm^2 = \frac{1}{3 \times 10^9} C/cm^2 = 2.081 \times 10^9 \, e/cm^2$$

$$1 \, e/cm^2 = 1.602 \times 10^{-19} C/cm^2 = 4.806 \times 10^{-10} \, esu/cm^2$$

4. 大气电荷密度

$$1C/cm^3 = 3 \times 10^9 \, esu/cm^3 = 6.24 \times 10^{18} \, e/cm^3$$

$$1 \, esu/cm^3 = \frac{1}{3 \times 10^9} C/cm^3 = 2.081 \times 10^9 \, e/cm^3$$

$$1 \, e/cm^3 = 1.602 \times 10^{-19} C/cm^3 = 4.806 \times 10^{10} \, esu/cm^3$$

5. 大气电流强度

$$1A = 3 \times 10^9 \, esu$$

$$1\ \text{esu} = \frac{1}{3\times 10^9}\text{A}$$

6. 大气电流密度

$$1\text{A}/\text{cm}^2 = 3\times 10^9\ \text{esu}/\text{cm}^2$$

$$1\ \text{esu}/\text{cm}^2 = \frac{1}{3\times 10^9}\text{A}/\text{cm}^2$$

7. 大气电位

$$1\text{V} = \frac{1}{3\times 10^9}\text{esu}$$

$$1\ \text{esu} = 3\times 10^2\ \text{V}$$

8. 大气电场

$$1\text{V}/\text{m} = \frac{1}{3\times 10^2}\text{esu}/\text{m}$$

$$1\ \text{esu}/\text{m} = 3\times 10^2\ \text{V}/\text{m}$$

9. 大气磁感应强度

$$1\text{T} = 1\text{Wb}/\text{m}^2 = 10^4\ \text{Gs} = \frac{1}{3\times 10^6}\text{esu}$$

$$1\ \text{Gs} = 10^{-4}\ \text{T} = \frac{1}{3\times 10^{10}}\text{esu}$$

$$1\ \text{esu} = 3\times 10^6\ \text{T} = 3\times 10^{10}\ \text{Gs}$$

10. 大气磁场

$$1\text{A}/\text{m} = \frac{4\pi}{10^3}\text{Oe} = 1.2\pi \times 10^8\ \text{esu}$$

$$1\text{Oe} = \frac{10^3}{4\pi}\text{A}/\text{m} = 3\times 10^{10}\ \text{esu}$$

$$1\ \text{esu} = \frac{1}{1.2\pi \times 10^8}\text{A}/\text{m} = \frac{1}{3\times 10^{10}}\text{Oe}$$

11. 大气电阻

$$1\Omega = \frac{1}{9\times 10^{11}}\text{esu}$$

$$1\text{ esu} = 9 \times 10^{11} \Omega$$

12. 大气气柱电阻

$$1\Omega \cdot \text{cm}^2 = \frac{1}{9 \times 10^{11}} \text{esu} \cdot \text{cm}^2$$

$$1\text{ esu} \cdot \text{cm}^2 = 9 \times 10^{11} \Omega \cdot \text{cm}^2$$

13. 大气电导率

$$1\Omega^{-1} \cdot \text{cm}^{-1} = 1\text{S/cm} = 9 \times 10^{11} \text{esu}$$

$$1\text{ esu} = \frac{1}{9 \times 10^{11}} \Omega^{-1} \cdot \text{cm}^{-1}$$

14. 物理常数

自由空间中的光速	$c = 2.99792458 \times 10^8 \text{m/s}$
自由空间的磁导率	$\mu_0 = 4\pi \times 10^{-7} \text{H/m} = 1.2566 \times 10^{-6} \text{H/m}$
	$= 1.2566 \times 10^{-6} \Omega \cdot \text{s/m}$
真空介电常数	$\varepsilon_0 = 1/\mu_0 c^2 = 8.85 \times 10^{-12} \text{F/m}$
电子静质量	$m_e = 9.11 \times 10^{-31} \text{kg}$
质子静质量	$m_p = 1.67 \times 10^{-27} \text{kg}$
中子静质量	$m_n = 1.67 \times 10^{-27} \text{kg}$
玻尔兹曼常数	$\kappa = 1.381 \times 10^{-23} \text{J/K}$
普朗克常数	$h = 6.626 \times 10^{-34} \text{J} \cdot \text{s}$
1 电子伏特	$1\text{eV} = 1.6022 \times 10^{-19} \text{J}$

参考文献

Albany N Y. 1984. Seventh International Conference on Atmospheric Electricity. June 3~8, Am Meteor Soc

Coppens F, Berton R, Bondiou-Clergerie A and Gallimberti I. 1998. Theoretical Estimate of NOx Production in Lightning Corona. *J Geophys Res*, **103**(D8):10769~10785

Donald R, MacGorman, Kenneth C Crawford. 1993. A Lightning Strike Climatology for Oklahoma. 17th Conference on Severe Local Storms-Conference on Atmospheric Electricity, J52~57, October, 678~774

Donald R, Macgorman and Carolyn D, Morgenstern. 1998. Some Characteristics of Cloud-to-Ground Lightning in Mesoscale Convective Systems, *J Geophys Res*, **103**(D12):14011~14023

Hans Volland. 1995. Handbook of Atmospheric Electrodynamics Volume 1. CRC Press Boca Raton London Tokyo

Joseph E, Borovsky. 1995. An electrodynamic description of lightning return strokes and dart leaders: Guided wave propagation along conducting cylindrical channels. *J Geophys Res*, **100**(D2):2697~2726

Joseph E, Borovsky. 1998. Lightning Energetics: Estimates of energy dissipation in Channels, Channel Radii and Channel-Heating Risetimes. *J Geophys Res*, **103**(D10):11537~11553

Kenneth L, Cummins, Martin J Murphy, Edward A Bardo, et al. 1998. A Combined TOA/MDF Technology Upgrade of the U. S. National Lightning Detection Network. *J Geophys Res*, **103**(D8):9035~9044

Lalande P, Abondiou-Clergerie, Laroche P, Eybert-Berard A, et al. 1998. Leader Properties Determined with Triggerd Lightning Techniques. *J Geophys Res*, **103**(D12):14109~14115

Lawrence D Carey, Steven A Rutledge. 2000. The Relationship between Precipitation and Lightning in Tropical Island Convection: A C-Band Polarimetric Radar Study. *Mon Wea Res*, **128**(8):2687~2710

Leon E, Salanave. 1980. Lightning and its Spectrum. The University of Arizona Press, Tucson, Arizona

MacGorman D R, Rust W D. 1998. The Electrical Nauture of Storms. Oxford University Press, 422pp

Priceand C, David Ring. 1990. The Effect of Global Warming on Lightning Frequencies. 16th Conference on Severe Local Storms-Conference on Atmospheric Electricity, October 22~26, 748~751

Rakov V A, Uman M A, Rambo K J, et al. 1998. New Insights into Lightning Processes Gained from Triggered-Lightning Experiments in Florida and Alabama. *J Geophys Res*, **103**(D12):14117~14130

Reiter R. 1992. Phenomena in Atmospheric and Environmental Electricity. ELSEVIR Amsterdam

London

Richard E, Orville and Ronald W, Henderson. 1986. Global Distribution of Midnight Lightning: September 1977 to August 1978. *Mon Wea Rev*, **114**(12):2640~2653

Steven M Hunter, Terry J Schuur, Thomas C Marshall, David Rust W. 1990. Electrical and Kinematic Structure of an Oklahoma Mesoscale Convective System. 16th Conference on Severe Local Storms-Conference on Atmospheric Electricity, J52~57, October, 22~26

Stolzenburg M, David Rust W, Bradley F Smull, et al. 1998. Electrical Structure in Thunderstorm Convective Regions 1. Mesoscale Convective Systems, *J Geophys Res*, **103**(D12):14059~14047

Stolzenburg M, David Rust W, Thomas C, et al. 1998. Electrical Structure in Thunderstorm Convective Regions 2. Isolated Storms, *J Geophys Res*, **103**(D12):14079~14096

Stolzenburg M, David Rust W, Thomas C, et al. 1998. Electrical Structure in Thunderstorm Convective Regions 3. Synthesis, *J Geophys Res*, **103**(D12):14097~14108

Takagi N, Wang D, Watanabe T, et al. 1998. Expansion of the Luminous Region of Lightning Return Stroke Channel. *J Geophys Res*, **103**(D12):14131~14134

Takahasi T. 1974. Numerical simulation of warm cloud electricity. *J Atmos Sci*, **31** 2160~2181

Tammet H. 1998. Reduction of air ion mobility to standard conditions. *J Geophys Res*, **103**(D12):13933~13937

Taylor G R. 1989. Sulfate production and desposition in mid-latitude continental cumulus cloud. part I: Cloud model formulation and base run analysis, *J Atmos Sci*, **46**:1971~1990

Thottappillil R, Martin Uman and Vladimir A Rakov. 1998. Teatment of Retardation Effects in Calculating the Radiated Electromagnetic Fields from the Lightning Discharge. *J Geophys Res*, **103**(D8):9003~9013

Tzur I, Levin Z. 1981. Ions and Precipitation Charging in Warm and Cold Clouds as Simulated in One-dimensional Time-dependent Models. *J Atmos Sci*, **38**:24444~2461

Uman M A. 1987. The Lightning Discharge. Int Geophys Ser Academic Press, INC Orlando San Diego New York Austin, **39**

Vincent P Done, Daniel A Davis, Paul K Moore, et al. 1998. Performance Evaluation of the U.S. National Lightning Detection Network in Eastern New York 1. Detection Efficiency, *J Geophys Res*, **103**(D8):9045~9055

Vincent P Idone, Daniel A Davis, Paul K Moore, et al. 1998. Performance Evaluation of the U.S. National Lightning Detection Network in Eastern New York 2. Location Accuracy, *J Geophys Res*, **103**(D8):9057~9069

Vladimir A, Rakov and Marting A Uman. 2003. Lighting Physics and Effects. Cambridge University press

Walter A, Petersen and Steven A, Rutledge. 1998. On the Relatiship between Cloud-to-Ground Lightning and Convective Rainfall. *J Geophys Res*, **103**(D12):14025~14040

Willet J C, Le Vine D M, Idone V P. 1995. Lightning-Channel Morphology Revealed by Return-Stroke Radiation Field Waveforms. *J Geophys Res*, **100**(D2):2627~2738

Williams E, Dennis Boccippio. 1993. Dependence of Cloud Microphysics and Electrification on Mesoscale Vertical Air Motions in Stratiformprecipitation. 17th Conference on Severe Local Storms-Conference on Atmospheric Electricity, J52~57, October, 22~26, 825~831

梅森[英] B J. 1979. 云物理学. 北京:科学出版社

孙景群. 1987. 大气电学基础. 北京:气象出版社

周秀骥. 1991. 高等大气物理学(上册). 北京:气象出版社